細胞のシグナル伝達
システムとしての共通原理にもとづく理解

Cell Signaling
principles and mechanisms

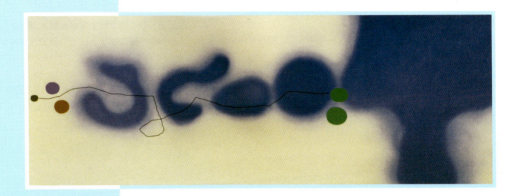

Wendell Lim
Professor of Cellular and Molecular Pharmacology
University of California, San Francisco

Bruce Mayer
Professor of Genetics and Developmental Biology
University of Connecticut Health Center

Tony Pawson
Senior Investigator and Director of Research
Department of Medical Genetics and Microbiology
University of Toronto

監訳
西田栄介
京都大学大学院生命科学研究科 シグナル伝達学分野 教授

メディカル・サイエンス・インターナショナル

Wendell Lim
カリフォルニア大学サンフランシスコ校細胞・分子薬理学教授。主な研究テーマはタンパク質相互作用ドメインの構造と作用機序，および同ドメインを利用して複雑な細胞シグナル伝達系が構築される仕組みの解明。

Bruce Mayer
コネティカット大学医療センター遺伝学・発生生物学教授。現在の研究テーマはチロシンキナーゼシグナル伝達経路の解明と操作。

Tony Pawson（故人）
元トロント大学臨床遺伝学・微生物学科上席研究員・研究部長。シグナル伝達におけるタンパク質間相互作用の分子レベルでの詳細な解析と，その機能的意義に関する研究を中心に行った。

画像クレジット：表紙および各章冒頭の画像は，英国の芸術家・建築家 Victor Pasmore（1908～1998）の作品を Victor Pasmore 財団の許諾を得て使用した。© Victor Pasmore Estate.

Authorized translation from English language edition,
"Cell Signaling: Principles and Mechanisms", First Edition
by Wendell Lim, Bruce Mayer, and Tony Pawson,
published by Garland Science, part of Taylor & Francis Group, LLC.

Copyright © 2015 by Garland Science, Taylor & Francis Group, LLC.
All rights reserved.

© First Japanese Edition 2016 by Medical Sciences International, Ltd., Tokyo

Printed and Bound in Japan

本書をTony Pawson(1952〜2013)に捧げる。Tonyはシグナル伝達の分野で卓越した研究者であっただけに，その逝去が惜しまれてならない。上の写真はカリフォルニア州サンラフェルのGerstle Park Innで撮影したもの。われわれはここにしばしば集まり，ライブオークの古木の広く張り出した枝の下でこの本について話し合ったものだ。

監訳者の序

　本書は「細胞のシグナル伝達」の専門的な教科書であるが，分子細胞生物学，さらには広く生命科学・生物学全般の基礎的・原理的理解に迫る本格的な教科書にもなっている。なぜなら，シグナル伝達の分野は，生物学，医学，生命科学諸分野の多くの研究が蓄積，集約されて成り立ってきたからである。本書の三人の著者，Wendell Lim（カリフォルニア大学サンフランシスコ校），Bruce Mayer（コネティカット大学医療センター），Tony Pawson（トロント大学，2013年没）は，シグナル伝達研究の最先端で，本領域を牽引している研究者である。したがって，本書は，シグナル伝達研究の最新の研究成果に基づいて書かれており，個々のシグナル伝達経路の概要を知ることができる。しかし，本書の最大の特色は，単に知識を得るばかりではなく，シグナル伝達過程に「共通した設計原理，構成要素，論理」を学ぶことで，「多くのシグナル伝達過程に通底する原理と機構」を理解することができることである。

　本書を手にとって読んでみるとわかることだが，本書は教科書として本格的なものでありながら，物語を読み進んでいくような興奮と楽しみを持って読むことのできる副読本のような性格も併せ持っている。「この領域で中心となっている分子的な考え方と原理をわかりやすく説明しようと工夫するのは，とてもエキサイティングな時間でもある」と著者らが述べているが，そうやって誕生した本書を読む私たち読者は，よりエキサイティングな時間を持つことができると思う。

　繰り返しになるが，本書は，教科書として本格的なものである。「知識を得ること」と「原理と機構を理解すること」とのバランスが実に巧みに取られている。それは，目次を見ればすぐにわかるように，章立ての巧みさに端的に現れている。しかも，各章の終わりには，「学習のための課題」が示されている。この課題あるいは質問に答えようと考えることは，知識の整理にもなるとともに，原理と機構を考え理解する醍醐味を味わうことにもなる。

　最後に強調したいことは，本書が，生物学の専門家にとっても，これから生物学を学ぼうとする初心者にとっても，また他の科学を専攻する人，さらには，生命科学に興味を持つ一般の方，どなたにとっても大変面白く有用な本となっていることである。多くの自然科学諸分野を基に発展している生物学・生命科学の面白さが感じられるに違いない。

　翻訳は，シグナル伝達研究の最前線の研究者と，私の研究室出身の第一線で活躍している研究者にお願いした。研究と教育で極めて忙しい中，翻訳を行っていただいたことに心から謝意を表したい。また，本書の編集に際し御尽力いただいたメディカル・サイエンス・インターナショナル社編集部の藤川良子氏，加藤哲也氏に心より御礼申し上げたい。

2016年5月

西田栄介

序

　環境を感知してそれに応答する能力はあらゆる生物に共通した最も基本的な性質の1つである。単細胞生物は栄養のありかを探し出し，毒素を回避し，状況に応じて細胞の形態や遺伝子発現や代謝を変化させることができる。多細胞の動物や植物では，細胞と外部の環境との間により微妙で精緻な相互作用が必要となる。個々の細胞は膨大な情報を感知して統合し，その結果にもとづいて，成長，分裂，遊走すべきか否か，また特定の形態をとるべきか否か，さらには細胞死を起こすべきか否か，といった決断を下すことができる。このような決断ができなかったとしたら，多細胞生物は成長することも，まとまりのある1つの生命体としての完全性を維持することもできないだろう。シグナル伝達はあらゆる生命現象に関係している。

　シグナル伝達研究の歴史はそれほど長いものではないが，その大部分の期間，シグナル伝達は生理学的ストーリーの上流から下流へ向けて各論的に教えられるのが普通だった——例えば，インスリンやアドレナリンといった特定の種類のホルモンに対して細胞はどのように応答するか，というように。しかしながら，何千種類ものシグナル伝達タンパク質が互いに作用し合って相互接続した広大なネットワークを形成していることを理解し，説明するうえで，このようなアプローチにはしだいに無理が生じてきている。幸いなことに，シグナル伝達過程の数自体は膨大であるが，それを担っている分子のセットは非常によく似ていることが多く，またそれぞれのシグナル伝達過程は共通したネットワークパターンで相互作用している場合が多いことが現在ではわかっている。そこで，より演繹的なアプローチを考えることができる。つまり，シグナル伝達には階層的な構成要素が用意されていて，それを部品のように利用することによって，細胞の特定の種類のふるまいが実現されるという考え方である。この本の最も重要なテーマは，あらゆる過程に共通した設計原理，構成要素，論理に注目することで，シグナル伝達を最もよく理解できるということである。

　シグナル伝達に対するこの新しい演繹的な視点に立って，われわれはこの本を書いた。すべてではないにせよ，多くのシグナル伝達過程に通底する原理と機構に注目している。それゆえ，個別的な例の多様性を示すのではなく，むしろそれぞれの機構の共通性を強調している。ポストゲノム時代の到来とともに，シグナル伝達の研究は個々のシグナル伝達分子の発見から離れ，そうした分子がどのようにして精妙で複雑な制御機能を実現しているのかを理解する方向へとシフトしつつある。単純な分子が特異的に相互作用して新規の応答特性をもつシステムを形成する仕組みを理解することは，その多様な応答挙動がどのように進化してきたのかを理解することとともに，シグナル伝達研究の中心的課題となっている。シグナル伝達の領域では，われわれの理解が指数関数的な速度で進みつつあり，われわれの視点もたえず変化している。この領域の急速な発展と変化が，シグナル伝達の教科書を書くことを難しいものにしているが，一方でまた，歴史の浅い

この領域で中心となっている分子的な考え方と原理をわかりやすく説明しようと工夫するのは，とてもエキサイティングな時間でもある。

　数多くの個々の経路について「何が何を何に対していつ」するのかという細部を覚えることは，関連する分子の多くが紛らわしい三文字略語で呼ばれていることともあいまって，混乱のもととなりかねない。あらゆるシグナル伝達経路に共通したテーマと考え方に注目することで，そのシステムとしての美しさと論理を理解しやすくなり，また，シグナル伝達のどのような問題に出会ったときでもその理解を適用することができる。膨大な情報があふれている現代では，もし詳細について知りたくなったらキーボードをちょっと叩くだけでよい。読者がこの本を通じて，Wikipediaのエントリーからは得ることのできないシグナル伝達の深遠な原理を理解できることを願っている。

この本の構成

　この本の前半(第2章～第9章)では，シグナル伝達で利用されている分子と分子原理について説明している。それぞれの章で，触媒ドメイン，タンパク質相互作用ドメイン，受容体分子といった各種の関連分子を紹介している。また，分子の立体構造，相互作用，局在化，修飾，分解といった，シグナル伝達の情報を分子レベルで貯蔵し伝達するのに利用される基本的な機構についても述べている。これらの章では，関連分子をどのように利用して情報記憶の基本的機構が条件的に調節されているのかについて，深い理解が得られることを期待している。2番目の部分(第10章～第12章)は，システムとしてのシグナル伝達の理解に向けて書かれている。より高次の生理学的決断を可能にする複雑な分子装置やネットワークは，これらの分子や機構をどのように利用して形成されているのだろうか。この部分の最後の章(第12章)は，考察を促すための図解パネルのセットとして構成されている。この章ではシグナル伝達に対する伝統的なアプローチに立ち返り，生理学的に重要な4つの経路(視覚，増殖因子への応答，細胞周期，T細胞活性化)を取り上げて，それぞれの関連分子を上流から下流へ向けて説明する。そして，これらのモデル経路において鍵となる生理学的問題を解決するために，以前の章で議論した構成要素がどのように利用されているのかを解説している。この特別な章の目的は，上流から下流への流れに沿った生理学的な視点と，中心となる原理ならびに分子構成要素にもとづいた演繹的な視点とを統合することである。この本の最後の章(第13章)では，シグナル伝達の研究に利用される実験手法やアプローチの概要を述べている。われわれのもっている知識はどのようにして得られたか，またそのための重要なツールについての概説である。

　この本の目的は，シグナル伝達機構を理解するための考え方の枠組みを示すことである。ただ，個々のシグナル伝達経路の概要を知りたい読者もいるだろう。そこで，一般的な原理を説明するにあたって，多くの具体例(ほとんどは多細胞動物の例)を紹介するようにしている。これにより，主要なシグナル伝達経路とシグナル伝達分子ファミリーの多くを取り上げ，ある程度までは詳しく説明することができた。しかしながら，この本を使う指導教官の多くは，興味のある特定の分野を掘り下げて理解させる目的で，最近の研究論文から選んだ推薦論文をおそらく指定するだろう。

　各章の終わりには学習のための課題を示した。課題は，それぞれの章で取り上げた考え方についてより具体的に考察すること，その考え方を別の方法で導き出して統合すること，実験的な観点からシグナル伝達について考察すること，を目的として作成されている。明確な唯一の解答のある課題もあれば，論述式で複数

の解答が考えられるものもある．解答例は原書出版社のウェブサイト（www.garlandscience.com/cellsignaling）から入手できる（英語）．第12章には章末の課題はないが，それぞれのパネルセットの各所に考察を促すための課題を組み込んである．

　章ごとに短い文献リストも付けている．その章で取り上げたトピックスについて掘り下げて調べてみたい読者には，これらの文献が出発点となるだろう．リストは決して包括的なものではなく，シグナル伝達のように急速に進展している領域では，最新の展開に至るまでもれなくカバーすることは不可能であろう．リストに入れる価値のある論文を紙面の制約から，もしくは不注意による見落としから入れられなかった，多くの優秀な研究仲間には心からお詫び申し上げる．

謝　辞

　本書は10年近くにもわたる思考，督促と遅延，そして勤勉の成果である。そもそもの発端は，最初の担当編集者Miranda Robertsonが，New Science Press社の"Primer"シリーズの1冊として細胞のシグナル伝達に関する教科書を作らないかと提案してきたことだった。Mirandaはわれわれ著者3人を選定し，言葉巧みに同意させてプロジェクトを始動させた。この"Primer"プロジェクト自体は打ち切りとなってしまったが，Mirandaの鋭い洞察とジンジャー・ビスケットでいっぱいの買い物袋なくしては，この本が世に出ることは決してなかっただろう。その時点でプロジェクトは，Denise SchanckとAdam Sendroffの厚意によりGarland Science社に引き取られた。そこでは2人目の担当編集者Janet Foltinが巧みにわれわれを導き，中心となる章を書き上げさせてくれた。その後，われわれをゴールへ向けて牽引し，作業を続けさせるという骨の折れる仕事を引き継いだのが，最後の担当編集者Mike Moralesである。プロダクション・エディターのNatasha Wolfeには原稿整理と組版の過程でお世話になった。デベロップメンタル・エディターのMary Purtonは，原稿の一字一句に至るまで目を光らせて体裁を整え，用語の統一を行ってくれた。章の順番を入れ替えるたびに移動が生じる図表の管理をしてくれたことには，特に感謝している。イラストレーターのMatt McClementsとは最初からいっしょに仕事をしてきたが，われわれのアイディアを図として具現化すると同時に，本書のコンセプトに完璧にフィットした明解で一貫性のあるスタイルを創り出すために，なくてはならない存在だった。Kenneth Xavier Probstは，Lore Leighton，Tiago Barrosといっしょに分子構造の画像を作製してくれた。このプロジェクトに関わってくれたGarland Science社のその他のスタッフ，Monica Toledo，Alina Yurova，Lamia Harik，そしてNew Science Press社のJoanna Milesにも感謝したい。

　Jesse ZalatanとBrian Yehは，いくつかの章の執筆に協力してくれた。さまざまな段階で原稿に目を通してくれた同僚たち，Steve Harrison，Henry Bourne，Jim Ferrell，David Foster，David Morgan，Chao Tang，Art Weissにも感謝する。また，各章の草稿を読んで詳細かつ論理的なご意見を寄せてくださった大学教官や各領域の専門家の方々に，深甚なる感謝の意を表したい：Johannes L. Bos（ユトレヒト大学医療センター），Andrew Bradford（コロラド大学医学部），Adrienne D. Cox（ノースカロライナ大学チャペルヒル校），Madhusudan Dey（ウィスコンシン大学ミルウォーキー校），Julian Downward（キャンサー・リサーチUKロンドン研究所），Yanlin Guo（サザンミシシッピ大学），Tony Hunter（ソーク研究所），Do-Hyung Kim（ミネソタ大学），Low Boon Chuan（シンガポール国立大学），Shigeki Miyamoto（ウィスコンシン大学マディソン校），Henry Hamilton Roehl（シェフィールド大学）。高解像度の画像を提供してくださった研究者の方々にも感謝申し上げる：Susumu Antoku，Jonathon Ditlev，Vsevolod V. Gurevich，Mark Hollywood，Evi Kostenis，Marco Magalhaes，Michiyuki

Matsuda，Holger Stark，Yi Wu。

　ここ数年というもの，執筆とディスカッションの大半はカリフォルニア州サンラフェルのGerstle Park Innで合宿をして進めていた。美味しいオムレツで温かく歓待してくれたJim Dowling，Judy Dowling夫妻に感謝する。また，この本の献辞に掲載した写真の撮影を許可していただいた，現オーナーのGail S. JonesとDavid W. Pettusにも感謝申し上げる。執筆合宿のためにサンフランシスコのお宅に招待していただき，美味しいスコーンとビスコッティをごちそうしてくださったMary Collinsにも感謝したい。オーストリアのゼーフェルト・イン・チロルにあるHotel Veronikaでは，1年おきにFEBS Protein Modules Meetingが開かれる。素敵な研究者仲間たちと顔を合わせるために，われわれは毎回そろって参加していた。この本の発端はそこでのディスカッションに負うところも大きい。

　本書の表紙や各章冒頭を飾る画は，英国の芸術家Victor Pasmore（1908～1998）の作品である。ロンドンのテート・モダン美術館でPasmoreの絵画や版画を偶然目にしたW.L.は，その抽象的でありながら有機的な様式が，シグナル分子の美しさと不思議な魅力を表現するのにぴったりだとひらめいた。すばらしい作品の使用を許諾してくださったVictor Pasmore財団，特に写真家のJohn Pasmoreに，そしてマールボロ・ギャラリーの著作権管理代行人の方々に感謝する。

　W.A.L.：妻のKaren Earle-Lim，そして3人の子どもたち，Emilia，Nadia，Jasperの変わることのない愛情と支援に，またこの大切なプロジェクトに私がかかりきりになっているのを許してくれたことに深く感謝している。両親のRamon LimとVictoria Limの励ましと支援にも感謝の気持ちを捧げたい。我が師Jeremy Knowles，Bob Sauer，Fred Richards，そして研究室の数多くのメンバーは，いつも私の人生を楽しいアイディアで満たしてくれる。有り難いことだと思っている。

　B.J.M.：妻のRita Malenczykは，自身が忙しい仕事をもち，家庭では育ち盛りの男の子を3人かかえながら，果てしなく思えたこのプロジェクトが続く間ずっと支えとなってくれた。これまでも，そしてこれからも，ずっと感謝の気持ちは忘れない。多くの同僚たちと研究室のメンバーは，必要があれば助けの手を差し伸べ，この本以外の義務をなおざりにすることがあっても不平を言わずにいてくれた。ありがとう。末筆ながら，生物学研究の純粋な喜びへといざなってくださったJim Donady，私が細胞のシグナル伝達との恋に落ちてしまった素敵なベビーサークルのボスたち，特にSaburo HanafusaとDavid Baltimoreには大きな恩義を感じている。

監訳者・訳者一覧

監訳者

西田栄介 京都大学大学院生命科学研究科 シグナル伝達学分野 教授

訳　者（翻訳章順）

一條秀憲 東京大学大学院薬学系研究科 細胞情報学教室 教授 ［第1・2章］
佐藤孝哉 大阪府立大学大学院理学系研究科 細胞生物学分野 教授 ［第3章・用語解説］
土谷佳樹 京都府立医科大学大学院医学研究科 統合生理学部門 講師 ［第4章］
椎名伸之 岡崎統合バイオサイエンスセンター・基礎生物学研究所 神経細胞生物学研究室 准教授 ［第5章］
松田達志 関西医科大学附属生命医学研究所 生体情報部門 准教授 ［第6章］
伊藤俊樹 神戸大学バイオシグナル総合研究センター 生体膜機能研究分野 教授 ［第7章］
石谷　太 九州大学生体防御医学研究所 細胞統御システム分野 准教授 ［第8章］
小迫英尊 徳島大学先端酵素学研究所 藤井節郎記念医科学センター 細胞情報学分野 教授 ［第9章］
花房　洋 名古屋大学大学院理学研究科 生体調節論講座 生体応答論グループ 准教授 ［第10章］
青木一洋 岡崎統合バイオサイエンスセンター・基礎生物学研究所 定量生物学研究部門 教授 ［第11章］
吉村昭彦 慶應義塾大学大学院医学研究科 微生物学・免疫学 教授 ［第12章］
仁科博史 東京医科歯科大学難治疾患研究所 発生再生生物学分野 教授 ［第13章］

簡略目次

1 細胞シグナル伝達の概論 ... 1
2 タンパク質間相互作用の原理と機構 ... 21
3 シグナル伝達酵素とそのアロステリックな制御 ... 43
4 シグナル伝達における翻訳後修飾の役割 ... 89
5 シグナル伝達分子の細胞内局在 ... 119
6 セカンドメッセンジャー：低分子シグナルメディエーター ... 139
7 膜および脂質とその修飾酵素 ... 161
8 細胞膜を介した情報伝達 ... 183
9 タンパク質分解の制御 ... 227
10 モジュール構造とシグナル伝達タンパク質の進化 ... 255
11 シグナル伝達装置とシグナルネットワークによる情報処理 ... 291
12 細胞はいかにして決断を下すのか ... 323
13 シグナル伝達タンパク質とネットワークの研究法 ... 365

用語解説 ... 395
索引 ... 409

詳細目次

1 細胞シグナル伝達の概論 … 1

細胞シグナル伝達とは何か … 1
すべての細胞は周囲の環境に応答する能力をもつ … 2
細胞はさまざまなシグナルを認識し，
応答しなければならない … 3
シグナル伝達システムには克服すべき
多くの共通課題がある … 4

生物学的過程におけるシグナル伝達の基本的な役割 … 6
多くの異なる分野の研究が集約されて
シグナル伝達の根本的なメカニズムが明らかになった … 6
多様なシグナル伝達の経路や機構にも
基本的な共通性が存在する … 7
シグナル伝達は時空間的に
複数のスケールで作動しなければならない … 9

情報処理の分子媒体 … 11
情報はタンパク質の状態変化によって伝達される … 11
タンパク質の状態変化を導く方法は限られている … 12
多くの場合，状態変化には，複数の伝達様式における
変化が複合的に起こることが必要である … 14

シグナル経路やネットワークにおける
ノードのつながり … 16
情報伝達ではさまざまな状態の変化が連携している … 16
多様な状態変化が連携して
経路とネットワークを作り出す … 17
細胞の情報処理システムは階層的な構造をとる … 17

まとめ … 18
課題 … 19
文献 … 20

2 タンパク質間相互作用の原理と機構 … 21

タンパク質間相互作用の特性 … 22
タンパク質の結合状態の変化は，
直接的または間接的に機能に影響を与える … 22
タンパク質は広い相互作用面や短いペプチドを
介して結合する … 23

アフィニティーと特異性によって
細胞内の相互作用の起こりやすさが決まる … 25
結合相互作用の強さは
解離定数(K_d)によって定義される … 25
解離定数は相互作用の結合エネルギーに相関する … 27
解離定数は結合や解離の速度にも相関している … 29

細胞レベル，分子レベルでみたタンパク質間相互作用 … 30
みかけ上の解離定数は細胞内の局所的な環境や
結合パートナーから強く影響を受ける … 30
理想的なアフィニティーや特異性は生物学的機能や
リガンド濃度によって変化する … 31
相互作用のアフィニティーや特異性は
機能に適したものになっている … 32
相互作用のアフィニティーと特異性は
個別に調節されている … 34
協同性によって複数のリガンドが共役して
結合できるようになる … 35
多様な分子メカニズムが協同性を生み出す … 36
協同的な結合によってさまざまな機能が発揮される … 37
タンパク質集合体の安定性や均質性は多様である … 38

まとめ … 39
課題 … 39
文献 … 40

3 シグナル伝達酵素と
そのアロステリックな制御 … 43

酵素触媒の原理 … 44
酵素には，細胞内でシグナルを伝達するのに適した
多くの特性がある … 44
酵素は，化学反応の速度を上昇させるために
さまざまなメカニズムを用いている … 45
酵素は，エネルギー的に共役することにより
反応を一方向に推進する … 46

アロステリックな立体構造変化 … 47
タンパク質の構造的な柔軟性により，
アロステリックな制御が可能となる … 48
シグナル伝達タンパク質の立体構造の変化は，
いくつかの異なるクラスに分類される … 49

タンパク質リン酸化による活性調節メカニズム 50
リン酸化は調節を受ける目印として用いられる 50
リン酸化によりタンパク質の構造が壊されたり，構造変化が誘導されたりする 51

プロテインキナーゼ 53
プロテインキナーゼの構造と触媒メカニズムはよく保存されている 53
活性化ループとCヘリックスは，立体構造の変化を介してキナーゼ活性を制御する分子レバーとして，よく保存された構造である 55
インスリン受容体のキナーゼ活性は，活性化ループのリン酸化によって制御されている 56
Srcファミリーキナーゼでは，リン酸化によって離れた位置での立体構造の変化が調節されている 56
多数の結合を介する相互作用によって，プロテインキナーゼの基質特異性が調節されている 58
プロテインキナーゼは9つのファミリーに分類される 60

プロテインホスファターゼ 60
セリン/トレオニンホスファターゼは金属酵素である 62
ほとんどのチロシンホスファターゼの触媒作用には，システイン残基が関与している 64
チロシンホスファターゼがモジュラードメインによって活性制御を受けるのに対し，セリン/トレオニンホスファターゼは調節サブユニットの結合により活性制御を受けることが多い 66

Gタンパク質を介するシグナル伝達 67
Gタンパク質は，2種類の相反する作用を示す酵素によって立体構造の変化が制御されるスイッチである 67
GTPのγリン酸基の存在が，Gタンパク質のスイッチI領域およびスイッチII領域の立体構造を規定する 69
シグナル伝達系のGタンパク質は，2種類の主要なクラスに分類される 69
低分子量Gタンパク質はサブファミリーに分類され，種々の生物学的機能を制御している 70
多数の上流受容体が，比較的少数のヘテロ三量体Gタンパク質にシグナルを伝達する 71

Gタンパク質シグナル伝達系を調節する酵素 73
Gタンパク質共役受容体は，ヘテロ三量体Gタンパク質に対するGEFとして機能している 74
異なる種類のGEFドメインとGAPドメインが，それぞれに特異的な低分子量Gタンパク質ファミリーを制御している 74
GEFは，Gタンパク質のヌクレオチド結合ポケットを変形させることにより，GDPとGTPの交換を触媒している 76
GAPは，加水分解反応が進みやすいように触媒部位の立体構造を最適化する 77
RGSタンパク質は，ヘテロ三量体Gタンパク質に対するGAPとして機能している 78

Gタンパク質の活性をさらに微調節する機構もある 79

シグナル伝達酵素のカスケード 79
3層のMAPキナーゼカスケードは，すべての真核細胞にみられるシグナル伝達モジュールである 79
MAPKカスケードはしばしば足場タンパク質によって束ねられている 81
Gタンパク質の活性もシグナル伝達カスケードによって制御されうる 83

まとめ 84
課題 85
文献 86

4 シグナル伝達における翻訳後修飾の役割 89

翻訳後修飾とその効果 89
タンパク質は，単純官能基の付加により共有結合性の修飾を受ける 90
タンパク質は糖，脂質，さらにはタンパク質の付加による共有結合性の修飾も受ける 91
翻訳後修飾は，タンパク質の構造や局在，安定性を変化させる 93
翻訳後修飾の制御装置は多くの場合「書き込み装置・消去装置・読み込み装置」機構の一部として働く 94
翻訳後修飾はきわめて速いシグナル伝達と空間情報の伝達を可能にする 95

翻訳後修飾間の相互作用 96
翻訳後修飾は他の修飾を促進あるいは拮抗的に阻害する 97
p53は多彩な翻訳後修飾により精密に制御されている 98
p53の発現量と活性はユビキチン化とアセチル化によって制御される 99
その他の翻訳後修飾がp53活性の微調整を行う 100

タンパク質のリン酸化 100
リン酸化はタンパク質間相互作用と関連することが多い 101
キナーゼとホスファターゼは多様な基質特異性をもつ 103
タンパク質の多重リン酸化はさまざまなメカニズムによって生じる 103
特に原核生物において，ヒスチジンやその他のアミノ酸がリン酸化される 104
二成分調節系とヒスチジンリン酸化は真核生物にも存在する 107

ユビキチンおよび関連タンパク質の付加 107
特殊化した酵素群が

ユビキチンの付加と除去を仲介する ……… 108
E3ユビキチンリガーゼが
ユビキチン化されるタンパク質を決める ……… 108
ユビキチン結合ドメインは，さまざまな
細胞活動においてユビキチンシグナルを読みとる …… 109

ヒストンのアセチル化とメチル化 … 111
クロマチン構造はヒストンおよびヒストン結合
タンパク質の翻訳後修飾によって制御される ……… 111
タンパク質のメチル化とアセチル化にもとづく
2つの書き込み装置・消去装置・読み込み装置機構 … 112
転写調節におけるクロマチン修飾は，
動的で高度に協調的な相互作用を行う ……… 114

まとめ ……… 116
課題 ……… 116
文献 ……… 117

5 シグナル伝達分子の細胞内局在 … 119

シグナル伝達の通貨としての局在化 … 119
細胞内局在の変化が情報の伝達を可能にする ……… 120
細胞内局在は多様な仕組みで制御される ……… 121

核局在の制御 … 121
短いモジュラーペプチドモチーフが
核内・核外輸送の方向を決める ……… 122
核輸送はシャトルタンパク質と
Gタンパク質Ranによって制御される ……… 122
転写因子Pho4のリン酸化は核内外輸送を制御する … 123
STATの核内輸送は
リン酸化と立体構造の変化によって制御される ……… 124
MAPキナーゼの局在は，核およびサイトゾルの
相手分子との結合によって制御される ……… 125
Notchの核内局在は
タンパク質切断によって制御される ……… 126

膜局在の制御 … 126
タンパク質は膜を貫通したり
膜表面に結合したりする ……… 127
タンパク質は翻訳後に脂質と共有結合して
修飾されることもある ……… 127
モジュラー脂質結合ドメインは
タンパク質の膜結合制御に重要である ……… 128
脂質修飾されたタンパク質には
膜に可逆的に結合するものがある ……… 129
エフェクタータンパク質の活性化と膜へのリクルートの
共役は，シグナル伝達における共通テーマである …… 130
Aktキナーゼは膜へのリクルートと
リン酸化によって制御される ……… 130

膜輸送によるシグナル伝達の調節 … 131
タンパク質は多様な仕組みで細胞内へ移行する ……… 132
受容体の細胞内移行はシグナル伝達を調節する ……… 132
TGFβシグナル伝達の出力は，
受容体の細胞内移行の仕組みに依存する ……… 133
逆行性のシグナル伝達が，リガンド結合部位から
離れた場所へ影響を及ぼすことを可能にする ……… 134
異なる細胞内局在をするRasアイソフォームは
異なったシグナル伝達を出力する ……… 134

まとめ ……… 136
課題 ……… 136
文献 ……… 137

6 セカンドメッセンジャー：
低分子シグナルメディエーター … 139

低分子シグナルメディエーターの性質 … 139
低分子シグナルメディエーターは
産生と除去によって調節される ……… 140
低分子メディエーターは下流の
エフェクター分子に結合することで機能を発揮する … 140
低分子シグナルメディエーターは，迅速かつ遠くまで
届く，増幅されたシグナル伝達を可能にする ……… 141
低分子シグナルメディエーターは
複雑な時空間パターンを作り出しうる ……… 142

低分子シグナルメディエーターの種類 … 143
低分子シグナルメディエーターは
多様な物理的性質を示す ……… 143
環状ヌクレオチドであるcAMPとcGMPは，
シクラーゼによって産生され
ホスホジエステラーゼによって分解される ……… 144
環状ヌクレオチドは多様な細胞応答を制御する ……… 146
プロテインキナーゼAの制御（R）サブユニットは
cAMP結合により立体構造が変化する
センサーである ……… 146
低分子シグナルメディエーターのなかには
膜脂質に由来するものもある ……… 148
PLCは2つのシグナルメディエーター，
IP_3とDAGを生成する ……… 149
プロテインキナーゼCの活性化は
IP_3とDAGによって制御される ……… 149

カルシウムシグナル … 151
Ca^{2+}チャネルの活性化を介した制御が
一般的である ……… 151
Ca^{2+}流入は迅速で局所的である ……… 152
カルモジュリンは立体構造が変化する
細胞内カルシウム濃度センサーである ……… 153
シグナルがCa^{2+}波の伝搬を引き起こす ……… 154

特異性と制御 ... 155
足場タンパク質は入出力のレベルで低分子シグナルの特異性を高める ... 155
AKAP足場タンパク質はcAMPシグナルのダイナミクスも制御する ... 157

まとめ ... 157
課題 ... 158
文献 ... 158

7 膜および脂質とその修飾酵素 ... 161

生体膜とその性質 ... 161
生体膜はさまざまな極性脂質によって構成される ... 162
膜脂質の構造的特性は二重層の形成に有利である ... 163
膜の組成が物理的な特性を決める ... 164
水溶液中と膜上では生化学反応の起こり方が根本的に異なっている ... 166

シグナル伝達における脂質修飾酵素 ... 167
ホスホリパーゼを介した膜脂質の切断によりさまざまな生理活性物質がつくられる ... 167
さまざまな脂質キナーゼおよび脂質ホスファターゼがシグナル伝達に関与している ... 169

脂質を介した主なシグナル伝達経路の例 ... 170
ホスホイノシチドは膜への結合部位であり、シグナルメディエーターの供給源でもある ... 170
ホスホイノシチド分子種は一連の膜結合シグナルとなる ... 172
ホスホリパーゼDは重要なシグナルメディエーターであるホスファチジン酸を産生する ... 174
ホスホリパーゼDはmTORシグナル伝達経路にかかわる ... 175
スフィンゴミエリンの代謝によって多くのシグナルメディエーターが産生される ... 177
ホスホリパーゼA_2は一群の強力な炎症性メディエーターの前駆体を産生する ... 179

まとめ ... 180
課題 ... 181
文献 ... 181

8 細胞膜を介した情報伝達 ... 183

細胞膜を介したシグナル伝達の基本原理 ... 183
細胞は多様な外界情報を処理し、応答しなければならない ... 184
膜を介した情報伝達に利用される3つの基本戦略 ... 185
多くの薬物は受容体を標的とする ... 186

膜貫通型受容体によって使われる情報伝達の戦略 ... 186
複数の膜貫通セグメントをもつ受容体は、リガンド結合に応じて立体構造を変化させなければならない ... 187
1回膜貫通型受容体はリガンド結合に応じて高次集合体を形成する ... 187
受容体の集合体形成は、シグナルの伝播にアドバンテージを与える ... 188

Gタンパク質共役受容体 ... 190
Gタンパク質共役受容体は固有の酵素活性をもつ ... 191
GPCRによるシグナル伝達は非常に迅速であり、シグナルを莫大に増幅する ... 192

酵素活性と連携した膜貫通型受容体 ... 193
受容体型チロシンキナーゼは、多細胞真核生物にとって重要な細胞運命決定を制御する ... 193
TGFβ受容体は転写因子を活性化するセリン/トレオニンキナーゼである ... 194
固有のプロテインホスファターゼ活性あるいはアデニル酸シクラーゼ活性をもつような受容体も存在する ... 196
受容体とプロテインキナーゼの非共有結合による連結は、シグナル伝達の1つの共通戦略である ... 197
一部の受容体は、キナーゼの活性化とタンパク質分解処理の双方を用いた複雑な経路でシグナルを下流へ伝える ... 200
Wntシグナルとヘッジホッグシグナルは、個体発生で重要な役割を果たすシグナル経路である ... 201
さまざまな受容体がタンパク質分解活性と連動する ... 205

ゲート型チャネル ... 207
ゲート型チャネル群は、全体構造に共通点をもつ ... 207
電位依存性カリウムチャネルは、ゲートの開閉とイオン特異性のメカニズムを理解するための手がかりを与えてくれる ... 208
リガンド依存性イオンチャネルは神経伝達で重要な役割を果たす ... 211

膜透過性のシグナル伝達 ... 212
一酸化窒素は血管系における近距離のシグナル伝達を仲介する ... 213
O_2の結合は低酸素応答を制御する ... 214
ステロイドホルモンの受容体は転写因子である ... 214

受容体シグナルのダウンレギュレーション ... 217
ユビキチン化は、細胞表面の受容体のエンドサイトーシスとリサイクル、および分解を制御する ... 218
Gタンパク質共役受容体は、リン酸化とアダプターの結合により脱感作される ... 220

まとめ ………………………………………… 223
　　課題 …………………………………………… 223
　　文献 …………………………………………… 224

9　タンパク質分解の制御　227

シグナル伝達によって制御される
タンパク質分解の一般的性質と例 ……………… 227
　　プロテアーゼは多彩な酵素からなるグループである … 228
　　血液凝固はプロテアーゼのカスケードによって
　　制御される …………………………………… 229
　　メタロプロテアーゼによるタンパク質分解の制御は
　　シグナル分子を産生して細胞外環境を変化させる … 231
　　ADAMは膜結合タンパク質を切断することによって
　　シグナル伝達経路を制御する ………………… 231
　　MMPは細胞外環境のリモデリングに関与する … 233
　　タンパク質分解はトロンビン受容体を活性化する … 234
　　RIPはいくつかの受容体のシグナル伝達に
　　必須のステップである ………………………… 234

ユビキチンとプロテアソームによる分解経路 …… 235
　　プロテアソームは細胞内タンパク質を分解する
　　特殊な分子装置である ………………………… 236
　　細胞周期は2つの大きなユビキチンリガーゼ複合体に
　　よって調節されている ………………………… 237
　　SCFは特定のリン酸化タンパク質を認識して
　　破壊の標的とする ……………………………… 238
　　2種類のAPCが細胞周期の異なるポイントで働く … 239
　　NF-κBは阻害因子の分解制御によって
　　調節されている ………………………………… 241

カスパーゼを介した細胞死経路 …………………… 243
　　アポトーシスは順序正しく高度に制御された
　　細胞死形式である ……………………………… 243
　　カスパーゼの活性は厳密に制御されている …… 245
　　外因性経路はデス受容体と
　　カスパーゼの活性化をつないでいる ………… 247
　　ミトコンドリアは
　　内因性の細胞死経路を統合している ………… 249

　　まとめ ………………………………………… 253
　　課題 …………………………………………… 253
　　文献 …………………………………………… 254

10　モジュール構造と
　　　シグナル伝達タンパク質の進化　255

モジュラータンパク質ドメイン …………………… 256
　　タンパク質ドメインは通常球形構造をとる …… 256
　　バイオインフォマティックな手法で
　　タンパク質ドメインを同定できる …………… 256
　　ドメインはより小さな
　　複数の繰り返しからなることがある ………… 257
　　タンパク質ドメインは
　　しばしば認識モジュールとしてふるまう …… 258

翻訳後修飾を認識する相互作用ドメイン ………… 261
　　SH2ドメインは
　　ホスホチロシンを含む部位に結合する ……… 262
　　SH2ドメインには
　　より大きな結合構造の構成要素となるものがある … 264
　　さまざまなタイプの相互作用ドメインが
　　ホスホチロシンを認識する …………………… 266
　　多数のドメインが
　　セリン/トレオニンリン酸化モチーフを認識する … 267
　　14-3-3タンパク質は特定のホスホセリン/
　　ホスホトレオニンモチーフを認識する ……… 267
　　相互作用ドメインは
　　アセチル化やメチル化された部位を認識する … 268
　　ユビキチン化はタンパク質間相互作用を制御する … 269

未修飾のペプチドモチーフまたは
タンパク質を認識する相互作用ドメイン ………… 270
　　プロリンに富む配列は魅力的な認識モチーフである … 270
　　SH3ドメインはプロリンに富んだ
　　モチーフと結合する …………………………… 271
　　PDZドメインはC末端ペプチドモチーフを認識する … 271
　　タンパク質相互作用ドメインは
　　二量体や多量体を形成できる ………………… 272

リン脂質を認識する相互作用ドメイン …………… 273
　　PHドメインはホスホイノシチド結合ドメインの
　　主要なクラスを形成している ………………… 274
　　FYVEドメインはエンドサイトーシスタンパク質に
　　みられるリン脂質結合ドメインである ……… 275
　　BARドメインは曲がった膜と結合し,
　　安定化している ………………………………… 275

相互作用ドメインを組合わせることで
複雑な機能を作り出すことができる ……………… 276
　　ドメインの組換えは進化を通じて起きる …… 276
　　相互作用ドメインまたはモチーフの組合わせは,
　　シグナル伝達複合体構築の足場として利用される … 277
　　PDZドメインを含む足場タンパク質は, シナプス後膜
　　肥厚のような細胞間シグナル伝達複合体を組織する … 278
　　多数のホスホチロシンモチーフをもつタンパク質は,
　　ダイナミックに制御される足場として機能する … 278

相互作用ドメインと触媒ドメインの組換えは複雑な
アロステリックスイッチタンパク質を作り出す …… 280

多くのシグナル伝達酵素が
アロステリックなスイッチである ……… 280
14-3-3タンパク質は2つのリン酸化部位と協調的に
結合することでRafキナーゼを制御している ……… 280
ある植物のプロテインキナーゼはモジュラー光駆動性
ドメインによって制御されている ……… 281
モジュラー相互作用による
好中球NADPHオキシダーゼの制御 ……… 282

ドメインの組換えによって
新しい機能が作り出される ……… 283
あるモジュラードメインの再編成はがんを生じる …… 283
新しいシグナル伝達様式を設計するため，
モジュールを実験的に組換えることができる ……… 283

まとめ ……… 286
課題 ……… 287
文献 ……… 288

11　シグナル伝達装置と
　　シグナルネットワークによる情報処理 … 291

情報処理装置としてのシグナル伝達システム ……… 292
シグナル伝達装置は状態機械とみなすことができる … 292
シグナル伝達装置は階層的に組織化されている ……… 294
シグナル伝達装置は入力検出において
さまざまな課題に直面している ……… 295
タンパク質は
シンプルなシグナル伝達装置として機能する ……… 295

多入力シグナルの統合 ……… 297
論理ゲートは複数入力の情報を処理する ……… 298
シンプルなペプチドモチーフは
複数の翻訳後修飾入力を統合できる ……… 298
サイクリン依存性キナーゼは
アロステリックなシグナル統合装置である ……… 299
モジュールをもつシグナル伝達タンパク質は
多入力を統合できる ……… 300
転写プロモーターは複数のシグナル伝達経路からの
入力を統合することができる ……… 302

入力の強さや持続時間に対する応答 ……… 303
シグナル伝達システムは入力シグナルの振幅に対して
連続的に，もしくは閾値的に応答する ……… 304
酵素は協同性によりスイッチとして
ふるまうことができる ……… 305
ネットワークもスイッチ的な活性化を作り出す ……… 307
シグナル伝達システムは，一過的な入力と
持続的な入力とを区別することができる ……… 309

出力の強さや時間間隔の調節 ……… 311
シグナル伝達経路は多くの場合，
その伝達過程でシグナルを増幅する ……… 311
負のフィードバックは出力の微調整を可能にする …… 312
細胞は順応により出力の時間間隔を
制御することができる ……… 312
フィードバックは2つの安定状態の間で
出力を振動させることができる ……… 316
双安定応答はより持続的な出力の基礎となる ……… 317

まとめ ……… 320
課題 ……… 321
文献 ……… 321

12　細胞はいかにして決断を下すのか ……… 323

12.1　脊椎動物の視覚：光受容細胞が
　　　光信号を受け取り増幅する機序 ……… 326
器官　脊椎動物の眼 ……… 327
細胞　光受容細胞 ……… 327
分子ネットワーク　視覚伝達カスケード ……… 328
光受容細胞は，どのようにして光を脳へ伝達されうる
生化学的信号に転換しているのか ……… 329
光受容細胞は，例えば1光子程度の低光度の光を
どのようにして感受しているのか ……… 330
どのようにしてそれほど迅速に反応できるのか …… 331
光受容細胞は光量の増加を感知するためにどのように
してすばやくリセットを行っているのか ……… 331
まとめ ……… 333
文献 ……… 333

12.2　PDGFシグナル伝達：創傷治癒における
　　　制御された細胞増殖の惹起 ……… 334
組織　創傷治癒の過程 ……… 335
細胞　創傷と血小板活性化に対する
線維芽細胞の反応 ……… 335
分子ネットワーク　線維芽細胞の増殖制御 ……… 336
線維芽細胞は局所で発生した傷を
どのようにして感知するのか ……… 337
細胞内のPDGFシグナルがどのように伝達されて
細胞増殖のようなふるまいに至るのか ……… 338
増殖反応の誤った活性化はどのようにして
防がれているのか ……… 339
増殖反応はどのようにして終息へと導かれるのか …… 340
まとめ ……… 341
文献 ……… 341

12.3　細胞周期：細胞増殖の間に起こる
　　　明瞭かつ不可逆的なフェーズ間移行 ……… 342
細胞　細胞周期の各フェーズ ……… 343

分子ネットワーク　サイクリン依存性キナーゼ (CDK)
は中心的なスイッチであり, その活性は異なる
サイクリンによって修飾を受けている ……………… 344
　細胞周期フェーズ間の明瞭かつ不可逆的な移行は
　どのように起こるのか ……………………………… 345
　細胞周期はどのようにして適切な条件下でのみ
　移行が進むようにしているのか …………………… 348
まとめ ……………………………………………………… 350
文献 ………………………………………………………… 350

12.4　T細胞シグナル伝達：
適応免疫応答の発動を制御する …………… 352
臓器　適応免疫応答を惹起する ………………………… 354
細胞　T細胞と抗原提示細胞の結合 …………………… 355
分子ネットワーク　TCRシグナル伝達ネットワーク … 356
　TCRはペプチド-MHC複合体を認識した後,
　どのようにシグナルを伝達するのか ……………… 358
　10個程度の少数の抗原ペプチドによる刺激が
　どのようにしてT細胞の安定した応答を
　引き起こしているのか ……………………………… 359
　T細胞は間違った活性化を
　どのように避けているのか ………………………… 361
　T細胞は抗原ペプチドと非抗原ペプチドを
　どのようにして見分けているのか ………………… 362
まとめ ……………………………………………………… 364
文献 ………………………………………………………… 364

13　シグナル伝達タンパク質と
ネットワークの研究法 ………………… 365

タンパク質の生化学的および生物物理学的解析 ………… 365
分析的な方法で定量的に
結合パラメータを決定できる …………………………… 365
ミカエリス・メンテン解析は
酵素の触媒活性を測定する方法を提供する …………… 367
タンパク質の構造を決定したり解析する方法は,
シグナル伝達研究の中心である ………………………… 369
X線結晶構造解析は
高解像度のタンパク質構造を提供する ………………… 371
核磁気共鳴法は小さなタンパク質の
動的構造を明らかにできる ……………………………… 372
電子顕微鏡は非常に大きなタンパク質複合体の
形状を分析できる ………………………………………… 373

特殊な分光学的方法によって
タンパク質の動的な動きを研究できる ………………… 374

タンパク質の相互作用と局在のマッピング ……………… 374
細胞抽出液からタンパク質複合体を単離することで,
相互作用するタンパク質を同定できる ………………… 375
大きな遺伝子ライブラリーをスクリーニングすることで
結合相手を同定できる …………………………………… 376
固相スクリーニングによって
直接のタンパク質間相互作用を検出できる …………… 377
蛍光タンパク質のタグは, 生細胞中でのタンパク質の
局在確認と追跡に使うことができる …………………… 377
生細胞中でタンパク質間相互作用を
直接可視化できる ………………………………………… 379

細胞シグナル伝達ネットワークを撹乱する方法と
細胞応答をモニタリングする方法 ………………………… 380
ネットワークを撹乱するために用いられる
遺伝学的および薬理学的方法 …………………………… 381
化学的二量体化剤とオプトジェネティクス的タンパク質
を用いることで, 人工的にシグナル伝達経路を
活性化する強力な方法が提供される …………………… 382
cDNAマイクロアレイやハイスループット配列決定は,
単一細胞内の転写状態をモニタリングするのに
用いられる ………………………………………………… 383
修飾特異的な抗体を用いる方法で,
翻訳後修飾の変化を追跡できる ………………………… 383
質量分析法はタンパク質やその修飾を同定するために
汎用されている …………………………………………… 385
生細胞タイムラプス (経時的) 顕微鏡法で,
単一細胞応答の動態を追跡する ………………………… 388
バイオセンサーで生細胞内のシグナル伝達活性を
モニタリングする ………………………………………… 390
フローサイトメトリーは単一細胞の応答を
迅速に解析できる方法を提供する ……………………… 391

課題 ………………………………………………………… 393
文献 ………………………………………………………… 394

用語解説 ………………………………………………… **395**

索引 ……………………………………………………… **409**

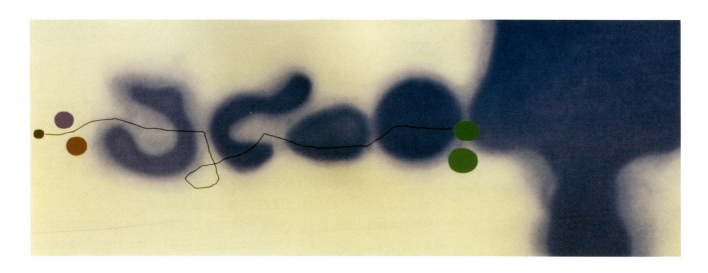

細胞シグナル伝達の概論

　生きている細胞はみな，外部環境からのシグナルを認識し，それに応じてみずからの活動を調節する。原始の細胞を思い起こしてみれば，環境の特徴を感知し，それに適応する能力を発揮させる方向に途方もなく大きな進化的圧力がかかっていたであろうことは容易に想像できる。栄養を感知してその方向に動いたり，ストレスや毒素を感知して回避したりする能力によって，単細胞生物は生存競争において大きな優位性を得ただろう。この外部環境からの刺激に応答する能力は単細胞生物にとって重要であることはもちろん，持続的かつ広範な情報交換によって多数の細胞の活動を協調させている多細胞生物が正常に発生し機能するためにも必要不可欠である。さらに，このような細胞の情報交換が正しく機能しなくなると，がんなどの疾患に至ることがある。本章では，細胞シグナル伝達の基本的な原理や，その基礎となる分子メカニズムを紹介する。

細胞シグナル伝達とは何か

　細胞は，生命の最も小さな基本単位である。細胞が「生きている」ことをはっきりと規定するものの1つが，刺激を感知し，それに対してダイナミックに応答するという驚くべき能力である。情報を感知または受容して決断を下すという細胞のもつ能力は，情報処理というより広い観点からとらえることも可能である。シグナル伝達には，情報伝達システムとしてはよりなじみのある電子機器などの工学的原理や設計上の原則との類似点がある。シグナル伝達のメカニズムについての研究がこれほどまでに人を引きつけるのは，生物がもつシステムに特有の性質

と，情報処理を行うあらゆるシステムがもつ普遍的な性質との間に共通点があるためである。

すべての細胞は周囲の環境に応答する能力をもつ

生命の正確な定義について，生物学者と哲学者の意見は完全に一致しているわけではないかもしれないが，ほとんどの定義には自律性，エネルギー産生能力，生殖能力といった多数の共通した性質が含まれる。このような共通した性質の1つに，適応性，つまり環境の変化に応答する能力がある。あるものが生物であるか無生物であるか，あるいは生きているか死んでいるかを調べるには，つついたときに反応するかどうかをみればよいと誰もが知っている。

単細胞生物は，変化していく環境下での生存力を高めるために，周囲の環境中のさまざまな分子種やストレスを感知する能力を発揮し，それに応じて遺伝子発現，増殖，構造，代謝の状態を変えることができる。多細胞生物の出現に伴って，個体を構成する個々の細胞は，他の細胞から発せられた特定のシグナルを感知するという高度に特化した能力を進化させ，これによって個体内での並はずれたレベルの情報交換が可能になった。増殖，細胞死，形態，代謝を協調的に制御することは，多数の細胞が1つのまとまった生物として連携して機能するために必要不可欠である。さらに細胞はみずからの内部状態を監視し，自己修正的に応答する能力をもっており，これは細胞のホメオスタシスと修復の基礎となる。したがって，細胞で起こる刺激から応答に至るまでのさまざまな現象の研究を取り巻く細胞シグナル伝達は，すべての生物学の中心をなすのである。

現在，生物学的システムについての知識が急速に増加するにつれて，われわれは細胞シグナル伝達を，細胞がどのように情報を処理するのかという，より一般的な観点からとらえるようになった。細胞がどのように多様なシグナル入力を受容して，処理・統合し，応答に変換するかは，他のシステムがさまざまな規模で行っている情報処理と多くの点で類似している。われわれは，細胞における情報の処理や蓄積について，脳やコンピュータの場合と同様に考えることができる（図1.1a）。個体のレベルで例をあげると，アスリートがボールの動きを察知してその軌道を計算し，さまざまな筋肉を協調的に動かしてボールをとらえるのに適した反応をするという過程をほんの一瞬のうちに行えることにわれわれは驚嘆する。個々の細胞も，似たように並はずれた挙動をとる。例えば，外部環境のごくわずかな特定の分子の存在を感知し，細胞分裂，方向性のある遊走，細胞死などの活動に至る精巧な細胞プログラムを作動させて応答する。これらの局面の1つ1つにおいて，共通の課題が克服されなければならない。ごくわずかであるがその例をあげると，かすかな入力シグナルを感知して増幅し，確実に応答すること，多様で相反するシグナルを統合し一貫性のある応答をすること，シグナルの強さ

図 1.1

細胞シグナル伝達システムは情報を処理する
(a)細胞シグナル伝達システムの役割は，環境からの入力を受け取り，その入力にもとづいて適切な出力応答を生み出すことである。細胞によって行われる情報処理は，脳やコンピュータなど，他のよく知られている情報処理システムと概念的に類似している。(b)細胞の情報処理は，密に詰めこまれた多様な生体分子の集合によって行われる。(bはD.S. Goodsell, *Trends Biochem. Sci.* 16: 203–206, 1991より，Elsevierの許諾を得て掲載）

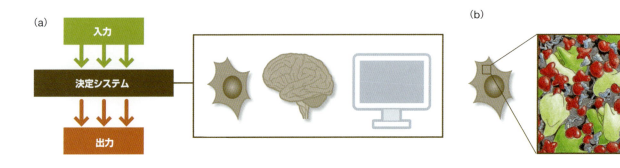

や長さに合わせ，適切な場合に応答を停止させることなどがある。こうしたことは，細胞あるいは個体がなしとげる必要がある情報処理における普遍的な課題である。

　本書では，生命の最も小さな単位である細胞によって行われる情報処理に焦点をあてる。特に面白いのは，このような課題がどのようにして細胞を構成する分子群によってなされるのかということである。携帯電話やコンピュータといった人の手によってつくられた機器の整然としたシステムが配線やトランジスタなどから構成されるのとは異なり，細胞の情報処理装置は，すばやく拡散するタンパク質，脂質，核酸やその他の生体分子の混合物から構成されており，それらは水を通さない膜によって密に詰めこまれている（図1.1b）。遺伝子により直接的もしくは間接的に発現制御されるこのような分子群が，どのようにして複雑な情報処理活動を可能にしているのかということは，現代生物学において最も興味深くかつ根本的な問題の1つである。

細胞はさまざまなシグナルを認識し，応答しなければならない

　細胞のシグナル伝達システムが直面する問題がいかに広範に及ぶかについてよりよく理解するために，それが応答しなければならない入力シグナルの種類について簡単に考えてみよう。このような入力シグナルのうちいくつかを，引き起こされうる応答の種類とともに図1.2に示した。

　単細胞生物と多細胞生物の細胞に共通する最も基本的なシグナル入力には，さまざまな環境ストレスに加え，細胞にとって有用な栄養やその他の原材料物質がある。栄養の場合でいえば，細胞は生育に適した環境にとどまり続けてその利点を活かすか，より栄養に富んだ場所へ動くことが多い。一方で，有害な物理的刺激あるいは化学的刺激があると，細胞は場所を移すか，状況がよくなるまで難局を耐え抜こうと環境に適応するだろう。例えば，リン酸が不足した酵母は，リン酸の使用を最小限に抑え，取り込みを増加させ，環境中の物質からリン酸を遊離させるための酵素（ホスファターゼとして知られる）を細胞から分泌するという複合的な応答を行う。

　多細胞生物においては，さまざまな組織や器官を構成する多数の細胞の1つ1

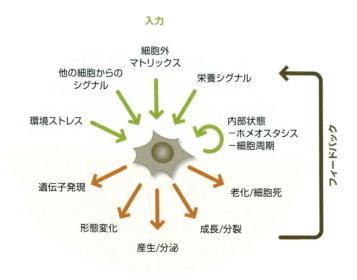

図1.2

細胞シグナル伝達における入力と出力の多様性
細胞は外部および内部の多様なシグナルを読みとり，この情報を使って多くの出力応答を生み出さなければならない。いくつかの一般的な入力（緑色の矢印）と出力（赤色の矢印）を示す。多くの場合，システムの出力によってその後の入力に対する応答が変化する（フィードバック）。

つが，単細胞生物とはまったく異なる一連のシグナルを感知する必要がある．例えば細胞は，器官や組織の発生および機能を制御するために，近くのあるいは隣接した細胞にシグナルを送る．これによって，細胞群はそれぞれが自分勝手に活動する個々の細胞の集まりとしてではなく，統合された単位として連携することができる．このような局所的なシグナルには，短い距離しか拡散しない溶解性のシグナルや，細胞の表面に付着しているために直接接触している細胞のみが感知することのできるシグナル，さらには細胞が接着する際の物理的骨組みとなる**細胞外マトリックス**(extracellular matrix：ECM)からのシグナルが含まれる．

より遠距離で作用するさまざまなシグナルもまた，個体の中のあらゆる場所で放出され，輸送されるが，これによって空間的に隔てられた細胞が集団で働くことができる．よく知られている例が**ホルモン**(hormone)の一種であるインスリンで，これは膵臓のLangerhans島にある細胞によって分泌され，血流に乗って循環し，全身の組織における代謝活性を制御する．他の例としては副腎によって分泌されるアドレナリンがあり，これは個体全体に及ぶほぼ即時的な「闘うか逃げるか」の闘争・逃走反応を引き起こす．また，生殖腺によって分泌される性ホルモンは，思春期に起こる多くの身体の変化を指揮する．

最後に，細胞は変化していく状況に適応し，損傷に対して応答するために，みずからの内部状態を継続的に監視する必要がある．**ホメオスタシス**(homeostasis)とは，環境条件が変化しても自発的に活動を調節して細胞内環境を一定に保つ，生命体がもつ能力である．これは細胞がもつ周囲の環境に応じて活動を変化させる能力と相反するように聞こえるかもしれないが，環境変化を感知し，それに応じて細胞の活動を修正する能力の別の表現にすぎない．一般に，これらのホメオスタシス維持機構では**フィードバック**(feedback)が行われる．これは，あるシステムからの出力が，そのシステムに入力されるシグナルの調節を行うことである．例えば，細胞内のある代謝産物の量が多いと，その代謝産物を生成する生合成酵素の機能が停止したり，その代謝産物や前駆体の取り込みをつかさどるチャネルが閉じたりする．フィードバックはほとんどすべての細胞シグナル伝達システムにおいて重要な構成要素である．

細胞が監視しなければならない内部状態の例としては，物理的損傷や化学的損傷(ゲノムDNAに対するものなど)，細胞分裂の進行(細胞周期)がある．例えば，**有糸分裂**(mitosis；ゲノムDNAを含め，細胞が2つの娘細胞に分かれる過程)に入る準備をしている細胞は，有糸分裂の物理的事象が始まる前にDNA複製が確実に完了していなければならない．

シグナル伝達システムには克服すべき多くの共通課題がある

細胞のシグナル伝達システムは，情報を確実に処理し，適切な応答をするために，多くの課題を克服しなければならない．これらの課題のいくつかを**表1.1**に示した．その克服がどのように達成されているのか，われわれの理解はとても完全とはいえないが，本書ではこれらの課題に対する解決法について論じる．本章では，ほんの一部ではあるがシグナル伝達が克服しなければならない課題を紹介することで，その重要性と複雑性を感じとってもらいたい．

特異性(specificity)の問題は，情報処理が起こる細胞内環境を考えた場合に特に重要である．**サイトゾル**(cytosol)(と多細胞生物のほとんどの細胞の細胞外環境)は有機分子の高濃度溶液であり，個々の構成成分のモル濃度は非常に高くなっている．そのような高密度環境で特定のシグナルを選り抜くことができるようにすることは，手強い課題である．細胞内に存在する分子は実にさまざまに異なっ

表1.1

細胞の情報処理における根本的な課題

課題
分子は細胞の内側と外側，どちらの刺激も感知できなければならない
感知された情報は蓄積され伝達されることによって，最終的に遺伝子発現，細胞の形態や代謝など，細胞内の中心的な生理学的過程の変化を引き起こさなければならない
ランダムな変動（ノイズ）を除く一方で，微小な入力でも出力を大きく変化させられるように，情報を増幅しなければならない
出力が複数の入力によって形成されるように，情報は統合されなければならない
出力情報は，細胞のふるまいのフィードバック制御を可能にするように，伝達処理されなければならない
情報は細胞を囲む不透過性の細胞膜を通って伝達されなければならない
時間的，空間的に正しい応答を行うために情報処理は協調されなければならない
シグナルは，細胞周囲の状態や分子成分の濃度の変化など，多様な状況の変化に堅実に応答できなければならない
細胞は同時に多くの活動を協調させなければならない。また，膨大な数や種類の分子がみずからの内部で拡散しているなかで，細胞はシグナル伝達の特異性を維持しなければならない
進化は新しい応答を生じさせるとともに，既存の応答を最適化し調整しなければならない

ている。具体的には何千もの遺伝子のタンパク質産物があり，さらにそれぞれがmRNAの選択的スプライシングや，さまざまな翻訳後修飾やプロセシングを受けてさらなる多様性を生じさせる。加えて，多数の脂質，糖質，核酸や，より単純な有機分子も含まれる。それにもかかわらず，細胞のシグナル伝達システムは，ポリペプチド鎖のねじれやリン酸基の付加など細部がわずかに異なる2つの生体分子を容易に区別し，濃度のわずかな違いを確実に検出することができる。

　この複雑な分子環境の中で，細胞のシグナル伝達システムはどんなにかすかな入力シグナルに対しても強く応答できなければならない。シグナルを受容した細胞が，生か死か，あるいは分裂期に入るか静止期にとどまるかといった大規模な変化を引き起こす際の引き金として，ホルモンのようにたった1つあるいは少数の入力分子で十分な場合もある。この入力されるシグナルを増幅する能力（シグナル増幅）は，シグナル伝達システムが同時に背景に潜むさまざまなノイズ，すなわち細胞内でひしめき合っている細胞の構成成分の立体構造や活性，局所濃度のランダムなゆらぎなどに耐えなければならないことを考えると，なおいっそう驚くべきものである。

　細胞のシグナル伝達システムが直面するもう1つの課題は，**シグナル統合**（signal integration）である。一般的な細胞は非常に多くの入力に同時にさらされており，しばしば応答はこれらのシグナルのうちただ1つではなく複数に依存する。例えば，細胞が増殖することを決定するのは，栄養素が豊富で特定の増殖促進シグナル伝達分子が存在し，細胞が特定の細胞外マトリックスにしっかりと接着し，細胞体積が2つの娘細胞を生じるために十分大きく，ゲノムDNAが損なわれていないときのみである。これらの個々の条件は必要ではあっても，単独では増殖プログラムを作動させるには十分ではない。したがって，細胞の情報処理は，単にある種の入力を異なる出力へと変換するだけではなく，より複雑なものである。

　最後に，細胞はさまざまな方法で出力を経時的に調節しなければならない。例えば，一定の刺激に対して細胞が最初に大きく応答し，その後応答を終結させることは，細胞にとってしばしば有用となる。このダウンレギュレーション（下方

制御)は一種のフィードバックであり，システムからの出力がその後の出力を抑制する。さらに複雑な出力調節によって，システムはさまざまなレベルをとる入力に対して適切に応答するために感度を調節したり(**適応**〔adaptation〕)，出力活性の波動や振動を生み出したりすることができる。

生物学的過程におけるシグナル伝達の基本的な役割

　シグナル伝達機構についての現在の理解は，異なる実験的手法を用いた，一見関連のない分野における長年の研究の成果である。一連の生物学的過程に関与する重要な遺伝子の同定やクローニング，配列決定の技術が目覚ましく進歩したのはごく最近のことだが，そのおかげで同一あるいは密接に関連したシグナル伝達分子群が広範な生理的情報処理に用いられていることが発見された。この発見は過去数十年の重要な科学的成果の1つであり，細胞シグナル伝達という分野の出現につながった。

多くの異なる分野の研究が集約されてシグナル伝達の根本的なメカニズムが明らかになった

　シグナル伝達という研究分野は，それぞれ異なると考えられていた多くの学問領域から発生してきたという歴史的経緯をもつ(図1.3)。多様な研究領域が細胞シグナル伝達の分野にたどりついたことは，生物学全体においてシグナル伝達が中心的な役割を担うことを表している。例えば，シグナル伝達は通常の生理機能において非常に重要であるため，シグナル伝達機構の混乱や誤制御は多くのヒト疾患の根底にあり，したがってこれらのメカニズムは医学やヒトの健康において関心を集めるものとなっている。同様に，正常な発生のためには分化や運動など

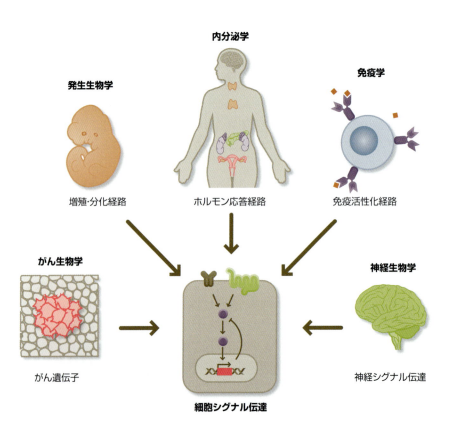

図1.3

現在の細胞シグナル伝達の理解に貢献した多くの研究領域　広範な学問領域における研究によって，さまざまな生物学的活動の基盤となる共通のメカニズムや経路が明らかになった。

細胞の挙動が正確に協調しなければならないので，発生過程についての研究は必然的に根底にあるシグナル伝達機構を明らかにすることになる．また，シグナル伝達装置は遺伝物質にコードされるタンパク質などの生体分子から構成されているため，シグナル伝達機構の解析は，生化学的・遺伝学的な実験的手法や分析手段を用いた研究になじみやすい．

　がん生物学はシグナル伝達という分野の出現に特に重要な役割を果たした．がんの分子基盤についての理解は，**がん遺伝子**(oncogene)の発見によって一変した．がん遺伝子に変異や過剰発現が起こると，通常のシグナルに対する不適切な応答が引き起こされ，したがって細胞の増殖に歯止めがかからなくなり，悪性腫瘍(がん)の形成に至る場合がある．がん遺伝子がクローニングされて生化学的に解析された結果，ほとんどの場合でシグナル伝達タンパク質が恒常的に活性化されたり誤制御されていたことがわかった．シグナル伝達の誤りがどのようにがんにつながりうるのかを理解することによって，細胞の増殖や分化を制御する通常のシグナル伝達機構についてきわめて多くの知見が得られた．

　内分泌学という研究分野は，血液中に分泌されるインスリンなどのホルモンが，個体を構成するさまざまな器官と分泌腺との間の生理的コミュニケーションをどのように協調させているのかに焦点をあてている．標的細胞がホルモンに応答する生化学的基盤が探求されるにつれ，がん生物学でみつかったシグナル伝達分子に類似した分子群の関与が見出されてきた．例えばインスリンの受容体は，ヒトのコモンディジーズである糖尿病における重要性から世界で初めてクローニングされたホルモン受容体の1つであるが，それががん遺伝子のタンパク質産物と密接に関連し，同じ生化学的活性(標的基質のチロシン残基をリン酸化する能力)をもっていたという事実は，シグナル伝達機構の共通性を明確にするものであった．

　発生生物学の分野では，多細胞生物における各細胞の運命パターンを乱すような変異を同定するために，ショウジョウバエ(*Drosophila melanogaster*)や線虫(*Caenorhabditis elegans*)などのモデル生物において，正常な発生に影響する遺伝的変異のスクリーニングが行われた．がん研究と同様，その変異によって通常の生理機能が混乱する遺伝子の同定は，通常のシグナル伝達機構を理解するための重要な手段の1つであった．発生学者はカエルやニワトリの胚操作など他の手法を用い，細胞の運命決定や分化に関与する制御分子にも焦点をあてた．発生を制御する遺伝子が同定され，特徴づけられるにつれ，その多くは発がんに関与するシグナル伝達分子と類似あるいは同一であることがわかった．

　シグナル伝達の理解には，神経生物学や免疫学など他の専門領域からの貢献も重要であった．神経システムと免疫システムはどちらも，個体レベル，生理学的レベルの情報処理に明確に関与している．これらの分野の研究から，分子レベルで考えた場合，これらのシステムの発達や適切な機能には類似したシグナル伝達分子やモジュールの一群が関与していることが示された．すなわち，神経システムでは高次認識機能を実現するためにニューロンが情報を交換し，一方免疫システムでは外来の病原体を検出し応答するために免疫細胞が情報を交換するが，分子レベルでは両者は多くの共通する種類の分子や分子ネットワーク構造をもっている．

多様なシグナル伝達の経路や機構にも基本的な共通性が存在する

　1990年前後，ショウジョウバエや線虫に関する研究と，がん生物学において当時進められていた研究が集約され，さまざまな状況下の細胞が使用している重

図1.4

3つの異なった細胞システムにおける共通のシグナル伝達経路 ヒトのがんを引き起こす誤制御されたシグナル伝達の研究(左)と，ショウジョウバエにおける網膜細胞の運命決定に関する研究(中央)と，線虫における産卵口の細胞の運命決定に関する研究(右)は，同一のシグナル伝達経路に集約された．それぞれの生物に対応する遺伝子や遺伝子産物の名前を示し，左端にはそれらの機能を記した．ヒトの場合，上皮増殖因子受容体(EGFR)，Ras，Rafはすべてがん遺伝子産物として機能することが示されている(ピンク色)．GEF：グアニンヌクレオチド交換因子(GEF)，MAPK：MAPキナーゼ(マイトジェン活性化プロテインキナーゼ)，MAPKK：MAPKキナーゼ，MAPKKK：MAPKキナーゼキナーゼ．

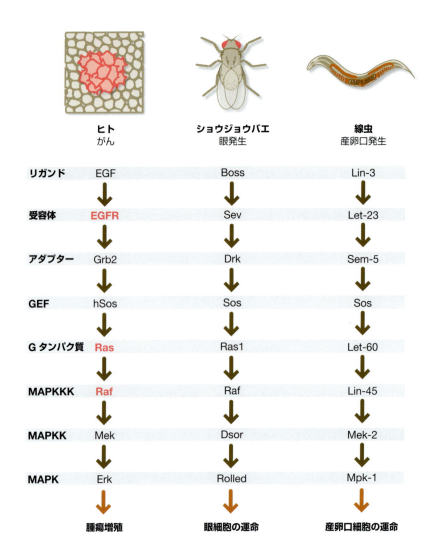

要なシグナル伝達経路が解明された(図1.4)．ショウジョウバエを用いた研究において，発生生物学者はR7光受容細胞というある種の網膜細胞の発生に重要な多くの遺伝子を同定するため，遺伝子スクリーニングを行っていた．この特定の細胞は，個体の生存に必須ではないためスクリーニングのデザインを単純化でき，またショウジョウバエの複眼内に存在しているかどうかも比較的容易に特定できるため，遺伝子スクリーニングに用いる細胞としてはうってつけであった．これらの遺伝学的研究により，R7細胞の運命を指定するシグナル伝達経路の概略がわかりはじめた．この経路はチロシンキナーゼ活性をもつ細胞膜受容体(**受容体型チロシンキナーゼ**〔receptor tyrosine kinase：RTK〕)から始まり，脊椎動物においてがん遺伝子産物としてすでに知られていた**Ras**に非常によく似た**Gタンパク質**(G protein)に，続いて3つのプロテインキナーゼからなるカスケード(**MAPキナーゼ**〔マイトジェン活性化プロテインキナーゼ〕**カスケード**)(MAP kinase cascade)へとつながっていた．これらのキナーゼのうちの1つの脊椎動物ホモログであった**Raf**は，がん遺伝子産物としても知られていた．同時期，産卵口へと分化する細胞運命を決定する遺伝子を同定するために，研究者たちは線虫においても同様の遺伝学的手法を用いた．この特徴的な実験系も機能喪失が簡単に可視化でき，致死性でないため，遺伝子スクリーニングに適していた．これらの研究からもRTK，Ras様Gタンパク質，MAPキナーゼカスケードなど，ショ

ウジョウバエの研究でみつかったものときわめてよく似たシグナル伝達経路の構成因子が同定された。

遺伝学的実験により受容体がRasを活性化することが推察されたが，ではどのようにして受容体はRasを活性化しているのか，という重要な疑問が提起された。ショウジョウバエにおいて，受容体の下流，Rasの上流で機能すると思われるSosというタンパク質が発見された。Sosは，酵母においてGタンパク質を直接活性化すると考えられていたタンパク質と相同性をもっていた。一方，線虫においても遺伝子スクリーニングによってSem-5という，やはり受容体とRasの間で働くと思われるもう1つの遺伝子産物が発見された。Sem-5タンパク質には既知のいかなる触媒ドメインも存在しなかったが，シグナル伝達に関与する他の多くのタンパク質(脊椎動物のいくつかのがん遺伝子産物を含む)と似た短いアミノ酸配列領域が存在していた。

遺伝学的関係によって示唆されたこれらの相互作用のメカニズムの詳細に関し，生化学研究によってさらに多くのことが明らかにされた。SosはRasからヌクレオチドであるGDPを放出させ，かわりにGTPを結合させることでRasを活性化させることが示された(Sosは**グアニンヌクレオチド交換因子**〔guanine nucleotide exchange factor：GEF〕と呼ばれる酵素である)。さらに，GTP結合型となったRasはMAPキナーゼカスケードの最初のキナーゼであるRafに結合し，それを活性化することがわかった。加えてSem-5(およびショウジョウバエにおけるホモログのDrk，ヒトにおけるGrb2)は活性化したRTKに結合し，Sosを介してRasを活性化することで「**アダプター**(adaptor)」として機能することが発見された。このように外部のリガンドからはじまり，受容体，Ras，MAPキナーゼ経路と続く1つ1つの段階が完全に解明され，これらの経路は最終的に細胞内においてMAPキナーゼによる核内転写因子のリン酸化と遺伝子発現の変化という結果につながることがわかった。注目すべきは，この同じシグナル伝達の基本骨格がショウジョウバエや線虫においては細胞の運命決定の機構として，そしてヒトの細胞においては増殖刺激を伝達する機構として使われていたことである。

このシグナル伝達経路の解明は，発生遺伝学とがん生物学がうまく組合わさった結果であった。この成果は，多くのシステムにおいて利用されている共通の要素や戦略を浮き彫りにすることで，シグナル伝達に新たな評価をもたらした。シグナル伝達はもはや，単に特定の生理的な経路(もしくはいくつかの経路の組合わせ)を記述するものでも，特定の生理的機能に関するものでもない。むしろシグナル伝達は，より一般的な情報処理における課題と解決といった視点からとらえることができるようになった。本書では，シグナル伝達機構における共通性を強調したい。つまり，似たような生物学的な問題を解決するために，同種の戦略や構成分子がどのようにしてたびたび利用されているのかに重点をおいて論じる。

シグナル伝達は時空間的に複数のスケールで作動しなければならない

シグナル伝達経路は大まかに，細胞膜上やサイトゾルで生じる段階と，特定遺伝子の転写増大や減少につながる核で生じる段階とに分けることができる(図1.5)。多くのシグナル伝達経路の最終的な結果として，遺伝子発現の変化が起こる。これは理にかなったことである。なぜなら細胞活動の安定的かつ大規模な変化には，環境に適応することを可能にする新たなタンパク質群の合成が必要と考えられるからである。これらの新しいタンパク質は，それら自身をコードする

図 1.5

細胞の制御機構はシグナル伝達と遺伝子発現のネットワークを統合する　リガンドが細胞表面の受容体に結合して最終的に核内における遺伝子発現の変化が誘導される一般的な細胞内シグナル伝達システムを示す。細胞内シグナル伝達と遺伝子発現システムの重要な特徴を比較することで，顕著な違いが浮き彫りになる。

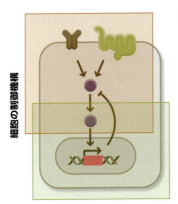

細胞内シグナル伝達
- 細胞外から核への伝達を可能にする
- すばやいオンとオフの切り替え（秒単位〜分単位）
- 一過性の変化（分単位〜時間単位）
- 空間的な／方向性のある応答と組織化
- エネルギー的に低コスト（タンパク質の合成を伴わない）

遺伝子発現
- 遅いオンとオフの切り替え（分単位〜時間単位）
- 安定的な変化（時間単位〜年単位）
- 限られた空間での応答
- エネルギー的に高コスト（転写と翻訳を伴う）

メッセンジャーRNA（mRNA）の転写の変化によってのみ生み出される。しかしながらこういった転写応答は，それらを引き起こす情報の伝達や処理とは性質の異なったものである。ここでは細胞における時間的および空間的な制御，エネルギーコストといった点からこれらの違いを考えていく。

　まずは遺伝子発現の変化による結果を考えてみよう。mRNAへの転写やタンパク質への翻訳といった過程は，分単位，あるいは時間単位で生じる比較的ゆっくりとしたものである。さらにその効果が現れるのは，新しく産生された遺伝子産物が蓄積し，もともとあったタンパク質が消失するのにかなりの時間を要するため，ことさらゆっくりとしたものである。加えて，細胞が筋細胞やニューロンといったある機能に特化した細胞に最終分化するときのように，転写パターンの変化はしばしばきわめて安定的なものである。多くの場合，転写による影響は，細胞の特定の場所に空間的に限局したものではなく，細胞全体へと及ぶ。さらに転写の変化には新しいmRNAとタンパク質を合成するために，エネルギー，原材料両方の面からかなりの細胞内リソースの投資が必要である。このような投資は細胞にとってそう簡単に行えるものではない。

　対照的に，転写の変化に至る過程は，通常はより短時間で進行し，空間的な制御がなされ，エネルギー消費は少ない。まず，ゲノムDNAが存在する核内に限局した転写とは異なり，シグナル伝達装置は細胞膜の外表面から核内にまで至り，細胞全体に及ぶ。実際に多くのシグナル伝達システムの最も重要な役割の1つは，細胞の外側から内側へとシグナルを伝達し，転写をはじめとした細胞内での過程を調節することである。2つ目の大きな違いは応答の速さである。多くの細胞内シグナル伝達は非常に迅速で，ほんの一瞬でスイッチの切り替えが可能であり，またその変化はしばしば一過性であり可逆的である。複数の時間的スケールでの出来事が含まれる場合も多い。例えば受容体の活性化はリガンドの結合によってほとんど即座に引き起こされ，活性化した受容体はおそらく数秒以内に細胞内の二次的な酵素を活性化する。この二次的な酵素は数分間活性を維持し，転写因子といった下流の因子を修飾する（ここには個々の経路によって異なる多くの中間的な段階が存在しうる）。修飾を受けた転写因子はある遺伝子の転写を誘導したり抑制したりする活性を獲得し，最終的にはより長い時間の規模において細胞内のタンパク質の組成を変化させる。

　シグナル伝達機構と遺伝子発現との間にあるもう1つの違いとしては，シグナル伝達は空間的に制御され，限局されうるという点がある。やはりこの空間的な制御も，分子数個分の距離程度のものから細胞の端から端まで，あるいはそれ以上の長さまでといったさまざまな規模で生じる。例えばある受容体は活性化する

とクラスターを形成し，近傍のタンパク質や脂質の組成を，他の部分の細胞膜のそれと比べて劇的に変化させる。より大きな規模のものだと，周囲からの刺激に呼応して細胞の一端ではアクチンに富む突起（ラメリポディア）が伸長することで細胞の一方の面が前進し，反対側のもう一端ではサイトゾルが引っ込むことで細胞体が前へと押し込められ，結果的に方向性のある運動が導かれる。結局，細胞においてみられる複雑な形態のほとんどは，細胞骨格の成分を制御するシグナル伝達分子や回路によって制御され，方向づけされている。

　最後に，ほとんどのシグナル伝達では新しいタンパク質の合成に比べてほとんどリソースを消費せず，たいていの場合ある分子から別の分子に情報を伝達するのに1～2分子のATPに相当するものしか必要としない。シグナル伝達反応は比較的エネルギー消費が少ないので，細胞がたえず自身のおかれた環境をモニターしていることは細胞にとってあまり不都合ではない。本書では，細胞が環境からの刺激にすばやく応答することを可能にしている，比較的速い，空間的に制御された，そしてエネルギー的に低コストな機構について重点的に議論していく。シグナル伝達の結果として起こる，例えば遺伝子発現のような時間のかかる最終応答に関してはごく簡単に述べるにとどめたい。

情報処理の分子媒体

　細胞内で分子はどのように情報を蓄積し，伝達しているのだろうか。情報伝達の最も基本的なレベルでは，伝達装置を構成する分子がある種の状態変化を起こすことが必要である。細胞内においてシグナル伝達装置を構成する部品となる分子には限りがあるため，比較的少ない種類の状態変化が繰り返しシグナル伝達のために利用される。本節では，これらシグナル伝達の基本「通貨」とは何であるか，またそれらがシグナル伝達のメカニズムの中でどのように統合されるのかについて考察する。

情報はタンパク質の状態変化によって伝達される

　情報伝達は，入力シグナルを受け取ることによって状態変化が起こる一連のスイッチもしくは**ノード**（node）の働きとして考えることができる。ノードに状態変化が起こると，出力シグナルが生み出される（図1.6a）。そして複数のノードが連結された場合，情報の複雑かつ高性能な処理が可能となる。実際，この種の単純な基本設計が，コンピュータのような無数の半導体が互いに連結された電子情報処理デバイスの基盤となっている。

　ある種の変化が情報処理には必須であるという考えは，どれだけ強調しても十分とはいえない。このことをわれわれは自身の経験から直感的に理解している。

図1.6

分子状態の変化がシグナルの入力と出力を結び付ける　(a)一般的な細胞シグナル伝達系を左に示し，この系中の1つのノードを右に示す。ノードはオンとオフの2つの状態で存在できるスイッチと考えられる。入力シグナル（緑色の矢印）はノードの状態変化を引き起こし，出力シグナル（オレンジ色の矢印）の変化を導く。(b)状態変化が翻訳後修飾（ピンク色の「X」）によって引き起こされる場合，修飾基を付加する酵素は「書き込み装置」，脱離させる酵素は「消去装置」としてとらえられる。(c)分子状態の変化は多様な入力によって影響を受けることが多く，それらによってスイッチの切り替えが促進（矢印）されたり抑制（T字矢印）されたりする。

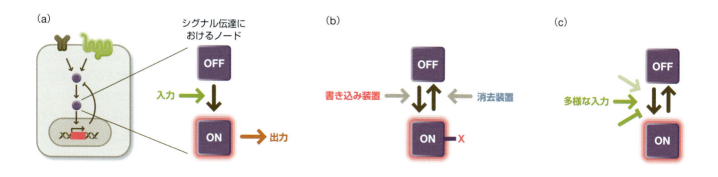

例えばわれわれは，音の変化——静けさを壊すような大きな騒音またはピッチやリズムの変化——には気づき，反応する。一方で，音量や周波数が変化しなければ，音はたちまち周囲に溶けこむように感じる。同様に一定の電波信号はほとんど情報をもたない。しかし，電波の振幅(amplitude)もしくは周波数(frequency)が時間とともに変化すると，非常に多くの情報を運ぶことができる(これらはラジオ放送における振幅変調〔AM〕，周波数変調〔FM〕に該当する)。

細胞の情報処理装置の分子基盤は何だろうか。ここに細胞の情報処理機構と電子回路とで決定的に異なる点が存在する。電子回路の場合，情報伝達には回路を流れる電子という1つの普遍的な「通貨」が存在する。そのため情報処理を行う装置の種類も比較的少なく，入力と出力はすべてこの唯一無二の「通貨」によって担われている。一方で細胞シグナル伝達の場合，より多様なシグナルの「通貨」が存在する。それゆえ，1つの「通貨」を読みとりそれを他の出力として異なる「通貨」に変換することができる，広い多様性をもった分子的装置やシステムが存在する。

細胞内において，タンパク質は情報処理の強力な担い手である。タンパク質はそのとりうる物理構造ならびに行いうる化学反応の種類において，きわめて多彩で融通が効く分子である。タンパク質の一種である**酵素**(enzyme)は，特異的で有益な生化学的反応の反応速度を著しく高める触媒として働き，エネルギー代謝，複製，運動，その他生命にかかわるあらゆる活動のための基盤となる。したがって，タンパク質がシグナル伝達機構において必要不可欠であることは驚きではない。その他の脂質や核酸といった生体分子，イオンやヌクレオチドのような小分子はタンパク質のサポート役を担い，後述するが，こういった分子はほとんどの場合，タンパク質の性質を変化させることでシグナル伝達に関与する。よって，シグナル伝達の根本にある変化を理解するには，まずはタンパク質の特性に注目しなければならない。

細胞シグナル伝達において情報の最も基本的な単位となるのは，タンパク質の状態変化である。例えばタンパク質は，特定の化学修飾(側鎖のリン酸化があげられる)をもつかもたないかという点に依存して，大きく異なった活性をもつ。多くの場合，リン酸化されていないタンパク質は不活性(オフ)状態であり，リン酸化されると活性(オン)状態となる。リン酸基を付加もしくは除去する他のタンパク質からの入力によって，タンパク質の状態は変化する。この例では，翻訳後の標識という形で情報を書き加えるという点で，リン酸を付加する酵素(**プロテインキナーゼ**〔protein kinase〕と呼ばれる)は「書き込み装置」，この標識を取り除く酵素(**プロテインホスファターゼ**〔protein phosphatase〕と呼ばれる)は「消去装置」ととらえることができる(図1.6b)。このような可逆的な変化はどんな情報処理体系にも必要不可欠である。さらに，シグナル伝達にかかわるタンパク質は，しばしば正と負両方の複数の入力による調節を受けることがある(図1.6c)。このことは，ある特定の組合わせの入力が，タンパク質の状態や活性を比較的複雑な形で常に制御することを可能にしている。

タンパク質の状態変化を導く方法は限られている

情報伝達には変化が必要であり，かつタンパク質がシグナル伝達の中心的役割を担うため，タンパク質の特性の変化はシグナル伝達機構の基盤となる。実際に利用されるそのような変化の種類はきわめて限られていることがわかっている。その基本的なシグナル伝達様式を**表1.2**に示し(一部は**図1.7**に図解)，以下それぞれについて説明する。本章以降の5つの章では，それぞれの伝達様式についてより詳細に取り扱う。

表1.2

細胞シグナル伝達の伝達様式

細胞シグナル伝達の伝達様式	本書での章
タンパク質間相互作用	第2章
立体構造	第3章
酵素活性	第3章
翻訳後修飾	第4章
細胞内局在(濃度)	第5章
低分子シグナルメディエーター	第6章

　タンパク質どうしもしくはタンパク質と別の生体分子の相互作用は，その局在や活性化など，タンパク質のさまざまな挙動に対して劇的な影響を及ぼす。多数のタンパク質からなる複合体の会合もしくは分散は，細胞内シグナル伝達におけるキーステップとなることがよくある。情報伝達におけるタンパク質間の相互作用とその役割は，第2章で取りあげる。

　タンパク質の三次元的形態つまり**立体構造**(conformation)は，必ずしも固定されたものではなく，むしろ活性の異なる複数の立体構造をとることがある。立体構造の変化によって活性が変化する例として，Gタンパク質があげられる。GタンパクはGDPとGTPのどちらが結合するかによって立体構造が変化し，活性型と不活性型が切り替わる。Gタンパク質にみられるこのようなタンパク質の立体構造の切り替えは，多くのシグナル伝達経路の中心的メカニズムである。

　シグナル伝達を担うタンパク質の多くは酵素であり，それらは他のタンパク質，脂質，もしくはその他の生体分子の化学修飾など特定の反応を触媒する。上流からのシグナルによる酵素の活性化(もしくは不活性化)は，酵素のもつ優れた触媒効率と特異性によって，広範かつ強力な作用を下流へもたらす。酵素活性の変化は立体構造の変化と密接に関連しており，これら2つの伝達様式とその相互関係はともに第3章で論じる。

　タンパク質は合成された後，多様な種類の化学修飾を受ける(これらをまとめて**翻訳後修飾**〔posttranslational modification〕と呼ぶ)。これらの修飾はシグナル伝達を担う酵素によって行われ，リン酸基のような小さな化学基やユビキチンのようなさらに大きな構造物の付加，脱離を含む。**タンパク質分解**(proteolysis；タンパク質のポリペプチド骨格の分解)は翻訳後修飾の極端な例である。第4章では，シグナル伝達のなかで利用される翻訳後修飾について，その制御方法なら

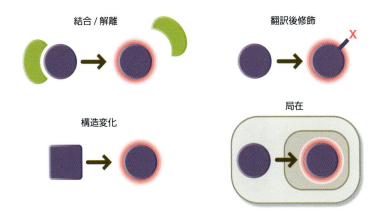

図1.7

さまざまなシグナル伝達様式　タンパク質の状態が変化しうるさまざまな方法を図示する。図中ではオン状態(活性化型)のものはピンク色の丸で囲んでいる。

びにその結果下流で起きる事象を考察する。

　細胞内はよく混ざり合った均一な溶液ではないので，細胞内タンパク質の局在の変化はその活性に劇的な効果を与える。例えば，サイトゾルから核へのタンパク質の局在の変化は，核内に限局するゲノムDNAとタンパク質との相互作用を可能にする。同様に，シグナル伝達にかかわる酵素の重要な標的の多くは細胞膜に限局しており，細胞膜へのタンパク質の局在の変化はシグナル伝達のなかで非常に重要なステップとなりうる。シグナル伝達における細胞内局在の制御と局在変化の役割は第5章で論じる。

　重要なシグナル伝達経路の多くはCa^{2+}やサイクリックAMP（cAMP）などの小分子の量的変化を介する。しばしば**セカンドメッセンジャー**（second messenger）と呼ばれるこれらの低分子シグナルメディエーターは，上流の合成酵素と分解酵素によって合成や分解の制御を受け，下流の標的タンパク質に結合してその活性を変化させることによって効果を発揮する。これらの低分子は細胞全体に急速に拡散できるため，他のシグナル伝達とはかなり異なった性質を示す。シグナル伝達に関与する低分子メディエーターについては第6章で論じる。

　タンパク質の状態の変化に加えて，シグナル伝達はタンパク質の量（濃度）にも依存する。生物学的反応における反応速度とその生成物の定常状態における濃度は，反応物の濃度に比例し，反応物が高濃度になればなるほど反応すべき2つの成分はより相互作用しやすくなる。さまざまな成分の合成速度と分解速度のバランスが，細胞内のそれらの全体的な濃度を規定する。よって，特定のタンパク質の濃度の変化はそれ自体が情報を蓄える手段となりうる。いうまでもなく，ある分子の細胞内総量が変化しない状況においても，**局所濃度**（local concentration）に関しては細胞内局在の変化によって劇的に変化しうる。

多くの場合，状態変化には，複数の伝達様式における変化が複合的に起こることが必要である

　情報を伝達するためにタンパク質に起こる変化の種類は限られているが，1つの伝達様式において起こる変化は，他の伝達様式における変化と密接にかかわっている。例えば，ある酵素はリン酸化（翻訳後修飾の変化）を受けると構造変化し，これが触媒活性の変化へとつながることがある（図1.8）。ある状態から別の状態（例えば不活性型から活性型）への変化は複雑に絡み合った多様な性質の変化を含んでいる。単純に考えるために，以降多くの章ではさまざまな種類の変化を個別に論じることとする。また，本書ではそれらの機能的なつながりや相互関係は強調しないこととする。

　この点を説明するために，タンパク質のさまざまな性質変化を伴った状態の切り替えについての典型的な例を考えたい。**Srcファミリーキナーゼ**（Src family kinase）はさまざまな細胞外シグナルに応答して標的タンパク質のチロシン残基側

図1.8

タンパク質のさまざまな状態変化は互いに結び付いている　この例では，仮想的なタンパク質のリン酸化が構造変化，酵素活性の変化と強く結び付いている。

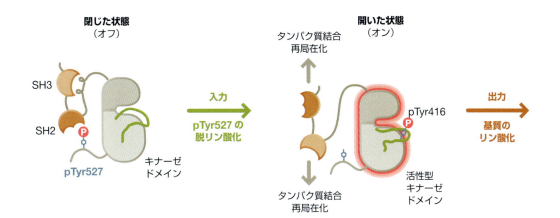

図1.9

Srcファミリーキナーゼの不活性状態と活性化状態 不活性状態(左)ではTyr527がリン酸化されており(pTyr527)，タンパク質はSH2ドメインとSH3ドメインを介した分子内相互作用によって小さく折りたたまれた「閉じた」状態になっている。活性化状態(Tyr527の脱リン酸化による)ではタンパク質は触媒活性の高い開いた構造をとり，Tyr416がリン酸化されてSH2ドメインとSH3ドメインが他のタンパク質と結合できる。

鎖のリン酸化を触媒する酵素であり，細胞接着やリンパ球の活性化などさまざまな生理的な反応で重要な役割を担っている。Srcファミリーという名はsrcがん遺伝子(src oncogene)にちなんで名づけられており，もともとはニワトリのがんウイルスから同定された。srcは，クローニングされ，配列が読まれた初めてのがん遺伝子で，最初に同定されたチロシンキナーゼの遺伝子であった。そのためSrcはシグナル伝達研究の歴史において重要な地位を占めている。

Srcファミリーキナーゼは2つの特徴的な状態をとる。強固に折りたたまれて触媒活性をもたない「閉じた」状態と，触媒活性をもつ「開いた」状態である(図1.9)。不活性状態は，C末端にある負の制御を担うチロシン残基であるTyr527のリン酸化によって保たれている。一方で，活性化状態ではTyr527は脱リン酸化されているが，かわりにTyr416がリン酸化されている。この状態では，不活性化状態のときには分子内相互作用していた2つのタンパク質結合部位(SH2ドメインとSH3ドメイン)が他のタンパク質と結合できるようになる。これらのドメインは，活性化されたキナーゼがフォーカルアドヒージョン複合体など細胞内の特定部位に局在するためにも重要である。

さて，「オフ」の状態から「オン」の状態に至る一連の現象についてもう少し詳細にみてみよう。最初の段階はホスファターゼによるTyr527の脱リン酸化としておこう(翻訳後修飾の変化)。脱リン酸化の結果，「閉じた」構造が不安定化され，SH2ドメインやSH3ドメインが触媒ドメインから解離する(立体構造の変化)。この構造変化が触媒ドメインの活性を増強させ(酵素活性の変化)，これが活性化部位であるTyr416のリン酸化を起こりやすくする(翻訳後修飾の変化)。さらに，Tyr416のリン酸化は触媒ドメインの活性型立体構造を安定化させる。触媒ドメインとの分子内相互作用から解放されたSH2ドメインとSH3ドメインは，他の細胞内タンパク質と自由に結合することができるようになる(タンパク質間相互作用の変化)。この相互作用によって，Srcは細胞内で基質が存在する箇所へ局在できるようになる(細胞内局在の変化)。

この典型的な例における不活性状態から活性化状態への変化では，独立しているが相互に関係した少なくとも6つのタンパク質の性質が協調的に変化している。さらに付け加えると，このような制御機構は，Tyr527をリン酸化するキナーゼの活性，Tyr527を脱リン酸化するホスファターゼの活性，Tyr416に働くキナーゼやホスファターゼの活性，SH2ドメインやSH3ドメインと結合するタンパク質の局所的な濃度など，タンパク質の最終的な状態に影響を与えうる複数の入力に対応することができる。

図1.10

互いに関係し合うシグナル伝達のノード 1つのシグナル伝達のノードにおける変化が上流のノードからの入力で引き起こされ，今度は下流のノードの変化を誘導する。このように複数のノードが互いに関係し合うことで経路やネットワークを形成している。

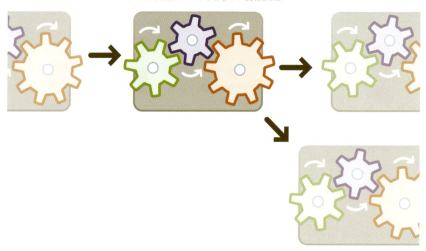

シグナル伝達タンパク質間での情報伝達

シグナル経路やネットワークにおけるノードのつながり

　これまでの節で，細胞シグナル伝達の基本的な伝達様式が，タンパク質の状態変化によってどのように生み出されるかを考えてきた。しかし，ほとんどのシグナル伝達は1つのタンパク質もしくはノードにおける変化でなく，長いつながり（経路）や相互に結び付いたネットワークの中で互いに連携している多様な変化を含む。個々のノードをつなげることで生み出されたより複雑なシグナル伝達は，より多様で洗練された情報伝達を可能としている。

情報伝達ではさまざまな状態の変化が連携している

　一般的に情報伝達において，ある種の変化は他種の変化に転換される。われわれはすでにこのような転換がたった1つのシグナル伝達分子において起こる例を確認した。Srcの制御部位の脱リン酸化が構造変化を起こし，それによって触媒活性の増強が起こるという事例である。前述したような考えは，適切な細胞応答を引き起こすためにはほとんどすべてのシグナル入力が何度も他の形へと変換されなければならないという点で，より広い意味でもあてはまる。細胞におけるシグナルの受け渡しという分野を語るにおいて「シグナル伝達」という言葉が広く普及したのは，ある種のシグナルを他のシグナルへ変換するという概念によるものである。

　1つのタンパク質のなかでさまざまな様式の変化が起こるだけでなく，互いの状態を変化させる能力によって多数のタンパク質が機能的に結び付いていることもある（図1.10）。例えば，酵素の活性化がその基質への翻訳後修飾と関連していることもあれば，タンパク質への修飾が他のタンパク質との結合能に関係することもある。また，酵素の再局在化が，ある場所だけに存在する基質に起こる翻訳後修飾に関与していることもある。さらには，あるタンパク質の構造変化が他のタンパク質からの解離につながることもある。このようなタンパク質間の物理的および機能的なつながりは，1つのシグナル伝達のノードからの出力が下流のノードへの入力として働くことを可能にする。シグナル伝達の実際の研究では，シグナル伝達タンパク質どうしの関係性が明らかにされたり，特定の細胞挙動に

対するその機能的な重要性が示されたりしている。

多様な状態変化が連携して経路とネットワークを作り出す

シグナル伝達のノードどうしのつながりが組合わさることで，はるかに巨大な構造である経路とネットワークが形成される。**経路**（pathway）とは主に，おのおののノードの出力が下流のノードの入力となるような直線的な相互作用のつながりを表す。具体的には前述したようなEGF受容体からRas，Raf，そしてMAPキナーゼカスケードを通るシグナル経路がある（図1.4参照）。はじめの入力（この場合だとEGF受容体の高濃度のリガンド）を最後の出力（MAPキナーゼであるErkによる転写因子などの基質のリン酸化）と強く結び付けるために，ドミノ倒しのように一連の状態の変化が互いに連携している。つまり，経路とは特定の入力と特定の出力をつなぎ合わせる一連の相互作用を意味するものである。

ほとんどの場合，このような直線的な経路は実際の個々のタンパク質の関係をあまりにも簡略化しすぎている。なぜなら，それぞれのノードは複数のノードから入力を受け取り，そこからの出力は他の多くのノードに影響を与えることが一般的だからである。Srcファミリーキナーゼがその活性化や不活性化を導く多様な入力をどのように受け取るのかについては前述した。この例は，1つのノードからの出力がいかにして下流の複数のノードへの入力となるのかということも示している。具体的にはSrcキナーゼがさまざまな基質をリン酸化することによって細胞内の多様なタンパク質の活性を促進，抑制，もしくは制御しているということである。

直線的な経路による単純な入力と出力の関係を超えた複雑な情報処理を可能としているのは，シグナル伝達タンパク質が機能的に相互作用することで生まれる広範な**ネットワーク**（network）である。これらの相互関係が，フィードバック制御，統合，適応，そして複雑な時空間的制御を受けた出力パターンといった細胞活動を生み出している。第11章では，単純なシグナル伝達のノードをさまざまな方法でつなげることで，このような体系的な挙動がどのように実現されているのかについてより詳細に考えてみる。

細胞の情報処理システムは階層的な構造をとる

本章では，個々のシグナル分子の状態の変化といった小さなスケールから，多細胞生物における離れた組織間でのコミュニケーションといった大きなスケールまで，多種多様なスケールでの細胞の情報処理について論じてきた。一見するとそれぞれのスケールでの情報処理に用いられている情報伝達メカニズムはまったく異なるように思える。しかし，より詳しくみてみると，比較的単純な構成要素とルールからあらゆる複雑なシステムを構築する共通のロジックを見出すことができる。

この概念を図1.11に示す。最小のスケールでは，個々のタンパク質は外部環境や上流因子からの入力に応答して状態を変え，それによって出力シグナルを生み出す，分子レベルのシグナル伝達装置として機能する。そのような分子レベルのシグナル伝達装置の例として，Srcファミリーキナーゼがあげられる。もう少し大きなスケールでみると，分子レベルの一連のシグナル伝達装置がつながってネットワークレベルのシグナル伝達装置が形成され，そのなかで相互作用が生じることによって，より多様で洗練された情報処理が可能となっている。ネットワークレベルのシグナル伝達装置の一例としては，EGF受容体-Ras-MAPキナーゼ経路があげられる。最終的に細胞レベルというスケールでみると，さまざまな

図1.11

さまざまなスケールのシグナル伝達装置 細胞シグナル伝達は個々のタンパク質からタンパク質間のネットワーク，そして細胞全体まで，さまざまなスケールの情報処理装置を含んでいる。分子としての伝達装置は，相互作用することでネットワークとしての伝達装置を形成し，さらにネットワークとしてのシグナル伝達装置が相互作用することで細胞レベルの挙動を制御する。これらの装置はすべて，入力シグナルを受容，統合し，それを出力シグナルに変換することでシグナル伝達処理を行うという共通点をもつ。

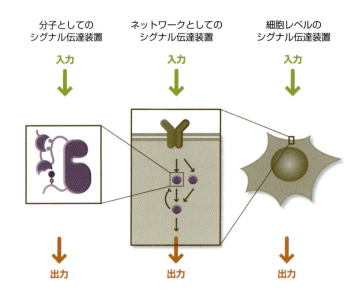

ネットワークレベルのシグナル伝達装置からの出力はさらに大きなネットワークへと統制されており，そのネットワークによって増殖，分化，そして方向性のある遊走といった複雑な細胞応答が制御されている。

　本書の大部分は中核となる分子モジュールやメカニズムを中心に取り扱っており，それらが細胞内で包括的な情報処理システムを構築するためにどのように用いられているのか説明することに注力している。このようにシグナル伝達をモジュール構造として概念的に扱うことによって，ある構成分子が1つの特定の過程のみに用いられているわけではないということが強調される。むしろほとんどの場合，それらはあるクラスの情報処理を遂行するのに適していたために，進化のなかでさまざまな過程に組み込まれてきたものである。さらに，この視点に立つことで「木を見て森を知る」ように，より大きなスケールでのシグナル伝達系の階層構造や組織化のロジックを理解することができる。

　このアプローチをとることで，細胞シグナル伝達の基礎となる根本原理に焦点をあてることができる一方で，特定のシグナル伝達メカニズムがどのような生理学的機能を担っているのかを広い視点からとらえづらくなる，いわゆる「木を見て森を見ず」のような状態に陥る危険性がある。これを防ぐため，シグナル伝達系の階層的な構成にあわせて本書の構成も階層的なものとなっている。すなわち，前半の章では情報を伝達するための基礎的な分子メカニズムに注目し，後半の章では細胞レベル，さらには生理学的レベルにおけるより大きな課題を解決するネットワークを形成するために，これらの分子システムがどのようにして階層的な方法で利用されているのかということへ移行してゆく。

まとめ

　細胞は，システムとしての生物がもつ基礎的な特性である環境変化の検出とそれらの変化への応答を，シグナル伝達によって可能にしている。現在の細胞シグナル伝達についての理解は，がん生物学，発生学，内分泌学，生化学そして遺伝学といったさまざまな研究分野の融合によってもたらされた。細胞シグナル伝達

におけるさまざまな課題を解決するために，共通した構成要素と戦略が繰り返し用いられていることが現在明らかになっている。この情報処理を行うために細胞は，遺伝的にコードされた生体分子，なかでも主にタンパク質を用いる。タンパク質の状態の切り替えは細胞の情報伝達メカニズムにおいて最も基礎的な要素であり，シグナル入力の結果としてタンパク質の状態を変化させる方法，つまりシグナル伝達様式の数は限られている。そのような状態の変化は，しばしば同じ分子内において結び付くことで分子シグナル伝達装置となり，異なる分子間で結び付くことでシグナル伝達経路やネットワークを生み出す。異なるシグナル伝達タンパク質がどのように機能的に結び付くのかを理解することによって，シグナル伝達経路やネットワークの全体像を理解することができる。

課題

1. 自分が原始的な単細胞生物だと想像してみよう。どのようなタイプの新しいシグナル伝達応答を獲得すれば，原始スープの中の生存競争において，他の競合する生物に比べて有利になる可能性が得られるか。どのようなときにそのシグナル伝達応答が適応に不利に働くか。新しい入力-出力応答が有利に働くかどうかを決めているのはどのような普遍的な原理か。
2. 単細胞生物と多細胞生物内の個々の細胞が共通して感知すべきシグナルやストレスはどのようなものか。両者で異なる検知が必要なシグナルはどのようなものか。多細胞生物内の個々の細胞に特有なシグナルへの応答にはどのような種類があるか。
3. 多細胞生物は外部の情報を感知して処理するために，しばしば複雑な器官系を用いる。例えば動物は，多くの外部刺激を検出するのに視覚系や神経系を使っている。視覚系や神経系を構成する個々の細胞はどのような種類の入力，決定，そして出力を行っているのだろうか。
4. がんにかかわるシグナル伝達タンパク質(がん遺伝子産物など)が発生過程にも関与していることが多いのはなぜか。
5. シグナル伝達と転写制御はどのように関係するか。これらに共通する点と異なる点は何か。シグナル伝達系によってしか生み出されない細胞応答にはどのようなものがあるか。
6. 上流のキナーゼによるシグナル伝達タンパク質のリン酸化はシグナル伝達の入力や出力となりうるか説明せよ。
7. シグナル伝達タンパク質の局在を伝達様式の1つとして考えることができるのはなぜか。シグナルの入力はどのように局在変化をもたらすか説明せよ。また，局在変化がどのように下流の生理学的な出力に変化を与えるか説明せよ。
8. リン酸化や局在変化以外に，シグナル伝達を担うタンパク質が情報を保持したり伝達したりするのに用いる伝達様式にはどのようなものがあるか。上流からの入力はどのようにしてこれらの伝達様式における変化を生み出すのか。またこれらの変化はどのように下流の応答へと変換されるのか。

文献

Alon U (2006) An Introduction to Systems Biology: Design Principles of Biological Circuits. Boca Raton, FL: Chapman & Hall/CRC.

Cox AD & Der CJ (2010) Ras history: The saga continues. *Small GTPases* 1, 2–27.

Koshland DE Jr (2002) Special essay. The seven pillars of life. *Science* 295, 2215–2216.

Lim WA, Lee CM & Tang C (2013) Design principles of regulatory networks: searching for the molecular algorithms of the cell. *Mol. Cell* 49, 202–212.

Margolis B & Skolnik EY (1994) Activation of Ras by receptor tyrosine kinases. *J. Am. Soc. Nephrol.* 5, 1288–1299.

Martin GS (2001) The hunting of the Src. *Nat. Rev. Mol. Cell Biol.* 2, 467–475.

Sternberg PW (2006) Pathway to RAS. *Genetics* 172, 727–731.

Tyson JJ, Chen KC & Novak B (2003) Sniffers, buzzers, toggles and blinkers: dynamics of regulatory and signaling pathways in the cell. *Curr. Opin. Cell Biol.* 15, 221–231.

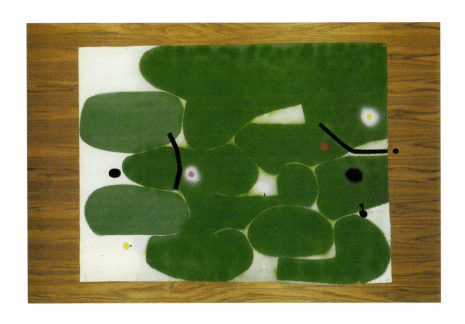

タンパク質間相互作用の原理と機構

2

　シグナル伝達を担うタンパク質は，相互作用することによって複雑な機械装置の部品のようにその機能を発揮することができる．それだけでなく，シグナル伝達分子間の相互作用の変化も情報伝達に重要である．本章ではシグナル伝達タンパク質とその結合パートナー，つまり**リガンド**(ligand)との非共有結合性の物理的な相互作用を考える．

　サイトゾルなどの生体液は，タンパク質やその他の構成分子を高密度で含む溶液であり，その中で分子はたえまなく接触や衝突を繰り返している．このような衝突によって2つの構成分子間の比較的安定的な会合，つまり**結合**(binding)が生じることがある．構成分子の濃度が変化すると特定の相互作用が起こる確率がどのように変化するか，あるいはその相互作用の形成速度や解離速度がどのように変化するかということは，いずれもシグナル伝達機構の基礎となっている．ここでは，シグナル伝達分子どうしの物理的な相互作用を支配している原理と，情報を伝えるうえでそれらの相互作用がどのように働いているかについて考察していく．

　本章の大部分はタンパク質間相互作用に主眼をおいているが，タンパク質とその他の細胞内構成成分との相互作用もまたシグナル伝達にとって重要であるということは，留意すべき点である．特にタンパク質と特定の脂質との結合は，シグナル分子の膜上の特定の場所への局在や，それらの活性の調節にとって重要である．タンパク質と核酸の特異的な結合も，DNAの複製や転写，mRNAプロセシングなどの制御の基礎となっている．タンパク質間相互作用を説明するうえで用いられる概念の多くもまた，他の高分子間の結合相互作用の根幹をなしている．

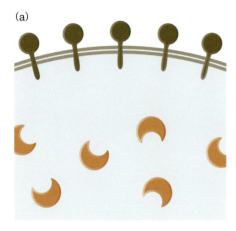

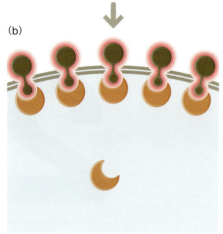

図2.1

結合状態の変化はタンパク質の局在変化につながることがある (a)膜貫通型受容体(茶色)は細胞の表面に存在しており,この受容体と結合しうるタンパク質は細胞質に存在している。不活性化状態では受容体は細胞質にあるタンパク質と結合することができない。(b)活性化状態では受容体はパートナーと結合できるようになる。細胞質に存在していたタンパク質の多くは活性化した受容体と複合体を形成し,細胞膜上へと局在する。

足場タンパク質とMAPキナーゼカスケードについては第3章で述べている

タンパク質間相互作用の特性

　本節では,細胞内で2つのタンパク質が相互作用するか否かを決定する要因について述べる。特に2つの重要な指標である**アフィニティー**(affinity)と**特異性**(specificity)に焦点をあて,結合相互作用とその動的な振る舞いについて定量的に説明する。

タンパク質の結合状態の変化は,直接的または間接的に機能に影響を与える

　さまざまなシグナル入力がタンパク質間の結合状態に変化をもたらす。このような入力の例として,タンパク質の濃度や細胞内分布,リン酸化などの翻訳後修飾,あるいは**立体構造**(conformation)の変化があげられる。その結果,タンパク質間相互作用は結合パートナーの挙動に劇的な変化をもたらす。このようにして,結合状態の変化がシグナル伝達における情報の伝達を可能にしている。

　結合による直接的な結果の1つとして,単純な構造のタンパク質をもとにして,複雑で多機能な構造体が形成されることがあげられる。個々のタンパク質がもつ触媒活性や結合活性,その他の機能を組合わせることで,形成された複合体は単一のタンパク質よりも複雑な機能を発揮することができる。例えば,多種多様な入力が単一の出力経路へと統合されたり,単一の入力から多様な出力経路へと変換されたり,あるいはさまざまな処理が協調して行われたりする。

　結合による結果の2つ目として,結合パートナーの一方の細胞内局在が変化することがあげられる。例えば多くの細胞膜受容体は,活性化すると細胞質ドメインの構造変化や翻訳後修飾が起こる。このような変化によって,細胞膜受容体上に細胞質タンパク質の結合部位が新たに生じる。細胞膜受容体は膜上にとどまっているため,細胞質に存在していたタンパク質はこれに結合することで効率よく膜上に局在できるようになる(図2.1)。ホスホリパーゼなどの脂質修飾酵素のように,細胞膜上に基質が存在する酵素の多くはこのようにして細胞膜にリクルートされることで制御されている。

　結合による結果の3つ目として,酵素とその基質となりうるタンパク質との接触があげられる。例えば,多くのプロテインキナーゼは,特異的なドッキング部位あるいは基質結合ドメインを介して,基質と安定的に結合する。このような結合は,リン酸化が特定の基質に対してのみ効率よく行われることを保証している。**足場タンパク質**(scaffold protein)と呼ばれるタンパク質もこのような相互作用を仲介している。

　足場タンパク質は,1つの過程にかかわる酵素やその基質といった複数のタンパク質と結合する。例えば,**MAPキナーゼ(マイトジェン活性化プロテインキナーゼ)カスケード**(MAP kinase cascade)は上流のシグナルと転写因子などの基質のリン酸化を結び付ける,進化的に保存されたシグナル経路であり,このなかで足場タンパク質は3つの異なるプロテインキナーゼと同時に結合する。これら3つのキナーゼはカスケードを形成しており,順次リン酸化されて活性化する。足場タンパク質によってこれらのキナーゼすべてが1つの複合体を形成することで,細胞質中でそれぞれがランダムな衝突によって相互作用する場合と比べて,全体の反応がより速く進む。さらに,足場によって他の競合的な基質との相互作用が阻害されるため,反応の特異性と効率が上昇する(図2.2)。

　タンパク質間相互作用は,タンパク質の生物学的な活性に対して直接的に影響

を与える.酵素を例としてあげると,他のタンパク質との結合がその構造変化を誘導し,酵素の触媒活性を上昇または低下させたり,その他の性質を変化させたりする(アロステリック変化〔allosteric change〕)(図2.3).この形式により制御される構造変化は第3章で詳しく説明する.結合形成によってタンパク質の構造に劇的な変化が生じない場合であっても,基質やその他の結合パートナーとの結合部位を塞ぐなどさまざまな方法でタンパク質の活性に影響を与えることがある.

タンパク質は広い相互作用面や短いペプチドを介して結合する

タンパク質間結合(もしくはタンパク質と別の高分子との結合)は,2つの分子の相互作用面の相補性,つまり構造的にフィットすることによって成り立っている.相補性は主に2分子の表面の形によって決まる.2つの分子の表面の構造が相補的であるならば,パズルのピースのように突起がくぼみにぴったりとはまり,より結合しやすくなる(図2.4).また,相互作用面での疎水性相互作用や静電相互作用,水素結合によっても結合は安定化される.単純な化学法則から直感的に予想できるように,一般的に分子表面上の疎水性の領域は疎水性の領域と,負に帯電している側鎖は正に帯電している側鎖と相互作用しやすく(図2.4d),水素結合の形成も起こりやすい.

埋没表面積(buried surface area)を用いることによって,タンパク質間相互作用を説明することができる.この領域は複合体を形成していない状態では溶媒にさらされているが,複合体を形成している状態ではタンパク質間の接触面に位置することで覆い隠されている(図2.4c).シグナル伝達においてはタンパク質間相互作用の埋没表面積はおよそ$1,200〜2,000 \text{ Å}^2$であり,一般的に埋没表面積が広いほど相互作用は強くなる.この結合面は多くの場合で疎水性であり,結合によって極性の高い溶媒から疎水性領域が遮蔽されるため,タンパク質どうしの結

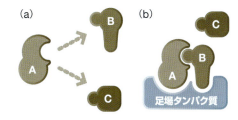

図2.2

タンパク質どうしの結合によって反応はより効率的かつ特異的になる (a)酵素Aとそれに結合しうる基質B,基質Cは溶液中で遊離している.酵素反応は比較的効率が悪いうえ,基質Bと基質Cのどちらも酵素Aの標的となっている.(b)足場タンパク質は酵素Aと基質Bのどちらとも特異的に結合するが,基質Cとは結合しない.酵素Aと基質Bによる酵素反応は効率よく進み,この反応は基質Bに特異的である.

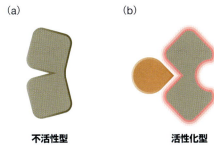

図2.3

結合はタンパク質の活性を直接変化させることができる (a)結合していない状態では,タンパク質は不活性型構造をとる.(b)もう1つのタンパク質(オレンジ色)が結合すると,構造が変化して活性化状態となる.

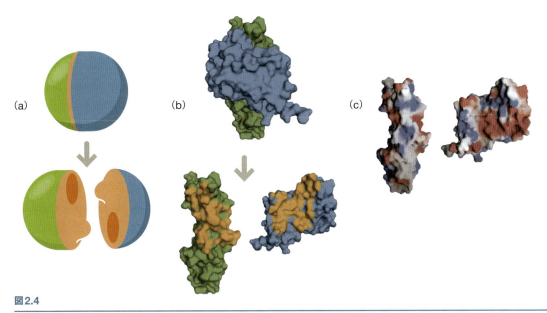

図2.4

タンパク質結合面の性質 (a)タンパク質間相互作用の模式図.相互作用面(オレンジ色)が相補的な構造をとっていることを示す.(b)上:X線結晶構造解析から得られたヒト成長ホルモン受容体(緑色)とそれに結合する成長ホルモン(青色)の表面構造.下:受容体と成長ホルモンのそれぞれの結合面を示す.結合面における埋没表面積はオレンジ色で示す(ホルモンを受容体から引き離し180°回転).(c)2つのタンパク質の結合面における静電ポテンシャル(赤色は酸性,青色は塩基性,灰色は疎水性)を(b)下図と同じ向きで示す.

(a)

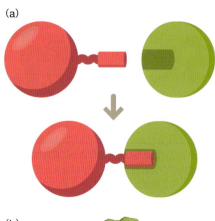

(b)

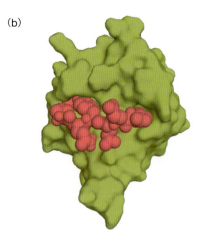

(c)

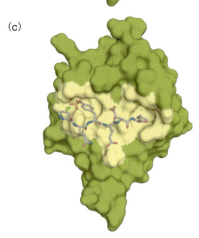

(d)

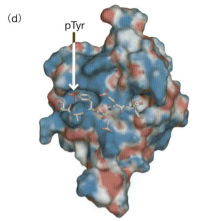

分子結合ドメインについての詳細は第10章で述べている

図2.5

ペプチド–タンパク質相互作用　(a)短い直鎖状ペプチド(ピンク色)が結合パートナー(緑色)の表面のくぼみに結合する過程の模式図。便宜上，ペプチドはタンパク質の表面に示している。実際にはほとんどの結合部位はループや明確な構造をもたない領域といったタンパク質の内部に位置している。(b)SH2ドメイン(緑色)がチロシンリン酸化ペプチド(ピンク色)と結合している。(c)結合したペプチドによって覆い隠されたSH2ドメイン表面部位(黄色)。ペプチドは炭素骨格で表している。(d)SH2ドメイン表面の静電ポテンシャル(薄いピンク色：酸性，青色：塩基性，薄い灰色：疎水性)。負に帯電したホスホチロシン(pTyr：矢印で示す)が結合する部位に正の電荷(青色)が集中していることに留意。

合が起こりやすくなる。個々のアミノ酸は結合に同等に寄与しているわけではない。結合面上のアミノ酸のうち，結合に欠かせないものがある一方で，変異によって別のアミノ酸に置換されても結合に影響がないものもある。

　タンパク質間の相互作用面は大きく2種類に分けられる。1つ目は，比較的広い領域を介した2つの分子の相互作用である。それぞれの結合面を構成するアミノ酸は，タンパク質の一次配列上に広く散在していることが多い(図2.4参照)。2つ目は，比較的短い直鎖状のペプチド鎖と(たいていはアミノ酸4～8残基程度)，結合パートナーの表面に存在するくぼみとの相互作用である(図2.5)。いずれの相互作用もシグナル伝達タンパク質にみられるが，物理的，進化的な特徴は大きく異なっている。

　ペプチドリガンドは短いうえ，重要なアミノ酸はごく少数であるため，これをコードする遺伝子のランダムな変異によって頻繁に結合部位が生じたり，失われたりする。対照的に，面どうしの相互作用は偶然には生じにくいと考えられる。これは，それぞれのタンパク質上に散在している多くのアミノ酸が結合に関与しているためである。このような相互作用とそれに伴う生理的機能の進化的な獲得には比較的長い時間を要する。面どうしの結合は接触する領域が広範囲であるため，面–ペプチド間結合よりも相互作用が強くなりうる。

　シグナル伝達における多くのタンパク質間相互作用には，構造的に独立しているモジュール，つまり**ドメイン**(domain)が関与している。ドメインの機能として唯一知られているのは，これをもつタンパク質を特定の種類のリガンドと結合できるようにするというものである。さまざまな種類のタンパク質結合ドメインはそれぞれ特徴的なペプチドモチーフと結合する。この例として，**SH3ドメイン**(SH3 domain)と**SH2ドメイン**(SH2 domain)の2つがあげられる。SH3ドメインの多くは，プロリンを豊富に含み特徴的なヘリックス構造をとるペプチド鎖と結合し，SH2ドメインはリン酸化修飾を受けたチロシン残基をもつペプチド鎖に結合する。脂質結合ドメインの例としてはPHドメインがあげられ，その多くがホスホイノシトールから合成される特定の脂質と結合する。シグナル伝達タンパク質は複数の結合モジュールを有していることが多く，これにより特異的な結合特性がもたらされる。あるタンパク質にモジュラードメインが存在するかどうかは，アミノ酸配列から明らかとなることが多い。また，結合ドメインからそこに何が結合するかを予測することは比較的容易であるため，結合ドメインはタンパク質の結合特性，さらにはその機能を知るうえでの手がかりとなる。例えば，あるタンパク質がSH2ドメインをもつ場合，そのタンパク質はチロシン残基のリン酸化によって制御されるシグナル伝達経路で機能することが強く示唆される。

アフィニティーと特異性によって細胞内の相互作用の起こりやすさが決まる

ほぼすべてのシグナル伝達タンパク質は，シグナル伝達の過程で他の分子と結合したり，相互作用したりする。そのため，個々のシグナル分子について，ある状況下で他のシグナル分子と相互作用する確率を理解することは重要である。以下では，結合に関して定性的，定量的な観点からみていく。最初に結合相互作用の重要なパラメータであるアフィニティーと特異性について考える。相互作用の**アフィニティー**（affinity）とは，結合相互作用の強さを表す固有の尺度である。簡単にいうと，2つの分子間のアフィニティーが高ければ，平衡状態においてその2つの分子が複合体を形成している可能性が高いということである。

絶対的な尺度であるアフィニティーとは異なり，相互作用の**特異性**（specificity）は相対的な尺度である。特異性とは，特定の相互作用（タンパク質PとリガンドA）のアフィニティーとその他に生じうる相互作用（タンパク質Pと細胞内の他のすべての分子）のアフィニティーを比較したときの相対的な強さを示す。相互作用する2つの分子間に固有の値であるアフィニティーに対して，特異性は起こりうる他の相互作用との比較によってのみ定義される。

シグナル伝達の起こる細胞内環境はきわめて高濃度（質量にして約20%がタンパク質）で多様性に富んでいる（膨大な種類の分子を含み，それぞれがさまざまな濃度で存在している）ため，いかなる結合反応も常に他の無数の相互作用と競合する。それにもかかわらず，ある相互作用が非常に特異的であれば，その相互作用は他の競合する相互作用よりも高いアフィニティーをもつため，細胞内で圧倒的に高い確率で起こりうる。しかしながら，特定の相互作用の特異性は細胞内環境のわずかな変化によっても変動しうる。

特異性が相対的な指標であるため，2つの分子間のある相互作用は状況によって特異的であるとも非特異的であるともとらえることができる。ホスホチロシンに結合する抗体（図2.6）はその一例であり，これはシグナル伝達の研究において広く用いられている。そのような抗体はチロシン残基がリン酸化されたタンパク質に対して非常に特異的に結合し，その結合のアフィニティーはリン酸化されていない同じタンパク質やチロシンをもつ他のタンパク質に対するものよりも高い。しかし，別の状況においてはこの抗体は非特異的であると考えることもできる。この抗体はほぼすべてのチロシンリン酸化タンパク質に対して，リン酸化されたチロシン近傍のアミノ酸配列とは無関係に同程度のアフィニティーで結合する（図2.6）。あるタンパク質の特定のリン酸化部位に対して結合できるより特異性の高い抗体を作成することも可能であり，そのような抗体はホスホチロシンを含む他の配列と比較して，非常に高いアフィニティーでリン酸化部位に結合する。

特異性が相対的なものであることを示すもう1つの例はレクチンである。レクチンは細胞膜タンパク質の糖鎖に結合するタンパク質である。レクチンは特定の糖鎖に特異的であり，他の類似した糖鎖に対しては結合できない。しかし，もし認識される糖鎖が細胞内の非常にさまざまな種類のタンパク質に存在していた場合，さまざまな標的タンパク質に対して同程度のアフィニティーで結合するという点でレクチンは非特異的であるともとらえられる。これらの例から，特異性は競合しうる他の相互作用にいかに依存しているかがわかる。

結合相互作用の強さは解離定数（K_d）によって定義される

生物学的に重要な結合反応の強さは，検出するのが難しいほど一過性で弱いも

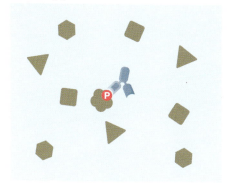

(a) 状況1：
全タンパク質

特異的

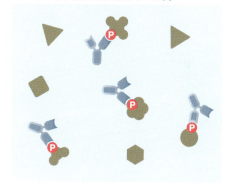

(b) 状況2：
ホスホチロシン残基を含む全タンパク質

非特異的

図2.6

特異性は状況によって決まる相対的な尺度である (a) ホスホチロシンを認識する抗体（青色）は，すべてのタンパク質中で比較的少数のホスホチロシン残基（ピンク色の丸）に結合する能力をもっているという点で特異的であると考えられる（状況1）。(b) しかし，同じ抗体によって，ホスホチロシンを含むたくさんのタンパク質から特定のホスホチロシンを含むタンパク質を識別しようとしたとき（状況2），この抗体は非特異的であると考えられる。

 リン酸化部位特異的抗体については第13章で述べている

のから，共有結合と同じくらい安定で非常に強いものまでさまざまである。したがって，結合は全か無か(all-or-none)の現象ではなく，その反応の細胞内での起こりやすさを評価するためには結合の強さの定量的な尺度が必要とされる。最も一般的に用いられるアフィニティーの尺度は**解離定数**(dissociation constant：K_d)である。解離定数は，平衡状態における非結合型分子と結合型分子の比である。

解離定数の定義は，化学反応における反応物と生成物の濃度の関係を表す質量作用の法則にもとづいている。2分子間の結合反応において，反応物は個々の結合分子であり，生成物は結合によって生じた複合体である。A＋B⇌ABの反応について，ABの形成速度は速度定数(on-rateあるいはk_{on})と個々の結合分子の濃度との積である$k_{on}[A][B]$によって与えられる。同様に，AB複合体の解離速度はもう1つの速度定数(off-rateあるいはk_{off})と複合体の濃度との積である$k_{off}[AB]$によって与えられる。平衡状態において複合体の形成速度と解離速度は等しいため，$k_{on}[A][B] = k_{off}[AB]$となる。式を変形して$k_{off}/k_{on} = [A][B]/[AB]$が得られる。この平衡定数$k_{off}/k_{on}$を解離定数$K_d$と定義する。

$$K_d = \frac{k_{off}}{k_{on}} = \frac{[A][B]}{[AB]} \qquad 式2.1$$

解離定数の単位は濃度(mol/LもしくはM)であり，構成分子のそれぞれの濃度が与えられればどの程度の割合で複合体を形成するのかがわかるため，非常に有用である。Aが比較的少量しか存在せず，それに対しBが大過剰に存在するという状況を考えてみる。Aの全量のうち半分がBと複合体を形成したとき$[A] = [AB]$となる。この状況では式2.1により$K_d = [B]$となる。したがって，解離定数はAの半分が遊離し，もう半分が複合体を形成しているときのBの濃度に等しい。式2.1を変形することでA全体の中でBと結合しているものの割合，つまり**Aの部分占有率**(fractional occupancy)を表す式が得られる。

$$Aの部分占有率 = \frac{[AB]}{[A]+[AB]} = \frac{[B]}{K_d+[B]} \qquad 式2.2$$

Aの部分占有率を$[B]$の関数として描くと(Aの総量がBよりはるかに少ないとき，$[B]$はBの全濃度で近似できる)，**結合等温線**(binding isotherm)と呼ばれる双曲線が得られる(図2.7)。この曲線と式2.2から，Bの濃度がK_dよりもはるかに高いときはほぼすべてのAがBと複合体を形成する一方で，Bの濃度がK_dよりもはるかに低いときにはほぼすべてのAが遊離している(複合体を形成していない)ことが明らかである。実際に式2.2に数字を代入してみる。例えば$[B]$がK_dの9倍であればAのうち90％がBと複合体を形成する。また，$[B]$がK_dの99分の1であればAのうち1％だけがBと複合体を形成する。部分占有率と解離定数について考えるうえでもう1つの有用な方法は，結合の起こりやすさという側面からみることである。$[B]$がK_dと等しければどの分子Aもそれぞれ50％の確率でBと結合していると考えることができ，また$[B]$がK_dの99分の1であればAがBと結合している確率は1％しかないと考えられる。代表的な生化学反応の解離定数を表2.1に示す。解離定数は平衡定数であるため，複合体の形成や解離の速度を表すものではないことに注意してほしい。結合の速度論的側面については追って本章で述べる。

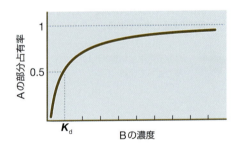

図2.7

結合等温線 単純な結合反応A＋B⇌ABについてAの部分占有率をその結合パートナーであるBの濃度の関数としてプロットした(Bが大過剰のとき，遊離しているBはほぼBの総量と等しい)。この反応において50％のAが結合しているとき(Aの部分占有率＝0.5)のBの濃度は解離定数(K_d)と等しい。

表2.1

生理学的解離定数

解離定数	生化学的相互作用	注釈
10^{-15} M	アビジン−ビオチン	きわめて高いアフィニティーをもつタンパク質−小分子相互作用
10^{-14} M	トロンビン−ヒルジン(ヒルの抗血液凝固ペプチド)	ヒルジンはトロンビンに結合し阻害することで血液の凝固を妨げる
10^{-11} M	メトトレキサート−ジヒドロ葉酸レダクターゼ(DHFR)；血小板由来増殖因子(PDGF)−PDGF受容体	メトトレキサートはDHFRを阻害する小分子薬
10^{-9} M	制限酵素 EcoRI−DNA結合部位；プロテインキナーゼA(PKA)の触媒サブユニットと調節サブユニット	制限酵素はDNAの特定の部位を切断する
10^{-7} M	SH2ドメイン−ホスホチロシン(pTyr)部位	
10^{-6} M	Ca^{2+}-Ca^{2+}依存性酵素	
10^{-5} M	SH3ドメイン−結合部位；ATP−キナーゼ	キナーゼはリン酸基転移反応の基質としてATPを使用する
10^{-4} M	グルタチオン−グルタチオン S−トランスフェラーゼ(GST)	

C.T. Walshの厚意による。

解離定数は相互作用の結合エネルギーに相関する

　解離定数には熱力学的な意味もある。これは，平衡時における遊離分子と複合体の存在比が，それら2つの状態の**自由エネルギー**(free energy)の差に直結しているためである。簡単にいうと，仮に複合体の自由エネルギーが個々の遊離分子の自由エネルギーの和よりも小さい場合，平衡は複合体を形成する方向に傾く。逆に，複合体の自由エネルギーが遊離分子の自由エネルギーの和よりも大きい場合，平衡は複合体が解離する方向に傾く。$A + B \rightleftharpoons AB$のような結合反応における熱力学的関係は以下の式で表すことができる。

$$\Delta G° = -RT \ln \frac{[AB]}{[A][B]} \qquad 式2.3$$

ここでの$\Delta G°$は結合反応の**標準自由エネルギー変化**(standard free energy change)，Rは気体定数，Tは絶対温度(単位K)を表している。

　$[AB]/[A][B]$はこの反応の平衡定数(K_{eq})である。これは，結合反応においては結合定数(K_a)と呼ばれ，式2.1からわかるように$1/K_d$と等しい。よって以下の式が成り立つ。

$$\Delta G° = -RT \ln K_a = -RT \ln \left(\frac{1}{K_d}\right) = RT \ln K_d \qquad 式2.4$$

　気体定数と標準状態の温度の値を代入して自然対数から常用対数に変換すると，$\Delta G° = 1,364 \log K_d$(cal)または$5,707 \log K_d$(J)となる。例えば中程度のアフィニティー($K_d = 10^{-8}$ M)をもつ生物学的相互作用では，$\Delta G°$はおおよそ$-11,000$ cal mol^{-1}，つまり-11 kcal mol^{-1}(約-46 kJ mol^{-1})となる。$\Delta G°$が負の値であるため，標準状態では複合体を形成する方向に平衡が傾き，平衡時にはほとんどの分子が複合体として存在している。式2.4からは，結合エネルギーの

差が小さくても，K_dの差は必然的に大きくなるということもわかるだろう。例えば，タンパク質における水素結合の自由エネルギーへの寄与は状況によって異なるが，一般的に1～1.5 kcal mol^{-1}（約4～6 kJ mol^{-1}）であり，2つのタンパク質間の結合面の水素結合の数が1つ増減するだけで，K_dの値が10倍以上変わりうる。このような結合エネルギーと解離定数の基本的な関係は特異性を生み出すもとになっており，タンパク質表面におけるごくわずかな変化（アミノ酸側鎖や構造全体の変化）が，2つのタンパク質が互いに結合するかどうかに非常に大きく影響する。

結合におけるもう1つの重要な熱力学的側面は，あらゆる自由エネルギー変化と同様に，結合の自由エネルギーが2つの要素によって説明されるということである。その2つの要素とは，系の乱雑さを表す**エントロピー**（entropy：S）の変化と，熱の出入りを表す**エンタルピー**（enthalpy：H）の変化である。

$$\Delta G = \Delta H - T\Delta S \qquad 式2.5$$

この式において，ΔHは系のエンタルピーの変化であり，ΔSは系のエントロピーの変化である。エンタルピーが減少する（結合によって熱が放出される），あるいはエントロピーが増大する（系の乱雑さが増大する）場合，平衡は複合体が形成される方向に傾く（ΔGは負の値になる）。直感的には，結合が形成されると系の構成要素の乱雑さが減少するためにエントロピーは減少すると考えるかもしれない。しかし，考慮しなければならないのは溶媒を含めた系全体のエントロピーであり，タンパク質表面を覆うようにして規則的に並んだ多くの水分子のエントロピーに対して結合が与える影響が非常に大きい場合がある。したがって，全体のエントロピーが結合に応じて増大しうる。実際には，結合相互作用の形成がエンタルピー変化によって支配される場合と，エントロピー変化によって支配される場合がある。

では，結合におけるエンタルピーとエントロピーの変化はどのようにシグナル伝達に関係しているのだろうか。生物学的相互作用のアフィニティーを予測するには，結合を熱力学的に理解することがきわめて重要である。例えば，コンピュータのアルゴリズムを用いてタンパク質表面へのさまざまな化合物の結合をシミュレーションし，どの化合物が高いアフィニティーで結合するかを予測することができる。これは新しい医薬品となりうる化合物の同定に役立つ。しかし，そのような *in silico*（コンピュータ上）での予測はいまだ非常に困難である。すでにみたように，結合エネルギーの予測においてはわずかな誤差でさえも，K_dの大きな誤差につながってしまう。そのうえ，全体の結合エネルギーは，相互作用しているタンパク質とそれを取り巻く溶媒双方のエントロピー変化とエンタルピー変化の総和である。これらの変化の多くは互いに影響を及ぼし合うため，正確に定量することは難しい。

また，結合の自由エネルギーを用いることで，相互作用の特異性も定量できる。図2.8は，2つの競合するリガンド分子A，Bとタンパク質Pの相互作用の特異性を示す自由エネルギーの図である。図中のP-A間の結合とP-B間の結合の自由エネルギーの差が特異性の自由エネルギーであり，特異性は2つのリガンドの解離定数の比（K_B/K_A）としても定量的に表される。しかし，ここでいう特異性は，タンパク質PはリガンドAよりもリガンドBに結合しやすいということを表しているだけであって，タンパク質Pが他のどのリガンドよりもリガンドBに結合しやすいということを表しているわけではない。

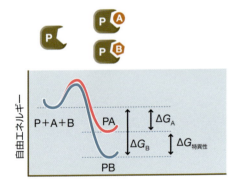

図2.8

特異性の定量的定義 この例では，タンパク質PはリガンドAよりもリガンドBと優先的に相互作用する。結合反応が進行する際の自由エネルギーの変化を，Aとの結合はピンク色で，Bは青色で表す。両方の反応において複合体の自由エネルギーは遊離分子の自由エネルギーよりも低く，平衡時には結合が起きやすいということを示す。結合前後の自由エネルギーの差（ΔG）は，結合の自由エネルギーである。PA間相互作用とPB間相互作用の結合の自由エネルギーの差を，タンパク質PのリガンドAとリガンドBに対する特異性の自由エネルギーとする。

解離定数は結合や解離の速度にも相関している

解離定数は平衡時に結合状態にある分子の割合を示している。しかしながら，生体内で結合反応が平衡に達することは滅多にない。実際に多くの場合，シグナル伝達において情報を伝えるうえで最も重要なのは，タンパク質の結合の変化が比較的短い時間で起こることである。細胞の中で分子が結合し，解離する速度はどのように表されるのだろうか。また，これらの速度と解離定数はどのような関係にあるのだろうか。

前述のように，A + B ⇌ AB という反応においては，ABの形成速度は速度定数(on-rateまたはk_{on})と個々の結合分子の濃度との積$k_{on}[A][B]$によって与えられる。一方，解離速度は，別の速度定数(off-rateまたはk_{off})と複合体の濃度との積$k_{off}[AB]$によって与えられる。これらについてもう少し詳しく考えてみよう。

速度の項$k_{on}[A][B]$から，複合体の形成速度($M\ s^{-1}$)は遊離状態のAとBのそれぞれの濃度に依存していることがわかる。このことは，分子Aが分子Bに衝突したときにのみ結合が起こり，衝突の起こりやすさはそれらの濃度に比例することから，直感的にわかるだろう。ここで，k_{on}はAとBの拡散速度(衝突の頻度を決定する)と，2つの分子が衝突した際に結合する可能性とを組合わせたものと考えることができる。この場合，k_{on}は二次速度定数であり，単位は$M^{-1}\ s^{-1}$である。しかしながら，k_{on}の大きさには限界があり，ごく少数の例外を除いて結合速度はAとBのランダムな衝突頻度より大きくならない。水溶液中の一般的なタンパク質の場合，拡散によるランダムな衝突頻度は$10^8 \sim 10^9\ M^{-1}\ s^{-1}$程度になる。$k_{on}$がこの値に近ければ，少なくとも瞬間的にはほぼすべての衝突分子が結合を形成する。生体での結合反応における実際のk_{on}は一般にこの値をはるかに下回っており，$10^5 \sim 10^6\ M^{-1}\ s^{-1}$程度である。

速度の項$k_{off}[AB]$から，複合体の解離速度($M\ s^{-1}$)は複合体ABの濃度に完全に依存するということがわかる。k_{off}は単位がs^{-1}の一次速度定数であり，複合体が解離する確率を時間の関数で表している。実際にk_{off}から複合体の**半減期**(half-life)，つまり複合体の半分が解離するのに要する時間(あるいは，個々の複合体分子が50%の確率で解離する時間)を計算することができる。そのような単分子反応を説明する一般的な一次速度式は，$k\ t = \ln([初期量]/[時間tにおける量])$である。時間$t$が半減期と等しいときは[初期量]/[時間$t$における量]が2になる。したがって，このような条件下では，$t = (\ln 2)/k$つまり$0.693/k$である。

複合体の半減期 = $0.693/k_{off}$ 　　　　　　　　　式2.6

したがって，ある反応のk_{off}が$10^{-2}\ s^{-1}$(生理学的相互作用でよくみられる範囲の値)ならば，複合体の半減期は$0.693/10^{-2} = 69.3$秒(約1分)である。

解離定数は2つの速度定数の比(k_{off}/k_{on})であるため，結合反応のアフィニティーは複合体の形成速度と解離速度に密接に関連している。したがって，速度論的にまったく異なる挙動をする2種類の複合体間でon-rateとoff-rateの値が異なっていても，その比が同じであれば解離定数は等しくなり，全体として同じアフィニティーをもつこともある。on-rateとoff-rateがどちらも比較的大きな値を示す場合には，個々の分子の濃度が低くても複合体形成は速いが，半減期は非常に短い。一方，同じ解離定数をもっていてもon-rateとoff-rateの両方が比較的小さな値を示す場合には，分子の濃度が高くない限り複合体形成は非常に遅くなるが，一度形成されてしまえば複合体は比較的安定である(図2.9)。このon-

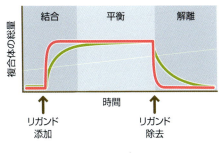

図2.9

同程度のアフィニティーの相互作用でも，結合速度と解離速度が異なる　同じ解離定数(K_d)をもつ2つの反応の結合のタイムコースを示す。1つはon-rateとoff-rateが比較的大きく(ピンク色)，もう1つはon-rateとoff-rateが比較的小さい(緑色)。いずれの反応においても平衡時に形成される複合体の総量は同程度であるが，リガンドの添加後や除去後は結合の形成速度および解離速度は大きく異なる。

rateとoff-rateの値の差によって生じる複合体の安定性の違いによって，複合体の結合解離やさらには系の変化に対する応答の速さが決定されるため，その違いは状況に応じたシグナル伝達を可能にするメカニズムをもたらすうえできわめて重要である。

前述のように，多くの場合でon-rateは拡散によるランダムな衝突頻度よりは大きくなりえない。これは複合体の半減期を考えるうえで重要なことを示唆している。例えば受容体-リガンド間（$K_d = 10^{-11}$ M）のような，比較的親和性の高い相互作用の場合を考える。解離定数の定義を用いると $K_d = 10^{-11} = k_{off}/k_{on}$ と導くことができ，k_{on} は 10^8 M^{-1} s^{-1} 以下の値をとるため，k_{off} は 10^{-3} s^{-1} を下回ることになる。式2.6から，受容体-リガンド複合体の半減期は $0.693/10^{-3} = 693$ 秒（約12分）を超えると計算できる。より一般的な k_{on} の値（10^6 M^{-1} s^{-1}）を用いて計算すると，半減期は1日近くになる。リガンドが受容体に結合したことによって生じるシグナルは，他の機構（リガンドあるいは受容体の分解や修飾）がより速く抑制方向に働かない限り，きわめて安定で持続的なものである。ビオチン-アビジン間（$K_d = 10^{-15}$ M）のようなアフィニティーの非常に高い相互作用の場合，複合体の半減期は数日にもなり，実質的に不可逆である。このような相互作用は鶏卵において生物学的役割を果たしており，アビジンは微生物に必須の栄養物であるビオチンに結合して不可逆的に捕捉することで卵の中の細菌の成長を妨げる。

細胞レベル，分子レベルでみたタンパク質間相互作用

解離定数（K_d）から，タンパク質間相互作用の特性に関する重要な情報が得られるほか，細胞内においてタンパク質間相互作用がどのように働くかについての物理的な制限も知ることができる。しかしながら，*in vivo* での実際のその相互作用の起こりやすさは，細胞内の状態に大きく依存する。最もわかりやすい場合を考えると，たとえ *in vitro* においてある非常に強い相互作用が存在したとしても，細胞内で両方のタンパク質が同時に発現していなかったり，細胞内の同じ区画で発現していなかったりすると，相互作用は起こらないだろう。一方で，*in vitro* では非特異的にみえる相互作用も，*in vivo* では特異的であることもある。例えば，*in vitro* においてあるタンパク質が複数種のタンパク質と同程度のアフィニティーで結合したとしても，結合可能なタンパク質のうちのたった1つしか細胞内で同時に発現していない場合は，*in vivo* でのその結合特異性は高くなるだろう。

これまでアフィニティーについて述べてきたなかには，生体のシステムにおいては必ずしも成り立っているとはいえない仮定が含まれている。例えば，結合についての単純な平衡の式は，細胞内のすべての成分が均等に混ざっており，自由に拡散するものであるという仮定の下に成り立っているが，この状況は細胞内では起こりにくい。また，分子Aと分子Bが1分子ずつ結合するとも仮定してきた。本節では，生体内でこれらの仮定が成り立たない場合をみていくとともに，これが細胞内における結合にどのような影響を及ぼすかについて考えていく。

みかけ上の解離定数は細胞内の局所的な環境や結合パートナーから強く影響を受ける

生物学的相互作用のみかけ上のアフィニティーが大きく上昇する例として，相互作用する分子どうしに多数の結合部位が存在する場合がある。これは「**アビディ**

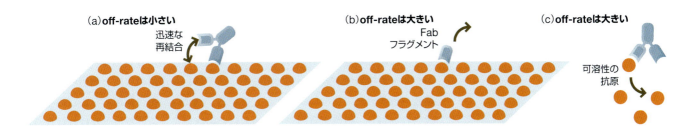

図2.10

抗体結合のアビディティー (a)抗体分子(青色)は2つの同一の抗原結合部位をもつ。細菌の細胞壁などの表面に多く発現している抗原に対して抗体が結合するとき，2つの結合部位が同時に結合する。片方の結合部位の結合が解離しても，もう片方の結合部位によって抗体はつなぎとめられているので，すぐに再結合する。よって，off-rateは小さい。(b)1つの結合部位しかもたない抗体のフラグメント(Fabフラグメント)が表面に結合した場合，off-rateは比較的大きい。(c)抗体が同じ抗原に結合する場合でも，抗原が可溶性の単量体で存在していれば，off-rateは比較的大きい。

ティー(avidity)効果」として知られている。アビディティーの最も有名であり，かつこの効果がはじめて確認された例は，多数の結合部位をもつリガンド(多量体リガンドとして知られている)に抗体が結合するというものである。このようなリガンドの例として多数の同一サブユニットをもつ細菌の細胞壁などがあげられる。抗体は，**抗原**(antigen：抗体によって認識される分子の総称)と結合する2つの同一の結合部位をもつ，Y字型の二量体分子である。ある表面に多数存在する抗原に抗体が結合するとき，2つの抗原結合部位はその表面に同時に結合することとなる。抗体が1つではなく2つの部位で表面に結合することにより，それらは解離しにくくなる。なぜなら，解離するには2つの結合部位が同時に解離する必要があるからである。たとえ一方の結合部位が解離しても，もう片方は結合したままであることがほとんどであり，また表面の抗原の密度は非常に高いため，解離した結合部位にはすぐに再結合が生じる(結合の速度は，遊離分子の濃度に比例することを思い出してもらいたい)(図2.10a)。それゆえ，抗体全体のoff-rateは個々の結合部位のoff-rateに比べて非常に小さくなり，それに対応してみかけ上の解離定数も非常に小さくなる。この場合，抗体のoff-rateは実質的にゼロであり，したがって結合は不可逆である。

アビディティーは，それぞれの結合分子に多数の結合部位が存在することで生じるものだということに留意してもらいたい。正常な(2つの抗原結合部位をもつ)抗体は，抗体分解産物であり抗原結合部位を1つしかもたないFabフラグメントよりも，細菌などの多量体リガンドに対してより強く結合する(図2.10b)。しかしながら，多数の結合部位をもつ表面ではなく，可溶性で単量体の抗原を抗体が認識する場合，アビディティー効果は生じず，Fabフラグメントは正常な免疫グロブリンとまったく同じように抗原に結合する(図2.10c)。

前述の例は，結合パートナーのすぐ近傍の実質的なリガンドの濃度，つまりリガンドの**局所濃度**(local concentration)が，結合にどのような影響を及ぼすかを示している。リガンドの局所濃度は，細胞全体での(あるいは平均の)濃度と大きく異なることがある。例えば，分子内相互作用(同じタンパク質内の2つの部分の間での相互作用)の場合，反応物質の局所濃度は非常に高くなり，分子間相互作用が比較的弱いときであっても分子内結合は起こりうる。また局所濃度は，膜やその他の表面のように，高密度の結合部位をもつ構造に対して結合を形成する際にも重要である。このような状況下では，高密度の結合部位をもつ膜表面に結合した分子が細胞質中に遊離することは非常に難しい。なぜなら，たとえいったんは解離したとしても，表面上の結合部位の密度が非常に高いため，結合分子が拡散する前に再結合するからである(図2.11)。

理想的なアフィニティーや特異性は生物学的機能やリガンド濃度によって変化する

シグナル伝達における結合相互作用の多くが高いアフィニティーと特異性をも

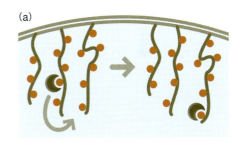

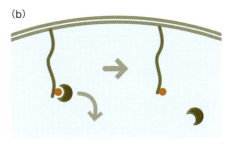

図2.11

結合部位の密度が結合に与える効果 (a)ある表面において結合部位の局所的な密度が高いとき，1つの結合部位から解離したリガンドもすぐに再結合する可能性が高いため，リガンドが表面から解離することは滅多にない。(b)しかし，結合部位の密度が低いときには再結合する可能性は低く，解離することのほうが多い。

ち，それによって効率的で正確な情報の伝達が可能になっていると考えられる。しかしながらこれは必ずしも事実ではなく，アフィニティーと特異性はともにさまざまな値をとることが知られている。ある相互作用においてどの程度のアフィニティーや特異性が最も適切であるかは，その相互作用の機能と細胞内における結合パートナーの濃度に強く依存している。例えば，複合体があらかじめ多数形成されており，機能を発揮するためにはその状態を長時間維持しなければならない場合，結合のアフィニティーは高い傾向にある。とりわけ，ほぼすべての分子が結合した状態を保つためには，解離定数が細胞内の結合する分子の濃度よりも低いことが重要である。しかしながら，どの程度のアフィニティーが必要になるかには限界がある。解離定数がひとたび細胞内のリガンド濃度を下回れば，解離定数をさらに低くしたところで，結合の強さは大きく変化せず，上昇すらしないかもしれない。

一方，多くのシグナル伝達でみられるように，相互作用がたえず制御されている場合，解離定数は細胞内のリガンド濃度とほぼ同じかわずかに高い状態にあることが重要となる。ある程度アフィニティーが低いこと(ある程度解離定数が大きいこと)は2つの点で重要である。1つ目は，リガンド濃度あるいは他の調節因子(例えば局所濃度やアロステリックな変化)のわずかな変化が結合状態にあるリガンドの割合を大きく変化させることができ，相互作用の制御が可能となる点である。2つ目は，相互作用をより動的にできるという点である。前述の通り，解離定数(K_d)は off-rate(k_{off})を on-rate(k_{on})で除した値として定義されている。on-rateの上限は拡散速度($\simeq 10^8 \sim 10^9$ M^{-1} s^{-1})であるため，off-rateはアフィニティーによって制限される。ある相互作用が生物学的機能を果たすためにすばやく解離しなければならない場合は，off-rateが高い(半減期が短い)ことが必要である。

相互作用のアフィニティーや特異性は機能に適したものになっている

細胞内のタンパク質濃度は結合のアフィニティーと密接に関係しているため，生体内のシグナル伝達にかかわる個々のタンパク質濃度のとりうる値を調べることは重要である。一般的に，細胞内のシグナル伝達タンパク質の濃度は，ホルモンなど細胞外のシグナル伝達分子の濃度に比べて非常に高い。以下で述べるように，濃度によってアフィニティーや特異性のとりうる値は制限を受ける。

シグナル伝達にかかわる相互作用は，アフィニティーや特異性にもとづいていくつかの種類に分類することができる(図2.12)。高いアフィニティーと高い特異性を併せもつ相互作用には，ホルモンとその受容体の相互作用が含まれる。例えば，ヒト成長ホルモン(hGH)とその受容体の相互作用の解離定数は3×10^{-10} Mである。ホルモン受容体は血流中の低濃度のホルモンを認識しなければならないため，シグナルが伝達される際のリガンド濃度の範囲で結合できるようなアフィニティーをもっている。例えば，定常状態のhGHの濃度は10^{-10} M未満である一方，活性化時の濃度は約$10^{-9} \sim 10^{-8}$ Mに至る。この場合，解離定数は生体内でシグナルが伝達される際の濃度変化の範囲によく適合しているため，結合状態にある受容体の割合はシグナルに依存して大きく変化することになる。この種の相互作用はまた，関連するホルモンや受容体とのクロストークを防ぐために十分な特異性をもたなければならない。アフィニティーは低い(ここでは便宜上，解離定数が10^{-7} M以上の相互作用とする)が特異性は高い相互作用には，SH3ドメインなどのペプチド認識モジュラードメインと，その結合パートナーの相互作用

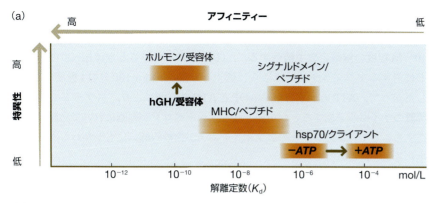

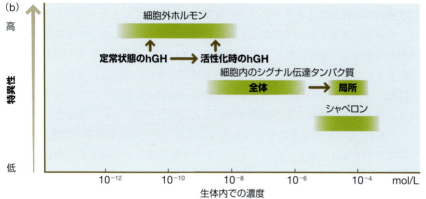

図2.12

生物学的アフィニティーと濃度の範囲　(a)各相互作用におけるアフィニティーと特異性の一般的な範囲。(b)各タンパク質の生体内での濃度。シグナル伝達にかかわる相互作用におけるK_d値は，生体内での濃度とほぼ同じ値である。これにより，小さな環境の変化でも結合の程度を容易に制御できる。hGH：ヒト成長ホルモン，MHC：主要組織適合抗原，hsp70/クライアント：新しく合成されたクライアントタンパク質に折りたたみの過程で結合するシャペロン。

がある。このような相互作用はタンパク質濃度が高い細胞内環境で機能する。アフィニティーが低いことは，入力の変化に応じてシグナル分子複合体の一時的な形成と解離を鋭敏かつ動的に制御するうえで必要だろう。しかし一方では，特異性が高いことも正確な情報伝達を行ううえで必須である。

　アフィニティーは高いが特異性は比較的低い相互作用の極端な例が，主要組織適合抗原(MHC)分子とペプチド抗原との相互作用である。MHC分子は細胞内で分解されたタンパク質由来のペプチドに結合して，それを細胞表面へと運び，免疫システムを担うリンパ球がそれを認識する。このようにして，ウイルスなど細胞内の感染性病原体や食細胞によって貪食された細菌から生じたタンパク質成分が感知され，免疫応答が誘導される。微生物の侵入を確実に感知するためには，MHC分子はさまざまなペプチドと結合できなければならないが，これはペプチド骨格の認識と，各ペプチドに固有の特定のアミノ酸側鎖の認識を組合わせることによって可能となる。非特異的な相互作用が多くなってしまうが，結合は非常に強固であり，MHC複合体の解離定数は10^{-6}〜10^{-9} Mと見積もられている。これらの特殊な結合特性がみられるのは，MHC分子がペプチドを包みこむように結合して1つの複合体を形成するからである。MHCとペプチドの強固な結合のoff-rateは，およそ10^{-6} s^{-1}と非常に小さく，これは半減期にすると100時間以上である。このようにoff-rateが非常に小さいことで，ペプチドとMHCの複合体は細胞表面に長くとどまり，免疫を活性化させるのに必要なリンパ球の抗原受容体との持続的な相互作用が可能となる。

　一方で，新たに合成されたタンパク質が折りたたまれる際に一時的に疎水性の領域に結合し，ミスフォールディングを防ぐ働きをもつシャペロンが恒常的に機能を果たすためには，低いアフィニティーと低い特異性をもった結合が必要である。シャペロンの相互作用は，さまざまなリガンドに結合できるように非特異的

でなければならず，結合後もすばやく解離しなければならない。hsp70のようなシャペロンはADPと結合しているとき，さまざまな疎水性ペプチドと10^{-7}〜10^{-5} M程度の解離定数で結合する。ATPと結合しているときはhsp70のペプチドに対するアフィニティーはさらに低下し，10分の1〜100分の1程度になる。したがって，ATPの加水分解やADPとATPの交換により，ペプチドの結合と解離のサイクルを回すことが可能となる。シャペロンが細胞において高濃度で存在することで，リガンドとのアフィニティーが比較的低いにもかかわらず結合が生じることになる。

相互作用のアフィニティーと特異性は個別に調節されている

　直感的には特異性とアフィニティーは密接に関連していると考えてしまうだろう。つまり，あるタンパク質が正しい結合パートナーと強く結合するほど，他の分子と反応する可能性は低くなると考えてしまいがちである。しかしながら，前述のようにこの考え方は必ずしも正しいとは限らない。実際に，アフィニティーと特異性はいくつかの異なるメカニズムによって個別に調節されている。ここではタンパク質と，競合する一連のリガンドとの相互作用について考える。あるタンパク質が，どのリガンドに対しても相互作用が比較的弱く非特異的であるとき，そのなかの1つのリガンドのアフィニティーや特異性を上げる方法が理論上いくつか存在する。

　まず1つ目は，「正の識別」(positive discrimination)である。ある1つのリガンドに対するタンパク質のアフィニティーを，立体化学的に有利な，新たな相互作用を形成することで上昇させることができる。しかし，新たな相互作用により特異性が上昇するかどうかは，その相互作用の性質によって決まる。タンパク質が競合するリガンドファミリーすべてに共通する構造を認識するような場合，アフィニティーは上昇するが，ある特定のリガンドへの特異性が上昇するわけではない。例えば，前述したMHC分子のような比較的特異性の低いペプチド結合タンパク質の多くは，ペプチド骨格との膨大な数の水素結合形成などを通してペプチドリガンドを認識する。この相互作用は，側鎖への結合と異なり，特定のアミノ酸配列への特異性はない。一般的に正の識別によって特異性が上昇するのは，アフィニティーの上昇に伴って，他の類縁の競合リガンドでは起こらないような，真のリガンドの側鎖を介した特異的な相互作用が形成される場合のみである(図2.13a〜c)。あるペプチドリガンドを認識するタンパク質の結合表面は多くの場合，標的リガンドにある特定の側鎖へ特異的に結合する領域と，すべてのペプチドに共通する構造に結合できるような領域を併せもつことが構造学的に明らかになっている。

　「負の識別」(negative discrimination)もまた特異性を上昇させることができる。この場合は，特定のリガンドとのアフィニティーを変えることなく，競合する他のリガンドとのアフィニティーを低下させる(図2.13d，e)。負の識別では，タンパク質が誤った競合リガンドと複合体を形成しようとすると，結合に不利な相互作用が生じることが多い。同一ファミリーに属する相互作用ドメインをもつ場合など，類縁の多くのタンパク質の相互作用が1つの細胞内で起きる場合，負の識別によって誤った相互作用が防がれることが示されている。

　また，負の識別は，SH3ドメインとプロリンを含むペプチドモチーフのような特異的な結合にもみられる(図2.14)。SH3ドメインがもつポケットはイミノ基を介してプロリンを認識する。この相互作用はプロリンの認識に最適なものではないが，イミノ基をもたないペプチドはこの相互作用においてはほとんど認識

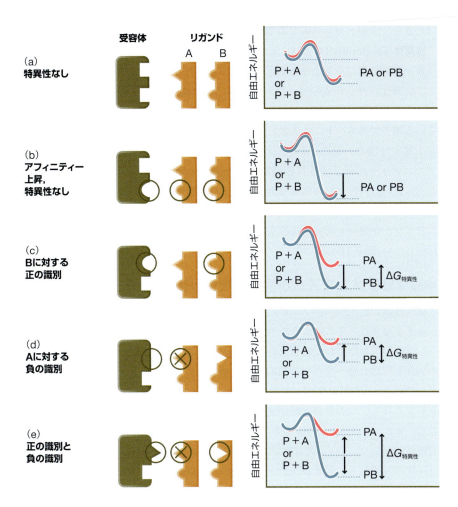

図2.13

正,負の識別によって特異性は上昇する (a) 2つのリガンドAとBへの受容体の結合は弱く,非特異的である。(b)両方のリガンドに対して相補的に結合しやすいように受容体が変化すると,アフィニティーは上昇するが,特異性は上昇しない。(c)リガンドBに対してのみ相補的に結合しやすいように受容体が変化すると,リガンドAに比べてリガンドBへの特異性が上昇する。(d)リガンドAへの相補性を低下させるように受容体が変化すると,リガンドAに対するアフィニティーが低下し,それによってリガンドAに比べてリガンドBへの特異性が上昇する。(e)リガンドAに対する相補性を低下させ,同時にリガンドBに対する相補性を上昇させるように受容体が変化すると,リガンドBに対する特異性がさらに上昇する。右に示した自由エネルギー図は,構造の変化によって,それぞれのリガンドとの結合の自由エネルギーの差($\Delta G_{特異性}$)がどのように変化するかを示す。

されない。プロリンは自然界に存在する20種類のアミノ酸の中で唯一イミノ基をもつ(他のアミノ酸はすべてアミド基をもつ)ため,この結合部位はプロリンのみを選択的に認識する。この負の識別による高い選択性は,他のイミノ酸もタンパク質を構成していた場合にはみられなくなるだろう。このことは,特異性を高めるメカニズムとして使われている負の識別の有効性が,細胞内に存在しうる競合リガンドの性質や種類によって大きく左右されることを示している。

既知の多数の相互作用において,アフィニティーと特異性は正および負の識別の両方によって調節される。例えば,電荷–電荷(塩橋)相互作用は多くのタンパク質–タンパク質複合体の結合面にみられる。この相互作用は,正電荷と負電荷が接近して正しい複合体を形成するときにのみ結合をエネルギー的に安定化するだけでなく,正しい位置に電荷をもたない他のリガンドを遠ざけることもできるため,誤った複合体が形成されることも防いでいる。そのような結合面では,誤ったリガンドによって荷電残基が覆い隠されてしまい,反対の電荷をもった残基どうしが静電相互作用できなくなるのはエネルギー的に不利であるため,負の識別が強く起こることになる。

協同性によって複数のリガンドが共役して結合できるようになる

細胞に存在する多くの巨大分子複合体は相互作用する複数の分子から構成されており,これらの分子間にみられる高次の相互作用によって機能的に重要な結合様式が生み出される。その一例として,相互作用のアフィニティーや特異性を上

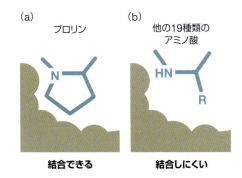

図2.14

負の識別によってSH3ドメインは特異的にプロリンを認識できる SH3ドメインの結合ポケットはイミノ基を認識する(a)が,ほぼすべてのペプチド結合に存在するアミド基はほとんど認識されない(b)。プロリンはイミノ基をもつ唯一のアミノ酸であるため,タンパク質を構成する20種類のアミノ酸の中で唯一このドメインに結合することができる。これにより,プロリンとSH3ドメインの結合の特異性は非常に高くなる。

図2.15

正の協同性によって複合体の形成は全か無かの様式になる 協同的な結合をする3つの要素の会合を例にあげる。図中左端に示した3つの要素のうち，どの2つの結合でも3つ目の要素の結合を促進する。これによって，中間体である2つの要素からなる複合体の存在量は少なくなり，3つの要素は協同的に完全な複合体をつくりやすくなる。

げるさらに別のメカニズムである協同的結合(cooperative binding)がある。

協同性(cooperativity)とは，1つのリガンドが結合することで，さらなる別のリガンドが結合しやすくなる相互作用のことである。熱力学的な観点から考えると，協同性がみられるのは，2つのリガンドが同時に結合するときの自由エネルギー変化と，それぞれ別々に結合するときの自由エネルギー変化の合計が異なっている場合である。1つのリガンドの結合により別のリガンドのアフィニティーが上昇する場合，正の協同性(positive cooperativity)が生じるという。逆にアフィニティーが低下する負の協同性(negative cooperativity)も存在するが，ここでは正の協同性にのみ焦点をあてる。正の協同性が導く重要な結果として，複合体の形成が全か無か(all-or-none)の様式になりやすくなる。すなわち，複数のリガンドが協同して完全な複合体を形成し，その形成過程の中間体はほとんど存在しない(図2.15)。

多様な分子メカニズムが協同性を生み出す

協同性は，2つ目以降のリガンドとの相互作用をエネルギー的に安定化させるさまざまなメカニズムにより生み出される(図2.16)。例えば，2つのリガンドどうしが直接相互作用し，同じ受容体タンパク質に結合する場合，互いに受容体への結合を促進し合うような協同的な作用がみられる。すなわち，2つの結合は共役しており，2つ目のリガンドの結合のほうが1つ目のリガンドの結合より起こりやすくなる。この場合，協同性を生み出すのはリガンド-リガンド相互作用である。また，1つ目のリガンドが受容体に結合することで受容体タンパク質の構造変化が起こり，2つ目のリガンドに対するアフィニティーが上昇するときにも協同性がみられる。例えば，1つ目のリガンドの結合によって2つ目のリガンドの結合部位の構造が変化する場合である。この場合では，受容体タンパク質の構造変化が協同性を生み出す。

さらに協同性は，ある受容体タンパク質中の2つの相互作用ドメインが，同一のリガンド中の2つの異なる部位に結合する場合にもみられる。受容体中の1つの相互作用ドメインがリガンドに結合することによって，受容体のもう1つのドメイン近傍においてリガンドの2つ目の結合部位の局所濃度が上昇し，両者は結合しやすくなる。ここでは，2つの結合部位が共有結合することで，2つ目の結

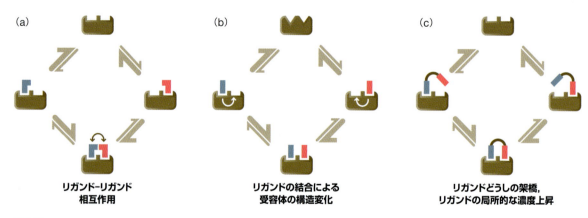

図2.16

2つのリガンドが協同的に1つの受容体に結合するには多様な機構が存在する (a)2つ目のリガンドは，リガンド-リガンド相互作用によって受容体に結合しやすくなる。(b)1つ目のリガンドが受容体に結合することによって受容体の構造変化が引き起こされ，2つ目のリガンドに対するアフィニティーが上昇する。(c)2つのリガンドがつながっている場合，片方のリガンドが受容体に結合することで，もう片方のリガンドの局所濃度が上昇し，結合しやすくなる。

合形成がエントロピー的に有利になる（前述したアビディティーなどがこの種の協同性の例である）。細胞内でのシグナル伝達において協同性がよくみられるのは，タンパク質が脂質と相互作用することによって生体膜に移動し，局所的にタンパク質濃度が上昇する場合である（図5.10参照）。これに伴って，細胞膜に局在する他の結合パートナーに対する実質的なアフィニティーが上昇する。さらに，タンパク質上の2つの結合部位にまたがるようにして1つの阻害分子が結合している場合，1つ目のリガンドが結合すると阻害分子が解離し，みかけ上2つ目のリガンドに対するアフィニティーが上昇する。

協同的な結合によってさまざまな機能が発揮される

協同性によって生じる効果の1つとして，反応を特定の時間や場所に制限することで，相互作用の生物学的特異性を上昇させることができる。例えば，ある受容体タンパク質に複数のリガンドが協同的に結合する場合，相互作用の起こりやすさは個々のリガンド濃度ではなくそれらすべてのリガンドの濃度に依存する。そしてその正しいリガンドの組合わせは，細胞内において特定の時間や特定の場所のみに存在するものであるかもしれない。

1つのタンパク質中の複数の相互作用ドメイン間で生じる協同性は，特異性を上昇させるのに役立っている。例えば，免疫システムで働くTリンパ球で発現している細胞内プロテインキナーゼZAP-70は，ホスホチロシンが結合するSH2ドメインを2つもつ（図2.17）。それぞれのSH2ドメインの特異性は単独では高くない。しかし，タンパク質内でつながったSH2ドメインどうしが協同的に働くことによって，重要な免疫受容体タンパク質の細胞質側に存在するホスホチロシンモチーフが連なった特定領域（**免疫受容体チロシン活性化モチーフ**〔immunoreceptor tyrosine-based activation motif：ITAM〕）を認識する。

同一のリガンド間で働く正の協同性を「同種の協同性」（homotypic cooperativity）という。一方で，異なる2つ以上のリガンド間の協同性は「異種の協同性」（heterotypic cooperativity）と呼ばれる。同種の協同性によって相互作用はより特異的になり，さらに「オン」と「オフ」の2つの状態が切り替わるスイッチのように機能できるようになる。この場合，結合曲線は単なる双曲線ではなくシグモイド曲線を描く（図2.18）。ある狭いリガンド濃度範囲においてタンパク質は，ほぼすべての結合部位にリガンドが結合していない状態から，結合している状態へと変化する。したがって，この狭い範囲で濃度がわずかに変化するだけで部分占有率は極端に変化しうる。対照的に，1つの結合部位を介した（非協同的）結合の場合，部分占有率を10%から90%に上昇させるには，リガンド濃度を80倍以上に上昇させる必要がある。タンパク質の活性はほとんどの場合リガンドの結合によって制御されているため，多くのシグナル伝達経路ではシグナル応答に協同性を用いることで，リガンドの濃度が狭い濃度範囲に達したときにのみタンパク質が活性化するようにしている。

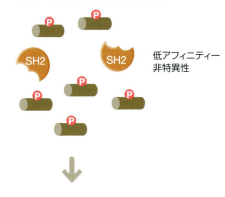

(a) **ドメインが単独で存在している状態**

低アフィニティー 非特異性

(b) **ドメインどうしがつながっている状態**

一続きのホスホチロシンモチーフに対するアフィニティー，特異性はともに高い

協同性： 局所濃度やドメイン-ドメイン相互作用による

図2.17

SH2ドメインが連結することで，一続きのホスホチロシンモチーフを協同的に認識するようになる　(a) SH2ドメイン単独では単一のホスホチロシンモチーフに対するアフィニティー，特異性は低い。(b) プロテインキナーゼZAP-70では，一続きのホスホチロシンモチーフに対する連結したSH2ドメインのアフィニティー，特異性はともに高い。これは，SH2ドメイン間の相互作用やリガンドが連結して局所的な濃度が上昇したことによって協同性が生じたためである。

 Tリンパ球で発現しているZAP-70の役割については第12章でも述べている

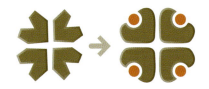

図2.18

結合曲線における正の協同性の効果　リガンドB（オレンジ色の丸）1分子がタンパク質A（茶色）のサブユニットの1つに結合することによってリガンドBが他のサブユニットにも結合しやすくなる。ピンク色の実線は，そのような同種の協同性に特徴的なシグモイド状の結合曲線である。特定の狭い濃度範囲（濃色の部分）では，Bの濃度が少し変化しただけでも結合に大きな影響を与えることに留意。比較のために，協同性を示さない単純な結合曲線を青色の破線で表した。

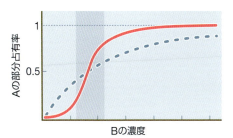

タンパク質集合体の安定性や均質性は多様である

　シグナル伝達に関与しているタンパク質複合体の大きさや複雑さ，均一さには多様性がある。その極端な例として，厳密な分子構造や**ストイキオメトリー**(stoichiometry〔化学量論〕：異なるタイプのサブユニットがいくつあるかということ)に裏打ちされた，リボソームやプロテアソーム，核膜孔といった非常に安定な構造体があげられる。これらの複合体の形成は協同性が高いことが多く，部分的に会合しただけの構造体は不安定である。また，これらの巨大分子複合体は，細胞のシグナル応答において重要な機能(タンパク質の合成，分解，輸送など)を担っている。しかし非常に安定な構造体であるため，目まぐるしく変化するシグナルを感知，統合して伝達するのにはそれほど適していない。

　シグナル伝達においてより動的に機能するタンパク質複合体は，はるかに不安定で不均質であることが多い。構成要素どうしの相互作用は比較的弱く，また1つの結合部位に複数種の結合パートナーが存在しうる。したがって，さまざまな組合わせの相互作用が可能である。このような構造体の重要な特性は，相互作用の変化と再構成が比較的速いことである。わかりやすい例として，チロシンキナーゼと共役した受容体への刺激により誘導される複合体形成があげられる(図4.11参照)。このような受容体が活性化すると，受容体自体の多くの部位がリン酸化され，続いてそれらがドッキング部位として機能してSH2ドメインをもつタンパク質をリクルートする。しかし，受容体のリン酸化は比較的遅くて非効率的であり，それぞれのリン酸化部位はホスファターゼによる脱リン酸化を受けやすい。したがって，個々の受容体におけるリン酸化状態はたえず変化していると考えられる。さらに，個々のリン酸化部位は複数の異なるSH2ドメインをもつタンパク質と同程度のアフィニティーで結合すると考えられるため，どのタンパク質が結合しうるかはリン酸化部位近傍での存在量に依存する。このような多様な変化は，受容体がとりうる状態の数に組合わせ的爆発(combinatorial explosion)をもたらす。リン酸化部位や結合パートナーが比較的少数であっても，受容体は無数の組合わせの複合体を形成しうるのである。

　このような動的分子集合体ともいうべき複合体は，リボソームのようなより安定な巨大分子複合体とは大きく異なっている。シグナル伝達経路について考えるときに重要な概念として留意すべきこととして，「シグナル伝達装置」というよくある比喩的な表現を文字通りそのまま鵜呑みにしてはいけない。実際には，シグナルを伝達している複合体を厳密に定義することは(不可能ではないにしても)難しく，考えうる多くの相互作用のなかの1つの寄与だけを抜き出して理解することが困難なこともある。では，動的分子集合体がシグナル伝達機構の基盤となっていることの利点には何があるのだろうか。それは，結合パートナーの組合わせによってさまざまな状態をとりうるため，複雑で多様かつ繊細なシグナルの応答や伝達にきわめて長けていることなのかもしれない。このような集合体は比較的不安定であるため，周囲で起こる急速でかすかな変化を非常に敏感に検知することも可能となっている。また，組合わせによって多様な機能を発揮するため，比較的限られた数の構成要素が，入力や出力の異なるほぼ無数の経路に関与することも可能である。

まとめ

　タンパク質間相互作用は細胞シグナル伝達における事実上すべての現象に関与している。以降の章で述べられているように，相互作用の変化はシグナル伝達に重要な他の多くの変化を引き起こす。解離定数(K_d)は相互作用の起こりやすさに固有の定量的な尺度であるのに対し，特異性は競合する相互作用と比較したときの相対的なアフィニティーによって決まる。生理的な結合相互作用のアフィニティーや特異性は多様だが，情報が確実に処理されるよう，特定の周辺環境に適合したものとなっている。

課題

1. 1細胞あたり1分子のタンパク質が存在するとき，そのタンパク質の濃度はいくらか。細胞の体積は約10^{-12} Lとする。
2. 細胞の約25％（質量/体積パーセント濃度）がタンパク質であるとすると，細胞内に存在するタンパク質の全分子数はおよそいくつか。タンパク質1分子あたりの平均質量は100 kDaとする。
3. 細胞内に約10,000個のタンパク質Xがあったとする。ここでも体積が約10^{-12} Lの哺乳類細胞を想定すると，タンパク質Xが細胞全体に拡散しているときのおよその濃度はいくらか。もしタンパク質Xがすべて核内へ移行した場合，濃度はどうなるか（核の体積は約10^{-13} Lとする）。
4. 問3で述べたタンパク質Xの生体内における結合パートナーYは，核内に濃度約10^{-10} Mで存在する。すべてのタンパク質Xが核内（細胞全体の体積の約10分の1とする）に局在したときにだけ，XとYの相互作用が顕著にみられたとする（50％以上のYがXに結合した）。XとYの相互作用のK_dを推定せよ。
5. ある2分子間の相互作用について，実際の細胞内での結合率は，*in vitro*で測定された純粋なK_d値から推定されるものとは異なることが多い。推定値より高い結合率となる要因としては何が考えられるか。また，推定値より低い結合率となる要因としては何が考えられるか。
6. タンパク質X，Yは*in vivo*でも*in vitro*でも相互作用する。タンパク質Xにおいて，*in vivo*でX-Y相互作用ができなくなるような疾患原因変異がみつかったとする。意外なことに，タンパク質X，Yを精製して*in vitro*で結合を評価しても，変異によるアフィニティーの変化はみられなかった。Xの変異が*in vivo*でのYとの結合率の変化をもたらす原因について，簡単な仮説を立てよ。
7. あるタンパク質ドメインは，RxxF/L/VxFという配列をもつペプチドを認識する（4残基目のF，L，Vは同じアフィニティーで認識され，xは任意のアミノ酸を表す）。また，ある相同なタンパク質のドメインはRxxVxFという配列をもつペプチドを認識する。特異性がより高いのはどちらのドメインか。結合のアフィニティーがより高いのはどちらか。また，そう考えた理由を，これら2つのドメインでの相互作用に正の識別あるいは負の識別

がどうかかわりうるか，さらに，これらの識別に伴ってアフィニティーがどう変化するかという観点から説明せよ。

8. グルタチオン S-トランスフェラーゼ（GST）は，リコンビナントタンパク質の「タグ」としてよく用いられている。グルタチオンで表面が密に覆われた小さなビーズを用いると，雑多なタンパク質の中からGST融合タンパク質を精製することができる。表2.1（27ページ）からわかる通り，GST-グルタチオン相互作用のアフィニティーは比較的低い（K_dは約10^{-4} M）。ビオチン-アビジンのようなアフィニティーがはるかに高いものと比較したとき，精製タグシステムとしてGST-グルタチオン相互作用を用いる利点や欠点としては何があるか。また，GST融合タンパク質は，高い結合率が期待できないような10^{-4} M未満の濃度であっても効率よく精製できる場合が多い。これは，GSTとグルタチオンビーズの相互作用のどのような特性で説明できるだろうか。

9. シグナル伝達タンパク質どうしの新たな相互作用の獲得は，シグナル伝達経路の進化にとって重要な原動力となると考えられている。新たなタンパク質間相互作用が生じるメカニズムをいくつか考えよ。

10. シグナル伝達に関与する大多数のタンパク質間相互作用は動的である（すなわち，on-rateやoff-rateといった相互作用の速度論的パラメータが大きい）。このことはなぜ重要なのだろうか。より静的なタンパク質間相互作用が必要となる生理的機能にはどのようなものがあるか。また，タンパク質間相互作用の動的な変化は熱力学的アフィニティーとどのような関係があるか。

11. 現在では，特定の系における既知のタンパク質間相互作用を網羅したタンパク質データベースが多数存在する。例えば，ある最近のデータセットには20,000を超えるヒトのタンパク質間相互作用が収載されている。一般には，これらのデータセットからはアフィニティーに関する情報はほとんど得られない。このようなデータベースの制約としては何が考えられるか。また，データベース上で予測された相互作用が細胞の中ではほとんど起こらないということはありうるだろうか。逆に，生物学的に重要な相互作用がデータベースからは予測できないのはどのような場合だろうか。

12. 足場タンパク質は複数の結合パートナーと同時に結合する。タンパク質A, B両方と結合する新たな足場タンパク質が発見され，A-B間相互作用は足場なしではみられなかったとする。シグナル伝達は三分子複合体（足場とA, B）の濃度に依存する。出力シグナル（三分子複合体の量に比例する）は，足場タンパク質の濃度によってどのように変化するだろうか。出力シグナルが最大となるのはどのような場合か。また，実験的に足場タンパク質が過剰発現されて定常状態よりはるかに多くなったとき，出力シグナルにはどのような影響が及ぶと考えられるか。

文献

タンパク質間相互作用の特性

Ajay & Murcko MA (1995) Computational methods to predict binding free energy in ligand-receptor complexes. *J. Med. Chem.* 38, 4953–4967.

Hammes GG (2000) Thermodynamics and Kinetics for the Biological Sciences. New York: John Wiley & Sons.

Harrison SC (1996) Peptide–surface association: the case of PDZ and PTB domains. *Cell* 86, 341–343.

Jones S & Thornton JM (1996) Principles of protein–protein

interactions. *Proc. Natl Acad. Sci. U.S.A.* 93, 13–20.

Kastritis PL & Bonvin AM (2012) On the binding affinity of macromolecular interactions: daring to ask why proteins interact. *J. R. Soc. Interface* 10, 20120835.

Lo Conte L, Chothia C & Janin J (1999) The atomic structure of protein–protein recognition sites. *J. Mol. Biol.* 285, 2177–2198.

Moreira IS, Fernandes PA & Ramos MJ (2007) Hot spots—a review of the protein-protein interface determinant amino-acid residues. *Proteins* 68, 803–812.

Neduva V & Russell RB (2005) Linear motifs: evolutionary interaction switches. *FEBS Lett.* 579:3342–3345.

Nooren IM & Thornton JM (2003) Diversity of protein–protein interactions. *EMBO J.* 22, 3486–3492.

Wells JA (1996) Binding in the growth hormone receptor complex. *Proc. Natl Acad. Sci. U.S.A.* 93, 1–6.

Winzor DJ & Sawyer WH (1995) Quantitative Characterization of Ligand Binding. New York: John Wiley & Sons.

Wyman J & Gill SJ (1990) Binding and Linkage: Functional Chemistry of Biological Macromolecules. Mill Valley, CA: University Science Books.

細胞レベル，分子レベルでみた タンパク質間相互作用

Bhattacharyya RP, Reményi A, Yeh BJ & Lim WA (2006) Domains, motifs, and scaffolds: the role of modular interactions in the evolution and wiring of cell signaling circuits. *Annu. Rev. Biochem.* 75, 655–680.

Bukau B, Weissman J & Horwich A (2006) Molecular chaperones and protein quality control. *Cell* 125, 443–451.

Capra EJ, Perchuk BS, Skerker JM & Laub MT (2012) Adaptive mutations that prevent crosstalk enable the expansion of paralogous signaling protein families. *Cell* 150, 222–232.

Edwards LJ & Evavold BD (2011) T cell recognition of weak ligands: roles of signaling, receptor number, and affinity. *Immunol. Res.* 50, 39–48.

Gibson TJ (2009) Cell regulation: determined to signal discrete cooperation. *Trends Biochem. Sci.* 34, 471–482.

Hatada MH, Lu X, Laird ER et al. (1995) Molecular basis for interaction of the protein tyrosine kinase ZAP-70 with the T-cell receptor. *Nature* 377, 32–38.

Mayer BJ, Blinov ML & Loew LM (2009) Molecular machines or pleiomorphic ensembles: signaling complexes revisited. *J. Biol.* 8, 81.

Müller KM, Arndt KM & Plückthun A (1998) Model and simulation of multivalent binding to fixed ligands. *Anal. Biochem.* 261, 149–158.

Nguyen JT, Turck CW, Cohen FE et al. (1998) Exploiting the basis of proline recognition by SH3 and WW domains: design of N-substituted inhibitors. *Science* 282, 2088–2092.

Pawson T & Nash P (2003) Assembly of cell regulatory systems through protein interaction domains. *Science* 300, 445–452.

Sadegh-Nasseri S, Stern LJ, Wiley DC & Germain RN (1994) MHC class II function preserved by low-affinity peptide interactions preceding stable binding. *Nature* 370, 647–650.

Szwajkajzer D & Carey J (1997) Molecular and biological constraints on ligand-binding affinity and specificity. *Biopolymers* 44, 181–198.

Zarrinpar A, Park SH & Lim WA (2003) Optimization of specificity in a cellular protein interaction network by negative selection. *Nature* 426, 676–680.

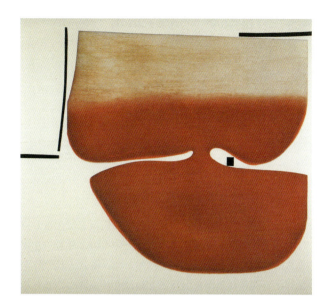

シグナル伝達酵素とそのアロステリックな制御

3

　細胞のシグナル伝達の重要なステップの多くは，リン酸化のような共有結合による修飾や，サイクリックAMP（cAMP）のような拡散可能な仲介分子の産生など，多種多様な化学反応によって制御されている。ほとんどの場合，これらの化学反応それ自体は遅いので，必要な反応速度を得るためには特異的な酵素が必要となる。例えば，リン酸化反応の触媒にはプロテインキナーゼ，ATPからcAMPを合成するにはアデニル酸シクラーゼが利用される。これらの酵素の働きにより，細胞が外界の刺激を感知したりそれらに応答したりするのに必要な時間スケール（秒単位から分単位）で，シグナル伝達過程を進めることが可能となる。

　本章では，タンパク質のリン酸化を調節する酵素であるキナーゼとホスファターゼ，そしてGタンパク質とその調節酵素という2つのよく知られた系に焦点をあて，シグナル伝達酵素の基本的な制御機構について述べる。この2つの系は，真核細胞のシグナル伝達系で広く用いられる重要な酵素活性の調節メカニズムである。リン酸化はシグナル伝達で最もよく利用されるタンパク質の修飾である。一方，Gタンパク質は立体構造の変化によって情報を伝える。本章では，さまざまなシグナル伝達で利用されるこれらの酵素による触媒の詳細な化学的メカニズムについて述べる。その他の種類のシグナル伝達酵素については他の章で簡潔に取り上げる。リン酸化以外の翻訳後修飾を付加する酵素や除去する酵素については第4章で，cAMPなどのセカンドメッセンジャーを合成する酵素や分解する酵素については第6章で，脂質に作用する酵素については第7章で，プロテアーゼに関しては第9章で，それらの分子機構の概略を述べている。

　シグナル伝達酵素に関しては，その触媒機構と調節機構は表裏一体である。シ

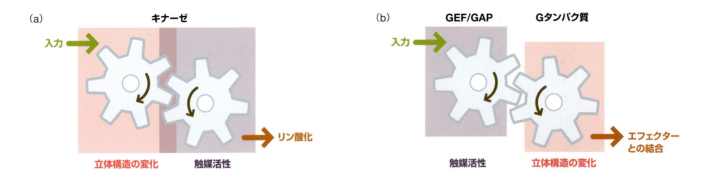

図3.1
シグナル伝達タンパク質は，立体構造の変化を触媒活性の変化に変換したり，逆に触媒活性の変化により立体構造の変化を誘導したりする
(a)キナーゼは，種々の入力に応答してその立体構造が変化し，それによってキナーゼの触媒作用（リン酸化）が制御されている。(b)Gタンパク質は，相反する作用を示す2種類の酵素，すなわちグアニンヌクレオチド交換因子（GEF）とGTPアーゼ活性化タンパク質（GAP）によって制御されており，これらの酵素がGタンパク質の立体構造の変化を制御し，その結果，Gタンパク質と下流のエフェクター分子との相互作用が調節される。

グナル伝達酵素の主要な役割は，結局のところ，つぎの分子に情報を伝えるということである。したがって，多くの場合，酵素活性の強さそのものよりも，リガンドの結合や共有結合による修飾などのシグナル入力に対して，それぞれの酵素の触媒活性がどれだけ特異的に制御されるかということのほうが重要なのである（この点は，例えば代謝系の酵素が最大限の活性をもって機能するようにできているのとは対照的である）。キナーゼやGタンパク質などのシグナル伝達酵素の特徴は，立体構造の変化を触媒活性の変化へと変換すること，あるいはその逆向きの変換を行うことである（図3.1）。これらのよく利用されるシグナル伝達タンパク質が，立体構造の変化と触媒活性をいかにして共役させているのかということが，本章の主要なテーマである。

酵素触媒の原理

酵素(enzyme)は，生物由来の高分子であり，生体において化学反応を触媒する。そして，特定の化学反応を促進する非常に高い能力をもつ。自発的にはゆっくりとしか起こらない反応の速度が，触媒の作用により顕著に増加するのである。さらに，エネルギー的に自発的には起こりえない反応も，酵素の作用によってより起こりやすい反応（例えばATPやGTPの加水分解）と共役できるようになることで，促進される。

酵素には，細胞内でシグナルを伝達するのに適した多くの特性がある

シグナル伝達酵素は，入力信号の受容と出力信号の発信を介し，細胞情報を柔軟に伝達することができる。シグナル伝達酵素による出力とは，下流に位置する標的分子の機能変換を誘導するような反応を触媒することである。キナーゼによってリン酸化された基質は，活性や立体構造の変化を起こし，アデニル酸シクラーゼによって合成されるcAMPなどの低分子シグナルメディエーターは，下流に位置する多数のエフェクターの機能の変化を誘導する。このように，シグナル伝達酵素による出力とは，その酵素の下流の標的分子の状態の変化を介して，蓄積された細胞内情報を下流に伝達することであると考えられる。

一方，これらのシグナル伝達酵素の活性自体は，上流からの入力によって制御されている場合が多い。シグナル伝達酵素の活性は通常は低く抑えられているが，リガンドの結合などに応答して著しく上昇する（あるいは，逆に上流からの入力に応答して酵素活性が阻害される）。シグナル伝達タンパク質はシグナルの流れのスイッチとして機能するため，酵素活性が高いことよりも調節可能であることのほうが重要なことがある。

分子レベルでみると，それぞれのシグナル伝達過程は，酵素の**立体構造**(conformation)の何らかの変化(広義での三次元構造や形態の変化)を伴っており，それが活性の変化に結び付いている。リガンドの結合や翻訳後修飾などの上流シグナルによって引き起こされる立体構造の変化は**アロステリック変化**(allosteric change)と呼ばれ，タンパク質の活性に影響を与える。この上流からの入力とタンパク質の活性変化をつなぐ構造変化こそが，シグナル伝達タンパク質がシグナルを下流へと伝える基本的な仕組みなのである。本章では，アロステリックな変化を引き起こす基本原理について述べ，それがどのようにシグナルを伝達しているかについて，例をあげながら紹介していく。

シグナル伝達酵素に共通するもう1つの特徴は，相反する作用を示す酵素が対になって機能していることである。例えば，**プロテインキナーゼ**(protein kinase)によって特異的なリン酸化反応が触媒される一方，この修飾の反対の反応，すなわちリン酸基の除去は**プロテインホスファターゼ**(protein phosphatase)によって触媒される。キナーゼは，基本的に基質を新規の状態に変換する「修飾の書き込み装置」として機能し，ホスファターゼは，基質をもとの状態の戻す「修飾の消去装置」として機能する(図3.2)。情報の貯蔵や伝達を担うシステムは，それが人工的なものであれ細胞に天然にみられるものであれ，情報を書き込んだり消去したりする調節可能なメカニズムをもつ必要がある。

酵素には，情報の伝達におけるもう1つの重要な性質，すなわちシグナルを増幅するという能力がある。酵素は触媒であるので，標的タンパク質の活性化を引き起こす際にそれ自体が変化してしまうことはなく，同じ反応を何度も繰り返すことが可能である。この触媒としての働きが，**シグナル増幅**(signal amplification)を可能にしている。すなわち，活性のある1分子の酵素が，適切な反応条件下では多数の産物を生成することが可能なのである。

酵素は，化学反応の速度を上昇させるためにさまざまなメカニズムを用いている

酵素は，水溶液中での触媒非存在下での反応に比べ，特異的な反応の速度を数桁上昇させることができる。以下に述べるリン酸基転移反応などのいくつかの反応では，10^{20}倍[訳注：この値は大きすぎるように思われる]あるいはそれ以上の活性の上昇が認められる。そこでまず，酵素がこのような著しい反応速度の上昇を引き起こし，かつ特異的に作用する仕組みについて述べたい。

どのような化学反応においても，反応物と生成物にはそれぞれの**基底状態エネルギー**(ground-state energy)が決まっており，反応物が生成物に変換される際には，**遷移状態**(transition state)という高いエネルギー障壁を越える必要がある。酵素は，反応物の基底状態と比較した遷移状態の安定性を増すことにより，化学反応を触媒している(図3.3)。遷移状態のエネルギーを下げることは，**自由エネ**

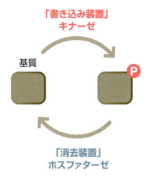

図3.2

シグナル伝達酵素は，情報の有無を表す目印の「書き込み装置」あるいは「消去装置」として機能している タンパク質のリン酸化は，その活性を制御できる目印として機能している。キナーゼは，この目印の書き込み(リン酸化反応)を触媒する一方，ホスファターゼはこれとは逆に目印の消去(脱リン酸化反応)を触媒する。シグナル伝達を制御する他の多くのシステムも，このように相反する作用を示す酵素が協調して制御している。

図3.3

酵素は，遷移状態の自由エネルギー障壁を低くすることにより化学反応を触媒している 化学反応に伴う自由エネルギー状態の変化に対する酵素の効果。触媒非存在下での反応(青色の破線)は，反応物を生成物に変換するには通常は高い自由エネルギー障壁を乗り越える必要があるため，進行しにくい。酵素は，反応物と生成物の基底状態での自由エネルギーレベルを変えることはないが，エネルギー障壁を低くしたり，ときには新規の反応中間体を形成することで，生成物への変換を速くしている(ピンク色)。酵素が化学反応の自由エネルギー状態を変えるメカニズムやその他のメカニズムは，本文中に記述した。

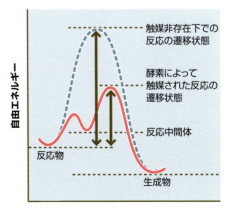

ルギー障壁(free-energy barrier)を低くし，反応物がこの障壁を越えて生成物に変換される確率を高くすることになる。酵素は，基底状態と遷移状態の自由エネルギーの差を小さくすることはできるが，遊離の反応物と生成物の間の熱力学的平衡を変えることはできない。別のいい方をすれば，十分に長い時間を経た後にはあらゆる化学反応は反応物と生成物の自由エネルギーの差にもとづく一定の平衡状態に達するのであり，この平衡は酵素が存在しても変わらないということになる。酵素によって影響を受けるのは，いかに速く平衡状態が達成されるかという点なのである。先にも述べたように，酵素は反応速度を何桁も加速させることができる。

　酵素が化学反応の遷移状態を安定化させる一般的な方法がいくつか知られているが，それらのすべてがシグナル伝達酵素にも利用されている。第一は，基質分子(2つの場合もある)が反応する際に重要となる官能基に結合し，より反応を起こしやすい方向に向きを変えることで遷移エネルギーを低下させるという方法である。第二は，一般酸触媒および一般塩基触媒と呼ばれる方法で，反応中に基質にプロトンを供給したり，基質からプロトンを受容したりする。反応する官能基を一般酸，一般塩基，金属イオンを利用して活性化したり，荷電状態を安定化したりする触媒機構は，求核置換反応(リン酸基転移反応など)において求核剤を活性化し，残された官能基を安定化するときに重要である。第三は，酵素が結合することで，静電的あるいは立体構造的に基底状態よりも遷移状態を安定化するという方法である。この場合，遷移状態における結合エネルギーを利用して，反応の自由エネルギー障壁を低くする。静電相互作用あるいは立体構造を利用したこの種の触媒反応は，活性中心の官能基と金属イオンなどの補助因子を正しく位置づけることによって可能となる。

　最後に，酵素が反応経路や反応メカニズムを変え，触媒非存在下の反応では通常生じえない中間体を経て，反応が進行するという場合もある(図3.3参照)。新規の経路に沿って反応が進むと自由エネルギー障壁は低くなるというのであれば，結果的に反応速度は上昇する(この方法は，回り道になるけれども移動中の合計の高低差が小さくなるような別の登山ルートをみつけることと類似している)。この種の触媒機構の例として，酵素の官能基を求核剤として利用し，共有結合中間体を形成するようなシグナル伝達酵素をあげることができる。いくつかのホスファターゼは，酵素と基質が共有結合した中間体を経て，タンパク質中のアミノ酸残基に結合しているリン酸基の除去を触媒する。

　酵素の触媒活性を定量的に解析する方法(ミカエリス・メンテン解析)については第13章で述べているが，酵素活性を記述するときによく用いられる2つの用語についてはここで簡単に紹介しておきたい。まず，**触媒反応速度定数**(catalytic rate constant：k_{cat})は，その酵素が達成できる最大の(すなわち基質が飽和濃度で存在しているときの)反応速度である。一方，**ミカエリス定数**(Michaelis constant：K_m)は，その酵素と基質とのアフィニティーの指標である。K_m値は反応速度が最大値の半分となる基質濃度であり，K_m値が小さいということは基質が比較的低濃度で存在していても，反応が効率よく進むということを示している。

酵素は，エネルギー的に共役することにより反応を一方向に推進する

　酵素は，反応物と生成物の熱力学的平衡を変えることはなく，平衡に達するまでの時間を短縮する。しかし，生物学的に重要な化学反応の多くは，熱力学的には起こりにくい。すなわち，生成物の自由エネルギーレベルは反応物のそれより

高く，その結果，平衡状態においては生成物に比べて反応物が多くなってしまうのである。例えばタンパク質のリン酸化の場合，無機リン酸とリン酸化されていないタンパク質に比べ，リン酸化されたタンパク質は熱力学的に不利（チロシンリン酸化の場合），もしくは優位性はない（セリン/トレオニンリン酸化の場合）。この根本的な問題を解決するために，シグナル伝達酵素は熱力学的に非常に起こりやすい反応と共役することで，全体の反応を一方向にのみ進めるようにしている場合が多い。例えばタンパク質のリン酸化反応の場合，ATPのβ-γ高エネルギーホスホジエステル結合の切断と共役している。それにより，キナーゼが触媒するリン酸化反応は十分な量のATPが供給されている限り不可逆的になるはずであり，細胞内では通常そのような状況になっている。

同様に考えると，タンパク質からのリン酸基の除去は，リン酸化の逆反応（すなわちATPの再生反応）によっては起こりえない。なぜならこの反応は熱力学的に不利だからである。そのかわり，リン酸基の除去は別の化学反応，すなわちリン酸エステル結合の加水分解を介して行われる。この反応により，無機リン酸とリン酸化されていないタンパク質が生成される。この反応は，ホスホチロシンの場合には熱力学的に有利で，ホスホセリン/ホスホトレオニンの場合には熱力学的にはほぼ中立である。しかし生理的条件下では，水の濃度（約55 M）は生成物であるタンパク質の濃度よりも圧倒的に高いので，ホスホセリン/ホスホトレオニンの脱リン酸化反応も完結できる。このように，リン酸化反応も脱リン酸化反応も熱力学的に一方向にしか起こらず，一方向に回る反応サイクルを形成している（図3.4）。そしてこのサイクルは，最終的には細胞によって常に供給されるATPのエネルギーによって駆動されていることになる。ATPによって供給されるエネルギーは，電気回路を駆動するのに必要な電力のように機能している。

触媒の作用がないと，リン酸化も脱リン酸化も非常に遅い反応である。したがって，ある基質タンパク質がリン酸化されている程度は，リン酸化反応と脱リン酸化反応の酵素によって触媒されたときの反応速度によって決まり，リン酸化されている状態とリン酸化されていない状態の熱力学的安定性の違いによって決まるわけではない。この事実から導き出される重要な結論は，リン酸化による制御システムからの出力（基質タンパク質のリン酸化の程度）は，上流で機能する酵素であるキナーゼとホスファターゼの活性のバランスによって決められているということである。これは，正と負のシグナルを速やかに伝達しなければならない動的なシステムにとって理想的な性質である。実際，反応速度を制御することにより情報を伝達するシグナル伝達メカニズムは，多数知られている。

アロステリックな立体構造変化

多くのシグナル伝達メカニズムにとって，上流からの入力に応答してタンパク質の立体構造の変化が誘導され，その結果その活性に変化が起こるということは非常に重要である。このように，立体構造の変化と活性の変化が結び付いていることにより，酵素は細胞内の情報を接続したり加工したりするシグナル伝達ネットワークのノードとして機能することができる。本節では，タンパク質の立体構造の変化の分子的基盤と，シグナル伝達酵素において一般的にみられるさまざまなタイプの立体構造の変化について述べる。

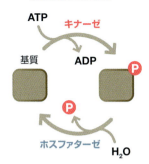

図3.4

リン酸化/脱リン酸化反応は，エネルギー的に一方向に駆動されるサイクルを形成している
キナーゼが触媒するリン酸化反応もホスファターゼが触媒する脱リン酸化反応も，エネルギー的に起こりやすい反応であり，リン酸化状態と非リン酸化状態の間をつなぐ一方向に進行する反応サイクルを形成している。このサイクルを回すためのエネルギーは，細胞内で合成されるATPによって供給されている。

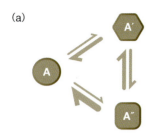

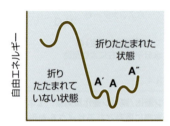

図3.5

タンパク質は正しく折りたたまれた状態でもわずかに安定性が異なる複数の立体構造をとりうる 細胞内においては，タンパク質がとりうる立体構造は複数存在し，平衡状態において各立体構造をとる分子の割合は相対的な自由エネルギー値による．(a)立体構造A(丸形)をとる分子は，立体構造A′(六角形)や立体構造A″(四角形)をとる分子より多い．(b)立体構造Aの自由エネルギー値は，立体構造A′や立体構造A″の自由エネルギー値より相対的に低い．これら3種類の立体構造の自由エネルギー値は，折りたたまれていない立体構造に比べると，いずれもはるかに低いことに注意．

タンパク質の構造的な柔軟性により，アロステリックな制御が可能となる

　タンパク質はもともと柔軟な構造をしており，さまざまな立体構造をとることができる．シグナル伝達の際にはこの性質を利用して，上流からの入力がタンパク質の機能を制御している．タンパク質の結晶構造をみると，タンパク質はかたく静的な構造をとっているように思えるかもしれない．しかし，このような印象はかなりの部分は誤解であるといえる．ほとんどのタンパク質は，安定な折りたたみ構造をとることはできるものの，同時に非常に動的であり，常に一定の幅の多少異なる立体構造の間をゆらいでいる(図3.5)．このような分子のゆらぎは温度とともに大きくなるが(構造の「熱ゆらぎ」と呼ばれることがある)，生理的な温度でもこれは起こっている．これらの異なる立体構造のうち，いくつかは他と比べてより安定であり(自由エネルギーレベルが低く)，その立体構造をとる分子の割合が高い．これに対して，より不安定な立体構造をとる分子の割合は低い．これらの複数の立体構造の相対的な安定性は，他の分子(リガンド)の結合や翻訳後修飾によって変化することがある．つまり，リガンドの結合やリン酸化によって，もともと不安定であった立体構造がより安定になる場合がある(図3.6)．

　アロステリックな立体構造の変化は，リガンドの結合や翻訳後修飾によって引き起こされるタンパク質の二次構造，三次構造，四次構造の変化にもとづいている．図3.7は，リガンド結合などが異なる折りたたみ構造の安定化とどのようにかかわっているかを模式的に示したものである．リガンドが存在しない場合，このタンパク質は活性の高い状態と活性の低い状態という2つの立体構造をとるとする．このタンパク質が酵素であれば，活性の高い状態とは，活性中心のアミノ酸残基が触媒反応を進めるのに適した配向をとっている立体構造であり，活性の低い状態とは，そのようになっていない立体構造に相当する．この例では，活性の低い状態のほうが熱力学的により安定であり，したがってリガンドが存在しないとき，タンパク質の活性は低い．ところがリガンドが結合すると，2つの状態の相対的な自由エネルギーレベルが変化し，活性の低い立体構造より活性の

タンパク質構造の概略は第13章参照

図3.6

シグナル入力により，異なる立体構造間の相対的な安定性が変化する (a)リガンド(オレンジ色の三角)の結合により，立体構造A′が安定化し，立体構造Aや立体構造A″より自由エネルギーレベルが低くなる．(b)リン酸化により，立体構造A″が最も安定な立体構造となる．破線は，リガンドの結合やリン酸化がないときの自由エネルギーレベルを表す．

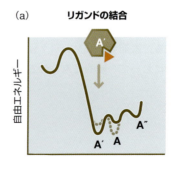

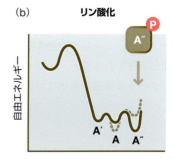

高い立体構造のほうが安定になる。このように，リガンドの濃度の上昇は，エネルギー的に関連した2つの効果をタンパク質に及ぼす。第一は，リガンドの結合したタンパク質の割合の上昇である。第二は高い活性をもつタンパク質の割合の上昇であり，これはリガンドの結合が，活性の高い立体構造を安定化させることによるものである。したがって，このタンパク質は，リガンド濃度の上昇に伴って活性化されるリガンドのセンサーのようにふるまうのである。

　タンパク質の異なる立体構造をそれぞれ特異的に安定化することで入力が出力を制御する例は，他にもいろいろなものが知られている。例えば同様の効果は，リン酸化などの共有結合によるタンパク質修飾の場合にもみられる。さらに，このようなアロステリックな変化は必ずしも活性化を引き起こすとは限らず，活性を阻害する場合もあるし，触媒活性以外の性質の変化を引き起こすこともある。リガンドの結合により酵素活性の低い立体構造が安定化される場合もあるし，リガンドが結合していないときとは異なる種類のタンパク質と結合している状態を安定化する場合もある。多くのシグナル伝達タンパク質はアロステリックな変化を引き起こす多種類の入力に応答し，ある場合は正に，ある場合は負に制御されている。このように，シグナル伝達タンパク質はその立体構造の変化を通じて，多種多様な外界からの刺激を統合している。

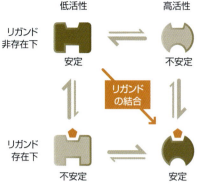

図3.7

アロステリックな調節の一般的な原理　リガンド結合などの入力により，シグナルがないときには不安定な立体構造が安定化される。シグナルがないときには不安定な立体構造が高い活性を有している場合，リガンドの結合によってこの立体構造をとる分子の割合が増加すると活性が上昇することになる。

シグナル伝達タンパク質の立体構造の変化は，いくつかの異なるクラスに分類される

　熱力学的にみると，リガンド結合やリン酸化などの入力は，ある立体構造のみに存在する相互作用を阻害したり，別の立体構造をとりやすくする新たな結合を形成したりして，各立体構造のエネルギー状態を変化させるということになる。このような立体構造の変化には多くの種類が知られているが，その一部を図3.8にまとめた。最初の例は，一方の立体構造では柔軟性のある構造（二次構造をとっていない）を示しているタンパク質の一部分が，他方の立体構造ではきちんとした二次構造を形成し，両者の間で変換が起こるというものである。実際，多くの

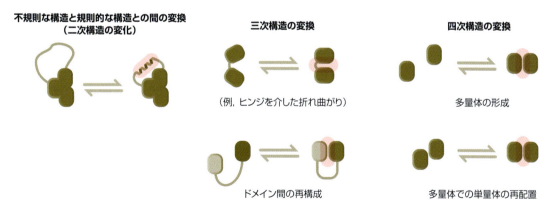

図3.8

シグナル伝達タンパク質には多種類の立体構造変化がみられる　タンパク質においては，不規則な構造から規則的な構造への変換（あるいはその逆）により，二次構造の変化を伴う局所的な構造変化が引き起こされることがある（図には α ヘリックスの生成を示した）。また，2つのサブドメインのヒンジを介した折れ曲がりや，新規のドメイン間相互作用の形成などの三次構造の変化が誘導されることもある。最後に，タンパク質サブユニットの多量体の構造変化や新たな多量体の形成など，四次構造の変化が起こることがある。重要な立体構造の変化や相互作用が起こる領域を薄いピンク色で強調した。

重要な調節タンパク質が，もともとは規則的な構造をとっていないがリガンドの結合や翻訳後修飾によって二次構造をとるようになる領域を含んでいるようである。他には三次構造の再構成を伴う場合もある。そのなかには，単一の折りたたみ構造単位内での原子の位置の相対的な変化(三次構造のドメイン内での変化)も含まれる。一例として，酵素のヒンジ(蝶番)を介した折れ曲がりをあげることができる。多数のドメインからなるタンパク質の場合は，構造的に独立したモジュールを形成しているドメインの相対的な位置の変化(三次構造のドメイン間での変化)が，活性制御に伴う立体構造の変化に含まれることがある。そして多量体を形成するタンパク質の場合，多量体の形成，あるいは多量体中での各単量体の相対的な配向の変化などの四次構造の変化を介し，活性が制御される場合がある。この種の四次構造の変化の古典的な例として，ヘモグロビンのアロステリックな調節機構をあげることができる。ヘモグロビン四量体の1つのサブユニットに酸素が結合すると四次構造の変化が起こり，他のサブユニットの酸素とのアフィニティーが上昇する。

タンパク質リン酸化による活性調節メカニズム

プロテインキナーゼによるタンパク質へのリン酸基の付加と，プロテインホスファターゼによるその除去は，タンパク質の活性を制御するためによく用いられるメカニズムである。ここでは，タンパク質の活性を制御するのに適したリン酸化反応の特性と，リン酸化の結果として起こる立体構造の変化について，分子レベルで議論する。

リン酸化は調節を受ける目印として用いられる

タンパク質のリン酸化は，標的となる基質タンパク質の構造と機能を変化させる重要なメカニズムである。リン酸化がなぜこれほど多くの生物学的現象の調節に利用されるのかについては，いくつかの理由が考えられる。第一に，リン酸化は，ATPの分解と共役して反応を進められるからである。第二に，ATPやリン酸化されたアミノ酸残基の分解はエネルギー的には非常に起こりやすい反応であるが，反応速度論的には非常に起こりにくい。すなわちこれらの反応は触媒非存在下では非常に遅いからである。このためリン酸化および脱リン酸化反応は，リン酸基を付加したり除去したりするのに必要な酵素(キナーゼとホスファターゼ)を介した制御点として，反応速度論的に最適である。もしATPやリン酸化されたアミノ酸残基が反応速度論的により不安定である(すなわち自発的にすばやく分解してしまう)としたら，キナーゼやホスファターゼは触媒のない場合の反応速度に対してそれほど有意な促進効果を示すことができず，調節機能はほとんど果たせなくなってしまうだろう。このような熱力学的な不安定性と反応速度論的な安定性の組合わせが，リン酸エステル結合がこれほど多くの生物学的過程を進める際に利用される理由なのである。

真核生物では，最も一般的には，ヒドロキシ基をもつアミノ酸残基であるセリン，トレオニン，チロシンの3種類がリン酸化される(目印をつけられる)(図3.9)。原核生物では，ヒスチジンとアスパラギン酸のリン酸化もみられる。セリンとトレオニンのリン酸化は，目印をつける酵素である**セリン/トレオニンキナーゼ**(serine/threonine kinase)と，目印を消す酵素である**セリン/トレオニンホスファターゼ**(serine/threonine phosphatase)によって制御されている。セリンとトレオニ

タンパク質の他の種類の翻訳後修飾についての詳細は第4章参照

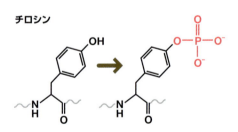

図3.9

タンパク質のリン酸化による修飾の化学構造
真核細胞において最もよくみられるリン酸化残基は，セリンとトレオニンである。チロシンのリン酸化はこれらに比べると少ないが，多細胞生物のシグナル伝達においては中心的な役割を果たしている。リン酸基はピンク色で示した。中性付近のpHでは，リン酸化により2つの負の電荷が導入される。

ンの側鎖はいずれも短く，メチル基の数が1つ違うことを除けば立体化学的にほぼ同一であることから，これら残基のリン酸化や脱リン酸化は同一クラスの酵素によって制御される。これに対して，チロシンの側鎖は芳香環を含む大きな構造であるため，立体的により大きな活性中心をもつ酵素を必要とし，ほとんどの場合ではセリン/トレオニンに対する酵素とは異なるクラスの酵素によって触媒される。すなわち，チロシンのリン酸化は**チロシンキナーゼ**(tyrosine kinase)と**チロシンホスファターゼ**(tyrosine phosphatase)によって制御されている。しかし，セリン残基とチロシン残基の両方をリン酸化できる酵素や，ホスホチロシンおよびホスホセリン/ホスホトレオニンのいずれにも作用できる順応性をもつ二重特異性ホスファターゼも例外的には存在する。

リン酸化によりタンパク質の構造が壊されたり，構造変化が誘導されたりする

　タンパク質のリン酸化は，タンパク質の構造と機能を制御する際に一般的によくみられるメカニズムである。それでは，リン酸化はどのようにして立体構造の変化を誘導するのであろうか。リン酸基は比較的小さな官能基であるが，タンパク質の化学的性質を大きく変化させる。タンパク質に新たにリン酸基(pK_a 6.7)が導入されると，中性条件下ではタンパク質に2つの負電荷が導入される。（リン酸化されていないときは荷電していない）特定の位置のアミノ酸残基が負に荷電するという静電的な変化は立体構造に大きく影響し，リン酸化されていないときは存在した相互作用が切断されたり，新たな相互作用が形成されたりする。

　リン酸化されたタンパク質の構造解析から，リン酸化により局所的な構造(リン酸化部位近傍の構造)とともに，リン酸化部位から離れた領域の(三次あるいは四次)構造も変化することが明らかとなった。局所的には，アミノ酸残基に新たにリン酸基が導入されると，立体的あるいは静電的に大きな影響がある。それにより，リン酸化された残基を含む領域の二次構造(例えばαヘリックス)が壊されたりする(図3.10a)。リン酸化された残基が近傍に位置する別の負に荷電した残基と電気的に反発したり，リン酸化されていない側鎖が形成していた水素結合がリン酸化によって壊されたりすることで，局所的な構造の破壊が起こるのである。その結果起こる立体構造の変化により，例えば酵素の活性中心を形成していたアミノ酸残基の位置がずれてしまい，活性を失ったりする。

　リン酸基の導入により，新たな局所的な構造が形成されることもある(図

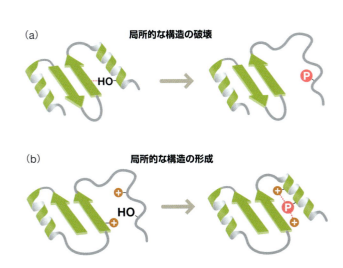

図3.10

タンパク質のリン酸化により構造が壊されたりつくられたりする　(a)リン酸化による修飾が起こると，修飾された残基(あるいはその近傍の残基)によって形成されていた相互作用が，立体障害あるいは静電的な反発により破壊される。この図は，αヘリックスと隣接したβシートとの間に形成されていた水素結合(ピンク色の点線)が，リン酸化によって壊される様子を示している。水素結合が壊された結果，αヘリックス構造も壊れている。(b)導入されたリン酸基が，タンパク質内の別の部位と新たな静電相互作用や水素結合を形成し，新規の構造が構築されることもある。この図では，リン酸基が正の電荷をもつ2つのアミノ酸残基と結合し，これにより二次構造をとっていなかった領域がαヘリックス構造をとる様子を示している。

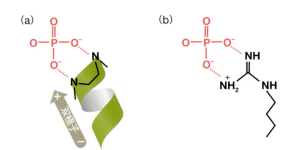

図3.11

タンパク質中でのリン酸基と他の官能基との相互作用　リン酸基には2つの負電荷があり、いくつかの特徴的な相互作用に関与している。(a)リン酸基は、αヘリックスのN末端側に2つ並んで存在する水素結合を形成していない窒素原子と相互作用する。αヘリックスはN末端側が正電荷となる双極子モーメントをもつが、リン酸基との相互作用によりこの正電荷が中和される。(b)リン酸基は、アルギニン残基の側鎖に存在するグアニジウム基の2つ並んだ窒素原子と相互作用することができる。

3.10b)。この場合は、新たに導入されたリン酸基が、近傍に位置する正に荷電した官能基と新たな結合を形成することが多い。構造解析により、このようにして形成されるリン酸基と他の部位との間の相互作用には、よくみられる2つのタイプがあることが明らかとなった。その1つは、αヘリックスのN末端に位置する主鎖のアミド基とリン酸基との間の水素結合の形成である(図3.11a)。この相互作用により、αヘリックスの双極子モーメント(N末端に正電荷、C末端に負電荷を帯びる傾向)がある程度中和される。もう1つのよくみられるタイプは、単一あるいは複数のアルギニンの側鎖グアニジウム基の正電荷とリン酸基との相互作用である(図3.11b)。これらの静電相互作用は、局所的に新たな構造を導入したり、局所構造を安定化したりする効果がある。多くの場合、新たに導入されたリン酸基は、もともと存在していた相互作用を壊すとともに新たな結合を形成するので、リン酸化されていない状態とリン酸化された状態とでは構造が大きく変化するようになる。以下に詳しく説明するように、このようなタイプのリン酸化によって誘導される局所的な構造変化は、プロテインキナーゼの活性化ループにおいてよくみられ、リン酸化された活性化ループのみが基質の結合や触媒反応に適した立体構造をとりうる。

　リン酸化はその部位から離れた領域の構造にも影響を及ぼし、三次構造や四次構造を変化させる(図3.12)。例えば、リン酸化によって、他の分子への結合能が失われたり、同一分子内の他のドメインへの結合が阻害されたりする。リン酸基は負に荷電しており、結合部位の残基がリン酸化されると、リガンドや基質の結合が立体障害を受けたり静電的に阻害されたりし、その結果としてタンパク質の活性低下が引き起こされる。逆に、活性を抑制するリガンドの結合が阻害される場合には、リン酸化によって活性の上昇が引き起こされる場合もある。また、リン酸化によって、その部位から離れた領域で新たな分子内あるいは分子間相互作用が形成されることもある。シグナル伝達タンパク質には、リン酸化されたアミノ酸を特異的に認識するSH2ドメインなどのタンパク質間相互作用を担うドメインがよくみいだされる。これらのドメインは、標的タンパク質がリン酸化されているときにのみ相互作用できる。この種のリン酸化に依存した広域的な立体構造の変化は、リン酸化と酵素活性を機能的に関連づける一般的な手段である。その一例として、Srcファミリーキナーゼの制御機構を後に詳しく説明する。

タンパク質間相互作用に関与するモジュール性のドメインに関しては第10章参照

(a)相互作用の阻害による遠距離の構造変化

(b)新規の相互作用による遠距離の構造変化

図3.12

タンパク質のリン酸化の離れた部位への影響　(a)三次構造や四次構造を形成するために重要な相互作用に関与する部位がリン酸化されると、その相互作用が阻害される。(b)リン酸化部位が、リン酸化された残基を認識するドメインと相互作用すると、新規の三次構造や四次構造が形成されることがある。図では、三次構造(分子内相互作用)の再構成を示している。

プロテインキナーゼ

　プロテインキナーゼは真核生物において最も多く存在するシグナル伝達酵素の1つであり，多くの重要なシグナル伝達系において中心的な役割を果たしている。プロテインキナーゼの触媒ドメインは全体としては共通の構造をとり，共通のメカニズムによって触媒活性を示すが，それが種々の方法で調節されることにより，異なる制御系で機能したり，異なる種類の基質をリン酸化したりできるようになる。プロテインキナーゼはシグナル伝達酵素の代表的な例となりうるので，その触媒作用の基本メカニズムと，触媒活性のアロステリックな制御についてまとめてみたい。

プロテインキナーゼの構造と触媒メカニズムはよく保存されている

　セリン/トレオニンキナーゼもチロシンキナーゼも，類似の折りたたみ構造をとる触媒ドメインをもっている。図3.13に示すようなこれらの触媒ドメインの2つのローブ［訳注：塊状の構造，解剖学の「葉」］からなる構造は，低分子基質をリン酸化する遠縁の代謝酵素と似ている。ATPや基質ペプチドの結合部位を含む活性中心は，2つのローブの間にある溝の中に位置している。

　キナーゼによって触媒される反応には，基質のアミノ酸残基がもつヒドロキシ基によるATPのγリン酸基への求核攻撃が必要である（図3.14a）。したがってキナーゼは，ATPおよび基質となるペプチドの両方と立体的に適切な位置で結合し，触媒反応を担う残基が基質のリン酸化されるヒドロキシ基の求核性を高めるとともに，遷移状態と脱離基に生じる電荷を安定化する必要がある。

　リン酸化反応を触媒するために必要とされるこれらの構造を考慮すると，チロシンキナーゼとセリン/トレオニンキナーゼの間に高度に保存された触媒残基が多数存在することは，驚くべきことではない。これらのよく保存された触媒部位のアミノ酸残基については，最初に構造解析が進められたセリン/トレオニンキナーゼの一種で，cAMPにより活性化される酵素の**プロテインキナーゼA**（protein kinase A：PKA）の残基番号で表している（図3.14a）。その他のキナーゼの場合は，（触媒ドメイン内にそれぞれ異なる挿入や欠失があるため）おのおのの残基番号はこれとは異なっている。N末端側のローブは，ATPを適切に配置するために必須の残基を含んでいる。そこには，グリシンに富む柔軟性の高いリン酸

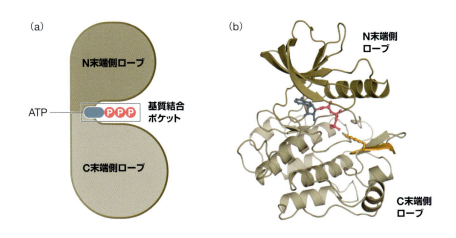

図3.13

プロテインキナーゼの構造　(a) プロテインキナーゼの触媒ドメインの模式図。特徴的な2つのローブからなる構造を示している。活性中心はN末端側とC末端側の2つのローブの間にあり，ここにATPと基質ペプチドが結合する。(b) インスリン受容体のキナーゼドメインとATPおよび基質ペプチドからなる複合体のX線結晶構造解析の結果（PDB1IR3）。ローブやATPの各部分の色は(a)に示した模式図と合わせてある。基質ペプチドはオレンジ色で示した。

図3.14

プロテインキナーゼの活性中心 (a)触媒反応に重要なアミノ酸残基は，N末端側ローブにもC末端側ローブにも存在する。Lys72とAsp184はATPの向きを最適化し，触媒ループ（オレンジ色）中のAsp166は一般塩基として機能し，基質のヒドロキシ基を活性化する。これらの残基や触媒反応に関与する他の残基が反応に最適な位置を占めるためには，N末端側ローブ中のCヘリックス（紫色）やC末端側ローブ中の活性化ループ（緑色）などの他の領域との相互作用による三次構造が重要である。多くのキナーゼにおいて，Cヘリックスと活性化ループは，キナーゼ活性を制御するレバーとして利用されている。(b)サイクリン依存性キナーゼ（CDK）の活性化は，Cヘリックス（紫色）と活性化ループ（緑色）の位置を変えることで制御されている。Cヘリックスの位置はサイクリンの結合により大きく変化し，活性化ループの位置は活性化に必要とされるThr197のリン酸化によって最適化される。この2段階の立体構造の変化を経て，活性中心が正しく配置され，基質ペプチドが結合する間隙が形成される。アミノ酸残基番号はプロテインキナーゼA（PKA）の配列にもとづいている。(bはM. Huse and J. Kuriyan, *Cell* 109:275–282, 2002より，Elsevierの許諾を得て掲載)

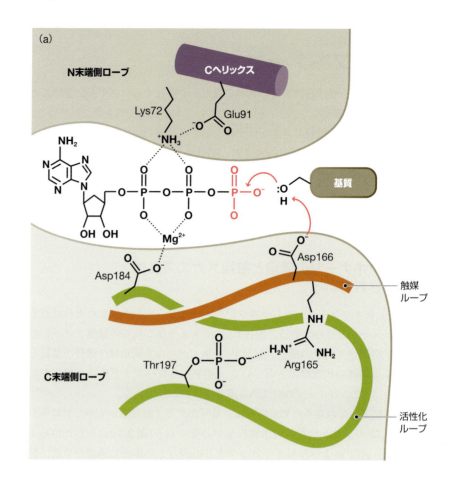

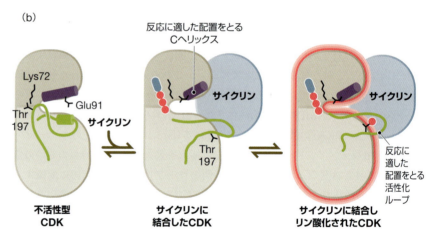

基結合ループ（Pループ）が含まれている。さらに，ATPの負に荷電したリン酸基を正しく配向させるためにLys72が必要である。触媒反応に必要な他の残基の多くは，N末端側のローブよりの少し大きいC末端側のローブに含まれている。そのうちAsp166は触媒ループという配列中に位置しており，基質ペプチドの求核反応にかかわるヒドロキシ基からプロトンを除去する一般塩基として機能している。C末端側のローブに含まれている他の2つの残基Asp184とAsn171は，ATPの結合に重要な役割を果たしている。

活性化ループとCヘリックスは，立体構造の変化を介してキナーゼ活性を制御する分子レバーとして，よく保存された構造である

　プロテインキナーゼがシグナル伝達のスイッチとして機能するためには，不活性型と活性型という少なくとも2種類の立体構造をとる必要がある。不活性型の立体構造では，活性中心のアミノ酸残基は触媒反応に適した配置になっていない。一方で，上流からの適切な入力によって安定化された活性型の立体構造では，活性中心のアミノ酸残基は触媒反応に適した配置になっている。ほとんどのプロテインキナーゼに共通してみられる触媒活性の主要な制御メカニズムがいくつか知られている。そのほとんどは，よく保存された構造である活性化ループとCヘリックス(図3.14に示してある)を介している。これらの構造は触媒部位の中心に位置し，触媒反応に関与する多数のアミノ酸残基と相互作用していることから，キナーゼ活性を調節するレバーとして機能すると考えられている。多様な入力は，このレバーを動かすことで触媒反応に関与するアミノ酸残基を反応に適した位置に配置したり，反応に適した位置からはずしたりするのである。

　活性化ループ(activation loop)は，プロテインキナーゼファミリーの制御において最も重要な配列であると考えられる。活性化ループはC末端側ローブの中にあり，活性中心の近傍に位置している。活性化ループの長さ，アミノ酸配列，立体構造はそれぞれのキナーゼごとに異なるが，ほとんどすべてのキナーゼにおいて，活性状態の変化に対応して活性化ループの立体構造が大きく変化する(図3.14b)。

　活性化ループは，2つの協調したメカニズムによってキナーゼ活性を制御している。第一に，活性化ループ中のアミノ酸残基は，触媒反応に関与するアミノ酸残基に隣接したアミノ酸残基と水素結合を形成する場合が多い。このような構造から，活性化ループの位置により触媒反応の効率が変化しうると考えられる。第二に，いくつかの場合では，活性化ループが基質ペプチドの結合部位を直接塞いでしまうことで酵素活性を阻害している。このような場合，活性化刺激が活性化ループを動かすことで，基質が活性中心にアクセスできるようになる。ほとんどのプロテインキナーゼでは，活性化ループ内のアミノ酸残基がリン酸化されることが活性化には必要である。リン酸化によって活性化ループの立体構造が変化することで，基質ペプチドの結合部位が解放されるとともに，触媒反応に関与するアミノ酸残基が適切な位置に配置される。

　Cヘリックスは，キナーゼドメインにあるもう1つの調節レバーである。CヘリックスはN末端側のローブに存在し，保存されたGlu91を含んでいる。この残基は，触媒残基として保存されているLys72と水素結合を形成している。Lys72がATPと結合するのに適切な位置にあることはキナーゼ活性にとって必須であり，Glu91との相互作用によりそれが保証されている。したがって，Cヘリックスが動いて，その結果Glu91とLys72の位置がずれてしまうと，酵素活性が著しく変化してしまう。一例として，細胞周期などの多くの重要な細胞現象を制御しているセリン/トレオニンキナーゼである**サイクリン依存性キナーゼ**(cyclin-dependent kinase：CDK)のCヘリックスの役割について説明する。CDKの活性も，Cヘリックスと活性化ループによって制御されている。不活性化状態では，CDKのCヘリックスと触媒残基であるLys72は，最適な位置からかなり離れた位置に存在している。活性化の入力(CDKのリン酸化と調節サブユニットである**サイクリン**(cyclin)の結合)によって，Cヘリックスが大きく平行移動する

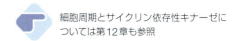

細胞周期とサイクリン依存性キナーゼについては第12章も参照

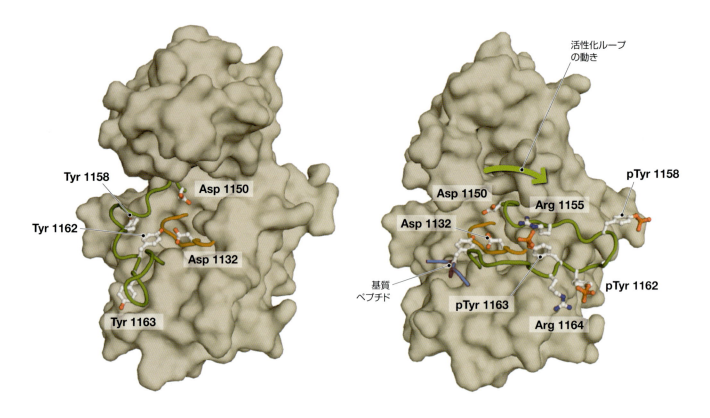

図3.15

活性化ループのリン酸化により，インスリン受容体チロシンキナーゼ(IRK)の活性型立体構造が安定化される (a)非リン酸化型のインスリン受容体キナーゼは不活性型で，活性化ループ(緑色)中のTyr1162は，触媒ループ(オレンジ色)中のAsp1132と水素結合を形成している。この相互作用により，活性中心は閉じた構造となっている。(b)活性型では，活性化ループ中の3つのチロシン残基(Tyr1158，Tyr1162，Tyr1163)がリン酸化されている(これらのリン酸基は赤色で強調した)。Tyr1162のリン酸化(pTyr1162)により，Tyr1162と触媒ループ中のAsp1132との間に形成されていた抑制性の水素結合が阻害され，リン酸化されたTyr1162とTyr1163は，分子内の別の場所にあるアルギニン残基と塩橋を形成する。これらの構造変化は全体としては活性化ループを右側に移動させることになり(緑色の矢印)，基質ペプチド(青色)が活性中心に入ることが可能となる。活性化の際には，N末端側ローブがC末端側ローブに対して回転することにも注意。図にはわかりやすくするためATPは示していない。

とともに90度回転し，その結果，Glu91とLys72が適切な位置に配置される(図3.14b)。

インスリン受容体のキナーゼ活性は，活性化ループのリン酸化によって制御されている

　活性化ループのリン酸化によるキナーゼ活性の制御については，インスリン受容体チロシンキナーゼ(IRK)を例として説明したい(図3.15)。インスリン受容体は，グルコースホメオスタシスにおいて中心的な役割を果たすホルモンであるインスリンに結合し，体内の多くの細胞において，インスリンに対する生理的応答を引き起こす。IRKは，ジスルフィド結合でつながれた2つの同一の触媒ドメインを含むヘテロ四量体として存在している。IRKの活性化には，活性化ループ上に位置する3残基のアミノ酸，Tyr1158，Tyr1162，Tyr1163のリン酸化が必要である。リン酸化されていない不活性型においてTyr1162は，触媒ループ中に位置し，活性中心を構成している残基であるAsp1132と水素結合を形成している。この相互作用により，活性化ループが基質ペプチドとATPの両方の結合を阻害している。Tyr1162のリン酸化により，活性化ループの自己抑制的な立体構造が不安定になり，残りのリン酸化されるチロシンが露出される。活性化ループがリン酸化されると，ホスホチロシンとArg1155およびArg1164とが新たに相互作用するようになる。そして，活性化ループは，活性中心が位置する間隙に基質が入り込み，触媒反応が進められるような立体構造をとるようになる。

Srcファミリーキナーゼでは，リン酸化によって離れた位置での立体構造の変化が調節されている

　細胞質に存在する一群のチロシンキナーゼである**Src**ファミリーキナーゼ(Src family kinase)は，細胞接着やリンパ球の活性化などを制御している。リン酸化

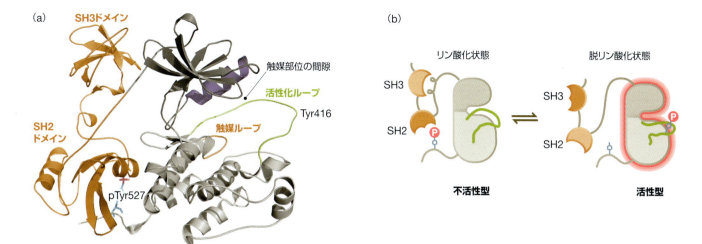

図3.16

リン酸化がSrcファミリーキナーゼの三次構造と活性を制御している (a)Srcファミリーチロシンキナーゼ Hckの不活性型の構造。触媒ドメインにはタンパク質結合ドメインであるSH3ドメインとSH2ドメイン(オレンジ色)がつながっており，SH3ドメインとSH2ドメインは分子内相互作用によって触媒ドメインを不活性型に固定している。活性化に際して，SH3ドメインとSH2ドメインを介する分子内相互作用は阻害され，両ドメインは他のタンパク質と相互作用するようになる。Cへリックスは紫色で，活性化ループは緑色で，触媒ループはオレンジ色で示した。pTyr527の側鎖は球棒モデルで示した。(b)Srcファミリーキナーゼに共通してみられる不活性型と活性型の構造の特徴を示した模式図。C末端近傍のチロシン残基(Tyr527)のリン酸化は，SH2ドメインとの相互作用を介して不活性型の立体構造を安定化する。活性化ループ中のTyr416のリン酸化は，活性型の立体構造を安定化する。また，C末端近傍のチロシン残基がリン酸化されていても，SH2ドメインやSH3ドメインが他のリガンドに結合することにより，活性型の立体構造を安定化することが可能である。

が離れた位置の立体構造の変化を誘導し，活性を変化させるメカニズムは，Srcファミリーキナーゼにおいて詳細が明らかにされている(図3.16)。特に，SrcキナーゼのC末端尾部に位置するチロシン(Tyr527)側鎖のリン酸化は，2つの調節ドメインを含んだ大規模な領域の立体構造の変化を介して活性を抑制することが知られている。Srcファミリーキナーゼは，キナーゼドメインに加えてタンパク質間相互作用を担う2つのモジュール，SH2ドメインとSH3ドメインをもっている。SH2ドメインはホスホチロシン(pTyr)残基を認識し，C末端尾部のpTyrに結合することができる。この結合により，SH2ドメインと触媒ドメインの間のリンカー部分に位置するもう1つの分子内相互作用部位とSH3ドメインとの結合が促進される。この2つの分子内相互作用により，キナーゼドメインは不活性型の立体構造をとるようになり，基質を効率よくリン酸化することができなくなる。C末端尾部のチロシンの脱リン酸化により，あるいはSH2ドメインやSH3ドメインに他の分子が競争的に結合することにより，これらの自己阻害的な分子内相互作用が壊されることで，Srcファミリーキナーゼは酵素として活性化される。

　タンパク質の立体構造が動的であるがゆえに，このような調節が可能となる。キナーゼがシグナルに応答して活性化されるためには，不活性型の立体構造は相対的に不安定でなくてはならない。例えば，SH2ドメインとpTyr527が非常に高いアフィニティーで結合しているとすると(すなわちエネルギー的に有利であるとすると)，両者はほとんど解離することがなく，pTyr527がホスファターゼによって脱リン酸化されることもないし，SH2ドメインがpTyr527から離れて他のホスホチロシン残基と結合することもないと考えられる。そうすると活性化

はまれにしか起こらず，しかも活性化に非常に長い時間を要することになってしまう。このような理由から，活性制御に関連した分子内相互作用は通常はアフィニティーが比較的低く，それによって動的な調節が可能となっているのである。

先に述べたIRKなどの他のキナーゼの場合と同様に，Srcキナーゼの場合も，完全な活性化にはさらに活性化ループ中のTyr416のリン酸化が起こることが必要である。Tyr416は通常，シグナルに応答して複合体を形成したり共局在したりするようになる別のSrcファミリーキナーゼによってリン酸化される。このようにSrcは，リン酸化を介した2通りのメカニズムで制御されている。すなわち，C末端尾部のリン酸化が，Srcを不活性型の立体構造に固定するためのドメイン間の三次構造的な相互作用に関与する一方，活性化ループ内のリン酸化は，活性中心が至適な活性を示すための局所的な構造変化を正に制御している。

多数の結合を介する相互作用によって，プロテインキナーゼの基質特異性が調節されている

真核細胞には多くの種類のプロテインキナーゼが存在している（ヒトでは約500，酵母では約100の遺伝子が同定されている）ことから，各々のキナーゼがどのようにして特異的なタンパク質を基質として認識しているのかという疑問が生じる。キナーゼの**基質特異性**（substrate specificity）は，いくつかの要因の組合わせによって決められている（図3.17）。第一に，ほとんどの酵素がそうであるように，キナーゼの活性中心自体が特異性の決定に役立っている。例えば，チロシンキナーゼの基質結合ポケットはセリン/トレオニンキナーゼのポケットに比べてかなり深く，チロシンの大きな側鎖が入り込むのに適した構造になっている。さらに，活性中心の隣には，リン酸化される残基に隣接した特定の残基の側鎖がちょうどはまりこむポケットが存在している。例えばCDKは，ほとんどすべての場合でC末端側にプロリンが隣接しているセリンあるいはトレオニン残基をリン酸化する。しかし，一般的な多くの酵素の場合とは異なり，キナーゼの基質特

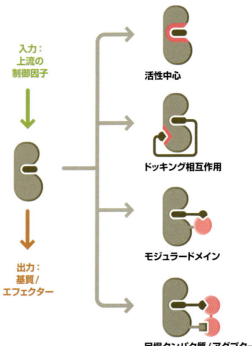

図3.17

プロテインキナーゼの基質特異性を決めるメカニズム 基質特異性を決める複数のメカニズムが示されている。特異性を決める領域をピンク色で，基質を濃い茶色で強調した。キナーゼの活性中心は，リン酸化される残基の周辺の配列を特異的に認識することができる。いくつかのキナーゼ，特にセリン/トレオニンキナーゼには活性中心から離れた位置にドッキング部位が存在し，基質中の特異的なドッキングモチーフペプチドがここに結合する。また，タンパク質間相互作用に関与するモジュラードメインを介して基質を最適な位置に結合させるキナーゼもある。さらに，アダプタータンパク質や足場タンパク質などの第三のアクセサリータンパク質との結合を介して基質特異性が決められる場合もある。アダプタータンパク質や足場タンパク質は，キナーゼに結合するだけではなく，基質とも相互作用できる。異なるアダプタータンパク質や足場タンパク質に結合すると，基質特異性が変わることがあり，このようなメカニズムによって1つのキナーゼが非常に多くの機能を担うことができる。(R.P. Bhattacharyya et al., *Annu. Rev. Biochem.* 75: 655–680, 2006 より．Annual Reviewsの許諾を得て掲載)

異性の確保には，活性中心から離れた領域の相互作用も重要な役割を果たしている．

多くのセリン/トレオニンキナーゼには，キナーゼドメインの活性中心とは離れた場所に**ドッキング部位**(docking site)が存在し，この部位が特異的なペプチドモチーフを認識している．キナーゼの基質となるタンパク質にはしばしば，ドッキング部位に結合するモチーフと，活性中心に結合するモチーフがリンカーをはさんでつながった構造がある．キナーゼは，この特異性を決める2つの配列の組合わせを認識することで，異なる基質タンパク質を区別できる．また，ドッキング部位が調節機能を担っている場合もある．例えばいくつかのAGCファミリーセリン/トレオニンキナーゼには，N末端側ローブにPIFポケットあるいは疎水性モチーフポケットと呼ばれるドッキング部位が存在している．このPIFポケットに結合するドッキングモチーフは，基質特異性を決めるだけではなく，触媒ドメインをアロステリックに活性化する役割も果たしている．

ドッキング部位以外にも，キナーゼドメインの外側に位置して基質特異性の決定に関与しているドメインが知られており，アクセサリードメインと呼ばれている．例えば，SrcファミリーキナーゼのSH2ドメインとSH3ドメインは，キナーゼ活性の制御と基質の認識の両方に重要な役割を果たしている．SH2ドメインとSH3ドメインのそれぞれに結合するモチーフをもつタンパク質は，これらの相互作用を介してキナーゼにより最適な基質として認識される．そして，すでに説明したように，SH2ドメインとSH3ドメインを介する分子内結合は通常はキナーゼ活性を阻害していることから，基質の結合は同時にキナーゼの活性化も誘導することになる．このように，適切な基質が結合してはじめてキナーゼが最大に活性化されるようにすることで，本来の基質とは異なる基質をリン酸化して細胞に害を与えることがないようにしているのである．

キナーゼドメインとは共有結合でつながっていない補助的なサブユニットが，基質特異性の決定に役立っている場合もある．一例として，CDKに結合するタンパク質であるサイクリンをあげることができる．サイクリンには2つの主要な役割がある．第一は，すでに説明したように(図3.14b参照)，キナーゼに結合して活性型の立体構造を誘導するアロステリックな活性化因子としての役割である．第二は基質特異性を決める役割で，サイクリンがもつドッキング部位に相補的な構造であるドッキングモチーフをもつタンパク質がCDKによって基質と認識され，優先的にリン酸化される(通常，立体構造の変化によって誘導される活性化の場合はk_{cat}値が上昇するが，第二の結合によって誘導される活性化の場合はK_m値が低下する)．CDKは，細胞周期のステージごとに異なるサイクリンサブユニットと会合することができる．それぞれのサイクリンサブユニットは異なるドッキングモチーフを認識するので，CDKは異なる時期に異なるセットの基質をリン酸化できるのである．キナーゼやその他のシグナル伝達酵素がそれぞれ特異的な基質に作用することを補助する多様な補助タンパク質は，足場タンパク質と総称されるが，これについては本章の最後で詳しく説明したい．

以上の例のように，アクセサリードメインやサブユニットは，キナーゼ活性を制御するとともに，基質特異性を決める役割も担っていることが多い．一般的にチロシンキナーゼは，多種多様なアクセサリードメインを利用して特異的な基質の認識を可能にしており，そのため多数のドメインを有するモジュール構造をとる場合が多いことは注目に値する．これに対し，セリン/トレオニンキナーゼはより小さなタンパク質である場合が多く，異なる補助サブユニットと会合することで基質特異性を確保している．

ヒスチジンキナーゼと原核細胞の二成分調節系については第4章で述べている

プロテインキナーゼは9つのファミリーに分類される

　代表的なプロテインキナーゼの大部分は，真核生物において進化してきたものらしい。原核生物にはこれらとは異なる種類であるヒスチジンキナーゼが存在するが，これは真核生物にはみつかっていない。ゲノム配列の解読により，原核生物のゲノム中にも多くのプロテインキナーゼ様(PKL)遺伝子がみつかっており，これらは真核生物のプロテインキナーゼの祖先である遠縁のファミリーを形成しているらしい(このファミリーには真核生物の非定型キナーゼもいくつか含まれる)。原核生物のキナーゼ類似遺伝子の機能はまだよくわかっていない。

　真核生物において，プロテインキナーゼファミリーは劇的に拡大した。ヒトゲノム中には約500のプロテインキナーゼをコードすると考えられる遺伝子がみつかっており，ゲノムにコードされた酵素の最大規模のファミリーの1つである。そのなかでも，セリン/トレオニンキナーゼはチロシンキナーゼに数のうえではるかに勝っており，チロシンキナーゼが約90種類であるのに対してセリン/トレオニンキナーゼは約400種類も同定されている。種類が多いことと多種の真核生物でみつかっていることから，セリン/トレオニンキナーゼはチロシンキナーゼよりもかなり早い時期，おそらく真核生物が出現した直後から進化を遂げてきたと考えられている。

　チロシンキナーゼは，ほとんど間違いなく後生動物(多細胞動物)にしかみつかっていない。唯一の例外は，後生動物に最も近い単細胞生物である襟鞭毛虫である。このことから，チロシンキナーゼを介するシグナル伝達系は，多細胞生物の進化がはじまったのと同じ，およそ10億年前に出現したと考えられている。この新しいシグナル伝達メカニズムが加わることが，より多くの細胞どうしのコミュニケーションを必要とする多細胞生物の出現に，重要な役割を果たしてきた可能性がある。

　ヒトのプロテインキナーゼファミリーは，アミノ酸配列の相同性にもとづいて，9つのサブファミリーに分類することができる。そのなかには1つのチロシンキナーゼ(TK)ファミリーと，8つのセリン/トレオニンキナーゼファミリーが含まれる(図3.18)。おそらく，プロテインキナーゼがシグナル伝達の基本的な調節系として使われてきたために，これほど多くの分子種からなる多様なサブファミリーが形成されるに至ったのであろう。

プロテインホスファターゼ

　プロテインホスファターゼは，タンパク質中のアミノ酸残基の側鎖に共有結合したリン酸基の除去反応を触媒する。すでに述べたように，この反応は，キナーゼによって触媒されるリン酸化反応と機能的には相反する役割を担っている。しかし，ホスファターゼが触媒する反応は，リン酸化の化学的な逆反応ではない。それはリン酸化されたタンパク質をリン酸化されていないタンパク質と無機リン酸に分解する，まったく別の反応である。キナーゼとホスファターゼの両者が反応速度論的に制御を受けるそれぞれの反応を触媒することで，リン酸化のサイクルが一方向に回転している。

　プロテインキナーゼの場合と同様に，プロテインホスファターゼは標的とするリン酸化アミノ酸残基の種類によって分類されている。すなわち，セリン/トレオニンホスファターゼと，チロシンホスファターゼの2種類がある。

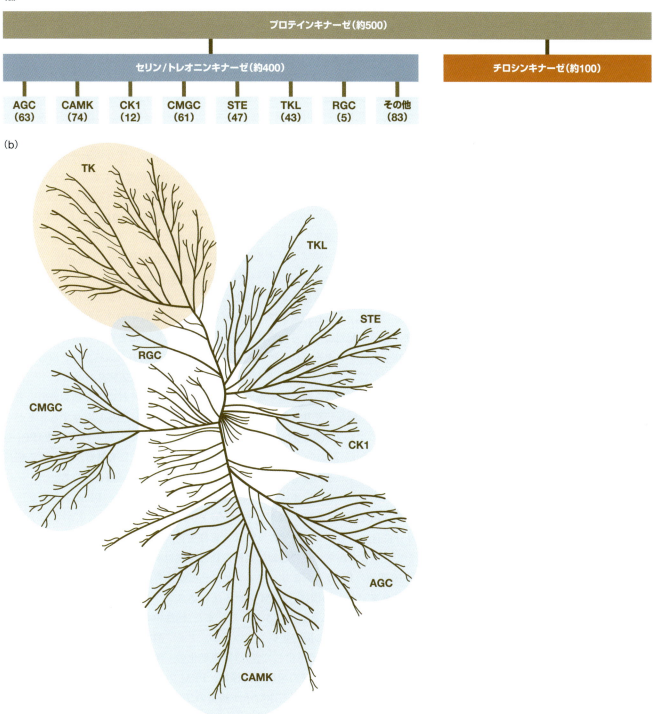

図3.18

プロテインキナーゼのサブファミリー (a)セリン/トレオニンキナーゼとチロシンキナーゼのクラス。ヒトゲノムにコードされている各クラスのキナーゼのおよその数も示した。各クラスの代表的なキナーゼは，プロテインキナーゼA(AGC)，カルモジュリン依存性プロテインキナーゼ(CAMK)，カゼインキナーゼ1(CK1)，サイクリン依存性キナーゼ(CMGC)，MAP/Erkキナーゼ(STE)，Raf(TKL)，受容体グアニル酸シクラーゼA(RGC)，Src(チロシンキナーゼ)である。「その他」と分類されたキナーゼには，Poloファミリーなどのよく研究されているキナーゼも含まれるが，これらは主要なクラスに含めることができない。(b)ヒトのキナーゼの系統樹。(bはG. Manning et al., *Science* 298: 1912–1934, 2002より，AAASの許諾を得て掲載)

セリン/トレオニンホスファターゼは金属酵素である

セリン/トレオニンホスファターゼには，PPPファミリー，PPMファミリー，FCPファミリーという3つの主要なファミリーがある(図3.19)。PPPファミリーホスファターゼには，280アミノ酸残基からなる触媒ドメインのコア部分が共通して存在し，酵母からヒトに至るすべての真核生物にこのファミリーがみつかっている。さらに，PPPファミリーホスファターゼは細菌や古細菌にもみいだされており，真核生物の出現より古い時代の共通の祖先から派生したと考えられている。ヒトでは13種類の，酵母では12種類のPPPファミリーホスファターゼが知られている。PPPファミリーホスファターゼは金属酵素であり，2分子の金属イオン(通常はFe^{3+}に加え，Zn^{2+}とMn^{2+}のどちらか一方)と結合している。これらの金属イオンは，いくつかのメカニズムで触媒反応を助けている。すなわち，基質の配置を最適化したり，遷移状態を静電的に安定化させたり，水分子を活性化して基質のリン酸基に対する求核攻撃を可能にしたりする(図3.20)。

PPPファミリーホスファターゼは，ホスホセリンとホスホトレオニンに対して特異的に作用する場合がほとんどであるが，ホスホチロシンに作用する場合もある。通常，これらのホスファターゼは，タンパク質中のリン酸化されている部位の周辺の配列に対する特異性は高いものではない。ほとんどの場合，PPPファミリーホスファターゼは，特異的な基質に結合する別のタンパク質と複合体を形成して存在している。それぞれのPPPファミリーホスファターゼはいくつかの異なるタンパク質と複合体を形成することが可能で，それにより細胞内のいろいろな領域に局在したり，多様なシグナル伝達系の制御に関与したりすることが可能となっている(図3.21)。(カルシニューリンとしても知られている)PP1やPP2Bなどの一部の分子種の場合は，触媒サブユニットにも基質が結合する細長い溝が存在し，その部分が基質ペプチドの特異的配列を認識している。

第二のセリン/トレオニンホスファターゼファミリーは，PPMファミリーである。PP2Cやピルビン酸デヒドロゲナーゼホスファターゼなどがこのファミリーに含まれる。このファミリーは，真核生物，細菌，古細菌のいずれにも存在していることから，その起源は真核生物の出現以前にあると考えられる。ヒトでは10種類のPPMファミリーホスファターゼが知られている。PPPファミリーホスファターゼと同様に，PPMファミリーホスファターゼも金属酵素であるが，Mg^{2+}を必要とするという点が異なる。また，活性中心の立体構造も両ファミリーのホスファターゼの間で類似しているが，アミノ酸配列の類似性はみられないことから，両者は独立に進化してきた(収束進化の一例)と考えられている。PPPファミリーホスファターゼの場合と同様に，PPMファミリーホスファターゼによる触媒の際も，活性化された水分子が基質のリン酸エステル結合を加水分解する。ほとんどのPPMファミリーホスファターゼは単量体として存在しており，触媒ドメインと同一のポリペプチド鎖内のアクセサリードメインによって基質特異性が決められているようである。

PPPファミリーとPPMファミリーのセリン/トレオニンホスファターゼは作用メカニズムが類似しており，いずれもオカダ酸という阻害薬の標的となる。このため，この阻害薬はセリン/トレオニンホスファターゼを介するシグナル伝達系を解析する手段として重宝されている。

第三のセリン/トレオニンホスファターゼファミリーであるFCPファミリーホスファターゼは，比較的最近発見されたものである。FCPファミリーホスファターゼもMg^{2+}要求性の触媒活性を示す。このホスファターゼは，RNAポリメ

(a)

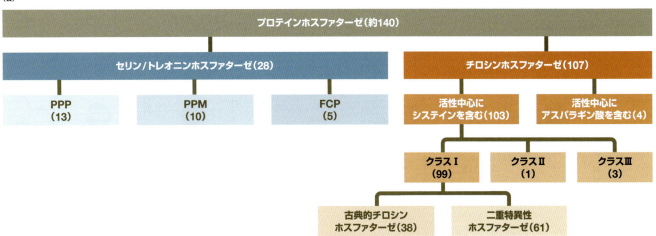

(b)

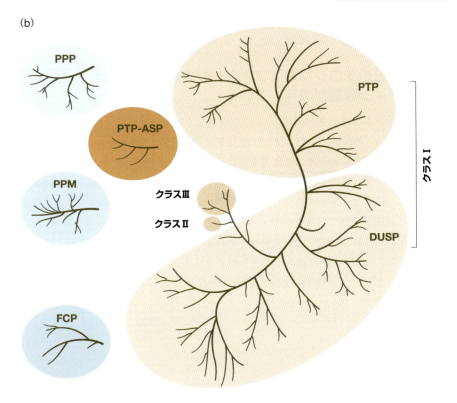

図3.19

プロテインホスファターゼのサブファミリー (a)プロテインホスファターゼのクラス。ヒトゲノムにコードされている各クラスのホスファターゼのおよその数も示した。セリン/トレオニンホスファターゼは，3つのクラス，すなわちPPP，PPM，FCPに分類される。各クラスの代表的なホスファターゼは，PP1とカルシニューリン（PPP），PP2C（PPM），FCP1（FCP）である。チロシンホスファターゼのうちいくつかは活性中心としてアスパラギン酸を利用している（例えば，Eyaタンパク質）が，ほとんどはシステインを利用している。活性中心にシステインを含むホスファターゼは3つのクラスに分類される。そのうちクラスⅠは，ホスホチロシンにしか作用しない古典的チロシンホスファターゼと，ホスホチロシンに加えてホスホセリン/ホスホトレオニンにも作用する二重特異性ホスファターゼにさらに分けられる。クラスⅠホスファターゼの例としては，PTP1B（古典的チロシンホスファターゼ）やMAPキナーゼホスファターゼ（二重特異性ホスファターゼ）があげられる。二重特異性ホスファターゼファミリーに属するいくつかのホスファターゼ（例えば，PTEN）は，リン脂質などのタンパク質以外の基質にも作用する。ヒトでは，クラスⅡのホスファターゼはLMPTPが唯一であり，クラスⅢのホスファターゼはCdc25A，Cdc25B，Cdc25Cの3つである。(b)ヒトホスファターゼの系統樹。最も大きな系統樹は，活性中心にシステインを含むクラスⅠホスファターゼで，チロシンホスファターゼと二重特異性ホスファターゼを含む。他のつながっていない系統樹は，近縁でない他のホスファターゼファミリーを示す。(bはS.C. Almo et al., J. Struct. Funct. Genomics 8: 121-140, 2007より，Springer Science and Business Mediaの許諾を得て掲載)

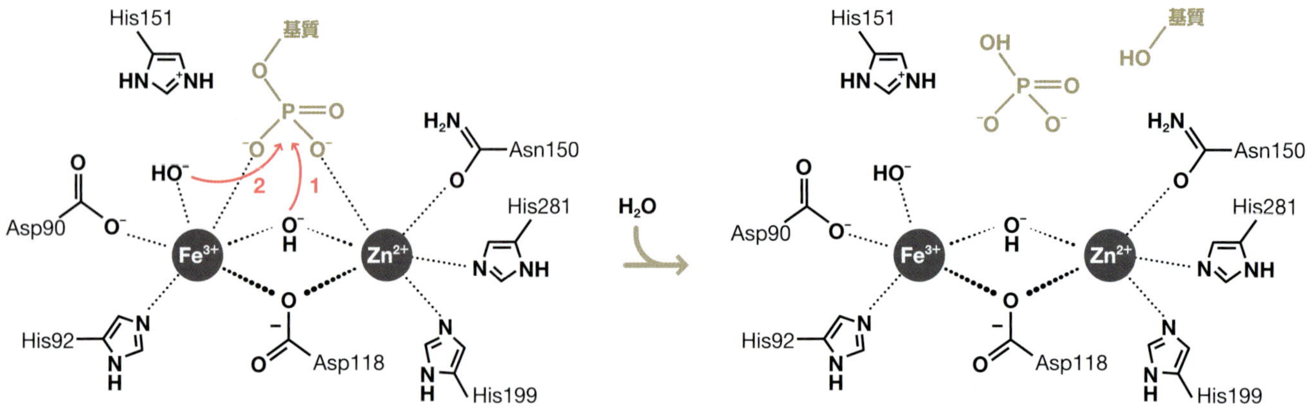

図3.20

セリン/トレオニンホスファターゼの反応メカニズム セリン/トレオニンホスファターゼは2個の金属イオンを含む活性中心をもち、これらの金属イオンはリン酸化される基質の配向を決めている。リン酸基は、共有結合による中間体形成を経ずに、1段階の反応で水分子に転移される。(1) 2個の金属イオンをつないでいるヒドロキシイオン、あるいは(2)一方の金属イオンにのみ結合したヒドロキシイオンのどちらかがリン酸基を攻撃すると考えられている。いずれの場合でも、ヒスチジン残基(His151)が一般酸として機能していると考えられている。ヒトカルシニューリン(PP2B)のアミノ酸残基の番号を示した。

ラーゼのC末端ドメインの脱リン酸化を触媒しており、転写制御において重要な役割を担っている。さらに最近、このホスファターゼが増殖因子のシグナル伝達系も制御していることが明らかにされつつある。

ほとんどのチロシンホスファターゼの触媒作用には、システイン残基が関与している

チロシンホスファターゼは、いくつかの異なるファミリーに分類される(図3.19参照)。まず、触媒活性を担うアミノ酸残基によって2つのグループに大別される。その1つであるシステイン触媒型チロシンホスファターゼは、もう1つのグループであるアスパラギン酸触媒型チロシンホスファターゼに比べて多くの種類が存在する。例えばヒトゲノムには、103種類のシステイン触媒型チロシンホスファターゼが同定されているが、アスパラギン酸触媒型チロシンホスファターゼは4種類しか知られていない。システイン触媒型チロシンホスファターゼは、さらに3つのクラスに分類される。そのうちのクラスIシステイン触媒型チロシンホスファターゼは、真核細胞において最も大きなチロシンホスファターゼのファミ

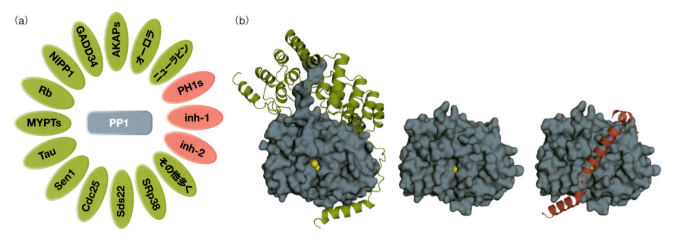

図3.21

セリン/トレオニンホスファターゼは、複数のホロ酵素複合体を形成できる (a)モジュレーター(緑色)やインヒビター(ピンク色)などの調節因子が、プロテインホスファターゼ1(PP1)の機能を制御している。(b)PP1ホロ酵素複合体の構造。PP1(青色)は、触媒部位の金属イオン(黄色)とともに分子表面の三次元構造を示した。モジュレーターやインヒビターなどのサブユニットはリボンモデルで示した。左:モジュレーターであるMYPT1(緑色)と複合体を形成したPP1βの構造。MYPT1が形成する分子表面は基質の認識に関し、基質の特異性を制御している。中央と右:単独(中央)、あるいはインヒビター2(ピンク色)と結合したPP1γの構造。インヒビター2は基質が活性中心に接近するのを阻害する。(D.M. Virshup and S. Shenolikar, *Mol. Cell* 33: 537–545, 2009より。Elsevierの許諾を得て掲載)

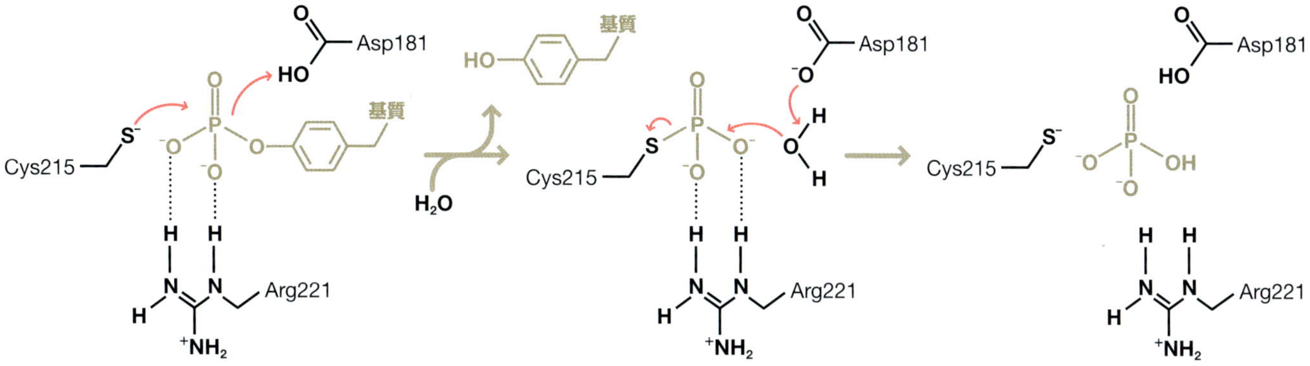

リーであり(ヒトでは99種類が同定されている)，さらに古典的チロシンホスファターゼと二重特異性ホスファターゼ(VH1様ホスファターゼとも呼ばれている)に分けられる。クラスIIシステイン触媒型チロシンホスファターゼ(ヒトでは1種類しか知られていない)は，比較的低分子量で，細菌のヒ酸レダクターゼと構造が類似している。クラスIIIシステイン触媒型チロシンホスファターゼには，細胞周期を制御するホスファターゼであるCdc25が含まれる(ヒトでは3種類のCdc25が知られている)。

　これらの3つのクラスに分類されるシステイン触媒型チロシンホスファターゼはかなり多様であるものの，いくつかの共通の特徴が知られている(図3.22)。まず，システイン触媒型チロシンホスファターゼの触媒部位は，すべての場合において5アミノ酸残基で隔てられたシステインとアルギニンからなっている(Cx_5R)。この保存されているシステインは，基質のホスホチロシンに求核剤として作用し，リン酸基と共有結合してホスホシステイン中間体を形成し，基質のチロシン残基を遊離させる。反応の第二段階では，水分子がホスホシステイン中間体を加水分解し，遊離の無機リン酸を放出させる。触媒部位に保存されているアルギニン残基は，反応の全段階にわたりリン酸基の配置を最適化して遷移状態を安定化する。もう1つの保存されている残基であるアスパラギン酸は一般酸として作用し，基質のチロシン残基のヒドロキシ基にプロトンを供給する(このチロシン残基が脱離する)。その後，プロトンが解離したアスパラギン酸は一般塩基として水分子を活性化し，後半の反応で水分子が求核剤として作用することを可能にしている。他に，完全には保存されていないが，pK_aを低下させてシステイン側鎖のプロトンを解離しやすくすることで，システインによる求核攻撃を促進している残基もある。

　セリン／トレオニンホスファターゼとは異なり，システイン触媒型チロシンホスファターゼは金属イオン非依存性であり，オカダ酸による阻害も受けない。ところが，システイン触媒型チロシンホスファターゼは，リン酸基の五配位の遷移状態と立体構造が類似しているバナジン酸によって阻害される。通常のリン酸基では，リン原子には4つの酸素原子が結合しているが，脱リン酸化の求核置換反応においては，求核剤と脱離基の両方が結合している五配位の遷移状態を経由する必要があるのである(図3.23)。

　システイン触媒型チロシンホスファターゼは，酸化反応によって制御されることが知られている。例えばPTP1Bが酸化されると，触媒反応を担っているシステイン残基と隣接するセリン残基がスルフェニルアミド環を形成し，活性を失う。しかし，この反応は可逆的であり，還元されることによって酵素活性が復活する。この珍しい調節メカニズムにより，活性酸素種や窒素酸化物がチロシンリン酸化

図3.22

チロシンホスファターゼの反応機構　PTP1BやShp2などのクラスIチロシンホスファターゼは，活性中心にシステイン残基を含む。システインの側鎖は，最初の反応の求核剤として機能し，リン酸基を基質のタンパク質部分から切り離し，リン酸基とリン酸チオエステル結合した中間体を形成する。後半の反応では，水分子による求核攻撃によってリン酸基が遊離する。いくつかのチロシンホスファターゼでは，活性中心のシステインの可逆的な酸化反応(PTP1Bにおいては，活性中心のシステインとそれに隣接したセリンが可逆的にスルフェニルアミド環を形成することができる)により，酵素活性が制御されている。

図3.23

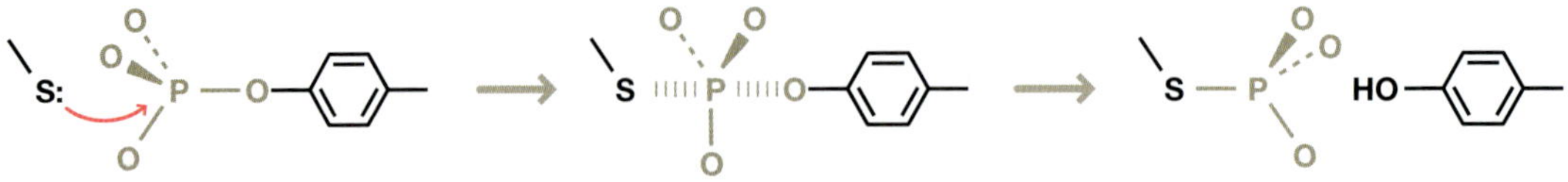

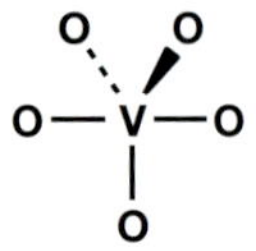

バナジン酸は脱リン酸化反応の中間体とよく似た構造をとる (a)活性中心にシステイン残基を含むチロシンホスファターゼによる触媒反応において，活性中心のシステインによるリン原子への求核攻撃により，五配位の遷移状態が形成される．(b)五配位のバナジン酸は，この中間体と構造が類似しており，チロシンホスファターゼの強力な阻害薬となる．脱リン酸化反応の第二段階において，水分子が酵素にリン酸基が共有結合した中間体を攻撃し，無機リン酸を遊離させる際にも五配位の中間体ができる(図3.22参照)．

シグナル伝達系を制御していると考えられている．

すでに述べたように，クラスⅠシステイン触媒型チロシンホスファターゼは，さらに2つのサブクラス，すなわちホスホチロシンにのみ作用する古典的チロシンホスファターゼと，二重特異性ホスファターゼに分類される．ヒトには38種類の古典的チロシンホスファターゼと，61種類の二重特異性ホスファターゼがみいだされている．多くの場合，チロシンホスファターゼという用語は，古典的チロシンホスファターゼのみを示す．古典的チロシンホスファターゼはホスホチロシンに高い特異性を示すが，それはホスホチロシンの側鎖のみが入り込める奥深いポケットに活性中心が位置していることによる．これに対して二重特異性ホスファターゼは，場合によってはホスホセリンやホスホトレオニンも加水分解することができる．さらに，二重特異性ホスファターゼの一部は，リン脂質やRNAなどのタンパク質以外の分子を基質とすることもできる．

チロシンホスファターゼがモジュラードメインによって活性制御を受けるのに対し，セリン/トレオニンホスファターゼは調節サブユニットの結合により活性制御を受けることが多い

チロシンホスファターゼの数とセリン/トレオニンホスファターゼの数はかなり異なっており，両者のドメイン構造も大きく異なる．ヒトにおいては，チロシンホスファターゼはおよそ100種類存在し，その数はチロシンキナーゼの数とほぼ同じである．これに対して，セリン/トレオニンホスファターゼは，セリン/トレオニンキナーゼよりもはるかに少ない(セリン/トレオニンキナーゼが約400種類存在するのに対して，セリン/トレオニンホスファターゼは約30種類しか存在しない)．

チロシンホスファターゼはドメイン構造も多様である．ほとんどのチロシンホスファターゼは多数のモジュールを組合わせた構造をとっており，触媒ドメインは，1本のポリペプチド鎖を構成している複数のドメインの1つにすぎない(図3.24)．触媒ドメインとして古典的なチロシンホスファターゼドメインをもつ場合も，二重特異性ホスファターゼドメインをもつ場合も，その他の多くのドメイ

シグナル伝達タンパク質のモジュール構造については第10章も参照

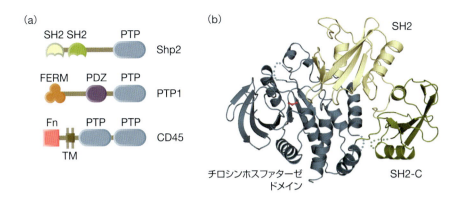

図3.24

チロシンホスファターゼのモジュラードメイン構造 (a)3種類の代表的なチロシンホスファターゼのドメイン構造。触媒ドメイン(青色)に加えて、複数の調節ドメインが存在する。TM:膜貫通領域。(b)X線結晶構造解析により明らかとなった不活性型Shp2の立体構造。2つのSH2ドメイン(黄色と緑色)は、Shp2の活性制御において2つの役割を果たしている。第一に、これらのSH2ドメインは、触媒ドメインをアロステリックに制御している(不活性型においては活性中心を塞いでいる)。第二に、これらのSH2ドメインにより、Shp2が特異的な細胞内領域に局在したり、特異的な基質と相互作用したりできるようになる。活性中心のシステインをピンク色で示した。

ンが複雑に組合わされている。膜貫通型タンパク質(受容体型チロシンホスファターゼと呼ばれるクラスのタンパク質)にチロシンホスファターゼドメインがみられることさえある。これらの多種多様なドメインが機能することで、特定の細胞内領域への局在を決定したり、基質特異性を決めたりしていると考えられる。また、これらの付属しているドメインが関与する相互作用の結果、触媒活性がアロステリックに自己抑制されており、チロシンキナーゼの場合と同じような活性制御を受けることもある。これとは対照的に、セリン/トレオニンホスファターゼの場合、各ホスファターゼポリペプチドは他のサブユニットと多様な組合わせで複合体を形成することが可能で、いずれかのホロ酵素の構成因子となっている。この場合、複合体に含まれる多様なアクセサリーサブユニットが、多くの機能を果たすために重要な役割を果たしていると考えられる。すなわち、それらが細胞内局在や基質特異性を決定し、調節を仲介しているのである。

Gタンパク質を介するシグナル伝達

Gタンパク質(G protein)は、立体構造の変化を介して情報を保管したり伝達したりすることから、立体構造と活性が密接に関連したシグナル伝達タンパク質のもう1つの古典的な例と考えられている[訳注:本書では、GタンパクをGTP結合タンパク質と同義語として用いているが、Gタンパク質という用語は、ヘテロ三量体型に限定して用いる場合もある]。Gタンパク質を介するシグナル伝達は、真核生物において最もよく用いられている重要なメカニズムである。Gタンパク質は、ホルモン応答、細胞骨格系の制御、核の物質輸送など、さまざまなシグナル伝達経路に関与している。Gタンパク質という名称は、このタンパク質が、GTPとGDPという、2種類のグアニンヌクレオチドに結合することに由来している。Gタンパク質の最も基本的な役割は、立体構造の変化によってシグナルを制御するスイッチとして機能することである。実際にGタンパク質は、GTPと結合しているかGDPと結合しているかによって、非常に異なる立体構造をとっている(図3.25)。一般的に、GTPと結合した状態が「活性型」の立体構造で、下流のエフェクター分子と相互作用してその活性を調節することができる。それに対して、GDPと結合した状態は「不活性型」の立体構造で、エフェクターに対するアフィニティーが顕著に低くなっている。

Gタンパク質は、2種類の相反する作用を示す酵素によって立体構造の変化が制御されるスイッチである

上流からの刺激のないとき、Gタンパク質の活性型と不活性型の変換は非常に

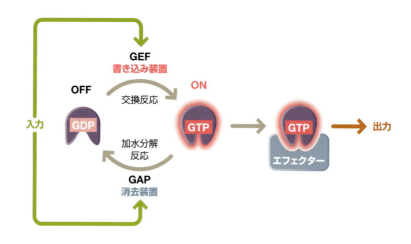

図3.25

Gタンパク質は立体構造の変化を介してシグナルの開閉を行うスイッチであり，2種類の相反する作用を示す酵素によって調節されている

Gタンパク質のGDP結合型の立体構造は不活性型である一方，GTP結合型の立体構造は活性型で，下流のエフェクターに結合することができる。Gタンパク質単独では，ヌクレオチド交換反応もGTP加水分解反応もきわめて遅い。活性化反応（GDPからGTPへの変換）は，それを触媒する酵素であるグアニンヌクレオチド交換因子（GEF）により促進され，不活性化反応は，それを触媒する酵素であるGTPアーゼ活性化タンパク質（GAP）により促進される。GEFとGAPの活性は，上流からの入力シグナルによって制御されている。

遅い。Gタンパク質は，結合しているGTPをGDPに加水分解することができるのだが（それによって自分自身を活性型から不活性型の立体構造に変化させる），酵素としての触媒活性はきわめて低い。実際，GTPの加水分解反応の半減期（GTPの50%がGDPと無機リン酸に分解されるのに必要な時間）は，Gタンパク質の種類にもよるが，数分から1時間以上である。さらに，GDPもGTPも非常に高いアフィニティーでGタンパク質に結合しており（K_d値は，nMからpMの範囲である），GDPやGTPの解離定数（k_{off}）は必然的に低くなり，加水分解後のGDPの放出は非常に遅い。

しかしながら，このような非常に遅い反応は，それが調節酵素によって促進される余地が大きいという意味で，シグナル伝達にとっては非常に好都合である。実際，Gタンパク質のヌクレオチド結合状態は，相反する作用を示す2種類の酵素によって調節されている。その1つは**グアニンヌクレオチド交換因子**（guanine nucleotide exchange factor：GEF）と呼ばれ，Gタンパク質を介するシグナル伝達系の活性化を引き起こす酵素である。他方は**GTPアーゼ活性化タンパク質**（GTPase-activator protein：GAP）と呼ばれ，Gタンパク質を介するシグナル伝達系の不活性化を引き起こす。GEFは，Gタンパク質からのGDPの解離とその後に起こるGTPの結合を触媒することで，Gタンパク質シグナル伝達を活性化する。GAPは，Gタンパク質に結合しているGTPのGDPへの加水分解を促進することで，Gタンパク質シグナル伝達を不活性化する。したがって，これらの相反する作用を示す2種類の調節酵素は，本章のはじめに説明したキナーゼ/ホスファターゼの系と同様に，シグナルの「書き込み装置/消去装置」を反応速度論的に制御するシステムを構成している。

Gタンパク質を介する制御系は，反応速度論的に厳しく制御を受けるということだけでなく，熱力学的に有利な反応サイクルであるという点においても，リン酸化を介する制御系に類似している。Gタンパク質シグナル伝達の不活性化反応は，GTPの高エネルギーホスホジエステル結合の加水分解と共役しているため，エネルギー的に起こりやすい。一方，Gタンパク質シグナル伝達の活性化反応はGTPの再結合によって引き起こされるが，細胞内では常にGDPに対して過剰量の（およそ10倍量の）GTPが供給されている一方で，Gタンパク質とのアフィニティーや会合速度についてはGTPとGDPとでほとんど差がないことから，これもやはりエネルギー的に起こりやすい。以上をまとめると，細胞が供給するGTPのエネルギーを利用することによって，Gタンパク質を介するシグナル伝達系が駆動され，GEFとGAPはそれを反応速度論的に制御しているのである。

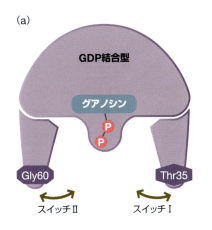
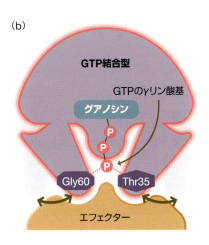

図3.26

Gタンパク質の立体構造変化の分子基盤 (a) Gタンパク質のGDP結合型立体構造の模式図。(b)GTP結合型においては、GTPのγリン酸基が、よく保存されているトレオニン残基およびグリシン残基の主鎖の原子と水素結合を形成し、スイッチⅠ領域およびスイッチⅡ領域の立体構造の変化を誘導する。スイッチ領域の立体構造の変化により、エフェクターの結合部位が形成される。アミノ酸残基の番号は、低分子量Gタンパク質Rasにもとづいている。RasのGDP結合型およびGTP結合型のX線結晶構造解析により明らかとなった立体構造の比較については図13.8参照。(G. Petsko and D. Ringe, Protein Structure and Function. Oxford: Oxford University Press, 2004より)

GTPのγリン酸基の存在が、Gタンパク質のスイッチⅠ領域およびスイッチⅡ領域の立体構造を規定する

　GTPとGDPはいずれもヌクレオチドであり、両者の違いは、GTPの末端のリン酸基がGDPにはないということだけである(GTPの3つのリン酸基は、リボース環側から順に、α、β、γと名づけられている)。γリン酸基は大きさこそ小さいが電荷が多いので、Gタンパク質の立体構造を制御するうえで重要な役割を果たしている(図3.26；図13.8も参照)。GDPあるいはGTPは、Gタンパク質の保存されたポケットに結合する。GTP結合型では、γリン酸基は、**スイッチⅠ領域**(switch I region)および**スイッチⅡ領域**(switch II region)と名づけられた2つのループと相互作用している。この相互作用は、それぞれのループに保存されたアミノ酸残基であるグリシンおよびトレオニンの主鎖を構成する原子と、GTPのγリン酸基の間に形成された水素結合を介している。この相互作用が形成されることにより、スイッチⅠおよびスイッチⅡの大きな構造変化が引き起こされる。スイッチⅠおよびスイッチⅡは下流のエフェクターとの相互作用にとって重要な領域であるので、GTPのγリン酸基との相互作用によって引き起こされる立体構造の変化は、Gタンパク質のエフェクターとの結合能に大きな影響を与える。このように、Gタンパク質においては、単一のリン酸基の有無が大きな立体構造の変化に変換されていると解釈することもできる。

　特定のGタンパク質がGTP結合型に変換されると、複数の下流エフェクターに結合できるようになる場合が多い。その結果、活性化されたGタンパク質は、異なるエフェクターを介して種々の細胞応答を引き起こすことができる。スイッチⅠおよびスイッチⅡはすべてのエフェクターへの結合に必要であるが、Gタンパク質の表面に位置するその他の結合に関与するアミノ酸残基が、エフェクターごとに異なっていると考えられる。そのため、あるエフェクターには結合できるが、他のエフェクターには結合できない特異的なGタンパク質の単一アミノ酸置換変異体を得ることができる。これらの変異体は、活性化されたGタンパク質がある特定の細胞応答を引き起こす際に、どのエフェクターが重要な役割を果たしているかを明らかにするのに有用である。

シグナル伝達系のGタンパク質は、2種類の主要なクラスに分類される

　真核細胞では通常、150種類を超えるGタンパク質が細胞内で多様な機能を果

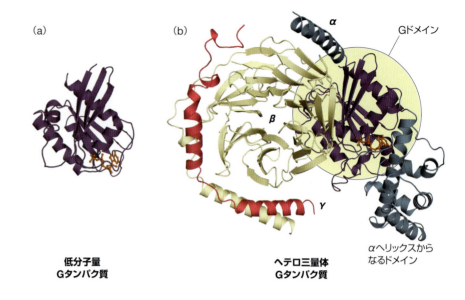

図3.27

Gタンパク質の構造 低分子量Gタンパク質Ras(a)およびヘテロ三量体Gタンパク質複合体(b)のX線結晶構造解析により明らかとなった立体構造。結合しているGDP(オレンジ色)は，球棒モデルで示した。ヘテロ三量体Gタンパク質のαサブユニットは，低分子量Gタンパク質と構造が類似したGドメイン(紫色)とαヘリックスからなるドメイン(青色)によって構成されている。βサブユニット(黄色)とγサブユニット(ピンク色)は，コイルドコイルドメイン間の相互作用によりかたく結合している。

たしている。これらのGタンパク質はいくつかのスーパーファミリーに分類されるが，特にそのうちの2つが細胞内シグナル伝達系で主要な機能を担っている。第一は**低分子量Gタンパク質**(small G protein)で，単量体として機能し，しばしば低分子量GTPアーゼとも呼ばれる。第二は**ヘテロ三量体Gタンパク質**(heterotrimeric G protein)で，α，β，γの3つのサブユニットからなる。第三の(伸長因子EF-Tuなどを含む)Gタンパク質スーパーファミリーは，翻訳過程で重要な役割を果たしているが，本章では取り上げない。

これらのスーパーファミリーを構成するすべてのGタンパク質には，共通のコア構造として，20 kDaの**Gドメイン**(G domain)が存在する。このドメインはGDPまたはGTPと結合し，結合ヌクレオチドの種類に応じてタンパク質は2種類の立体構造のどちらかをとる。低分子量Gタンパク質は単一のGドメインのみからなるとみなすことができるのに対して，ヘテロ三量体Gタンパク質の場合はGαサブユニットにGドメインが存在している(図3.27)。以下で，両クラスのGタンパク質の調節メカニズムについて解説する。

低分子量Gタンパク質はサブファミリーに分類され，種々の生物学的機能を制御している

低分子量Gタンパク質は，20〜25 kDaの単一のドメインからなる。このファミリーで最初にみつかったのは**Ras**で，細胞増殖や分化の制御において中心的な役割を果たしている。Rasははじめ，**がん遺伝子**(oncogene；その活性に異常をきたすと，がんに特徴的な制御を逸脱した増殖を引き起こす遺伝子)にコードされるタンパク質として同定された。ヒトには約150種類の低分子量Gタンパク質が存在し，これらは少なくとも5つのサブファミリー，すなわちRasファミリー，Rhoファミリー，Rabファミリー，Arfファミリー，Ranファミリーに分類される(表3.1)。それぞれのサブファミリーは概して以下のような細胞機能の調節に関与している。すなわち，Rasサブファミリーのタンパク質は細胞の分化や増殖を，Rhoサブファミリーのタンパク質は細胞骨格系の調節を介して細胞の形態や運動を，RabファミリーとArfファミリーのタンパク質は小胞の形成と輸送，およびそれらを介する分泌などの細胞応答を，Ranファミリーのタンパク質は核への移入と核からの排出，核膜形成および紡錘体の形成を，それぞれ制御している。

表3.1

低分子量Gタンパク質サブファミリーの機能，上流で機能するGEFとGAPの触媒ドメイン

サブファミリー	代表的なGタンパク質	機能	GEFドメイン	GAPドメイン
Ras	K-Ras, Rap1A	細胞の増殖と分化	RasGEF（Cdc25様ドメイン）[1]	RasGAP, RapGAP
Rho	RhoA, Cdc42, Rac1	細胞の形態と運動	RhoGEF（Dbl様ドメイン），DOCKドメイン[2]	RhoGAP
Rab	Rab23, Rab4A	小胞輸送と分泌	Mss4ドメイン, Sec2ドメイン, VSP9ドメイン	RabGAP
Arf	Arf6, Arl4	小胞輸送と分泌	ArfGEF（Sec7ドメイン）	ArfGAP
Ran	Ran	核内輸送	RanGEF	RanGAP

[1] RasGEF（Cdc25様）ドメインは，しばしばN末端側にRas交換モチーフ（REM）ドメインを伴っている。
[2] RhoGEF（Dbl様）ドメインは，しばしばC末端側にプレクストリン様（PH）ドメインを伴っている。

　低分子量Gタンパク質は，サブファミリーごとに異なる下流の細胞機能を制御しているのみならず，同一のサブファミリー内でもさらに役割が分担されている。例えばRhoサブファミリーGタンパク質は，活性化されたとき，それぞれ固有の細胞骨格調節に重要な因子と相互作用する。ヒトではRhoサブファミリーGタンパク質は約25種類知られているが，これらはさらに，RhoA，Rac1，Cdc42という3つのサブクラスに分類される。それぞれのサブクラスは，細胞骨格系に関連した異なる機能を制御している。例えばRac1サブクラスのGタンパク質は，ラメリポディアなどのアクチン線維からなる突出した構造の形成に関与するのに対し，RhoAサブクラスのGタンパク質は，アクチンとミオシンからなる収縮構造の形成を制御している（図3.28）。

多数の上流受容体が，比較的少数のヘテロ三量体Gタンパク質にシグナルを伝達する

　ヘテロ三量体Gタンパク質は，α，β，γの3つのサブユニットを含んでいる（図3.27参照）。約50 kDaのGαサブユニットには，低分子量Gタンパク質と構造が類似した20〜25 kDaのGドメインが保存されている。このドメインにGTPあるいはGDPが結合することにより，タンパク質全体の立体構造の変化が調節されている。さらにGαサブユニットには，低分子量Gタンパク質にはみられないαヘリックスからなるドメインが存在している。GβサブユニットとGγサブユニットは，それ自体は酵素活性を示さない。

　Gαサブユニットは，GDPと結合すると，GβサブユニットおよびGγサブユニットとも結合してヘテロ三量体を形成する。しかし，GαサブユニットがGTPと結合して「活性型」になると，GβサブユニットおよびGγサブユニットは解離する（GβサブユニットとGγサブユニットは常にかたく結合している）（図

図3.28

GタンパクであるRacとRhoが異なる領域で活性化されることで細胞が一方向に運動することができる　Racは細胞の先端部（緑色）で強く活性化され，アクチン骨格系を介して突起伸長を誘導する。一方，Rhoは細胞の尾部（オレンジ色）で強く活性化され，アクチン-ミオシン相互作用を介して収縮を誘導する。

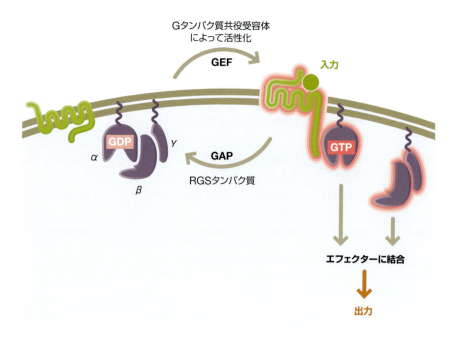

図3.29

ヘテロ三量体Gタンパク質の活性化サイクル 刺激のない条件下において，GαサブユニットはGDPと結合し，Gβγサブユニットと複合体を形成している。リガンドがGタンパク質共役受容体（GPCR）に結合すると，その立体構造の変化が誘導され，グアニンヌクレオチド交換因子（GEF）活性を示すようになる。これが，GαサブユニットのGDPからGTPへの結合ヌクレオチドの交換を促進する。ヌクレオチドの交換によって引き起こされる立体構造の変化により，Gαサブユニットは，受容体およびGβγサブユニットから解離する。解離したGαサブユニットおよびGβγサブユニットは，それぞれのエフェクターに結合できるようになる。GαサブユニットがGDP結合型に戻ると，Gβγサブユニットと再会合し，ヘテロ三量体となる。GAP：GTPアーゼ活性化タンパク質，RGSタンパク質：regulator of G protein signalingタンパク質。

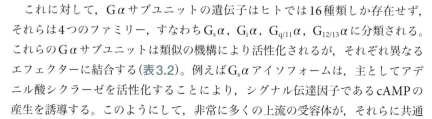

GPCRについては第8章も参照

3.29）。GTPの結合によりGβサブユニットとGγサブユニットが解離するのは，ヌクレオチド依存性に最も大きく立体構造が変化する領域であるGαサブユニットのスイッチIとスイッチIIが，GβサブユニットおよびGγサブユニットの結合面に位置しているからである。解離したGαサブユニットおよびGβγサブユニットは，種々の下流のエフェクター（イオンチャネルやアデニル酸シクラーゼなどの酵素）に結合し，その活性を変化させることで細胞応答を引き起こす。ヘテロ三量体Gタンパク質は，**Gタンパク質共役受容体**（G-protein-coupled receptor：GPCR）によって活性化される。ヒトには何百種類ものGタンパク質共役受容体が存在し，それらは最も代表的なシグナル伝達タンパク質ファミリーを構成している。

これに対して，Gαサブユニットの遺伝子はヒトでは16種類しか存在せず，それらは4つのファミリー，すなわち$G_s\alpha$，$G_i\alpha$，$G_{q/11}\alpha$，$G_{12/13}\alpha$に分類される。これらのGαサブユニットは類似の機構により活性化されるが，それぞれ異なるエフェクターに結合する（表3.2）。例えば$G_s\alpha$アイソフォームは，主としてアデニル酸シクラーゼを活性化することにより，シグナル伝達因子であるcAMPの産生を誘導する。このようにして，非常に多くの上流の受容体が，それらに共通して利用される比較的少数のGタンパク質にシグナルを伝達している。

限られた数のGタンパク質の組合わせから，どのようにして下流に特異的なシグナルを伝達し，特異的な機能を制御しているのかに関しては，まだよくわかっていない。しかし，受容体の細胞種特異的な発現や，足場タンパク質を介したシ

表3.2

Gαサブユニットのファミリーとそのエフェクター

ファミリー	サブタイプ	エフェクター
$G_s\alpha$	$G_{s(s)}\alpha$	アデニル酸シクラーゼ↑($G_{s,s(XL)olf}\alpha$)
	$G_{s(L)}\alpha$	Maxi Kチャネル↑($G_s\alpha$)
	$G_{s(XL)}\alpha$	Srcファミリーチロシンキナーゼ(c-Src, Hck)↑($G_s\alpha$)
	$G_{olf}\alpha$	チューブリンのGTPアーゼ活性↑($G_s\alpha$)
$G_{i/o}\alpha$	$G_{o1}\alpha$	アデニル酸シクラーゼ↓($G_{i,o,z}\alpha$)
	$G_{o2}\alpha$	Rap1GAPⅡ依存性シグナル伝達系
	G_i	Erk/MAPキナーゼ活性化↑($G_i\alpha$)
	$G_z\alpha$	Ca^{2+}チャネル↓($G_{i,o,z}\alpha$)
	$G_t\alpha$	K^+チャネル↑($G_{i,o,z}\alpha$)
	$G_{gust}\alpha$	チューブリンのGTPアーゼ活性↑($G_i\alpha$)
		Srcファミリーチロシンキナーゼ(c-Src, Hck)↑($G_i\alpha$)
		Rap1GAP↑($G_z\alpha$)
		GRIN1を介したCdc42の活性化↑($G_{i,o,z}\alpha$)
		cGMPホスホジエステラーゼ↑($G_t\alpha$)
		$G_{gust}\alpha$：？
$G_{q/11}\alpha$	$G_q\alpha$	ホスホリパーゼCβアイソフォーム↑
	$G_{11}\alpha$	p63-RhoGEF↑($G_{q/11}\alpha$)
	$G_{14}\alpha$	ブルトン型チロシンキナーゼ↑($G_q\alpha$)
	$G_{15}\alpha$	K^+チャネル↑($G_q\alpha$)
		TRIC↑($G_q\alpha$)
$G_{12/13}\alpha$	$G_{12}\alpha$	ホスホリパーゼD↑
	$G_{13}\alpha$	ホスホリパーゼCε↑
		NHE-1↑
		iNOS↑
		E-カドヘリンを介した細胞接着↑
		p115-RhoGEF↑
		PDZ-RhoGEF↑
		白血病関連RhoGEF(LARG)↑
		ラジキシン↑
		プロテインホスファターゼ5(PP5)↑
		AKAP110を介したPKAの活性化↑
		hsp90↑

G. Milligan and E. Kostenis, Br. *J. Pharmacol.* 147 (Suppl 1): S46–55, 2006より改変。
上向き矢印は活性化を，下向き矢印は抑制を示す。

グナル伝達タンパク質の細胞内局在などが，受容体-Gタンパク質複合体によるエフェクターの活性化の特異性の確立に貢献しているという証拠が集まりつつある。

Gタンパク質シグナル伝達系を調節する酵素

　すでに述べたように，ほとんどすべてのGタンパク質において，活性化を受けていない状態では，ヌクレオチド交換反応とヌクレオチド加水分解反応のいずれの反応速度も非常に遅い。細胞内では，これらの反応の実際の反応速度はシグナルに応答して数秒以内に変化するが，両反応は相反する作用を示す2種類の酵素によってそれぞれ反応速度論的に制御されている。グアニンヌクレオチド交換因子(GEF)はヌクレオチド交換反応を促進し，GTPアーゼ活性化タンパク質(GAP)は，GTPからGDPへの加水分解の速度を上昇させる(図3.25参照)。すなわち，GEFはGタンパク質の活性化を反応速度論的に制御し，GAPはGタンパク質の不活性化を反応速度論的に制御していることになる。したがって上流か

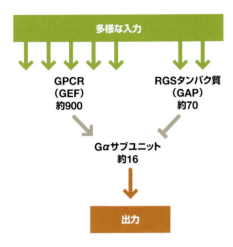

図3.30

ヘテロ三量体Gタンパク質によるシグナル伝達 細胞に入力されるシグナルは，多数のGタンパク質共役受容体（GPCR）とRGSタンパク質により受容され，GPCRとRGSは，それぞれグアニンヌクレオチド交換因子（GEF）およびGTPアーゼ活性化タンパク質（GAP）として機能する。これらの入力シグナルは，比較的少数のGαサブユニットを通して収束される。ヒトの各クラスのタンパク質の総数を示した。

視覚のシグナル伝達システムについての詳細は第12章で述べている

モジュラードメインとシグナル伝達タンパク質の構造については第10章参照

らのシグナルは，GEFまたはGAPの活性を協調して制御することで，活性型のGタンパク質の量を調節することができるのである。

　GEFとGAPには多くの種類が存在することが知られており，その数はGタンパク質自体の数よりも多い。また，GEFとGAP自体が高度な調節を受けており，それらが多数存在することで，多種多様な上流からのシグナルが比較的少数のGタンパク質のいくつかを特異的に制御することを可能にしている。次節では，GEFとGAPがGタンパク質と相互作用し，その活性を制御するメカニズムをみていきたい。

Gタンパク質共役受容体は，ヘテロ三量体Gタンパク質に対するGEFとして機能している

　ヘテロ三量体Gタンパク質の活性化は，Gタンパク質共役受容体（GPCR）によって制御されている。GPCRは7つの膜貫通ドメインをもつ共通の構造をとっているが，非常に多くの種類の細胞外刺激に応答する多数のGPCRが知られている。通常，リガンドがGPCRに結合すると，GPCRの立体構造が変化し，Gαサブユニットに結合しているGDPのGTPへの交換反応を触媒する酵素であるGEFとして機能できるようになる（図3.29参照）。興味深いことに，GPCRがGEFとして作用するためには，GαサブユニットはGβサブユニットやGγサブユニットと複合体を形成しなくてはならない。このメカニズムにより，GPCRがすでに活性化された（GTPと結合した）Gαサブユニットを標的とすることなく，効率よくGタンパク質を活性化させることが可能となっている。

　ヘテロ三量体Gタンパク質を介したシグナル伝達系は，非常に多岐にわたっている。GPCRは，酵母からヒトに至る多くの真核生物にみいだされており，受容体のタイプとしてはヒトゲノムで最も数が多い（約900，遺伝子総数のほぼ5％）（図3.30）。GPCRは，光，におい物質，ホルモン，脂質メディエーター，タンパク質性因子などによる種々の外界刺激に応答して細胞内にシグナルを伝達する。ロドプシンは，網膜の桿体および錐体に存在して光の刺激を伝達するGPCRの一種である。以下に述べるように，RGSタンパク質は，GPCRとは反対の効果を示すGAPとして機能している。

異なる種類のGEFドメインとGAPドメインが，それぞれに特異的な低分子量Gタンパク質ファミリーを制御している

　低分子量Gタンパク質の活性は，GEFおよびGAPを介してさまざまな上流のシグナルによって調節されており，GEFとGAPは協調して活性型であるGTP結合型Gタンパク質の量を制御している。GEFとGAPの種類は，それらの下流に位置するGタンパク質の種類よりも多い。例えば，約20種類が存在するRhoファミリーGタンパク質に対して，約80のGEFと約70のGAPが作用していることが知られている。おそらく，これら多数のGEFやGAPはアダプターとして働き，多種多様な上流シグナルを，限られた種類のGタンパク質とそれを介する細胞応答へとつなげる役割を果たしているものと考えられる（図3.31）。

　多くのシグナル伝達タンパク質と同様に，GEFやGAPも多数のドメインからなるモジュール構造をとっている。ドメインの構成はそれぞれのタンパク質ごとに大きく異なるが，ドメインの多くは他のタンパク質あるいは脂質と相互作用することにより，GEFやGAPの酵素活性および細胞内局在を調節している。それに加えてGEFとGAPには，それぞれの酵素活性を担っている特異的な触媒ドメインが必ず存在している。GEFとGAPの触媒ドメインはそれほど多種類存在す

図3.31

Rhoファミリー低分子量Gタンパク質によるシグナル伝達 細胞に入力されるシグナルは，比較的多数のRhoGEFやRhoGAPの活性制御を介して，比較的少数のRhoファミリー低分子量Gタンパク質の活性を制御している。ヒトの各クラスのタンパク質の総数を示した。GEF：グアニンヌクレオチド交換因子，GAP：GTPアーゼ活性化タンパク質。

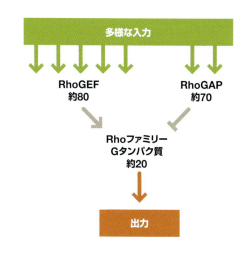

るわけではなく，各Gタンパク質サブファミリーごとにそれぞれ1種類から数種類存在するだけである。例えば，RhoファミリーGタンパク質は通常，触媒ドメインとしてDbl相同（DH）ドメイン，あるいはこれとはまったく構造が異なるDOCKドメインをもつGEFによって活性化される。一方，RasファミリーGタンパク質は通常，触媒ドメインとしてCdc25相同ドメインをもつGEFによって活性化される。したがって，GEFおよびGAPは，それぞれ異なる機能を担う2種の領域，すなわち出力の特異性を決める触媒ドメインと，上流のどのシグナルがどのように入力されるかを決める複数の調節ドメインからなると考えられる（図3.32）。GEFおよびGAPドメインの種類と，それらが標的とするGタンパク質を表3.1にまとめてある。

GEFとGAPは，何種類かのメカニズムによって調節されている（図3.33）。第一に，他のタンパク質や脂質とのドメインの相互作用により，細胞内局在が変化する。第二に，多くのGEFやGAPは，刺激のないときは触媒ドメインと他のドメインの分子内相互作用により活性が抑制されている。上流の刺激に応答してリガンドの結合やリン酸化が起こり，この分子内相互作用が壊されると，活性化が起こる。第三に，触媒ドメインに他の何らかの分子が相互作用することにより，GEF活性やGAP活性がアロステリックに活性化されることがある。

GEFの一種であるSosは，上記のすべてのタイプの調節を受けている。GEF活性をもつCdc25ドメインを介してGタンパク質の一種であるRasを活性化することが，Sosの1つの重要な機能である（Sosは，DblドメインももっておりRhoGEFとして機能することもできる）。Sosは細胞膜に引き寄せられることで活性化され，そこでRas（ほぼ細胞膜に限定して存在している）に作用することができるようになる。細胞膜へのリクルートは，細胞膜に存在するチロシンリン酸化タンパク質にSH2ドメインを介して結合するアダプタータンパク質，Grb2を介して行われる。SosのCdc25ドメインのN末端側およびC末端側の領域はヌクレオチド交換活性を自己抑制しており，Grb2などの上流に位置する因子と結合

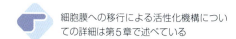
細胞膜への移行による活性化機構についての詳細は第5章で述べている

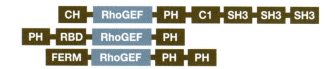

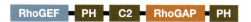

図3.32

代表的なRhoGEFとRhoGAPのドメイン構造 コアとなる触媒ドメイン（GEFは青色，GAPはオレンジ色）の他に，上流からの刺激を受けたり局在を決めたりする多くの調節ドメイン（茶色）をもっている。いくつかのタンパク質にはGEFドメインとGAPドメインの両方があり，Gタンパク質の活性化と不活性化を協調的に調節することで，動的なシグナル伝達制御を可能にしていると考えられている。GEF：グアニンヌクレオチド交換因子，GAP：GTPアーゼ活性化タンパク質。

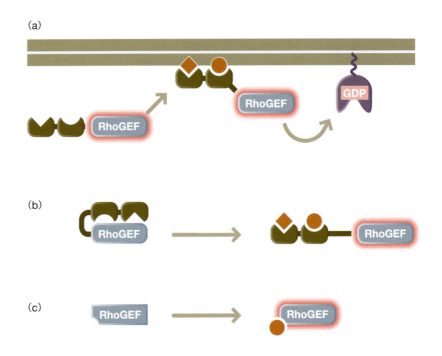

図3.33
GEFとGAPの3種類の主な制御機構 (a) GEFやGAPの触媒ドメインが，基質となるGタンパク質が局在している膜へとリクルートされる。(b) 分子内相互作用による抑制の解除によって活性化される。(c) アロステリックな構造変化によって活性化される。多くのGEFやGAPはこれらの複数の制御を受ける。活性化を引き起こすリガンドはオレンジ色の丸と菱形で示した。

することにより，これらの抑制的な分子内相互作用が解除されると考えられている。さらに，Sosのグアニンヌクレオチド交換活性は，基質結合部位とは別の場所に結合する活性化状態のRasにより，アロステリックに活性化される。このアロステリックな活性化は，Rasの活性化に正のフィードバック効果があると考えられている。自己抑制状態を解除することにより活性化されるGEFのもう1つの例は，低分子量Gタンパク質であるRap1とRap2に対するEpacである。Epacは，環状ヌクレオチド結合(CNB)ドメインにcAMPが結合することにより，触媒ドメインの自己抑制が解除され，活性化される。

GEFは，Gタンパク質のヌクレオチド結合ポケットを変形させることにより，GDPとGTPの交換を触媒している

すでに述べたように，ほとんどのGタンパク質は，GDPに対してもGTPに対しても高いアフィニティーをもち，その解離反応の半減期は数分から数時間である。一般的に，GEFはGタンパク質のヌクレオチド結合ポケットの構造を変化させ，Gタンパク質のヌクレオチドに対するアフィニティーを大きく低下させる（図3.34）。GEFは，GTPよりもGDPを解離しやすくしたり，GDPよりもGTPを結合しやすくしたりするのではないということが重要な点である。Gタンパク質のサイクルが一方向に進む（ヌクレオチド交換反応においてはGTPが優先的に結合する）のは，細胞内ではGDPの濃度に対してGTPの濃度が圧倒的に高く維持されていることによっているのである。

低分子量Gタンパク質とGEFの複合体の立体構造がいくつか明らかになっており，Gタンパク質に結合しているGEF触媒ドメインの構造の多様性が示されている（図3.35）。アミノ酸配列や立体構造は大きく異なるが，すべてのGEFドメインは基質となるGタンパク質のヌクレオチド結合ポケット自体か，その近傍に結合している。ほとんどすべての場合，GEFドメインのいずれかの部位がGタンパク質のスイッチⅠ領域とスイッチⅡ領域をこじ開け，ヌクレオチド結合ポケットを大きく変形させる。GEFが結合している状態では，GEFは，ヌクレオチドのリン酸基が結合するのに必要なMg^{2+}の結合部位と，スイッチⅠ領域あ

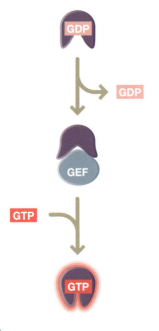

図3.34
GEFの一般的な作用機構 グアニンヌクレオチド交換因子(GEF)は，Gタンパク質のヌクレオチド結合部位をこじ開け，GDPの解離を促進する。GEFは，ヌクレオチドを結合していない（ヌクレオチド交換反応の遷移状態にある）Gタンパク質に最も強く結合する。

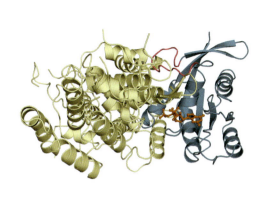
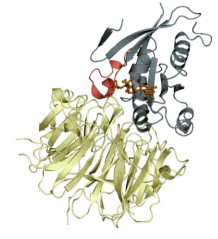

Rab-Mss4 GEF　　　**Ras-Sos GEF**　　　**Ran-RCC GEF**

図3.35

GEFに結合した低分子量Gタンパク質の立体構造　X線結晶構造解析により明らかとなった3種類のGタンパク質-GEF複合体の立体構造を示した。GEFがGDPの解離を促進する際の構造やメカニズムには多様性があることがわかる。いずれの図においても，Gタンパク質（青色）は同じ向きに配置されており，GEFは黄色で示されている。GEFの結合に伴って立体構造が大きく変化するタンパク質の領域をピンク色で示してある。GDP（オレンジ色の球棒モデルで示した）は，GEFと結合していないGタンパク質に結合する位置に配置してある。（J.L. Bos, H. Rehmann and A. Wittinghofer, *Cell* 129: 865-877, 2007より，Elsevierの許諾を得て掲載）

るいはスイッチⅡ領域のヌクレオチドの結合に関与しているアミノ酸残基を立体的に塞いでいる。このように，多様な構造をもつGEF触媒ドメインが，収束した分子メカニズムにより機能しているのである。

GAPは，加水分解反応が進みやすいように触媒部位の立体構造を最適化する

　すでに述べたように，GAPは，Gタンパク質によるGTPの加水分解を何桁も加速することができる。反応機構から考えると，加水分解反応が効率よく進むためには，水分子が求核攻撃に最適な配向性と極性をもち，溶媒部分から切り離される必要がある。また，遷移状態において負の電荷をもつγリン酸基の安定化も必要である。ほとんどすべてのGタンパク質において，これらの機能を担うアミノ酸残基は最適な構造をとっていないか，そもそも存在していない。低分子量Gタンパク質の一種であるRasの場合，求核性の水分子と相互作用する残基であるGln61は，Ras-RasGAP複合体においては最適な配向性を示すが，遊離のRas分子中では適切な構造をとっていない（図3.36）。さらに，アルギニンフィンガーと呼ばれるRasGAPの重要なアルギニン残基が活性部位に挿入され，γリン酸基の負の電荷を中和することで遷移状態が安定化されているらしい。この触媒機能は遊離のRas分子にはみられず，RasGAPにより外部から供給される。興味深いことに，ヒトの腫瘍ではRasのGln61に高頻度で変異がみられる。これらの変異はRasの恒常的活性化を引き起こすが，それは，Gln61の変異体がたとえGAPの存在下であってもGTPを効率よく加水分解できないからである。

　異なるGAP間での立体構造の類似性はほとんど認められない（図3.37）。しかし，いずれのGAPも共通のメカニズム，すなわちGタンパク質に存在するヌクレオチドの加水分解に必要な部位の構造の最適化，あるいはヌクレオチドの加水

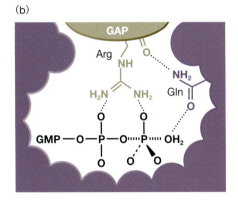

図3.36

GAPの一般的な作用機構　(a) GAPは，活性型Gタンパク質のヌクレオチド結合ポケットの上部に結合し，GTP加水分解を促進する。(b) RasやRhoに作用するものを含む多くのGAPは，GTPのγリン酸基を攻撃する水分子が極性を示すような向きに，Gタンパク質の触媒反応に関与するグルタミン残基（Gln）を配置する。またGAPは，活性中心に「アルギニンフィンガー（Arg）」を挿入して，基質の遷移状態を安定化している。（bはJ.L. Bos, H. Rehmann and A. Wittinghofer, *Cell* 129: 865-877, 2007より，Elsevierの許諾を得て掲載）

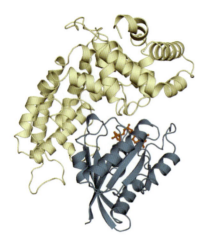
Ras-RasGAP

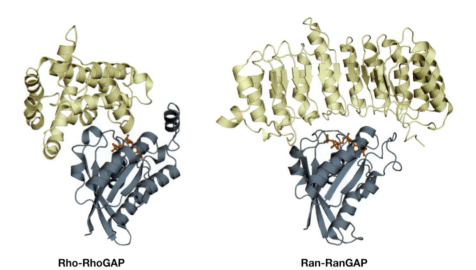
Rho-RhoGAP　　　　**Ran-RanGAP**

図 3.37

GAPに結合した低分子量Gタンパク質の立体構造　X線結晶構造解析により明らかとなった3種類のGタンパク質-GAP複合体の立体構造を示した。GAPの構造に多様性があることがわかる。いずれの図においても，Gタンパク質（青色）は同じ向きに配置されており，GAPは黄色，GTPはオレンジ色で示されている。（J.L. Bos, H. Rehmann and A. Wittinghofer, *Cell* 129: 865–877, 2007より，Elsevierの許諾を得て掲載）

分解に必要な部位がGタンパク質に存在しない場合はその供給によって，加水分解反応を活性化している。ある場合には，求核性の水分子の配向を助ける残基がGAPとの相互作用によって最適化され，他の場合には，そのようなアミノ酸残基自体がGAPにより供給される。ほとんどすべての場合，遷移状態を安定化する役割を担うアルギニンフィンガーは，GAPにより外部から供給される。

RGSタンパク質は，ヘテロ三量体Gタンパク質に対するGAPとして機能している

　低分子量Gタンパク質と同様に，ヘテロ三量体Gタンパク質のGαサブユニットも非常に低いGTPアーゼ活性をもっている。したがって，シグナル伝達を速やかに不活性化するためには，GTPの加水分解を促進できる因子が必要である。**RGSタンパク質**（regulator of G protein signaling protein）はGAPとして機能し，活性化状態にあるGαサブユニットのGTP加水分解速度を促進する。これまでに20種類以上のRGSタンパク質が同定されている。いくつかの場合においては，ヘテロ三量体Gタンパク質は，特異的なGPCR，RGSタンパク質，下流のエフェクタータンパク質と巨大な複合体を形成して機能しており，活性化，下流へのシグナル伝達，不活性化の各段階が厳密に制御されているようである。

　RGSタンパク質は，先に述べたような低分子量Gタンパク質に対するGAPの作用メカニズムとは少し異なる機構により，GTPアーゼ活性を促進している。ヘテロ三量体Gタンパク質の場合，アルギニンフィンガーは，Gαサブユニット中のRasに類似したGドメインにつながるαヘリックスからなるドメインに存在している。したがって，ヘテロ三量体Gタンパク質Gαサブユニットにはアルギニンフィンガーはあらかじめ用意されており，RGSタンパク質の主要な機能は，Gαサブユニット中の触媒反応に関与するアミノ酸残基を適切に配向し，触媒としての最適な構造を誘導することであると考えられる。

Gタンパク質の活性をさらに微調節する機構もある

　多くの低分子量Gタンパク質では，C末端への脂質の付加が，膜への局在と機能発現に必要とされる．この翻訳後修飾は，特にRhoファミリーとRabファミリーの低分子量Gタンパク質の場合，活性の調節にも関与している．**グアニンヌクレオチド解離抑制因子**（guanine nucleotide dissociation inhibitor：GDI）は，特異的なGタンパク質に結合してそのプレニル基を覆い隠してしまうことで，Gタンパク質の細胞質への局在を維持している．すなわち，GDIは，Gタンパク質をGDP結合型に固定して細胞質にとどめておく機能を担っているのである．**GDI置換因子**（GDI displacement factor：GDF）は，Gタンパク質からのGDIの解離を促進する酵素であり，Gタンパク質の膜への局在とそこでのGEFによる活性化を可能にしている．このようにGDIとGDFは，プレニル化されたGタンパク質の活性制御因子としての機能も担っている．

　ヘテロ三量体Gタンパク質の活性は，GoLocoモチーフ（GoLocoドメイン）をもつタンパク質によっても調節されている．GoLocoモチーフと呼ばれる19アミノ酸残基からなるモチーフは，特異的なGαサブユニットのGDP結合型にのみ結合する．つまり，GoLocoモチーフをもつタンパク質は，原理的にはGDIと同様に，Gタンパク質の活性化を阻害することができる．しかしながら，GoLocoモチーフは，シグナル伝達を活性化する場合もある．例えば，GoLocoモチーフが不活性型Gαサブユニットに結合すると三量体の再構成が阻害されるため，遊離のGβγサブユニットがエフェクターに作用する時間を長くして，シグナル伝達を活性化することがある．最近，PINS（partner of inscrutable）というタンパク質のGoLocoドメインが，細胞分裂の際に紡錘体の位置を決め，微小管を細胞表面に結合させる装置に局在し，GPCRとは無関係にヘテロ三量体Gタンパク質の活性を調節していることが明らかとなった．

脂質修飾とGDIおよびGDFの役割についての詳細は第5章で述べている

シグナル伝達酵素のカスケード

　これまで，キナーゼ，ホスファターゼ，GEF，GAPなどの個々のシグナル伝達酵素の特徴を詳細に述べてきた．しかしながら，細胞内において，これらのシグナル伝達酵素はそれぞれがばらばらに機能しているわけではなく，シグナル伝達経路やネットワークに組み込まれて，シグナルのノードとして機能している．複雑なシグナル伝達ネットワークは，各ノードが機能的に結び付いてできあがっている．このようなネットワークにおいて各シグナル伝達酵素は，直接的あるいは間接的に下流の酵素の活性を制御する一連の**カスケード**（cascade）を形成している場合が多い．以下に，いろいろな細胞でよく保存されているキナーゼカスケードとGタンパク質カスケードが，どのようにシグナル伝達に使われているかを説明する．

3層のMAPキナーゼカスケードは，すべての真核細胞にみられるシグナル伝達モジュールである

　すでに述べてきたように，多くのプロテインキナーゼの活性化には活性化ループのリン酸化が必要とされる．したがって，あるプロテインキナーゼの活性化には上流の別のプロテインキナーゼの作用が必要で，このような特性からプロテインキナーゼは容易に連続的な活性化を引き起こすことができる．その結果，プロテインキナーゼが連続して作用するシグナル伝達カスケードは多くの細胞によく

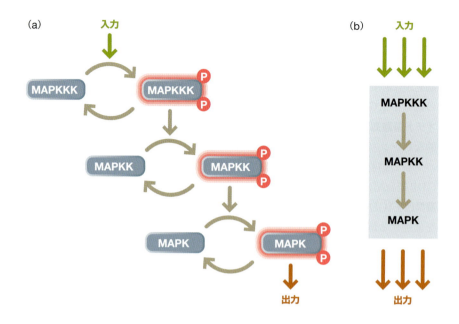

図3.38

MAPキナーゼ(MAPK)カスケード (a) MAPKカスケードは3種類のキナーゼからなり，それらが順に下流のキナーゼをリン酸化することにより活性化を引き起こす。MAPキナーゼキナーゼキナーゼ(MAPKKK)が上流からの刺激で活性化されると，つぎにMAPキナーゼキナーゼ(MAPKK)をリン酸化，活性化する。活性化されたMAPKKは，MAPKの活性化ループの2カ所の残基をリン酸化し，MAPKの活性化を誘導する。(b)MAPKカスケードは1つのモジュールとして多数の異なる刺激により活性化される一方，多数のMAPKの基質が担う下流の細胞応答を特異的に引き起こす。

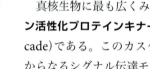

細胞膜を介するシグナル伝達におけるプロテインキナーゼの凝集の役割については第8章で述べている

保存されているのである（他にも，同一の種類の別の分子と二量体化あるいは凝集し，相互にリン酸化することにより活性化される例が多く知られている）。

　真核生物に最も広くみられるキナーゼカスケードは，**MAPキナーゼ（マイトジェン活性化プロテインキナーゼ）カスケード**(mitogen-activated protein kinase cascade)である。このカスケードは連続して作用する3種類のプロテインキナーゼからなるシグナル伝達モジュールであり，非常に多くの種類の細胞応答のシグナル伝達系に組み込まれている（図3.38a）。この3種類のプロテインキナーゼのうち，最も上流に位置するものをMAPキナーゼキナーゼキナーゼ(MAPKKK)という。上流からの刺激に応答して活性化されたMAPKKKは，つぎにMAPキナーゼキナーゼ(MAPKK)の活性化ループ上の2カ所のセリン/トレオニン残基をリン酸化し，このキナーゼの活性化を引き起こす。活性化されたMAPKKは，今度は最も下流に位置するキナーゼである**MAPキナーゼ（マイトジェン活性化プロテインキナーゼ）**(mitogen-activated protein kinase：MAPK)の活性化ループ上の特定のセリン/トレオニン残基およびチロシン残基をリン酸化し，活性化を引き起こす(MAPKKはチロシン残基のリン酸化反応も触媒することができる数少ないセリン/トレオニンキナーゼの一種であることに注意)。活性化されたMAPKは，多数の下流の標的タンパク質をリン酸化する。活性化したMAPKが核内へ移行し，特異的な転写因子をリン酸化して，遺伝子発現のパターンを変化させる場合も多い。

　ほとんどの場合，MAPKKKの基質はMAPKKのみであり，MAPKKの基質はMAPKのみであるため，これらのキナーゼは必然的にカスケードを形成するようになっている。それぞれのMAPKKKは多様な刺激に特異的に調節され，異なるMAPKは多種多様な標的タンパク質をリン酸化することができる（図3.38b）。このように，MAPKカスケードへの入力とMAPKカスケードからの出力は多様でありうるので，このカスケードは多様な細胞応答を仲介することができる。それぞれの細胞にはMAPKカスケードを構成する3層のキナーゼファミリーのいずれかに属する多数のタンパク質が発現しているので，それらの組合わせによってさらなる多様性が生じる。また原理的には，MAPKKK，MAPKK，MAPKそれぞれの脱リン酸化を触媒する酵素であるホスファターゼも，MAPK

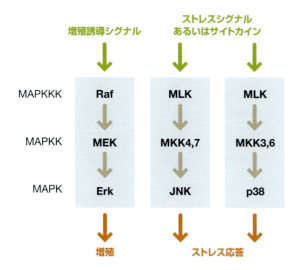

図3.39

哺乳類のMAPKモジュールの例 哺乳類の3種類の主要なMAPKカスケードファミリーを示した。Erk MAPKファミリーは細胞増殖を制御しているのに対し，JNKファミリーとp38ファミリーはストレス応答を制御している（そして，しばしばストレス活性化プロテインキナーゼあるいはSAPKと呼ばれる）。

カスケードの活性制御に重要な役割を果たしうる。しかし，どのようなホスファターゼがどのように活性調節に関与しているのかはあまり解明されていない。

哺乳類細胞の代表的なMAPKカスケードは，MAPKKKとしてRaf（低分子量Gタンパク質Rasによって細胞膜への移行と活性化が誘導される），MAPKKとしてMEK（MAPK/Erkキナーゼ），MAPKとしてErkを構成因子としている（図3.39）。Erkの基質として最も重要なものには，増殖誘導性の転写因子であるFosやJunなどがある。Raf-MEK-Erkからなるモジュールは，種々の細胞増殖誘導シグナルを伝達している（それが，「MAPキナーゼ」という名前の由来になっている）。このシグナル伝達系は，免疫細胞の活性化や発生過程など，細胞増殖以外の種々の細胞応答にも関与している。一方で，哺乳類細胞にはRaf-MEK-Erkに類似した別のキナーゼから構成される多数のMAPキナーゼモジュールが存在しており，これらはストレスやサイトカインに応答するシグナル伝達系で機能している。具体的には，JNK（c-Jun N末端キナーゼ）ファミリーやp38ファミリーのMAPキナーゼ（ストレス活性化プロテインキナーゼ〔stress-activated protein kinase：SAPK〕とも呼ばれる）を活性化するカスケードが知られている。

いくつかの真核生物において同定されているMAPキナーゼを構成しているタンパク質の数を図3.40aに示した。下等な真核生物である出芽酵母においてさえ，何種類かのMAPKカスケードの存在が知られている。これらはすべて3層のキナーゼカスケードを形成しているという点は共通しているが，カスケードを構成するキナーゼの種類，あるいはカスケードによって結び付けられる入力や出力は異なっている（図3.40b）。植物においてはMAPキナーゼカスケードの構成因子が特に多く知られている。

MAPKカスケードはしばしば足場タンパク質によって束ねられている

MAPKカスケードの構成タンパク質が多数存在し，これらのタンパク質間でクロストークが生じる可能性を考慮すると，細胞内では特異的なシグナル伝達系のみが応答するメカニズムが機能していると考えられる。まったく同じキナーゼが2種類の異なるシグナル伝達経路で機能できる場合があり，この場合はシグナル伝達系の特異性が重大な問題となる。

多くの場合，このような特異性の確保は，複数のタンパク質と相互作用し，これらを単一の複合体として会合させている**足場タンパク質**（scaffold protein）に

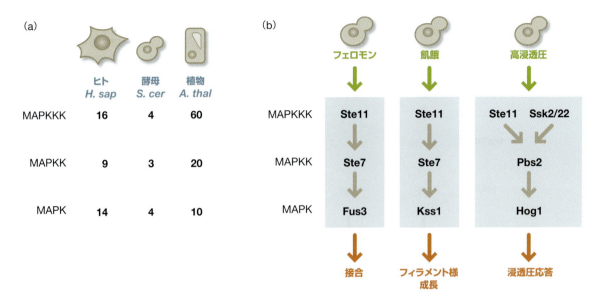

図3.40

MAPKカスケードにおける要素の組合わせ　(a)MAPKカスケードを構成するタンパク質の総数は生物種によって異なる。原則として、これらのタンパク質は、多種類のカスケードの構成性因子となっている。H. sap：Homo sapiens、S. cer：Saccharomyces cerevisiae、A. thal：Arabidopsis thaliana。(b)出芽酵母には少なくとも3種類の生理機能が異なるMAPKカスケードが存在し、それぞれ接合フェロモン（接合シグナル伝達）、窒素源飢餓、高浸透圧ストレスに応答する。各カスケードが活性化されると、異なる細胞応答が引き起こされる。ところがこれらの3種類のカスケードには、MAPKKKであるSte11やMAPKKであるSte7などの共通の構成因子が存在する。場合によっては、特異性をもたせるために足場タンパク質が特定の構成因子と複合体を形成している（図3.41参照）。

よって達成されている。したがって、MAPKカスケードが、足場タンパク質を介して複合体を形成するタンパク質群として最初に同定されたものの1つであるということは驚くに値しない。酵母や哺乳類のMAPKカスケードにみられる足場タンパク質の例を図3.41にあげた。

　足場タンパク質は、いくつかの方法でMAPKシグナル伝達系を調節していると考えられている（図3.42）。最も単純な方法として、足場タンパク質との会合により、カスケードの構成タンパク質間の距離が縮まり、シグナルの伝達効率の上昇が期待されるという効果があげられる。また、カスケードの構成タンパク質を複合体として細胞内の特定の領域に隔離することにより、本来の経路とは異なるタンパク質間でのリン酸化によるシグナルのクロストークを防ぐ効果もある。例えば酵母では、接合フェロモンに応答するMAPKカスケードは足場タンパク質Ste5と複合体を形成しているのに対して、高塩濃度（浸透圧ストレス）に応答するMAPKカスケードは別の足場タンパク質であるPbs2と複合体を形成している（この場合、Pbs2は、足場タンパク質としてもMAPKKとしても機能している〔図3.41参照〕）。これらの2種類の足場タンパク質は、両カスケードに共通の

図3.41

足場タンパク質は、MAPKカスケードを物理的に束ねている　哺乳類では、KSR(kinase suppressor of Ras)およびJIP(JNK interacting protein)が、それぞれErk経路（増殖を制御）およびJNK経路（ストレス応答を制御）の構成因子と複合体を形成している。酵母では、Ste5タンパク質およびPbs2タンパク質がそれぞれFus3経路（接合を制御）およびHog1経路（浸透圧ストレス応答を制御）の構成因子と複合体を形成している。

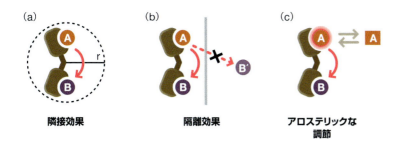

図3.42

足場タンパク質がシグナル伝達を制御するメカニズム (a)足場タンパク質は，相互作用する2つの酵素を接近させることで実質的な濃度を上げ，反応効率を高くする。(b)足場タンパク質は，かわりに結合できる他のタンパク質や基質から目的のタンパク質を隔離する効果も示す。(c)また，足場タンパク質が，複合体を形成しているタンパク質に対してアロステリックな構造変化を誘導することもある。例えば，シグナル伝達系の構成タンパク質が足場タンパク質と結合しない限り活性化されないとすると，足場タンパク質のかわりに別のタンパク質が結合しているときにシグナルが伝達されてしまうことを防ぐことができる。

MAPKKKであるSte11へのシグナルの入力とSte11からのシグナルの出力の双方を制御していると考えられている。すなわち，足場タンパク質Ste5と会合しているSte11は接合フェロモンに応答するシグナル伝達にのみ関与する一方，足場タンパク質Pbs2と会合しているSte11は浸透圧ストレスに応答するシグナル伝達にのみ関与していると考えられている。したがって，一方の経路で活性化されたSte11は，他方の経路にシグナルを伝達することはなく，このことは，正しい細胞応答と細胞の生存にとって非常に重要なのである。

さらに，足場タンパク質がキナーゼ活性をアロステリックに制御していることも明らかにされている。例えば，哺乳類細胞の足場タンパク質の一種であるKSRは，MAPKKKであるRafをアロステリックに活性化すると考えられている。したがって，足場タンパク質に結合しているRafは，結合していないRafよりも活性が高くなる。また，酵母の接合フェロモンシグナル伝達系の足場タンパク質であるSte5は，このカスケードのMAPKであるFus3をアロステリックに制御している。Fus3はSte5と会合しているときのみ，このカスケードのMAPKKであるSte7のよい基質となる。すなわち，Fus3は不活性状態に「鍵をかけられた」酵素として進化してきたが，足場タンパク質であるSte5がこれを開ける「鍵」として機能し，Fus3をSte7により活性化されうる構造へと導いている。酵母においては，栄養飢餓状態への応答は足場タンパク質に結合していない「遊離の」Ste7により仲介されているので，Ste5のこのような機能はシグナル伝達の特異性を確保するうえで重要であると考えられている。このSte5による鍵と鍵穴の制御機構は，接合フェロモンシグナル伝達系で機能するFus3が，栄養飢餓状態に応答して活性化されたSte7によって誤って活性化されることを防いでいるのである。

Gタンパク質の活性もシグナル伝達カスケードによって制御されうる

酵素カスケードはキナーゼにおいてみられることが多いが，他の種類のシグナル伝達酵素からなるカスケードも知られている。一例として，細胞形態や細胞内小胞輸送の制御系ではGタンパク質の調節酵素のカスケードが知られている。例えばエンドサイトーシス系では，エンドソームがそれぞれ異なる低分子量Gタンパク質Rabと結合したいくつかのステップを経て，連続的に輸送されることが知られている。そのいくつかの場合においては，活性化された上流のRabタンパク質は，GEFをリクルートするかこれを活性化し（あるいはその両方を行う），そしてGEFはつぎに下流のRabを活性化することにより，Gタンパク質が介在したカスケードを形成している（図3.43a）。また，このカスケードでは，活性化されたRabがGAPを誘導し，上流に位置するGタンパク質を不活性化する例も最近報告されている。GEFを介する正方向の調節とGAPを介する逆方向の調節が織り合わさって，2種類のRabが同時に活性化されることを防ぎ，あるス

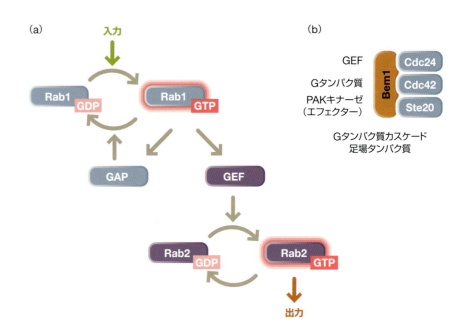

図3.43

Gタンパク質シグナル伝達カスケード (a)小胞輸送の際，1種類のGタンパク質(Rab1)が活性化されると，つぎに別のGタンパク質(Rab2)の活性化が誘導される。この場合，活性化されたRab1がRab2に対するGEFに結合し，その活性化を引き起こすことで，シグナル伝達のカスケードが形成される。さらに活性化されたRab1はRab1に対するGAPに結合し，その活性化を引き起こすことで負のフィードバックループが形成され，Rab1は不活性化される。これらのメカニズムにより，小胞におけるRab1の活性化は一過的なものとなり，Rab1が不活性化されるかわりにRab2が活性化され，Rab1小胞は完全にRab2小胞へと変換される。(b)Gタンパク質シグナル伝達系は，足場タンパク質によっても制御されている。酵母のBem1タンパク質は，細胞の極性を制御しているGタンパク質シグナル伝達系の構成因子と複合体を形成している。Bem1は，GEFであるCdc24，その基質のGタンパク質であるCdc42，Cdc42のエフェクターであるSte20(PAKキナーゼ)に結合し，これらを介するシグナル伝達の効率を上げている。さらに，活性化状態にあるCdc42が局在する部位にBem1が局在すると，Cdc24も同時に局在することになり，より多くのCdc42が活性化されるという正のフィードバック機構も働くと考えられている。

テップからつぎのステップへのすばやくかつ不可逆的な小胞輸送が実現しているのである。

　低分子量Gタンパク質シグナル伝達系においても，足場タンパク質が機能している。例えば，酵母のタンパク質Bem1は，GEFであるCdc24，その標的のGタンパク質であるCdc42，そして活性化されたCdc42の下流で制御されるプロテインキナーゼであるSte20を会合させている足場タンパク質として機能している(図3.43b)。

まとめ

　酵素は，特定の生体反応を非常に効率よく触媒することができる。熱力学的に有利な反応では，その反応速度を著しく上昇させる一方，熱力学的に不利な反応においては，熱力学的に有利な反応と共役させることにより，反応を起こりやすくしている。シグナル伝達酵素の活性は，上流からのシグナルによって引き起こされる立体構造のアロステリックな変化を介して制御されている場合が多く，これらの酵素は細胞内の情報を伝えるノードとして機能している。上流からの刺激に応答してシグナル伝達酵素の立体構造の変化を誘導する最も一般的なメカニズムは，リガンドの結合と翻訳後修飾である。プロテインキナーゼなどの古典的なシグナル伝達酵素は，立体構造の変化に伴って触媒活性が調節されるように最適化されている。

　多くの細胞内シグナル伝達経路では，相反する機能を担う「シグナルの書き込み酵素」と「シグナルの消去酵素」の作用により，基質となるタンパク質の活性化状態と不活性化状態の間の切り替えが行われ，スイッチとして機能している。例えば，キナーゼとホスファターゼは，それぞれリン酸基の付加と除去を触媒している。リン酸化反応は，スイッチとしては特に有用である。なぜなら，リン酸化反応も脱リン酸化反応も熱力学的には有利な反応であるが，反応速度が遅いので，

リン酸化状態と非リン酸化状態の割合は各反応を触媒する酵素によって制御できるからである。細胞内シグナル伝達のもう1つの重要なクラスは，「シグナルの書き込み酵素」であるGEFと，「シグナルの消去酵素」であるGAPから構成されており，それぞれGタンパク質の活性化と不活性化を誘導する。Gタンパク質は，GTPまたはGDPと結合することができるが，GTPと結合した状態においてのみ活性を示す。GEFは，Gタンパク質に結合しているGDPをGTPに交換する反応を促進する一方，GAPは，Gタンパク質の弱いGTPアーゼ活性を促進することにより，その不活性化を誘導する。

シグナル伝達酵素は，上流の酵素が下流の酵素を順に活性化するカスケードを構成していることが多い。このようなカスケードは，進化的に保存されている場合が多く，一例として，3層からなるMAPKカスケードは，保存されたモジュールとしてあらゆる真核細胞がシグナル伝達に利用している。さらに，これらのカスケードはしばしば足場タンパク質と複合体を形成し，異なる種類の細胞内シグナルの流れを柔軟に制御している。

課題

1. 反応速度論的パラメータであるk_{cat}，K_m，k_{cat}/K_mは，触媒である酵素のどのような性質を表しているか。多くのシグナル伝達酵素の単離触媒ドメインは，細胞内で機能する際の基質濃度に比べて高いK_m値をもつことが多い。その理由は何か。また，この性質は，触媒活性の制御にどのように役立っているか。
2. シグナル伝達酵素にかかる選択圧と，代謝に関与する酵素，特にターンオーバー数の高い酵素にかかる選択圧を比較し，その相違点を述べよ。
3. もしシグナル伝達のための新規の翻訳後修飾システムを考案するとしたら，その修飾にはどのような特性をもたせたらよいと思うか。
4. 増殖因子Xで細胞を処理すると，多数の標的タンパク質のチロシンリン酸化が引き起こされるが，これは増殖因子刺激によってチロシンキナーゼが活性化されたことによると説明できる。興味深いことに，細胞をバナジン酸(チロシンホスファターゼの阻害薬)で処理すると，同様に多数のチロシンリン酸化タンパク質の蓄積が観察される。バナジン酸処理により，なぜ標的タンパク質のリン酸化が増加するのか説明せよ。キナーゼとホスファターゼがどのように調節系に関与し，この調節系がシグナルのオン/オフを行う速さはどのようにして決められているかを説明し，それを踏まえてバナジン酸の効果を考察せよ。
5. プロテインキナーゼの精製標品を用いて，基質ペプチドのリン酸化をさまざまな酵素濃度で測定した。すると，酵素濃度が低いとき，基質のリン酸化速度は反応開始時には低かったが，時間経過とともに著しく増大した。ところが，酵素の濃度を高くすると，このみかけ上のタイムラグはみられなくなった。これらの結果をどのように説明するか。また，その仮説を証明するにはどのような実験を行えばよいか。
6. 哺乳類細胞では，側鎖にヒドロキシ基をもつアミノ酸(セリン，トレオニン，チロシン)がリン酸化の主要な標的である。一方，細菌においては，ヒスチ

ジンのリン酸化がシグナル伝達において主要な役割を果たしている。ホスホヒスチジンの加水分解の自由エネルギー変化（ΔG）は，ヒドロキシ基がリン酸化されたアミノ酸の場合に比べて大きく，自発的な加水分解速度もホスホヒスチジンのほうがはるかに速い。真核細胞と細菌細胞のどのような相違が選択圧となり，真核細胞のシグナル伝達系においてヒスチジンのかわりに側鎖にヒドロキシ基をもつアミノ酸がリン酸化の標的として利用されるようになったと考えられるか。

7. キナーゼドメインに影響を及ぼす多様な上流からのシグナルが，基質をリン酸化する酵素の活性を上昇させる一般的なメカニズムをまとめよ。

8. GDP結合型に比べてリン酸基が1つ多いだけのGTP結合型のGタンパク質が，どのように他のタンパク質との相互作用の様式を変化させているのかを説明せよ。

9. Gタンパク質は，ほとんどすべての場合でGTP結合型が（下流にシグナルを伝達する）活性型である一方，GDP結合型は不活性型である。しかし，原理的には，GDP結合型が活性型で，GTP結合型が不活性型であることも可能である。GDP結合型がシグナルを伝達する活性型であるようなGタンパク質を想定すると，そのシグナル伝達系はどのようなメカニズムで制御されると考えられるか。受容体へのリガンドの結合が，どのようにGタンパク質を活性化するか。逆に，活性化されたGタンパク質は最終的にどのようにしてダウンレギュレーション（下方制御）されるか。また，このようなシステムにおいては，どのような変異がGタンパク質を（受容体からの刺激がなくても活性化状態にある）恒常的活性型にすると考えられるか。

10. 低分子量Gタンパク質Rasのいくつかの変異は，細胞のがん化に関与している。がん化を引き起こすこれらのRas変異体は，恒常的にシグナルを伝達している。Rasが恒常的にシグナルを伝達する変異体となるメカニズムとして可能な方法を何通りかあげよ。一方，ドミナントネガティブな活性をもつ変異体（すなわち，内在性の正常なRasを介するシグナル伝達を阻害する変異体）も同定されている。これらの変異体が内在性のRasを阻害するメカニズムの可能性をあげよ。

文献

酵素触媒の原理

Fersht A (1999) Structure and Mechanism in Protein Science. New York: WH Freeman and Company.

Hunter T (2012) Why nature chose phosphate to modify proteins. *Philos. Trans. R. Soc. Lond. B Biol. Sci.* 367, 2513–2516.

Knowles JR (1980) Enzyme-catalyzed phosphoryl transfer reactions. *Annu. Rev. Biochem.* 49, 877–919.

Lassila JK, Zalatan JG & Herschlag D (2011) Biological phosphoryl-transfer reactions: understanding mechanism and catalysis. *Annu. Rev. Biochem.* 80, 669–702.

Walsh CT (1978) Enzymatic Reaction Mechanisms. New York: WH Freeman and Company.

Westheimer FH (1987) Why nature chose phosphates. *Science* 235, 1173–1178.

Wolfenden R (2006) Degrees of difficulty of water-consuming reactions in the absence of enzymes. *Chem. Rev.* 106, 3379–3396.

アロステリックな立体構造変化

Cui Q & Karplus M (2008) Allostery and cooperativity revisited. *Protein Sci.* 17, 1295–1307.

Dyson HJ & Wright PE (2005) Intrinsically unstructured proteins and their functions. *Nat. Rev. Mol. Cell Biol.* 6, 197–208.

Kern D & Zuiderweg ER (2003) The role of dynamics in allosteric regulation. *Curr. Opin. Struct. Biol.* 13, 748–757.

Lim WA (2002) The modular logic of signaling proteins: building allosteric switches from simple binding domains. *Curr. Opin. Struct. Biol.* 12, 61–68.

タンパク質リン酸化による活性調節メカニズム

Johnson LN & Lewis RJ (2001) Structural basis for control by phosphorylation. *Chem. Rev.* 101, 2209–2242.

Westheimer FH (1987) Why nature chose phosphates. *Science* 235, 1173-1178.

プロテインキナーゼ

Hubbard SR (1997) Crystal structure of the activated insulin receptor tyrosine kinase in complex with peptide substrate and ATP analog. *EMBO J.* 16, 5572–5581.

Huse M & Kuriyan J (2002) The conformational plasticity of protein kinases. *Cell* 109, 275–282.

Johnson LN, Noble ME & Owen DJ (1996) Active and inactive protein kinases: structural basis for regulation. *Cell* 85, 149–158.

Kannan N, Taylor S, Zhai Y et al. (2007) Structure and functional diversity of the microbial kinome. *PLoS Biol.* 5: e17.

Manning G, Whyte DB, Martinez R et al. (2002) The protein kinase complement of the human genome. *Science* 298, 1912–1934.

Meharena HS, Chang P, Keshwani MM et al. (2013) Deciphering the structural basis of eukaryotic protein kinase regulation. *PLoS Biol.* 11: e1001680.

Reményi A, Good MC & Lim WA (2006) Docking interactions in protein kinase and phosphatase networks. *Curr. Opin. Struct. Biol.* 16, 676–685.

Taylor SS, Zhang P, Steichen JM et al. (2013) PKA: lessons learned after twenty years. *Biochim. Biophys. Acta* 1834, 1271–1278.

プロテインホスファターゼ

Almo SC, Bonanno JB, Sauder JM et al. (2007) Structural genomics of protein phosphatases. *J. Struct. Funct. Genomics* 8, 121–140.

Alonso A, Sasin J, Bottini N et al. (2004) Protein tyrosine phosphatases in the human genome. *Cell* 117, 699–711.

Barford D (1995) Protein phosphatases. *Curr. Opin. Struct. Biol.* 5, 728–734.

Cohen PT (2004) Overview of protein serine/threonine phosphatases. In Protein Phosphatases (Arino J, ed.), pp. 1–20. Berlin: Springer.

Fauman EB & Saper MA (1996) Structure and function of the protein tyrosine phosphatases. *Trends Biochem. Sci.* 21, 413–417.

Guan KL & Dixon JE (1991) Evidence for proteintyrosine-phosphatase catalysis proceeding via a cysteine-phosphate intermediate. *J. Biol. Chem.* 266, 17026–17030.

Karisch R, Fernandez M, Taylor P et al. (2011) Global proteomic assessment of the classical protein-tyrosine phosphatome and "Redoxome". *Cell* 146, 826–840.

Kennelly PJ (2001) Protein phosphatases—A phylogenetic perspective. *Chem. Rev.* 101, 2291–2312.

Tonks NK (2006) Protein tyrosine phosphatases: from genes, to function, to disease. *Nat. Rev. Mol. Cell Biol.* 7, 833–846.

Gタンパク質を介するシグナル伝達

Hamm HE & Gilchrist A (1996) Heterotrimeric G proteins. *Curr. Opin. Cell Biol.* 8, 189–196.

Heo WD & Meyer T (2003) Switch-of-function mutants based on morphology classification of Ras superfamily small GTPases. *Cell* 113, 315–328.

Milligan G & Kostenis E (2006) Heterotrimeric G-proteins: a short history. *Br. J. Pharmacol.* 147 (Suppl 1), S46–S55.

Sprang SR (1997) G protein mechanisms: insights from structural analysis. *Annu. Rev. Biochem.* 66, 639–678.

Venkatakrishnan AJ, Deupi X, Lebon G et al. (2013) Molecular signatures of G-protein-coupled receptors. *Nature* 494, 185–194.

Vetter IR & Wittinghofer A (2001) The guanine nucleotide-binding switch in three dimensions. *Science* 294, 1299–1304.

Gタンパク質シグナル伝達系を調節する酵素

Bos JL, Rehmann H & Wittinghofer A (2007) GEFs and GAPs: critical elements in the control of small G proteins. *Cell* 129, 865–877.

Ross EM & Wilkie TM (2000) GTPase-activating proteins for heterotrimeric G proteins: regulators of G protein signaling (RGS) and RGS-like proteins. *Annu. Rev. Biochem.* 69, 795–827.

Rossman KL, Der CJ & Sondek J (2005) GEF means go: turning on RHO GTPases with guanine nucleotideexchange factors. *Nat. Rev. Mol. Cell Biol.* 6, 167–180.

Schmidt A & Hall A (2002) Guanine nucleotide exchange factors for Rho GTPases: turning on the switch. *Genes Dev.* 16, 1587–1609.

シグナル伝達酵素のカスケード

Bhattacharyya RP, Reményi A, Yeh BJ & Lim WA (2006) Domains, motifs, and scaffolds: the role of modular interactions in the evolution and wiring of cell signaling circuits. *Annu. Rev. Biochem.* 75, 655–680.

Bose I, Irazoqui JE, Moskow JJ et al. (2001) Assembly of scaffold-mediated complexes containing Cdc42p, the exchange factor Cdc24p, and the effector Cla4p required for cell cycle-regulated phosphorylation of Cdc24p. *J. Biol. Chem.* 276, 7176–7186.

Ferrell JE Jr (1996) Tripping the switch fantastic: how a protein kinase cascade can convert graded inputs into switch-like outputs. *Trends Biochem. Sci.* 21, 460–466.

Good M, Zalatan JG & Lim WA (2011) Scaffold proteins: hubs for controlling the flow of cellular information. *Science* 332, 680–686.

Johnson GL & Lapadat R (2002) Mitogen-activated protein kinase pathways mediated by ERK, JNK, and p38 protein kinases. *Science* 298, 1911–1912.

Rivera-Molina FE, Novick PJ. (2009) A Rab GAP cascade defines the boundary between two Rab GTPases on the secretory pathway. *Proc Natl Acad Sci USA* 106, 14408-13.

シグナル伝達における翻訳後修飾の役割

　シグナル伝達では，外部からの入力に応じて何らかの細胞構成因子が変化する必要がある。このうち，タンパク質の性質を変化させる最も一般的な機構の1つが共有結合性の構造修飾である。このような変化をまとめて**翻訳後修飾**(post-translational modification)と呼び，リン酸基やメチル基のような小さな化学基の付加から脂質基やポリペプチドのような大きな構造の付加，さらにはタンパク質分解によるペプチド鎖の切断などが含まれる。これらの翻訳後修飾は特異的な酵素によって触媒され，多くの場合，別の酵素の作用による逆反応も起こるため，短時間のうちに特異的で厳密に制御された変化を引き起こすことができる。翻訳後修飾の機能的な意義は，タンパク質の活性——すなわち，結合能，酵素活性，局在，立体構造——の変化である。さまざまな種類の翻訳後修飾がタンパク質上の多くの異なる部位に加えられるため，1つのタンパク質がとりうる状態は膨大な数にのぼる。その反応の速さや多様性，制御能力を考えると，翻訳後修飾が実質的にすべてのシグナル伝達機構において中心的な役割を果たしていることは驚くにはあたらない。

翻訳後修飾とその効果

　翻訳後修飾は，タンパク質の性質を急速に変化させることによって細胞内プロセスを制御している。翻訳後修飾がなければ，細胞のタンパク質成分を変化させるのに新規のタンパク質合成が必要となり，エネルギー的にもコストがかかる。それに，新規タンパク質の合成は比較的遅い反応である。さらに，翻訳後修飾が

翻訳後修飾の検出法と同定法については第13章で述べている

ないと，タンパク質の構造的多様性は20種類のアミノ酸の組合わせのみに限られてしまう。したがって，翻訳後修飾はゲノム上にコードされたタンパク質(ヒトでは約20,000の遺伝子がタンパク質をコードしている)の多様性と動的なふるまいを大きく拡張しているといえる。ここでは，シグナル伝達で使われている最も一般的な翻訳後修飾について簡単に紹介する。

タンパク質は，単純官能基の付加により共有結合性の修飾を受ける

さまざまな小さな化学基が酵素反応によってタンパク質の側鎖に付加される(図4.1)。このような化学基による修飾は，タンパク質表面の電荷分布や疎水性，水素結合能，タンパク質構造の変化をもたらす。最もよくみられる修飾の1つが**リン酸化**(phosphorylation)であり，ATPの末端リン酸基をタンパク質(通常はセリン，トレオニン，チロシン側鎖のヒドロキシ基)に転移させる反応である。転移を触媒する酵素を**プロテインキナーゼ**(protein kinase)と呼び，逆にタンパク

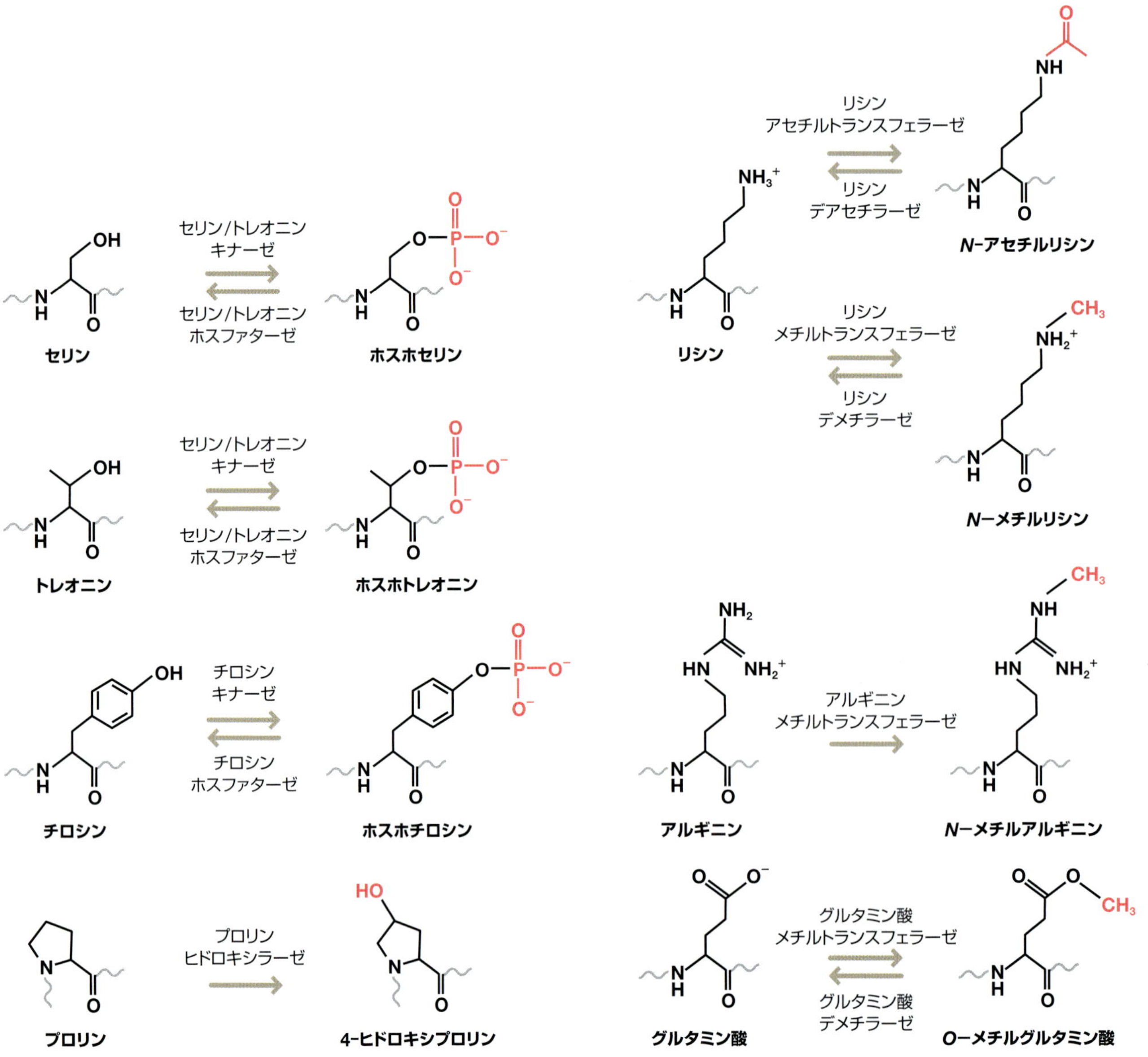

図4.1

小官能基によるタンパク質修飾 修飾を受けるアミノ酸側鎖の化学構造と，修飾の付加および除去反応を触媒する酵素を示す。修飾をピンク色で示す。

質からリン酸基を取り除く酵素を**プロテインホスファターゼ**（protein phosphatase）と呼ぶ。

N-アセチル化（N-acetylation）は，アセチル基をアセチルCoAからタンパク質のリシン側鎖末端のε-アミノ基へ転移させる反応である。この修飾は，ゲノムDNAのクロマチン化にかかわる**ヌクレオソーム**（nucleosome）を構成する主要タンパク質である**ヒストン**（histone）のN末端尾部によくみられ，クロマチンの構造変化や遺伝子発現を制御している。反応は**ヒストンアセチルトランスフェラーゼ**（histone acetyltransferase：HAT）によって触媒され，逆反応は**ヒストンデアセチラーゼ**（histone deacetylase：HDAC）によって触媒される。これらの酵素名はヒストンがアセチル化の標的として特に有名であることを反映しているが，他のさまざまなタンパク質のアセチル化の重要性を考えると，**リシンアセチルトランスフェラーゼ**（lysine acetyltransferase：KAT）および**リシンデアセチラーゼ**（lysine deacetylase：KDAC）と表記するほうがより正確である。

単純な1炭素単位であるメチル基もタンパク質に転移される。**N-メチル化**（N-methylation）はリシンおよびアルギニン側鎖のアミノ基を標的としており，アセチル化同様ヒストン尾部の一般的な修飾である。N-メチルトランスフェラーゼはS-アデノシルメチオニン（SAM）からタンパク質へメチル基を転移させる酵素群であり，**リシンメチルトランスフェラーゼ**（lysine methyltransferase：KMT）と**タンパク質アルギニンメチルトランスフェラーゼ**（protein arginine methyltransferase：PRMT）に分けられる。同一のリシン残基の窒素に複数のメチル基が連続的に付加されることで，ジメチル基，トリメチル基が生成される。他の多くの翻訳後修飾と違ってN-メチル化は非常に安定であり，逆反応を触媒する酵素としてはごく少数の**リシンデメチラーゼ**（lysine demethylase：KDM）の存在が知られているのみで，アルギニンデメチラーゼはみつかっていない。原核生物では，グルタミン酸側鎖中の酸素の**O-メチル化**（O-methylation）が細菌の**走化性**（chemotaxis）のような膜透過性のシグナル伝達に重要な働きをしている。また，ヒドロキシ基もいくつかのアミノ酸側鎖に転移される。**プロリンヒドロキシ化**（proline hydroxylation）は細胞の低酸素応答など多くのシグナル伝達に重要な役割を果たしている。

タンパク質は糖，脂質，さらにはタンパク質の付加による共有結合性の修飾も受ける

より大きな有機化合物（糖質や脂質）もタンパク質に転移される。細胞外環境にさらされるすべてのタンパク質――分泌タンパク質や膜タンパク質の細胞外ドメイン，小胞体やゴルジ体の内腔に存在するタンパク質――は，複雑に枝分かれした糖鎖の付加を受ける。これを**グリコシル化**（glycosylation）といい，セリンまたはトレオニンのヒドロキシ基が修飾されるO-グリコシル化と，アスパラギンのアミノ基が修飾されるN-グリコシル化がある。糖質を連続的に付加する酵素や，付加された多糖をトリミングして最終的な形に整える酵素は，小胞体やゴルジ体の内腔側に限局して存在する。グリコシル化はタンパク質のフォールディングや輸送，機能に大きく影響するが，グリコシル化状態の変化がシグナル伝達に関与する例はほとんど知られていないため，ここではこれ以上論じない。しかし，最近異なるタイプのグリコシル化がシグナル伝達に積極的にかかわることがわかってきている。これは単一のN-アセチルグルコサミン（GlcNAc）がサイトゾルタンパク質や核タンパク質のセリンまたはトレオニン残基に付加される修飾で，**GlcNAc化**（GlcNAcylation）とも呼ばれる（図4.2a）。

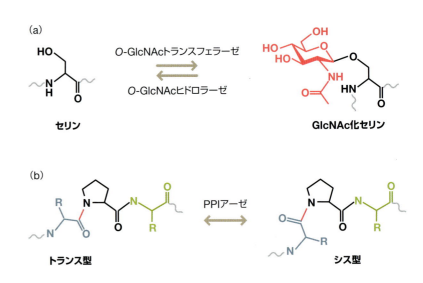

図4.2
グリコシル化とプロリンの異性化 (a)セリン残基への N-アセチルグルコサミン(GlcNAc, ピンク色)の付加。(b)プロリン残基のシス–トランス異性化。ペプチジルプロリルイソメラーゼ(PPIアーゼ)が，プロリンのN末端側のペプチド結合(ピンク色)の回転を触媒する。プロリンのN末端側のアミノ酸を青色，C末端側のアミノ酸を緑色で示す。

脂質修飾とそのタンパク質局在における役割についての詳細は第5章で述べている

脂質もまたタンパク質に付加される重要な分子種であり，特にミリスチン酸やパルミチン酸のような単純脂肪酸や，ファルネシル基やゲラニルゲラニル基のようなより複雑なプレニル基が知られている。これらの脂質は疎水性であるため，修飾されたタンパク質は膜構造に限局するが，サイトゾルに存在する脂質修飾タンパク質もいくつか知られている(例えば，脂質がタンパク質表面の疎水性ポケットに隠れる場合)。多くの場合，脂質は，翻訳と同時か翻訳直後に付加され安定であるため，シグナル伝達の担い手には適さない。しかし，いくつかの脂質修飾，特に**S–パルミトイル化**(S-palmitoylation；システイン側鎖の硫黄へのパルミトイル基の付加)は動的に変化し，シグナル伝達に積極的に関与している可能性がある。

タンパク質全体が別のタンパク質に共有結合する場合もある。**ユビキチン**(ubiquitin)は76アミノ酸からなるタンパク質であり，そのC末端と標的タンパク質のリシン側鎖の間に酵素反応によってイソペプチド結合が形成される。連続的な付加反応によって長いユビキチン鎖が形成される場合もある。ユビキチン化は，標的タンパク質の分解を引き起こすシグナルとして広く利用される重要なタンパク質修飾である。SUMOやNedd8のようなユビキチン様タンパク質(UBL)も類似の機構で標的タンパク質に付加され，それぞれSUMO化(sumoylation)，Nedd化(neddylation)と呼ばれる。このタイプの修飾は，既存のタンパク質に別の機能タンパク質ドメインを付加する翻訳後修飾と考えることができる。

タンパク質分解(proteolysis)と呼ばれるタンパク質そのものの切断は，最も劇的な翻訳後修飾といえる。タンパク質分解によってタンパク質の活性が失われる場合や，より大きくて不活性な前駆体タンパク質から活性をもつ分子が生成される場合がある。タンパク質分解を担う酵素を**プロテアーゼ**(protease)という。シグナル伝達におけるタンパク質分解特有の役割については第9章で述べる。

また，タンパク質中のプロリン残基の比較的小さな構造変化も知られており，これを**プロリン残基のシス–トランス異性化**(prolyl cis-trans isomerization)と呼ぶ。これはタンパク質の共有結合は変化しないので厳密にいえば翻訳後修飾ではないのだが，プロリン残基の構造(ペプチド結合の回転)にシス型からトランス型への変換が起こる(図4.2b)。この変換は自発的に起こる場合はかなりゆっくりとした反応であるが，ペプチジルプロリルイソメラーゼ(PPIアーゼ)によって大きく促進される。この構造変換はいくつかのシグナル伝達機構で働いている。

翻訳後修飾は，タンパク質の構造や局在，安定性を変化させる

　当然のことだが，翻訳後修飾によって情報を伝達するには，被修飾タンパク質の活性に何らかの変化を起こさなければならない。タンパク質の物理的な構造（形や電荷，表面の疎水度）を変化させることで，タンパク質のふるまいや他の分子との相互作用に影響を及ぼすのである。例えば，セリンのようなヒドロキシ基をもつアミノ酸のリン酸化は，小さくて電荷をもたない親水性側鎖をより大きくて強い負電荷をもつ側鎖に変える。リシン側鎖のアミノ基の窒素へのアセチル基付加は，側鎖の大きさを変えるとともに，アミノ基の正電荷を部分的に打ち消す作用がある（図4.3）。このような局所的な変化が，タンパク質の全体的な機能に大きく影響することがある。ここでは，それらのうちのいくつかの例を紹介する。

　翻訳後修飾は，タンパク質の立体構造の変化と密接に連動していることが多い（例えば，図4.4参照）。特に修飾部位が比較的ゆるいループ内にある場合には，ポリペプチド骨格自体の構造が変化することがある。また，翻訳後修飾により，タンパク質の異なるドメインどうしの分子内配置が変わることもある。立体構造の変化によって，タンパク質のもつ酵素活性の促進や抑制，他のタンパク質との結合能の変化，別の翻訳後修飾部位の露出や埋没など，さまざまな二次的作用がもたらされる。

　翻訳後修飾のもう1つの重要な作用は，タンパク質間相互作用の変化である。修飾によって結合面の形や電荷分布，水素結合形成能の変化が起こり，結合相手とのアフィニティーが上昇したり低下したりする（つまり，結合部位を新たにつ

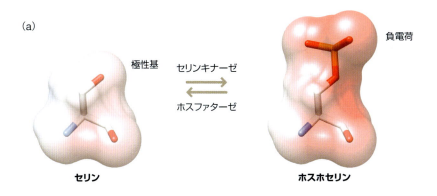

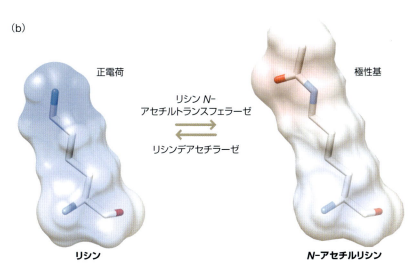

図4.3

タンパク質修飾の化学的作用　(a)セリンとホスホセリン。(b)リシンとN-アセチルリシン。棒モデルと分子表面モデルの重ね合わせ像を示す。リン酸基とアセチル基はともに側鎖の容積を大きく増加させる。分子表面の色は静電ポテンシャルを示す（赤色：負電位，青色：正電位）。リン酸化は強い負電荷をもたらし，アセチル化は正電荷を減少させる。

(a) 立体構造・活性の変化

(b) タンパク質間相互作用の促進

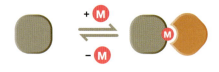

(c) タンパク質間相互作用の阻害

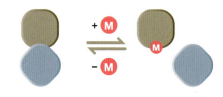

(d) 細胞内局在の変化

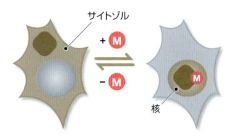

サイトゾル

核

(e) タンパク質安定性の変化

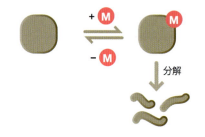

分解

Notchシグナル伝達についての詳細は第5章で述べている

図4.4

タンパク質修飾の多様な作用 (a)基質タンパク質(薄い茶色)の翻訳後修飾(ピンク色の丸)は，構造変化や活性化を引き起こす。(b)他のタンパク質(オレンジ色)との結合部位をつくる。(c)他のタンパク質(青色)との結合を阻害する。(d)サイトゾルから核内へ基質タンパク質の局在を変える。(e)基質のタンパク質分解を導く。

くったり壊したりしている)(図4.4a，b)。実際，次節で述べるように，翻訳後修飾によるタンパク質間相互作用の変化はシグナル伝達では非常に一般的な現象である。このように，翻訳後修飾を担う酵素の活性変化は，タンパク質どうしの物理的な結合の変化をもたらす。また，翻訳後修飾はタンパク質と他の細胞成分，例えば核酸や膜脂質との結合の変化も引き起こす。そしてタンパク質間相互作用の変化が，細胞内局在の変化(例えば細胞質タンパク質の結合相手が膜タンパク質である場合)や，さらなる翻訳後修飾(結合相手が翻訳後修飾を担う酵素である場合)につながる場合もある。

翻訳後修飾がタンパク質の細胞内局在を直接変化させる場合もある。例えば，脂質修飾は大部分のタンパク質を細胞膜へ安定的に結合させる。他にも，膜貫通タンパク質がシグナルに応じてタンパク質切断を受けると，活性部位を含む断片が膜から遊離して細胞内の別の場所で働くような例も知られている。例えば，**Notch**シグナル伝達では，膜貫通型受容体であるNotchがリガンドと結合することで切断され，遊離した細胞内ドメインが核内へ移行して遺伝子の転写を制御している。さらに，翻訳後修飾はタンパク質の細胞内区画間の移動動態を変化させることもあり，これを**タンパク質輸送**(protein trafficking)と呼ぶ。タンパク質の核局在化シグナル(NLS)や核外輸送シグナル(NES)のリン酸化が，それぞれ核輸送あるいは核外輸送運搬体との相互作用を促進または阻害し，核-サイトゾル局在を変化させているケースは多い。同様に，細胞膜タンパク質のユビキチン化が**エンドサイトーシス**(endocytosis)による内在化(およびそれに続く分解)のシグナルとして働くこともある。

最後に，翻訳後修飾はタンパク質の安定性，つまり発現レベルも変化させる。リン酸化がタンパク質分解を導くこともあれば，別の修飾がタンパク質を特異的に安定化することもある。本章で後ほどみていくが，リン酸化は標的を分解に導く修飾であるユビキチン化につながることがよくある。

翻訳後修飾の制御装置は多くの場合「書き込み装置・消去装置・読み込み装置」機構の一部として働く

これらの多様な翻訳後修飾に共通するのは，それらが「書き込み装置(writer)・消去装置(eraser)・読み込み装置(reader)」機構によって制御されているということである。第1章と第3章では，翻訳後修飾においてタンパク質を修飾する酵素を「書き込み装置」と呼び，修飾を取り除く酵素を「消去装置」と呼んだ。翻訳後修飾はタンパク質の構造や活性を直接変化させることもある。しかし，多くの場合，被修飾タンパク質の物理的な変化は，適切な修飾を受けたタンパク質のみと結合するドメインをもつサイトゾル中の「読み込み装置」によって間接的に読みとられる。このような例を図4.5に示す。ここで重要なことは，全体としての修飾レベルの変化が下流のシグナル伝達を導くということである。われわれは得てして書き込み装置による積極的な修飾反応に注目してしまいがちだが，少なくともいくつかのケースでは消去装置による脱修飾も修飾と同じくらい重要である。

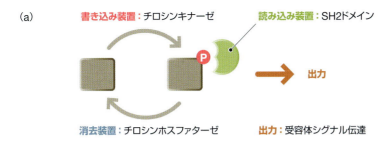
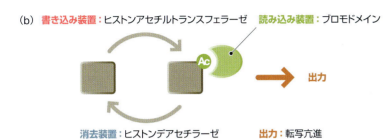
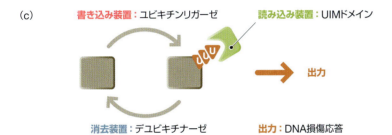

図4.5

3種類の書き込み装置・消去装置・読み込み装置機構 （a）チロシンキナーゼ型増殖因子受容体シグナル伝達では，活性化した受容体によるチロシンリン酸化によりSH2ドメインをもつエフェクタータンパク質の結合部位が生じる。（b）ヒストンアセチルトランスフェラーゼによるヒストンのアセチル化により，ブロモドメインをもつクロマチン修飾因子の結合部位が生じる。（c）損傷DNA結合タンパク質のユビキチン化により，UIMドメインをもつDNA修復タンパク質複合体の結合部位が生じる。

　書き込み装置・消去装置・読み込み装置機構は，進化過程におけるシグナル伝達装置の急速な多様化と適応に役立っている。なぜなら，この機構のおかげで，点変異によって新しい翻訳後修飾部位をつくったり，組換えによって修飾結合ドメインを付加したりするだけで，それまで無関係だった2つのタンパク質を結び付けて新たなシグナル伝達経路を作り出すことができるからである。

　本章で述べたすべての翻訳後修飾は特異的な酵素によって触媒される（アミノ酸側鎖の酸化などいくつかの共有結合性修飾は自然に生じるが，これらはシグナル伝達機構ではほとんど使われない）。したがって，タンパク質の翻訳後の修飾状態は，必然的に修飾酵素と脱修飾酵素の活性と量に依存することになる。ある部位が修飾されるかどうかは修飾酵素の局所的濃度や全体的な活性化状態，そしてその特定の部位に対する酵素活性に依存するのである。

　特定の修飾反応あるいは脱修飾反応が起こるためには，3つの要件を満たす必要がある。つまり，近くに酵素がないとき，酵素が活性化していないとき，活性化した酵素が標的部位を効率よく修飾できないときの3つの場合には，ほとんど修飾が起こらないことが条件となる。しかしながら，これらの条件は上流のシグナルによって調節されているので，翻訳後修飾は環境の変化に応じて情報を伝えることができるようになっている。

翻訳後修飾はきわめて速いシグナル伝達と空間情報の伝達を可能にする

　翻訳後修飾は酵素によって触媒されるので，反応が速く，シグナルを大きく増

幅することができる。酵素反応は効率がきわめて高く，酵素1分子が1秒間に多数の基質分子を修飾することができる。したがって，わずかな量の活性化酵素で短時間に大きな作用を発揮することができる。これらの特性は，数秒から数分程度の比較的短い時間で働く必要のあるシグナル伝達機構にとって有用である。一方，新規タンパク質の合成を導く転写の変化では，通常その効果が現れるまでに数分から数時間という長い時間が必要である。翻訳後修飾よりも速い応答を可能にするシグナル伝達機構は，速さが要求される神経系にみられる膜電位やイオン流の変化によって引き起こされるものだけである。

翻訳後修飾にかかわる酵素が細胞内の特定の場所で活性化され，酵素自身およびその反応産物が一定の拡散速度をもっている場合，その系は空間的情報を伝達することができる。このような系は入力シグナルがどこで発生したのかを検出したり，細胞の構造や形態を複雑に変化させるような空間的な応答を制御するのに使われている。この種の情報は，転写調節系では伝達することはできない。

翻訳後修飾間の相互作用

多くのタンパク質がさまざまな部位に多様な修飾を受けるが，この多様性によって1つのタンパク質がとりうる状態の数が飛躍的に増加している（図4.6）。簡単な例をあげると，10カ所のリン酸化部位をもち，それぞれの部位のリン酸化状態が独立に制御されているタンパク質は，2^{10} (1,024) 種類のリン酸化状態をとりうることになる。他の修飾も考慮すると，1つのタンパク質のとりうる状態は無数にあるといえよう。原理上，異なる状態のタンパク質は異なる活性をもつといえる。したがって，ゲノムの潜在的なコード能力は翻訳後のタンパク質が受ける多様な修飾によって大きく膨れあがる。この**組合わせ的複雑さ**（combinatorial complexity）はタンパク質の性質を調べるうえで問題となる。なぜなら，多くの場合，解析のために修飾状態の異なるものを物理的に分離することが難しいからである。結局のところ，さまざまな修飾状態が混在する集合体の平均特性を調べることしかできない。

本節では，個々の翻訳後修飾がどのように相互作用してタンパク質の活性を調節しているかについて簡潔に考察する。さらに，多くの翻訳後修飾を用いて細胞全体からのシグナルを統合して細胞周期の進行やプログラム細胞死を制御しているp53を例にとり，より深く掘り下げていく。

図4.6

修飾部位や修飾タイプの多様性によって1つのタンパク質が非常に多くの状態をとりうる　複数の異なる状態を示す（タンパク質を縦線，修飾を色の円で表す）。(a) 1種類の修飾（修飾と脱修飾の2つの状態をとりうる）が3カ所で起こる場合。(b) 修飾部位が5カ所の場合。(c) 同一部位に2種類の修飾が起こる場合（例えば，リシンのアセチル化とメチル化），1カ所あたり3つの状態をとりうる。(d) 同一部位に3種類の修飾が起こる場合（例えば，アセチル化，メチル化，ユビキチン化），1カ所あたり4つの状態をとりうる。

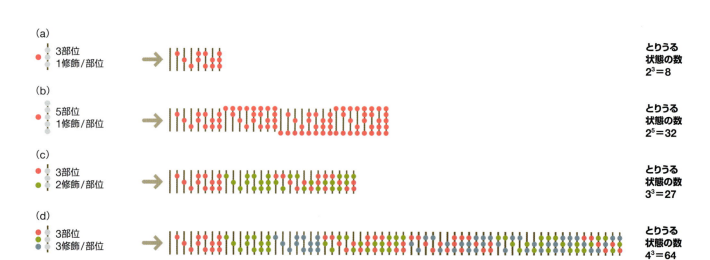

翻訳後修飾は他の修飾を促進あるいは拮抗的に阻害する

　ある1つの翻訳後修飾が別の修飾の起こりやすさや性質を直接変化させる例は数多く知られている。このような相互関係はタンパク質が上流の複数のシグナルを統合して処理し，論理的な働きをするうえで重要である。

　多くの翻訳後修飾が同一のアミノ酸残基を標的としているため，1つの残基が互いに排他的な異なる修飾を受ける。異なる修飾酵素間の競合は，タンパク質の2つまたはそれ以上の異なる状態を切り替えるスイッチとして働く。リシン残基はこのスイッチによく利用されており，末端アミノ基がアセチル化やメチル化，ユビキチン化，あるいはユビキチン様タンパク質による修飾を受ける（図4.7）。同様に，セリンやトレオニン残基はリン酸化とN-GlcNAc化を受ける。後者の例として，細胞増殖の重要なメディエーターである転写因子Mycがあげられる。ある特定のセリン残基のリン酸化とN-GlcNAc化のバランスは上流のシグナルによって制御されており，その修飾状態によって異なる活性と異なる機能を発揮している。

　修飾間相互作用の別の形として，ある修飾がそれに続く別の修飾に必要な場合がある。その特筆すべき例が細胞周期の進行を制御する**サイクリン依存性キナーゼ**（cyclin-dependent kinase：CDK）である。CDKは，特異的な標的タンパク質のセリンまたはトレオニン残基をリン酸化する。これらのリン酸化部位は大きなユビキチンリガーゼ複合体の結合部位として働き，リン酸化タンパク質のユビキチン化とプロテアソームによる分解を導く（図4.8）。

　この経路では，3種類の翻訳後修飾（リン酸化，ユビキチン化，タンパク質分解）が機能的に連結しており，1つ目の修飾がつぎの修飾酵素の基質部位を作り出すことで2つ目の修飾を促進している。実際には，複数の書き込み装置・消去装置・読み込み装置機構が相互に連結している形になっている。CDKの場合は最終的に，可逆的なキナーゼの活性化から不可逆的な基質タンパク質の分解へのシグナル変換が行われたことになる。

　異なる修飾が互いに拮抗的な作用をもつ場合も存在する。ある1つの修飾が，

 サイクリン依存性キナーゼと細胞周期制御についての詳細は第12章で述べている

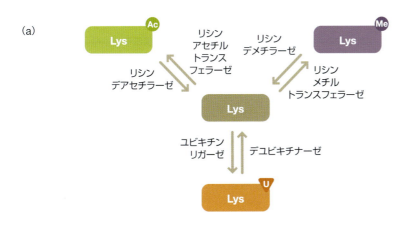

図4.7
異なる翻訳後修飾状態間の切り替え　(a)リシン残基のアセチル化，メチル化，ユビキチン化。各状態間の切り替えには，新しい修飾基の付加の前に古い修飾基の除去が必要である。(b)セリン残基のリン酸化（セリン/トレオニンキナーゼ）とGlcNAc化。

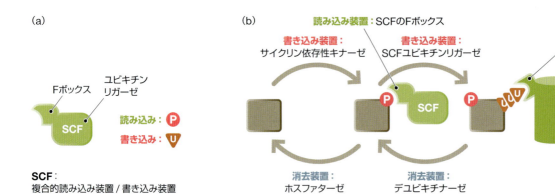

(a)
SCF：
複合的読み込み装置／書き込み装置

図4.8
連結した書き込み装置・消去装置・読み込み装置機構 細胞周期の過程では，サイクリン依存性キナーゼによってリン酸化されたタンパク質はプロテアソームによる分解を受ける。(a) SCFユビキチンリガーゼ複合体は，リン酸化の読み込み装置とユビキチン化の書き込み装置の両方の役割を果たす。(b) サイクリン依存性キナーゼによる基質のリン酸化は，Fボックスドメインを介したSCFの結合を引き起こす。SCFによって基質がポリユビキチン化され，プロテアソームのユビキチン結合ドメイン(UBD)に認識される。プロテアソームの結合はタンパク質分解を導く。

アポトーシスについての詳細は第9章で述べている

同じタンパク質あるいはそれと相互作用するタンパク質の別の修飾を阻害する場合である。1つの修飾が別の修飾酵素との結合のアフィニティーを下げたり，2つ目の修飾酵素の基質としての性質を損ねたりする。これはヒストン尾部の修飾にみられ，クロマチン構造およびDNAの転写能を制御している(後でより詳細に論じる)。例えば，ヒストンH3のトレオニン残基はアンドロゲン刺激後にプロテインキナーゼ(具体的にはプロテインキナーゼC-β_1)によってリン酸化される。この翻訳後修飾はリシンデメチラーゼであるLSD1が近傍のリシン残基を脱メチル化するのを阻害する。結果として，この部位でヒストンメチル化が亢進することが，ホルモンによる転写誘導に重要な役割を果たしている(図4.9)。

p53は多彩な翻訳後修飾により精密に制御されている

多様な翻訳後修飾の特徴をよく表している実例として，DNA損傷などのさまざまな環境ストレスに対する細胞応答の主要制御因子であるp53があげられる。p53は特定のストレスや細胞の状態に応じ，細胞が損傷を修復する間の一時的な細胞周期停止を誘導するか，あるいは永久的に細胞周期を停止してプログラム細胞死の一種である**アポトーシス**(apoptosis；アポプトーシス)を誘導する。このように，p53は細胞が不適切な複製を行い損傷したゲノムDNAを次世代に伝えてしまわないようにしており，「ゲノムの守護者」とも表現される。p53はヒトのがんで最も多く変異がみられる遺伝子であり，異常な細胞増殖を監視する最も重要な遺伝子といえる(このように細胞増殖や生存の経路を拮抗的に阻害し，その変異によって腫瘍形成が促進される遺伝子を**がん抑制遺伝子**〔tumor suppressor gene〕と呼ぶ)。

その重要な役割と活性化による重大な結果を考えると当然のことであるが，p53はさまざまな入力系によって厳密に制御されている。環境からの入力がp53に作用する主な経路は，リン酸化，アセチル化，メチル化，ユビキチン化，SUMO化，Nedd化などの幅広い翻訳後修飾である(図4.10a)。p53タンパク質全体のおよそ10％のアミノ酸が少なくとも1種類の翻訳後修飾を受けることがわかっており，多くは2種類以上の修飾を受ける。さらに，p53は100種類以上の

図4.9
リン酸化によるヒストンメチル化の制御 通常，リシンデメチラーゼLSD1はヒストンH3のN末端尾部に結合し，Lys4の脱メチル化を行っている。アンドロゲン刺激によってプロテインキナーゼC-β_1(PKCβ_1)がThr6をリン酸化すると，LSD1の結合が阻害され，Lys4のメチル化が亢進する。

結合タンパク質との相互作用や細胞内局在変化による制御を受けるが，これからみていくようにそれらも主に翻訳後修飾によって調節されている．

p53の発現量と活性は
ユビキチン化とアセチル化によって制御される

　p53は活性化すると特定のDNA領域に結合し，細胞周期やDNA修復，アポトーシスなどを制御する遺伝子群の転写を誘導する．しかし，非ストレス下ではp53の存在量はとても少ない．これはユビキチンリガーゼであるMdm2によりp53のC末端の多数のリシン残基がポリユビキチン化されているからである（図4.10b）．第9章でも述べるが，ポリユビキチン化されたタンパク質は**プロテアソーム**（proteasome）という特別なタンパク質分解装置によって速やかに分解される．HAUSPなどの**デユビキチナーゼ**（deubiquitinase：DUB）もp53と結合し，ユビキチン鎖を取り除いてp53を安定化させる．また，p53はポリユビキチン化だけでなく，低レベルのMdm2存在下ではモノユビキチン化を受ける．モノユビキチン化されたp53はサイトゾルへ移行し，アポトーシスや細胞の自食機構であるオートファジーを制御する．

　p53の安定性を制御して全体的な細胞内濃度を決めるうえでは，ユビキチン化の程度が明らかに重要である．p53のユビキチン化はリン酸化によって制御されている．DNA損傷により活性化するATMやATR，Chk1/2などのさまざまなプロテインキナーゼがp53をリン酸化し，Mdm2やその他のユビキチンリガーゼによるポリユビキチン化を受けにくくしている．これは，ある翻訳後修飾（リン酸化）が別の翻訳後修飾（ユビキチン化）を負に制御する1つの例である．

　p53の多数のリシン残基のアセチル化は，転写コアクチベーターのリクルート

図4.10

翻訳後修飾によるp53の制御　(a)p53のドメイン構造と既知の翻訳後修飾部位．TA：転写活性化ドメイン，Pro：プロリンリッチ領域，NLS：核局在化シグナル，Tet：四量体化ドメイン，NES：核外輸送シグナル，Reg：調節ドメイン．(b)p53の活性化機構．p53は不活性状態ではMdm2と結合し，ユビキチン化を受けてプロテアソームによって分解されている．DNA損傷などのストレスによりp53がリン酸化されると，Mdm2との結合が失われ，p300/CBPなどのアセチルトランスフェラーゼをリクルートする．その結果p53はアセチル化され，転写活性化因子がリクルートされる．安定化したp53は四量体を形成して特定のDNA配列に結合し，p53応答遺伝子の転写を誘導する．(aはK.A. Boehme and C. Blattner, *Crit. Rev. Biochem. Mol. Biol.* 44: 367–392, 2009より．Informa Healthcareの許諾を得て掲載）

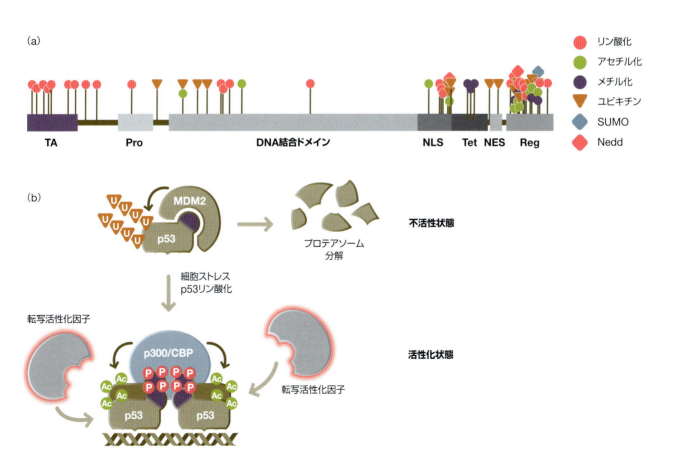

を劇的に亢進し，特異的なp53依存的プロモーターからの転写を促進する。アセチル化の程度はp53によってどのプロモーターが活性化されるか（つまり，細胞周期停止を促進するプロモーターかアポトーシスを促進するプロモーターか）の決定に少なくとも部分的に関与していると考えられる。p53をアセチル化する酵素はいくつかあるが，主要なアセチルトランスフェラーゼはp300/CBP複合体である。重要なことに，最も主要なアセチル化部位はMdm2によってポリユビキチン化されるのと同じリシン残基である。したがって，それらのリシン残基の修飾（ユビキチン化かアセチル化）は，不安定で転写活性をもたない状態と，安定で転写活性をもつ状態の2つの状態を切り替えるスイッチとして働いている。これは，同一部位への2種類の択一的な修飾がまったく異なる作用をもたらす1つの例である。

その他の翻訳後修飾がp53活性の微調整を行う

　リン酸化，ユビキチン化，アセチル化以外の翻訳後修飾もp53の制御にかかわっている（図4.10a参照）。これらの標的の多くはユビキチン化やアセチル化と同じリシン残基であり，p53の制御をさらに複雑にしている。例えば，p53のリシンまたはアルギニン残基のメチル化は，おそらくは他の特異的転写コアクチベーターとの結合を調節して，特定のプロモーターの転写活性を促進あるいは抑制する。また，ユビキチン様タンパク質であるSUMOやNedd8のリシン残基への付加も，p53の転写活性や細胞内局在，あるいはその両方を調節する。いうまでもなく，修飾を受けるリシン残基の数や修飾の多様性は，膨大な数の異なる活性状態を生み出す可能性を秘めている。

　さまざまなp53修飾酵素間を結ぶ緊密な制御ネットワークは，別の角度からも複雑性を与えている。例えば，p53の活性化はMdm2の発現量を増加させ，その結果p53のポリユビキチン化と活性低下が起こる（負のフィードバック〔negative feedback〕ループ）。また，ユビキチンリガーゼとアセチルトランスフェラーゼはp53のリシン残基をとり合うだけでなく，互いに修飾し合ってその活性を阻害したり促進したりもする。

　豊富な翻訳後修飾のおかげで，p53の量や活性，細胞内局在を制御する手段は飛躍的に広がっている。これによりp53は幅広い入力に対して応答し，それらを統合するだけでなく，必要に応じて微調整することが可能な多様な出力活性を発揮しているのである。

タンパク質のリン酸化

　真核細胞ではタンパク質のリン酸化は非常に一般的な修飾である。ヒトの全遺伝子産物の3分の1以上がリン酸化されると推定されているが，その数はより高感度なリン酸化検出法の発達とともに増加していくであろう。ヒドロキシ基をもつアミノ酸（セリン，トレオニン，チロシン）は，真核生物では最も一般的なリン酸化の標的である。第3章ではシグナル伝達に特に有用なリン酸基の性質について論じた。簡潔にいうと，リン酸化によって細胞は簡単に手に入る原材料（ATP）を使ってタンパク質の構造と機能を大きく安定的に変えることができる。リン酸エステル結合は自然に起こる加水分解に対しては比較的安定であるが，細胞内ではプロテインホスファターゼとプロテインキナーゼによる拮抗的な作用で速やかに反応が触媒される。

　シグナル伝達経路の制御におけるリン酸化の重要性は，ヒト疾患の治療でキ

ナーゼ阻害薬の重要性が増していることからも示唆される。すべてのプロテインキナーゼがリン酸基転移反応の基質としてATPを用いているので，ATPアナログ(リン酸基転移反応には使えないATP類似小分子)はプロテインキナーゼの阻害薬として有用である。多くの化合物が治療薬として，例えばがんの原因となるキナーゼを阻害するために臨床で使われている。

リン酸化はタンパク質間相互作用と関連することが多い

シグナル伝達においてリン酸化は，タンパク質の構造への直接的な作用に加え，別の重要な役割も果たしている。それは，細胞内のタンパク質とタンパク質との相互作用を劇的に変化させることである。すでに述べたように，セリン/トレオニンおよびチロシンのリン酸化は書き込み装置・消去装置・読み込み装置機構の中心であり，リン酸化部位特異的結合ドメインをもつタンパク質がリン酸化されたタンパク質にのみ特異的に結合し，リン酸化状態の変化を読みとっている。

この種の機構は，チロシンキナーゼ活性をもつ受容体のシグナル伝達で最初にみつかった。リガンドによって受容体型チロシンキナーゼが活性化すると，多くの場合受容体自身が最も豊富なリン酸化基質となる。この観察から，下流の基質をほとんどリン酸化せずにどのようにシグナルを伝達しているのか，という疑問が生じる。この疑問は，チロシンがリン酸化されたペプチドに特異的に結合するドメイン(SH2ドメイン)の発見で解決した。つまり，受容体の自己リン酸化によって，SH2ドメインをもつタンパク質がサイトゾルから膜上の受容体へとリクルートされるのである。この局在変化により，SH2ドメインをもつ酵素が膜上に存在する基質の近傍へ移動することができ，酵素活性が上昇する(図4.11a)。

リン酸化によるアロステリックなタンパク質構造の変化については第3章で述べている

SH2ドメインは，現在では10種類以上もみつかっているリン酸化部位特異的結合モジュールのファミリーの中で最初に発見されたものである。ホスホチロシン結合(PTB)ドメインは他にもいくつか同定されているが，SH2ドメインがチロシンリン酸化部位に対する主要な結合因子である。ホスホセリンやホスホトレオニンの場合はより多くの結合ドメインが知られており，これはおそらくセリン/トレオニンのリン酸化がチロシンリン酸化よりも進化的に早い時期に出現し，より広範にみられることを反映しているのであろう。

受容体型チロシンキナーゼによるシグナル伝達についての詳細は第8章で述べている

リン酸化部位特異的結合ドメインは，リン酸基と直接結合する正電荷ポケットをもっており，それに隣接する分子表面はリン酸化部位の周囲のアミノ酸と相互作用する。結合エネルギーのおよそ半分はリン酸基から供給され，残りの半分は周囲のアミノ酸残基から供給される。したがって，結合ドメインと基質が正常な生理的濃度で存在するときには，基質がリン酸化され，かつ近傍に結合に適したアミノ酸残基がある場合にのみ十分強く結合することができる。非リン酸化部位，あるいはリン酸基のみに対するリン酸化部位特異的結合ドメインのアフィニティーは，結合を支えるには弱すぎるのである。

チロシンリン酸化の場合，受容体自身の多数の異なる部位がリン酸化され，それぞれがSH2ドメインをもつタンパク質によって認識されるので，リン酸化受容体を核とする大きなシグナル伝達複合体を形成することができる(図4.11a)。他にも，受容体が細胞内の足場タンパク質の複数の部位をリン酸化することで，多くの異なるエフェクターをリクルートする場合がある(図4.11b)。例えば，インスリン受容体シグナル伝達では，足場タンパク質であるIRS1(insulin receptor substrate 1)の約10カ所のチロシンが受容体によってリン酸化され，PTBドメインをもつタンパク質群からなる下流のシグナル伝達複合体の足場として働く。IRS1自身もPTBドメイン(SH2ドメインとは別のホスホチロシン結合ドメ

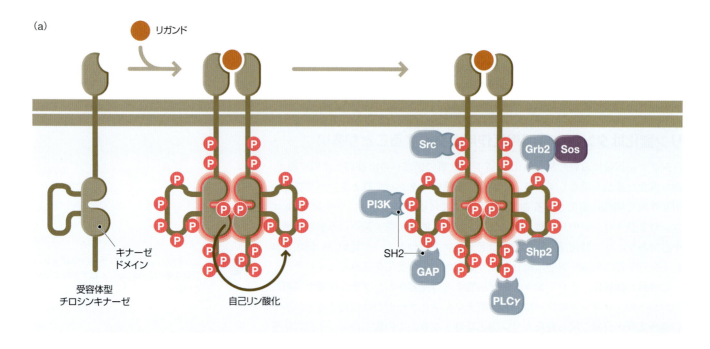

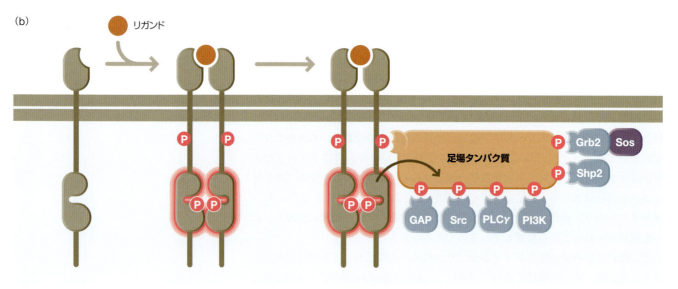

図4.11

受容体型チロシンキナーゼはホスホチロシン結合タンパク質の結合部位をつくる　(a)リガンドの結合は，受容体の二量体化，触媒ドメインの活性化，多数のチロシンの自己リン酸化を誘導する。これらのリン酸化部位は，SH2ドメインのようなホスホチロシン結合ドメインをもつエフェクタータンパク質をリクルートする役割をもつ。どのようなエフェクターが結合するかは，リン酸化される部位や発現しているエフェクターの種類による。(b)受容体型チロシンキナーゼには自己リン酸化能が低いものもあるが，かわりに足場タンパク質をリン酸化することで下流のエフェクタータンパク質をリクルートする。一般的なエフェクタータンパク質を示す。Src：Srcファミリー非受容体型チロシンキナーゼ，PI3K：ホスファチジルイノシトール 3-キナーゼ，PLCγ：ホスホリパーゼCγ，Shp2：チロシンホスファターゼShp2。GAPはRasのGTPアーゼ活性化タンパク質，Grb2はアダプタータンパク質，SosはRasのグアニンヌクレオチド交換因子である。

イン)をもっており，おそらく活性化した(自己リン酸化した)受容体に足場タンパク質をリクルートする手助けをしていると考えられる。

　ホスホセリンやホスホトレオニンと結合するドメインおよびその結合の結果は，ホスホチロシンの場合よりもさらに多様である。FHAやWW，BRCT，Poloボックス，MH2，WD40など多くのドメインファミリーがあり，ホスホトレオニンまたはホスホセリンを含有するモチーフと結合する構成因子からなって

いる。また，**14-3-3タンパク質**(14-3-3 protein)と呼ばれる小タンパク質のファミリーも，セリンまたはトレオニンがリン酸化されたタンパク質に特異的に結合する。14-3-3タンパク質は他のリン酸化タンパク質結合ドメインと違って他の機能ドメインはもたないが，ホモあるいはヘテロ二量体を形成する。14-3-3の二量体は，同一タンパク質の複数のリン酸化部位と相互作用するか，あるいは2つの異なるリン酸化タンパク質と相互作用する。そして，立体障害で他の結合因子との相互作用を阻害したり構造変化を誘導したりして，相手の活性を制御している。

キナーゼとホスファターゼは多様な基質特異性をもつ

細胞内では，数十万もの異なるリン酸化候補部位(セリン，トレオニン，チロシン残基)がタンパク質表面に存在する。これは大きな問題である。なぜなら，シグナル出力の特異性を決める1つまたは少数のリン酸化部位が，大過剰の無意味なリン酸化候補部位の中に存在しているからである。これまでにみたように，キナーゼやホスファターゼは作用する基質をさまざまなレベルで選択している(図3.17参照)。例えば，触媒溝(catalytic cleft)自体が，異なるリン酸化候補部位を隣接するアミノ酸配列に依存して区別している。しかし，本来はキナーゼの特異性はかなり幅広く，なかには(例えば大部分のチロシンキナーゼのように)さまざまなペプチドを手あたりしだいに効率よくリン酸化するものもある。

キナーゼ自身の触媒溝以外の領域や，キナーゼの結合タンパク質と基質との相互作用も特異性を決める要因になる。また，基質特異性は足場タンパク質との相互作用によりさらに増強される。足場タンパク質はキナーゼなどの酵素およびその基質と結合し，それらをさやの中に並んだ2つの豆のように配置し，基質をキナーゼによるリン酸化に最適な向きと高い濃度で提示している。足場タンパク質はまた，タンパク質を特定の細胞内区画につなぎとめることで，キナーゼが出会う潜在的な基質を変えたりもする。

足場タンパク質についての詳細は第3章参照

細胞内では，14-3-3タンパク質やSH2ドメインなどのリン酸化部位特異的結合モジュールも，間接的にではあるが基質特異性に寄与している。これらのタンパク質はリン酸化の有無を読みとるのに重要な役割を果たすだけでなく，リン酸化部位を脱リン酸化から保護する能力もある。細胞内でのタンパク質の構成的脱リン酸化の効率はとても高く，何らかの方法で保護されていないリン酸化部位は急速に脱リン酸化される。このような条件下では，比較的特異性の低いプロテインキナーゼが多くの部位をリン酸化し，そのうち保護タンパク質が結合するリン酸化部位だけがリン酸化状態を維持できる(図4.12)。つまり，読み込み装置・書き込み装置・消去装置の機能連関が，結合タンパク質による基質特異性の決定に一役買っているといえる。

タンパク質の多重リン酸化はさまざまなメカニズムによって生じる

同一のタンパク質の2カ所以上がリン酸化されるとき，それぞれのリン酸化事象が互いに影響し合うこともよくある。例えば，あるキナーゼによるリン酸化によって，2番目のキナーゼによる別の部位のリン酸化が起こりやすく(または起こりにくく)なる場合がある。これは，多くのシグナル伝達経路で重要となるセリン/トレオニンキナーゼのグリコーゲン合成酵素キナーゼ-3(GSK-3)でみられる。通常，GSK-3は，CK1やCK2などの他のキナーゼによるリン酸化で**プライミング**(priming)された基質のみを認識して効率よくリン酸化する(図4.13a)。

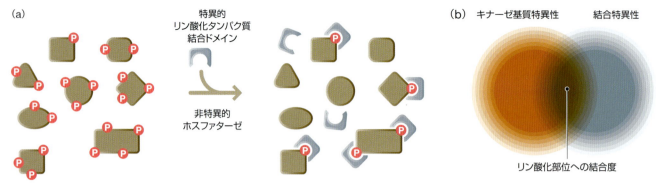

図4.12

タンパク質結合ドメインがもたらすみかけ上の基質特異性 (a)複数の異なる部位がリン酸化されたさまざまなタンパク質群を示す。非特異的ホスファターゼ活性の高い状態では，大部分のリン酸化部位が速やかに脱リン酸化される。しかし，特異的なリン酸化タンパク質結合ドメインが結合した部位はホスファターゼ活性から保護され，全体のなかでの主要なリン酸化部位となる。(b)リン酸化部位にリン酸化タンパク質結合ドメインが結合するかどうか（脱リン酸化から保護されるかどうか）は，キナーゼの基質特異性（その部位がリン酸化されるかどうか）と，リン酸化タンパク質結合ドメインの結合特異性（その部位がリン酸化された場合に結合するかどうか）の両方に依存する。

その結晶構造から，GSK-3の基質結合溝はプライミングされた基質のリン酸基を認識する正電荷ポケットをもっており，基質の結合とそれに続く2番目の部位のリン酸化を促進していることが明らかになっている。

基質が同一のキナーゼによって複数のリン酸化を受ける場合，1反応ごとに結合と解離を繰り返す**ディストリビューティブ**（distributive）な機構と，反応が続けて起こる**プロセッシブ**（processive）な機構がある（図4.13b, c）。ディストリビューティブなリン酸化では，それぞれの部位が独立にリン酸化される。つまり，リン酸化部位ごとにキナーゼが結合し，リン酸基を転移させた後に解離する。一方，プロセッシブなリン酸化では，キナーゼが基質に結合したまま連続的に複数の部位をリン酸化する。後者の場合，1つまたは少数の部位がリン酸化された低リン酸化型より，非リン酸化型あるいは高リン酸化型がより多く存在することになる。プライミング型リン酸化，ディストリビューティブなリン酸化，プロセッシブなリン酸化はどれも複数部位のリン酸化を引き起こすが，最終的なリン酸化状態がキナーゼの濃度や活性にどの程度依存するかという点については大きく異なる。例えば，ある酵素の活性化に複数のディストリビューティブなリン酸化が必要な場合は，スイッチを切り替えるような活性化が可能となる。

 切り替えスイッチ的な活性化と過感受性については第11章で述べている

特に原核生物において，ヒスチジンやその他のアミノ酸がリン酸化される

多細胞生物では，セリン，トレオニン，チロシンのリン酸化がタンパク質リン酸化のほぼすべてである。しかし，ヒスチジン，アルギニン，アスパラギン酸などの他のアミノ酸の側鎖もリン酸化を受けることができ，これらは原核生物や一部の真核生物におけるシグナル伝達に重要である。

ヒスチジンとアスパラギン酸のリン酸化はどちらも，原核生物に一般的な高度に保存されたシグナル伝達機構である**二成分調節系**（two-component regulatory system）の重要な要素である。細菌において，二成分調節系は細胞外の情報を内部に伝えるための最も一般的な手段である。最も一般的な二成分調節系は**ヒスチジンキナーゼ**（histidine kinase）と**応答調節因子**（response regulator）の2つのタンパク質で構成される。ヒスチジンキナーゼは，ATPのγリン酸を自身のヒスチジン残基の1つへ転移させる（自己リン酸化）。このリン酸基は速やかに応答調節

(a) プライミング

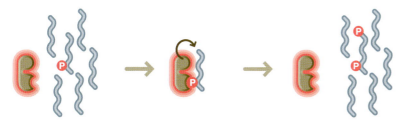

(b) プロセッシブなリン酸化

(c) ディストリビューティブなリン酸化

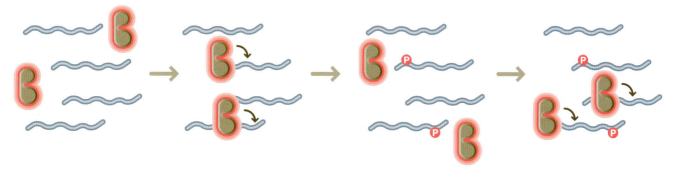

図4.13

多様な多重リン酸化様式　(a) プライミング：キナーゼは，あらかじめ別の部位が(多くの場合別のキナーゼによって)リン酸化された基質のみを効率的にリン酸化する．基質は最初のリン酸化によってキナーゼの結合ポケットに合うように構造が変化する．(b) プロセッシブなリン酸化：キナーゼは基質に結合した後，解離する前に複数の部位をリン酸化する．(c) ディストリビューティブなリン酸化：キナーゼは基質から解離する前に1カ所のみをリン酸化する．多重リン酸化には結合・リン酸化・解離のサイクルを複数回繰り返す必要がある．

因子のアスパラギン酸側鎖のカルボキシ基へ転移される．リン酸化は応答調節ドメインの構造変化を引き起こし，下流の作用をもたらす(図4.14)．細菌の二成分調節系では多くの場合，リン酸化された応答調節因子は転写活性化因子であり，DNAに結合して遺伝子発現を制御する．

特によく研究されている二成分調節系に，細菌の**走化性**(chemotaxis；環境中の誘引物質や忌避物質に対して近づいたり離れたりする細菌の性質)がある．この場合，細胞表面の走化性受容体がヒスチジンキナーゼ(CheA)と結合している．受容体が有害な化学物質(化学忌避物質)と結合すると，CheAが応答調節因子(CheY)へリン酸基を転移させる．リン酸化されたCheYは鞭毛モーターと結合し，鞭毛の回転方向を変えることでその活性を制御し，急な方向転換を導いて遊泳の方向を変えている(第11章の図11.23参照)．

二成分調節系は，真核生物に一般的なヒドロキシ基をもつアミノ酸のリン酸化といくつかの点で異なる．リン酸結合の生化学的性質は，ヒドロキシ基をもつアミノ酸のリン酸エステルとは違い，ヒスチジンのリン酸化の場合はリン酸アミド，アスパラギン酸のリン酸化の場合はアシルリン酸である(図4.15)．これら2つ

図4.14

二成分調節系のシグナル伝達 入力シグナルに応答してヒスチジンキナーゼ(HK)が活性化し、ヒスチジン残基を自己リン酸化する。このリン酸基はつぎに応答調節因子(RR)のアスパラギン酸に転移され、タンパク質の立体構造の変化が引き起こされてシグナルの出力を導く。多くのRRタンパク質がリン酸化によってゲノムDNAと結合し、転写を制御する。

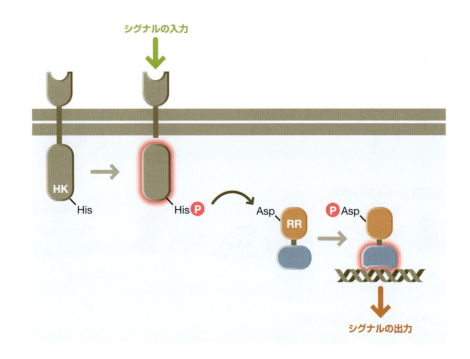

の結合は超高エネルギー結合であり、生理的条件において反応速度論的にはリン酸エステル結合よりも加水分解を受けやすい。実際、ホスホヒスチジンとホスホアスパラギン酸は一時的にしか存在しておらず、ほとんどの場合で半減期は数分である。自然に起こる急速な加水分解に加え、ヒスチジンキナーゼと応答調節ドメインはそれ自体が応答調節ドメインに対するホスファターゼ活性をもっており、シグナルが比較的短時間しか持続しないようになっている。

ほとんどの細菌の細胞は、受容体に結合するヒスチジンキナーゼと、エフェクタードメインに結合する応答調節因子のセットを多数もっている。このことから、ヒスチジンキナーゼと応答調節ドメインが排他的なペアを形成するのか、それとも重複性をもった相互作用をするのかという疑問がわく。62種類のヒスチジンキナーゼと44種類の応答調節因子をもつ細菌 *Caulobacter crescentus* の研究から、生理的な濃度および時間スケールでは大部分のヒスチジンキナーゼが1つまたはごく少数の応答調節因子にのみ特異的にリン酸基を転移させることがわかった。一方、*in vitro* において高濃度下あるいは長時間の反応条件で実験を行った場合には、リン酸化の特異性は低かった。したがって、速度論的なレベルで特異性が保たれており、不要なクロストークが避けられている。つまり、キナーゼおよび応答調節因子が細胞内でみられる程度の比較的低い濃度の場合は、ヒスチジンキナーゼの脱リン酸化が起こる前にリン酸基が転移されるような十分に速い

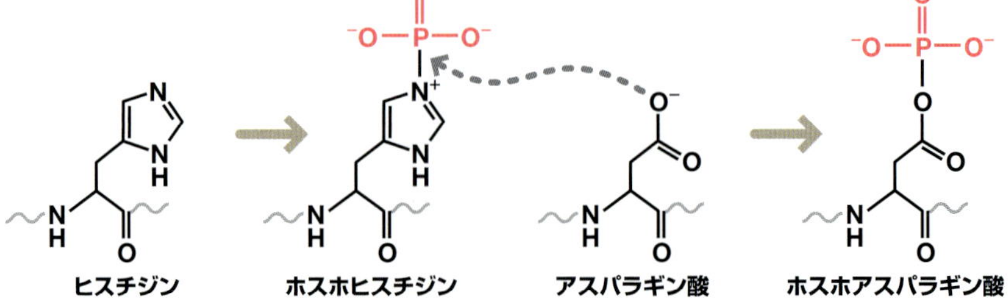

図4.15

ホスホヒスチジンとホスホアスパラギン酸 ヒスチジン、アスパラギン酸とそれらのリン酸化型の構造を示す。リン酸基転移反応過程でのアスパラギン酸によるホスホヒスチジンへの攻撃を灰色の破線矢印で示す。リン酸基をピンク色で示す。

相互作用は，ほんのわずかしか起こらないのである。

二成分調節系とヒスチジンリン酸化は真核生物にも存在する

二成分調節系は植物や粘菌，真菌類にもみられ，応答調節因子がMAPキナーゼやサイクリックAMP(cAMP)などを含む典型的な真核生物のシグナル伝達経路に関与している。しかし，二成分調節系は多細胞動物(後生動物)にはみられない。ヒスチジンの自己リン酸化や応答調節因子へのリン酸基転移，脱リン酸化を担う酵素群には，真核生物においてヒドロキシ基をもつアミノ酸を修飾するキナーゼやホスファターゼとの類似性はなく，進化的には明らかに異なるシグナル伝達系である。後生動物で二成分調節系がなぜ失われたか(そしてなぜヒドロキシ基をもつアミノ酸を修飾するキナーゼとホスファターゼにとってかわられたか)という疑問に対する1つの仮説は，ホスホヒスチジンやホスホアスパラギン酸が不安定であるため，より大きな細胞で確実にシグナルを伝えるのが難しかったというものである。非常に小さな細菌の細胞では，細胞膜と標的(例えば染色体DNA)の間の距離が短く，シグナルを伝える前に自発的な脱リン酸化が起こることは少ない。多くの真核細胞ではこの距離がかなり長いため，脱リン酸化によるシグナルの消失が起こりやすくなったのである。ヒドロキシ基をもつアミノ酸のリン酸化はより安定であるため，より長時間，長距離にわたりシグナルを正確にコントロールすることができる。

しかし，それにもかかわらず，後生動物のタンパク質の質量分析でヒスチジンのリン酸化が観察されており，何らかの特殊な機構で制御されている可能性がある。例えばKCa3.1というK$^+$チャネルは，C末端のヒスチジンリン酸化により活性化することが示されており，この修飾がT細胞の活性化に重要であると示唆されている。このリン酸化はヌクレオチド二リン酸キナーゼファミリーのメンバーであるNDPK-Bによって触媒され，脱リン酸化はプロテインヒスチジンホスファターゼであるPHPT-1によって触媒される(図4.16)。これが，生理的に重要な，制御された多様なヒスチジンリン酸化現象の最初の例にすぎないのか，それとも非常に特殊な生化学的問題に対する1回限りの興味深い解決法なのかははっきりしていない。概して，細胞の溶解時や解析時の一般的な条件下での不安定性が，ヒスチジンリン酸化やその他の一時的なリン酸化の研究を阻んでいる。

ユビキチンおよび関連タンパク質の付加

球状のタンパク質全体が標的タンパク質に共有結合性に付加され，構造や活性の大きな変化を引き起こすことがある。76アミノ酸の小さなタンパク質であるユビキチンやその関連タンパク質が標的タンパク質に付加されると，その生物活性が大きく影響を受ける。例えば，長いユビキチン鎖の付加(ポリユビキチン化)は多くの場合，特殊化したタンパク質分解複合体であるプロテアソームによって標的タンパク質を分解へ導くための目印となる。一方，単一のユビキチンの付加(モノユビキチン化)や短いユビキチン鎖の付加は，標的タンパク質のエンドサイトーシスや特定のタンパク質間相互作用の調節に使われている。ユビキチンとポリユビキチン鎖は，他のタンパク質の**ユビキチン結合ドメイン**(ubiquitin-binding domain：UBD)によって認識される。

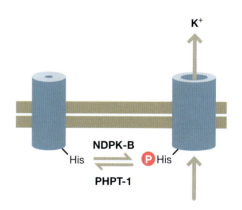

図4.16

ヒスチジンリン酸化による哺乳類のK$^+$チャネルの制御 カリウムイオン(K$^+$)チャネルであるKCa3.1は，通常は閉じた状態にある。NDPK-Bによるヒスチジンリン酸化を受けるとチャネルが開き，K$^+$が細胞外へ流出する。脱リン酸化とチャネルの閉鎖はホスファターゼPHPT-1によって制御される。

図4.17
ユビキチン化機構 E1, E2, E3酵素群の連続的な作用によってユビキチン（オレンジ色の三角）が基質タンパク質（薄い茶色）に転移される。

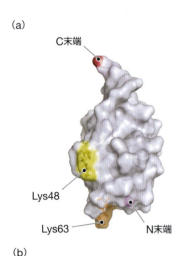

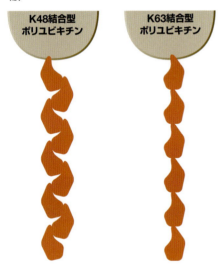

図4.18
ユビキチンの構造 (a) ヒトユビキチンの三次元立体構造。最も一般的な連結部位（C末端，N末端，Lys48, Lys63）を示す。(b) ポリユビキチン鎖の主形態。C末端とLys48（K48）またはLys63（K63）の結合により異なる構造のポリユビキチン鎖（オレンジ色）ができる。ポリユビキチン化されたタンパク質を薄い茶色で示す。

特殊化した酵素群がユビキチンの付加と除去を仲介する

ユビキチンの基質への付加には，順番に働く3つの異なるタンパク質が関与している（図4.17）。まず，**E1ユビキチン活性化酵素**（E1 ubiquitin activating enzyme）が，ATP加水分解のエネルギーを使ってユビキチンのC末端をE1タンパク質のシステイン残基に共有結合させる。つぎに，活性化したユビキチンが**E2ユビキチン結合酵素**（E2 ubiquitin conjugating enzyme）のシステインに転移される。最後に，**E3ユビキチンリガーゼ**（E3 ubiquitin ligase）の働きで，ユビキチンが基質タンパク質のアミノ基（通常はリシン側鎖）へと転移される。脊椎動物では，2種類のE1酵素と約50種類のE2酵素，数百のE3リガーゼが存在する。どの基質をユビキチン化するかを決定したり，付加されたユビキチン鎖の結合特性を決めるのは，E3リガーゼ（および一部のE2酵素）である。SUMO, Nedd8, ISG15などのユビキチン様（UBL）ペプチドの基質への転移には，類似の酵素群が使われる。UBLペプチドは全体の構造やフォールディングはユビキチンと同じであるが，異なる結合因子との相互作用を導くことで，修飾されたタンパク質にまったく別の生物活性を与えている。

ポリユビキチン鎖を形成するユビキチンサブユニットの連結様式は非常に多様である（図4.18）。分解に導かれるタンパク質上では，ユビキチンのC末端のグリシンが1つ前のサブユニットのLys48に連結される。一方，Lys63を介した連結はエンドサイトーシスなど他の目的に使われている。N末端への連結（head-to-tail；直鎖状結合）やユビキチンの残り5つのリシンへの連結も起こることがある。通常，ポリユビキチン化では，同じ連結様式によって枝分かれのない長い鎖ができるが，付加されうる部位が複数あるため，異なる連結様式が混ざったものや分岐構造をもつものができる可能性もある。したがって，ユビキチンは，単一の材料からつくられる修飾の構造的な多様性という点では，シグナル伝達に利用される翻訳後修飾のなかでもかなりユニークであるといえよう。

デユビキチナーゼ（deubiquitinase：DUB）はユビキチン結合機構の裏面で働く酵素であり，翻訳後修飾を消すことによってタンパク質を分解から守ったり，ユビキチン依存的な活性を抑えたりしている。ヒトではおよそ80種類のDUBが知られている。これらは特殊化したプロテアーゼであり，リシンのアミノ基とユビキチンのC末端の間のイソペプチド結合の切断を触媒する。DUBの種類により，特異的に認識する基質やポリユビキチン鎖の結合様式が異なる。さらに，DUBは翻訳後修飾やタンパク質間相互作用による制御を受ける。

E3ユビキチンリガーゼがユビキチン化されるタンパク質を決める

E3リガーゼ群は多様な構造と結合特異性を示し，どの基質が修飾を受けるかを決める重要な役割を果たしている。これらのタンパク質は，基本的にはE2と

活性化ユビキチンを標的タンパク質の被修飾リシン近傍へ運ぶアダプターとして機能する。ほとんどのE3リガーゼは，2つの主要なクラスに分類される。すなわちRING型と，HECT型である。RING型E3リガーゼはヒトでは600種類以上が知られており，最も大きなグループを形成している。これらは亜鉛が配位されたRINGフィンガーモチーフでE2-ユビキチン複合体と相互作用し，基質タンパク質へのユビキチンの転移を促進する。通常は，連結様式(Lys48型，Lys63型など)を決めるのはE2酵素であり，RING型E3リガーゼではない。したがって，E2酵素とRING型E3リガーゼの組合わせによって，膨大な種類の基質に異なる様式のポリユビキチン鎖を転移させることができる(図4.19)。一方，HECT型E3リガーゼは比較的大きなHECTドメインをもち，E2-ユビキチン複合体を認識して初めに自分自身への，つぎに基質タンパク質へのユビキチン転移反応を触媒する。

シグナル伝達の観点からは，E3リガーゼがどのように基質を選択するか，およびその活性がどのように制御されるかが重要な問題である。多くのE3リガーゼがWW，WD40，SH2ドメインなどのタンパク質結合ドメインをもっており，特異的な基質タンパク質と結合する。その他のE3リガーゼは，E3結合アダプターを介して間接的に基質と結合する。ユビキチン化の主要な基質の1つがE3リガーゼ自身である場合もあり，E3の二量体化や多量体化によって自己ユビキチン化が促進される。これは，リガンド誘導性の二量体化やクラスター化によって，キナーゼ活性をもつ受容体が自己リン酸化されるのと非常によく似ている。

多くの場合，触媒活性や結合活性は基質またはE3リガーゼ自身の翻訳後修飾によって調節されている。基質のリン酸化はしばしばE3リガーゼとの結合を増強する。例えば，E3リガーゼであるCblはSH2ドメインをもち，チロシンリン酸化された基質と特異的に結合する。また，細胞周期を制御する巨大E3リガーゼ複合体は，サイクリン依存性キナーゼ(CDK)によってリン酸化された標的と特異的に結合する。このように，リン酸化のような比較的一時的な修飾が，タンパク質を分解へと運命づけるシグナルに変換されることがある。E3リガーゼのシグナル伝達における重要性は，それらの変異ががんなどの疾患と関連する例をみるとよくわかる。

ユビキチン結合ドメインは，さまざまな細胞活動においてユビキチンシグナルを読みとる

ほとんどの場合でユビキチン化の作用は，基質タンパク質に付加されたユビキチンと直接結合するタンパク質によって仲介される。ユビキチンは構造的に異なる多くの結合ドメインファミリーと特異的に結合する。これらのドメインをまとめて，ユビキチン結合ドメイン(UBD)と呼ぶ。ほとんどのUBDは，Ile41を取り囲むユビキチン表面の小さな疎水性パッチに結合する。また，この疎水性パッチの周囲の別のアミノ酸残基を用いるUBDもある(図10.17a参照)。多くの場合，同一タンパク質あるいは結合タンパク質上の複数のUBDが標的タンパク質の複数のユビキチンと結合しており，このアビディティーおよび協調的結合により，相互作用のアフィニティーと特異性を上げている。さらに，UBDには，2つのユビキチンの間の接合部位を認識するか，形状的な制約(幾何制約)によって特定のユビキチン間結合を認識しているものもある。このように，UBDをもつタンパク質は，モノユビキチン化されたタンパク質とポリユビキチン化されたタンパク質を，そして異なる結合様式(例えばLys48とLys63)のポリユビキチン化タンパク質を識別することができる。ここからは，異なるユビキチン修飾が多様なシ

図4.19
E2とE3の組合わせにより多くの異なる基質を多様なポリユビキチン鎖で修飾することができる E2結合酵素(ヒトでは50遺伝子)は一般にポリユビキチン鎖の結合様式を決めており，例えば，Lys48(K48)やLys63(K63)，直鎖状結合(HTT)などがある。E3リガーゼは一般に，被修飾基質の特異性を決めている。異なるE2とE3の組合わせにより，基質と結合様式の多様性が生まれる。

 凝集による受容体の活性化については第8章で述べている

 細胞周期を制御するE3リガーゼについては第9章で述べている

グナル伝達系でどのように利用されているかについて，いくつか例をあげて紹介する。

分解を受ける細胞表面タンパク質は，小胞によって内在化し(**エンドサイトーシス**〔endocytosis〕)，膜で囲まれた細胞内区画である**リソソーム**(lysosome)へ送られる。小胞内のタンパク質や脂質はそこで消化酵素によって分解される。膜タンパク質は，複数のモノユビキチン化またはLys63結合型ポリユビキチン化によって分解の目印がつけられる。リソソームへの標的化は，ESCRT機構と呼ばれる一連のタンパク質複合体によって行われる(第8章の図8.28参照)。各**ESCRT複合体**(ESCRT〔endosomal sorting complex required for transport〕complex)は，ユビキチン化した積み荷タンパク質と結合する固有のUBDをもっている。特に，内在化したユビキチン化タンパク質と最初に結合するESCRT-0複合体は，リソソームへ送られるタンパク質を同定して集めるうえで重要な役割を果たしている。この複合体は複数のUBDをもっており，なかにはHrsのユビキチン相互作用モチーフ(UIM)ドメインのように，1つのUBDが2つのユビキチンサブユニットと同時に結合する場合もある(図4.20a)。ESCRT-0複合体のユビキチン結合部位はそれぞれ単独ではかなり低いアフィニティーしかもたないが，多重化により，複数のユビキチンが付加された標的タンパク質の協同的結合が促進される。

ユビキチン化が重要な役割を果たす他の現象に，細胞のDNA損傷応答がある。二本鎖切断は細胞分裂の前に修復されなければ染色体の一部が失われるので，特に重大なDNA損傷である。この場合は，まずE2/E3複合体(Ubc13/RNF8)のリクルートが起こり，切断部位近傍のヒストンにLys63結合型ポリユビキチン鎖が付加される。このシグナルは，E3リガーゼであるがん抑制遺伝子産物BRCA1を含む大きなエフェクター複合体をリクルートすることで増幅される。この複合体のリクルートは，アダプタータンパク質であるRap80のUBDによって制御されている。Rap80は2つのUIMをもち，それらが協同してLys63結合型のユビ

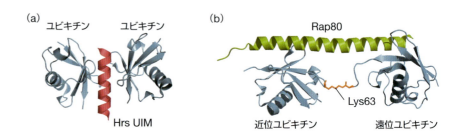

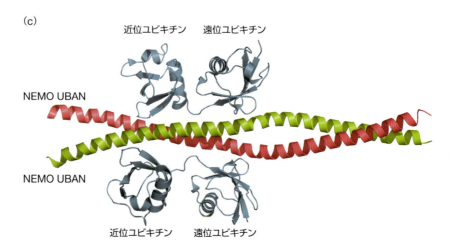

図4.20

ユビキチン結合ドメインによる異なるポリユビキチン鎖の認識　(a)HrsのUIMモチーフは，2つのモノユビキチン分子に同時に結合する。2つのユビキチン分子は類似の結合様式でUIMの両側に結合する。(b)受容体関連タンパク質Rap80と結合したLys63結合型ユビキチン二量体の構造(座標系は東京大学の深井周也博士より提供)。(c)NEMOのUBANドメインは2つの直鎖状(head-to-tail)のユビキチン二量体と結合する。(I. Dikic, S. Wakatsuki and K.J. Walters, *Nat. Rev. Mol. Cell Biol.* 10: 659–671, 2009より．Macmillan Publishers Ltd.の許諾を得て掲載)

キチン二量体を認識する。2つのUIMの間のリンカー領域が，2つのUIMをLys63で連結したユビキチンのみと結合できるような配置にしている(図4.20b)。Lys48結合型の場合は2つのユビキチン間の距離が短すぎて結合できない。

　直鎖状のポリユビキチン鎖は，**NF-κB**シグナル伝達経路で重要な役割を果たしている。NF-κBは転写因子であり，その活性化は自然免疫および適応免疫の応答に非常に重要である。この経路で鍵となるのは，複数のサブユニットからなるセリン/トレオニンキナーゼであるIKKの活性化である。IKKの活性化は，直鎖状ポリユビキチン鎖に特異的に結合するUBD(UBANドメイン)をもつ調節サブユニットNEMOによって制御されている。上流のシグナルがLUBAC(linear ubiquitin chain assembly complex)によるNEMOへの直鎖状ポリユビキチン鎖の付加を導くが，NEMOのUBANドメインは別のNEMO分子上の直鎖状ポリユビキチン鎖と分子間で結合するので，これがIKK複合体の構造変化を引き起こすのであろう。UBANドメインは直鎖状ユビキチン二量体の両方のユビキチンに結合するが，それが意味のある結合となるのは2つのユビキチンが直鎖状に結合している場合のみである(図4.20c)。NF-κB経路の興味深い点は，3つの異なる型のポリユビキチン鎖を有効利用していることである。すなわち，Lys63型は上流のキナーゼの活性化，Lys48型は抑制性サブユニットの分解，直鎖状結合はIKKの活性化に利用されている。

NF-κB経路については第9章で述べている

ヒストンのアセチル化とメチル化

　染色体DNAは**ヒストン**(histone)タンパク質と相互作用してクロマチンを形成している。クロマチンの全体的な構造は，ヒストンやヒストン結合タンパク質の翻訳後修飾によって制御されている。クロマチン構造は，転写や複製，修復，ゲノムインプリンティング，染色体分離など，ゲノムにかかわるおよそすべての現象に直接的に影響する。多数のシグナル伝達経路がクロマチンの翻訳後修飾を変化させ，多くの場合クロマチン修飾に特異的な認識因子の結合部位をつくることで，直接的あるいは間接的にクロマチンに作用している。本節では，メチル化やアセチル化などの翻訳後修飾によるクロマチン再構成に焦点をあて，特に転写調節における機能について述べる。

クロマチン構造はヒストンおよびヒストン結合タンパク質の翻訳後修飾によって制御される

　クロマチンの基本単位を**ヌクレオソーム**(nucleosome)と呼び，8つのヒストンサブユニットからなるディスク状構造の周りに約147塩基対のDNAが巻きついた構造をしている。典型的なヌクレオソームは，ヒストンH2A，H2B，H3，H4をそれぞれ2分子ずつ含んでいる(図4.21a)。最も単純な高次クロマチン構造は，個々のヌクレオソームが糸に通したビーズのように並んだもので，リンカーヒストンであるヒストンH1が隣り合う2つのヌクレオソームとそれをつなぐDNAに結合している(図4.21b)。高次構造はヌクレオソーム間の相互作用によって形成され，クロマチンをさらに高密度で小さな線維に凝縮させている。一般に，活発に転写されているか，または転写活性化されやすい遺伝子のクロマチンは比較的凝縮が緩い状態にあり，**ユークロマチン**(euchromatin)と呼ばれる。一方，転写が活発でない領域は，より高度に凝縮した不活性な状態になっており，**ヘテロクロマチン**(heterochromatin)と呼ばれる。体細胞分裂期と減数分裂期には，核分裂を行うために染色体を束状にまとめる必要があり，クロマチンは間期に比

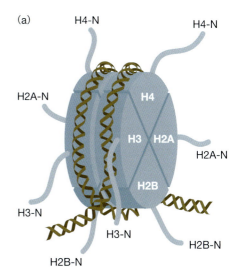

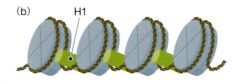

図4.21

ヌクレオソーム構造 (a)一般的なヌクレオソームのヒストンサブユニットの配置を模式的に示す。ヒストンH2A，H2B，H3，H4が2つずつ含まれており，その周りに約147塩基対のゲノムDNA(茶色)が巻きついている。ヒストンのN末端尾部はヌクレオソームから飛び出しており，翻訳後修飾を受けることができる。(b)クロマチン線維では複数のヌクレオソームがDNAに沿って並ぶ。ヒストンH1(緑色)は2つの隣り合うヌクレオソームをつないでいる。

べ著しく凝縮した状態になっている。

転写などゲノムDNAを鋳型とする反応を行うためには，クロマチンの高次構造を一時的に緩める必要がある。ヒストンが一時的に解離しないと，転写因子やRNAポリメラーゼがDNAと結合できないからである。クロマチン構造を制御する主な手段がヒストンの翻訳後修飾である。各ヒストン分子の大部分の領域はDNAや他のヒストンと結合する球状ドメインであり，修飾を受けにくい状態になっている。しかし，それぞれのヒストンは正に荷電した長いN末端尾部をもっており，これがヌクレオソームコアから突き出ているため，さまざまな酵素による修飾を受けることができる。特に，ヒストン尾部に存在する多数のリシン残基は，N-メチル化，N-アセチル化，ユビキチン化，SUMO化を受ける。また，アルギニン残基はN-メチル化と脱イミノ化，セリンおよびトレオニン残基はリン酸化，プロリンはシス-トランス異性化を受ける。

これらのヒストン修飾と，それぞれの修飾部位に特異的に結合するタンパク質の発見は，特定の修飾パターンがクロマチンの活性化状態を決めているという概念をもたらした。この概念は研究や思考の焦点を絞るうえでは有用であったが，実際には1つの修飾が1つの結果を生むという単純なモデルではなく，より複雑な制御が存在していた。前述したp53と同様，ヒストンの翻訳後修飾は非常に複雑であることがわかっており，たくさんの修飾が多彩な組合わせで同時に共存している。そのうえ，いくつかのヒストン結合タンパク質はそれ自身が修飾を受け，さらなる多様性を供給している。また，ヒストン修飾は非常に動的な性質をもっている。多くの修飾が速やかに代謝回転するため，動的平衡状態にあって短時間に変化しやすいのである。

クロマチン修飾は遺伝子発現と密接に関係している。転写は，特定の遺伝子産物の発現量を調節することで長期的な効果を発揮する，多くのシグナル伝達経路の最終的な到達点である。転写が起こるためには，RNAポリメラーゼ（タンパク質をコードする遺伝子の場合はRNA Pol II）が鋳型DNAのプロモーター領域に結合する必要がある。これは通常，DNAに結合してポリメラーゼの結合を促進する**転写因子**（transcription factor）によって促進される。ヒストンはポリメラーゼが結合できるように転写開始部位から離れなければならない。また，mRNAの合成が開始されると，ヒストンはポリメラーゼが通過できるように鋳型DNAから一時的に解離しなければならない。そして通常は，遺伝子内部からの転写開始を防ぐため，ポリメラーゼ通過後には速やかにDNAに再結合する。このように，転写は，精巧で非常に動的なクロマチンの変化を必要とする。

タンパク質のメチル化とアセチル化にもとづく2つの書き込み装置・消去装置・読み込み装置機構

ヒストン尾部のリシンアセチル化は一般に，活発に転写されているクロマチンと関連している。ヒストンアセチル化のいくつかの作用は内因性で，アセチル化がヌクレオソーム間の相互作用を直接に制御している。例えば，ヒストンH4のLys16のアセチル化（H4K16Acと表記する）は，おそらくはアセチル化によるリシンの正電荷の喪失によってヒストンH4と隣のヌクレオソームのヒストンH2Bとの相互作用を阻害し，ヌクレオソームの凝縮を妨げている。しかし，アセチル化の大部分の作用は外因性のものであり，ブロモドメインなどの小さなドメインをもつ「読み込み装置」タンパク質がリシンアセチル化部位に特異的に結合することによる。

転写とアセチル化の関係と符合するように，多くの転写活性化因子や転写開始

シグナル伝達タンパク質のモジュール構造については第10章も参照

部位に結合するタンパク質は，ヒストンアセチルトランスフェラーゼ(HAT)活性をもっている。逆に，アセチル基を除去する酵素であるヒストンデアセチラーゼ(HDAC)活性は，転写コリプレッサー複合体によくみられる。HATやHDACの活性はともに，1つないしはそれ以上のブロモドメインをもつ多機能型タンパク質やタンパク質複合体でよくみられる。このように，ヒストン尾部へのアセチル基の付加や除去はプロセッシブ(連続的)であり，複合体はアセチル化クロマチンに安定的に結合したまま近傍の複数の部位を修飾する。ヒストンのアセチル基の代謝回転率は，低い部位も少数存在するが，基本的に非常に高く，その半減期は数分である。このことは，活発に転写される領域では定常状態のアセチル化レベルが比較的低く，RNAポリメラーゼの結合と通過に伴いアセチル化が一過的に増加することを反映しているのであろう。

リシンおよびアルギニン残基のN-メチル化もヒストン修飾の主要なクラスであり，それぞれ，リシンメチルトランスフェラーゼ(KMT)およびタンパク質アルギニンメチルトランスフェラーゼ(PRMT)によって触媒される。リシン側鎖のε-窒素原子には1〜3個のメチル基が付加される。アルギニンの場合は1〜2個のメチル基が付加されるが，ジメチル化の場合には対称性(1つのアミノ基に1つのメチル基が付加される)と非対称性(1つのアミノ基に2つのメチル基が付加される)の2パターンが存在する(図4.22)。以前はタンパク質のメチル化は不可逆的であると考えられていたが，今ではリシンのメチル基を除去する多くのリシ

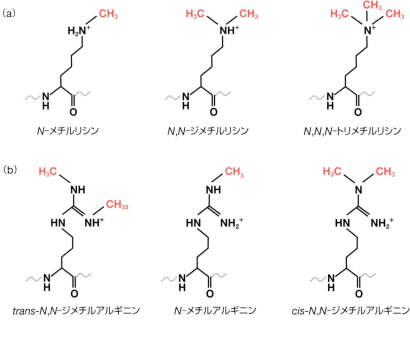
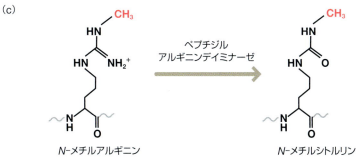

図4.22

多様なタンパク質メチル化 修飾をピンク色で示す。(a)リシンのモノメチル化，ジメチル化，およびトリメチル化。(b)アルギニンのモノメチル化とシス型およびトランス型ジメチル化。(c)ペプチジルアルギニンデイミナーゼによるモノメチルアルギニンの脱イミノ化で，N-メチルシトルリンが生成される。メチル化されていないアルギニンも同様に脱イミノ化され，シトルリンが生成される。シトルリンはアルギニンメチルトランスフェラーゼによるメチル化を受けない。

ンデメチラーゼ(KDM)が同定されている。アルギニンデメチラーゼはみつかっていないが，細胞内では側鎖の脱イミノ化がアルギニンメチル化に拮抗しており，アルギニンからシトルリンへの変換が起こる(図4.22c)。

　タンパク質メチル化を読みとる「読み込み装置」は，さまざまな特異性とアフィニティーをもつ多様な結合ドメイン群である。メチルリシンに特異的に結合するドメインには，「ロイヤルファミリー」ドメイン(チューダードメイン，クロモドメイン，MBTドメイン)やWD40ドメイン，PHDフィンガー(第10章の図10.16参照)などがある。メチルアルギニンに特異的に結合するドメインとしては，チューダードメインの一部やBRCTドメインなどが知られている。タンパク質アセチル化を触媒する酵素の場合と同様，ヒストンのメチル基を付加あるいは除去する酵素も1つまたは複数の結合ドメインをもつ大きな複合体の一部を構成しており，翻訳後修飾どうしの複雑な相互作用や，新たな修飾の付加および除去をもたらしている。

　ヒストンのリシンメチル化は，転写の活性化と抑制の両方にかかわっている。例えば，ヒストンH3のLys4のトリメチル化(H3K4me3)は活発に転写されている遺伝子に多く，Lys9のトリメチル化(H3K9me3)は転写サイレンシングを受けている遺伝子に多い。まったく同じメチル化が多様な作用をもつこともあり，結合するタンパク質や他の修飾状態などの具体的状況に依存している。一方，アルギニンメチル化はほぼ常に転写活性化と関連する。

転写調節におけるクロマチン修飾は，動的で高度に協調的な相互作用を行う

　遺伝子を転写するには，シグナル伝達によりRNAポリメラーゼがプロモーター領域へリクルートされなければならない。これは多くの場合，遺伝子プロモーター近傍への転写活性化因子の結合が増加することで起こる。それを導くものとして，転写活性化因子の核移行の促進やDNA結合部位へのアフィニティーの増大，転写コアクチベーターとの結合の増加，発現量の増加などが考えられるが，シグナル伝達の結果として何らかの方法で活性や核内存在量が上昇しなければならない。そして，これらの転写活性化因子は，クロマチン修飾複合体やRNAポリメラーゼIIを含む他の多くのタンパク質をリクルートする。あるいは，いくつかのシグナルはDNAに結合している転写抑制因子の不活性化を導き，抑制を解除して転写促進因子がリクルートされやすい状態にする。

　p300/CBPやPCAF/Gcn5などの転写活性化因子は一般的に，HAT活性をもつか，あるいはHAT活性をもつ因子と結合しており，プロモーター領域のクロマチンのアセチル化を引き起こす。アセチル化されたヒストンは，基本転写因子群やクロマチン再構成因子など，転写の促進を助けるさまざまな因子をリクルートする。例えば，クロマチン再構成因子のSWI/SNF複合体は，ATPのエネルギーを使って転写開始部位近傍のDNAとヒストンの結合を緩める働きをしている。RNAポリメラーゼIIホロ酵素も転写活性化因子によってリクルートされ，鋳型DNAに結合して転写の開始にそなえている(図4.23a)。

　RNAポリメラーゼ自身も転写の過程でリン酸化を受けるが，これはヒストンのメチル化・アセチル化機構と交わるもう1つの書き込み装置・消去装置・読み込み装置機構であり，タンパク質相互作用の重要な変化を導く翻訳後修飾である。RNAポリメラーゼIIは7アミノ酸の繰り返しからなる長いC末端ドメイン(CTD)をもっており，そのコンセンサス配列はYSPTSPSである。このうちセリン，トレオニン，チロシン残基はリン酸化を受け，プロリンはシス-トランス異性化を

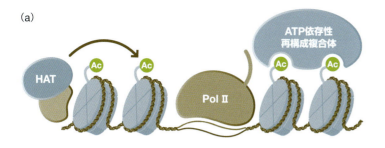
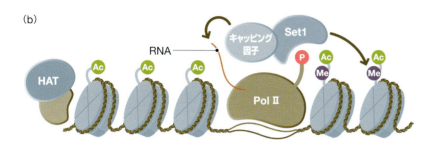
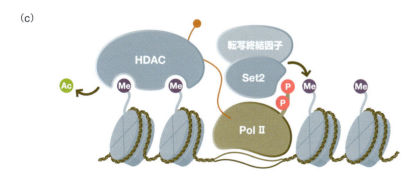

図4.23

転写における動的なクロマチン修飾 (a)転写活性化因子はヒストンアセチルトランスフェラーゼ(HAT)をリクルートし，転写開始部位近傍のヒストンのアセチル化を引き起こす。アセチル化によりATP依存性のクロマチン再構成複合体がリクルートされ，RNAポリメラーゼⅡ(PolⅡ)の結合が促進される。(b)転写が開始されると，PolⅡのC末端尾部の繰り返し構造のSer5がリン酸化され，RNAキャッピング因子とヒストンH3のLys4をメチル化するSet1メチルトランスフェラーゼがリクルートされる。新生RNA鎖をオレンジ色で示す。(c)転写が進むと，PolⅡのC末端繰り返し構造のSer2がリン酸化され，転写終結因子と，ヒストンH3のLys36をメチル化するSet2メチルトランスフェラーゼがリクルートされる。これにより，近傍のヒストンを脱アセチル化するヒストンデアセチラーゼ(HDAC)のリクルートが起こる。

受ける。転写開始の1つの鍵となるのは，7アミノ酸の繰り返し配列中の5番目のアミノ酸(Ser5)が，基本転写因子TFⅡHの構成因子であるサイクリン依存性キナーゼCDK7によってリン酸化されることである。

　CTD繰り返し配列のSer5のリン酸化は少なくとも2つの重要な作用をもたらす。1つは，プロモーターに結合するメディエーター因子などの基本転写因子とのアフィニティーを弱め，ポリメラーゼがプロモーターから離れて転写を伸長できるようにすることである。2つ目は，RNA鎖の5′末端をプロセシングするRNAキャッピング酵素など多様な因子の特異的な結合部位となることである。リン酸化CTDは，ヒストンH3K4のメチル化を担うSet1リシンメチルトランスフェラーゼとも結合する。そして，H3K4メチル化部位は，開いた活性型クロマチン構造の形成を促進するさらに多くの複合体(HAT，KMTやATP依存性再構成複合体)をリクルートする(図4.23b)。

　ポリメラーゼがプロモーターを離れ，活発に転写を始めると，別のサイクリン依存性キナーゼ(P-TEFb転写伸長複合体の構成因子)がCTDリピートのSer2をリン酸化する。これにより，ヒストンH3尾部のLys36のメチル化(H3K36me)を触媒する第二のKMT(Set2)がリクルートされる。H3K36meの機能の1つは，遺伝子のタンパク質コード領域のヒストンを脱アセチル化するHDACをリクルートすることである。これはポリメラーゼの通過後にタンパク質コード領域のヒストンを閉じた定常状態へとリセットして，遺伝子内部への不適切なポリメラーゼのリクルートと，そこからの転写開始を防ぐのに重要だと考えられている。

最後に，Ser2によるリン酸化を受けたRNAポリメラーゼⅡのCTDは，転写を終結させる転写終結因子と，RNA鎖の3′末端をプロセシングするポリアデニル化因子のリクルートを助けている(図4.23c)。また，CTDに特異的なホスファターゼもリクルートされ，ポリメラーゼをリン酸化されていない定常状態へと戻している。

　これまで述べてきた説明は，転写の複雑で高度に協調的な過程の概要を示すために，非常に単純化したものである。例えば，DNAのメチル化や，ヒストンや関連タンパク質のリン酸化，ユビキチン化，SUMO化，プロリン異性化の作用は考慮していない。しかし，このような比較的簡単な記述でも，書き込み装置・消去装置・読み込み装置機構が複雑で動的な細胞のふるまいを柔軟に制御していることがよくわかる。連続的につながる一連の翻訳後修飾は，それぞれがつぎの修飾を付加する(あるいは前の修飾を消去する)新たな因子の結合部位を生み出しており，シグナル伝達において強力な，繰り返し登場する主題となっている。

まとめ

　翻訳後修飾はタンパク質の活性をすばやく効果的に変えることが可能である。これらの修飾の付加と消去は特異的な酵素活性によって触媒される。多数の修飾部位と多様な修飾により，ゲノムにコードされている以上の膨大な状態をとるタンパク質が作り出されている。修飾はタンパク質の活性にも直接影響するが，多くの場合は修飾部位に特異的に結合するタンパク質によって「読みとられる」。ヒドロキシ基をもつアミノ酸(セリン，トレオニン，チロシン)のリン酸化は，後生動物のシグナル伝達において最も一般的な翻訳後修飾である。ユビキチンおよびユビキチン関連タンパク質も広く利用されており，付加される鎖の長さやサブユニットどうしの結合様式にかなりの多様性をみることができる。クロマチンの構造と活性は，ヒストンおよびヒストン結合タンパク質の翻訳後修飾，特にアセチル化とメチル化により動的に制御されている。

課題

1. ストレスに対する細胞応答の解析から，あなたは膜結合タンパク質Xの複数のリン酸化現象をみいだした。タンパク質XのThr122のリン酸化はタンパク質Yとの結合を引き起こす。この修飾がタンパク質Yとの結合を引き起こしうるメカニズムを2つ述べよ。また，それらの可能性を区別するための実験を考えよ。
2. 問題1のタンパク質XのSer54のリン酸化はタンパク質Zとの結合を阻害する。この修飾がタンパク質Zとの結合を阻害するメカニズムとして考えられるものを複数述べよ。また，それらの可能性をどのように区別できるだろうか。
3. 特定のアミノ酸残基のリン酸化がタンパク質の分解を引き起こすことがある。リン酸化によって仲介される分解の一般的な制御機構と，リン酸化から

分解に至るまでの反応過程を述べよ．

4. 図4.13は，1つのタンパク質により複数の部位がリン酸化されるときのいくつかの異なるメカニズムを示している．そのうちの1つがプライミングであり，あるキナーゼが標的をリン酸化することで2番目のキナーゼの結合部位が作り出される．リクルートされた2番目のキナーゼは，2番目の（あるいは追加の）部位をリン酸化する．プライミング機構によってリン酸化制御されるタンパク質から，どのような反応速度論的な応答が得られるだろうか．また，そのモデルに必要と思われるシグナル伝達機構の性質を述べよ．

5. タンパク質の翻訳後修飾を担う酵素（書き込み装置と消去装置）の活性制御が，どのようにして高度に局在化したシグナルを生み出し，空間的情報を伝えているのだろうか．局在化したシグナルを生み出す酵素の能力を制限するものは何だろうか．局在化したシグナルを生み出す酵素の能力を促進するものは何だろうか．

6. 異なる条件下のさまざまな細胞における翻訳後修飾を完全に網羅する取り組みが行われている．このような仕事の完成を期待するのは現実的であろうか．この取り組みで大きな課題となるものは何であろうか．

7. 実験的に検出されたある特定部位の翻訳後修飾が機能をもたなかったり，細胞にとって有害であったりすることがある．どのような条件でこのようなことが起こるのであろうか．

8. タンパク質を修飾する多くの酵素は，修飾を受けた基質と結合する「読み込み装置」ドメインをもっている．例えば，非受容体型チロシンキナーゼはチロシンがリン酸化されたペプチドと結合するSH2ドメインをもち，ヒストンアセチルトランスフェラーゼはアセチルリシンと結合するブロモドメインをもつ．このような酵素による修飾に，これらの結合ドメインはどのような作用を及ぼすのだろうか．また，このようなドメイン配置はどのようなときに有用であろうか．

9. E3ユビキチンリガーゼにもとづいて細胞内の特定のタンパク質を分解するシステムを開発するにはどうすればよいだろうか．

文献

翻訳後修飾とその効果

Seet BT, Dikic I, Zhou MM & Pawson T (2006) Reading protein modifications with interaction domains. *Nat. Rev. Mol. Cell Biol.* 7, 473–483.

Walsh CT (2006) Posttranslational Modification of Proteins: Expanding Nature's Inventory. Englewood, CO: Roberts and Co. Publishers.

翻訳後修飾間の相互作用

Boehme KA & Blattner C (2009) Regulation of p53—insights into a complex process. *Crit. Rev. Biochem. Mol. Biol.* 44, 367–392.

Butkinaree C, Park K & Hart GW (2010) O-linked beta-N-acetylglucosamine (O-GlcNAc): Extensive crosstalk with phosphorylation to regulate signaling and transcription in response to nutrients and stress. *Biochim. Biophys. Acta* 1800, 96–106.

Kruse JP & Gu W (2009) Modes of p53 regulation. *Cell* 137, 609–622.

Lothrop AP, Torres MP & Fuchs SM (2013) Deciphering post-translational modification codes. *FEBS Lett.* 587, 1247–1257.

Metzger E, Imhof A, Patel D et al. (2010) Phosphorylation of histone H3T6 by PKCbeta(I) controls demethylation at histone H3K4. *Nature* 464, 792–796.

Prabakaran S, Lippens G, Steen H & Gunawardena J (2012) Post-translational modification: nature's escape from genetic imprisonment and the basis for dynamic information encoding. *Wiley Interdiscip. Rev. Syst. Biol. Med.* 4, 565–583.

Yang XJ (2005) Multisite protein modification and intramolecular signaling. *Oncogene* 24, 1653–1662.

タンパク質のリン酸化

Gao R & Stock AM (2009) Biological insights from structures

of two-component proteins. *Annu. Rev. Microbiol.* 63, 133–154.

Jin J & Pawson T (2012) Modular evolution of phosphorylation-based signalling systems. *Philos. Trans. R. Soc. Lond. B Biol. Sci.* 367, 2540–2555.

Johnson LN & Lewis RJ (2001) Structural basis for control by phosphorylation. *Chem. Rev.* 101, 2209–2242.

Podgornaia AI & Laub MT (2013) Determinants of specificity in two-component signal transduction. *Curr. Opin. Microbiol.* 16, 156–162.

Srivastava S, Zhdanova O, Di L et al. (2008) Protein histidine phosphatase 1 negatively regulates CD4 T cells by inhibiting the K+ channel KCa3.1. *Proc. Natl Acad. Sci. U.S.A.* 105, 14442–14446.

Ubersax JA & Ferrell JE Jr (2007) Mechanisms of specificity in protein phosphorylation. *Nat. Rev. Mol. Cell Biol.* 8, 530–541.

ユビキチンおよび関連タンパク質の付加

Dikic I, Wakatsuki S & Walters KJ (2009) Ubiquitin-binding domains—from structures to functions. *Nat. Rev. Mol. Cell Biol.* 10, 659–671.

Kerscher O, Felberbaum R & Hochstrasser M (2006) Modification of proteins by ubiquitin and ubiquitin-like proteins. *Annu. Rev. Cell Dev. Biol.* 22, 159–180.

Komander D (2009) The emerging complexity of protein ubiquitination. *Biochem. Soc. Trans.* 37, 937–953.

Metzger MB, Hristova VA & Weissman AM (2012) HECT and RING finger families of E3 ubiquitin ligases at a glance. *J. Cell Sci.* 125, 531–537.

Searle MS, Garner TP, Strachan J et al. (2012) Structural insights into specificity and diversity in mechanisms of ubiquitin recognition by ubiquitin-binding domains. *Biochem. Soc. Trans.* 40, 404–408.

ヒストンのアセチル化とメチル化

Barth TK & Imhof A (2010) Fast signals and slow marks: the dynamics of histone modifications. *Trends Biochem. Sci.* 35, 618–626.

Berger SL (2007) The complex language of chromatin regulation during transcription. *Nature* 447, 407–412.

Campos EI & Reinberg D (2009) Histones: annotating chromatin. *Annu. Rev. Genet.* 43, 559–599.

Kouzarides T (2007) Chromatin modifications and their function. *Cell* 128, 693–705.

Zentner GE & Henikoff S (2013) Regulation of nucleosome dynamics by histone modifications. *Nat. Struct. Mol. Biol.* 20, 259–266.

シグナル伝達分子の細胞内局在

5

　細胞の特性の1つは，その構成要素が細胞内で不均一に分布する点である。最も基本的なところでは，親水性環境のサイトゾルとそれを取り囲む細胞膜の非水溶性脂質環境とが区分されている点があげられる。細胞膜は，外部環境から細胞の内容物を隔離する物理的なバリアとしての役割と，細胞内外の情報や物質を選択的に通過させる動的な界面としての役割の二役を担う。真核生物ではそれに加えて細胞内膜系が存在し，転写，複製，エネルギー産生などの重要な細胞機能をさらに区分している。

　同一の細胞内区画の中においても，多くの構成要素が不均一に分布しており，この不均一性が細胞活動のさまざまな面で必須の役割を担っている。ほぼすべての細胞が機能的に重要な何らかの非対称性，言い換えれば**極性**(polarity)をもっている。例えば，移動中の細胞は前方に突起を出し，後方では接着性を失う。別の例では，上皮細胞には頂端面と基底面の明確な区分がある。これらの極性をもった不均一性は，特定の構成分子の不均一な細胞内分布によって生み出されている。本章では，細胞構成要素の不均一な分布を利用して細胞内シグナル伝達機構がどのように情報伝達を行っているのか，また，細胞内シグナルがこれら細胞構成要素の分布をどのように調節しうるかという，普遍的な問題について論じる。

シグナル伝達の通貨としての局在化

　細胞構成要素の不均一な分布は，細胞内の局所濃度の差異という観点から表現することができる。**局所濃度**(local concentration)とは，特定の場所における細

胞構成要素の濃度のことであり，細胞内の他の場所に存在するものと合計した総量は問題にしない。ある要素が細胞全体ではほんのわずかしか存在しないとしても，それがすべてごく狭い領域に共局在化すれば，その地点における局所濃度はきわめて高くなる。細胞内の大部分の高分子の運動は，混み合った細胞内環境，すなわちさまざまな物理的障害物や他の細胞構成要素との相互作用によって大きな制約を受けており，自由に拡散できない。したがって，局所濃度は細胞生理機能にとりわけ重要な意味をもつ。細胞は，十分に混合された理想的な平衡状態の溶液ではないため，ある場所における細胞構成要素の局所濃度の違いによって，さまざまな場所でさまざまに異なる事象が起こることになる。

細胞内局在は，どのような反応が起こりうるかを直接的に左右するため，シグナル伝達において重要な役割を担う。酵素反応においても結合反応においても，実際の反応速度はそれぞれの反応物の濃度に比例する。仮にある酵素がミトコンドリア内のマトリックスに局在し，その潜在的な基質が核内にのみ局在する場合，その両タンパク質は決して出会うことはなく，酵素は基質に作用できないことは明らかである。これら2つのタンパク質のお互いに対する濃度は実質的に0であり，それぞれのタンパク質の細胞あたりの全体(平均)の濃度がどの程度かは関係ないのである。一方で，2つの要素が共局在して局所的に高濃度となった場合，熱力学的にも反応速度論的にも非常に高い効率で反応が進むことになる。

細胞内局在の変化が情報の伝達を可能にする

シグナル伝達機構は，複数の異なる細胞内区画間の分子の移動を利用している。図5.1に示すように，さまざまな分子がサイトゾル，核，膜に区分される。膜の中ですらさらに区分があり，分子は機能的に異なる細部へ局在化する。例えば細胞膜の大部分を占める部分は，他の膜区画，すなわち特定の脂質やタンパク質成分に富んだ膜ドメイン，あるいは一次繊毛，細胞間結合，細胞極などの構造とかかわる膜とは異なっている。本章では，シグナル伝達にかかわる細胞内移行のうち，最も普遍性の高い2つ，すなわちタンパク質の核内への(からの)移行，および細胞膜への(からの)移行に注目する。

タンパク質の核局在の制御が存在する理由は明白である。ゲノムDNAや，ヒストンなどのクロマチン構成要素は核内にのみ存在する。したがって，転写因子のようにクロマチンに作用するタンパク質が核内へ移行することは，その機能を発揮するために必要不可欠である。後述するように，細胞は核内輸送と核外輸送を制御する精巧な仕組みをもち，シグナル伝達において核局在を制御することは十分に可能となっている。

タンパク質の膜局在が変化する理由もこれに似ており，多くのシグナル伝達タンパク質とそれらの基質はもっぱら膜上に存在する。それらには，膜貫通型タンパク質，脂質基に共有結合したタンパク質，脂質そのものなどが含まれており，その多くはシグナル伝達において修飾される標的分子となっている。細胞膜はサイトゾルを取り囲んでいるため，サイトゾルに局在する分子と相互作用することも可能であるが，サイトゾルを自由拡散する分子よりも膜に局在する分子のほうが，膜結合性の相手方分子とより高い頻度で接触できると考えられる。その理由は，分子が膜につなぎとめられていればその分子が動き回ることのできる有効容積はごく小さいものになり，膜結合性の相手分子に対するその分子の局所濃度は相応に高くなるからである。

この効果の重要性は，つぎのような例で理論的に説明できる。直径20 μmの球形の細胞を想定すると，単純な幾何学計算からその容積と表面積(それぞれ約

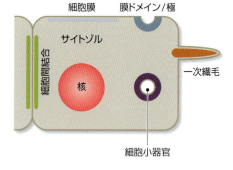

図5.1

シグナル伝達に重要な細胞内部位 シグナル伝達タンパク質の生物学的活性は，そのタンパク質がサイトゾル，核，膜のいずれに局在するかによって大きく異なる。膜はさらに異なる機能ドメイン，すなわち大部分を占める細胞膜，細胞膜の特殊部位，細胞小器官や小胞を取り囲んでいる膜などに区分される。タンパク質や他の構成要素をこれらの異なる細胞内区画の間で輸送することによって，シグナル情報を伝達することができる。

4,000 μm^3と1,200 μm^2)が算出できる。しかし，細胞膜につなぎとめられたタンパク質の有効容積はどのくらいになるだろうか。ここでは，細胞膜から5 nm（この距離は平均的なタンパク質のおおよその直径に相当する）以内にあるサイトゾルの容積を計算することで見積もってみる。この例では，膜結合タンパク質によって占められるサイトゾルの容積は$(1,200\ \mu m^2) \times (0.005\ \mu m) = 6\ \mu m^3$となる（図5.2）。したがって，タンパク質が細胞の中で均一に分布している状態に比べて，膜につなぎとめられた状態ではその濃度が約700倍（4,000 μm^3から6 μm^3へ）濃縮されることになる。もしこのタンパク質が酵素であり，その基質が膜局在をしていた場合，このタンパク質はより高い頻度でその基質と接触し，反応を起こすべく相互作用することが可能となるであろう。

ここで示した例は球形の細胞で，明らかに理想モデルであるが，細胞の容積と表面積として実際の値を用いても同様の効果がみられる。例えばある実験では，培養皿に張りついたマウス線維芽細胞のサイトゾル容積は平均16,000 μm^3，表面積の平均は8,400 μm^2と計測されており，この場合にサイトゾルタンパク質が細胞膜へ移行すると局所濃度は約400倍ほど上昇することになる。

細胞内局在は多様な仕組みで制御される

タンパク質を特定の細胞内区画に恒常的に局在化させる制御機構は，細胞生物学における主要な研究対象であるが，本章ではその詳細は論じない。しかし概略すれば，選別シグナルあるいは標的シグナルと呼ばれる短いペプチド配列が，その配列をもつタンパク質を特定の細胞内区画や細胞小器官へ移行させるのに十分である場合が多い。そのような標的配列は多くの場合，輸送タンパク質と呼ばれる特定のタンパク質に結合して細胞内の然るべき場所へと輸送される。

細胞のシグナル伝達では，恒常的局在化よりもむしろ，シグナルに応答してタンパク質や他のシグナル伝達分子の局在がどのように動的に制御されるかという点が重要である。第4章で論じたように，翻訳後修飾は，シグナル伝達が直接あるいは間接的にタンパク質の局在に影響を及ぼす手段の1つである。例えば，タンパク質のリン酸化は，そのタンパク質を特定の場所へ輸送・繋留する相手分子との結合部位を無効化したり新たに生み出したりすることができる。さらに直接的な影響を及ぼす翻訳後修飾として，膜結合を促進する疎水性脂質基の結合や，タンパク質を特定の細胞内部位につなぎとめている他の分子から解離させるための部分的タンパク質切断があげられる。その他，タンパク質の微小モジュラードメインが，シグナル伝達の際に量的制御を受ける**ホスホイノシチド**（phosphoinositide；ホスファチジルイノシトール由来の脂質で，イノシトール頭部基の特定部位がさらにリン酸化されている）などの特定の膜脂質に結合するという仕組みもよく利用される。そのようなモジュラードメインをもつタンパク質の膜局在は，ホスホイノシチド類の脂質の局所的な濃度変化によって制御される。

核局在の制御

タンパク質など高分子の核内-サイトゾル間の移行は，厳密に制御されている。この2つの区画は核膜の脂質二重層によって隔てられており，その二重層には比較的少数の親水性の孔が貫通している。その孔を構成する**核膜孔複合体**（nuclear pore complex）は複数のタンパク質からなる巨大複合体で，高分子の核内外への通過を制御する選択的な出入り口としての役割を果たす。40〜60 kDaまでの比較的サイズの小さい高分子は核膜孔を受動拡散できるため，2つの区画間ですば

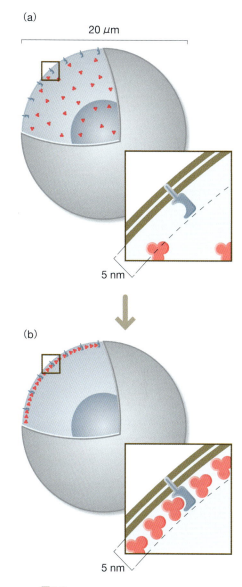

図5.2

局所濃度に対する膜局在の効果 （a）タンパク質（ピンク色）は細胞内に均一に分布している。膜結合性の相手方分子（青色）近傍におけるそのタンパク質の局所濃度は比較的低い。（b）タンパク質は細胞膜に局在している。その結果，膜結合性の相手方分子近傍における局所濃度は約700倍上昇する（詳細は本文参照）。

やく平衡状態に達する。これよりも大きい高分子は、輸送を専門に担うタンパク質によるエネルギー要求性の能動輸送で核膜孔を通過する必要がある。この過程は高度な制御を受けるため、シグナル伝達の際に核膜孔通過を調節することは十分可能である。

短いモジュラーペプチドモチーフが核内・核外輸送の方向を決める

タンパク質の効率的な核内・核外輸送は、そのタンパク質自身がもつ短い（多くの場合10残基以下の）アミノ酸配列によって調節される。**核局在化シグナル**（nuclear localization signal：NLS）は、それをもつタンパク質を核内へ移行させるのに十分であり、一方、**核外輸送シグナル**（nuclear export signal：NES）は、核外へ移行させるのに十分である。後述する通り、これらの配列が特定の輸送タンパク質と結合し、その輸送タンパク質が核膜孔複合体の通過を担う。これらの移行配列は、同一タンパク質の異なる部位につけ替えても、あるいは他のタンパク質につけ替えても核内・核外移行能を失うことはないという点で、モジュールとして機能している。NLSとNESのモチーフはその一次配列から見分けることができる（例えばNLSのあるクラスはリシンが豊富で強い塩基性であり、一方NESはロイシンに富んだ特徴的なモチーフを含むことが多い）が、明確な配列や必要とされる立体構造については完全には解明されていない。

すべてのタンパク質はサイトゾルで合成されることから、NESが存在するということは、そのタンパク質はいったん核内へ輸送されてかつサイトゾルへ送り返されることを示唆する。実際、多くのタンパク質が複数の機能的なNLSとNESの両方のモチーフをもつことが示されている。したがってそのようなタンパク質の局在は、サイトゾルと核との間を行き来する動的平衡状態にある。このことはシグナル伝達にとって重要な意味をもつ。まず、核内輸送と核外輸送の比率の変化が、核とサイトゾルとの間のタンパク質の全体的な分布にすばやく影響を及ぼす。また、2つの区画を常に行き来するタンパク質はサイトゾルと核の状態をたえず点検し、両区画における変化にすばやく対応することが可能になる。

核輸送はシャトルタンパク質とGタンパク質Ranによって制御される

タンパク質のNLSやNESが特定の輸送タンパク質に結合することによって、核内外への輸送が起きる。輸送タンパク質のうち最も代表的なものは**カリオフェリン**（karyopherin）であり、その主な機能が積み荷を核内へ輸送するか核外へ輸送するかにもとづいて、さらに**インポーチン**（importin）と**エクスポーチン**（exportin）に分類される。哺乳類細胞では複数種のエクスポーチンとインポーチンが発現しており、それぞれが異なる種類の積み荷タンパク質を認識している。

Gタンパク質とその制御については第3章で述べている

カリオフェリンに結合したタンパク質の一定方向への輸送は、GTP結合タンパク質Ranの核-細胞質間濃度勾配によって制御される（図5.3）。すべてのGタンパク質と同様に、RanにもGTP結合型とGDP結合型の状態があり、それぞれ結合相手が異なる。Rcc1はグアニンヌクレオチド交換因子（GEF）であり、RanのGDP解離とGTP結合を促進する。Rcc1は核内に存在する。一方、Ranに結合したGTPのGDPとリン酸への加水分解を促進するGTPアーゼ活性化タンパク質（GAP）は、サイトゾルに存在する。このようなRan制御因子の非対称な分布によって、サイトゾルよりも核内でRan-GTPの濃度がはるかに高くなっている。エクスポーチンの積み荷との結合は、Ran-GTPの結合によって促進される。

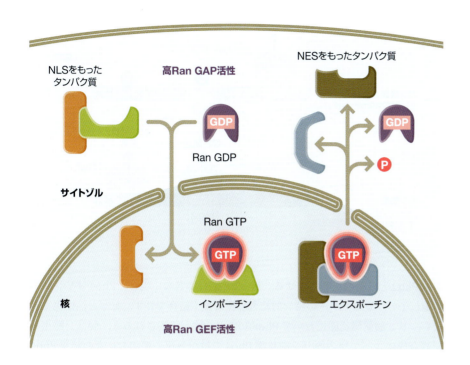

図5.3

核内外輸送はカリオフェリンとRanによって制御される　核内ではRan-GTPの濃度が高く，一方Ran-GDPは主にサイトゾルに存在する．核局在化シグナル(NLS)をもったタンパク質はサイトゾルでインポーチン(緑色)に結合して核膜孔を通過し，核内でインポーチンがRan-GTPに結合することによって解離する．核外輸送シグナル(NES)をもったタンパク質は核内でエクスポーチン(青色)およびRan-GTPに結合し，核外へ輸送され，サイトゾルでRanに結合したGTPが加水分解されると解離する．

エクスポーチン/積み荷/Ran-GTPの三分子複合体は核膜孔複合体を通過し，その後サイトゾルでRanに結合したGTPが加水分解されると積み荷が解離する．これとは逆に，インポーチンはサイトゾルでRan-GTPがない状態で積み荷に結合し，核内に入ってRan-GTPが結合すると積み荷が解離する．ここで留意すべき点は，1回の核内−核外輸送サイクルでGTP 1分子が加水分解される点である．タンパク質を濃度勾配に逆らって輸送する原動力はGTP加水分解によって供給されるエネルギーであり，熱力学的には不利である．さまざまな細胞シグナル伝達を成立させるために核内輸送がどのように制御されているかについては，この後例をいくつかあげて説明する．

転写因子Pho4のリン酸化は核内外輸送を制御する

　核内外輸送のバランスがシグナル伝達においてどのように利用されているかについて，酵母の転写因子Pho4の明解な例を紹介する．Pho4は，低リン酸条件下での生育に必須な遺伝子の転写制御を行う．したがって，細胞がリン酸飢餓状態の際には，Pho4は標的DNAに結合できるように核に局在しなければならない．しかし，リン酸が豊富な場合にはPho4の活性は不必要で，Pho4は主にサイトゾルに局在する．このようなリン酸によるPho4の細胞内局在制御は，核内に存在するサイクリン依存性プロテインキナーゼであるPho80/85の活性に依存することが示されている．Pho80/85はリン酸が豊富な通常の状態では活性化しており，リン酸飢餓状態になると不活性化する．

　Pho80/85はPho4の細胞内局在をどのように制御しているのだろうか．Pho4のリン酸化が直接的に核内輸送にも核外輸送にも影響を及ぼすことが明らかにされている(図5.4)．まず，キナーゼが活性化している場合は，Pho4のNESモチーフ内にある2カ所の部位がリン酸化され，それがエクスポーチンとの結合を促進し，非常に効率的な核外輸送が行われる．つぎに，Pho4のNLS内にある1カ所の部位のリン酸化がインポーチンとの結合を抑制し，その結果Pho4の核内への輸送が阻害される．さらに，Pho4の第三の領域のリン酸化が，別の転写因子で

図5.4

リン酸化によるPho4の制御 (a) 転写因子Pho4（ピンク色）は通常サイトゾルに局在しているが，細胞がリン酸飢餓状態になると核内へと移行する。(b) Pho4は，核外輸送シグナル（NES），核局在化シグナル（NLS），転写活性化補助因子Pho2との結合領域をもつ。通常（上図）は，Pho4はPho80/85キナーゼによって複数部位がリン酸化される。その結果，Pho4はエクスポーチンと結合するが，インポーチン，Pho2とは結合しない。Pho4はサイトゾルへ核外輸送され，転写は活性化されない。リン酸飢餓状態（下図）ではPho80/85が不活性化し，脱リン酸化されたPho4はインポーチンとPho2に結合するが，エクスポーチンとは結合しない。するとPho4は核内に局在し，転写を活性化することができる。

あるPho2との結合を低下させる。Pho2と結合できない場合，Pho4はリン酸応答遺伝子のプロモーターの特異的結合部位に強く結合できず，転写を活性化できない。リン酸飢餓状態においてPho80/85の活性が阻害されると，脱リン酸化と新規合成によって核内脱リン酸化型Pho4の量が急速に増加し，その結果Pho4依存的な遺伝子の転写が引き起こされる。

Pho4のリン酸化は，3通りの手段で核/細胞質間の平衡状態を劇的に変化させている。すなわち，核外輸送の増加，核内輸送の低下，核内における転写活性化補助因子およびDNAとの結合の低下，の3つである。この仕組みの非常に重要な特徴は，Pho4の活性が複数の手段で協同的に制御されている点であり，ただ1つの手段で制御するよりも応答性をより鋭敏に，スイッチ的にすることが可能になる。

リン酸化によってタンパク質を核と細胞質の間で分配する制御機構は，シグナル伝達では非常に普遍的であり，他の例についても後述する。しばしば利用される仕組みとして，セリン，トレオニン残基のリン酸化が**14-3-3タンパク質**（14-3-3 protein）ファミリーとの結合部位を生み出す仕組みがあげられる。これら低分子量タンパク質は，相手分子のリン酸化部位に特異的に結合する。ある場合には，14-3-3の結合によってタンパク質のインポーチンやDNAとの結合が立体障害を受け，その結合タンパク質が核から排除されたり活性が阻害されたりする。この仕組みは，転写因子FOXOファミリーの活性制御や，細胞周期進行を制御するプロテインホスファターゼCdc25ファミリーの活性制御などに利用されている（図10.12参照）。

STATの核内輸送はリン酸化と立体構造の変化によって制御される

第3章で，構造変化が酵素活性や結合活性の変化と機能的にリンクしている点について多くの例をあげて論じた。細胞内局在の変化もまた構造変化と共役しており，例として**STATタンパク質**（signal transducer and activator of transcription protein）があげられる。これら転写因子は**JAK-STATシグナル伝達経路**（JAK-STAT signaling pathway）と呼ばれる共通のシグナル伝達モジュールの要素として機能し，増殖ホルモン，エリスロポエチン，インターフェロンなどのさまざまなサイトカインやホルモンからのシグナルを伝達する。

STATファミリーに属する7種類の近縁タンパク質は，DNA結合ドメイン，ホスホチロシンを認識するSH2ドメイン，および保存されたチロシンリン酸化

図5.5

活性化したSTATの核局在　刺激を受けていない細胞では，STATはサイトゾルに局在し，核局在化シグナル（NLS）とDNA結合ドメインは機能できない状態にある。JAKファミリーキナーゼによってリン酸化されると，STATはSH2ドメインとホスホチロシンの結合を介して二量体化する。立体構造の変化によってNLSとDNA結合ドメインが露出し，それぞれ核局在とDNA標的配列への結合に働く。

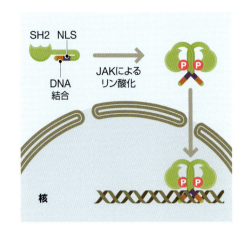

部位をもつ。刺激を受けていない細胞では，STATは潜伏（不活性化）状態でサイトゾルに存在する（図5.5）。細胞表面のサイトカイン受容体がリガンドの結合によって刺激を受けると，JAKファミリーチロシンキナーゼが活性化し，STATの特定のチロシン残基がリン酸化される。STATのリン酸化は立体構造の変化を引き起こし，それによって活性化型ホモ二量体，あるいは他のリン酸化されたSTAT分子とのヘテロ二量体の形成が促進される。この二量体は，片方のSTATのSH2ドメインおよびチロシンリン酸化部位が，もう片方のSTATのチロシンリン酸化部位およびSH2ドメインと互いに結合することによって形成される。この二価の結合は**アビディティー**（avidity）効果によって非常に安定的である。

アビディティーについては第2章で述べている

活性化型STAT二量体は核内へ移行し，特定のDNA配列に結合して遺伝子の転写を促進する。STATの場合，核局在化シグナル（インポーチンと結合する）およびDNA結合ドメインは非リン酸化型では機能できず，構造変化および二量体化することによってはじめて標的と結合して機能できるようになる。このように，核内輸送効率および特定のDNA標的への結合の両段階で二重に制御することによって，前述の通り，活性化に対する応答性をよりスイッチ的にすることが可能になる。

MAPキナーゼの局在は，核およびサイトゾルの相手分子との結合によって制御される

MAPキナーゼカスケードについては第3章で述べている

さまざまな細胞外シグナルによって，セリン/トレオニンキナーゼであるMAPキナーゼファミリーが活性化する。これらキナーゼは，上流のキナーゼ（MAPキナーゼキナーゼ：MAPKK）によるリン酸化によって活性化する。MAPキナーゼの基質はさまざまな細胞内部位に存在するが，そのなかで最も研究が進んでいる基質は核内転写因子であろう。しかしながら，これら核内基質をリン酸化するためには，活性化したMAPキナーゼ自身が核内に局在化する必要がある。

例えばErk2のようなMAPキナーゼの細胞内局在を活性化後に追跡すると，リン酸化された活性化型キナーゼの出現と一致するようにして，サイトゾルから核内への劇的な移行がしばしば観察される（例えば図13.15参照）。この移行の正確な仕組みはまだ完全には明らかにされていない。Erk2自身は明らかにNLSやNESとわかる配列はもっておらず，また多くの実験により，この移行はエネルギーを必要としない場合がほとんどであることも示されている。実際，MAPキナーゼファミリーは受動拡散によって核内輸送されるのに十分小さく（約40 kDa），また，実測されている移行速度は受動拡散で十分説明がつきそうである。では，活性化に伴って分布が変化するのは何が原因となっているのだろうか。その答は，非リン酸化型（不活性化型）とリン酸化型（活性化型）MAPキナーゼの結合相手が異なるからだと考えられる。Erk2の場合，不活性化型はその上流のMAPKKであるMekに強く結合し，Mekはほぼ完全にサイトゾルに局在している。一方，リン酸化型Erk2はMekにはほとんど結合せず，したがって核内へと自由に拡散し，そこでおそらく核タンパク質と選択的に結合する（図5.6）。

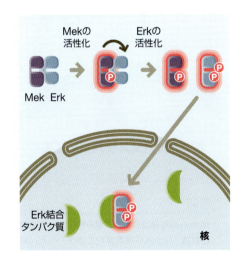

図5.6

MAPキナーゼの動的局在化　MAPキナーゼErk2は活性化状態と不活性化状態で異なる相手と結合する。不活性化型Erkは，主にサイトゾルに存在する上流の活性化因子Mekと強く結合する。Mekの活性化に伴いErkはMekから解離する。その後Erkは自由に核内へと受動拡散し，そこで核タンパク質と結合する。

このような比較的わかりやすい説明は，MAPキナーゼの細胞内局在を調節している実際の仕組みを単純化しすぎていることはほぼ間違いない．例えば，ある状況では，活性化したErkは重要な基質が多く局在するサイトゾルに存在する．また，MAPキナーゼが真正のNLSやNESモチーフをもったタンパク質とおそらく複合体を形成し，エネルギー依存的に核内外へ輸送されるという証拠もある．さらに，活性化によってMAPキナーゼが二量体化することが核内輸送に必要であることを示唆する報告もある．繰り返しになるが，活性化は細胞内局在の変化と密接に共役しており，転写因子のような核内基質に対するみかけ上の活性化型と不活性化型との差を増大させていることも注目に値する点である．

Notchの核内局在はタンパク質切断によって制御される

Notchシグナル伝達経路はさまざまな発生過程において共通に利用され，細胞運命の指定や形態形成制御に関与する．この経路は，隣接細胞集団が互いにコミュニケーションしたり，活性を調和させたりする際の仕組みとして利用される．Notchファミリー受容体は膜貫通型タンパク質であり，その細胞内ドメインは細胞外ドメインとつながり，隣接細胞膜上にあるDeltaなどの特定のリガンドと結合する．リガンドの結合は，Notchの一連のタンパク質切断を引き起こし，その結果，膜から細胞内ドメインが遊離するという最も重要なイベントが起きる．このドメイン（Notch細胞内ドメイン：NICD）は核内へ移行し，DNA結合タンパク質や他の補助因子と結合して遺伝子の転写を制御する（図5.7）．NICDはNLSモチーフをもち，細胞膜から遊離するとインポーチンと結合し，核内へ輸送されると考えられる．

核局在がタンパク質分解過程の結果だということが，このシグナル伝達経路に重要な特徴をもたらしている．最もめだった特徴は，活性型NICDの遊離が不可逆的だという点である．したがってこの制御系は，刺激強度がすばやく繰り返し継時変化するような刺激に応答するには不向きである．また，活性化された受容体1分子は活性化型転写因子を1分子しか生み出すことができないので，シグナルの増幅は不可能である．この経路の注目すべき特徴として，直接性もあげられる．すなわち，受容体のリガンド結合から核内での活性まで，その間を介在する分子がない．このように，Notchシグナル伝達は，他のシグナル伝達のように上流の多様な刺激に反応したり下流のさまざまな効果を引き起こしたりする傾向が弱い．

膜局在の制御

細胞に存在する膜構造，特に細胞膜は多様なシグナル伝達反応の場である．その理由は，細胞膜の場合，細胞外環境からサイトゾルに情報を伝える膜貫通型受容体の存在によるところが大きい．また，膜は多様な脂質の提供の場でもあり，結合相手であるタンパク質を引きつけたり脂質修飾酵素の基質となったりする．さらに，膜の二次元的な表面は，サイトゾルに比べて膜結合タンパク質の拡散を制限したり，相互作用の効率を上げたりすることに寄与している．

シグナル伝達には，受容体のように膜に常に局在するタンパク質と，ある条件下で膜に局在するようになるタンパク質の両方が関与する．これ以降，その両方のタンパク質とそれらが膜に局在する多様な仕組みについて論じる．

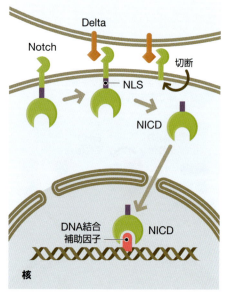

図5.7

Notchの局在はタンパク質分解によって制御される　Notchは膜貫通型受容体である．隣接細胞上にあるリガンドDeltaに結合すると，Notchは膜近傍領域で切断され，Notch細胞内ドメイン（NICD）が切り離される．NICD内にある核局在化シグナル（NLS）によって核内輸送が促進され，NICDは補助因子とともにDNAに結合して転写を制御する．

膜の一般的な性質とシグナル伝達における役割については第7章で述べている

タンパク質は膜を貫通したり膜表面に結合したりする

タンパク質が膜に結合するさまざまな様式を図5.8に示す。あるタンパク質は実際に脂質二重層を貫通する内在性膜タンパク質として存在する。一方，表在性膜タンパク質は，共有結合性の脂質修飾によって膜に結合したり，特異的ドメインで膜に直接結合したり，他の膜結合タンパク質との結合によって間接的に膜に結合したりする。

膜貫通型受容体などの内在性膜タンパク質は，小胞体上で翻訳されると同時に膜に挿入され，小胞輸送によって最終的にそれぞれの標的膜へ輸送される。内在性膜タンパク質の異なる部位が，膜の細胞外側（あるいは内腔側）およびサイトゾル側にそれぞれ面している。内在性膜タンパク質は最初の翻訳で膜に挿入されるが，その後，内在性膜タンパク質の大きな親水性ドメインを脂質膜を通過させて引き抜こうとすれば，膨大なエネルギーを必要とする。そのため，内在性膜タンパク質はタンパク質切断（すでに論じたように，Notchのような場合）が起こらなければ膜から遊離することはない。

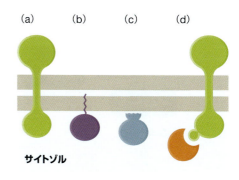

図5.8

タンパク質の膜局在様式 （a）内在性膜タンパク質，（b）共有結合性の脂質修飾，（c）膜結合ドメインによる結合，（d）他の膜タンパク質との結合による膜結合，などの仕組みがある。

タンパク質は翻訳後に脂質と共有結合して修飾されることもある

タンパク質のなかには，大きな脂質基が共有結合で付加されることによって膜に固定されるものもある。さまざまなシグナルによって脂質の付加と除去を制御することが可能であるため，翻訳後脂質修飾は内在性膜タンパク質に比べて調節機構が働きやすい。さらに，脂質基を膜から引き抜くエネルギーコストはそれほど高くないため，脂質修飾されたタンパク質は膜とサイトゾル区画の間を行き来する場合もある。これ以降，一般的な脂質修飾について論じるが，その特徴を表5.1にまとめた。

グリコシルホスファチジルイノシトール（GPI）アンカー（glycosylphosphatidylinositol anchor）は，修飾されたホスファチジルイノシトール脂質基をタンパク質のC末端に付加したものであり，この反応は小胞体の内腔で起きる（図5.9）。GPIを付加されたタンパク質はその後，通常の分泌経路を通って細胞膜の外側単分子層へ送られる。GPIアンカーはリン脂質頭部基を介して膜に固定されるため，細胞外ホスホリパーゼの作用によって細胞表面から遊離させることができる。しかしこの切断は不可逆的である。

N-ミリストイル化（N-myristoylation）は，サイトゾルタンパク質の翻訳直後に，開始メチオニンの除去に引き続いてN末端のグリシンに14炭素脂肪酸のミリストイル基を付加する修飾である（図5.9）。この修飾は基本的に不可逆的だと考えられている。多くのシグナル伝達タンパク質がN-ミリストイル化されており，例えばヘテロ三量体Gタンパク質αサブユニット，他のGタンパク質，非受容体型チロシンキナーゼ，プロテインキナーゼA（PKA）触媒サブユニットなどが

修飾	付加部位	膜結合の強さ	可逆的か？
グリコシルホスファチジルイノシトール（GPI）アンカー	C末端	強い	×
N-ミリストイル化	N末端	弱い	×
S-アシル化	内部システイン	弱い	○
プレニル化	C末端	弱い	×

表5.1

一般的なタンパク質脂質修飾の特徴

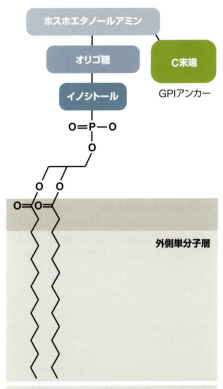
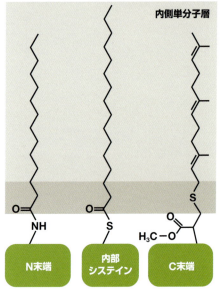

図 5.9

タンパク質の脂質修飾 一般的な脂質修飾の構造と連結を示す。細胞膜の外側(細胞外側)単分子層が図の上側を向いている。それぞれの修飾のタンパク質付加部位(緑色)も示す。GPI：グリコシルホスファチジルイノシトール。

脂質キナーゼと脂質ホスファターゼについては第7章で述べている

あげられる。ミリストイル化によって仲介される膜結合は比較的弱いため，ミリストイル化タンパク質のなかには，タンパク質の立体構造や他のタンパク質との結合，あるいは他の翻訳後修飾などそのときどきの状態に応じて，膜とサイトゾルの間で配分が変わるものもある。このように，ミリストイル化は，調節可能な膜スイッチ機構の一要素として機能する。実際，PKAの触媒サブユニットなどいくつかのタンパク質では，タンパク質表面の疎水性の溝にミリストイル基が埋もれており，膜結合に至らない。しかし多くの場合，ミリストイル化はタンパク質を膜に局在させるのに十分である。したがって，あるタンパク質を強制的に膜に局在させるとどのような影響があるかを調べる研究では，対象となるタンパク質に遺伝子操作によってミリストイル化部位を付加する実験がしばしば行われる。

S-アシル化(S-acylation)は，タンパク質のシステイン残基にアシル基(多くの場合16炭素脂肪酸のパルミチン酸)を付加する修飾である(図5.9)。他の多くの脂質修飾とは異なり，S-アシル化は細胞内で可逆的であるため，脂質の付加と除去に伴ってタンパク質は膜への結合と解離を繰り返すことができる。ミリストイル化の場合と同様に，S-アシル化による膜結合は比較的弱いため，強い膜結合を引き起こすために他の膜結合機構としばしば協同的に働く。例えば，Srcファミリー非受容体型チロシンキナーゼはN-ミリストイル化によって一過性に膜へ移行し，その後，膜局在タンパク質S-アシルトランスフェラーゼによってパルミトイル基を付加されて，さらに安定的に膜に結合すると考えられている。

タンパク質のC末端にファルネシル基やゲラニルゲラニル基のような比較的大きなイソプレノイド脂質を付加する反応は，**プレニル化**(prenylation)として知られている(図5.9)。この脂質はいわゆる**CAAXボックス**(CAAX box)モチーフ(Aは脂肪族アミノ酸，Xは任意のアミノ酸)中のシステインに付加され，その後AAXがタンパク質切断によって除去され，末端のカルボキシ基がメチル化される。他の脂質修飾と同様に，プレニル化は膜結合を引き起こすのに十分であるが，安定的な膜結合のためにはさらに追加の膜結合機構が必要なこともある。プレニル化タンパク質のうち最も重要なものの1つは，発がん性低分子量GTPアーゼであるRasファミリーなどのGタンパク質で，これらが機能するには膜結合が必要である。プレニル化を阻害する小分子，例えば抗コレステロール薬であるスタチン類(イソプレノイド生合成の律速段階を阻害する)が，RasファミリーGタンパク質などのプレニル化タンパク質の機能を阻害する効果をもつかどうかについて，研究が進められている。

モジュラー脂質結合ドメインは タンパク質の膜結合制御に重要である

多くのシグナル伝達タンパク質は，小さなモジュラー脂質結合ドメインを介して膜に結合する。これらのドメインの例として，PH，FYVE，PXドメインなどがあげられる。多くの場合，脂質結合ドメインは特定の脂質頭部基と高い特異性で結合する。例えば，さまざまな種類の**PHドメイン**(PH domain)は，特定のホスホイノシチドに比較的強いアフィニティーで結合する。したがって，このようなドメインによる膜結合は，それら脂質の総量および局所濃度によって制御され，さらにそれら脂質は，シグナル伝達によって活性が制御される脂質キナーゼや脂質ホスファターゼによる調節を受ける。これらドメインのそれぞれの脂質標的に対するアフィニティーは比較的弱いことが多く，安定的な膜結合には他の因子(例えば他の膜結合タンパク質との相互作用)が必要となる(**図5.10a**)。このよ

うに，タンパク質の安定的な膜結合は複数の要因が協同的に働くことによって成り立っており，これによって複数のシグナルを統合し，膜局在をよりスイッチ的に全か無かの変化ができるように制御している。

別の種類の膜結合モチーフとして，正電荷を帯びたタンパク質表面があげられる。このモチーフは，リン脂質のリン酸基のために通常は負電荷を帯びている膜と静電的に結合する。正電荷を帯びた両親媒性ヘリックス部位は，その一例である。また別の例として，**ホスファチジルイノシトール 4,5-ビスリン酸**（phosphatidylinositol 4,5-bisphosphate：$PI(4,5)P_2$）のような，特に高度にリン酸化された脂質にいくらかの特異性をもって結合する正電荷を帯びたモチーフがある。$PI(4,5)P_2$は比較的稀少な膜脂質であるが，それとは不釣り合いなほど大きな役割を果たしている。$PI(4,5)P_2$はサイトゾルタンパク質と結合する機能および切断された後に可溶性のセカンドメッセンジャーを産生する機能を通じて，シグナル伝達において重要な役割を担う。

このような正電荷を帯びたモチーフは，興味深い潜在的な制御特性をもつ。例えば，このモチーフは潜在的に非常に多価（膜上の複数のリン酸基に結合する）である。そのため，膜表面への結合はきわめて協同的で，ホスホイノシチドなどの脂質結合相手の局所濃度が比較的わずかに変化するだけで膜結合が劇的に変化する（図5.10b）。さらに，このモチーフの膜との相互作用は正電荷に依存するため，その結合活性は例えばリン酸化のように負電荷を増加させる翻訳後修飾によって失われる。このような仕組みは例えば，酵母のMAPキナーゼ足場タンパク質Ste5の膜局在が細胞周期において制御される際に用いられている。この例では，細胞周期のG_1期に活性化されるサイクリン依存性キナーゼが，正電荷を帯びた膜局在モチーフをリン酸化することによって，Ste5の膜局在が消失する。

脂質修飾されたタンパク質には膜に可逆的に結合するものがある

大きな脂質基をもつタンパク質の膜結合がシグナル伝達で制御されるならば，その疎水性の脂質基が膜に挿入されない状態もあるはずで，そのときにはその脂質基をサイトゾルの親水性環境から覆い隠す仕組みが存在しなければならない。その1つとして，タンパク質自身の三次元構造がアロステリック変化を起こす仕組みがある。例えば，非受容体型チロシンキナーゼAblのアイソフォームのいくつかは，N-ミリストイル化の修飾を受けている。このキナーゼが不活性型のときの構造は，ミリストイル基が折りたたまれてタンパク質表面の疎水性の溝に埋もれており，不活性化型構造の維持・安定化に寄与している。Ablの活性化と協調して構造変化が起こり，ミリストイル結合ポケットが消失してミリストイル基が露出し，膜に挿入されることになる。このような手段で，Ablのキナーゼ活性は膜結合と機能的に共役することが可能となっている。

脂質基は特定のタンパク質と結合することによっても覆い隠すことができる。例えばRhoやRabファミリーのプレニル化低分子量Gタンパク質の例がよく知られている。Rabファミリーの場合，RabGDI（Rabグアニンヌクレオチド解離抑制因子）と呼ばれるタンパク質が膜結合型Rabに結合し，そのプレニル基を疎水性ポケットに覆い隠すことによってRabを膜から引き抜く（図5.11，5.12）。RabGDI-Rab複合体は可溶性であり，サイトゾルを通って新たな場所へと輸送され，そこで標的膜と相互作用するとGDIが解離してGタンパク質のプレニル基が脂質二重層に挿入される。この過程は標的膜上のいわゆる**GDI置換因子**（GDI displacement factor：GDF；GDIと相互作用しGタンパク質からの解離を促進する）によって促進されると考えられる。ある場合には，グアニンヌクレ

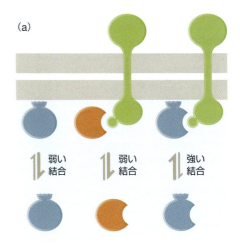

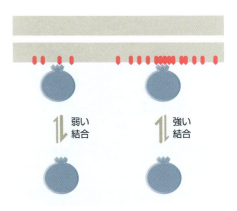

図5.10

膜への協同的結合　(a)複数の独立した相互作用を介した協同的結合。膜結合ドメインを介した結合（左）および他の膜タンパク質との結合を介した結合（中）はどちらとも比較的弱く，タンパク質のほとんどがサイトゾルにとどまる。しかし，両方の相互作用があれば結合はずっと強くなり，タンパク質のほとんどが膜に結合する。(b)ここに示す結合ドメインは，特定の膜のリン脂質（ピンク色）に結合する複数の部位をもつ。その脂質の局所濃度が低い場合（左），結合は弱く，タンパク質のほとんどがサイトゾルに局在する。脂質の局所濃度が高い場合（右），協同的結合により膜に非常に強く結合する。

図5.11

RabGDIサイクル Rabグアニンヌクレオチド解離抑制因子(RabGDI)はGDP結合型Rab(紫色)に結合し，それを膜から引き抜く。可溶性のRabGDI-Rab複合体はサイトゾルを通って新たな標的膜へ輸送される。RabGDIの解離がGDI置換因子(GDF)によって促進され，Rabは標的膜へ挿入される。標的膜上にあるグアニンヌクレオチド交換因子(GEF)がGDPの解離およびGTPの結合を促進し，Rabを活性化する。GAP：GTPアーゼ活性化タンパク質，P_i：無機リン酸。

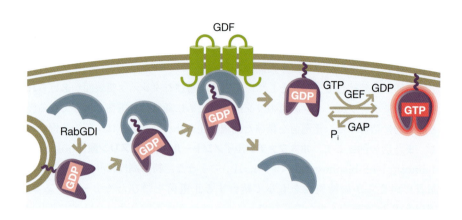

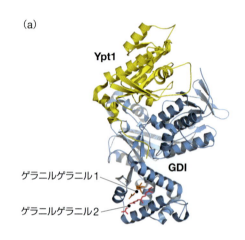

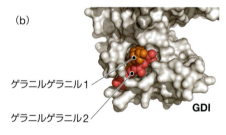

図5.12

Rab-RabGDI複合体の構造 (a)酵母RabファミリーGタンパク質Ypt1(黄色)およびRabGDI(青色)複合体のX線結晶構造のリボンモデル。Ypt1はピンク色とオレンジ色で示した2分子のゲラニルゲラニル脂質基の付加により修飾されている。(b)空間充填モデル。2分子のYpt1ゲラニルゲラニル基(ピンク色とオレンジ色)がGDI(白)の表面の疎水性の溝にぴったりはまっている。(O. Pylypenko et al., *EMBO J.* 25: 13–23, 2006より．Macmillan Publishers Ltd.の許諾を得て掲載)

ホスホイノシチドキナーゼおよびホスファターゼについての詳細は第7章で述べている

オチド交換因子(GEF)がGDIと協調して働き，Gタンパク質の膜結合をその活性化と共役させると考えられている。RhoGDI(Rhoグアニンヌクレオチド解離抑制因子)も似たような役割を担い，RacやCdc42などのRhoファミリーGタンパク質の膜結合とグアニンヌクレオチド結合を制御している。

エフェクタータンパク質の活性化と膜へのリクルートの共役は，シグナル伝達における共通テーマである

細胞膜受容体の活性化はしばしばエフェクター分子の膜へのリクルートを引き起こし，その後エフェクター分子が活性化して下流へとシグナルを伝達する。例としてAktキナーゼについて後述するが，Aktは膜移行制御によって直接活性化される多くのプロテインキナーゼの1つである。Aktの場合，その酵素活性は，膜に局在する活性化酵素や補助因子の存在によって活性化される。

また他の例では，酵素の膜局在はその活性化状態を増加させることはないが，単に基質のごく近傍へ移行するという理由で出力(すなわち，単位時間あたりに酵素が触媒する反応数)を増加させる。この仕組みの特筆すべき例は，受容体型チロシンキナーゼによる低分子量Gタンパク質Rasの活性化である。これは，増殖や分化を調節するシグナル伝達経路においてきわめて重要なステップである。実際にRasを活性化する酵素はSosと呼ばれるGEFである。Rasは共有結合性の脂質修飾によって膜に強く結合しているが，その活性化因子Sosは刺激を受けていない細胞ではサイトゾルに存在するため，膜に結合している基質と出会うことはほとんどない。しかし，受容体の活性化に伴ってSosは膜へ移行し，そこでRasと会合し，その結果SosによるRasの活性化効率が顕著に増大する(図5.13)。

Aktキナーゼは膜へのリクルートとリン酸化によって制御される

セリン/トレオニンキナーゼである**Akt**ファミリー(別名PKBファミリー)は，膜へのリクルートによって活性化される分子の好例である。Aktは細胞の成長，増殖，生存を制御するシグナル伝達において中心的役割を果たす。Aktの活性化はホスホイノシチドに依存する。具体的には，Aktは，脂質キナーゼである**ホスファチジルイノシトール 3-キナーゼ**(phosphatidylinositol 3-kinase：PI3K)によって産生される**ホスファチジルイノシトール 3,4,5-トリスリン酸**(phosphatidylinositol 3,4,5-trisphosphate：PI(3,4,5)P$_3$)に依存する。PI3Kは上流のシグナルを受けてさまざまな仕組みによって活性化し，構造変化と共役してタンパク質-タンパク質相互作用を介して膜へ移行する。すでに述べたように，PI3Kのように膜の構成要素を標的とする酵素が膜へ移行すると，基質に作用する度合いが増加す

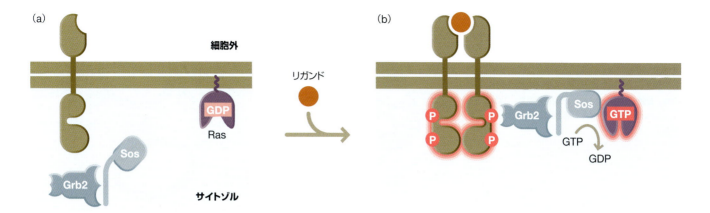

る。その結果，PI3Kが活性化すると，生成物であるPI(3,4,5)P$_3$の局所濃度が高くなる。

このPI(3,4,5)P$_3$の濃度上昇がAktの活性化を引き起こす。多くのキナーゼと同様に，Aktは数カ所の制御部位のリン酸化によって活性化する。この活性化に重要なリン酸化のうち少なくとも1つは，第二のプロテインキナーゼPDK1によって行われる。AktとPDK1はともに，PI(3,4,5)P$_3$に特異的に結合するPHドメイン（モジュラー脂質結合ドメイン）をもつ。したがって，活性化酵素（PDK1）とその基質（Akt）がともに膜の同じ一区画へ移行し，そこでPDK1がAktをリン酸化して活性化させる（図5.14）。膜結合に伴う立体構造の変化も，PDK1によるAktのリン酸化を促進すると考えられる。Aktのリン酸化はさらなる立体構造の変化を引き起こし，PDK1と膜へのアフィニティーが低下する。その結果Aktはサイトゾルや核へ自由に拡散し，これらの区画で標的分子をリン酸化する。このように，膜は，Akt活性化の際に一過性的な，しかし重要な役割を果たしている。

膜輸送によるシグナル伝達の調節

細胞の膜は非常に動的である。脂質と膜タンパク質を含む小胞はたえず小胞体とゴルジ体を行き来し，細胞表面へと向かう。その一方で，細胞膜の構成要素は細胞内へ移行し，リソソームで分解されたりふたたび細胞膜へリサイクルされたりと，異なる運命へと選別される。このような仕組みによって，膜と密接に結合するシグナル伝達タンパク質の多くもまた，一定の方向へ輸送される。異なる細胞内位置，物理的特性，構成要素をもつ膜区画の間をシグナル伝達タンパク質が移動することによって，その作用に対して正にも負にも多大な影響がもたらされる。本節では，膜タンパク質の輸送がどこで起きるかがシグナルの出力に重要であることを示す具体例をいくつか考察する。

図5.13

Rasの活性化 （a）刺激を受けていない細胞では，Sosはサイトゾルでアダプタータンパク質Grb2に結合している。Sosの膜における濃度は比較的低い。（b）リガンドが結合すると受容体型チロシンキナーゼが活性化し，自己リン酸化によってGrb2のSH2ドメインとの結合部位が出現する。これにより，Grb2とSosが膜へ移行する。すると膜におけるSosの濃度が高くなり，Rasが活性化される。

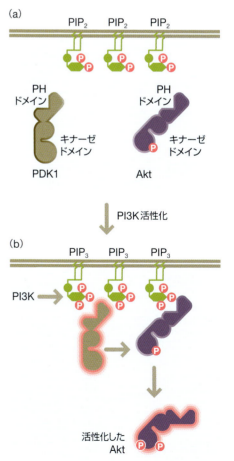

図5.14

Aktの活性化 （a）刺激を受けていない細胞ではPDK1とAktはともにサイトゾルにあり，不活性化型である。PIP$_2$：ホスファチジルイノシトール 4,5-ビスリン酸。（b）上流からのシグナルによるホスファチジルイノシトール 3-キナーゼ（PI3K）の活性化は，膜脂質であるホスファチジルイノシトール 3,4,5-トリスリン酸（PIP$_3$）の局所濃度を高める。PDK1とAktはともにPHドメインを介してPIP$_3$に結合する。膜へ移行すると，PDK1はAktをリン酸化し，その活性化を引き起こす。活性化したAktは膜から解離し，他の細胞内部位で基質をリン酸化する。異なるキナーゼ（mTORC2複合体）による第二の部位のリン酸化も，Aktの完全な活性化に必要である。

図5.15

エンドサイトーシスの仕組み (a)クラスリン依存性エンドサイトーシス。(b)カベオリン依存性エンドサイトーシス。(c)マクロピノサイトーシス。エンドサイトーシス後，小胞は選別され，細胞表面へとリサイクルされるか，リソソームへ移行して分解されるかのどちらかへ向かう。

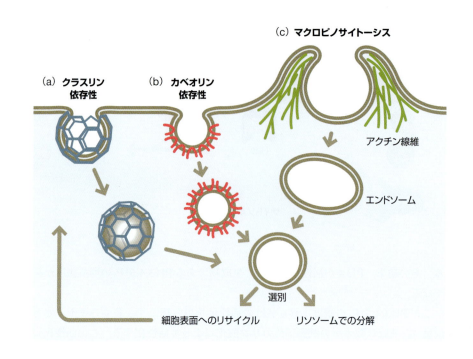

タンパク質は多様な仕組みで細胞内へ移行する

　受容体などの細胞表面タンパク質は，**エンドサイトーシス**(endocytosis)によって細胞内へ移行する。エンドサイトーシスとは，細胞膜の一部が陥入して最終的にくびり切れてサイトゾルへ移行する過程であり，もはや外界とは物理的につながっていない**エンドソーム**(endosome)と呼ばれる小胞を形成する。

　受容体や他の膜構成要素は，多様な特定の仕組みで細胞内へ移行する(図5.15)。これらエンドサイトーシス経路のうち最も研究が進んでいるのは，クラスリン依存性エンドサイトーシスであろう。この過程では，タンパク質**クラスリン**(clathrin)が膜の一部分のくぼみを取り囲む骨格あるいは被覆を形成するように協同的に集合し，それが最終的にくびり切れる。受容体の場合，その受容体の活性化に伴って集まってきたユビキチンリガーゼによってユビキチン化され，それによってクラスリン依存性エンドサイトーシスの過程が促進されることが多い。細胞膜から遊離した小胞からはクラスリン被覆がはずれ，その小胞(初期エンドソームと呼ばれる)と内容物はつぎの目的地へと向かう。この仕組みとは対照的に，カベオリン依存性エンドサイトーシスは，コレステロール脂質とカベオリンタンパク質に富んだ**カベオラ**(caveola)と呼ばれる膜の陥入によって引き起こされる。最後に，マクロピノサイトーシスでは，アクチン線維の大規模な再構成が起こり(しばしば円形ドーサルラッフル〔circular dorsal ruffle〕と呼ばれる)，広範囲の細胞膜，その結合タンパク質，および細胞外液の取り込みが引き起こされる。特定のタンパク質や脂質分子がどのような反応速度で細胞内へ移行し，またどのような運命をたどるか(すなわち細胞表面へのリサイクリングかリソソームでの分解か)は，細胞内移行の仕組みに大きく依存する。

受容体の細胞内移行はシグナル伝達を調節する

　膜輸送がシグナル伝達に最も直接的に影響を及ぼす過程は，細胞表面受容体の細胞内移行である。ひとたび細胞内へ移行すると，受容体はもはや細胞外リガンドに接触することはなく，リソソームで分解の標的となる。したがって，この仕

組みはしばしば刺激後に受容体シグナル伝達をダウンレギュレーション（下方制御）するために用いられる。また，別の例として，受容体は通常は細胞内の小胞に貯蔵されており，これがシグナル入力に応じて細胞表面へ輸送されるというものもある。この仕組みは，ニューロンの樹状突起棘において，ある種の刺激を受けると神経伝達物質のAMPA受容体の数がアップレギュレーション（上方制御）される際に用いられ，学習や記憶に重要だと考えられている。

受容体のダウンレギュレーションについては第8章で述べている

すでに受容体に結合したリガンドは，細胞内移行後もしばらく結合したままのようである。この原因は，一般的に受容体-リガンド相互作用の解離速度が遅いことと，小胞の内腔容積が小さいため，リガンドが受容体から解離したとしてもリガンドの局所濃度がきわめて高いことによる。しかし，エンドサイトーシス小胞の内腔のpHはリソソームへ向かうにしたがって徐々に低下し，この酸性化で受容体-リガンド相互作用が低下する場合もある。例えば，上皮増殖因子（EGF）/EGF受容体（EGFR）ファミリーのリガンドと受容体では，酸性に対する結合の耐性の相違が，細胞内へ移行した受容体-リガンド複合体の活性化持続時間の相違を引き起こすようである。このことが，その後分解へ向かう受容体と細胞表面へリサイクルされる受容体の比率に影響を与えることになる。

EGFRなどの受容体は，活性化されて細胞内へ移行した後もシグナルを出し続けるという多くの証拠がある。シグナルを下流に伝えるための受容体の細胞内部位は，受容体が細胞表面にあろうとエンドソームにあろうとサイトゾル側に露出していることを考えると，シグナルを出し続けることは理にかなっている。しかしある場合には，小胞環境は細胞膜に比べて出力できるシグナルを制限することがある。この限度は，基質の供給量が一因となっている。具体的な例をあげると，EGFRなどのチロシンキナーゼ受容体は，膜脂質を標的とする**ホスホリパーゼC**（phospholipase C：PLC）やPI3Kなどの酵素と結合することでシグナルを伝達する。これら酵素はどちらも$PI(4,5)P_2$を基質とする。小さな小胞では，受容体に結合したPLCおよびPI3Kの活性が，供給された$PI(4,5)P_2$をすぐに使いはたしてしまうことは容易に理解できる。一方，細胞表面では，ずっと多量の基質が供給可能であるため，下流シグナルの潜在的規模はずっと大きくなる。

TGFβシグナル伝達の出力は，受容体の細胞内移行の仕組みに依存する

トランスフォーミング増殖因子β（TGFβ）受容体のシグナルの出力は，エンドサイトーシスの輸送様式によって多大な影響を受けるよい例である。TGFβファミリー受容体は，内在性のセリン/トレオニンキナーゼ活性をもつ。リガンドの結合が受容体の二量体化と活性化を引き起こし，下流のエフェクターSMAD2およびSMAD3のリン酸化と活性化が引き続いて起こる。この過程は足場タンパク質であるSARAによって促進される。リン酸化されたSMAD2とSMAD3は受容体から解離し，もう1つのサブユニットSMAD4と結合する。この複合体は核内へ移行し，そこで特定の標的遺伝子の転写を引き起こす。

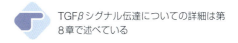
TGFβシグナル伝達についての詳細は第8章で述べている

TGFβ受容体は2つの異なる仕組み，すなわちシグナルの出力を促進する仕組みと抑制する仕組みによって，恒常的に細胞内へ移行する（図5.16）。クラスリン依存性エンドサイトーシスによって形成された初期エンドソームは，活性化を促進する。その理由は，この小胞がSARAタンパク質（SMAD2およびSMAD3のリン酸化と下流のシグナル伝達を促進する）に非常に富んでいることによる。SARAが豊富である原因は，この小胞が**ホスファチジルイノシトール 3-リン酸**（phosphatidylinositol 3-phosphate：PI(3)P）を多量に含み，さらにSARAがPI

図5.16

TGFβ受容体の細胞内移行の2つの経路 トランスフォーミング増殖因子β（TGFβ）受容体は，クラスリン依存性エンドサイトーシスもしくはカベオリン依存性エンドサイトーシスによって細胞内へ移行する。クラスリン依存性経路（左）では，ホスファチジルイノシトール3-リン酸（PI(3)P）に富んだ初期エンドソームにSARAおよびSMAD2をリクルートすることで，下流へのシグナル伝達が促進される。カベオリン経路（右）では，SMAD7およびSMURFユビキチンリガーゼをリクルートすることでシグナル伝達は抑制され，受容体はユビキチン化，分解される。

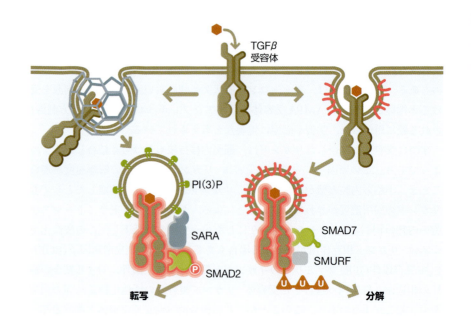

(3)Pに特異的に結合するFYVEドメインをもつことによると考えられる。このような仕組みでクラスリン依存性エンドサイトーシスはTGFβシグナル伝達を促進しており，この経路を阻害するとシグナルの出力が抑制される。一方，TGFβ受容体のシグナル伝達は，カベオリン依存性エンドサイトーシスによって抑制される。この過程によって形成された小胞は「抑制性SMAD」であるSMAD7に富んでおり，SMAD7はユビキチンリガーゼであるSMURF1およびSMURF2をリクルートする。SMURFによって受容体のユビキチン化が起こり，受容体はタンパク質分解の標的となる。以上のように，クラスリン依存性およびカベオリン依存性エンドサイトーシス経路の動的なバランスが，下流のシグナルの最終的な強弱を決定する。

逆行性のシグナル伝達が，リガンド結合部位から離れた場所へ影響を及ぼすことを可能にする

細胞内へ移行した受容体がシグナルを発することは明らかだが，ニューロンでは実際に受容体の細胞内移行がいわゆる逆行性シグナル伝達に必要であることを示す確かな証拠がある。神経栄養因子は受容体型チロシンキナーゼに結合するリガンドのファミリーであり，ニューロンにおいて細胞の成長および生存シグナルを伝達する。神経突起は非常に長い（ヒトの場合1m以上にも達する）ため，軸索末端で神経栄養因子受容体との結合によって発生したシグナルを細胞体まで伝達するためには，仲介タンパク質や他のシグナル伝達分子の受動拡散だけに依存していてはきわめて遅く，不確実である。この問題を回避するために，活性化された受容体を含み細胞内へ移行した小胞は，下流のエフェクタータンパク質と結合しつつ，モータータンパク質ダイニンによって微小管に沿って細胞体まで能動輸送されると考えられる（図5.17）。このような小胞は「シグナル伝達エンドソーム」と名づけられている。

異なる細胞内局在をするRasアイソフォームは異なったシグナル伝達を出力する

シグナル伝達タンパク質が特定の膜に局在することによってそのシグナル出力

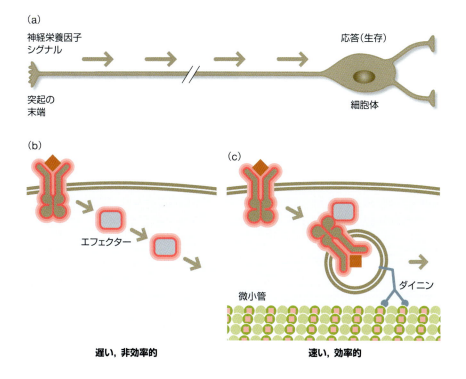

図5.17

神経栄養因子による逆行性シグナル伝達 (a) 神経栄養因子は神経突起の末端で受容体を活性化するが，その場所はシグナルに応答するべき細胞体から遠く離れている．(b)受容体によって活性化されたエフェクター(薄い青色)が受動拡散で細胞体まで移動しなければならない場合，シグナルの伝達は遅く，非効率的である．(c)エンドサイトーシスを受けた受容体およびそれに結合したエフェクターは，モータータンパク質ダイニンによって細胞体まで能動輸送される．

に影響を与えるもう1つの例として，Rasがあげられる．すでに述べたように，Rasファミリー低分子量GTPアーゼは，細胞の増殖や分化などの過程を制御するスイッチとして働く．哺乳類では，膜局在シグナルが異なる複数のRasアイソフォームが存在する．すべてのアイソフォームがC末端をファルネシル化されているが(前記参照)，この脂質修飾は安定的な膜結合には不十分であり，第二の膜局在シグナルを必要とする．この第二のシグナルは，H-RasおよびN-Rasの場合，それぞれ1つもしくは2つのパルミトイル基によるS-アシル化である．一方，主要なアイソフォームであるK-Rasは塩基性アミノ酸残基が連続する部位をもち，この部位が負に帯電した膜脂質と相互作用することによって細胞膜局在を促進する．Rasのパルミトイル化はゴルジ体で起こり，その後，小胞輸送によって細胞膜へ輸送される．このように，N-RasおよびH-Rasはゴルジ体と細胞膜の間を行き来すると考えられ，その行き来の速度と両膜間での相対的な分布は，パルミトイル化と脱パルミトイル化の比率によって決まると考えられる．K-Rasはパルミトイル化を必要とせず，細胞膜に高度に濃縮されているが，その細胞膜局在は多塩基性部位に隣接するアミノ酸残基のリン酸化によって制御が可能である．

刺激後のRasの活性化および不活性化の速度は，Rasが細胞膜に局在するかゴルジ体に局在するかで異なることが示されている．その理由は，Rasを活性化あるいは不活性化するGEFおよびGAPの分布が，この両区画で異なるからだと考えられる．活性化型Rasアイソフォームを人為的にゴルジ体または小胞体に局在化させる実験では，下流のシグナル伝達の出力が異なることが示されており，その理由はこれら両区画で供給されるRasエフェクターが異なるからだと考えられる．

分裂酵母(*Schizosaccharomyces pombe*)では，Rasタンパク質はただ1種類のみ存在し，小胞体および細胞膜の両方に局在する．この生物では，Rasは細胞形態と接合応答の両方を制御し，遺伝学的解析からこの2つの経路では上流のGEFと下流のエフェクターが異なることが示されている．野生型Rasを欠損した酵母にRas変異体を発現させると，小胞体にのみ局在するRas変異体は形態異常を回

	Ras 局在	接合	形態
野生型	PM + ER	+	+
Ras なし	−	−	−
Ras 変異体 1	PM	+	−
Ras 変異体 2	ER	−	+

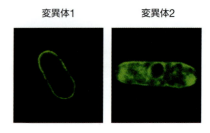

図5.18

Rasの細胞内局在とシグナル伝達出力との相関 野生型の分裂酵母細胞では，Rasは細胞膜（PM）と細胞内膜（ER）の両方に局在する。局在がどちらかに制限されたRas変異体が接合および細胞形態の異常を回復させる能力を，左の表に＋と−で示す。右の顕微鏡写真は改変型Ras変異体（シアン蛍光タンパク質に融合）を発現した細胞を示す。変異体1は細胞膜にのみ局在し，変異体2は細胞内膜にのみ局在する。（B. Onken, H. Wiener, M.R. Philips and E.C. Chang, *Proc. Natl Acad. Sci. USA* 103：9045–9050, 2006より．National Academy of Science, USAの許諾を得て掲載）

復できるが接合異常は回復できない（図5.18）。逆に，細胞膜にのみ局在するRas変異体は接合異常を回復できるが形態異常は回復できない。これらの実験は，シグナルの出力が細胞内局在に依存することを明快に示している。

まとめ

シグナル伝達タンパク質の活性は，細胞内での局在場所に大きく依存する。多くのシグナル伝達タンパク質は，情報を伝達するために，制御を受けて局在を変化させる。転写を調節するシグナル伝達分子は，しばしばその核局在が制御されて変化する。シグナル伝達調整の鍵を握るもう1つの場所は，細胞膜である。多くのシグナル伝達タンパク質が恒常的に，あるいはシグナルに制御される形で，細胞膜に局在する。シグナル伝達に関与するタンパク質どうしがいつ互いに効率的に情報伝達するのか，また情報伝達そのものを行うかどうかは，多くの場合，タンパク質が細胞膜に協調的に局在することによって制御される。膜は小胞輸送によって細胞の中で動的に分布を変える。膜結合型受容体などのシグナル伝達タンパク質は，エンドソームや他の細胞小器官に取り込まれて細胞内へ移行し，その内膜系がさらにシグナル出力を調節するために利用される。

課題

1. シグナル伝達タンパク質の細胞内局在変化を情報伝達の仕組みとして利用することを可能にしている基本的原理を説明せよ。
2. 特定の細胞外増殖因子による刺激に対して細胞がどのような反応を示すかを調べる実験で，刺激に応じて下流のタンパク質が核から細胞質へ移行することを発見したとする。通常は核内に局在しているタンパク質がシグナル伝達に応じてサイトゾルや細胞膜へ移行することは，どのようにしたら可能か。
3. リン酸化がタンパク質の核−細胞質局在を制御する多様な仕組みにはどのようなものがあるか。
4. 膜結合型受容体の細胞内移行は，その受容体を含んだシグナル伝達経路や応答の強弱にどのような方法で影響を及ぼすことができるか。
5. タンパク質のシグナル伝達の特性は，その細胞内局在に依存してどのように異なるか。

6. 低分子量Gタンパク質は、核内/外輸送(Ran)のみならず、小胞輸送(Rabファミリー)など、細胞内局在の決定に中心的役割を果たす。Gタンパク質がこの役割に適しているのは、Gタンパク質のどのような特徴および制御によるか。

文献

核局在の制御

Aaronson DS & Horvath CM (2002) A road map for those who don't know JAK-STAT. *Science* 296, 1653–1655.

Bridges D & Moorhead GBG (2005) 14-3-3 proteins: a number of functions for a numbered protein. *Sci. STKE* 2005(296), re10.

Burack WR & Shaw AS (2005) Live cell imaging of ERK and MEK. *J. Biol. Chem.* 280, 3832–3837.

Chatterjee-Kishore M, van den Akker F & Stark GR (2000) Association of STATs with relatives and friends. *Trends Cell Biol.* 10, 106–111.

Ebisuya M, Kondoh K & Nishida E (2005) The duration, magnitude and compartmentalization of ERK MAP kinase activity: mechanisms for providing signaling specificity. *J. Cell Sci.* 118, 2997–3002.

Fortini ME (2009) Notch signaling: the core pathway and its posttranslational regulation. *Dev. Cell* 16, 633–647.

Komeili A & O'SShea EK (1999) Roles of phosphorylation sites in regulating activity of the transcription factor Pho4. *Science* 284, 977–980.

Ranganathan A, Yazicioglu MN & Cobb MH (2006) The nuclear localization of ERK2 occurs by mechanisms both independent of and dependent on energy. *J. Biol. Chem.* 281, 15645–15652.

Riddick G & Macara IG (2005) A systems analysis of importin-α-β mediated nuclear protein import. *J. Cell Biol.* 168, 1027–1038.

Stark GR & Darnell JE Jr (2012) The JAK-STAT pathway at twenty. *Immunity* 36:503–514.

Stewart M (2007) Molecular mechanism of the nuclear protein import cycle. *Nat. Rev. Mol. Cell Biol.* 8, 195–208.

Weis K (2003) Regulating access to the genome: nucleocytoplasmic transport throughout the cell cycle. *Cell* 112, 441–451.

膜局在の制御

Behnia R & Munro S (2005) Organelle identity and the signposts for membrane traffic. *Nature* 438, 597–604.

Calleja V, Alcor D, Laguerre M et al. (2007) Intramolecular and intermolecular interactions of protein kinase B define its activation in vivo. *PLoS Biol* 5, e95.

Carlton JG & Cullen PJ (2005) Coincidence detection in phosphoinositide signaling. *Trends Cell Biol.* 15, 540–547.

Cho W (2006) Building signaling complexes at the membrane. *Sci. STKE* (2006) 321:pe7.

Dransart E, Olofsson B & Cherfils J (2005) RhoGDIs revisited: novel roles in Rho regulation. *Traffic* 6, 957–966.

Fivaz M & Meyer T (2003) Specific localization and timing in neuronal signal transduction mediated by protein-lipid interactions. *Neuron* 40, 319–330.

Hantschel O, Nagar B, Guettler S et al. (2003) A myristoyl/phosphotyrosine switch regulates c-Abl. *Cell* 112, 845–857.

Magee T & Seabra MC (2005) Fatty acylation and prenylation of proteins: what's hot in fat. *Curr. Opin. Cell Biol.* 17, 190–196.

Pylypenko O, Rak A, Durek T et al. (2006) Structure of doubly prenylated Ypt1:GDI complex and the mechanism of GDI-mediated Rab recycling. *EMBO J.* 25, 13–23.

Strickfaden SC, Winters MJ, Ben-Ari G et al. (2007) A mechanism for cell-cycle regulation of MAP kinase signaling in a yeast differentiation pathway. *Cell* 128, 519–531.

膜輸送によるシグナル伝達の調節

Di Guglielmo GM, Le Roy C, Goodfellow AF & Wrana JL (2003) Distinct endocytic pathways regulate TGF-β receptor signalling and turnover. *Nat. Cell Biol.* 5, 410–421.

Eisenberg S & Henis YI (2008) Interactions of Ras proteins with the plasma membrane and their roles in signaling. *Cell. Signal.* 20, 31–39.

Haugh JM (2002) Localization of receptor-mediated signal transduction pathways: the inside story. *Mol. Interv.* 2, 292–307.

Le Roy C & Wrana JL (2005) Clathrin- and non-clathrin-mediated endocytic regulation of cell signalling. *Nat. Rev. Mol. Cell Biol.* 6, 112–126.

Onken B, Wiener H, Philips MR & Chang EC (2006) Compartmentalized signaling of Ras in fission yeast. *Proc. Natl Acad. Sci. U.S.A.* 103, 9045–9050.

Rocks O, Peyker A & Bastiaens PI (2006) Spatio-temporal segregation of Ras signals: one ship, three anchors, many harbors. *Curr. Opin. Cell Biol.* 18, 351–357.

Zweifel LS, Kuruvilla R & Ginty DD (2005) Functions and mechanisms of retrograde neurotrophin signalling. *Nat. Rev. Neurosci.* 6, 615–625.

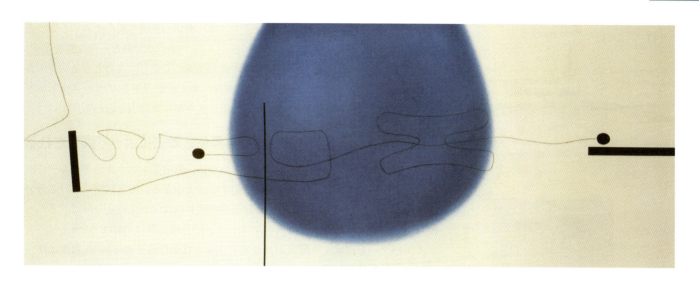

セカンドメッセンジャー：低分子シグナルメディエーター 6

　細胞内の情報の多くは，タンパク質や核酸のような，サイズの大きな高分子によって伝達されている．これまでの章でみてきたように，細胞内に伝えられたシグナルは，タンパク質に作用することで，立体構造や複合体形成の変化，翻訳後修飾といったさまざまな変化を引き起こす．しかし，よりサイズの小さい単純な分子を介して細胞内の情報が伝達される例も知られている．このような低分子には，Ca^{2+}や，さまざまな脂質由来メディエーター，サイクリックAMP（cAMP）やサイクリックGMP（cGMP）などの環状ヌクレオチドがあげられる．本章では，これら**低分子シグナルメディエーター**（small signaling mediator）の特性について述べる．

低分子シグナルメディエーターの性質

　外部からのシグナルによって誘導される低分子シグナルメディエーターの濃度変化は，メディエーターに結合してその下流で機能するエフェクタータンパク質へと伝えられる．メディエーターとの結合は，エフェクタータンパク質の立体構造の変化を引き起こし，最終的には活性を変化させる．すなわち，低分子メディエーターの濃度や局在の経時的変化という形で，細胞内を情報が伝わっていく．これら低分子メディエーターは，ホルモン刺激の下流で産生されるシグナルとして発見されたという歴史的な経緯のため，ファーストメッセンジャーであるホルモンに対して，**セカンドメッセンジャー**（second messenger）と呼ばれることが多い．

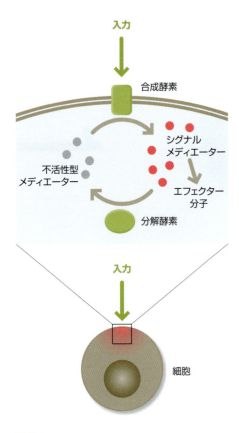

図6.1

低分子シグナルメディエーターは合成と分解のバランスで調節される シグナルメディエーターの濃度や分布は，メディエーターを合成する酵素の働きと，メディエーターを分解・除去する酵素の働きという，拮抗的な作用によって協調的に制御されている。Ca^{2+}の場合，やはり拮抗的に働くチャネルとポンプを介した調節を受けている。低分子シグナルメディエーターは非常に拡散しやすく，そのため高分子のシグナル伝達分子に比べてはるかに遠くまで効果を及ぼすことができる。

低分子メディエーターを介したシグナルは，タンパク質の変化のみにもとづくより典型的なシグナル伝達機構に比べると，いくつかの点で異なった性質を示す。例えば低分子メディエーターの濃度は非常に迅速に変化し，入力となるシグナルに比べてはるかに大きく変化しうる。また，多くの低分子シグナルメディエーターは拡散性に優れているため，その作用は速やかに細胞内を伝わる。

低分子シグナルメディエーターは産生と除去によって調節される

効果的な情報伝達分子として機能するために，低分子シグナルメディエーターの濃度は刺激の有無に応じて有意に変化する必要がある。定常状態における低分子メディエーターの濃度は，産生と除去のバランスによって規定されている。一般に，刺激が入った場合にはメディエーターの合成速度は上昇する（例えば，メディエーターを合成する酵素がアロステリックに活性化される）が，刺激に伴いメディエーターの分解・除去の速度が低下する例も知られている（図6.1）。このように，2つの拮抗する働きによって低分子メディエーターの濃度が制御される状況は，タンパク質の翻訳後修飾にみられる「書き込み装置（writer）」と「消去装置（eraser）」の関係に通じるものがある。具体例をあげると，メディエーターのcAMPは，アデニル酸シクラーゼと呼ばれる酵素の働きでATPから産生される一方，cAMPホスホジエステラーゼと呼ばれる酵素によって分解される。多くのシグナル伝達経路で，ヘテロ三量体Gタンパク質を介したアデニル酸シクラーゼの活性化が，細胞内cAMP濃度の著しくかつ一過的な上昇を引き起こす。

他のメディエーターと異なり，Ca^{2+}濃度は合成や分解による調節を受けない。そのかわり，細胞質におけるCa^{2+}濃度は，細胞質からCa^{2+}を汲み出すポンプと，細胞質への流入を促すチャネルの拮抗作用によって調節されている。基底状態では，細胞質におけるCa^{2+}濃度はCa^{2+}ポンプの働きで低く保たれている。Ca^{2+}ポンプはATPのエネルギーを利用することで，細胞外，あるいは細胞内Ca^{2+}のイオン貯蔵庫としての役割をもつ小胞体へと，濃度勾配に逆らってCa^{2+}を能動的に輸送している。シグナルが入るとCa^{2+}チャネルが開き，濃度勾配に従って細胞質へとCa^{2+}が流入することで，細胞質におけるCa^{2+}濃度の急激な上昇がもたらされる。シグナルの入力がストップするとCa^{2+}チャネルが閉じ，Ca^{2+}ポンプの働きによって基底状態の濃度勾配がふたたび形成される。このように，チャネルとポンプの拮抗作用は，酵素によるメディエーターの合成・分解に等しい役割を担っている。

上にあげたすべての例についていえることだが，メディエーター濃度の増加・減少にかかわるタンパク質は，多様なシグナル伝達の文脈の中で協調的に機能している。上流からのさまざまなシグナルが，ある特定のメディエーターの産生へとつながりうると同時に，以降で取り上げるように，単一のメディエーターが下流に位置する多種多様なエフェクターの活性化を引き起こすこともある。

低分子メディエーターは下流のエフェクター分子に結合することで機能を発揮する

cAMPやCa^{2+}のような低分子シグナルメディエーターは，下流で働く多様な酵素やチャネル分子に結合し，アロステリックな活性化や活性抑制を引き起こすことで生理機能を発揮する。また，プロテインキナーゼA（cAMPが阻害サブユニットに結合することで，キナーゼ活性を有する触媒サブユニットが活性化する）にみられるように，メディエーターが制御サブユニットに結合することで，間接的に生理機能の調節を行う例も知られている。脂質メディエーターの場合，エ

フェクタータンパク質への結合とそれに伴う膜区画へのリクルートを通じて，これらタンパク質の制御を行うこともある。多くの場合，同一のメディエーターに反応するタンパク質には，そのメディエーターからのシグナル伝達に必要な進化上関連したモジュラードメインやモチーフが共通に認められる（cAMPやCa^{2+}の結合モジュールが代表としてあげられる）。これら結合モジュールは，第4章で述べた翻訳後修飾を認識する「読み込み装置（reader）」ドメインと機能的に類似している。

低分子シグナルメディエーターはエフェクター分子との結合を通じてのみ効果を発揮するという点で，シグナル伝達にかかわる他のイオンや低分子と大きく異なっている。一例をあげると，ニューロンや筋肉などの興奮性細胞においては，Na^+やK^+など一連のイオンに対するチャネルの開閉制御によって膜電位が急激に変化し，その変化は増幅されつつ伝搬される。細胞膜をはさんだこのような電位変化は，神経系におけるシグナル伝達の基本となるが，ここではこれ以上深くはふれない。ここで注意してほしいのは，興奮性細胞の例においてイオンはエフェクタータンパク質に結合して構造的な変化を引き起こすわけではなく，基本的に電荷の移動という形で効果を発揮している点である。

エフェクタータンパク質がメディエーターからのシグナルを適切に読みとり，反応するためには，両者の結合（ならびにそれに引き続く活性化や抑制）の解離定数が適切な値であり，基底状態のメディエーター濃度で両者の結合が低く保たれる一方，活性化状態のメディエーター濃度では十分な結合が可能となる必要がある。例えば，エフェクターの解離定数がメディエーターの基底状態の濃度よりも低い場合には（すなわちアフィニティーが高すぎた場合には），刺激が入る前からほとんどのエフェクターがメディエーターに結合してしまい，シグナルによってメディエーターの濃度が上昇したとしても，ほとんど変化が生じないことになる。

低分子シグナルメディエーターは，迅速かつ遠くまで届く，増幅されたシグナル伝達を可能にする

溶液中を拡散する効率は，拡散する分子の半径に反比例する。シグナルメディエーターは比較的小さいため，原則として細胞内で速やかに拡散して情報を伝えることが可能である。シグナルメディエーターを介したシグナルのなかには，ミリ秒単位で細胞全体に相当する距離に到達するものも知られている。図6.2aは，高分子シグナル伝達タンパク質（プロテインキナーゼの触媒サブユニット；半径

 生理的な濃度域のリガンドに対するアフィニティー調節については第2章で述べている

図6.2

タンパク質メディエーターと低分子シグナルメディエーターのサイズ・拡散能の相対比較
(a)典型的なシグナル伝達タンパク質（プロテインキナーゼAのキナーゼドメイン）と，低分子シグナルメディエーターであるcAMPならびにCa^{2+}の相対的なサイズの比較。(b)各分子が基準点からどのように拡散するのかを示した，一定時間後の理論的な分布パターン。拡散速度は(a)に示された半径にもとづき，つぎのストークス・アインシュタインの式を用いて算出している。$D=kT/(6\pi\eta r)$。ただし，Dは拡散係数，kはボルツマン定数，Tは絶対温度，ηは溶液の粘度，rは半径。低分子メディエーターは高分子に比べ，より遠くまで速やかに伝わることが読みとれる。

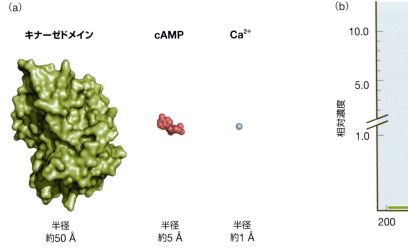
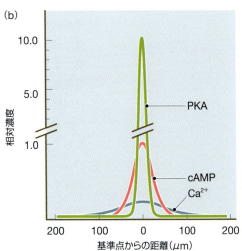

約50 Å）と，cAMP（半径約5 Å）やCa^{2+}（半径約1 Å）といった低分子シグナルメディエーターのサイズを相対的に示している。また，基準点に存在する同一の濃度の物質が，一定時間後にどのように拡散するかを，それぞれの分子ごとに相対濃度で表している（図6.2b）。小さいサイズの分子は，高分子に比べ，より遠くまで速やかに拡散する能力を有している。気体である一酸化窒素のように，ある種のメディエーターは細胞膜すら通過して拡散し，細胞間のコミュニケーションを媒介することもある。一方で，低分子のメディエーターが実際にシグナルを運ぶ距離は，分子自体の寿命にも依存している。例えば，一酸化窒素は寿命が非常に短いため，せいぜい数個の細胞にシグナルを伝えることしかできない。同様にCa^{2+}の場合，至るところに存在する高濃度のCa^{2+}結合タンパク質によってサイトゾル中のCa^{2+}は速やかに捕捉され，機能を失ってしまう。しかし，次節で議論するように，このようなメディエーターの産生，拡散，そして分解・捕捉といったさまざまな要素が絡み合うことで，時空間的に複雑に制御された出力シグナルが生み出されている。

　低分子シグナルメディエーターはまた，シグナルを著しく増大させる性質をもっている。酵素によって産生されるメディエーターの場合，ごくわずかな合成酵素の活性化が莫大な数のメディエーター分子を生み出すことにつながる。同様に，少数の膜チャネルが一瞬開くだけで，数多くのCa^{2+}の流入が引き起こされる。いずれの場合も，初期のメディエーター濃度が低ければ，速やかで著しい濃度上昇がもたらされることになる。シグナルを著しく増大させるとともに，細胞内で迅速にシグナルを伝搬しうる性質をもつという点で，低分子メディエーターは他のシグナル伝達機構とは一線を画している。

低分子シグナルメディエーターは複雑な時空間パターンを作り出しうる

　低分子シグナルメディエーターのレベルは，産生と除去という相反する働きによって調節されており，両者の協調的な制御を通じて複雑で多彩なシグナル伝達のダイナミクスが生み出される。図6.3aは，シグナルメディエーターのレベルを水が出入りしている容器の水位になぞらえたものである。水の流入量や流出量（もしくはその両方）を調節することで，定常状態の水位を変えることが可能である。同様に，セカンドメッセンジャーのレベルは，産生・分解の両面で協調的に調節されている。

　図6.3bは，一過的な刺激に伴い合成速度が上昇した場合のメディエーター濃度の経時変化を模式的に示している。刺激が入らなくなった後，いかに速やかに基底状態のメディエーター濃度に戻れるかは，定常状態においてどれぐらいの速度でメディエーターが分解されるかに依存している。まったく異なる相補的機構，すなわち刺激に伴って分解速度が低下したり（図6.3c），合成速度上昇と分解速度低下が協調的に生じたりした場合にも，一過的なメディエーター濃度の上昇は同様に引き起こされうる。

　低分子シグナルメディエーターは，より複雑な時空間的なパターン形成にも関与している。例えば，合成酵素の非常に限局した活性化が生じる一方，分解酵素（もしくはCa^{2+}の場合であれば捕捉して効果を失わせるような結合タンパク質）が広く一様に存在している場合，メディエーターの急激な濃度勾配が形成されることになる。迅速適応や振動といった時間的な変動パターンの違いも，合成と除去にかかわる酵素群の働きのバランスによって生み出される。本章の後半では一例として，Ca^{2+}を介したシグナル伝達にみられる非常に複雑な波動パターンを

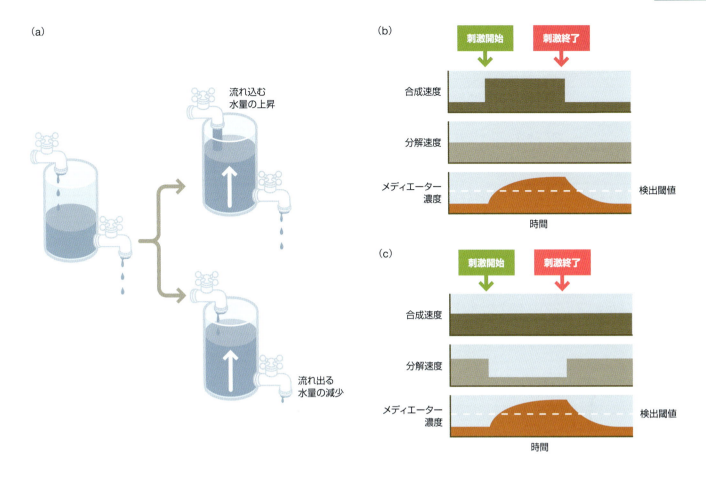

図6.3

低分子シグナルメディエーターの濃度は，上流からの刺激のオン・オフに反応して上昇したり低下したりする　(a)低分子シグナルメディエーターの濃度調節は，水が出入りする容器における水位の調節に似ている。容器に入る水量を増やしたり，容器から流れ出る水量を減らしたりすることで(もしくはその両方の組合わせによって)，水位を上昇させることが可能である。(b)合成速度の上昇はメディエーター濃度の一過的な上昇をもたらす。刺激がなくなった後，メディエーター濃度が低い状態に戻るためには，基底状態における分解速度が高い必要がある。(c)メディエーター濃度の同様な上昇は，一過的に分解速度が低下することによっても引き起こされうる。

取り上げる。

低分子シグナルメディエーターの種類

表6.1には，さまざまな種類の低分子シグナルメディエーターが，産生・除去にかかわる酵素やタンパク質，ならびに上流のシグナル・標的分子とともにあげられている。本節では，環状ヌクレオチドや，脂質由来メディエーターであるイノシトール 1,4,5-トリスリン酸(IP_3)やジアシルグリセロール(DAG)など，いくつかの重要なメディエーターについて，その作用機構や制御機構の詳細に焦点をあてる。また次節では，Ca^{2+}を介したシグナルの特性について着目したい。

低分子シグナルメディエーターは多様な物理的性質を示す

低分子シグナルメディエーターは，迅速かつ広範囲に作用を発揮するという共通した特性を示す一方，実際の物理的な性質は非常に多岐にわたる。環状ヌクレオチドやCa^{2+}に代表される典型的なメディエーターは水溶性のため，脂質二重層を通り抜けることができない。一方，ある種の脂質由来メディエーターは疎水性が高く，膜に局在することになる。これら疎水性のメディエーターは，膜平面内を二次元的に拡散することしかできない。脂質メディエーターのなかにはある程度の水溶性を示すものも知られており，そのようなメディエーターは膜だけではなくサイトゾルや細胞外領域にも局在することができるため，細胞から細胞へと伝わっていく。

小さなフリーラジカル気体分子である一酸化窒素(NO)は面白い分子であり，

低分子シグナルメディエーター	合成/産生酵素	分解/除去酵素	局在(作用範囲)	入力	出力標的
環状ヌクレオチド					
cAMP	アデニル酸シクラーゼ	cAMPホスホジエステラーゼ	細胞内(長距離)	GPCR	キナーゼ, チャネル, GEF
cGMP	グアニル酸シクラーゼ	cGMPホスホジエステラーゼ	細胞内(長距離)	一酸化窒素, ロドプシン	キナーゼ, チャネル
脂質由来メディエーター					
イノシトール 1,4,5-トリスリン酸(IP_3)	ホスホリパーゼC(PLC)	脱リン酸化	細胞内(長距離)	RTK, GPCR	Ca^{2+}チャネル
ジアシルグリセロール(DAG)	ホスホリパーゼC(PLC)	リン酸化	膜に限局	RTK, GPCR	キナーゼ
ホスホイノシチド(例:PIP_3)	PIキナーゼ	PIホスファターゼ	膜に限局	RTK, GPCR	キナーゼ, 多くのPHドメイン
エイコサノイド(例:プロスタグランジン)	シクロオキシゲナーゼ, プロスタグランジン合成酵素	デヒドロゲナーゼ, レダクターゼ	細胞外	PLA_2	GPCR
セラミド	スフィンゴミエリナーゼ	セラミダーゼ	膜に限局	TNFならびにIL-2受容体	キナーゼ/ホスファターゼ
スフィンゴシンリン酸	セラミダーゼ/スフィンゴシンキナーゼ	スフィンゴシンホスファターゼ	細胞外	TNFならびにIL-2受容体	GPCR
その他					
Ca^{2+}	Ca^{2+}チャネル(ER貯蔵からの放出)	Ca^{2+}-ATPアーゼポンプ, Ca^{2+}捕捉タンパク質	細胞内(0.1〜1 μm)	チャネル, IP_3	チャネル, キナーゼ, 酵素, 細胞骨格タンパク質(カルモジュリン)
一酸化窒素(NO)	一酸化窒素合成酵素(NOS)	O_2との反応, ヘムとの結合	細胞外	Ca^{2+}/カルモジュリン, リン酸化	cGMP(グアニル酸シクラーゼ)

*この表は、各々のクラスの代表例をあげたものであり、網羅的なものではない。GPCR:Gタンパク質共役受容体、GEF:グアニンヌクレオチド交換因子、RTK:受容体型チロシンキナーゼ、PIP_3:ホスファチジルイノシトール 3,4,5-トリスリン酸、PI:ホスファチジルイノシトール、PLA_2:ホスホリパーゼA_2、TNF:腫瘍壊死因子、IL-2:インターロイキン2、ER:小胞体。

表6.1

一般的に用いられる低分子シグナルメディエーターのクラス*

NOのシグナルについての詳細は第8章で述べている

サイズが小さく極性をもたない性質であるため、細胞膜を容易に通過することができる。NOは、一酸化窒素合成酵素(NOS)と呼ばれる酵素の働きで、L-アルギニンからシトルリンとともに作り出される。NOSはCa^{2+}/カルモジュリンによって活性化され、産生されたNOは細胞膜を通過して隣接する細胞へと拡散することが可能である。しかし、NOは本来非常に不安定な分子であり、しかも酸素やヘムとすぐに反応してしまうため、その作用は非常に一過的で局所的なものになる。NOの主要な標的は、cGMP(それ自身、別のシグナルメディエーターとして作用する)を産生する、グアニル酸シクラーゼと呼ばれる酵素である。NOは、平滑筋の弛緩や血管の拡張を通じて、血流や血圧を制御している。

環状ヌクレオチドであるcAMPとcGMPは、シクラーゼによって産生されホスホジエステラーゼによって分解される

細菌から脊椎動物に至るさまざまな生物種が、**環状ヌクレオチド**(cyclic nucleotide)である**サイクリックAMP**(cyclic AMP:cAMP)や**サイクリックGMP**(cyclic GMP:cGMP)をシグナルメディエーターとして利用している。cAMPとcGMPはそれぞれ、高エネルギー前駆体であるATPならびにGTPからシクラーゼと呼ばれる酵素によって合成される(図6.4)。脊椎動物のアデニル酸シクラー

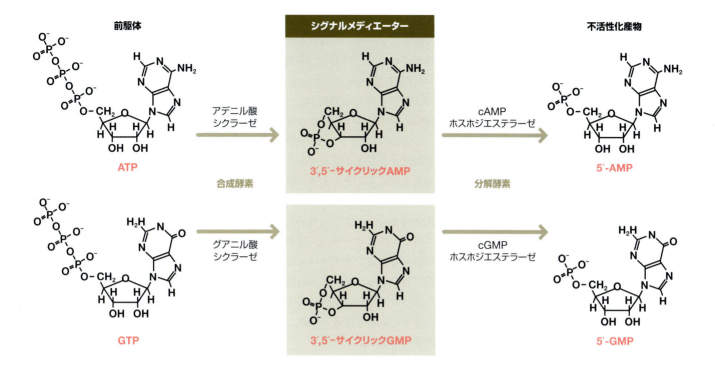

図6.4

環状ヌクレオチドの合成と分解 シグナルメディエーターであるcAMPとcGMPの構造を，その前駆体ならびに不活性化産物の構造とともに示す。

ゼは巨大な膜タンパク質であり，細胞質領域に進化的に保存されたシクラーゼ触媒ドメインを有している。アデニル酸シクラーゼは，ヘテロ三量体Gタンパク質を介したアロステリックな変化によって活性制御を受けている（図6.5）。ある種のGαサブユニットはアデニル酸シクラーゼを活性化するが，反対にアデニル

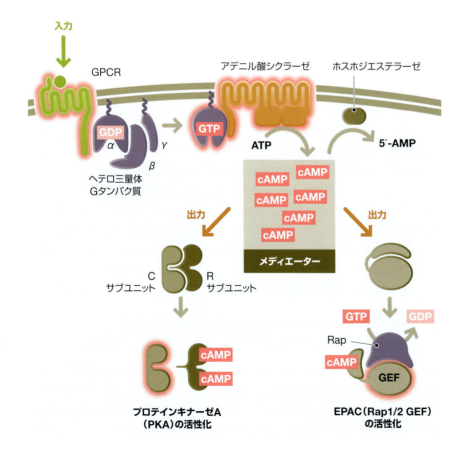

図6.5

低分子シグナルメディエーターcAMPを介したシグナル伝達 cAMP合成酵素であるアデニル酸シクラーゼは，ヘテロ三量体Gタンパク質によって活性化される。また，cAMPはホスホジエステラーゼによって分解される。cAMPの作用の多くは，プロテインキナーゼA（PKA）ならびにEPACの制御を介して発揮される。なおEPACは，低分子量Gタンパク質であるRap1およびRap2に対するグアニンヌクレオチド交換因子（GEF）である。PKAの制御（R）サブユニットにcAMPが結合することで，触媒（C）サブユニットが解離する。一方，cAMPがEPACに結合すると，GEF活性に対する自己阻害が解除される。GPCR：Gタンパク質共役受容体。

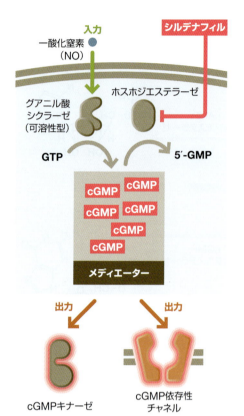

図6.6

低分子シグナルメディエーターcGMPを介したシグナル伝達 cGMPを合成する酵素の1つである可溶性型グアニル酸シクラーゼは，一酸化窒素(NO)によって活性化される。また，cGMPはホスホジエステラーゼによって分解される。cGMPは，キナーゼやイオンチャネルを含むさまざまなエフェクターを制御することで，血管平滑筋細胞の弛緩を引き起こす。シルデナフィル(バイアグラ®)と呼ばれる薬物は，cGMPホスホジエステラーゼを阻害することで，cGMP濃度の上昇を促す。

視覚のシグナル伝達システムについては第12章で述べている

酸シクラーゼの活性を阻害するものも知られている。脊椎動物には2種類のグアニル酸シクラーゼ，すなわち上流のシグナルメディエーターであるNOによって活性化される可溶性型と，各種のリガンドによって活性化される膜貫通型(受容体)が存在している。

cAMPならびにcGMPは，ホスホジエステラーゼ(PDE)によって，それぞれ活性型の分子から不活性型の5′-AMPおよび5′-GMPへと分解される。多くのシグナル伝達経路が(シクラーゼを介した)産生過程の活性化を通じて定常状態における環状ヌクレオチド濃度の上昇を引き起こすが，ホスホジエステラーゼの活性が影響を受けることもある。例えば，Ca^{2+}/カルモジュリンがcAMPホスホジエステラーゼを活性化しうるのに対し，$G_i\alpha$はcGMPホスホジエステラーゼを活性化させるが，いずれの場合も環状ヌクレオチド濃度の低下が引き起こされる。ホスホジエステラーゼは，重要な創薬ターゲットにもなりうる(図6.6)。勃起不全治療薬であるシルデナフィル(バイアグラ®)は，cGMPホスホジエステラーゼの阻害薬である。血管平滑筋細胞におけるcGMP分解の阻害は，(基底状態における低いシクラーゼ活性の下)cGMP濃度の高いレベルでの安定化をもたらす。このことにより平滑筋の弛緩と血管の拡張が起こり，結果として陰茎に流入する血流量の増加が促される。

環状ヌクレオチドは多様な細胞応答を制御する

脊椎動物におけるcAMPの主たる標的は，**プロテインキナーゼA**(protein kinase A：PKA)と，低分子量Gタンパク質の制御因子であるEPACである(図6.5)。これら分子はともに，環状ヌクレオチド結合ドメインとも呼ばれる類似のcAMP結合モジュールを有しており，同様の構造は細菌からヒトに至るあらゆる種にみいだされている。cAMPによるPKAの活性化機構の詳細については，次節で触れる。EPACはグアニンヌクレオチド交換因子(GEF)の1つであり，細胞外マトリックス-細胞間の接着制御において重要な役割を果たす2つの低分子量Gタンパク質，すなわちRap1とRap2の活性化にかかわっている。EPACのもつGEF触媒ドメインは，分子内の他のドメインによって活性調節を受けており，そのようなドメインの代表として，PKAの制御サブユニットに認められるような環状ヌクレオチド結合ドメインがあげられる(EPAC1は1つ，EPAC2は2つ，そのような制御ドメインを有している)。これらのドメインは，GEF触媒ドメインの自己阻害を行うが，cAMPの結合に伴いその阻害効果が取り消される。

cGMPは，cGMP依存性プロテインキナーゼ(cGK，もしくはプロテインキナーゼG〔PKG〕としても知られる)ファミリーや，cGMP制御性イオンチャネルを含むいくつかの下流因子を標的としている(図6.6)。さらにcGMPは，cGMPの分解にかかわるある種のcGMPホスホジエステラーゼの制御にもかかわっているようである。このことは，シグナル伝達のダイナミクスを制御するうえで重要な，一種のフィードバック制御の存在を示している。一般にcGMPのエフェクターは，平滑筋の弛緩や血流の増加，そして脊椎動物の視覚にかかわっている。

プロテインキナーゼAの制御(R)サブユニットはcAMP結合により立体構造が変化するセンサーである

低分子シグナルメディエーターによって直接活性制御を受ける酵素としては，**プロテインキナーゼA**(protein kinase A：PKA)，すなわちcAMP依存性プロテインキナーゼが最もよく理解されている。その名前が示すように，PKAが基質をリン酸化できるかどうかは，cAMPの存在に完全に依存している。したがっ

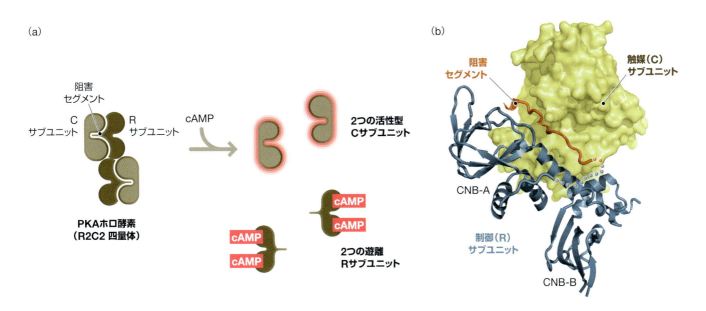

てPKAは，細胞内のcAMP濃度の変化を，基質タンパク質におけるセリン/トレオニン残基のリン酸化状態の変化へと変換する役割を果たしている。PKAは2種類のサブユニット，すなわち触媒(C)サブユニット，ならびに触媒サブユニットに結合してその活性を抑制する制御(R)サブユニットをもつ(図6.7a)。触媒サブユニットのキナーゼ活性は制御サブユニットとの会合によって厳密に制御されており，その際，制御サブユニットは，cAMPとの結合により調節を受ける立体構造的なスイッチとしての役割を果たしている。制御サブユニットによる触媒活性の抑制は，主に制御サブユニットのもつ偽基質様阻害セグメント(pseudo-substrate-like inhibitory segment)によって担われており，触媒サブユニットと会合した際に，偽基質様阻害セグメントが触媒サブユニットの活性部位をマスクする(図6.7b)。Rサブユニットは通常二量体として存在しているため，実際の不活性な複合体はR2C2というヘテロ四量体の形をとる。

不活性な状態(一般的にはcAMPの濃度が10^{-8} M以下の低い濃度の状態)では，触媒サブユニットと制御サブユニットは非常に強く——K_dは10^{-9} M以下である——会合するため，実質的にほぼすべての触媒サブユニットが制御サブユニットと複合体を形成している。この複合体において，制御サブユニットは，基質が触媒サブユニットの活性部位に結合するのを立体障害的に妨げている。すなわち，cAMP濃度が低い状態においては，2種類のサブユニット間の会合を通じて，大部分のPKAは不活性な状態に保たれている。

1つの制御サブユニットにつき2つのcAMP結合部位が存在しており，両者は正の協同性を示す。すなわち，cAMPが1つの部位に結合すると，もう1つの部位のcAMPに対するアフィニティーが上昇するため，結果としてcAMPに対する結合能は濃度に関してシグモイド型の曲線を示す。したがって，cAMP濃度が上昇してRサブユニットに対するK_dの値(10^{-8}〜10^{-7} M)に近づくと，比較的小さなcAMP濃度の変化が結合状態の大きな変化を引き起こすことになる。いったん2分子のcAMPが1つの制御サブユニットに結合すると，立体構造の変化によって触媒サブユニットとの会合面に変化が生じ，両者のアフィニティーが低下する結果，触媒サブユニットが解離して活性型として機能する。すなわち，制御サブユニットから解離することではじめて，触媒サブユニットは基質をリン酸化できるようになる。

図6.7

cAMP結合によるPKAの制御 (a)cAMP非存在下では，PKAは触媒(C)サブユニットと制御(R)サブユニットが会合した複合体として存在しており，その複合体中ではRサブユニットによってCサブユニットの機能が不活性に保たれている。すなわち，Rサブユニットのもつ阻害セグメントが，Cサブユニットの活性部位を塞いでいる。cAMP濃度が上昇すると，RサブユニットにcAMPが結合し，Cサブユニットから解離する。遊離したCサブユニットは活性型として基質をリン酸化できる。PKAの不活性型ホロ酵素は，2つのRサブユニットと2つのCサブユニットからなるヘテロ四量体として存在している。(b)制御サブユニットと触媒サブユニット1分子ずつからなるヘテロ二量体の構造。CNB-AならびにCNB-B，環状ヌクレオチド結合ドメインAならびにB。(bはP. Zhang et al., *Science* 335: 712–716, 2012より)

 協同的な結合については第2章で説明している

また，脂質キナーゼやホスファターゼによるPIの修飾によって，頭部基がさまざまにリン酸化された各種のホスホイノシチド分子群が産生される場合もある。そのようにして産生される重要なメディエーターの1つとして，ホスファチジルイノシトール 3,4,5-トリスリン酸(PIP_3)があげられる。これらホスホイノシチド分子群は，脂質認識ドメインを有する分子を状況に応じて膜区画へとリクルートすることで，さまざまなエフェクターの活性化を引き起こす。

プロスタグランジンに代表される**エイコサノイド**(eicosanoid)は，アラキドン酸のような膜脂質に由来する脂肪酸から合成される，重要な炎症性メディエーターである。他のメディエーターと異なり，エイコサノイドは脂質と水の両方に対して十分な可溶性を示すため，自身が生み出された細胞を離れることができる。エイコサノイドは，隣接する細胞上のGタンパク質共役受容体(GPCR)の活性化を通じて，炎症や血液凝固，血管緊張，血管透過性といったさまざまな生理活性作用を発揮する。

第三の脂質由来メディエーターは，**スフィンゴミエリン**(sphingomyelin)から産生される分子種である。受容体を介して活性化された脂質分解酵素のスフィンゴミエリナーゼは，スフィンゴミエリンから頭部基であるホスホコリンを切り出すとともに，膜局在型のシグナルメディエーターであるセラミドを産生することで，ある種のキナーゼやホスファターゼの活性化を引き起こす。スフィンゴミエリンが別のタイプの酵素によって切断されリン酸化を受けると，可溶性のメディエーターであるスフィンゴシンやスフィンゴシン 1-リン酸が産生されるが，これら分子種は産生された細胞を離れて拡散することも可能である。

シグナル伝達におけるイノシトール脂質，エイコサノイド，スフィンゴミエリンの役割についての詳細は第7章で述べている

PLCは2つのシグナルメディエーター，IP_3とDAGを生成する

前述したように，IP_3とDAGは，ホスホリパーゼC(PLC)によるPIP_2の加水分解産物である。PLCのβアイソフォーム(PLCβ)がヘテロ三量体Gタンパク質によって活性化されるのに対し，γアイソフォーム(PLCγ)はチロシンキナーゼのシグナル伝達経路によって活性化される。切り出された後，IP_3は酵素を介した脱リン酸化によって不活性化される。一方のDAGからは，さらなるリン酸化修飾を経て，**ホスファチジン酸**(phosphatidic acid：PA)が産生される。PAは，それ自体がシグナル伝達に関与するとともに，酵素の働きによって生理活性をもつ別種の脂質へとさらに変換される。

IP_3の主な作用は，細胞内Ca^{2+}濃度の調節である。IP_3は細胞質内を拡散し，小胞体において，膜上に存在するIP_3受容体(IP_3依存性Ca^{2+}チャネルとも呼ばれる)に結合し活性化する。活性化したIP_3受容体のチャネルが開くことで，小胞体に貯蔵されたCa^{2+}が細胞質へと放出される。以降で取り上げるように，IP_3受容体の活性化は，シグナル伝達に利用される急速で著しい細胞内カルシウム濃度の上昇を引き起こす。

プロテインキナーゼCの活性化はIP_3とDAGによって制御される

低分子シグナルメディエーターがいかに厳密に酵素活性や膜局在を時空間的に制御しているか，**プロテインキナーゼC**(protein kinase C：PKC)ファミリーのようなセリン/トレオニンキナーゼを通して理解することができる。哺乳類において，PKCファミリーは少なくとも10のファミリー分子から構成されており，そのすべてがC末端にキナーゼドメインを有している。通常は，N末端領域が触媒部位に結合し基質認識を阻害しているため，キナーゼドメインの活性は抑制され

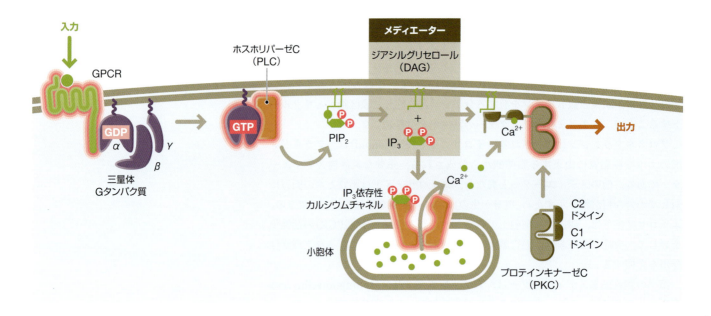

図6.9

IP₃とDAGによるプロテインキナーゼC (PKC)の活性化 ヘテロ三量体Gタンパク質の活性化に伴って，ホスホリパーゼC(PLC)の活性化が生じると，ホスファチジルイノシトール 4,5-ビスリン酸(PIP_2)が切断され，ジアシルグリセロール(DAG)とイノシトール 1,4,5-トリスリン酸(IP_3)が産生される。IP_3は細胞質内を拡散し，小胞体に存在するIP_3依存性Ca^{2+}チャネルの活性化を通じて，貯蔵されたCa^{2+}(緑色の丸)の細胞質への放出を促す。Ca^{2+}とDAGは協調的に働いてPKCを活性化し，活性化したPKCは下流標的分子をリン酸化する。PLCはチロシンキナーゼによっても活性化される。GPCR：Gタンパク質共役受容体。

ている。また，細胞内のCa^{2+}やDAGの濃度変化に応答するC1・C2ドメインと呼ばれる制御領域は，ファミリー分子ごとに異なっている。典型的なPKCアイソフォームの場合，Ca^{2+}とDAGが同時に結合することで立体構造の変化が起こり，阻害がなくなるとともに触媒ドメインの活性化が生じる。

無刺激時の細胞において，古典的PKC(conventional PKC)は，自己活性阻害構造をとってサイトゾルに局在している。しかし，PLCの活性化に伴って膜上のDAGの密度が上昇すると，タンデムに並んだC1ドメインを介してPKCが膜へとリクルートされる。高アフィニティーで膜へと結合するためには，C2ドメインへのCa^{2+}の結合もまた必要となる。DAGとCa^{2+}の結合によって引き起こされる立体構造の変化は，結果としてPKCの酵素活性の上昇をもたらす(図6.9)。すなわち，PKCの膜へのリクルートは，PKCの酵素活性と密接に関連している。**ホルボールエステル**(phorbol ester)はDAGの構造に類縁の有機化合物であり，そのため in vivo においてPKCの活性化を誘導する。ホルボールエステルは最初，クロトン油に含まれる成分のうち，実験動物の皮膚に投与した際に腫瘍形成能をもつ成分として単離された。ホルボールエステルは，実験的には細胞内のPKCの活性調節に用いられている。

DAGやCa^{2+}は，それぞれ単独では古典的PKCを膜へとリクルートしたり十分な活性化を引き起こすことができない。したがって，古典的PKCの活性化は，局所的な濃度という点で時空間的に大きく異なったパターンを示すDAGとCa^{2+}という2つのシグナルの統合という意味をもつ。他のPKCアイソフォームでは，低分子シグナルメディエーターへの依存性が異なっている。いわゆる「新規(novel)」アイソフォームの活性化がDAGのみに依存しているのに対して，「非典型的(atypical)」アイソフォームの活性化にはカルシウムもDAGも必要なく，まったく別の機構によって制御されている。すなわち，異なるPKCアイソフォームの存在は，おのおのに固有のタイミングと細胞内局在で活性化することが可能な，類縁のキナーゼの多様性を象徴している。

カルシウムシグナル

Ca^{2+}は，最も重要な細胞内シグナルメディエーターの1つである。カルシウムシグナルは，膜上のCa^{2+}ポンプの働きによって膜を隔てて形成・維持されるCa^{2+}の濃度勾配に依存している。細胞外や，小胞体のような細胞内のCa^{2+}貯蔵庫におけるカルシウム濃度が約10^{-3} Mであるのに対し，通常，サイトゾルにおけるカルシウム濃度は非常に低い(約10^{-7} M)。この10,000倍にも及ぶ濃度勾配により，細胞外環境や細胞内Ca^{2+}貯蔵庫からのCa^{2+}の流入は，細胞質におけるカルシウム濃度の急速で著しい上昇をもたらすことになる。この機構はさまざまな局面でシグナル伝達に利用されている。

Ca^{2+}チャネルの活性化を介した制御が一般的である

シグナル伝達の過程において，細胞内のCa^{2+}濃度はチャネルの開口が引き金となって変化する(図6.10)。細胞膜にはさまざまな種類のCa^{2+}チャネルが存在しており，Ca^{2+}の膜通過とサイトゾルへの流入をつかさどっている。これらCa^{2+}チャネルのほとんどが「条件依存性開口型」であり，すなわち，ある特定の条件下においてのみチャネルを開いてイオンを通過させる。ある種のCa^{2+}チャネルは特定のリガンドの結合に伴い開口し(**リガンド依存性イオンチャネル**〔ligand-gated

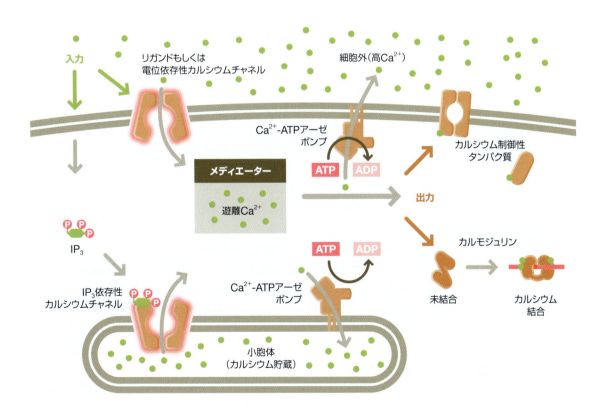

図6.10

細胞内シグナルメディエーターとしてのCa^{2+}の利用 細胞外環境や小胞体に向けてCa^{2+}を移動させるCa^{2+}-ATPアーゼポンプの働きによって，サイトゾルにおけるCa^{2+}濃度は低く保たれている(約10^{-7} M)。Ca^{2+}チャネルが開くと，サイトゾルのCa^{2+}濃度は一気に上昇する。これらチャネルには，細胞膜上のリガンド依存性チャネルや電位依存性チャネル，小胞体膜上のIP_3依存性チャネルが含まれる。Ca^{2+}濃度の上昇により，あるエフェクターは直接，また別のエフェクターはCa^{2+}結合タンパク質であるカルモジュリンを介して，それぞれ活性化される。Ca^{2+}-ATPアーゼポンプによってCa^{2+}濃度はもとの状態へと戻る。

ion channel〕)，また別のCa²⁺チャネルは温度やpH，膜内外の電位差といった環境要因の変化に依存して開口する(例えば，**電位依存性イオンチャネル**〔voltage-gated ion channel〕)．これら異なるチャネルの存在によって，多様なシグナルがCa²⁺濃度の上昇という共通の事象に変換されることになる．Ca²⁺チャネルを阻害可能な低分子は，薬物のなかでも重要なものの1つであり，Ca²⁺依存性のシグナルを研究するうえでも有用な実験ツールとしての役割を果たしてきた．

条件依存性チャネルとその制御についての詳細は第8章で述べている

　Ca²⁺の貯蔵を行う生理的に重要なもう1つの場として，小胞体(もしくは筋細胞における類縁器官である筋小胞体)があげられる．小胞体膜はIP₃依存性Ca²⁺チャネル(IP₃受容体)に富んでおり，局所的なIP₃濃度の上昇(PLCを介したPIP₂の切断によってもたらされる：前記参照)によってこれら受容体が活性化されると，小胞体から細胞質に向けてCa²⁺が放出される．IP₃受容体はCa²⁺それ自身によっても制御を受ける．中程度のCa²⁺濃度はチャネルのさらなる活性化をもたらし，正のフィードバックが生じる．しかし，高濃度のCa²⁺はチャネルを阻害するため，結果的に負のフィードバックを引き起こす．この特異なチャネルの特性により，Ca²⁺波に代表される，Ca²⁺シグナルに特有の時空間的な様式が生み出される．この点に関しては後述する．

Ca²⁺流入は迅速で局所的である

　Ca²⁺は速やかに拡散することが可能である．しかし，通常，細胞内Ca²⁺の作用は非常に一過的かつ局所的である．なぜなら第一に，細胞内のCa²⁺濃度は，Ca²⁺-ATPアーゼポンプの働きによって速やかにもとのレベルへと戻される．また第二に，細胞質内にはきわめて高濃度のCa²⁺結合タンパク質が存在するため，拡散可能なCa²⁺は非常に短い時間でタンパク質に結合してしまい，少なくともその瞬間には作用を発揮できなくなるからである．すなわち，これらCa²⁺結合タンパク質は，Ca²⁺濃度の上昇を緩和する働きをもつ．このようにして引き起こされる，一過的で空間的に限定されたCa²⁺濃度の上昇が，機能的には重要となってくる．

　細胞内Ca²⁺濃度の変化を可視化することのできる生物物理学的なツールを利用することによって，生きた細胞におけるダイナミックなCa²⁺の挙動のかなりの部分が把握されている．一般的なアプローチの1つに，Ca²⁺濃度に依存して波長特性が変化するFura-2のような特殊な蛍光色素を利用したものがあげられる．またごく最近では，Ca²⁺濃度を検知するための遺伝的にコードされた**バイオセンサー**(biosensor)が開発されている．一例をあげると，Ca²⁺の結合に伴って2つの蛍光タンパク質間の距離が変化し，ひいては波長特性の変化(**蛍光共鳴エネルギー転移**〔fluorescence resonance energy transfer：FRET〕)が生じるように，2つの蛍光タンパク質をカルモジュリンに融合させたタンパク質がつくられた．遺伝的にコードされたバイオセンサーを用いれば，細胞内に化学色素を注入する必要がなくなるため，Ca²⁺濃度の変化の可視化が容易になり，例えば脳内の個々のニューロンを解析対象とすることも可能となる．

バイオセンサーについての詳細は第13章で述べている

　細胞内のCa²⁺は，下流のエフェクター分子に結合することで生理作用を発揮する．Ca²⁺と直接結合するタンパク質にはさまざまな種類が知られており，キナーゼ(例えばPKC)，Ca²⁺依存性チャネル，細胞骨格タンパク質，そしてシナプス小胞タンパク質(例えばシナプトタグミン)などがあげられる．ニューロンのシナプスでは，シナプトタグミンへのCa²⁺結合が，シナプス小胞の細胞膜への融合とそれに引き続く内容物の放出を引き起こすうえで中心的な役割を果たしている．多くの場合，Ca²⁺結合タンパク質には保存された構造モチーフ，すなわ

ちCa^{2+}をキレートできるように配置された一連の酸性アミノ酸残基が認められ，この構造モチーフは**EFハンド**(EF hand)と呼ばれている。しかし，エフェクター分子の多くは直接Ca^{2+}に結合するわけではなく，そのかわりに共通のCa^{2+}制御性タンパク質であるカルモジュリンによって制御されている。

カルモジュリンは立体構造が変化する細胞内カルシウム濃度センサーである

カルモジュリン(calmodulin：CaM)タンパク質は，カルシウム結合性センサーの一種であり，カルシウムの結合に伴って立体構造が変化し，さまざまな下流エフェクター分子の活性を制御できるようになる。このような機構は，酵素反応や膜チャネルの開閉といった多様な細胞応答において，単純な入力シグナル(Ca^{2+}濃度の変化)を広範で迅速な変化へと結び付けるうえで有用である。

カルモジュリンは，4つのEFハンド型カルシウム結合領域を有するコンパクトなタンパク質である。カルモジュリンのもつEFハンドに対するカルシウムのアフィニティーは5×10^{-7}〜5×10^{-6} Mを示し，基底状態(約10^{-7} M)を超えた細胞内カルシウム濃度の上昇を感知するうえで理想的なものとなっている。CaMの立体構造は，カルシウムの結合に伴い劇的に変化する(図6.11)。立体構造の変化によってペプチド結合面が新たに露出し，このことにより，プロテインキナーゼおよびホスファターゼ，アデニル酸シクラーゼ，転写調節因子，さらに膜チャネルやポンプといったさまざまな相手にうまくCaMが相互作用できるようになる。図6.11cは，新たに露出した結合面を利用してCa^{2+}-CaMが標的ペプチドを認識し，包みこむ様子を示している。最もよく知られた例では，CaM単独(アポCaMと呼ばれる)では下流の標的に結合できないのに対し，カルシウム結合型のCaM(Ca^{2+}-CaM)は高いアフィニティーで標的に結合する。**Ca^{2+}/カルモジュリン依存性プロテインキナーゼ**(Ca^{2+}/calmodulin-dependent protein kinase：CaM-K)は，まさにこのような機構によって制御されている。Ca^{2+}-CaMがCaM-Kへと結合することでCaM-Kの触媒ドメインに活性化に必要な構造変化が生じ，そ

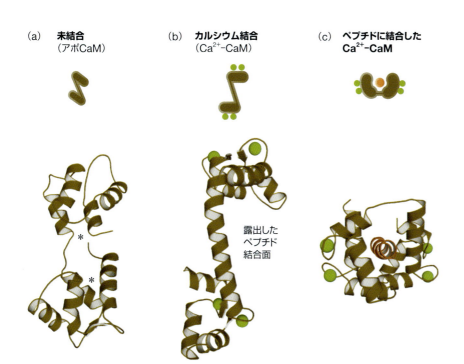

図6.11

カルシウムの結合は，カルモジュリン(CaM)の構造と結合能を変化させる さまざまな状態におけるCaMの原子構造(下)，ならびにその模式図(上)。(a)アポCaM(カルシウム未結合)。＊は閉塞したペプチド結合面の位置を示す。(b)カルモジュリン1分子あたり4つのCa^{2+}イオン(緑色の丸)が結合した，Ca^{2+}結合状態。Ca^{2+}結合状態では立体構造が変化し，ペプチド結合面が露出する。(c)標的ペプチド(オレンジ色)と結合したCa^{2+}-CaM。Ca^{2+}結合状態において変化した結合面により，タンパク質表面に存在する特定の標的ペプチドとCaMが高いアフィニティーで結合できるようになる。パネル(c)の図は，パネル(a)やパネル(b)の図を回転させた位置関係にあることに注意。

の結果，基質タンパク質のセリン/トレオニン残基をリン酸化できるようになる。エフェクターによっては，CaMを介した制御様式が異なることもある。例えば，CaMのエフェクターへの結合に伴い，標的分子の活性化ではなく不活性化が引き起こされる例が知られている。さらに，通常はアポCaMに結合しており，カルシウムの結合に伴って遊離する標的も少数ではあるが存在する。

シグナルがCa^{2+}波の伝搬を引き起こす

前述したように，IP_3受容体はCa^{2+}に依存した特殊な挙動を示す。すなわち，中程度の細胞内Ca^{2+}濃度によって活性化される一方，より高濃度のCa^{2+}によって阻害される。結果として，IP_3濃度の一過的な上昇という形の局所刺激は，細胞の一部の領域のチャネルを開き，そこで局所的なCa^{2+}の流入を引き起こす。Ca^{2+}はごく近傍へと拡散し，その近くに存在するIP_3受容体や，IP_3受容体に近縁でCa^{2+}依存性Ca^{2+}チャネルでもあるリアノジン受容体を活性化する。この正のフィードバック効果により，Ca^{2+}濃度の上昇という波が伝搬することになる（図6.12）。このようにして生み出されるCa^{2+}波は，Ca^{2+}それ自身が拡散するよりもはるかに遠くまで伝搬することが可能である。というのも，細胞内に高濃度

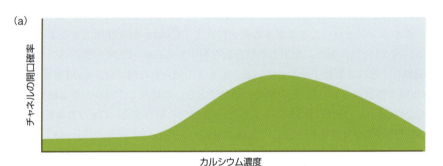

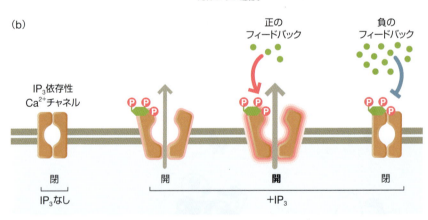

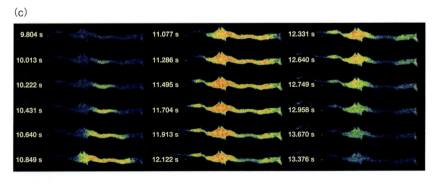

図6.12

細胞内Ca^{2+}シグナルは波の伝搬のような複雑な挙動を示す (a)典型的なIP_3依存性Ca^{2+}チャネルは，Ca^{2+}とIP_3の両者に反応する。チャネルはCa^{2+}濃度に対してベル型の活性依存性を示す。(b)IP_3によって最初にチャネルが活性化されると，初期のCa^{2+}上昇が引き金となって局所的な正のフィードバックが起こり，チャネルの開口とさらなるCa^{2+}流入とが空間的に広がっていく。しかし，Ca^{2+}濃度があるレベルを超えると，今度はIP_3依存性チャネルに対して阻害的に働くため，ゆっくりと負のフィードバックが働くことになる。この複雑な制御のおかげでCa^{2+}波の伝搬が可能となる。(c)カルシウム感受性色素（黄色がCa^{2+}濃度の高い部分を示す）を用いて可視化した，ウサギ尿道筋細胞におけるカルシウム波。毎秒30コマの速度で撮影された。CaM-キナーゼⅡに代表されるある種の下流シグナル伝達系では，このような波の頻度から入力シグナルの強さを読みとることが可能である。(cはM. Hollywood, Smooth Muscle Research Centre, Dundalk Institute of Technologyの厚意による)

で存在するCa²⁺結合タンパク質によって，遊離Ca²⁺の拡散は制限されているためである。Ca²⁺波が伝搬する過程において，局所的なCa²⁺濃度がある一定の値を超えると今度はIP₃受容体が阻害を受け，それ以上のCa²⁺流入が制限されることになる。すなわち，高濃度のCa²⁺波が通りすぎるとチャネルが閉じ，ポンプの働きによって低いCa²⁺濃度の状態が回復する(波の頂点に続いて谷間が形成される)。このような現象が組合わさることでCa²⁺の進行波が生み出され，その際，入力シグナルの強さに応じて進行波が生み出される頻度も高くなる。CaM-Kのようなある種の下流エフェクター分子の場合，Ca²⁺波の頻度の違いを見分けて反応できるものと考えられており，情報伝達の新しいあり方を示している。いくつかの根拠から，今ではcAMPに代表される他の低分子シグナルメディエーターも波をつくって振動しているのではないかと考えられている。

特異性と制御

ごく限られた数の低分子シグナルメディエーターを介して，数多くの多様な生物反応が生じている。したがって，これら一見普遍的なメディエーターが，どのような機構で特異的な細胞応答を引き起こしているかが問題の中心となる。1種類のメディエーターがたくさんの異なった上流シグナルによって生み出され，かつ多様な下流エフェクターを潜在的な標的にしていることを踏まえると，これはシグナルを考えるうえでの重要な問いかけである(図6.13)。

さらに複雑なことに，これまで取り上げてきた低分子シグナルメディエーターの多くが，直接・間接に影響を及ぼし合っているという事実がある。これらシグナル伝達経路間の相互作用のため，あるシグナルメディエーターの作用と他のメディエーターの作用とを区別することは難しい。ここまでに，IP₃，DAG，ならびにCa²⁺が協調してPKCの活性制御にかかわるようすをみてきた。血管内皮細胞でCa²⁺濃度の上昇がNOの合成を引き起こすと，近傍の血管平滑筋においてcGMP合成が誘導されるといった具合に，他にも同じような例は数多い。本節では，足場タンパク質が低分子シグナルメディエーターに時間的・空間的な特異性を付与する機構について述べる。

足場タンパク質は入出力のレベルで低分子シグナルの特異性を高める

足場タンパク質(scaffold protein)は，上流や下流の分子(それぞれの代表として，受容体とエフェクターがあげられる)を局所的な複合体に組み込むことで，低分子メディエーターを介したシグナルの特異性を高めている。例えばcAMPシグナルの特異性は，**A型キナーゼアンカータンパク質**(type-A kinase anchoring protein：AKAP)として知られる一群のタンパク質によって高められている(図6.14a)。AKAPは，cAMPの主要な直接の標的であるプロテインキナーゼA(PKA)に対するものを含め，複数のタンパク質結合部位を有している。例えば，AKAPのもつ両親媒性αヘリックスは，PKAの制御(R)サブユニットに選択的に結合する。前述したように，基底状態のcAMP濃度において，Rサブユニットは触媒(C)サブユニットと安定な複合体をつくり，Cサブユニットの構造を不活性な状態に保っている。Rサブユニットに対するAKAPのアフィニティーは非常に高く(K_dは約10^{-8} M)，そのため不活性型のPKAは効率よくAKAPと会合する。

それぞれのAKAPには，細胞膜やミトコンドリア，中心体といった細胞内の

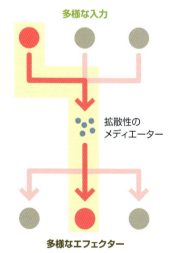

図6.13

低分子シグナルメディエーターは，多様な入力シグナルによって生成され，かつ多様な出力シグナルを生み出す これらメディエーターがどのようにして入力と出力の特異的なつながりを生み出しているのかが，最も重要な問題である(つながりの一例を黄色で示す)。

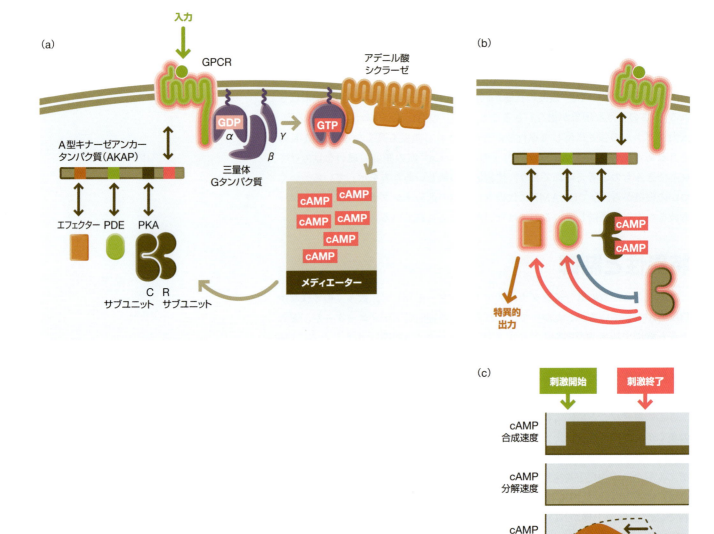

図6.14

AKAP足場タンパク質は，cAMPを介したシグナルにおける入力/出力の特異性を高めることができる　(a)無刺激の状態では，特定のA型キナーゼアンカータンパク質(AKAP)は特定のGタンパク質共役受容体(GPCR)複合体と会合している。AKAPには，特定の上流GPCR(ピンク色)に対するターゲット部位，プロテインキナーゼA(PKA，茶色)の結合部位，ならびに特定の下流エフェクター(PKAの基質，オレンジ色)の結合部位が存在している。さらに，ある種のAKAPは，ホスホジエステラーゼ(PDE，緑色)に対する結合部位を有している。単純化するために，ここではR2C2 PKA四量体に含まれるヘテロ二量体1つのみを示している。(b)AKAPの近傍で受容体とアデニル酸シクラーゼが活性化することで，PKAの活性化と触媒サブユニットの解離が引き起こされ，その結果，特定の受容体の活性化と特定のPKA基質のリン酸化が関連づけられることになる。さらに，PKAによるPDEのリン酸化・活性化によって，cAMPの分解が生じる。この負のフィードバック回路によって，cAMPを介したシグナルの持続性が制御される。(c)cAMPの合成・分解の速度に対するAKAPの効果の模式図。AKAPを介したPDEの活性化により，AKAPがない状態(破線)に比べてはるかに早くシグナルが終結する。

特別な区域にとどまるためのターゲットモチーフも存在している。したがって，PKA自身には細胞内局在のための固有のシグナルがないにもかかわらず，AKAPと会合することでPKAのサブセットは細胞内の特別な領域に運ばれ，不活性な状態のままその場でcAMPシグナルの到着を待つことになる。cAMP濃度の局所的な上昇は，AKAPに会合したRサブユニットへのcAMPの結合と，PKA触媒サブユニットの解離・活性化を引き起こし，AKAPの近傍で選択的に基質のリン酸化が生じる(図6.14b)。

　AKAPにはさらなるタンパク質結合部位(相互作用モチーフ)が存在しており，

cAMP産生やPKAの活性化と，特定の上流受容体や下流標的とを結び付けることで特異性の微調整を行っている。例えばあるAKAPには，AKAP複合体を特定のGPCRの近傍に配置するためのターゲットモチーフが存在している。GPCRが活性化して，近くのアデニル酸シクラーゼの活性化が引き起こされた場合，このGPCR近傍のAKAPと会合したPKAの一群は，局所的なcAMP濃度の上昇に伴い，より迅速に活性化されることになる。このように，複合体中のcAMP産生とPKAの活性化は，数多い上流候補のなかのただ1つの受容体と関連づけられる。

AKAPは，PKAの下流でシグナル伝達経路の出力を制御する場合もある。すなわち，AKAPは多くの場合，イオンチャネルのようなPKAの特異的な基質に対する結合部位を有している。AKAPによって形成される足場はこのようにして，特定の受容体と特定のエフェクターとを関連づけている。

AKAP足場タンパク質はcAMPシグナルのダイナミクスも制御する

AKAPを介した足場は，シグナルが伝わるタイミングを制限する役割を担うこともある。一例をあげると，ある種のAKAPタンパク質は，ホスホジエステラーゼ(PDE)，すなわちcAMPを分解することでcAMPシグナルを打ち切る酵素に対する結合部位を併せもっている。このPDEは，PKA活性にとって重要な2つの役割を果たしている。外部からのシグナルがない状態においては，AKAPの近傍では基底状態のPDEの活性によってcAMP濃度が低く保たれ，刺激を受けていない細胞でPKAが誤って活性化することが防がれている。しかし，cAMPの濃度が上昇すると，PDEによる分解能力を超え，やがてPKAが活性化して局所に存在する基質のリン酸化が生じる。それ以上のシグナルが入らなければ，PDEが徐々にcAMPを分解するため，PKAは不活性化される。

しかし，AKAP会合性のPDEの一部はそれ自身PKAの基質であり，リン酸化によって活性化される。したがって，cAMPによって誘導されるPKAの活性化は，PDEの活性化を通じて局所におけるcAMPプールのより効率的な分解をもたらす。この負のフィードバックの結果，より迅速なcAMPの分解とPKAの不活性化が生じる(図6.14c)。このように，AKAPを介した足場では，誘導的な阻害因子との結合を通じて，特定のcAMP応答性シグナルに対する経時的な挙動が調節されている。

AKAPのなかには，プロテインキナーゼC(PKC)のようなPKA以外のキナーゼや，カルシニューリンのようなホスファターゼに結合するものもある。局所において互いの活性を増強し合ったり打ち消し合ったりしうる複数の酵素が活性化された場合，どれほど複雑な反応動態が引き起こされるかは容易に理解できる。AKAPを介したこれら作用の大部分は足場のごく近傍に限られたものであり，同一のcAMP濃度が細胞内の別の場所でまったく異なる結果を引き起こすこともありうる。

まとめ

さまざまな低分子がシグナルメディエーターとして働く。これら低分子シグナ

ルメディエーターの濃度は，産生と除去の相対的な比に依存して決まる。低分子シグナルメディエーターは，下流のエフェクタータンパク質に結合し，立体構造の変化を引き起こすことで，エフェクターの活性を変えている。低分子シグナルメディエーターの働きにより，比較的弱い入力シグナルが，細胞内で迅速かつ広範に及ぶ非常に増幅された効果を引き起こすことが可能となる。Ca^{2+}や，環状ヌクレオチドであるcAMPとcGMP，そして脂質由来メディエーターであるDAGやIP_3などが，主要な低分子シグナルメディエーターとしてあげられる。

数多くの異なる入力が同一の限られた数のメディエーターを制御する一方，これらメディエーターによって多様な出力が制御されている。しかし，足場タンパク質の働きによって，特定因子と局所に存在する複合体との物理的な会合を通じ，時空間的な特異性が生み出されている。

課題

1. 低分子シグナルメディエーターと，より高分子なシグナル伝達タンパク質との物理化学的な特性の違いは何か。このような特性から，どのような機能的差異が生じると考えられるか。
2. 第3章および第4章で，翻訳後修飾を行ったりもとに戻したりする酵素の概念を取り上げた(書き込み装置〔writer〕と消去装置〔eraser〕)。修飾の程度を調節することで，これら酵素はシグナル伝達における情報の流れを協調的に制御している。Ca^{2+}シグナルに関して，細胞質におけるCa^{2+}濃度はどこで情報伝達に利用されているか。また，どのような分子が書き込み装置と消去装置をつとめているか。Ca^{2+}シグナルを生み出しているエネルギー源は何か。
3. 刺激のない状況では，cAMPのような低分子シグナルメディエーターの基底状態における分解速度は比較的速い。このことがcAMP依存性のシグナルにとって重要であると考えられる理由は何か。
4. 原理上，シグナルの入力が細胞におけるcAMP濃度の上昇をもたらす仕組みを2つ答えよ。
5. 細胞におけるCa^{2+}波はどのような機構で生み出されているか。振動波は情報のコードという点で新たな次元を付与するものと考えられるが，どのような仕組みでそれが可能となっているか。
6. cAMPのような低分子シグナルメディエーターにとって，特異性が特に重要な問題となるのはなぜか。足場タンパク質はどのようにしてこの課題を解決しているか。

文献

低分子シグナルメディエーターの種類

Bos JL (2006) Epac proteins: multi-purpose cAMP targets. *Trends Biochem. Sci.* 31, 680–686.

Kim C, Xuong NH & Taylor SS (2005) Crystal structure of a complex between the catalytic and regulatory (RIα) subunits of PKA. *Science* 307, 690–696.

Rehmann H, Prakash B, Wolf E et al. (2003) Structure and regulation of the cAMP-binding domains of Epac2. *Nat. Struct. Biol.* 10, 26–32.

Taylor SS, Zhang P, Steichen JM et al. (2013) PKA: lessons learned after twenty years. *Biochim. Biophys. Acta* 1834, 1271–1278.

Zhang P, Smith-Nguyen EV, Keshwani MM et al. (2012) Structure and allostery of the PKA RIIβ tetrameric holoenzyme. *Science* 335, 712–716.

カルシウムシグナル

Chin D & Means AR (2000) Calmodulin: a prototypical calcium sensor. *Trends Cell Biol.* 10, 322–328.

Clapham DE (2007) Calcium signaling. *Cell* 131, 1047–1058.

特異性と制御

Greenwald EC & Saucerman JJ (2011) Bigger, better, faster: principles and models of AKAP anchoring protein signaling. *J. Cardiovasc. Pharmacol.* 58, 462–469.

Welch EJ, Jones BW & Scott JD (2010) Networking with AKAPs: context-dependent regulation of anchored enzymes. *Mol. Interv.* 10, 86–97.

Wong W & Scott JD (2004) AKAP signalling complexes: focal points in space and time. *Nat. Rev. Mol. Cell Biol.* 5, 959–970.

膜および脂質とその修飾酵素

7

　脂質膜は水を透過させないため，サイトゾルを外部環境から隔離することで生きているすべての細胞を定義づけている。真核生物では，脂質膜はサイトゾルをさらに個別の区画や細胞小器官へと分割し，タンパク質やその他の構成成分は膜小胞を介して細胞内の各部位へと運ばれる。これらの構造上の役割に加えて，膜およびそれを構成する脂質は，細胞内でのシグナル伝達においても非常に積極的な役割を担っている。膜脂質は，ジアシルグリセロール(DAG)やイノシトール1,4,5-トリスリン酸(IP_3)などの細胞内で働くシグナルメディエーターだけでなく，プロスタグランジンのように細胞間で作用するシグナル分子を産生する材料となる。さらに膜脂質は，脂質結合ドメインをもつサイトゾルのタンパク質を膜へリクルートするという，重要な役割も担っている。膜脂質は二次元のシート中に配置されていることから，脂質をめぐる生化学反応は，三次元空間を自由に拡散できる水溶液中の反応とは異なる特徴をもっている。本章では，脂質と膜，およびそれらを修飾する酵素の性質について，特にシグナル伝達における役割という観点からみていく。

生体膜とその性質

　生体膜が細胞の内部と外部環境を隔てる効果的なバリアとして機能するのは，水やその他の水溶性分子に対する非透過性と，自発的に閉じてシートや小胞を形成する性質を併せもつためである。これらの特殊な性質は，生体膜を構成する分子の生物物理学的な特性に由来する。その基本的な駆動力となっているのは，疎

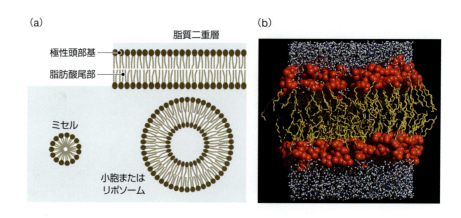

図7.1

脂質二重層の形成とその構造 (a)リン脂質は，極性頭部基を水溶液側，脂肪酸の尾部を内側に向けた二重層を自発的に形成する。巨大なシート構造（図上部）に加えて，リン脂質は閉じた小胞，あるいはリポソーム（図右下）を形成することもできる。いくつかのケース，特に疎水性尾部に比べて極性頭部基が大きい場合には，両親媒性の脂質分子はミセルを形成する（図左下）。(b)100個のホスファチジルコリン分子が水溶液中で脂質二重層を形成しながら配列する様子を，コンピュータ上での動的シミュレーションにより描き出した。ここでは脂質の頭部基を赤色，脂肪酸尾部を黄色，水分子を青色で示している。(B. Alberts et al., Molecular Biology of the Cell, 5th ed. Garland Science, 2008より；S.W. Chiu et al., *Biophys. J.* 69: 1230–1245, 1995より，Elsevierの許諾を得て掲載)

水性の化学基（電気的に陰性の酸素原子や窒素原子をもたない脂肪族炭化水素など）を極性的な水性環境に向けようとしたときや，逆に，帯電した極性基を疎水性環境に向けようとしたときに生じる熱力学的エネルギーのコストである。いうまでもなく，これがサラダドレッシングの酢と油が分離する理由であり，すなわち疎水性の油と親水性の酢が両者の間のエネルギー的に好ましくない境界面を最小にしようとして2層に分かれるのと同じである。

　生体膜を構成する分子は，比較的長い疎水性の尾部と極性頭部基をもっている。このように，親水性と疎水性の2つの部分を併せもつ性質は**両親媒性**(amphipathicity)と呼ばれる。水性環境において，両親媒性の分子がエネルギー的に最も安定的な配列となるのは，溶媒から守られた内側の空間に疎水性の炭化水素鎖を向け，溶媒と接する表面側に極性頭部基を配置したときである。両親媒性分子の中にはミセル（疎水性部分を内側に閉じ込めた極小の球状構造）を形成しやすいものもあるが，生体膜を形成する極性の脂質分子にとって最も好ましい配置は**脂質二重層**(lipid bilayer)である（図7.1）。これは極性をもつ脂質分子が2層に並んだシート状の構造であり，疎水性の炭化水素鎖が内側に，極性頭部基が水性環境と接する表面側に向いている。後述するように，脂質二重層は自発的に閉じて球状の小胞やリポソームを形成することができる。

生体膜はさまざまな極性脂質によって構成される

　生体膜に最も豊富に存在する脂質はリン脂質であり，より厳密には**グリセロリン脂質**(glycerophospholipid)である（図7.2）。すべてのグリセロリン脂質の構造は，3つの炭素原子をもつグリセロール骨格を土台にしている。グリセロールの2つのヒドロキシ基は，エステル結合によって脂肪酸（一般的には14〜20個の炭素原子からなる長い疎水性脂肪族鎖をもつカルボン酸）につながっている。3番目のヒドロキシ基はリン酸基と結合しており，生理的pHでは負に帯電し高度に極性化している。通常，このリン酸基は他の化学基，最も一般的にはコリン，セリン，イノシトールやエタノールアミンなどにつながっており，それぞれホスファチジルコリン(PC)，ホスファチジルセリン(PS)，ホスファチジルイノシトール(PI)，そしてホスファチジルエタノールアミン(PE)と呼ばれるグリセロリン脂質になる（図7.3）。脂肪酸の脂肪族鎖がシス型の二重結合をもつ場合もあり（最も典型的にはグリセロール骨格の中央，つまり*sn*-2位の脂肪酸において），二重結合の特徴である平面的な構造により折れ曲がりを生じている（図7.2）。以下でみていくように，このような二重結合は膜の生物物理学的な性質に影響を与える。二重結合をもつ脂肪族鎖は，「不飽和」（炭素に共有結合しうる最大数より少ない

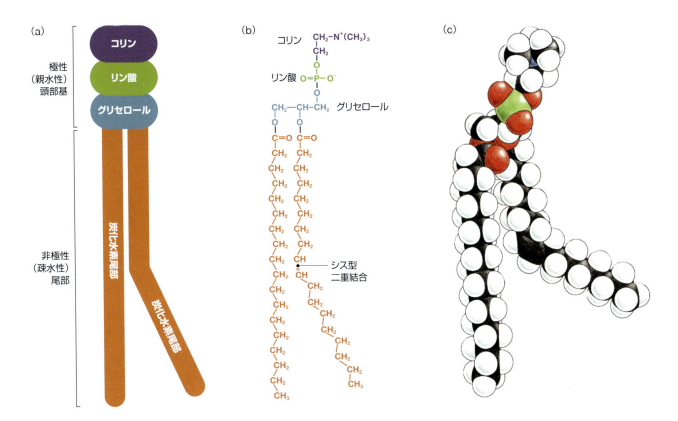

図7.2

グリセロリン脂質の構造 グリセロリン脂質を(a)模式図,(b)化学構造式,(c)空間充填モデルで表した。シス型の平面的な二重結合によって脂肪酸鎖に「折れ曲がり」が生じていることに注目。(B. Alberts et al., Molecular Biology of the Cell, 5th ed. Garland Science, 2008より)

水素原子をもつ状態)であると表現される。重要なこととして,同じ極性頭部基(すなわち同じ一般化学名)をもつリン脂質であっても,各分子種に含まれる脂肪酸は,脂肪族鎖の長さ,二重結合の位置や数に至るまで実に多様である。

生体膜のもう1つの主要な構成成分はスフィンゴ脂質である。これらは同じような極性頭部基をもつという点でグリセロリン脂質とよく似ているが,グリセロール骨格と脂肪酸の尾部はセラミドに置き換わっている。セラミドは,スフィンゴシン(スフィンゴイド基)に脂肪酸1分子がアミド結合したことに由来する,2つの長い脂肪族鎖をもっている。例えば,**スフィンゴミエリン**(sphingomyelin)(図7.3)は,セラミドにコリンリン酸が頭部基として結合した構造をしている。スフィンゴ脂質の脂肪族鎖は長く,飽和している傾向にあるため,一般的にこれらの脂質はグリセロリン脂質に比べて背が高く幅が狭い形状をしており,より密に集合することができる。

真核生物の膜における最後の主要な構成成分はステロール類であり,哺乳類においてはほとんどが**コレステロール**(cholesterol)である。他のいかなる主要な膜脂質とも異なり,コレステロールはかたくて平面的な多環構造を有する非極性分子である(図7.4)。コレステロールは他の膜脂質の脂肪族鎖と相互作用することで,流動性などの膜の生物物理学的な特性にも大きく影響する(後述)。

膜脂質の構造的特性は二重層の形成に有利である

多くの膜脂質は両親媒性をもち,おおよそ円柱状の形をしているため,水溶液中においてエネルギー的に最も好ましい配向は,外側を向いた極性頭部基の間に脂肪酸鎖がはさまれた二重層構造である(図7.1参照)(対照的に,両親媒性分子が比較的大きな極性頭部と小さな疎水性の尾部をもつ場合は,一般的にミセル構造をとる)。脂質二重層は背中合わせになった2つの層(リーフレット〔leaflet;葉の意〕とも呼ばれる)から構成される。疎水性の脂肪酸鎖を水性環境中に露出する

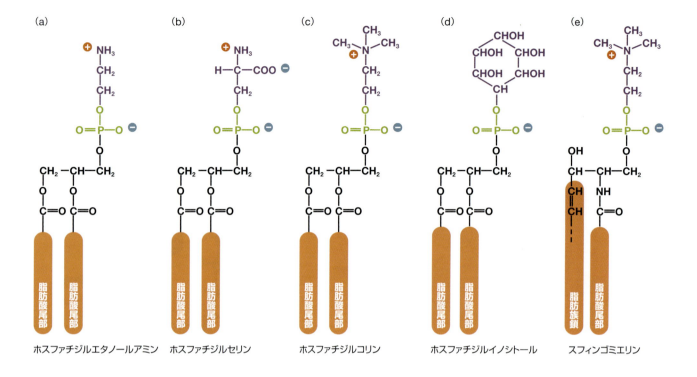

図7.3
膜を構成する最も一般的なリン脂質の化学構造
(B. Alberts et al., Molecular Biology of the Cell, 5th ed. Garland Science, 2008より)

図7.4
コレステロールの構造 コレステロールを(a)化学構造式, (b)模式図, (c)空間充填モデルで表した. (d)脂質二重層中でのコレステロールとリン脂質との相互作用. かたいリング状構造がリン脂質の脂肪酸鎖と並ぶように配置されている. (B. Alberts et al., Molecular Biology of the Cell, 5th ed. Garland Science, 2008より)

ことはエネルギー的な代償が非常に高く，膜に生じた裂け目や割れ目は自然に塞がるため，細胞のバリアとしての機能にとって有用な性質となっている．同じように，比較的小さな膜シートは自発的に閉じて球形の小胞を形成することができる．個々の脂質分子は膜の中で相当程度の熱運動を行っているが，無傷の膜では疎水性の中心部が水や親水性物質に対する非常に効果的なバリアとなる(図7.1b参照)．ただし，いくつかのシグナル分子(例えば分子量が小さく電荷をもたない気体状態の一酸化窒素(NO)や，疎水性の有機分子であるステロイドホルモンなど)は十分に小さく，また脂溶性なので，膜の疎水的な中心部を比較的自由に通り抜けることができる．

膜の組成が物理的な特性を決める

細胞膜の内側と外側の層は，脂質の組成においても異なっている．極性頭部基が膜の疎水的な中心部を通り抜けるには大きなエネルギーを必要とするため，ほとんどの脂質は自発的に2つの層の間を「フリップ(反転)」することができない．

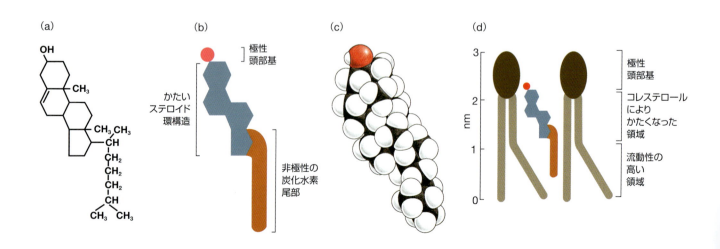

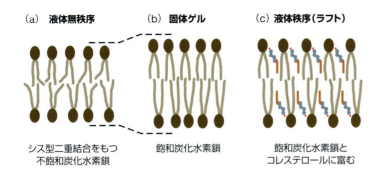

図7.5

脂質二重層の異なる組織化の状態 (a)脂肪酸鎖の多くが不飽和であれば脂質分子は密にかたまらず，側方への運動性が高い液体無秩序相となる。(b)ほとんどの脂肪酸鎖が飽和型の場合，脂質分子は互いに密に並ぶことになるため固体ゲル相を形成し，側方への運動は制限される。(c)コレステロールが存在すると，膜は秩序と流動性を併せもつ液体秩序相を形成する。(B. Alberts et al., Molecular Biology of the Cell, 5th ed. Garland Science, 2008より)

したがって，脂質分子が反対側の層に運ばれるためには，特別な酵素とATPの形でのエネルギーが必要となる。一般的に，細胞膜の外側の層にはスフィンゴミエリンやスフィンゴ糖脂質，PCなどが多く存在し，細胞の内側の層にはPEが多くみられる。PSやPIのように負の電荷をもつリン脂質は内側の層にのみ存在し，細胞膜内側の表面電荷(すなわち静止状態の膜電位)がやや負の値を示すことと合致している。PSが内層側だけに存在するという特徴は，一種のシグナルとしても利用される。**アポトーシス**(apoptosis；アプトーシス)，すなわちプログラム細胞死に瀕した細胞では細胞膜の外層側にPSが露出し，「イート・ミー(私を食べて)」シグナルとしてふるまうことで，周囲の細胞に対してアポトーシス細胞の断片を貪食，除去するよう促すのである。

　膜の物理的な特性は，それを構成する脂質，特に脂肪族鎖に大きく依存している。バターなどの身近な油脂が温度に依存してかたいゲル状態から流動的な液体へと相転移するのと同じように，膜脂質の脂肪族鎖もよく似た相転移を起こす。一般的には，脂肪族鎖が強固に集まって秩序正しい状態になるほど，膜の流動性は低くなる(図7.5)。脂肪族鎖に折れ曲がりを生じさせるような二重結合が存在すると，脂質分子どうしが密接して集合することが難しくなるので，不飽和脂肪酸の割合を増やせば膜の流動性は高くなる(食品工場では水素化の工程によって液体の植物油から逆に二重結合を取り除き，室温でもゲル状になるショートニングやマーガリンをつくっている)。さらに，比較的多量の膜タンパク質(全重量の50％程度)や，かたく極性のないステロール類などの存在も，膜の流動性に大きく影響する。

　膜の流動性がシグナル伝達に関係する理由はいくつかある。第一に，流動性の程度は膜内での物質の拡散速度に影響するため，膜に埋め込まれたタンパク質やシグナル伝達にかかわる脂質(DAGなど)の挙動に直接影響を及ぼす。これらの生体分子の拡散速度は，脂質が秩序正しく並んだゲル状の膜よりも，流動性の高い膜のほうがはるかに大きい。より重要なのは，同じ膜上に異なる相が存在しうるため，それぞれの膜ドメインが独自の脂質やタンパク質の構成成分と物理的特性をもつことができるという点である。例えば，スフィンゴミエリンの長くまっすぐのびたアルキル鎖はコレステロールと選択的に相互作用し，高度な秩序を保ちながらも側方への高い運動性をもつ(液体秩序相と呼ばれる)局所的な脂質ドメイン(**脂質ラフト**〔lipid raft〕)を形成する(図7.5参照)。これらは本質的に微細で一過的な構造と考えられており，生きた細胞ではまだ可視化されていない。しかし，このような脂質のマイクロドメインは，膜上のシグナル分子を濃縮して反応効率を高めたり，あるいは阻害因子や競合分子などからシグナル分子を分離するなど，シグナル伝達において重要な役割を果たしていると考えられている。

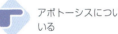
アポトーシスについては第9章で述べている

水溶液中と膜上では生化学反応の起こり方が根本的に異なっている

　膜が二次元平面であるという事実は，そこで行われる分子の反応にも特別な意味をもっている。直感的に考えても，2つの反応物が水溶液中を自由に漂っている場合に比べて，同じ膜につなぎとめられているほうが互いの出会う確率が高いことは容易に理解できる。これは，相手を求めて動き回る物理的空間が小さいことによる当然の結果ともいえる。ただし，実際の膜平面における分子の拡散速度は水溶液中に比べてかなり遅いので，水溶液中と膜平面上で2つの分子が出会う絶対的な頻度はそれほど大きく違わないのかもしれない。しかし，膜上では他の多くの競合分子の衝突から逃れることができるし，多くの場合，膜にアンカーされた分子は互いに結合しやすい配向をとるので，やはり二次元平面上での相互作用のほうがはるかに効率が高いようである（図7.6）。

　先に述べたように，それぞれの膜ドメインは異なった構成成分と物理的特性をもつため，膜ドメイン間をまたがるような分子の移動は多かれ少なかれ制約を受ける。単分子追跡や蛍光退色後回復測定（FRAP）を用いた実験により，膜脂質や膜に埋め込まれたタンパク質は，純粋な脂質で構成された人工膜に比べ，実際の生体膜ではずっとゆっくりとしか拡散できないことが示されている。さらに，この拡散運動を非常に短い時間スケールで観察すると，膜を構成する因子は数μm程度のごく小さな膜ドメインの中では速く拡散できるものの，別のドメインへの

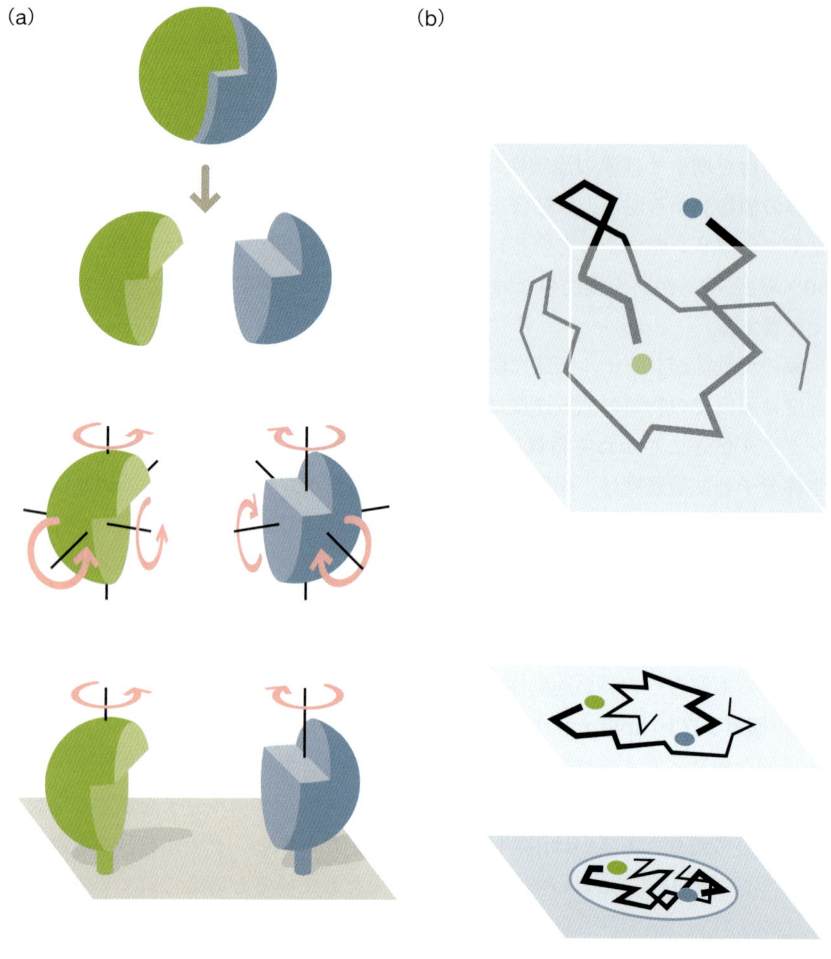

図7.6

膜への結合は分子間相互作用をより効率的にする　（a）相互作用する2つのタンパク質（1つは緑色，もう1つは青色）は，互いの向きが正確に合致したときにのみ結合する（上段）。溶液中を自由に運動している場合，タンパク質分子は3つの回転軸をもつため，正しい向きで衝突したごくわずかな割合しか結合できない（中段）。ところが膜にアンカーされた場合には（下段），2つの分子はたった1つの軸の周りを回転することになるので，互いに結合できる正しい向きで衝突する確率はずっと高くなる。（b）溶液中の分子は結合相手を求めて三次元空間をくまなく探さなくてはならない（上段）が，互いの局在が膜に限定されていれば二次元平面だけを探せばよく，高い確率で相互作用することができる（中段）。実際の生体膜では，分子の側方運動は拡散障壁によって区切られた比較的小さな領域に制限されているため（下段），分子間の相互作用が起こる可能性はもっと高くなる。

移動はずっと遅いことがわかる。この遅い拡散速度は，高密度に存在する膜タンパク質にかかる物理的な制約によるものかもしれない。あるいは，膜タンパク質が何らかの細胞骨格による囲いの中に閉じ込められており，細胞膜全体への自由な拡散が制限されているせいかもしれない。さらに，個々の膜ドメインが異なる流動性をもつことも，この特殊な拡散様式を生み出す原因といえるだろう。したがって，膜貫通ドメインや脂質修飾を介して強く膜に結合しているシグナル伝達タンパク質は，サイトゾルに局在する場合に比べて，ずっと長時間にわたって周囲のタンパク質と相互作用することができる。

膜を介したシグナル伝達のもう1つの特徴は，関与する分子の生物物理学的な特性が多様なことである。膜脂質の修飾によって生じるシグナル分子は，そのまま膜にとどまる脂溶性のものと，サイトゾルや細胞外液中へ自由に拡散していく水溶性のものとがある。いくつかのケースでは，1つの反応によってその両方を生み出すことができる。例えば，ホスホリパーゼCはホスファチジルイノシトール 4,5-ビスリン酸(phosphatidylinositol 4,5-bisphosphate：PI(4,5)P$_2$)を切断し，膜にとどまるDAGと，水溶性のIP$_3$を産生する。DAGは極性頭部基をもたないので，比較的簡単に脂質二重層の反対側へフリップすることができる。DAGのような膜に局在するシグナル分子の主な働きは，サイトゾルのタンパク質を膜へ移行させることと，いくつかのケースではそれを活性化することである。他方，スフィンゴシン 1-リン酸(S1P)やリゾホスファチジン酸(LPA)などのシグナルメディエーター脂質は，脂溶性と水溶性の両方に分画される。このように，膜脂質を介したシグナルが影響を及ぼす範囲は，細胞内全体であったり，膜区画に限局したものであったり，あるいは離れた細胞にまで及ぶなど，産生された脂質がもつ固有の性質によりさまざまである。

膜脂質を介したシグナル伝達における最後の特筆すべき性質は，1つの生理活性分子が別の物質へすばやく代謝されることである。このような相互変換は，ある生理活性がどの脂質によるものかをわかりにくくしてしまう。言い換えれば，ある特定の生理活性脂質の量を実験的に増加させたとしても，その脂質から生じる数多くの分解産物や，さらなる代謝産物の量もまた迅速に変化してしまう。また，それらの代謝産物は異なる生理活性をもつかもしれないし，重複した活性をもつかもしれない。このような特徴から，脂質を介したシグナル伝達経路から特異的な因果関係を導き出すことは非常に困難なのである。

シグナル伝達における脂質修飾酵素

膜脂質によるシグナル伝達は，外部からの入力刺激に応答した脂質の分解や化学修飾を伴う。これらの反応を最も顕著に触媒する酵素は，ホスホリパーゼ，脂質キナーゼ，および脂質ホスファターゼである。ここでは，これらの酵素の一般的な性質を概説する。さらに次節以降では，多くの重要なシグナル伝達経路におけるそれらの具体的な役割について，より詳しくみていくことにする。

ホスホリパーゼを介した膜脂質の切断によりさまざまな生理活性物質がつくられる

リン脂質を分解する酵素はホスホリパーゼと呼ばれ，それぞれリン脂質のどの位置の結合を切断するかによって分類される。シグナル伝達にかかわる主なホスホリパーゼは，ホスホリパーゼA$_2$，ホスホリパーゼC，そしてホスホリパーゼDである(図7.7)。

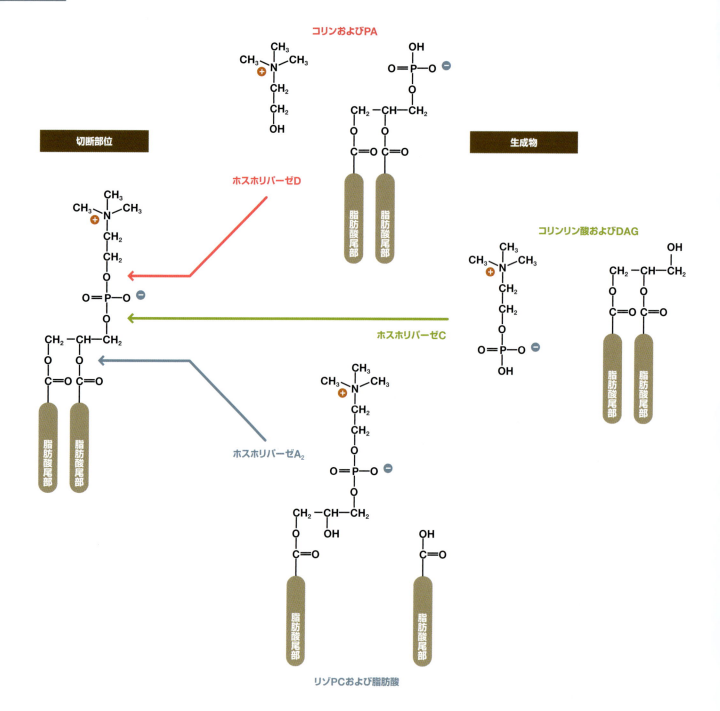

図7.7

PLD，PLC，およびPLA$_2$が切断する部位および反応による生成物 ここでは基質となるリン脂質としてホスファチジルコリンを示している。PA：ホスファチジン酸，DAG：ジアシルグリセロール，リゾPC：リゾホスファチジルコリン。

ホスホリパーゼA$_2$（phospholipase A$_2$：PLA$_2$）は，グリセロリン脂質がもつグリセロール骨格のsn-2位（中央）の脂肪酸鎖を切断し，遊離脂肪酸と**リゾリン脂質**（lysophospholipid；脂肪酸鎖を1つしかもたないリン脂質）を産生する。この両者はさまざまな生理活性物質へと変換される。多くの場合，sn-2位の脂肪酸はアラキドン酸（AA）である。AAはそれ自身でいくつかのシグナル伝達タンパク質を活性化することができるが，本章の後半で論じるように，プロスタグランジンやロイコトリエンを含む**エイコサノイド**（eicosanoid）と総称される細胞間シグナル伝達脂質の基本的な材料にもなっている。エイコサノイドは自身の産生細胞を離れ，Gタンパク質共役受容体（G-protein-coupled receptor：GPCR）への結合を介して近隣細胞へシグナルを伝達する。もう一方の産物であるリゾリン脂

質もまた十分な水溶性をもっており，膜を離れて近隣の細胞にシグナルを伝達することができる。ホスファチジン酸がPLA₂による分解を受けて生じるリゾホスファチジン酸(lysophosphatidic acid：LPA)は，GPCRを介して強力にシグナルを伝達することができ，細胞の増殖，分化，形態形成などの多様な活性を制御する。PLA₂は多くの昆虫毒やヘビ毒の主成分であり，攻撃対象となる生物の細胞膜を破壊することで毒性を発揮すると考えられている。

ホスホリパーゼC(phospholipase C：PLC)は，頭部基側にリン酸基を残すようにリン脂質から頭部基を切断し，電荷をもたないDAGを生じさせる。PIに特異的に作用するPLC(PI-PLC)の場合，放出された極性頭部基(IP_3など)はサイトゾル中を迅速に拡散し，可溶性のシグナル伝達中間体としてふるまう一方で，膜にとどまったDAGはプロテインキナーゼC(PKC)のようなタンパク質の活性化因子として働く。

最後に，**ホスホリパーゼD**(phospholipase D：PLD)は，尾部側にリン酸基を残すようにリン脂質から頭部基を切断し，**ホスファチジン酸**(phosphatidic acid：PA)を生じさせる。PAはPLA₂の基質となりLPAへ変換されるだけでなく，後述するように，代謝やストレスシグナル，細胞増殖の制御において鍵となる**mTOR**(mechanistic/mammalian target of rapamycin)キナーゼ複合体の活性化においても重要な役割を担っている。

PKCの活性化については第6章で述べている

さまざまな脂質キナーゼおよび脂質ホスファターゼがシグナル伝達に関与している

膜脂質のリン酸化と脱リン酸化，とりわけ**ホスホイノシチド**(phosphoinositide；リン酸化を受けたPIの総称)に由来する脂質に対するこれらの修飾もまた，多くのシグナル伝達経路に共通する制御機構であり，さまざまな生理活性物質を産生する。予想されることだが，シグナル伝達においてはリン酸基を付加する脂質キナーゼとそれを除去する脂質ホスファターゼの両方が，さまざまな脂質分子アイソフォームの局所濃度を変化させている。そしてこれらの酵素もまた，生体内における存在量や翻訳後修飾，またとりわけ細胞内局在によって活性の調節を受けている。したがって，これらの酵素はしばしば脂質やタンパク質に対するモジュール性の結合ドメインをもっており，それによって局所的なタンパク質や脂質の質的，量的な変化に対応することができる。

ある種の脂質キナーゼは電荷をもたないシグナルメディエーターをリン酸化し，より極性の高い別のシグナルメディエーターに変換する。例えば，DAGはDAGキナーゼによりPAに変換される。それゆえDAGキナーゼは，細胞内における局所的な生理活性を一群のエフェクター分子(DAGに結合し活性化される)によるものから，別のクラス(PAに結合し活性化される)によるものへと切り替える。同じように，スフィンゴシンはスフィンゴシンキナーゼによってS1Pに変換され，膜から離れてGPCRを活性化することができるようになる。逆の反応(PAやS1Pの脱リン酸化)は，一群の膜貫通型酵素のファミリーである脂質ホスファターゼを介して行われる。

PIは6つの炭素からなるイノシトールを頭部基にもち，脂質キナーゼと脂質ホスファターゼによる幅広い作用を可能にしている(図7.8)。イノシトール環の2〜6位までのヒドロキシ基はリン酸化を受けることができる(1位のヒドロキシ基はホスホジエステル結合によりグリセロール骨格につながっている)。以下に詳しく述べるが，3位，4位，5位のリン酸化がシグナル伝達と最も密接に関連しており，脂質結合ドメインの特異的な膜結合部位を形成したり，PLCの作用を介

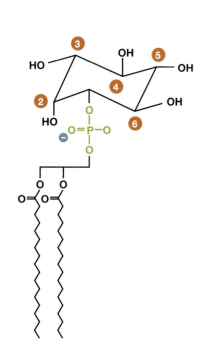
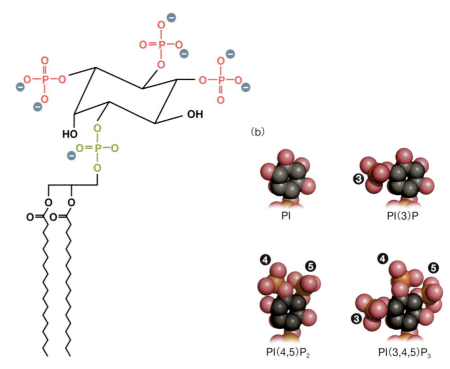

図7.8

ホスファチジルイノシトールとそれに由来するリン脂質 (a) ホスファチジルイノシトール (PI) とホスファチジルイノシトール 3,4,5-トリスリン酸 (PI(3,4,5)P_3)。イノシトール環の炭素原子の位置番号をオレンジ色で示している。(b) 脂質結合ドメインによって認識されるPIおよび主なホスホイノシチドの頭部基の空間充填モデル。

して産生されるシグナルメディエーターの前駆体となったりする。一般的に，イノシトール環の各部位のリン酸化や脱リン酸化はそれぞれ異なるキナーゼやホスファターゼが受け持つが，これらの酵素もまた独自の細胞内局在と制御機構をもっている。それにより，ホスホイノシチドのリン酸化状態は非常に正確な時間的・空間的な調節を受けている。

脂質を介した主なシグナル伝達経路の例

　ここまで，膜およびそれを構成する脂質が直接的あるいは間接的な方法でシグナル伝達に関与することを概説してきた。本節では，細胞内シグナルの変換と伝達に膜脂質が直接関与するいくつかの例を取り上げ，より深く考察していく。

ホスホイノシチドは膜への結合部位であり，シグナルメディエーターの供給源でもある

　ホスホイノシチドは，シグナル伝達における膜脂質の2つの主要な役割——拡散性シグナルメディエーターの供給源として，そしてシグナル伝達タンパク質を膜へリクルートして活性化する膜上の特異的な結合部位として——をよく説明してくれる。

　PI(4,5)P_2は，まさにこの2つの異なる機能を兼ねそなえた脂質である。PI-PLCによるPI(4,5)P_2の切断はDAGとIP$_3$(図6.8参照)を産生し，それらはさらに下流の標的因子(それぞれPKCおよび小胞体のカルシウムチャネル)を活性化する。一方で，PI(4,5)P_2はそれ自身が直接タンパク質と結合することができ，さまざまなシグナル伝達タンパク質，特に局所的なアクチン重合を制御するタンパク質を細胞内にリクルートすることができる。また，PI(4,5)P_2はさらなるリン酸化や脱リン酸化により，その他の標的タンパク質に結合・リクルートできる

別のホスホイノシチド分子種へと変換される。とりわけ，PI(4,5)P_2はホスファチジルイノシトール 3-キナーゼ(PI3K)によりリン酸化され，細胞の生存や増殖，その他多くの活性調節において中心的な役割をもつホスファチジルイノシトール 3,4,5-トリスリン酸(phosphatidylinositol 3,4,5-trisphosphate：PI(3,4,5)P_3)を産生する。例えば，PI(3,4,5)P_3はAktキナーゼなどの標的タンパク質を膜へとリクルートしてこれを活性化し，下流のシグナル伝達を活性化する。PI(3,4,5)P_3はさらにもう1つ重要な性質をもっている。前駆体であるPI(4,5)P_2とは異なり，PI-PLCによる切断を受けないのである。それゆえ，PI3Kの活性化はPI(4,5)P_2からのシグナル伝達経路を遮断し，逆にPLCの活性化はPI3Kの基質を破壊することでPI3K経路を遮断する。このような相互に阻害的な作用が，細胞内におけるシグナル出力の正確な時空間的制御を促すと考えられている(**ボックス 7.1**)。

Aktの活性化については第5章で述べている

ボックス 7.1

シグナル伝達において，多くの脂質修飾酵素の活性は，他の脂質やその産生酵素，修飾酵素などによって制御されている。このように複雑な調節機構は，別々の脂質組成をもつ異なった膜ドメインの形成を促したり，あるシグナルを別のものに切り替えたりするなどの興味深い結果をもたらす。本文中で述べた3つの例を図7.9に示している。PI3KとPI-PLCはよく似た細胞外刺激(例えば受容体型チロシンキナーゼの活性化)により活性化されるが，両者はともに同じ基質であるPI(4,5)P_2を消費する。したがって，基質の量に限りがある状況では，その場所で先に活性化することができた酵素がまず一過性に(基質を使い切るまで)シグナルを発生し，もう一方のシグナル酵素の活性化を妨げる(図7.9a)。ホスファチジルイノシトール 5-キナーゼ(PI5K)とPLDは同じ場所に局在して，互いの反応生成物により活性化される。そのため，両者の活性は互いに強化されることになり，生成するシグナル分子の局所的な濃度は非常に高くなる。これは**正のフィードバック**(positive feedback)制御の例である(図7.9b)。低分子量GタンパクRhebはmTORおよびPLDの両方を活性化する。PLDはPAを産生し，PAはmTORの活性化に必要である。これは**コヒーレントなフィードフォワード**(coherent feedforward)制御の例である(図7.9c)。PLDを必要とすることが，mTORの活性を特定の場所(PLDが存在する場所)に限定したり，あるいはmTORの活性化がRhebの活性化より遅れて(PLDが十分にPAを産生するまで)起こるようにしているのだろう。このような関係性とその全体像(**ネットワーク構造**(network architecture))については第11章で解説する。

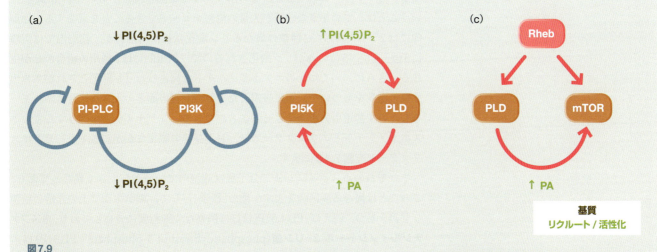

図7.9　(a)相互阻害，(b)正のフィードバック制御，(c)コヒーレントなフィードフォワード制御にかかわる脂質修飾酵素　PI(4,5)P_2：ホスファチジルイノシトール 4,5-ビスリン酸，PI-PLC：ホスファチジルイノシトール特異的ホスホリパーゼC，；PI3K：ホスファチジルイノシトール 3-キナーゼ，PI5K：ホスファチジルイノシトール 5-キナーゼ，PLD：ホスホリパーゼD，PA：ホスファチジン酸．

最もよく知られているPI-PLCの2つの活性化機構は、それぞれGPCRおよびチロシンキナーゼを介したものである。ヘテロ三量体Gタンパク質はPLCβファミリーを活性化する。この活性化は一般的にPLCとGα$_q$サブユニットとの結合により行われるが、一部のPLCβアイソタイプはβγサブユニットにより活性化される（図6.9参照）。Gタンパク質を介したPLC活性化が関与している例としては、トロンビン受容体刺激による血小板の活性化や、ロドプシンを介してGタンパク質が活性化されるショウジョウバエ視細胞などがあげられる。

対照的にPLCγファミリーは、増殖因子受容体やB細胞およびT細胞受容体のように、チロシンキナーゼ活性をもつ、あるいはチロシンキナーゼと結合する受容体により活性化される。PLCγはSH2ドメインをもっており、それを介してチロシンリン酸化状態の受容体や付随するタンパク質と結合し、受容体へとリクルートされる。この結合は2つの結果を引き起こす。すなわち、PLCをその基質が存在する膜につなぎとめること、そして受容体に付随するキナーゼ活性によりPLCをリン酸化することである。チロシンリン酸化はPLCの酵素活性を最大限に発揮するのに重要である。PLCの活性化がもたらす直接的な現象は細胞内Ca^{2+}の放出やPKCの活性化であるが、それ以外にも、PI(4,5)P$_2$の局所的な減少や、産生されたDAGがさらなる修飾を受けて脂肪酸やPAが増加することなども、PLCがもつ生物学的作用の要因となっている。

ホスホイノシチド分子種は一連の膜結合シグナルとなる

ホスホイノシチドを介したシグナル伝達においてもう1つの重要な柱となるのは、PIのさまざまなリン酸化アイソフォームへのエフェクター分子の選択的な結合、リクルート、そして活性化である。これは前章で紹介した「書き込み装置・消去装置・読み込み装置」の一例ともいえる。このケースでは「書き込み装置」はPIキナーゼであり、「消去装置」はPIPホスファターゼ、そして「読み込み装置」がシグナル伝達タンパク質のもつ脂質結合ドメインである。数多く存在するモジュール式の脂質結合ドメイン（PH, PX, FERMドメインなど）がそれぞれに特異的なホスホイノシチドと相互作用する。それ以外のタンパク質は、特異性の比較的低い塩基性（正電荷をもつ）モチーフ配列を介してホスホイノシチドに結合する。イノシトール環に5カ所もの潜在的なリン酸化部位がある（図7.8参照）ということは、この小さな分子が大量の情報をコードできることを意味する。原理的には2^5、すなわち32種類の異なるリン酸化状態が可能だが、細胞内では実際に3位、4位、5位のみがリン酸化されるので、結果的には8種類の組合わせが生じる。さらに、いくつかのホスホイノシチドは高密度なリン酸基とそれが生み出す負の電荷をもつので、正に帯電したタンパク質表面との大きな結合エネルギーをもたらす静電引力を発生させることができる。シグナル伝達に関与する主なホスホイノシチドとエフェクターの例、およびその産生にかかわるキナーゼとホスファターゼを図7.10に示す。

それぞれのホスホイノシチド分子種は細胞内での分布が大きく異なっており、このことは異なる膜区画を表す一種の「標識」として、細胞生物学上の非常に重要な意義をもつ。例えば、PI(4,5)P$_2$はほぼ例外なく細胞膜に分布しており、**ホスファチジルイノシトール 3-リン酸**（phosphatidylinositol 3-phosphate：PI(3)P）はエンドソームに、そしてホスファチジルイノシトール 4-リン酸（PI(4)P）はゴルジ体の膜にみいだされる（図7.11）。このような局在は主に、それぞれのホスホイノシチド分子種の産生にかかわる酵素群（PIキナーゼおよびPIPホスファターゼ）の細胞内局在に起因している。重要な酵素として、PI(4,5)P$_2$の局所的な産生を

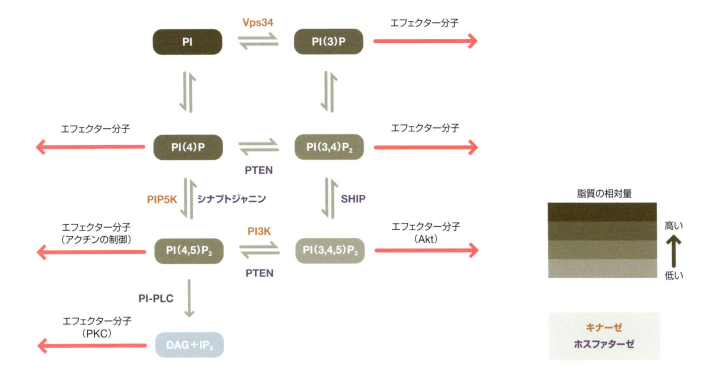

受け持つPI(4)P 5-キナーゼ(PIP5K)や，シナプトジャニンなどのPI 5-ホスファターゼがあげられる。シナプトジャニンはエンドサイトーシスに関連するタンパク質と会合し，細胞膜に由来するエンドサイトーシス小胞膜に存在するPI(4,5)P_2を分解するが，この作用はエンドサイトーシス小胞が適切に輸送され，再利用されるための鍵になるステップである。重要なこととして，ホスホイノシチドの機能は膜輸送やシグナル伝達において，低分子量Gタンパク質によるシグナルと密接につながっている。低分子量Gタンパク質に対する数多くのグアニンヌクレオチド交換因子(GEF)やGTPアーゼ活性化タンパク質(GAP)がホスホイノシチドとの結合により制御されているだけでなく，両者はしばしば下流因子に対して協同的に結合し，それらを活性化する。

　PI3Kには，異なる上流シグナルにより活性化される複数のアイソフォームが存在する。シグナル伝達において最も理解が進んでいるのは，ヘテロ二量体型のクラスIAに属するアイソフォームである。この場合，SH2ドメインをもつ調節サブユニットが，触媒サブユニットの局在と活性化を担っている。PLCγの場合

図7.10

シグナル伝達におけるホスホイノシチド代謝
シグナル伝達に関与する主なホスホイノシチド，およびその産生と分解を行う酵素の例を示している。矢印で示したすべての反応が生物学的に意義のあるものと証明されているわけではない。PI：ホスファチジルイノシトール，PI3K：ホスファチジルイノシトール 3-キナーゼ，PIP5K：ホスファチジルイノシトール 4-リン酸 5-キナーゼ，PI-PLC：ホスファチジルイノシトール特異的ホスホリパーゼC，DAG：ジアシルグリセロール，IP_3：イノシトールトリスリン酸。

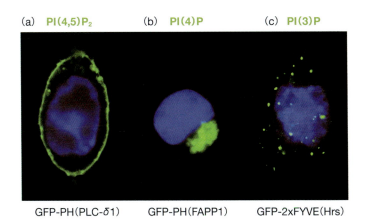

図7.11

ホスホイノシチドの細胞内局在　(a)PI(4,5)P_2，(b)PI(4)P，(c)PI(3)Pの細胞内局在。各ホスホイノシチドに特異的な脂質結合ドメインに緑色蛍光タンパク質(GFP)標識を付加して可視化した。使用された脂質結合ドメインを各パネル下部に示している。(G. Di Paolo and P. De Camilli, Nature 443: 651–657, 2006より，Macmillan Publishers Ltd.の許諾を得て掲載)

と同様に，SH2ドメインは活性化されたチロシンキナーゼとの結合を媒介するので，チロシンキナーゼの活性化をPI3Kの活性化に結び付けることができる。クラスIBに属するPI3Kアイソフォームもよく似たヘテロ二量体型の酵素だが，この場合はGタンパク質の$\beta\gamma$サブユニットに応答する。クラスIに属するすべてのPI3KはPI(4,5)P_2を基質として好み，主にPI(3,4,5)P_3を産生する（図7.10参照）。対照的にクラスIIIに属するPI3KであるVps34はPIを基質として好み，主にPI(3)Pを産生する。Vps34はエンドソームとゴルジ体に局在しており，その主要な役割は小胞輸送を制御することである。

クラスIのPI3Kにより産生されたPI(3,4,5)P_3は，いくつかの異なるホスファターゼにより脱リン酸化される。PTENはイノシトール環の3位を選択的に脱リン酸化し，PI3Kに対して拮抗的に作用する。PI3Kとその産物は一般的に細胞の成長や増殖，生存を促進するので，PTENが強力な**がん抑制遺伝子産物**（tumor suppressor）であること，また実際の腫瘍においてPTEN活性の消失がしばしばみられるのも驚くことではない。PI(3,4,5)P_3を分解するもう1つのホスファターゼは，5位のリン酸基をはずしてPI(3,4)P_2を産生するSHIPファミリーである。この脂質は，一部重複するもののPI(3,4,5)P_3とは異なるエフェクター分子をもっている。例えば，活性化されたT細胞受容体にSHIPがリクルートされることで，ホスホイノシチドに結合するエフェクター分子が経時的に移り変わっていく可能性も考えられる。

ホスホリパーゼDは重要なシグナルメディエーターであるホスファチジン酸を産生する

ホスホリパーゼDは，最も豊富な膜リン脂質であるPCをホスファチジン酸（PA）とコリンに分解する（図7.7参照）。シグナル伝達におけるコリンの機能は不明であるが，一方の産物であるPAはエフェクター分子との結合や膜へのリクルートだけでなく，それ自身や代謝産物が脂質二重層に対して及ぼす生物物理学的な作用を通じて，非常に多くの細胞内現象に影響を与える。脊椎動物にはPLD$_1$およびPLD$_2$という高度に関連した2種類のアイソフォームが存在し，いずれもその活性を発揮するのにPI(4,5)P_2などのホスホイノシチドを必要とする。PLD$_1$はPKCによって制御されるほか，Rheb, RalA, RhoファミリーやArfファミリーに属する低分子量Gタンパク質によっても制御される。PLD$_2$の制御機構はまだ詳しくわかっていないが，他の多くの脂質代謝酵素と同じように，PLDの活性化においても膜へのリクルートとアロステリック効果が重要なようである。

PLDの重要な生理機能の1つは，PI(4,5)P_2およびRhoファミリー低分子量Gタンパク質と協同しながら，局所的なアクチン細胞骨格の重合を調節することである。その一部はPLDとPIP5Kとの物理的な相互作用を介しており，またPIP5KはPAによっても活性化を受ける。さらに，PLD$_1$，PLD$_2$はともにPIP5Kの産物であるPI(4,5)P_2に依存している。これは相互に促進的に作用する正のフィードバックループの例であり（ボックス7.1参照），このようなメカニズムが異なるシグナル伝達特性をもつ局所的な膜ドメインの形成を促すと考えられる。

PLDのもう1つの役割は，膜小胞の細胞内輸送を制御することである。Arfファミリーの低分子量Gタンパク質は膜小胞の輸送と標的膜への結合を制御するが，PLDはその主要なエフェクター分子である。小胞の融合や分裂（それぞれエキソサイトーシス，エンドサイトーシスにおいてみられる）の場でPLDが活性化することは，これらの現象を引き起こすエネルギー障壁を下げるのに重要と考えられており，これはPAが膜の曲率に及ぼす直接的な効果によるものであると提唱さ

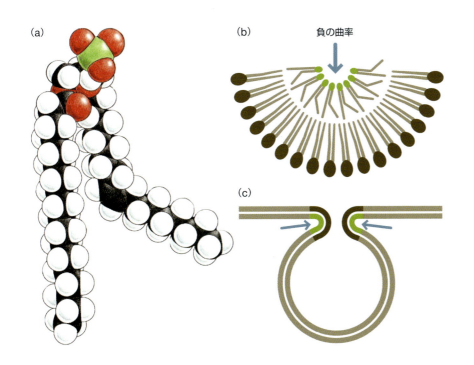

図7.12

膜の曲率に対するホスファチジン酸の効果
(a)ホスファチジン酸(PA)の空間充填モデル。1つの脂肪酸鎖の1カ所に二重結合に由来する折れ曲がりがあることに注目。(b)細胞質側の層にPAが濃縮されると，三角形の断面形状により負の曲率が誘導される。(c)膜小胞の融合や，膜からの切り離しが起こる部位(青色矢印)では，極端な負の曲率をもつ場所が一過的に現れる。(aはB. Alberts et al., Molecular Biology of the Cell, 5th ed. Garland Science, 2008より)

れている。すなわち，PLDが産生するPAは不飽和脂肪酸をもつ傾向があるため，アシル基の二重結合により折れ曲がったPAは，溶媒側に向いた小さな極性頭部と，それと比較して大きな体積を占める疎水性のアンカー部分により「円錐状」の形をしている。その結果，PAが脂質二重層の細胞質側に高密度で存在すると，膜に負の曲率(凹面)を形成させることになる(図7.12)。小胞の融合過程(または反対に小胞が膜から切り離される過程)において，膜の「頸部」は極端な負の曲率をもつ状態を経なければならない。局所的なPLDの活性化は，このようなエネルギー的に不利な状態を緩和することになるのだろう。

ホスホリパーゼDはmTORシグナル伝達経路にかかわる

PLDにより産生されたホスファチジン酸(PA)は，細胞の増殖，生存，そして代謝における主要な制御因子としてふるまうプロテインキナーゼである**mTOR**(mechanistic/mammalian target of rapamycin)の活性化にも必要である(図7.13)。mTORの活性は，増殖因子，アミノ酸，酸素やATPなど，細胞外環境からの入力信号によって制御されている。活性化されたmTORは，リボソームS6キナーゼ(S6K1)や真核生物翻訳開始因子4E結合タンパク質1(4E-BP1)などの翻訳を制御するタンパク質をリン酸化し，その活性を調節する。このようにして，タンパク質合成の速度は細胞の外部環境や代謝状態と共役することができる。mTORは，mTORC1およびmTORC2と呼ばれる2種類のタンパク質複合体を形成しており，それぞれRaptor，Rictorという制御サブユニットの存在により区別される。mTORC1の活性は低分子量GタンパクRhebによって正に制御されるが，Rheb自身はTSC1，TSC2からなるTSC複合体により負に制御されている。TSCの名前は遺伝性の非悪性腫瘍を呈する結節性硬化症(tuberous sclerosis complex)に由来し，この疾患はTSC1もしくはTSC2をコードする遺伝子の機能欠失型変異を原因とする。mTOR複合体を負に制御する因子の欠失が，がんの特徴である細胞増殖と生存の機能異常を引き起こすことは驚くことではない。TSC複合体は複数の上流シグナルから入力を受け取り，これを統合する。

図7.13

mTOR経路とPLDによる制御 mTOR複合体（mTORC1）の活性化はGタンパク質Rhebを介しており，ホスファチジン酸（PA）を必要とする。RhebはTSC1/2複合体により阻害される。mTORの活性化は，AMPK（細胞内のATP量により制御される）やAkt（細胞の増殖，成長および生存を促進するシグナルにより制御される）などのプロテインキナーゼを含む，環境からのさまざまな刺激によって制御されている。さらに，ホスホリパーゼD（PLD）がさまざまな細胞内シグナルを統合する中心的なハブとして機能することで，mTORの活性を調節している。PI5K：ホスファチジルイノシトール 4-リン酸 5-キナーゼ，PIP_2：ホスファチジルイノシトール 4,5-ビスリン酸。

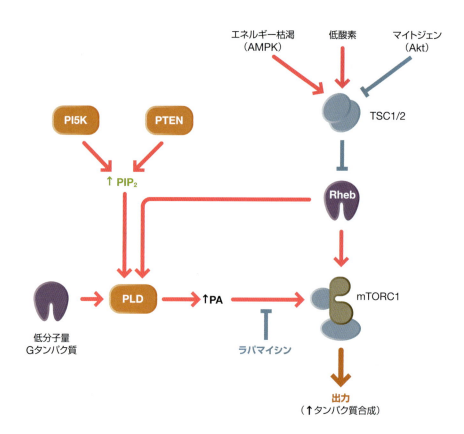

例えば，TSCはAktキナーゼを介したリン酸化により阻害されるので，細胞の成長や増殖，また生存の制御におけるPI3K-Akt経路とmTOR経路との生理的な結び付きをもたらしている。

PAはmTORと直接結合し，mTORC1とmTORC2の活性化に必須である。免疫抑制薬のラパマイシンはmTOR上のPA結合部位に結合するので，哺乳類細胞内ではラパマイシンはmTORとPAの結合をブロックすることでmTORの機能を阻害していると考えられる（mTORはラパマイシンの標的分子としてはじめて単離された）。PLD活性を抑制すると，ラパマイシンで処理した場合と同様にmTOR複合体の形成が阻害されるので，PAはmTORとRaptorあるいはRictorとの会合を促進すると考えられる。このようなPAに対する要求性は，PLDがmTOR活性の制御に必須の役割をもつことを示している。これと符合するように，PLDの活性はがん細胞においてしばしば上昇しており，実験的にPLDの機能を阻害したり抑制したりすると，多くのがん細胞株がアポトーシスを引き起こす。

PLD活性が外部刺激に応答するメカニズムの詳細については，まだ研究が続いている（図7.13参照）。PLD_1の発現量はさまざまな増殖刺激によって上昇するが，そのメカニズムにはPLD_1を活性化するRalAやRhebなどの低分子量Gタンパク質によるネットワークが関係しているようである。PLDの活性は，細胞内のアミノ酸レベルに応答してRheb依存的に上昇する。また，RalAも同じようにアミノ酸に応答した活性化を示すだけでなく，PLD_1に直接結合してこれを活性化する。PLD活性の上昇がRhebに依存することは，**コヒーレントなフィードフォワード**（coherent feedforward）制御の一例である。RhebはmTORを直接活性化すると同時にPLDも活性化する。このPLD活性が，mTORに対する第二の活性化因子であるPAを産生する（ボックス7.1参照）。

これらの制御機構の関係性を解明するうえで克服が必要な概念的および技術的な問題は，PLD–PA–mTORという経路がもしかすると哺乳類に特有なものかもしれないという点である。なぜなら，酵母やショウジョウバエのような遺伝学的に追跡可能なモデル系では，PAおよびPLDがTOR経路を制御する可能性が示されたことがないからである。もしかすると，mTORの制御ネットワークにPLDが組み込まれたのは，進化上でも比較的最近になってからの出来事なのかもしれない。

スフィンゴミエリンの代謝によって多くのシグナルメディエーターが産生される

スフィンゴ脂質であるセラミドとその代謝産物は，細胞のさまざまな活動を調節する活性脂質の巨大なファミリーを構成しており，その数は今もなお増え続けている。セラミドは，膜に豊富に存在するスフィンゴミエリンからスフィンゴミエリナーゼ(SMase)の作用によって生み出されるか，あるいは脂肪酸からの*de novo*合成を経て産生される。続いてセラミドは，セラミダーゼ(CDase)によりスフィンゴシンと脂肪酸へと分解される。セラミドとスフィンゴシンはそれ自体が直接エフェクタータンパク質を調節することもできるし，さらに脂質キナーゼによるリン酸化を経て，セラミド1-リン酸(C1P)やスフィンゴシン1-リン酸(S1P)などの生理活性型の誘導体を生じることもできる(図7.14)。

このような脂質代謝のネットワークについて一般的にいえることは，個々の脂質レベルが緊密に関連し合っていて，互いに動的な平衡関係にあるという事実である。したがって，この平衡状態が崩れた場合(例えば修飾酵素の活性化などによって)，最終的には多くの異なる生理活性脂質の量に影響を与えることになる。そのような意味からも，さまざまな脂質分子の相対的な存在量に着目することは有益である。スフィンゴミエリンは比較的豊富に存在する脂質であり(細胞膜を構成するリン脂質の約30%を占める)，大まかにいえば膜の構造を支える役割を担っている。その誘導体は絶対量としてはずっと少ないが，ゆえにスフィンゴミエリンの代謝速度にわずかな変化が起こっただけでも大きな影響を受ける。S1Pは生体内において最も存在量が少ないが，同時に高い力価をもつ生理活性脂質であり，非常に低い濃度(nMのオーダー)であっても高いアフィニティーでGPCRに結合し，シグナルを伝達することができる。

個々の産物のシグナル活性は，それらの生物物理学的な特性によりさらなる制約を受ける。スフィンゴミエリンは大きな疎水基と極性の高い頭部基をもち，細胞膜の片側の脂質層にほぼ限局して存在する。その極性頭部基がSMaseによって取り除かれてセラミドに変換されると，極性が低くなり，膜の2つの層の間を容易に移動できるようになる。CDaseによってセラミドから脂肪酸鎖が取り除かれると，スフィンゴシンやS1Pのように脂肪族鎖を1つしかもたない分子となり，膜から離れるのに十分な親水性を獲得する。このような化合物は細胞の全域，あるいは個体全体の細胞に至るまで影響を及ぼすことができるようになる。

スフィンゴ脂質はセラミドやそれ以降の代謝産物を介して，ストレスに対する細胞応答に関与している。細胞内には，局在や活性化特性の異なるさまざまなSMaseが存在する。電離放射線や紫外線，活性酸素種や活性窒素種，さらには化学治療薬などを含む環境から受けるさまざまなストレスは，直接的には活性酸素種により，また間接的にはPKCδによるリン酸化を介して，いわゆる酸性SMaseを活性化する。それ以外のクラスに属する中性SMaseは，腫瘍壊死因子α(TNFα)やインターロイキン1(IL-1)などのサイトカインに応答して活性化さ

図7.14

シグナル伝達に関与する主なセラミド代謝経路

セラミド脂質の構造と，その合成にかかわる主な酵素を示している。実際の細胞内ではこの逆反応も起こっているが，ここには示していない。SMase：スフィンゴミエリナーゼ，CDase：セラミダーゼ，SK：スフィンゴシンキナーゼ，CK：セラミドキナーゼ。

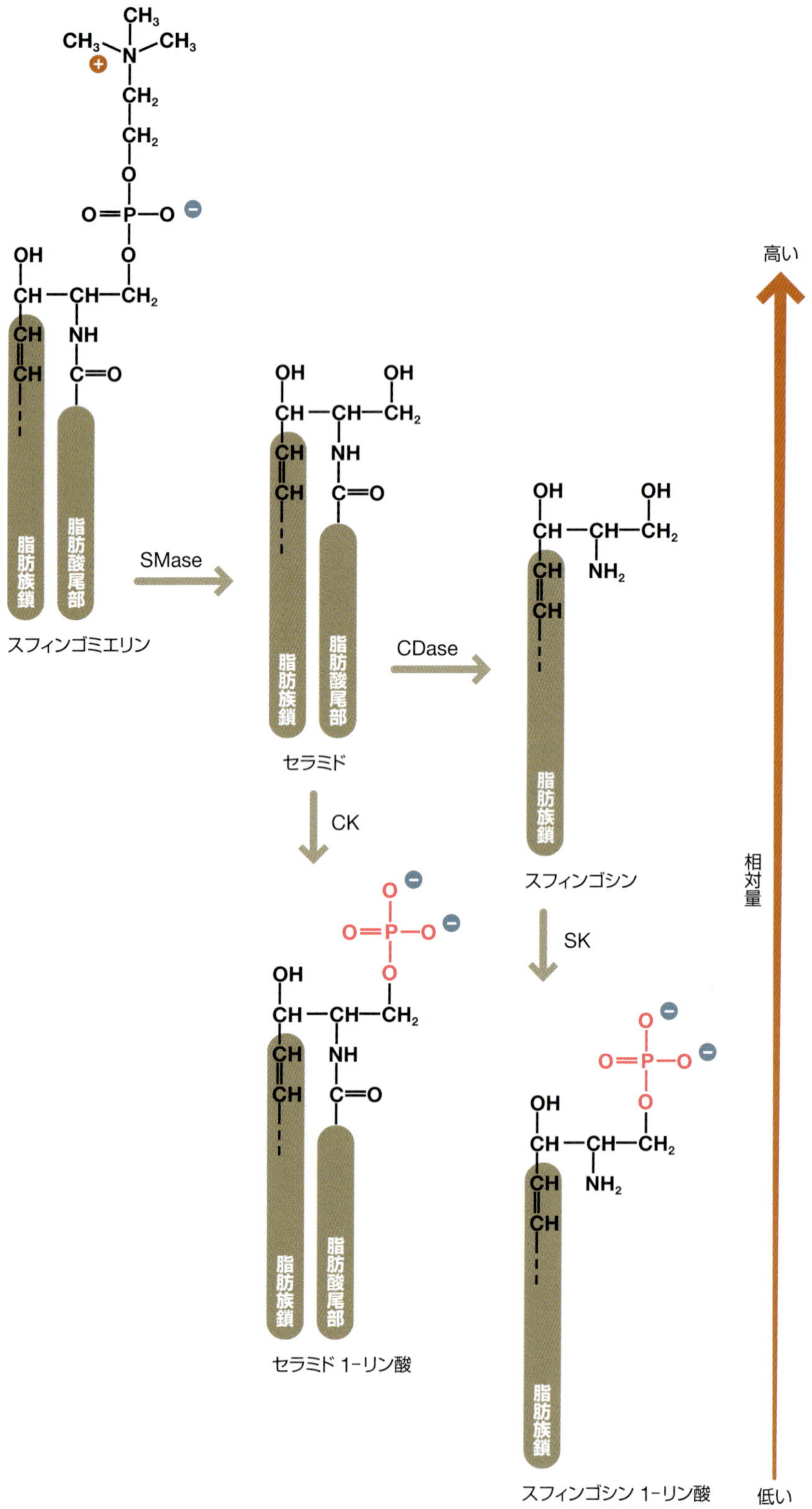

れる。SMaseにより産生されるセラミドの下流標的分子にはプロテインホスファターゼPP2Aやプロテアーゼであるカテプシン D があるが，その詳細は不明である。

　スフィンゴシンキナーゼ(SK)を介したスフィンゴシンのリン酸化により産生されるS1Pは，後生動物の発生やホメオスタシス維持においてさまざまな役割を

もつ非常に強力な細胞間シグナル分子として注目されている．例えば，多くのサイトカインを介したシグナル伝達はSKの活性化を促し，S1Pの上昇をもたらすことで炎症促進性の効果を発揮している．またS1Pからのシグナルは，血管を構成する内皮細胞と平滑筋細胞の適切な発生と機能に必須である．細胞間シグナルにおけるS1Pの生物学的作用のほとんどは，細胞膜に存在するEDGあるいはS1PRファミリーと呼ばれるGPCRを介している．これらの受容体はnMオーダーのS1Pにより活性化され，さまざまな三量体Gタンパク質を活性化する．S1Pは細胞内において（例えばCa^{2+}ホメオスタシスの維持などに関与する）直接的なシグナルメディエーターとして機能する可能性も考えられるが，細胞内でのS1P特異的なエフェクター分子についてはまだよくわかっていない．

ホスホリパーゼA_2は
一群の強力な炎症性メディエーターの前駆体を産生する

炎症（inflammation）は，感染やアレルギー物質，外傷などに対する，局所的な腫脹や発赤，痛みを伴う生理反応である．これらの症状の多くは，血管の拡張と透過性の増大，および白血球（リンパ球）の集積を原因としている．エイコサノイドは，アラキドン酸（AA）に由来する一群の脂質性シグナル分子であり，炎症反応に必須の役割を担っている．サイトゾル型PLA_2の作用により局所的に遊離AAがつくられると，シクロオキシゲナーゼやリポキシゲナーゼなどの酵素によってそれぞれプロスタグランジン，ロイコトリエンなどのエイコサノイドへと変換される（図7.15）．これらの炎症性メディエーターは，産生された細胞や近隣細胞のGPCRに対して局所的に作用し，生理的な反応を引き起こす．ヒトの

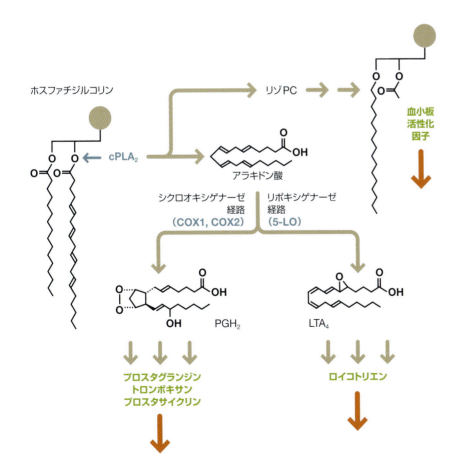

図7.15

アラキドン酸からの炎症性メディエーターの産生 調節的に作用する酵素を青色で示している．サイトゾル型$PLA_2\alpha$（$cPLA_2\alpha$）がホスファチジルコリンに作用すると，アラキドン酸とリゾホスファチジルコリン（リゾPC）が生じる．アラキドン酸はさらにシクロオキシゲナーゼ（COX）およびリポキシゲナーゼ（5-LO）経路を経て，Gタンパク質共役受容体への結合によりシグナルを伝える強力な生理活性脂質（緑色）を産生する．リゾPCはさらに修飾され，やはりGタンパク質共役受容体を介したシグナル伝達を行う血小板活性化因子（PAF）を産生する．PGH_2：プロスタグランジンH_2，LTA_4：ロイコトリエンA_4．

健康に及ぼす炎症の影響は重要なので,一般的に用いられる抗炎症薬の多くがこの経路を標的にしている。例えば,イブプロフェンやナプロキセンなどの非ステロイド性抗炎症薬(NSAID)やアスピリンは,プロスタグランジン合成の中間産物を産生するシクロオキシゲナーゼ(COX1およびCOX2)を標的としている。

動物細胞には多様なPLA$_2$アイソフォームが存在するが,AAをもつリン脂質のsn-2位に特異的に作用するのはサイトゾル型PLA$_2\alpha$(cPLA$_2\alpha$)だけである。20個の炭素からなるAAの脂肪酸鎖は4カ所の二重結合をもち,エイコサノイド生合成における必要不可欠な前駆体となる。cPLA$_2\alpha$をもたないマウスでは炎症反応が欠損していることからも,この酵素に由来するAAが炎症反応にとって重要であることがわかる。未刺激状態の細胞ではcPLA$_2\alpha$はサイトゾルに局在するが,サイトカイン,機械的外傷,その他の炎症促進性の刺激による活性化を受けると核近傍の膜へ移行する。この活性化には,cPLA$_2\alpha$のC2ドメインとCa^{2+}との結合が必要であり,この結合がcPLA$_2\alpha$の膜への移行を促進する。cPLA$_2\alpha$は,Erk1/2などのMAPキナーゼによるリン酸化や,C1Pとの結合によっても活性化される。それゆえ,エイコサノイドの産生はさまざまなシグナル伝達経路と結び付いている。PLA$_2$によってPCからつくられるもう1つの生成物はリゾホスファチジルコリンだが,このリン脂質はさらなるアセチル化を経て,非常に強力な炎症メディエーターである血小板活性化因子(PAF)を産生する。PAFはnM以下の低濃度であっても,GPCRへの結合により生物学的作用を発揮することができる。

ほとんどの細胞種において,シクロオキシゲナーゼはcPLA$_2\alpha$とともに核近傍の膜に局在し,AAを中間産物のプロスタグランジンH$_2$(PGH$_2$)に変換する。PGH$_2$はさらに細胞種ごとに特異的な段階を経て,さまざまなプロスタグランジンやプロスタサイクリン,トロンボキサン分子種へと変換される。マクロファージやマスト細胞などの炎症細胞では,cPLA$_2\alpha$はもう1つの酵素である5-リポキシゲナーゼ(5-LO)と共局在し,中間産物のロイコトリエンA$_4$(LTA$_4$)を産生する。そしてこれは,さらなる反応により多様なロイコトリエン分子種へと変換される。完成した生理活性脂質は,細胞膜に存在する特異的な輸送体により細胞外へと運び出される。

エイコサノイドの強力な生物学的作用は1ダースを超える関連したGPCRファミリーへの結合を介している。それぞれのGPCRは,リガンド結合の特異性,組織分布,さらには下流のエフェクター分子などの点で性状が異なっている。これらの受容体への刺激とその直下でのヘテロ三量体Gタンパク質の活性化は,気道平滑筋の収縮や血管漏出,血管拡張や疼痛など,細胞種ごとに特異的な作用をもたらす。興味深いことに,いくつかのエイコサノイドはペルオキシソーム増殖因子活性化受容体(PPAR)に属する核内受容体に結合することが報告されている。これらの受容体は脂質の生合成におけるホメオスタシスの維持に関与すると考えられているが,もしかしたらシグナル伝達の機能ももち合わせているのかもしれない。

核内受容体については第8章で述べている

まとめ

脂質分子は,自身がもつユニークな化学特性により脂質二重層へと自己組織化し,ほとんどの親水性分子が透過できないバリアを形成する。膜を構成する脂質

には，特異的な脂質結合ドメインによって認識される結合部位としてふるまうものもある。脂質二重層にリクルートされることでタンパク質分子どうしが会合する確率は飛躍的に向上するため，重要なシグナル伝達にかかわる分子間相互作用の多くは膜上で起こる。個々の脂質分子はそれ自体が生体シグナルとしての情報をコードし，その伝達を行うこともできる。脂質とタンパク質との相互作用は脂質キナーゼや脂質ホスファターゼなどの修飾酵素により劇的に調節されており，脂質頭部基の共有結合性の修飾を介して標的タンパク質による認識機構を変化させている。さらに，脂質は特異的なリパーゼにより分解され，さまざまな下流ターゲットを調節する拡散性のシグナルメディエーターを放出する。

課題

1. 特定の脂質分子が細胞膜の片側の層だけに限局して存在することのシグナル伝達にとっての意義は何か。
2. 実験結果から，細胞膜を構成する分子の局在は一様でなく，独自の脂質組成をもつ局所的な部位が存在することが示唆されている。このような不均一性は，膜に埋め込まれたタンパク質や膜の表面に結合するタンパク質の性質にどのような影響を及ぼしているか。
3. シグナル伝達において有用となるホスファチジルイノシトールの性質は何か。
4. エイコサノイドはGタンパク質共役受容体（GPCR）および核内受容体（NR）に結合することが示されている。この結合は，エイコサノイドのどのような物理的性質によるものか。GPCRを介した効果とNRを介した効果を実験的に区別するにはどうしたらよいか。

文献

生体膜とその性質

Cho W (2006) Building signaling complexes at the membrane. *Sci. STKE* 2006(321), pe7.

Groves JT & Kuriyan J (2010) Molecular mechanisms in signal transduction at the membrane. *Nat. Struct. Mol. Biol.* 17, 659–665.

Hancock JF (2006) Lipid rafts: contentious only from simplistic standpoints. *Nat. Rev. Mol. Cell Biol.* 7, 456–462.

Owen DM, Williamson D, Rentero C & Gaus K (2009) Quantitative microscopy: protein dynamics and membrane organisation. *Traffic* 10, 962–971.

van Meer G, Voelker DR & Feigenson GW (2008) Membrane lipids: where they are and how they behave. *Nat. Rev. Mol. Cell Biol.* 2008; 9, 112–124.

シグナル伝達における脂質修飾酵素

Aloulou A, Ali YB, Bezzine S et al. (2012) Phospholipases: an overview. *Methods Mol. Biol.* 861, 63–85.

Bunney TD & Katan M (2011) PLC regulation: emerging pictures for molecular mechanisms. *Trends Biochem. Sci.* 36, 88–96.

Burke JE & Dennis EA (2009) Phospholipase A2 structure/function, mechanism, and signaling. *J. Lipid Res.* 50(Suppl), S237–S242.

Michell RH (2008) Inositol derivatives: evolution and functions. *Nat. Rev. Mol. Cell Biol.* 9, 151–161.

Suh PG, Park JI, Manzoli L et al. (2008) Multiple roles of phosphoinositide-specific phospholipase C isozymes. *BMB Rep.* 41, 415–434.

脂質を介した主なシグナル伝達経路の例

Di Paolo G & De Camilli P (2006) Phosphoinositides in cell regulation and membrane dynamics. *Nature* 443, 651–657.

Funk CD (2001) Prostaglandins and leukotrienes: advances in eicosanoid biology. *Science* 294, 1871–1875.

Hannun YA & Obeid LM (2008) Principles of bioactive lipid signalling: lessons from sphingolipids. *Nat. Rev. Mol. Cell Biol.* 9, 139–150.

Krauss M & Haucke V (2007) Phosphoinositide-metabolizing enzymes at the interface between membrane traffic and cell signalling. *EMBO Rep.* 8, 241–246.

Roth MG (2008) Molecular mechanisms of PLD function in membrane traffic. *Traffic* 9, 1233–1239.

Sun Y & Chen J (2008) mTOR signaling: PLD takes center stage. *Cell Cycle* 7, 3118–3123.

細胞膜を介した情報伝達

8

　細胞外環境から細胞内部への情報伝達は，細胞のシグナル伝達において確実に乗り越えられなければならない「最も根本的なハードル」といえるだろう。細胞膜は水を通さない性質をもっており，細胞の内容物を外界から保護するという重要な機能を果たす。それと同時に，無差別なシグナル伝達を制限するために必須の障壁としての役割も果たしている。細胞膜は，ペプチドのような水溶性のシグナル分子や親水性の低分子だけでなく，隣接細胞や細胞外マトリックスからの情報といった多様な外界情報からもサイトゾルを物理的に隔離する。しかしながら，細胞は外界の状況に適したふるまいを継続的に行う必要がある。このことは，多細胞生物の細胞では特に重要である。なぜなら，多細胞生物では，個体発生や生理機能を正確に実行するために，大規模で広範な細胞間情報伝達が必要とされるからである。本章では，生物が進化の過程で発展させてきた，特定のシグナルを選択的に細胞膜を介して伝達するための多様な戦略について考察したい。

細胞膜を介したシグナル伝達の基本原理

　細胞膜を介したシグナル伝達は，細胞膜表面に存在する受容体の性能に依存する。**受容体**(receptor)は外界からの情報入力を受容するタンパク質分子であり，特異的なシグナル分子(**リガンド**〔ligand〕)と結合することにより自身のシグナル伝達活性を変化させる。受容体の活性は，それ自身がリガンドと結合しているか否かで決定される。この性質ゆえに受容体は，細胞外のリガンド濃度を細胞内のシグナル伝達活性へと情報変換する役割を担う。多くの受容体は，細胞外環境と

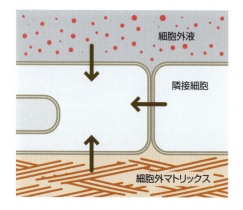

図8.1
細胞は，多様な外界情報を受容する 多細胞生物の細胞は，隣接細胞や細胞外マトリックス，そして細胞外液中の可溶因子といった情報をすべてシグナルとして正確に受け取り，それらを解読しなければならない。

直接的に接することができる細胞膜上に存在する。しかし，一部の受容体は細胞内に存在し，細胞膜を透過して自由に行き交うシグナル群に応答する。

細胞は多様な外界情報を処理し，応答しなければならない

　特定のシグナル伝達機構について議論する前に，細胞が外界から集めなければならない情報のタイプについて考察しておきたい(図8.1)。酵母のような自由生活する単細胞生物でさえも必要とする最も単純な情報は，細胞を構築・維持するために必要とされる栄養物や酸素，その他の原料となる物質の「外界における存在量」である。これらの情報によって，細胞内の生合成の活性が決定され，成長や運動性といった細胞のふるまいが調節される。このような情報応答により生物は環境に適合し，最適でない状況を可能な限り回避しつつ，豊富な資源を十分に活用することができる。

　一方，多細胞生物では，細胞はさらに多くの種類の外界情報を必要とする。細胞外液中には，他の細胞から分泌された多様な種類の可溶性シグナル分子が存在する。このような可溶性シグナル分子には，ホルモンやサイトカイン，マイトジェンのような因子が含まれる。**ホルモン**(hormone)は，細胞の活動を制御する分泌分子であり，しばしば分泌部位から遠く離れた部位で作用する(ヒトのホルモンとしては，成長ホルモンやインスリン，エストロゲンがよく知られている)。多くの場合，ホルモンは機能特化した**内分泌**(endocrine)腺や内分泌組織から分泌される。ホルモンは，分子量の大きなタンパク質が切断されることによって生じるポリペプチドであったり，原料となる有機分子から合成される低分子であったりする。より特殊なタイプのポリペプチドホルモンとしては，免疫細胞機能を多様な面で制御する**サイトカイン**(cytokine)や，細胞増殖を誘導する**マイトジェン**(mitogen)が存在する。マイトジェンはしばしば増殖因子とも呼ばれるが，この呼び方はマイトジェンと，細胞成長(細胞の容積の増加)を特異的に促進する真の**増殖因子**(growth factor)との混同を引き起こすおそれがあるので，注意が必要である。

　細胞は可溶性のシグナル分子に加え，隣接細胞の表面上に存在するような分子を含む，より局所的で空間的に固定されたシグナル分子に対しても応答しなければならない。個体発生過程や成体組織では，細胞は自身を取り囲む環境や細胞と調和しつつ，適切にふるまう必要がある。例えば，互いに隣り合う上皮細胞群は，上皮細胞層を形成するために近隣の細胞とゆるみなく接触する必要がある。神経系の発生過程では，伸長中の軸索の成長円錐は，適切な標的細胞との接続を形成するために，隣接細胞上に存在する誘引信号と忌避信号を正しく解読しなければならない。細胞は，隣接細胞の表面上の分子の存在とともに，その分子の局所的密度を検出し，反応できなければならない。

　細胞表面分子に加えて，細胞は自身が埋め込まれている**細胞外マトリックス**(extracellular matrix：ECM)からのシグナルに対しても正しく反応できる必要がある。ECMは細胞から分泌される物質であり，張力をもたらすコラーゲンなどの線維性タンパク質，プロテオグリカン，多糖類のヒアルロン酸，あるいはフィブロネクチン類のような細胞の接着や運動性を調節する因子群から構成される。ECMは組織において構造的な役割を担うとともに，細胞の移動や分化，組織の編成などの活性を制御するといった，より積極的な役割も担う。ECMのいくつかの構成因子は，その存在や局所密度の情報をシグナルとして細胞に直接伝える。またECMは，細胞と結合する，あるいは細胞へ提示される可溶性のホルモンやシグナル伝達タンパク質の貯蔵庫にもなる。加えて，細胞がECMと接触してそ

れに力を加えた際には，ECMはその変形に対する抵抗性を利用して，細胞へ機械的信号を与えることもできる。

　細胞はまた，その他の多種多様な物理的シグナルに応答しなければならない。そのようなシグナルのなかで多細胞動物にとって最も重要なものは，ニューロンによる電気シグナルの伝達であるが，これについては本章では詳しく述べない。また，ある種の機能特化細胞は，多細胞生物の生活に重要な光や圧力，におい，その他の感覚刺激に応答することができる。

膜を介した情報伝達に利用される3つの基本戦略

　途方もなく多種多様なシグナルが細胞外から入力されるにもかかわらず，細胞はたった3つの基本戦略を使って，これらのシグナル入力を細胞膜からサイトゾルへと伝達する(図8.2)。1つ目の戦略は，比較的まれなものであるが，シグナル自身が受動的に細胞膜を透過するという方法である。このような特殊なクラスのシグナル分子としては，膜透過性の気体である**一酸化窒素**(NO)や，ステロイド類などの脂溶性ホルモンがある。これらの特殊シグナル分子は膜を横断するための特別な機構は必要とせず，細胞内のエフェクター分子に直接結合することができる。これら特殊なシグナル分子は，**核内受容体**(nuclear receptor)への結合によりその効果を発揮する。この第一の戦略は，膜を介した情報伝達の最もシンプルかつ最も直接的な方法である。

　2つ目の戦略はよくみられる方法で，**膜チャネル**(membrane channel)を利用する。膜チャネルはタンパク質サブユニットが集合することで形成される，膜を貫通する小孔であり，イオンなど特定の種類の低分子を選択的に通過させる。**ゲート型チャネル**(gated channel)は，特定のシグナルに応じて開閉する性質をもち，この性質をもつがゆえに膜を介した情報伝達を担う受容体として働くことができる。ニューロンは，膜電位やイオン濃度，神経伝達物質に応答してチャネルを迅速に開閉することによって電気シグナルを伝達する。

　最後の戦略は，**膜貫通型受容体**(transmembrane receptor)を利用する一般的な方法である。膜貫通型受容体は，膜の細胞外側に露出したリガンド結合ドメインと，単一あるいは複数の疎水性膜貫通領域，そして下流のエフェクター分子と相互作用してシグナルを伝える細胞内領域から構成される。多くの場合，受容体そのものの細胞内領域は固有の触媒活性を有する(例えば，リガンドの結合によっ

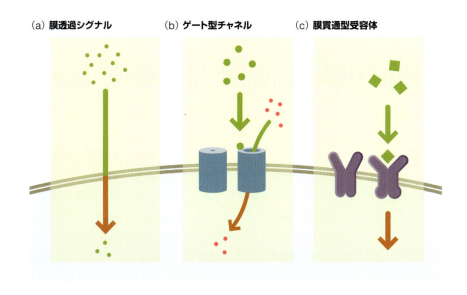

図8.2

シグナルが細胞膜を通過するための3つの方法
(a)ごく一部のシグナル伝達分子は，受動拡散により膜を透過して細胞質へ移動する。(b)膜チャネルに結合してそのゲートを開けさせるシグナル伝達分子も存在する。(c)多くのシグナル伝達分子は膜貫通型受容体に結合し，直接的あるいは間接的に細胞内の酵素の活性化を引き起こす。

て活性化されるプロテインキナーゼドメインを有する)。他にも，受容体が他のエフェクタータンパク質と非共有結合することで，リガンド結合ドメインにリガンドが結合しているという情報を伝える場合もある。この第三の戦略は，膜を介したシグナル伝達の手段として，多細胞生物を構成する細胞の多くにとって最も一般的かつ多様な局面で利用されているものである。そしてこの戦略により，多種多様な細胞外刺激を多数の細胞内活動の変化へと結び付けることが可能になっている。

多くの薬物は受容体を標的とする

受容体のタンパク質リガンド(ペプチドホルモンなど)との結合部位は，タンパク質間相互作用を担う部位のなかでも代表的なものである(例として，図2.4の成長ホルモンとその受容体との複合体形成を参照)。しかし，タンパク質リガンドだけでなく，単純なイオンや有機低分子を含む多種多様なリガンドと結合して応答する受容体も存在する。リガンドの性質にかかわらず，リガンドの結合が情報として伝えられるためには，リガンドの結合が受容体の立体構造の変化，あるいは受容体と他の分子との結合といった，受容体そのものの物理的変化を引き起こさなければならない。

ヒトの健康状態の維持・治療に使われる薬物の多くは，細胞表面受容体のリガンド結合部位を標的とする。このことは，心拍数や血圧，炎症，神経伝達のような医療に関連した多数の現象を調節するGタンパク質共役受容体(GPCR)群に特にあてはまる。本来のリガンドの作用を模倣して，受容体の活性化と下流へのシグナル伝達を引き起こす化合物は，**アゴニスト**(agonist)と呼ばれる。モルヒネなどの鎮静薬は，オピオイド受容体のアゴニストである。一方で，受容体には結合するが活性化応答を誘導できないような化合物群，例えばリガンド結合部位には結合できるものの下流へシグナルを伝えるための変化を受容体に誘導できないような化合物群もある。さらに，そのような化合物群のなかには，本来の活性化リガンドやアゴニストと同様の(あるいは一部重複した)部位に結合することにより，受容体の正常な活性化を妨げることができるものもある。このような化合物は**アンタゴニスト**(antagonist)と呼ばれる。アンタゴニストは，酵素阻害薬と同様に，濃度依存的に受容体の活性を阻害する。抗ヒスタミン薬であるロラタジンは，ヒスタミンH_1受容体のアンタゴニストである。また，血圧を下げたり心拍数を調節したりするのに使われる，一般的にβ遮断薬(βブロッカー)と呼ばれる化合物は，βアドレナリン作動性受容体のアンタゴニストである。

膜貫通型受容体によって使われる情報伝達の戦略

細胞膜を通過できないリガンドに対する受容体による情報伝達は，受容体の細胞外領域におけるリガンド結合の有無を，受容体の細胞内領域へと伝えられるかどうかにかかっている。これは些細な問題ではない。なぜなら，受容体の細胞外領域と細胞内領域は疎水性の脂質二重層で分断されているからである。受容体の細胞外および細胞内領域はいずれも親水性であり，ゆえに細胞膜の内部を移動して相互作用することができない。したがって，これらの受容体が行うコミュニケーションは，いかなる場合も，さして特徴のない疎水性の膜貫通セグメントを介さなければならない。膜貫通領域は多くの場合，柔軟性を欠く20アミノ酸程度のαヘリックスから構成されている。このαヘリックスは，自身の外側へ向け

て疎水性の側鎖を突き出して膜と接する（図8.3）。わずかな例外を除いて，たった2つの基本的な戦略が，受容体におけるこの問題の解決に用いられている。その2つの戦略とは，1つは複数の膜貫通セグメントをもつ受容体（複数回膜貫通型受容体）の協調的な立体構造の変化であり，もう1つは膜を1回のみまたぐ受容体（1回膜貫通型受容体）の二量体形成ないし多量体形成である。

複数の膜貫通セグメントをもつ受容体は，リガンド結合に応じて立体構造を変化させなければならない

　大部分のGPCRやすべての膜チャネルを含む多くの受容体は，複数の膜貫通セグメントをもっている。GPCRの細胞外領域へのリガンドの結合は，7回膜貫通ヘリックスの相対的な充填状態の変化や，受容体の細胞内表面の立体構造変化の誘導を含む，協調的な立体構造の変化を誘導する。後でより詳細に議論するように，これらの変化はGPCRとGタンパク質のアフィニティーを上昇させ，これにより下流のシグナルの活性化を導く。複数の膜貫通ヘリックスが互いに密に収納されることにより，立体構造（ヘリックスの相対的な配向）の変化を情報として膜を介して伝達することが可能になっている。対照的に，互いに「押し合う」ための隣接するヘリックスをもたない単一の膜貫通セグメントでは，そのような相対的な配向の変化は不可能である。

　リガンドの結合を立体構造の変化へと変換するタイプの受容体の別の代表例として，ゲート型チャネルがある。膜チャネルはいくつかの類似あるいは同一のサブユニットから構成され，これらのサブユニットは膜平面上で秩序立って配置されることでリング状の構造をとる。それぞれのサブユニットは複数の膜貫通セグメントをもっており，リガンド依存性イオンチャネルの場合，細胞外環境に面する側にリガンド結合部位をもつ。リガンドの結合は協調的な立体構造の変化を引き起こし，これによりリング構造の中央に位置する小孔の透過性を変化させる。チャネルの開放がこのようなやり方で行われる結果として，チャネルの通過を許された分子の細胞内濃度の急激な変化の誘導が可能になり，同時に，細胞内応答に広範な影響を及ぼすことが可能になる。

1回膜貫通型受容体はリガンド結合に応じて高次集合体を形成する

　膜を1回のみ貫通する受容体の細胞外と細胞内のドメインは，流動性をもった平面膜を上下に貫く単一の疎水性の軸によってのみ接続されている。1回膜貫通型受容体では，協調的な立体構造の変化によって膜を介した情報伝達を行うことができない。それゆえ，1回膜貫通型受容体は，細胞外ドメインのリガンド結合状態をサイトゾルへと伝えるにあたっては，まったく異なる戦略を使用せざるをえない。これらの受容体のシグナル伝達活性は，リガンド結合に応じて起こる受容体間の相互作用の変化に依存する（図8.4）。多くの場合，この受容体の相互作用は，受容体のホモ二量体あるいはヘテロ二量体の形成という形で行われる。リガンドが結合していない受容体は単量体の状態，あるいは他の受容体とゆるく相互作用しているのみであるが，リガンドの結合が起きると2つの受容体分子が互いに密に接近して相互作用する。これを行ううえで最もシンプルな方法は，リガンド自身が2つの異なる受容体分子に同時に結合するやり方である。例えば，血小板由来増殖因子（platelet-derived growth factor：PDGF）は天然の状態で二量体を形成しており，それゆえに2つの受容体に結合することができる。このため，低濃度のPDGFであっても膜上における受容体の二量体形成を迅速に誘導する

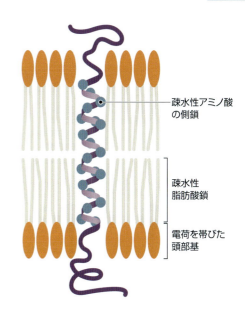

図8.3

ヘリックス状の膜貫通セグメント　脂質二重層を横断するタンパク質の膜貫通領域は，多くの場合，20〜25アミノ酸からなる棒状のαヘリックスで構成されている。膜貫通セグメントのアミノ酸側鎖（青色の丸）は疎水性であり，これらは膜二重層の内部の疎水性脂肪酸鎖と相性よく相互作用する。

ことができる。これとは異なる独特なやり方で受容体の二量体形成を誘導するリガンドもある。例えば，2つの異なる受容体結合部位をもった単一のリガンド（成長ホルモンはこれに該当する）や，細胞表面上あるいは細胞外マトリックス上で物理的に集合体を形成するリガンド，受容体の立体構造の変化を誘導して受容体どうしのアフィニティーを上昇させるリガンド（上皮増殖因子〔epidermal growth factor：EGF〕がこれに該当）などである。

　2つの受容体分子の細胞内ドメインが互いに近接して配置された状態にある受容体二量体が，孤立した単独状態の受容体と異なる活性をもつのはなぜだろうか。一般的に，二量体形成や多量体形成は，単量体の状態では抑制されている酵素反応を促進する。例えば，受容体の細胞内領域がプロテインキナーゼ活性をもっている場合，二量体形成はおそらく受容体どうしの近接性に依存して互いをリン酸化し合うだろう（図8.5）。その一例としては，チロシンキナーゼ活性をもつPDGF受容体がある。このような**相互的な自己リン酸化**(transphosphorylation)は，2つの重要な効果をもたらすことができる。多くの場合，キナーゼドメインの**活性化ループ**(activation loop)の特異的部位の自己リン酸化は，キナーゼの触媒活性を安定的に増加させる。受容体は，いったん活性化すると，これに続いて他の細胞内の標的分子をリン酸化できる。その標的分子には，二量体を形成する相手方の受容体も含まれる。加えて相互的な自己リン酸化は，SH2ドメインのようなリン酸化依存的なモジュラータンパク質結合ドメインに対する結合部位を作り出し，これにより，そのようなドメインをもつ細胞質中のエフェクタータンパク質を受容体へとリクルートする。

　受容体のなかには，協調的な立体構造の変化と二量体形成の双方を組合わせた方法を用いているものもある。例えばインスリン受容体（受容体型チロシンキナーゼ）は，ジスルフィド結合により共有結合した2つの同一のサブユニットから構成される（図8.8参照）。このため，インスリンの結合は，それ自体では受容体の二量体形成に影響を及ぼさない。しかしそのかわりに，受容体の細胞外ドメインの立体構造の変化を引き起こして，2本の膜貫通ヘリックスの相対的な配置を変化させることで，細胞内の触媒ドメインにその変化を伝える。このような変化はインスリン結合時のみ触媒ドメインの配置を変え，相互的な自己リン酸化と触媒活性を促進する。もう1つの例は，細菌の走化性受容体である。この受容体は恒常的に二量体を形成しているが，リガンドの結合に応答して細胞内ドメインのヘリックス構造の相対的配置をわずかに変化させる。この変化により細胞内のエフェクター分子群へ情報を伝達する。

受容体の集合体形成は，シグナルの伝播にアドバンテージを与える

　受容体の二量体形成あるいは多量体形成を利用してシグナルを伝達する戦略は一般的ではあるが，それが制御するシグナル経路に多くの興味深い特性を与える。

　二量体形成あるいは多量体形成の最も基本的な効果は，受容体結合タンパク質などの受容体のパートナーに対し，受容体の局所濃度を大幅に増大させることである。生体分子反応の効率は2つの反応物質の濃度に依存するため，受容体自身もしくは受容体結合タンパク質が互いの酵素的修飾を行えるときには，受容体の局所濃度の増大は反応効率を上昇させる。さらに，このシンプルな特性が，リガンド濃度の変化に対して全か無かの様式で応答を行うスイッチのようなシグナル応答を可能にする。

　この原則は，広範な種類のサイトカインやホルモンに対する受容体や接着受容

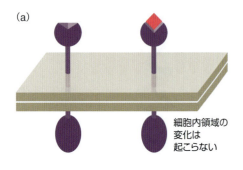
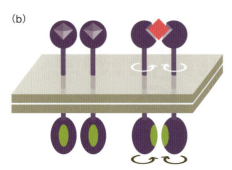
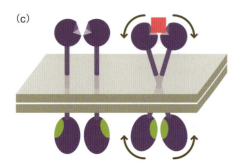

図8.4

複数の膜貫通セグメントにより，受容体はリガンドが結合しているという情報を膜を介して伝達することができる　(a)単一の膜貫通セグメントをもつ受容体は，リガンド結合によって生じる細胞外ドメインの立体構造の変化を細胞内領域へと直接的に伝える手段をもたない。(b, c)受容体が二量体を形成する場合，あるいは複数の膜貫通セグメントをもつ場合は，リガンド結合は細胞内領域の立体構造の変化を誘導しうる。例えば，複数の受容体あるいは膜貫通セグメントの膜貫通領域が互いに連動しながら旋回することによって，細胞内領域に変化が誘導される。

活性化ループのリン酸化によるキナーゼの活性化については第3章で述べている

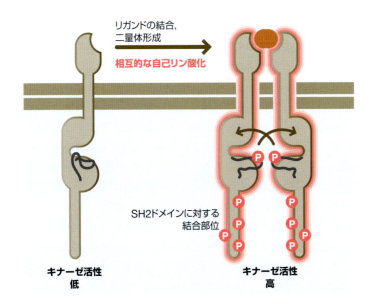

図8.5

受容体型チロシンキナーゼの活性化　リガンドの結合は，受容体の二量体形成を誘導する。続いてすぐに，チロシンキナーゼ触媒ドメインは，そのキナーゼドメイン上に存在する「活性化ループ」部位を相互に自己リン酸化する。この自己リン酸化は受容体のキナーゼ活性を上昇させる。キナーゼドメインはまた，他の複数部位の自己リン酸化も行う。このリン酸化部位は，サイトゾル中に存在するSH2ドメインをもつタンパク質群の結合部位となる。

体，そしてリンパ球表面上のB細胞受容体やT細胞受容体を含む，非受容体型チロシンキナーゼと連結する受容体群を例として説明することができる。本章の後半で議論するように，これらの異なる種類の受容体群は，いずれも膜貫通型受容体そのものが細胞内のチロシンキナーゼと非共有結合するという特性をそなえている(個々の受容体ごとに異なる特定のキナーゼと結合する)。これらのチロシンキナーゼは，刺激がないときには不活性な立体構造をとる。ときおり，「瞬間的に」活性化型の立体構造をとることもあるが，その後はより安定的な不活性型の立体構造に戻る。また，細胞内のホスファターゼ活性は比較的高く，このため，キナーゼが活性化する短い間にリン酸化される基質群は速やかに脱リン酸化されると考えられる。このように，刺激がない状態では，キナーゼ活性と基質のリン酸化は低いレベルにある。

　この状況は，受容体(および受容体と結合するキナーゼ)がリガンドの結合に応じて二量体あるいは高次の複合体を形成した際に大きく変化する(図8.6)。二量体あるいは複合体の中では，一時的に活性化型の立体構造をとったキナーゼとかなり近接した位置に，基質となる他の受容体分子や，それに結合した他のキナー

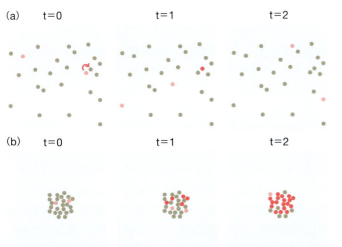

図8.6

キナーゼの活性化における集合体形成の効果　概してキナーゼは，不活性化状態(薄い茶色)，部分的活性化状態(薄いピンク色)，リン酸化されて最大限に活性化された状態(ピンク色)の3つの状態のうちいずれかの状態で存在する。リン酸化されていないキナーゼは不活性状態と部分的活性化状態の間をすばやく行き来しているが，いかなるときもその大部分は不活性な状態である。部分的活性化状態のキナーゼは，自身が活性化している短い間に，隣接したキナーゼ分子をリン酸化して活性化することができる(矢印)。これによりリン酸化を受けたキナーゼは，細胞内のホスファターゼによってリン酸基を取り除かれて不活性状態に戻るまでは，活性化したままである。(a)キナーゼ分子がまばらに，一様に分布しているときは，部分的活性化状態のキナーゼは他のキナーゼ分子をリン酸化する機会がほとんどなく，活性化したキナーゼも他の分子を活性化する機会を得る前にホスファターゼがこれをすぐに脱リン酸化してしまう。(b)対照的に，キナーゼが互いに密集しているときは，部分的活性化状態のキナーゼは多数の隣接キナーゼをリン酸化して活性化し，これによりさらに他の隣接キナーゼの活性化も導くことができる。そして間もなく，密集の中に存在する大部分のキナーゼがリン酸化されて活性化される。細胞内のホスファターゼは，この密集内のキナーゼを容易には不活性化することができない。なぜならば，密集内で脱リン酸化されたキナーゼは，隣接キナーゼによりすぐに再リン酸化されてしまうからである。

ゼ分子がくることになる。ゆえに，これらの基質群は，キナーゼの触媒ドメインが不活性型の立体構造に逆戻りする前にリン酸化されると考えられる。第一のキナーゼが第二のキナーゼの「活性化ループ」をリン酸化すると，その第二のキナーゼは安定的に活性化されるようになり，続いて第二のキナーゼは第一のキナーゼおよびそれと結合する受容体をリン酸化し，結果として第一のキナーゼも安定的に活性化されるようになると考えられる。またさらに，キナーゼあるいは受容体がホスファターゼによって脱リン酸化されるような場合も，隣接するキナーゼによって迅速に再リン酸化されるだろう。このように，二量体形成や集合体形成は，最終的に受容体に高いキナーゼ活性と高いレベルのリン酸化をもたらす。そしてこれら両者の変化は，それぞれ他のタンパク質のリン酸化と，下流のエフェクターへの結合を引き起こすことにより，下流へのシグナル伝達を可能にする。

受容体の集合体形成のもう1つの潜在的なアドバンテージは，単独の受容体あるいは受容体二量体の活性状態の情報を多数の他の受容体に伝達し，これにより高次の情報処理を可能にする点である。上述の例では，キナーゼが結合した受容体群の集合体形成は，たとえ個々の受容体がリガンドの解離や脱リン酸化によって一過的に不活性化されようとも，集合体全体の活性化状態を比較的安定に保つ効果がある。また一般的に，1つの受容体に特定の下流エフェクター分子が結合していれば，そのエフェクターは集合体内の他の受容体の活性にも影響を与えうる。

より広い意味では，集合体形成は，高濃度の受容体と受容体結合タンパク質，およびそれらの基質が存在する特定の膜ドメインの形成を可能にし，その膜ドメインに周辺の膜領域とは異なる特性をもたらす。分子間の近接性は，細胞全体に分子群が分散した状態で各分子が自身の基質や結合相手と遭遇しなければならない状況と比べて，細胞内の相互作用と反応を格段に効果的なものにする。細胞によっては，刺激を受けていない状態においてさえ特定のシグナル経路の構成因子が互いに集合したきわめて特異的な細胞区画をもつものもあり，この区画はシグナル構成因子の拡散に必要な時間を最小限にし，それらの相互作用効率を増加させる。そのような特殊化は，神経筋接合部や眼の光受容細胞における光感受性機構などのような，応答速度が重要視されるシステムでしばしばみられる。

集合体形成はまた，孤立した単量体の状態に比べリガンドや下流エフェクターに対する受容体の「みかけ上のアフィニティー」を高め，結合をより効果的にする。受容体が点在している状態では，受容体から解離した結合相手は再び受容体と結合する機会を得ることなく拡散してしまうだろう。しかしながら，受容体が集合しているときのように，近隣にきわめて高い局所濃度で受容体が存在する場合は，結合相手は拡散により再結合の機会を失う前に他の受容体と再結合するだろう（図2.11参照）。この効果は，細胞全体における受容体密度が比較的低いときや，リガンドと結合する受容体の割合が少ないときに特に強いが，生理学的な受容体はこのような状態にあることが多い。

Gタンパク質共役受容体

Gタンパク質共役受容体（GPCR）は，多くの真核生物において飛び抜けて多く存在する受容体であり，ヒトゲノムにも900種類ほどのGPCRがみつかっている。これらの受容体のすべては全体的な構造が共通しており，細胞外に存在するN末端領域，細胞内のC末端領域，そして細胞質または細胞外環境に飛び出た親水性のループで連結された7本の膜貫通ヘリックスから構成される（このため，こ

れらの受容体はしばしば7回膜貫通型受容体〔seven-transmembrane receptor：7-TMR〕あるいはヘプタヘリカル受容体と呼ばれる）。GPCRは，低分子やポリペプチド，脂質を含む多種多様なリガンドに応答し，リガンドとの結合に応じてシグナルをヘテロ三量体Gタンパク質へ伝えてこれを活性化する。

Gタンパク質共役受容体は固有の酵素活性をもつ

GPCRシグナルの概要を図8.7に示す。活性化リガンドがGPCRに結合した際には，協調的な立体構造の変化がGPCRの細胞内領域へと伝達される。そして活性化したGPCRはGDP結合型のヘテロ三量体Gタンパク質と相互作用し，**グアニンヌクレオチド交換因子**（guanine nucleotide exchange factor：GEF）として働いて，GαサブユニットからGDPを解離させてGTPを結合させる。GTP結合により誘導されたGαサブユニットの立体構造の変化は，GPCRおよびGβγサブユニットからのGαサブユニットの解離を引き起こす。これに続いて，

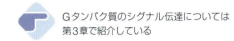

Gタンパク質のシグナル伝達については第3章で紹介している

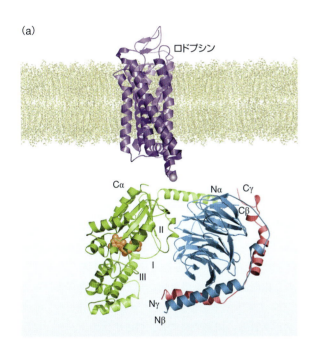

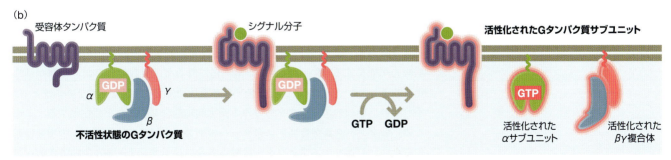

図8.7

Gタンパク質共役受容体によるシグナル伝達 （a）GDP（オレンジ色の空間充填モデルで表示）と結合したトランスデューシンヘテロ三量体とドッキングしたGPCRロドプシンのリボンモデル。Gαは緑色で，Gβは青色で，Gγはピンク色で，ロドプシンは紫色で示した。各GタンパクサブユニットのN末端とC末端を図示した。（b）GPCRへのリガンド結合は，Gαサブユニットにおけるヌクレオチドの置換とGβγサブユニットの解離を引き起こす。活性化したGαサブユニットとGβγサブユニットは，下流のエフェクタータンパク質群に結合してそれらの活性を制御できるようになる。GαサブユニットとGβγサブユニットは，それらに共有結合している脂質群（波線）を介して膜と相互作用する。（aはW.M. Oldham and H.E. Hamm, *Nat. Rev. Mol. Cell Biol.* 9: 60–71, 2008より，Macmillan Publishers Ltd.の許諾を得て掲載）

サブユニットやエフェクターの種類に依存するが，GαサブユニットかGβγサブユニットのいずれかが下流のエフェクター群に結合し，それらの活性を調節する。このような直接的なエフェクターには，イオンチャネルやホスホリパーゼC（PLC），アデニル酸シクラーゼ，ホスホジエステラーゼ，そしてRhoファミリーGTPアーゼに対するGEFなどが含まれる。

　重要なこととして，何百種類ものGPCRが存在する一方で，それらと連結するヘテロ三量体Gタンパク質の種類はかなり限定されている。例えば，ヒトではGαサブユニットの種類は20以下であり，それらは対応するエフェクターの種類をもとに4つに分類される。GPCRの種類は下流のGタンパク質やエフェクターよりもずっと多いので，多数種のGPCRが同様のシグナル出力を誘導する可能性がある。さらに，多くのGPCR群は，複数種のヘテロ三量体Gタンパク質群と相互作用してこれらを活性化する。このような理由のため，1つの細胞に存在するGPCRは多くの場合2, 3種類のみであり，ゆえに各細胞は特定のタイプのシグナル分子に対して特異的に応答するように特化されている。この概念を説明する最もよい例は，われわれがにおいを感じる際に用いられる嗅覚系である。脊椎動物のゲノムには何百種類ものタイプの嗅覚GPCR群がコードされており，それぞれが異なるタイプのにおい物質に応答する。すべての嗅覚GPCRはGα$_s$と連結されており，アデニル酸シクラーゼの活性化を導く。もしも細胞が多数の異なる嗅覚受容体を発現していたら，すべての受容体が同じエフェクターと連結しているがゆえに，どの受容体が活性化されているのか区別することができない。このような理由のため，嗅上皮の各感覚細胞は，それぞれたった1つの嗅覚受容体を発現しており，これにより，感覚細胞は特定の種類のにおい物質のみに応答することができる。

GPCRによるシグナル伝達は非常に迅速であり，シグナルを莫大に増幅する

　GPCRによって伝播される下流シグナルの速度や強さ，持続時間は，シグナル伝達の過程でどれだけの数の異なるステップを経るかに依存する。まず第一に，リガンド結合は受容体の立体構造の変化を引き起こし，これが受容体とヘテロ三量体Gタンパク質とのアフィニティーを増加させ，受容体がGEFとして働くことを可能にする。Gタンパク質との結合の後では，Gαサブユニットにおけるヌクレオチドの置換が必ず起こり，Gタンパク質のサブユニットが受容体から解離してエフェクターと結合できるようになる。いったん受容体からGタンパク質が解離すると，その他のGタンパク質がとってかわって受容体に結合できるようになる。このような繰り返されるGタンパク質の活性化が，シグナルの増幅を可能にする（単一の受容体が活性化されると，複数のGタンパク質が活性化される）。単一の活性化したGタンパク質（GαあるいはGβγサブユニット）はそれぞれ，単一のエフェクターのみと安定的に結合してこれを活性化する。このため，Gタンパク質からエフェクターへのシグナル伝達ではシグナルの増幅は起こらない。しかし，エフェクターは酵素あるいはイオンチャネルであるため，エフェクターはシグナルを大きく増幅する。シグナル活性化の後，シグナル伝達システムは複数のメカニズムにより基底レベルまで戻される。活性化したGαサブユニットは，やがては結合しているGTPを自身がもつGTPアーゼ活性により加水分解する。この加水分解は，GαサブユニットのGTPアーゼ活性化タンパク質（GTPase-activator protein：GAP）として働くRGSタンパク質（regulator of G protein signaling protein）によって強力に誘導される。受容体自身は，リガン

ドの解離，あるいはGタンパク質共役受容体キナーゼ(G-protein-coupled receptor kinase：GRK)による受容体リン酸化などの脱感作経路によって脱活性化されうる(後述)。

　GPCRによるシグナル伝達は，きわめて迅速である。例えば，眼の網膜の桿体細胞や錐体細胞では，ロドプシン(光によって誘導される結合レチナールの異性化に応答する機能特化したGPCR)は数ミリ秒以内に活性化され，そのエフェクターは数百ミリ秒以内に活性化される。この場合，単一の活性化状態の受容体は1秒あたり200個近いGタンパク質を活性化することができる。このように，シグナルは非常に速いだけでなく，高度に増幅される。そして，活性化されたGタンパク質は，続いて下流のエフェクターを活性化する。これは驚くべきことではなく，可能な限り迅速に視覚刺激を処理できるよう，生物に莫大な進化圧が与えられた結果にすぎない。一方で，アデニル酸シクラーゼの活性化を引き起こすβアドレナリン作動性受容体のような，より典型的な受容体では，$G\alpha_s$の活性化に0.5秒近くを要し，速度も潜在的なシグナル増幅力(活性化受容体により1秒あたりに活性化されるGタンパク質の数)もかなり低い。

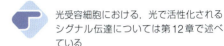
光受容細胞における，光で活性化されるシグナル伝達については第12章で述べている

酵素活性と連携した膜貫通型受容体

　イオンチャネルを除き，すべての膜貫通型受容体は直接的あるいは間接的に細胞内酵素活性と連動している。多くの受容体では，同一のポリペプチド鎖にリガンド結合活性をもつ領域と酵素活性をもつ領域の双方がコードされており，そのような受容体は「自前の酵素活性をもつ」といわれる。このような受容体には，上述のGPCRのようにリガンド結合によりGEF活性が活性化される受容体に加え，プロテインキナーゼやプロテインホスファターゼ，グアニル酸シクラーゼ活性をもつ受容体が含まれている。また，受容体は，プロテインキナーゼやプロテアーゼのような酵素と非共有結合することもある。

受容体型チロシンキナーゼは，多細胞真核生物にとって重要な細胞運命決定を制御する

　受容体型チロシンキナーゼ(receptor tyrosine kinase：RTK)は，細胞内にプロテインチロシンキナーゼドメインをもつ膜貫通型受容体である。ヒトゲノムには約50のRTKが存在しており，これらはその配列相同性によっていくつかのファミリーに分類される(図8.8)。これらの受容体は，細胞の増殖，成長，分化，移動を制御するペプチドリガンドと結合し，多細胞生物(後生動物)の発生と組織のホメオスタシス維持に重要な役割を果たす。多くのRTKは，リガンド結合によって誘導される二量体形成によって活性化される。二量体形成により，チロシンキナーゼ触媒ドメインが二量体の相手方の「活性化ループ」を互いに自己リン酸化し，これにより互いを安定的に活性化できるようになる。場合によっては二量体形成そのものが，キナーゼ活性を増大させるようなアロステリックな変化を直接誘導することもある。触媒活性の活性化機構は，細かな部分ではRTKの種類ごとに異なる。しかし，共通点もある。それは，キナーゼドメインに対して二量体形成の相手やその他の基質をリン酸化することが可能な触媒活性を与えるために，活性部位の再構成と，基質の結合溝の解放を連携させる点である。

　例えば，EGF受容体やPDGF受容体などのケースでは，SH2あるいはPTBドメインをもったエフェクタータンパク質のリクルートには受容体の複数部位の自己リン酸化で十分であり，これだけで下流へのシグナルを伝達することができる。

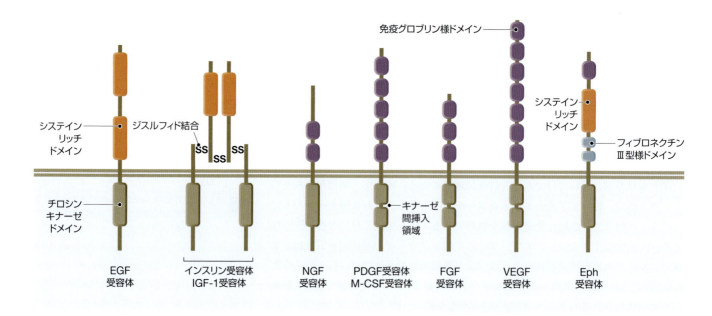

図8.8

受容体型チロシンキナーゼ群 代表的な受容体型チロシンキナーゼファミリーのドメイン構造。EGF：上皮増殖因子，IGF：インスリン様増殖因子，NGF：神経成長因子，PDGF：血小板由来増殖因子，M-CSF：マクロファージコロニー刺激因子，FGF：線維芽細胞増殖因子，VEGF：血管内皮細胞増殖因子，Eph：エフリン。(R. Weinberg, The Biology of Cancer. Garland Science, 2013より)

このようなケースで機能するエフェクターには，ホスファチジルイノシトール3-キナーゼ(PI3K)やPLCγ，Grb2やShcのようにRasの活性化因子をリクルートするようなアダプタータンパク質が含まれる(図4.11参照)。他にも，インスリン受容体や線維芽細胞増殖因子(fibroblast growth factor：FGF)受容体のように，受容体の活性化が**足場タンパク質**(scaffold protein)の複数部位のリン酸化を誘導するようなケースもある。リン酸化された足場タンパク質は，下流のエフェクターをリクルートする最初の場となる。このような足場タンパク質としては，インスリン受容体のIRS1やFGF受容体のFRS2がある。また，受容体にリクルートされたエフェクターが受容体にリン酸化され，このリン酸化がエフェクターの活性を高めたり，さらなるエフェクターのリクルートを引き起こしたりするケースもある。しかし，それぞれのやり方の詳細な部分は異なるものの，すべてのRTKは共通してその活性化により受容体と受容体結合タンパク質のチロシンリン酸化を増加させ，そしてRas/Raf/MAPK(MAPキナーゼ)やPI3K/Akt，PLC/Ca^{2+}/プロテインキナーゼC経路などのさまざまなシグナル経路の活性制御を導く多様な下流エフェクタータンパク質群をリクルートする。

TGFβ受容体は転写因子を活性化するセリン/トレオニンキナーゼである

TGFβ受容体ファミリーは，後生動物において唯一の，自前のセリン/トレオニンキナーゼ活性をそなえた受容体ファミリーである。TGFβ受容体は，個体発生における細胞運命や細胞増殖を制御するTGFβやアクチビン，骨形成タンパク質(bone morphogenetic protein：BMP)，nodalのようなリガンドに結合する。ヒトでは12種類ほどのTGFβファミリーの受容体が存在し，これらはその機能により2つのクラスに分類されている(I型とII型)。これらすべてが同様の全体構造をもっており，単一の膜貫通ドメインと細胞内のセリン/トレオニンキナーゼドメインから構成される。

TGFβ受容体は，SMADファミリーの転写因子をリン酸化して活性化するという，かなり直接的な方法で転写活性化と結び付いている(図8.9)。ここまでみてきた他の1回膜貫通型受容体では，受容体のリガンドへの結合は二量体形成を

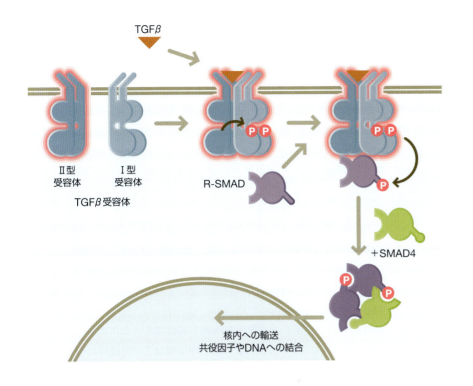

図8.9

TGFβ受容体によるシグナル伝達 Ⅰ型受容体とⅡ型受容体は，通常はホモ二量体として別々に存在しているが，リガンド結合に応答して互いに結合し，ヘテロ四量体複合体となる。Ⅱ型受容体は，Ⅰ型受容体をリン酸化および活性化して，Ⅰ型受容体とR-SMAD（紫色）のアフィニティーを増大させる。Ⅰ型受容体によるR-SMADのリン酸化は，R-SMADの受容体からの解離とSMAD4（緑色）とのヘテロ三量体複合体の形成を促す。この複合体は核内へ自由に移行することができ，TGFβ応答遺伝子の転写を制御する。

誘導するが，このケースではⅠ型受容体の二量体とⅡ型受容体の二量体が未刺激の状態ですでに存在しており，リガンド結合に応じてこれら二量体どうしが結合して，ヘテロ四量体の活性化複合体となる。この複合体においては，恒常的活性化型のⅡ型受容体がⅠ型受容体と近接することにより，これをリン酸化できるようになる。このリン酸化は，2つの重要な結果をもたらす。1つは，R-SMADと呼ばれるクラスのSMADタンパク質に対する受容体のアフィニティーが大幅に増大することであり，もう1つは，Ⅰ型受容体そのもののキナーゼ活性を高めることである。そして，Ⅰ型受容体は結合しているR-SMADをリン酸化して，これにより受容体からのR-SMADの解離を誘導する。続いて，リン酸化されたR-SMADは，いわゆるco-SMADであるSMAD4と結合し，2分子のR-SMADと1分子のSMAD4からなるヘテロ三量体複合体を形成する。そしてこの複合体は核内へ移行する能力を獲得し，TGFβに応答する遺伝子の転写を活性化できる特定のクロマチン部位に結合する。

　特筆すべきことに，TGFβ受容体のシグナル伝達機構と，チロシンキナーゼと連結した受容体のシグナル伝達機構は，それらを構成する1つ1つの因子はまったく似ていないものの，全体としてはかなり類似している。いずれのケースでも，リガンド結合は受容体の二量体あるいは多量体の形成を誘導し，それら相互の自己リン酸化を引き起こす。引き続いてこのリン酸化は受容体の固有のキナーゼ活性を活性化し，下流のエフェクターをリクルートする。そしてその結果，下流エフェクターは受容体にリン酸化されて活性化される。植物では，細胞内領域にセリン/トレオニンキナーゼドメインをもつ膜貫通型受容体はかなり多数かつ多様なものが存在する。このことから，このタイプの膜貫通型受容体を使うシグナル伝達機構が強固で効果的であり，そして進化の過程で何度も利用されてきたことは明らかである。

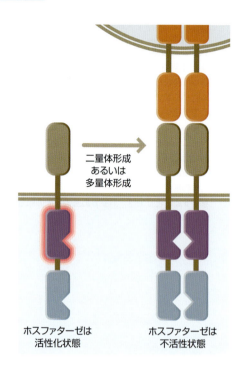

図8.10

受容体型チロシンホスファターゼ活性の制御機構モデル リガンドが結合していない状態(左)では, 受容体型チロシンホスファターゼ(RPTP)のホスファターゼ活性は活性化状態にある. 大部分のRPTPは, 2つのホスファターゼホモロジードメインをもつが, 細胞膜に近いほうのドメイン(紫色)のみが酵素活性をもつ. リガンドの結合や集合体形成, 例えば, 隣接細胞の同種のRPTP(オレンジ色)との相互作用により, ホスファターゼドメインを不活性化する立体構造の変化が起こり, その結果, 局所的なチロシンリン酸化の増加が起こる.

固有のプロテインホスファターゼ活性あるいはアデニル酸シクラーゼ活性をもつような受容体も存在する

　比較的多数のプロテインチロシンホスファターゼ(protein tyrosine phosphatases：PTP)が膜貫通ドメインと細胞外ドメインをもっており, それゆえこれらは受容体として働くと考えられている. しかし, 多くの場合, 特異的なリガンドはわかっていない. 受容体型チロシンホスファターゼ(receptor tyrosine phosphatases：RPTP)の細胞外ドメインは, しばしば細胞間接着あるいは細胞-基質間接着を媒介するドメインと類似している. 実際, 少なくとも数例では, RPTPが同種相互作用を介して細胞間接着を仲介することが示されている. このことから, これらのRPTPが, 細胞間接着に応答したチロシン脱リン酸化の局所的な制御に重要な役割を果たす可能性が推測できる. 細胞間の連絡や細胞間接着, 細胞-基質間接着を制御するタンパク質, そしてアクチン細胞骨格と連結するタンパク質の多くはチロシンリン酸化による制御を受けているため, この可能性は妥当と考えられる.

　リガンド結合がRPTPのホスファターゼ活性を調節するメカニズムは, いまだ十分にはわかっていない. 多くのRPTPの細胞内領域は2つの縦列につながったPTPドメインから構成されているが, そのうち膜に近いほうのドメインのみが触媒活性を発揮できると考えられている(図8.10). また, 正確なメカニズムは不明であるが, RPTPの二量体形成あるいは多量体形成がPTP活性を阻害するという証拠が示されている. このことから, リガンドが結合していない単量体のRPTPは恒常的に活性化しており, リガンド結合がその活性の低下を誘導するというモデルが考えられる. もしこのモデルが正しければ, RTKへのリガンド結合の結果と, RPTPへのリガンド結合の結果は, 正味では一緒であり, いずれも受容体の近隣でチロシンリン酸化を増加させることになる.

　その他のタイプの固有の酵素活性をもつ受容体としては, 膜グアニル酸シクラーゼ受容体(membrane guanylyl cyclase receptor：mGC)がある. ヒトは6タイプ前後のmGCをもっており, そのなかには腎臓や平滑筋の機能を制御する心房性ナトリウム利尿ペプチド(atrial natriuretic peptide：ANP)やその類縁体であるBNPおよびCNP(B型およびC型ナトリウム利尿ペプチド), そしてグアニリンやウログアニリン(腸内の水分や電解質の輸送を制御するペプチド)に対する受容体が含まれる. これら以外のmGCのリガンドは不明であるが, いくつかのmGCは嗅上皮や網膜に特異的にみられることから, これらが感覚の情報伝達にかかわることが示唆される.

　リガンド結合によるmGCの制御機構は, いまだにほとんどわかっていない. すべてのmGCは, 膜貫通ドメインとGCドメインとの間にプロテインキナーゼ様ドメイン(キナーゼホモロジードメイン〔kinase homology domain：KHD〕)をもっている(図8.11). KHD自体には触媒的にリン酸基の転移を行う能力はなさそうであるが, 基底状態(リガンドが結合していない状態)において高度にリン酸化されている. mGCへのリガンド結合は, mGCを平衡状態から二量体形成へと移行させ, 二量体内の立体構造の変化を引き起こし, これによりKHDへのATP結合を促進し, GCドメインの抑制を緩和してこれを活性化させるようである. KHDのリン酸化はmGCの活性化に必要なようで, ホスファターゼによる脱リン酸化はmGCの不活性化(脱感作)を導く. しかし, これらの反応を媒介するキナーゼやホスファターゼは, まだ不明である.

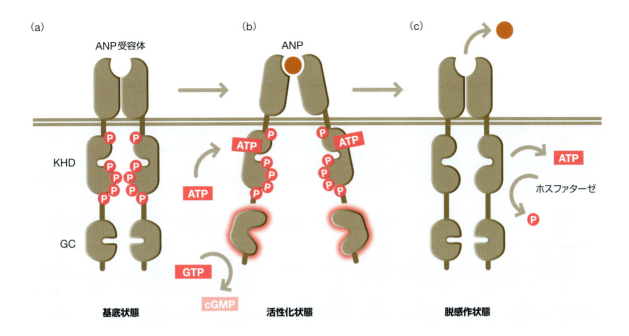

図8.11

受容体型グアニル酸シクラーゼの制御 (a)基底(不活性)状態では，心房性ナトリウム利尿ペプチド(ANP)受容体などの受容体型グアニル酸シクラーゼは，ホモ二量体として存在する。キナーゼホモロジードメイン(KHD)は高度にリン酸化されており，グアニル酸シクラーゼ(GC)ドメインは不活性状態である。(b)リガンド結合に応答して，KHDへのATP結合とGCドメインの活性化を引き起こす立体構造の変化が起き，その結果として細胞内のcGMP量の増加が起きる。(c)KHDの脱リン酸化は，ATPの遊離とGCドメインの不活性化，および結合リガンドの解離を引き起こし，受容体を脱感作する。脱感作された受容体は，KHDが再度リン酸化されるまでは活性化できない。

受容体とプロテインキナーゼの非共有結合による連結は，シグナル伝達の1つの共通戦略である

　多くの細胞表面受容体は固有の触媒ドメインをもっていないが，そのかわり，その細胞内領域でプロテインキナーゼやプロテアーゼのような触媒活性をもったタンパク質と非共有結合により相互作用する。広範な種類の受容体が非受容体型チロシンキナーゼと連結しており，その例として，サイトカイン受容体やT細胞受容体，B細胞受容体，インテグリンなどをあげることができる。ここでは，これらの受容体が結合キナーゼを活性化するメカニズムの特徴と，結合キナーゼの下流エフェクターについて短く概説したい。

　STAT転写活性化因子と連結するサイトカイン受容体は，第5章ですでに紹介した。通常，これらの受容体は，JAKファミリーの非受容体型チロシンキナーゼ(いわゆる「ヤーヌスキナーゼ」。2つの縦列の触媒ドメインをもつため，2つの顔をもったローマ神話の神の名前をとってこう呼ばれている)と結合している。リガンド結合によって誘導される受容体の二量体形成は，受容体の細胞内領域の相互自己リン酸化を導き，リン酸化された受容体はSH2ドメインをもつ**STATタンパク質**(STAT protein)をリクルートし，続いてSTATが受容体に結合しているJAKにリン酸化される(図8.12a)。STATのリン酸化は，STATの二量体形成と核内輸送，DNA結合を促進する立体構造の変化を誘導し，最終的にSTAT応答遺伝子の転写に変化をもたらす。

　これと同じような方法は，免疫受容体(B細胞およびT細胞受容体)やインテグリンのような接着受容体からのシグナル伝達にもみられる。T細胞受容体は，非受容体型チロシンキナーゼを介してシグナル伝達を行う受容体のなかで最もよく研究されている例であろう。この受容体の場合，T細胞受容体の補助受容体であるCD4は，SrcファミリーキナーゼであるLckと結合している(図8.12b)。抗原提示細胞(antigen-presenting cell：APC)によって提示されるペプチド-MHC(主要組織適合抗原)複合体とT細胞受容体の結合によって受容体の凝集が誘導されると，Lckは相互の自己リン酸化により活性化される。受容体の近くでLckの活

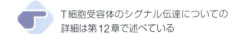

T細胞受容体のシグナル伝達についての詳細は第12章で述べている

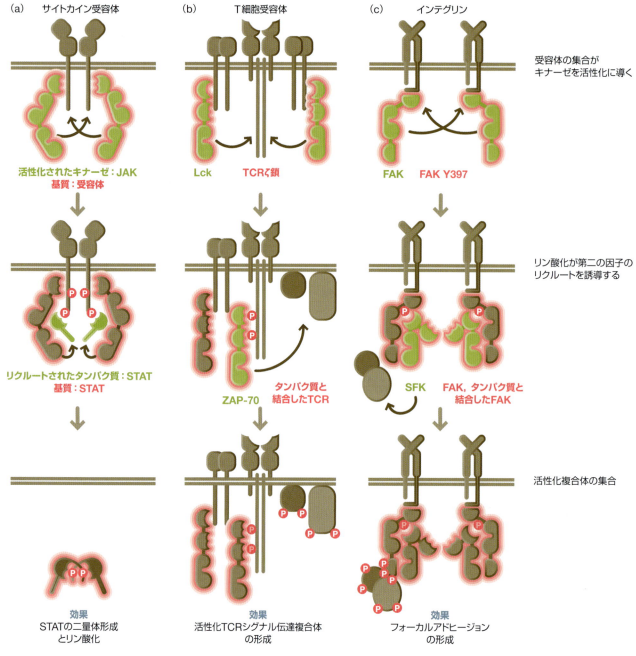

図8.12

非受容体型チロシンキナーゼの活性化と連動する受容体の3つの例　(a)サイトカイン受容体，(b)T細胞受容体(TCR)，(c)インテグリンを例として図で示した．いずれの受容体も，以下の3つのステップを経てシグナルを伝える．第一のステップ(上段)では，二量体形成あるいは集合体形成により受容体どうしが近接することにより，受容体と結合する非受容体型チロシンキナーゼ(緑色)の局所濃度と活性が上昇する．これにより，基質タンパク質のリン酸化が促進される(矢印)．第二のステップ(中段)では，このリン酸化された基質が働いて，SH2ドメインをもつエフェクタータンパク質(緑色)をリクルートする．第三のステップ(下段)では，さらなる他の基質群のリン酸化により，下流の生物学的な効果が引き起こされる．それぞれの経路の詳細については本文参照．(b)の中段と下段では，図をみやすくするためにZAP-70を1つのみ示した．FAK：フォーカルアドヒージョンキナーゼ，SFK：Srcファミリーキナーゼ．

性化が起こる効果として，受容体のζ鎖上に存在する10個ほどのアミノ酸残基で隔てられた2つのチロシン残基がリン酸化を受ける．そしてこのリン酸化により，第二の非受容体型チロシンキナーゼであるZAP-70に対する認識部位(**免疫受容体チロシン活性化モチーフ**〔immunoreceptor tyrosine-based activating motif：ITAM〕)が構成される．ZAP-70自身は，2カ所のリン酸化を受けたITAMと相互作用する縦列のSH2ドメイン群をもっており，ITAMとZAP-70の結合は，

ZAP-70をリガンドが結合した受容体に局在化させてZAP-70を活性化し，これにより多数の他の受容体結合タンパク質のリン酸化を可能にする．これが大きなシグナル伝達複合体（しばしば「免疫シナプス」と呼ばれる）の集合を促進し，多様な下流のシグナル伝達経路の活性化を導く．

　インテグリン(integrin)は，フィブロネクチンやラミニン，フィブリノーゲンのような細胞マトリックスや細胞表面に結合したペプチドと結合する，多様性をもった細胞表面接着受容体のファミリーである．それぞれのインテグリンはαサブユニットとβサブユニットからなるヘテロ二量体であり，それぞれが大きな細胞外リガンド結合ドメインと小さな細胞内領域をもつ．インテグリンは細胞接着とアクチン細胞骨格の連動にきわめて重要な役割を果たしており，この働きがあるために細胞は周囲の物体に牽引力を及ぼして移動することができる．インテグリンは単純な受容体としてだけでなく，力のセンサーとして，あるいは細胞の内部と外部をつなぐ機械的な連結機構としてなど，多数の異なるレベルで働いている．ここでは，インテグリンの多数あるシグナル伝達手段のうち，2つについて考察したい．1つは非受容体型チロシンキナーゼの集合と活性化がかかわる方法で，もう1つはアロステリックな変化がかかわる方法である．

　インテグリンからのシグナル伝達の第一段階として，非受容体型チロシンキナーゼの活性化が起こる．その方法は，大まかにはこれまでに紹介した受容体の二量体/多量体形成によってキナーゼが活性化される例と同様である．このケースでは，インテグリンに結合するチロシンキナーゼは**フォーカルアドヒージョンキナーゼ**(focal adhesion kinase：FAK)である．このキナーゼは非受容体型チロシンキナーゼであり，触媒ドメインを中央部分にもつ．また，かなり大きなN末端およびC末端領域をもっており，これらには複数のタンパク質相互作用モチーフが存在する（図8.12c）．これらの相互作用モチーフは，インテグリンとその他のタンパク質の結合を仲介する．インテグリンの集合体形成が起こると，FAK分子同士が近接するようになり，鍵となる重要なチロシン残基がリン酸化される．このリン酸化は，おそらくFAK自身による相互の自己リン酸化と考えられる．そして，このリン酸化を受けたチロシン残基は，SrcファミリーキナーゼのSH2ドメインのドッキング部位となる．このドッキングは，Srcファミリーキナーゼのインテグリン会合部位への局在化と，キナーゼが閉じた不活性な立体構造をとることを防いで活性化するという，2つの効果をもたらす．そして活性化したSrcファミリーキナーゼは，多数のタンパク質をリン酸化する．ここでリン酸化を受ける分子のなかでもとりわけ重要なのは，FAK自身と，p130Casのような他のFAK結合タンパク質である．リン酸化はこれらの活性を変化させ，SH2ドメインをもつタンパク質群を，初期のフォーカルアドヒージョンに追加でリクルートする．

　インテグリンによる第二のタイプのシグナル伝達は，細胞外リガンドとアクチン細胞骨格を機械的に連動させるために使われる．インテグリンはその細胞外ドメインがリガンドに結合すると全面的な立体構造の変化を起こし，α鎖とβ鎖の相対的配向を変化させる．これにより，その細胞内領域の結合活性が変化する．その結果，タリンなどのアクチン細胞骨格と連結するタンパク質群と細胞内ドメインのアフィニティーが増大する（図8.13）．このようにしてリガンド結合は，インテグリンと細胞骨格の連結を誘導する．またインテグリンは，同一の立体構造の変化により，逆方向の，つまり細胞内部から外部へ向けた情報伝達（いわゆる「inside-outシグナル伝達」）を行うことができる．これができるのは，タリンのインテグリン細胞内ドメインへの結合（例えば，集合体形成によってタリンの

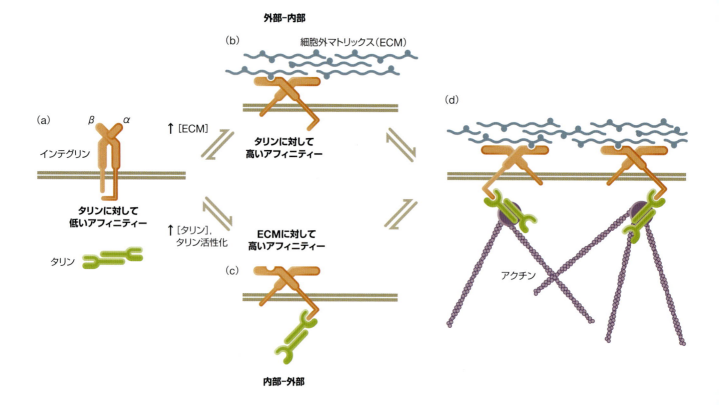

図8.13

インテグリンによる双方向性シグナル伝達 基底状態(a)では，リガンドの結合していないインテグリンヘテロ二量体の細胞外ドメインの細胞外マトリックス(ECM)構成因子に対するアフィニティー，および細胞内ドメインのタリンに対するアフィニティーは，いずれも比較的低い。高濃度のECM構成因子の結合(b)，あるいは高濃度のタリンの結合やタリンの翻訳後修飾(c)による立体構造の変化は，ECMおよびタリンに対する高いアフィニティーを受容体にもたらす(d)。この効果により，ECMとアクチン細胞骨格を連結する活性化インテグリン複合体が作り出される。

 NF-κBの活性化についての詳細は第9章で述べている

局所濃度が増加したり，タリンの翻訳後修飾によりインテグリンとのアフィニティーが増したりすることで誘導される)が，インテグリンの立体構造を不活性状態から活性化状態へと変換し，細胞外リガンドとのアフィニティーを高めるからである。このリガンドとアクチン細胞骨格との相互作用により，活性化インテグリンが斑状に局在化して集合体を形成する。そしてこの斑が核となって働いて，細胞接着とFアクチン線維(ストレスファイバー)を連結する高次の複合細胞構造である**フォーカルアドヒージョン**(focal adhesion)が形成される。

一部の受容体は，キナーゼの活性化とタンパク質分解処理の双方を用いた複雑な経路でシグナルを下流へ伝える

いくつかの受容体は，プロテインキナーゼの活性化をより間接的に行う。そのような受容体の活性化機構はより複雑であり，タンパク質分解制御や多タンパク質複合体の精巧な再構成などの付加的な活性が関与する。本節では，Toll様受容体(TLR)による転写因子NF-κBの活性化について考察したい。そして次節では，リン酸化とタンパク質分解の組合わせにより転写活性化因子が制御される2つのシグナル伝達経路，Wnt経路とヘッジホッグ経路について述べたい。

Toll様受容体(Toll-like receptor：TLR)は，自然免疫において重要な役割を担っており，病原体を検出して外敵を撃退するための宿主防御を促す。ヒトでは少なくとも13種類のTLRファミリーのメンバーが存在しており，それぞれのTLRは，リポ多糖(lipopolysaccharide：LPS)，フラジェリン，一本鎖RNA，二本鎖RNAのような，それぞれ異なる病原体特異的な構造モチーフに結合する。リガンドが結合したTLRは，NF-κBファミリーの転写因子を間接的に活性化する。NF-κBは，多種多様な細胞刺激に対する応答において中心的なシグナル伝達因子として働く。NF-κBは，未刺激の細胞では不活性状態である。しかし，刺激が入った際に新たな転写や翻訳を介さずにすぐに活動できるように「待機」してい

図8.14

Toll様受容体によるシグナル伝達　リガンド結合によるToll様受容体（TLR）の二量体形成は，MyD88アダプターのリクルートを誘導し，TLRとMyD88は互いのTIRドメインを介して結合する。この結合は，MyD88とキナーゼ分子IRAK4の互いのデスドメイン（茶色の楕円）を介した結合とIRAK4の活性化を導く。続いてIRAK4はIRAK1を活性化し，活性化したIRAK1はTRAF-6に結合して，そのE3ユビキチンリガーゼ活性を活性化し，TRAF-6のポリユビキチン化を誘導する。このユビキチン化されたTRAF-6にアダプター分子であるTAB2とTAB3が自身のユビキチン結合ドメインを介して結合し，キナーゼ分子TAK1のリクルートと活性化を引き起こす。そして，TAK1がIκBキナーゼ複合体（IKK）を活性化し，最終的にNF-κBの活性化を誘導する。

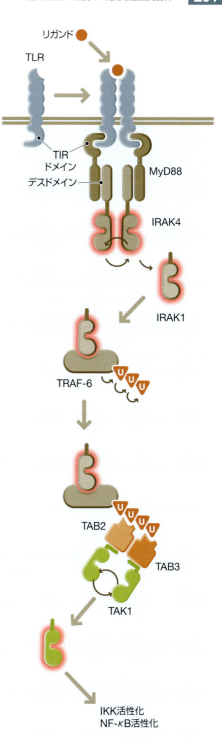

る。待機中のNF-κBは，IκBと名づけられた阻害活性をもつサブユニットと結合しており，このIκBのリン酸化とユビキチン化とプロテアソームを介した分解によりNF-κBが活性化される。IκBの分解の引き金となるそのリン酸化は，IKK（IκBキナーゼ）複合体と呼ばれるヘテロ三量体の集合体によって行われる。

TLRへのリガンド結合がIκBの分解を促進するメカニズムはかなり複雑であり，多数の中間過程を経る。このメカニズムには，受容体の二量体形成と立体構造の変化がかかわっており，これらは，MyD88に代表されるようなTIRドメインをもつタイプのアダプタータンパク質の受容体への結合を誘導する（図8.14）。これらのアダプターはいわゆる**デスドメイン**（death domain：DD）をもっており，このドメインを介してIRAKファミリーのセリン/トレオニンキナーゼのDDに結合し，IRAKの活性化を誘導する。おそらくこのIRAKの活性化は，アダプターとIRAKの近接性と，立体構造の変化の双方を介して行われるものと考えられる。活性化したIRAKは受容体から解離して，E3ユビキチンリガーゼであるTRAF-6と結合してこれを活性化することにより，下流へのシグナル伝達を促進する。活性化したTRAF-6は，自身とその他の基質にLys63結合型のポリユビキチン化を引き起こす。続いてTRAF-6は，この経路のもう1つのキナーゼであるTAK1と，これと複合体を形成する共役因子TAB2およびTAB3をリクルートし，TAK1の活性化を導く。TAK1の活性化の結果としてようやくIKK複合体の活性化が起き，これによりIKK複合体は自由にIκBをリン酸化できるようになり，そしてIκBのポリユビキチン化と分解を促す。

TLRのシグナル伝達機構の全体像はおそろしく複雑である（ここではわかりやすく伝えるために単純化して示している）が，重要なことは，本章で繰り返し議論してきた同一の基本メカニズムである「受容体の集積と，受容体へのタンパク質の結合を変化させる受容体の立体構造の変化，そし近接性を介した受容体結合キナーゼの活性化」が，TLRシグナルにおいても関係しているということである。

Wntシグナルとヘッジホッグシグナルは，個体発生で重要な役割を果たすシグナル経路である

Wntシグナル伝達経路（Wnt signaling pathway）も，キナーゼの活性化とタンパク質分解を複雑に組合わせて用いている（図8.15）。Wntファミリーのメンバーは，個体発生にかかわる多数の細胞運命決定を制御しており，このため，正常な個体発生と組織のホメオスタシス維持の双方で重要な役割を果たす。古典的Wntシグナル（いわゆる平面内細胞極性〔planar cell polarity〕経路などWnt受容体からのシグナル伝達には他のモードも存在するが，それらについてはここでは述べない）のエフェクターは，転写因子としての潜在能力をもつβカテニンであ

図8.15

Wntシグナル Wntの受容体は，Gタンパク質共役受容体の構造をもつFrizzledと，LRPから構成される。Wnt刺激がないときは，βカテニンはサイトゾル中の分解複合体によってすばやく分解される。分解複合体の中核部分は，βカテニンをリクルートするAPCとアキシン，およびβカテニンをリン酸化するグリコーゲン合成酵素3(GSK-3)とCK1から構成される。β-TrCPがリン酸化されたβカテニンを認識してポリユビキチン化を導き，プロテアソーム依存的なβカテニンの分解を誘導する。しかし，Wnt存在下では，FrizzledとLRPがヘテロ二量体を形成し，ここにDishevelled (DVL)がリクルートされてLRPのリン酸化が起こり，そしてアキシンのリクルートが誘導される。アキシンの受容体へのリクルートによってサイトゾル中のアキシンのプールが枯渇し，これにより分解複合体が壊れる。結果として，βカテニンはリン酸化もユビキチン化も分解もされることなく，核内へ自由に移行してWnt標的遺伝子の転写を制御する。

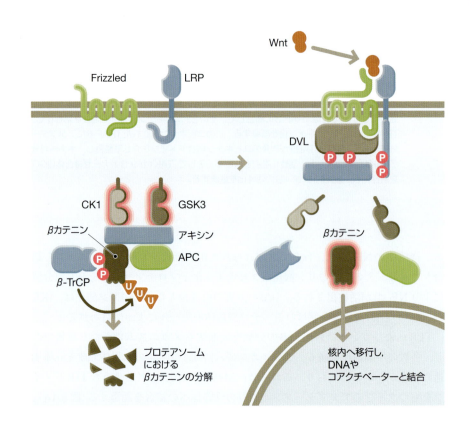

 ポリユビキチン化とプロテアソーム依存的な分解についての詳細は第9章で述べている

る。刺激を受けていない細胞では，βカテニンは核内へ入らないように防がれている。そして，βカテニンは，2つの足場タンパク質（アキシンとAPC）と2つのセリン/トレオニンキナーゼ（CK1とグリコーゲン合成酵素3〔GSK-3〕）を含む多タンパク質複合体（細胞内分解複合体）により隔離されて速やかに分解される。この複合体の中でβカテニンはリン酸化され，その結果としてβ-TrCP（特定の因子に対するE3ユビキチンリガーゼ）に認識されてポリユビキチン化され，最終的にはプロテアソームの標的となって分解される。しかしながら，Wntによる刺激が生じると，この複合体は壊れ，その結果としてβカテニンは分解複合体に捕われることなく無傷な状態で蓄積できるようになる。そしてβカテニンは自由に核内へ移行し，核内のコアクチベーターと結合して転写を促進する。

Wntの受容体には，GPCRファミリーの一員であるFrizzledと，LRPと呼ばれる1回膜貫通型受容体の，2つの構成因子がある。Wntは両者に結合することにより，2つの共役受容体の密接な結合を促しているようである。受容体はヘテロ二量体となることで，下流へのシグナル伝達に重要な2つの状態変化を起こす。1つ目の変化は，LRPの末端がCK1やGSK-3によるリン酸化を受けうる状態になることである。このリン酸化は，アキシンとLRPのアフィニティーを強力に高める（この場合に働くCK1とGSK-3は前述の分解複合体に含まれているものではなく，膜と相互作用するそれとは異なる一団に含まれているものであるということを付記しておく）。もう1つの変化は，リガンドが結合したFrizzledがDishevelledタンパク質のリン酸化とリクルートを誘導できるようになることである。これには，リガンドが結合したFrizzledによるヘテロ三量体Gタンパク質の活性化がかかわっているかもしれない。リン酸化されたDishevelledは，アキシンとも直接的に結合できるようになり，そしておそらく高度な協同作業によって，膜上にLRP－Frizzled－Disheveled－アキシン活性化複合体の集合が起こる。続いて，集合した複合体は，間接的に分解複合体の解離とβカテニンの解放を引き

起こす．この過程は，膜にアキシンを隔離することで分解複合体を形成しうるアキシンのプールを減らすという，単純かつ大規模なやり方で完遂されると考えられる．

ヘッジホッグ(Hh)シグナル伝達経路(hedgehog signaling pathway)は，Wnt経路とメカニズムのうえで多数の類似点がある．多細胞生物においてHhシグナルは，実質的にすべての組織の正常な発生とパターン形成に重要である．Hhは，単一のHhリガンドしかもたないショウジョウバエで最初に研究された．脊椎動物では3つのHhリガンドがあり，最も広い範囲で働くものはソニックヘッジホッグ(Shh)と呼ばれる．Wntのケースと同様に，Hhシグナルの最終的な効果は転写の活性化であり，脊椎動物のHhによる転写活性化はGliファミリーのメンバーが担っている(図8.16)．Hhリガンドによる刺激を受けていない細胞では，GliはプロテインキナーゼAやGSK-3β，CK1によってリン酸化されている．このリン酸化は，GliのC末端領域のプロテアソームによる分解を誘導し，転写抑制因子として働く切断型Gliを作り出す．HhリガンドはGliの分解過程を変化させ，転写活性化因子として働く完全長あるいはもう1つの異なるタイプの切断型Gliの作出を優勢にする．転写抑制型と活性化型のGliの細胞内バランスがシグナルの出力を決定し，これにより異なるレベルのシグナル(例えば，Hhリガンドの空間的勾配によってもたらされるような，強さのレベルが段階的に異なるシグナル)を，おのおのの細胞が転写活性として読みとることができる．

脊椎動物細胞におけるHhシグナルの最も興味深い点の1つは，**一次繊毛**(primary cilium)と密に連絡している点である．一次繊毛は，微小管で構築された，機能特化した糸状の細胞小器官である．一次繊毛の構造は単細胞真核生物にみられる鞭毛に非常に似ている．そして，脊椎動物の多くの細胞は単一の一次繊毛をもっている．近年，この細胞小器官がシグナル伝達の中核として機能することを示す証拠が次々に出てきている．具体的には，一次繊毛が受容体とリガンド，サイトゾルのエフェクターを共局在させ，その内部で微小管依存モータータンパク質を介してさまざまな構成因子を能動輸送することが示されている．興味深いことに，一次繊毛は脊椎動物におけるHhシグナルの伝達には必須であるが，大部分の細胞が繊毛をもたないショウジョウバエには必要なさそうである．シグナル伝達経路の一次繊毛への依存性がショウジョウバエでは失われてしまったのか，あるいは脊椎動物が進化の過程でこの依存性を新規に獲得したのかは不明である．

HhリガンドはどのようにしてGliの切断過程に影響を及ぼすのだろうか．Hhリガンドの受容体は，Patched(Ptc)と呼ばれる12個の膜貫通セグメントをもつタンパク質である．Ptcは通常, Smoothened(Smo)と呼ばれるGPCRファミリーの7回膜貫通型タンパク質の活性を負に制御している．この負の制御の詳細なメカニズムはまだ研究途上であるが，単純なタンパク質間相互作用によるものではなさそうである．1つの可能性として，Ptc(これは細菌の膜輸送体のファミリーと類似している)がSmoに対する低分子リガンドの流入あるいは流出を制御することが考えられる．Smoが実際にGPCRとして働くのかどうかについてはまだ研究途上であるが，HhリガンドがPtcに結合することにより，Smoが劇的な立体構造変化を起こすことは明らかになっている．そしてこの変化はSmoのC末端領域に多数のリン酸化を誘導し，アレスチンなどの他のタンパク質の結合を誘導する(本章で後述するが，アレスチンは通常，GPCRの下流へのシグナル伝達のいくつかの局面を抑制したり誘導したりする)．さらに，脊椎動物ではHhのPtcへの結合は，Ptcの一次繊毛からの退去を誘導し，その結果，Ptcにかわって

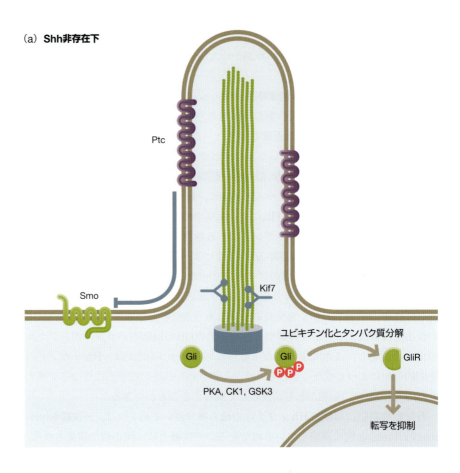

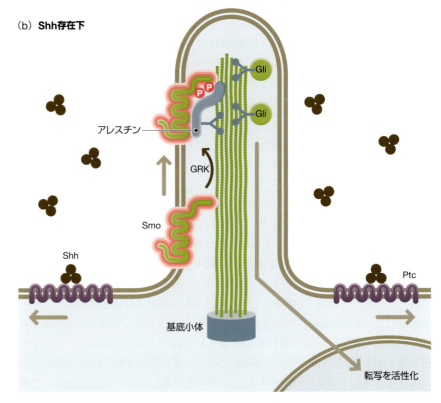

図8.16

ヘッジホッグシグナル 脊椎動物におけるソニックヘッジホッグ(Shh)シグナルは一次繊毛において起こる。(a)Shh非存在下では，Shh受容体であるPatched(Ptc)は一次繊毛に局在し，Smoothened(Smo)の活性を抑制する。転写因子Gliは，プロテインキナーゼA(PKA)やGSK-3，CK1によるリン酸化を受ける。その結果として，β-TrCPに認識されてポリユビキチン化を受け，プロテアソームによって部分的に分解される。残されたGliの断片(GliR)は，転写抑制活性をもつ。(b)Shh存在下では，PtcによるSmoの抑制は緩和され，Ptcは一次繊毛から移動する。Smoは活性化して立体構造の変化を起こし，その結果としてGタンパク質共役受容体キナーゼ(GRK)やその他のキナーゼによるリン酸化を受ける。リン酸化されたSmoはアレスチンと結合し，Kif7のようなモータータンパク質の補助を受けながら一次繊毛へと輸送される。Gliも繊毛へと輸送されて，リン酸化を免れる。完全長の非リン酸化型のGliは核内へ移行して，遺伝子の転写を活性化する。

Smoが一次繊毛に局在する。これらの変化がGliの切断制御を担う複合体の再構成を引き起こし，これによりGliはリン酸化とC末端の切断を免れて核内へ移行し，標的遺伝子の転写を活性化する。

さまざまな受容体がタンパク質分解活性と連動する

受容体が細胞内部へ情報を伝達するにあたり，プロテアーゼはプロテインキナーゼのつぎに最も多く使用される酵素である。ここまでは，タンパク質分解が受容体のシグナル伝達において補助的な役割を果たす，いくつかの例について議論してきた。ここからは，タンパク質分解がメカニズムの主役を担う，2つの例について考察したい。タンパク質分解は，他のシグナル伝達処理機構とは異なり，どうしても不可逆なものになる。システムをリセットするためには，新たなタンパク質の合成や，タンパク質分解により作り出されたシグナル伝達因子のさらなる分解が必要となる。このため，タンパク質分解は概してシグナルに対して強く決定的な応答を必要とし，その一方で短いタイムスケールにおけるシグナルの時間的調節(いったん始動したシグナルを停止させたりあるいは他のやり方で制御する能力)があまり重要でないシグナル伝達系に使用される。

Notchシグナル伝達経路は第5章で紹介した。Notch受容体は，隣接細胞の表面に提示されているDeltaなどのリガンドの結合に応じてタンパク質分解処理を受ける。リガンドによって誘導される切断は，Notch細胞内ドメイン(Notch intracellular domain：NICD)を遊離させ，NICDは核内へ移行してNotch応答遺伝子の転写を促進する。リガンドの結合がNICDの遊離を引き起こすこの特有のメカニズムは，まだ完全には理解されていない。以下に現在までに明らかにされたメカニズムについて記述する。まず最初に，リガンドの結合が，ADAM/TACEファミリーの細胞外メタロプロテアーゼによるNotchの「S2」部位の切断を誘導して，Notchの細胞外ドメイン(NECD)の遊離を引き起こす(図8.17)。続いて，受容体の残された部分の疎水性の膜貫通セグメント内部(「S3」部位)がγ-セクレターゼ複合体によって切断され，これにより活性化型のNICDが生じ

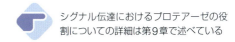

シグナル伝達におけるプロテアーゼの役割についての詳細は第9章で述べている

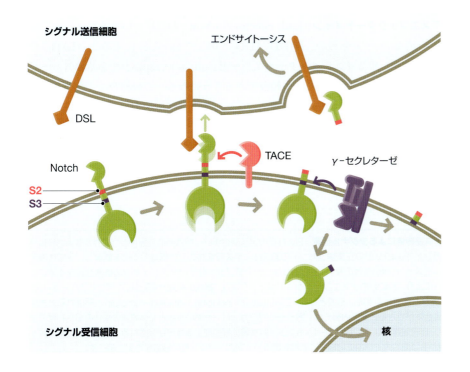

図8.17

Notchシグナル シグナル送信細胞上のDSL(Delta-Serrate-Lag2)リガンドが，シグナル受信細胞上のNotch受容体と結合する。この結合は，NotchのS2部位を露出させ，これによりメタロプロテアーゼTACEによるS2部位の切断が起きる。このS2部位の露出はおそらく，シグナル送信細胞によるDSLリガンドのエンドサイトーシスによって生み出される引っ張る力によるものである。S2部位の切断によりγ-セクレターゼがNotchの膜内部に存在するS3部位にアクセスできるようになり，そしてγ-セクレターゼがS3部位を切断する。これにより生じたNotch細胞内ドメイン(NICD)は核内へ自由に移行できるようになり，そしてシグナル受信細胞のNotch応答遺伝子の転写を制御する。

る。また，Notchが正常に活性化するためには，シグナルを送信する細胞によるNotchリガンドのエンドサイトーシスが必要であると考えられている。このことから，リガンドのエンドサイトーシスによる引っ張る力が受容体のS2切断部位を露出させるという，非常に興味深い可能性が推測できる。もしこれが事実であれば，1回膜貫通型受容体によるシグナル伝達に二量体形成や集合体形成が関与しない，まれな例になるだろう。切断産物がニューロンに蓄積してアルツハイマー病を引き起こすアミロイド前駆体タンパク質(amyloid precursor protein：APP)を含む多数の膜貫通型タンパク質が，Notchと同様に膜で2段階の切断を受ける。このようにNotch経路は，存在がかなりよく知れ渡っているにもかかわらずそのシグナル伝達機構の詳細がよくわかっていない，ただ1つの特異な例かもしれない。

タンパク質分解活性と直接的に連動した受容体のもう1つの例として，リガンド結合によって活性化されてアポトーシス(アポプトーシス)やプログラム細胞死を誘導する**デス受容体**(death receptor)がある。これらの受容体には，腫瘍壊死因子受容体(TNFR)やTRAIL受容体，Fas/CD95が含まれる。アポトーシスは，カスパーゼと呼ばれるプロテアーゼの一種の活性化によって引き起こされる。カスパーゼの活性化は，デス受容体の会合の結果として起こる。腫瘍壊死因子(tumor necrosis factor：TNF)やTRAILなどのデス受容体リガンドは，いずれもホモ三量体構造をとっている。また，これらのリガンドに対するデス受容体も，リガンド結合の有無にかかわらず恒常的に三量体を形成している。ただし，これらのデス受容体の細胞外ドメインにリガンドが結合すると，立体構造の変化が起き，受容体の細胞内領域のタンパク質相互作用モチーフの露出が誘導される。このタンパク質相互作用モチーフは**デスドメイン**(death domain：DD)と呼ばれ，すべてのデス受容体に存在する。TLRシグナルの例で述べたように，DDをもつタンパク質はDDをもつ他のタンパク質と互いのDDを介して二量体を形成することができる。

デス受容体の原型であるFasを例として，デス受容体のシグナル伝達機構を説明する。まず，Fasが活性化するとFasのDDが露出し，続いて露出したDDがアダプタータンパク質FADDのDDに結合する(図8.18)。FADDはDDの他に**デスエフェクタードメイン**(death effector domain：DED)というモジュラー二量体形成モチーフをもつ。FADDがDDを介してFasと会合すると，FADDのDEDはいわゆる**イニシエーターカスパーゼ**(initiator caspase)であるカスパーゼ-8やカスパーゼ-10のDEDに結合できるようになる。この結合によりカスパーゼが活性化され，不活性なプロ酵素のタンパク質分解処理が起こり，活性型のホロ酵素が形成される。デス受容体と，FADDなどのアダプタータンパク質，そしてカスパーゼ-8などのイニシエーターカスパーゼを含む超分子複合体は，DISC(death-inducing signaling complex)と呼ばれる。

アポトーシスについての詳細は第9章で述べている

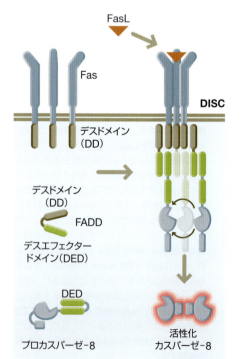

図8.18

デス受容体によるシグナル伝達 Fasなどのデス受容体は，恒常的に三量体として存在する。Fasリガンド(FasL)などの三量体リガンドの結合は，デス受容体の立体構造の変化を誘導し，受容体のデスドメイン(薄い茶色の長丸)とFADDなどのアダプター分子のデスドメインの結合を促進する。これにより，FADDのデスエフェクタードメイン(DED，緑色の長丸)が露出してプロカスパーゼ-8のDEDと相互作用する。結果として，DISC(death-inducing signaling complex)と呼ばれる大きな集合体ができる。その内部では，おそらくプロカスパーゼ間の近接と立体構造の変化の組合わせにより，自己触媒的なプロカスパーゼ-8のタンパク質分解処理と活性化が促される。活性化したカスパーゼ-8は細胞内で自由に拡散して基質を切断し，アポトーシス性の細胞死を引き起こす。

デス受容体によるカスパーゼの活性化は，近接性によって説明できるようである。多数のプロカスパーゼが集合したDISCでは，1つのカスパーゼが他のカスパーゼを切断して活性型にすると，それをきっかけにDISCに結合しているすべてのカスパーゼが迅速に活性化されるカスケード反応がはじまる可能性がある。この方法は，上述した集合体形成によるチロシンキナーゼの活性化機構とよく似ている。受容体を介した集合によって誘導されるプロカスパーゼどうしの相互作用は，これらの活性化とタンパク質分解処理を促す立体構造の変化を誘導しているらしい。デス受容体によるカスパーゼ活性化にプロカスパーゼの集合と相互作用が重要であるという考えと合致するように，リガンド結合に応答してデス受容体三量体が凝集してより大きな超分子構造を形成することがすでに確認されている。

ゲート型チャネル

シグナル受容体の大多数は，ゲート型のイオンチャネルである。ゲート型チャネルは，イオンや他の低分子の膜透過性を変化させることにより，リガンドや他の環境的な合図に応答する。これらは，神経伝達において根本的な役割を果たしており，神経伝達物質や膜の脱分極，あるいはその他の刺激に応答してそのゲートを開放する。また，特定のイオンが膜を通過して迅速に出入りすることを可能にしており，電気的シグナルの基礎となる膜の電気的性質を大規模かつ凄まじい早さで変化させる。このように神経伝達に重要であるがゆえに，ゲート型チャネルは多数の有名な薬物の標的となっている。例えばプロカインのような局所麻酔薬は，電位依存性ナトリウムチャネルを阻害する。また，カルシウムチャネル拮抗薬は，高血圧の治療に使われる。ゲート型チャネルは，細胞内シグナル伝達も制御する。例えば小胞体上に存在するカルシウムチャネルの場合は，イノシトールトリスリン酸との結合によりゲートを開放し，小胞体から細胞内へのカルシウム放出を誘導する。本節では，ニューロンにおける電気生理学的なシグナル伝達については扱わないが，ゲート型チャネルが刺激やその選択性によって制御されるメカニズムについて，いくつかの例を示して考察したい。

ゲート型チャネル群は，全体構造に共通点をもつ

すべてのゲート型チャネルは，それらを制御する刺激やそれらが通す物質に関係なく，全体的なトポロジーに共通点をもつ。ゲート型チャネルはすべて，類似あるいは同一のサブユニットが複数集まって膜平面上にリング状の構造をとる(図8.19a)。チャネルの種類にもよるが，このリングは2〜5個のサブユニットからなる(最も一般的なものは4ないし5個のサブユニットからなる)。また，すべてのサブユニットが単一のポリペプチド鎖により連結されているケースもある。どのゲート型チャネルでも，それぞれのサブユニットは，さまざまな長さのループで連結された膜をまたぐ2〜6本の疎水性のαヘリックスから構成される。リングの中央部には狭い水性環境の小孔が存在し，これが特定の分子の選択的な通過を可能にしている。この小孔はヘリックス群により裏打ちされており，これらヘリックス群は膜に垂直に整列して樽状の構造をつくる。各小孔の固有の性質により，どの分子が通過できるかが決定される。通過分子の決定は，小孔が開いたときのサイズや静電的な性質に依存している。特に静電的な性質は，陰イオンあるいは陽イオンを小孔へ引きつけるか，反発するか，立体的に排除するかを決定する(図8.19b)。

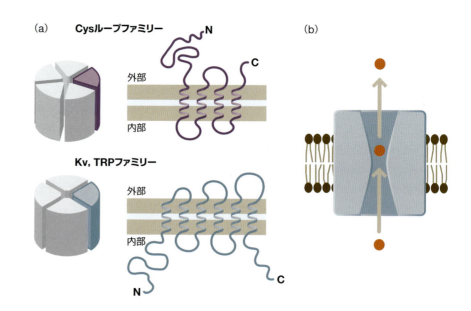

図8.19

ゲート型チャネルの構造 (a)ゲート型チャネルの全体像とサブユニットの構造の概略図。神経伝達にかかわるCysループスーパーファミリーのリガンド依存性ゲート型チャネルでは，おのおの4本の膜貫通ヘリックスをもつ5つのサブユニットという構成が典型的である(上段)。電位依存性カリウム(Kv)チャネルと一過性受容体電位(transient receptor potential：TRP)チャネルは，おのおの6本の膜貫通ヘリックスをもつ4つのサブユニットから構成される。(b)脂質二重層に埋まったチャネルの断面の概略図。固有の性質(サイズと電荷)をもったイオンは，開口したチャネルの小孔を選択的に通過することができる。

ゲート型チャネルは，小孔そのものの物理的性質に加えて，リガンドやその他のシグナル(膜電位の変化や温度変化，細胞外のpHの変化など)に応答して小孔の開閉をコントロールする能力をもたなければならない。これらの化学的あるいは物理的な変化は機械的エネルギーへと変換され，このエネルギーが小孔を裏打ちするヘリックス群の相対的配向の変化を駆動する。この相対的配向の変化により，休止状態では立体的に「閉じている」チャネルが，低分子に膜を通過させることが可能な「開いた」状態へと変換される。ここからは，構造データが入手できる2つのファミリーのゲート型チャネルについて手短に考察したい。

電位依存性カリウムチャネルは，ゲートの開閉とイオン特異性のメカニズムを理解するための手がかりを与えてくれる

電位依存性カリウム(Kv)チャネルは，ニューロンにおける活動電位の伝播に重要な役割を果たす。このチャネルは，膜の脱分極が起こるとゲートを開いてK^+を細胞外に通過させ，細胞内外のK^+濃度勾配を下げるという応答を行う。その結果として，膜が再分極して休止状態に戻る。Kvチャネルは大きなチャネルファミリーに属している。このファミリーの属するチャネルはいずれも，6本の膜貫通ヘリックスをもつ4つの同一サブユニットから構成される。Roderick MacKinnonのグループによる先駆的な研究により，異なる状態における多数のKvチャネルの高解像度X線結晶構造が示されている。この結晶構造により，イオン選択性とゲートの開閉がいかにして達成されるのかについて，おそらく現時点で最高の知見がもたらされた。

Kvチャネルの小孔は，その中央付近に選択性のフィルターとして働く狭い収縮構造をもつ。このフィルターは20個の酸素原子に裏打ちされており，これらの酸素原子が4つのK^+結合部位をつくっている。この結合部位は，正の電荷をもつK^+を静電的に保護する，部分的な負の電荷をもつ(図8.20)。フィルターの酸素原子がK^+と結合する方法は，水分子が「水和殻」を形成してイオンを保護する方法と同様である。このため，かなりわずかなエネルギーコストで，イオンを水和殻からはずして酸素原子に受け渡す(選択フィルターに通す)ことができる。実際の小孔のサイズはK^+(1.33 Å)にぴったり合う大きさであり，この大きさはNa^+(0.95 Å)や細胞内に豊富に存在するその他の1価の陽イオン群には緩すぎる。

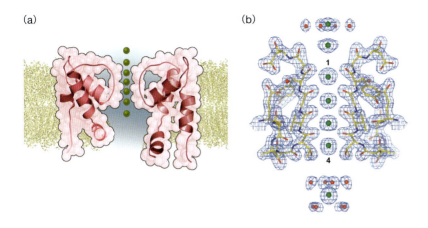

図8.20

K⁺チャネルの選択的フィルター (a)細菌のKcsA K⁺チャネルの開口時のモデル。膜の細胞外(図では膜の上)に接する部分に，大きな水性環境の孔と選択性フィルターが示されている。K⁺は，緑色の球で示した。(b)KscAの選択性フィルターのX線結晶構造。K⁺を緑色の球で，水分子を赤色の球で示した。特筆すべきことに，選択性フィルターの両側に存在するK⁺は水和しているが，フィルターを通過する際に水和水を剥奪される。フィルター内部に並んだアミノ酸のカルボニル基がK⁺から水分子を取り除く。孔のサイズはK⁺に完璧にフィットする。(aはE. Gouaux and R. MacKinnon, *Science* 310: 1461–1465, 2005より．AAASの許諾を得て掲載；bはY. Zhou et al., *Nature* 414: 43–48, 2001より．Macmillan Publishers Ltd.の許諾を得て掲載)

　また，複数のK⁺の選択フィルターへの結合が小孔を裏打ちするヘリックスのわずかな立体構造の変化を引き起こし，これによりフィルターに対するイオンのアフィニティーを下げる(結合エネルギーの一部が再配向に用いられるため)ことも示されている。これは，K⁺とフィルターの間での静電的な反発と連携して起こり，アフィニティーがそれほど高くないがゆえにイオンがフィルターから抜け出るのを困難にし，コンダクタンス(単位時間あたりに通過しうるイオンの数)を下げる。同様の原則は，特定のイオンのサイズと電荷に合わせて形成された小孔をもつ他のチャネルにも適用される。

　Kvチャネルのゲート開閉機構については，結晶構造から多くの推測がなされている。詳細な部分の多くはいまだ研究途上であるものの，いわゆる「電位センサー」(これはチャネルのヘリックス3，4から構成される)に存在する正の電荷をもった多数のアミノ酸残基が，脱分極に応じて膜内を物理的に移動すること(図8.21a)はすでに明らかにされている。休止状態では，膜の外側は膜内部と比較してわずかに多く正の電荷を帯びているが，膜が脱分極した際には，Na⁺の急速な流入により，膜内部が外部よりもわずかに多く正の電荷を帯びるようになる。単純な静電的な力により，電位センサー中の正の電荷を帯びた残基が膜内の相対的に負の電荷を帯びた側に引きつけられ，また同時に，相対的に正の電荷を帯びた側と反発する。チャネルが開いた状態の立体構造の結晶構造から，電位センサーの正の電荷をもった残基は，細胞外液と容易に接触できる位置にあることが示されている。一方で，外部よりも内部のほうが相対的に負の電荷を帯びた，静止状態の電位をもった通常の膜では，チャネルは閉じた立体構造をとる。おそらくこの状態では，電位センサーの正の電荷をもった残基は開いた立体構造のときとは異なる位置に配置されて，サイトゾルに接触可能になっているだろう。

　負の電荷を帯びた残基の集合体はチャネルの両側に存在しており，これらは正に帯電した残基を2つのいずれかの側に安定化するのを補助する。そして，負に帯電した2つの集合体の間の空間は，全体的に疎水性である。このため，おそらくはたった2つの立体構造のみが安定であり，電位センサーが「詰まって」中途半端にゲートが開いたような状態にはならないと考えられる。完全に閉じた状態か完全に開いた状態のみが安定という，このスイッチのような性質は，チャネル機能に非常に重要である。電位センサーを他のチャネルへ移してもそのチャネルに電位依存性を与えることが示されており，このことはシグナル伝達タンパク質のモジュール性を実証している。

　閉じた状態のKvチャネルの構造はまだ得られていないが，電位センサーの移動が小孔を裏打ちするヘリックスの充填状態にどのような影響を及ぼすかについ

シグナル伝達タンパク質のモジュール性デザインについては第10章で述べている

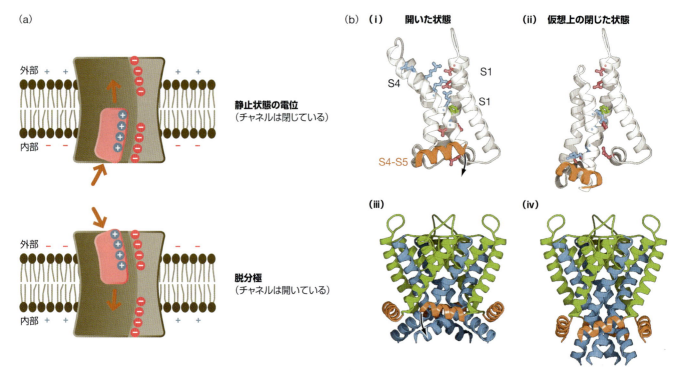

図8.21

電位依存性ゲート型カリウムチャネルの開口のメカニズム (a)細菌の電位依存性カリウム(Kv)チャネルおよび細菌と脊椎動物のKvチャネルの混成体の結晶構造にもとづく，Kvチャネルの「電位センサー」の概略図。電位センサーはピンク色で図示した。わかりやすくするためにセンサーは1つのみを示しているが，実際は，4つのサブユニットから構成されるチャネルではチャネルの周囲に全部で4つの電位センサーが配置されている。電位センサーはゲート開閉にかかわる4つの正の電荷(青色の「＋」表示)をもっており，これらは膜の負の電荷を帯びた側に引きつけられる。この性質により，センサーは膜電位に応じて移動することができる。電位センサーの正の電荷をもった残基は，チャネル本体の中に存在する2つの負に帯電した残基(ピンク色の「－」表示)の集合体の間を移動する。これら負に帯電した2つの集合体の間の領域は疎水性であるため，電位センサーは2つの集合体のいずれかに引き寄せられた状態(「開いた状態」と「閉じた状態」)を安定的にとることができる。(b)左上の(ⅰ)は，結晶構造をもとに作成した，開いた状態の立体構造をとっている電位センサーとS4-S5リンカーヘリックスの概略図である。ヘリックスはリボンモデルで示した。この図では，チャネルの小孔から外方向をみたときの構造を，細胞外が「上側」で細胞内が「下側」になる向きで示した。ゲート開閉にかかわる正の電荷を帯びたアミノ酸側鎖を青色で示した。チャネル中の細胞の外側と内側に存在する集合体の負に帯電した側鎖はピンク色で示した。2つの集合体の間に存在する疎水性のフェニルアラニン残基を緑色で示した。右上の(ⅱ)は，チャネルが閉じた状態のときの電位センサーの立体構造の仮想上の概略図である。この状態では，正の電荷を帯びた側鎖は細胞内液側に移動しており，細胞内液側の負に帯電した集合体と相互作用して安定化される。S4ヘリックスの細胞内液方向への移動により，S4-S5リンカーヘリックス(オレンジ色)のN末端領域が押し下げられて細胞内側へ傾斜し，その結果として小孔が閉じる。左下の(ⅲ)は，結晶構造をもとに作成した，チャネルが開いている状態におけるS4-S5リンカーヘリックスと小孔の図解である。この図では，電位センサーの向きを上段の(ⅰ)(ⅱ)とは左右反転させて描いている。右下の(ⅳ)は，閉じた状態のK⁺チャネルの小孔(KcsA)の結晶構造をもとに作成した，チャネルが閉じた状態におけるS4-S5リンカーヘリックスと小孔の仮想モデルである。(bはS.B. Long et al., *Nature* 450: 376–382, 2007より，Macmillan Publishers Ltd.の許諾を得て掲載)

て，合理的なモデルをつくることはできる。このモデルでは，センサーが細胞質側に配置されたときには小孔が収縮し，センサーが細胞外側に配置されたときには開く。このモデルは，チャネルの電気生理学的知見をもとにつくられたものである(図8.21b)。

全体的なトポロジーはKvチャネルと類似しているが，他の刺激に応じてゲートを開くチャネルも多数存在する。このようなチャネルのなかでもTRP(transient receptor potential)ファミリーは，シグナル伝達で重要な役割を果たしている。TRPチャネルはCa^{2+}を通過させる性質をもっており(Ca^{2+}以外の陽イオンも通すものもあり，その特異性の程度はTRPの種類によってさまざまである)，そしてしばしば，低分子や脂質，脂質代謝物，熱，低温，電位などの複数のシグナル入力によって活性化される。このようなチャネルはシグナル伝達において，複数の入力を統合する因子として，あるいは複数の入力が同時に起きたことを検

出する因子として働く．いくつか興味深い例があるが，そのなかには熱や低温に応答するTRPチャネルが含まれる（これらのチャネルは，不快に寒いあるいは暑いといった温度の情報を，身体の感覚神経が検知するのに使われる）．バニロイド受容体であるTRPV1は，熱に対してだけでなく，唐辛子の舌を焼くような味の原因となる成分であるカプサイシンの結合に対しても応答し，そのゲートを開く．対照的に，TRPM8チャネルは低温に応答するだけでなく，メントールのような涼しさを感じさせる物質にも応答して開く．

リガンド依存性イオンチャネルは神経伝達で重要な役割を果たす

シナプスでのシグナル伝達には，シグナルを送る細胞（前シナプス細胞）からの神経伝達物質（アセチルコリン，グルタミン酸，γ-アミノ酪酸，GABAなど）の放出と，シグナル受容細胞（後シナプス細胞）における神経伝達物質の**リガンド依存性イオンチャネル**（ligand-gated ion channel）への結合が関与する．これらのチャネルの開口は，イオンが膜を通過して流入することを可能にし，これにより陽イオンチャネルの場合は活動電位を始動させ，陰イオンチャネルの場合は活動電位を抑制する．これらのチャネルの働きは神経系のすべての局面で中心的な役割を担っているため，リガンド依存性イオンチャネルは多数の薬物の標的となっている．システインループ型スーパーファミリーのリガンド依存性イオンチャネルは現在まで精力的な研究がなされてきており，これにはニコチン性アセチルコリン受容体（nicotinic acetylcholine receptor：nAChR）や，GABAやグリシン，セロトニンに対する受容体が含まれる．これらのチャネル群は全体的なトポロジーが共通しており，4本の膜貫通ヘリックスをそれぞれにもつ，同一でない5つのサブユニットから構成される（図8.19a参照）．リガンドの結合部位は，隣接するサブユニット間の溝に存在する大きなN末端の細胞外ドメインに配置されている．

脊椎動物のリガンド依存性イオンチャネルの高解像度結晶構造はいまだに得られていないが，脊椎動物のチャネルと配列上および構造上の相同性をもつ，いくつかの原核生物のチャネル構造はすでに明らかになっている（図8.22a）．互いに類似した2つの陽イオンチャネルの構造により，閉じた，あるいは開いた立体構造をとった受容体の状態が示されている．開いた立体構造では，広く開いた漏斗のような形をした親水性の残基で裏打ちされた空洞が，比較的狭い膜貫通小孔を作り出す（図8.22b）．膜の細胞内側の縁に位置する，この空洞の最も狭い場所では，負の電荷をもったグルタミン酸残基のリングがおそらく特異性のフィルターとして働くのだろう．この負に帯電したリングが，水和殻を除去された陽イオンを誘引して保護するのを助け，特定のサイズをもつ正の電荷を帯びた溶質のみが小孔を通過するのを保証しているらしい．このリングは，nAChRなどの陽イオンを通過させる他のイオンチャネルでも高度に保存されている．

閉じた立体構造では，膜の細胞外側の縁付近に位置する小孔の上部は，かさばった疎水性の側鎖から構成される「栓」によって立体的にブロックされている．開いた立体構造と閉じた立体構造の違いは，膜平面に垂直に立つ小孔を形成するヘリックス群の旋回によって生じると考えられ，この旋回により細胞側の小孔が開き，小孔の細胞内側が狭まる（図8.22b）．この旋回は間違いなくリガンド結合によって起こる．構造解析により，細胞外ドメインのリガンド結合部位と膜貫通ヘリックスの物理的近接が両者の立体構造の変化に変換されうることが明らかにされている．

図8.22

5つのサブユニットからなるリガンド依存性イオンチャネルの構造 (a)左の図は，GLIC(哺乳類のリガンド依存性イオンチャネルと同様のトポロジーをもつ，細菌の陽イオンチャネル)のリボンモデルである。チャネルを膜内部からみたときの図であり，細胞外液が「上側」になる向きで示した。このチャネルは開いた立体構造をとっている。右は，細胞外側からみたときの，5つのサブユニットからなるチャネルの構造である。各サブユニットは別々の色で示した。(b)左は，GLICの小孔領域を形作るα2ヘリックスの像を示したものである。わかりやすく示すために，前方のサブユニットは省いた。分子表面は灰色の網掛けで示した。右上では，小孔領域の細胞内部分を示した。結晶構造から推測される，Cs^+(灰色)，Rb^+(青色)，およびZn^{2+}(ピンク色)の位置を示した。右下には，小孔の開口機構の概略図を示した。小孔が閉じた状態(左)と開いた状態(右)の立体構造における2つのサブユニットのα2/α3ヘリックスの状態を示している。イオンを調節するグルタミン酸残基はピンク色で示し，小孔を通過するイオンは青色で示した。(R.J.C. Hilf and R. Dutzler, *Nature* 457: 115–118, 2009より，Macmillan Publishers Ltd.の許諾を得て掲載)

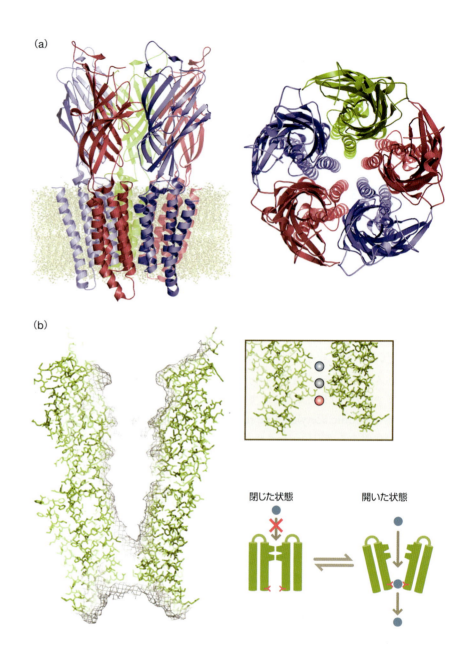

膜透過性のシグナル伝達

膜を介して情報を伝えるための最も単純で最も直接的な方法は，受動拡散によりシグナル伝達分子を透過させる方法である(図8.2a参照)。2つのタイプの分子がこの方法で働く。1つは気体(NOやO_2，そしてこれらほどには使われないがCO)で，もう1つはステロイドホルモンのような疎水性低分子である。これらのシグナル分子は，サイズが小さく，そして親水性と疎水性の双方の環境に溶けこむことができるため，細胞外液からサイトゾルへ自由かつ迅速に横断できるという比較的まれな能力をもっている。これら2つのクラスの分子に対する受容体は，サイトゾル中にみられる。このため，これらの受容体は，細胞膜で機能しなければならない他の受容体とは根本的に異なる。

一酸化窒素は血管系における近距離のシグナル伝達を仲介する

第6章で紹介したように，**一酸化窒素**(nitric oxide：NO)は，血管内の血流などの生理的過程を制御する重要なシグナル伝達分子である。NOは2原子からなるシンプルな気体であり，細胞膜を自由に透過することができる。NOとヘムあるいは酸素の化学反応性はかなり高く，NOの組織中における半減期はたったの数秒であり，その活動範囲は比較的短い。NOは，主として隣接細胞間あるいは近隣細胞間のシグナル伝達において機能する，いわゆる**パラクリン**(paracrine)シグナル伝達分子の一例である。NOの作用機序として生理的な状況で最もよく理解されているのは，NOが血管内皮細胞でNO合成酵素により合成され，合成されたNOが近隣の血管平滑筋細胞へ拡散し，血管平滑筋細胞の弛緩とその結果としての血管拡張を誘導することである。

NOの標的細胞における受容体は，**可溶性グアニル酸シクラーゼ**(soluble guanylyl cyclase：sGC)である。sGCは，GTPをサイクリックGMP(cGMP)とピロリン酸へ変換する酵素である。sGCはサイトゾルに存在しており，上述の膜貫通型受容体グアニル酸シクラーゼ(mGC)とは異なる。NOの結合はsGCの活性を数百倍に高め，これによりサイトゾル中のNOの量の増加をcGMPの増加と連動させる。そしてcGMPは小さな可溶性のシグナル仲介因子として働き，多様な下流の標的群，特にcGMP依存的プロテインキナーゼのアイソフォーム群の活性を制御する(図8.23a)。そして，cGMPの下流エフェクター群が，平滑筋の弛緩などの最終的な細胞応答を仲介する。

sGCは，ヘム官能基(中央に単一の鉄原子をもつリング構造)をそなえた制御ドメインをもつヘテロ二量体である。NOがない状況では，この制御ドメインは，酵素の触媒活性をもったシクラーゼドメインの活性を抑制する。ヘム官能基中の鉄イオンにNOが結合すると，ヘムからヒスチジン残基の側鎖が解離し，その結果，立体構造の変化が起きて触媒ドメインの抑制が軽減される。ヘムにいったん結合したNOのヘムからの解離は遅く，その半減期はおおよそ2, 3分である。また，2つ目のNO分子がsGCに結合すると，sGCは最大限に活性化する。この2つ目のNOは，1つ目のNOとは異なり，NO濃度が下がったときにはsGCから迅速に解離する。これにより，1つ目のNOのみをもつ部分的な活性をもつ「感

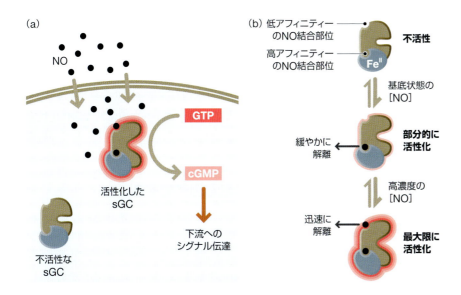

図8.23

一酸化窒素によるシグナル伝達 (a)1つの細胞によりつくられた一酸化窒素(NO)は，拡散して近隣細胞の中に入り，そこで可溶性グアニル酸シクラーゼ(sGC)に結合してこれを活性化する。sGCの活性化によりcGMPの細胞内量が増加し，続いてcGMPによって他のシグナル伝達タンパク質が制御される。(b)sGCは2つのNO結合部位をもつ。高アフィニティー部位はヘム官能基(Fe^{II})をもち，NO濃度が比較的低い状態でもNOと結合する。この部位へのNO結合は，sGCを部分的に活性化する。NOが高濃度で存在するときは，NOは低アフィニティー部位にも結合し，sGCを最大限に活性化する。NOの濃度が基底状態に戻ったときは，NOは低アフィニティー部位から迅速に解離し，その結果sGC活性は低下する。

受性型」のsGCになる。血管内の基底レベルのNOはこの感受性型を維持するのに十分であると考えられており，持続レベルの血管収縮を規定している(sGCのヘムへのNO結合のK_d値はpMのオーダーだが，NOの基底レベル量はnMのオーダーである)。急速なシグナル伝達(近隣の血管内皮細胞からまとまった量のNOが放出される)は，第二の低アフィニティー部位へのNOの結合を引き起こしてsGCを最大限に活性化するが，組織のNOレベルの低下に伴ってsGCの活性は急激に基底レベルに戻る(図8.23b)。このように，この受容体システムは，比較的安定な基底状態の活性を維持し，リガンド濃度の局所的変化に迅速に応答できるようになっている。

　一酸化炭素(CO)は，NOとかなり類似した化学的特性をもっており，sGCに結合して活性化することもできる。しかし，sGCへのアフィニティーはずっと低く，また，sGCに誘導できる活性化の程度もかなり低い(NOがsGCの活性を何百倍にも高められるのに対して，COは最大で2倍あるいは4倍)。COによるシグナル伝達の生理学的意義はいまだ十分にはわかっていないが，COレベルがストレスに応答して組織中で上昇することはわかっている。このCOレベル上昇がsGCの活性を変化させる可能性があり，sGCを少しだけ活性化したり，あるいはNOシグナルの部分的なアンタゴニストとして働いたりするのかもしれない。

O_2の結合は低酸素応答を制御する

　酸素分子(O_2)は，細胞の呼吸機能における根本的で重要な役割に加えて，シグナル伝達分子としても働きうる。組織中のO_2レベルの減少(低酸素)は，ATPを消費する不必要な活動の停止や，嫌気性の解糖の増加といった，短期的な生理学的応答を誘導する。長期的に低酸素は，**血管新生**(angiogenesis；新しい血管の形成)の増加など，組織レベルの応答を引き起こすような転写の変化を誘導する。低酸素に対する転写応答は，転写因子であるHIF-1α(低酸素誘導因子)によって制御される。HIF-1αは，正常なO_2レベルの下では迅速に分解される。ヘムをもったプロリンヒドロキシラーゼドメイン(PHD)タンパク質は，O_2の結合により活性化されてHIF-1αの2つのプロリンをヒドロキシ化する。この修飾により，E3ユビキチンリガーゼであるVHLがHIF-1αに結合できるようになり，HIF-1αのユビキチン化とプロテアソームによる分解が起こる。一方で，低酸素条件下では，PHDタンパク質は不活性化されており，HIF-1αは核内に蓄積して低酸素応答遺伝子の転写を促進する(図8.24)。

　VHLは，遺伝性のがん素因となるフォン ヒッペル・リンダウ(von Hippel-Lindau)症候群から名前をとっている。この疾患の患者では，機能的な*VHL*遺伝子が1コピーしかなく，もう一方のコピーには不活性化変異が起きている。また，体細胞変異によって1つの細胞から機能的な*VHL*遺伝子が失われてしまうと，その細胞およびその系譜の細胞群では，HIF-1αが安定的に恒常的な活性化状態になる。これにより過剰な血管新生や代謝活性の変化が起き，結果として腫瘍細胞の成長が促される。

ステロイドホルモンの受容体は転写因子である

　細胞膜を容易に通過できる性質をもつその他のシグナル伝達分子としては，疎水性のホルモンやその類縁の化合物群がある。これらには，ステロイドホルモン(エストロゲンやプロゲステロン，ヒドロコルチゾンなど)やビタミンA，ビタミンD，甲状腺ホルモン，レチノイン酸が含まれる。これらの化合物の受容体は，

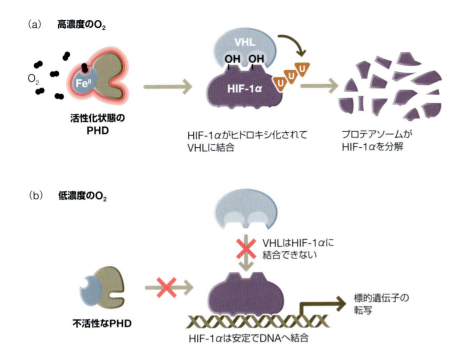

図8.24

酸素によるシグナル伝達 (a)酸素濃度が正常な組織では，酸素分子（O_2）はプロリンヒドロキシラーゼ（PHD）のヘム官能基（Fe^{II}）に結合し，PHDを活性化する。PHDは，HIF-1α（低酸素誘導因子）の2つのプロリンをヒドロキシ化し，これによりVHLユビキチンリガーゼによってHIF-1αが認識されるようになる。VHLは長鎖のユビキチン（U）をHIF-1αに付与し，その結果，HIF-1αはプロテアソームにより分解される。(b)低酸素状態では，組織中の酸素濃度が低すぎるため，PHDは活性化されない。HIF-1αはVHLに認識されることもなく，自由にDNAに結合し，標的遺伝子の転写を制御することができる。

核内受容体スーパーファミリー（nuclear receptor superfamily）の転写因子である。ヒトでは，48種類ほどの核内受容体ファミリーのメンバーが存在する。内分泌ホルモンやビタミンに対する核内受容体は，固有のリガンドに対して高いアフィニティーで結合する。そのアフィニティーは概してnMの範囲内であり，このことは，リガンド群の血中濃度が低いことと矛盾しない。多数存在するその他の核内受容体は，特定の種類の脂質および脂質代謝物と比較的低めのアフィニティーで結合する。これらの受容体は，基本的には細胞内の脂質のホメオスタシス維持に働くと考えられている。またこれら以外にも，その生理学的リガンドがいまだにみつかっていない，**オーファン受容体**（orphan receptor）とみなされている核内受容体も多数存在する。

　すべての核内受容体は，そのN末端領域のDNA結合ドメインを介して，特定のDNA結合部位にホモ二量体あるいはヘテロ二量体として結合する（図8.25a）。リガンド結合ドメインは，受容体分子のC末端側に位置する。核内受容体の動作機序を説明するうえで，グルココルチコイド受容体（glucocorticoid receptor：GR）はよい例である。リガンドが結合していないGRは，hsp90などのシャペロンタンパク質と不活性な複合体を形成し，サイトゾルに留めおかれている。シャペロンタンパク質はおそらく，リガンドが結合していない比較的不安定な（つまり折りたたみが部分的に不完全な）受容体が凝集したり分解されたりするのを防いでいるのだろう。リガンドが結合すると受容体は立体構造の変化を起こし，シャペロンタンパク質や他のコリプレッサーを解離させる。これにより受容体は二量体を形成して核内へ移行できるようになる。そして，クロマチン上のパリンドローム構造をもつ核内受容体結合部位に結合する（図8.25b）。DNAに結合した受容体は，ヒストンアセチルトランスフェラーゼ（histone acetyltransferase：HAT）を含むクロマチン再構成複合体などの多数のコアクチベータータンパク質と結合することにより，転写を活性化できるようになる。そして，一群のホルモン応答遺伝子の転写を上昇させる。このように，外部からのシグナルを転写制御に変換する方法はいろいろあるが，核内受容体のシグナル伝達では，リガンドが

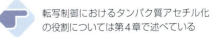

転写制御におけるタンパク質アセチル化の役割については第4章で述べている

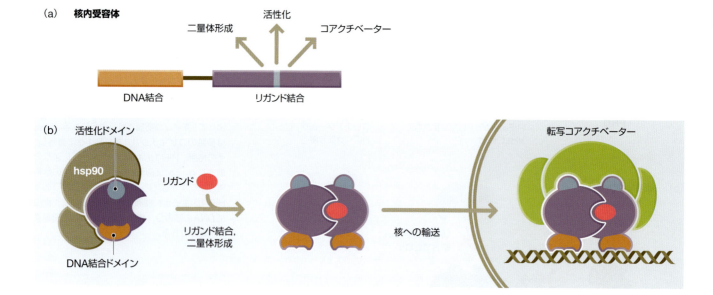

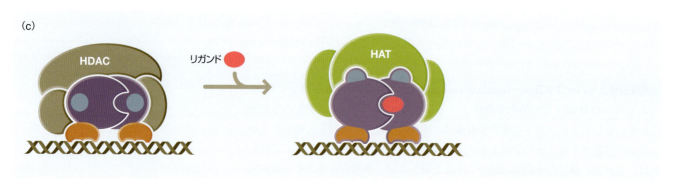

図8.25

核内受容体によるシグナル伝達　(a)すべての核内受容体は、N末端側のDNA結合領域（オレンジ色）とC末端側のリガンド結合領域（紫色）から構成される。(b)グルココルチコイドホルモン受容体などの核内受容体は、リガンドが存在しない状況ではhsp90などのタンパク質と複合体を形成してサイトゾルに存在している。リガンドの結合は、hsp90の解離と、核内受容体の立体構造の変化および二量体形成を引き起こす。この受容体二量体は核内へ移行してDNAと結合し、転写コアクチベーターと相互作用する。(c)一部の核内受容体は、DNAに恒常的に結合する。リガンドが存在しない状況では、これらの受容体はヒストンデアセチラーゼ（HDAC）などの転写コリプレッサーと結合している。リガンド結合は核内受容体の立体構造の変化を誘導し、コリプレッサーの解離と、ヒストンアセチルトランスフェラーゼ（HAT）などの転写コアクチベーターの結合を誘導する。

直接的に転写因子を活性化するという、最も単純で直接的な方法が用いられる。

上述のシンプルなモデルだけでは、異なる種類の核内受容体ファミリーの多様で巧妙な制御機構の全容を説明するのは難しい。例えば、一部の核内受容体は、リガンドが存在しない状況でもクロマチン上の特定の部位に恒常的に結合する。このようなタイプの核内受容体は、リガンドが結合していないときはヒストンデアセチラーゼ（histone deacetylase：HDAC）などのコリプレッサーと結合することで、転写抑制因子として働く。しかし、リガンドが結合すると、リガンド結合ドメインの立体構造の変化が起き、コリプレッサーの解離と、HATなどのコアクチベーター群の新たな結合が誘導される。コアクチベーター群の結合により、クロマチンの再構成と、核内受容体複合体の転写抑制因子から転写活性化因子への変換が起きる（図8.25c）。特筆すべきことに、このタイプの受容体と上述のGRとでは、リガンド結合が引き起こす効果の詳細はかなり異なるものの、リガンド結合がもたらす結果は途中までは一緒である。具体的には、リガンド結合ドメインの立体構造の変化を誘導し、これにより核内受容体と共役因子・制御因子

の結合に影響を与えて核内受容体の活性を変換する点が共通している。

受容体シグナルのダウンレギュレーション

　受容体の活性化は，膜を介したシグナル伝達の根底をなすものである。しかしその一方で，細胞が環境の変化に適切に応答するためには，受容体のシグナル伝達を停止させたり，リガンド感受性を調節したりするシステムが必要である。第2章で議論したように，高いアフィニティーをもつ複合体は，必然的にその半減期も長くなる（数分あるいはそれ以上の長さ）。そして，膜貫通型受容体は，環境における存在量が比較的少ないリガンドを受容するために，リガンドに対してかなり高いアフィニティーをもつ傾向がある。このため，リガンドの解離による受容体の不活性化は，比較的遅い速度で起こる。細胞はこの制約を回避するために，複数のメカニズムを用いる。例えば，シグナルを収束させたり，リガンドの量的変化に対してシグナルの出力を順応させたりといったメカニズムである。本節では，受容体のシグナル伝達のダウンレギュレーション（下方制御）に用いられる特殊なメカニズムについて，2，3の例をあげて紹介する。ただし，ここに記述するのは受容体のダウンレギュレーションメカニズムの一部であって，包括的なものではないということを強調しておきたい。実際，受容体からのシグナルをダウンレギュレーションする方法は，シグナルを起動する方法と同じくらいの数が存在するだろう。

　受容体が発するシグナルを調節するための方法は，大まかに2通りある（図8.26）。1つ目の直接的な手段は，細胞表面から受容体そのものを除去する方法である。これはしばしば受容体ダウンレギュレーションと呼ばれる。この方法により，時間経過とともにシグナルに応答できる受容体の数を減らすだけでなく，すでにリガンドに結合している受容体を細胞内へ移行（インターナリゼーション）させて分解へと導くこともできる。受容体の細胞内への移行は比較的遅い速度で起き，その過程には数分程度かかる。2つ目の一般的な手段は**脱感作**（desensiti-

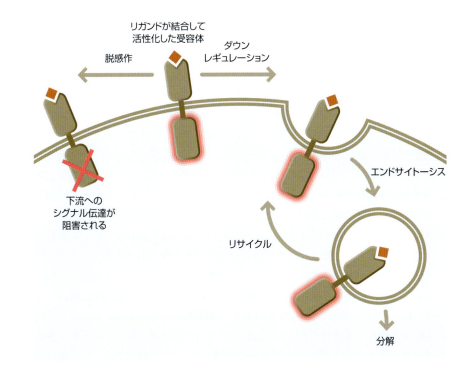

図8.26

活性化した受容体がたどる運命　リガンドが結合して活性化した受容体（図中央）は，ダウンレギュレーションあるいは脱感作される。ダウンレギュレーションには，リガンド-受容体複合体の細胞内への移行（インターナリゼーション）がかかわる。細胞内へ移行した受容体はリサイクルされて細胞膜へ戻るか，あるいはリソソームにより分解される。脱感作では，リガンドが結合した受容体からのシグナル伝達が阻害される。

zation)と呼ばれる方法で，これはリガンドと結合した受容体の活性を低下させ，下流へのシグナル伝達を阻害する．脱感作は，ミリ秒単位のかなり速い速度で起こる．脱感作は，リガンド依存性イオンチャネルで用いられる．リガンド依存性イオンチャネルへの比較的短時間の刺激は，チャネルに閉じた（脱感作した）立体構造をとらせ，さらなる刺激に対する反応性を下げる．この脱感作立体構造への移行は可逆的である．GPCRについて後述するように，他の多くの受容体も脱感作した形態をとることができる．脱感作は，その時点でのシグナルの入力量に合わせて，シグナルの出力量の基準を変更する効果がある．これにより細胞は，かなり広範囲のシグナル強度の変化に対応することができる．このような対応において脱感作はきわめて有効な手段となり，他の方法での対応は難しいだろう．

ユビキチン化は，細胞表面の受容体のエンドサイトーシスとリサイクル，および分解を制御する

　リガンドが存在しない状況では，大部分の細胞表面受容体は緩やかなサイクルでエンドサイトーシス，選別，細胞膜へのリサイクルの過程を繰り返す．しかしながら，いったん受容体がリガンド結合により活性化すると，通常，このサイクルの動態が劇的に変化する．具体的には，エンドサイトーシスを受ける受容体の割合が増加し，細胞内に取り込まれた多数の受容体-リガンド複合体がリソソームに運ばれて分解される．この変化により，活性化した受容体を細胞表面から迅速に（数分以内に）取り除き，その下流へシグナルを伝える能力を失わせる．この過程は，すべてのタイプの細胞表面受容体に共通して起こる．本節では，特に研究が進んでいる受容体型チロシンキナーゼである上皮増殖因子受容体（epidermal growth factor receptor：EGFR）を例として議論を行いたい．

　活性化したEGFRの細胞内への移動は，多様なメカニズムによって誘導される（図5.15参照）．これらのなかでも，クラスリンを介したエンドサイトーシスは最も迅速なメカニズムであり，受容体数が比較的少なくリガンド濃度も比較的低い生理学的な状況では大勢を占める方法であると考えられている．多数の研究により，リガンド刺激によるクラスリン依存性エンドサイトーシスの誘導には，受容体型チロシンキナーゼの活性，特に受容体の自己リン酸化が必要であるということが示されている．受容体のダウンレギュレーション過程における受容体の自己リン酸化がもたらす鍵となる効果は，E3ユビキチンリガーゼであるCblをリクルートすることである．CblはSH2ドメインをもっており，これを介して受容体の自己リン酸化部位に直接結合できる．加えてCblはアダプタータンパク質のGrb2にも結合するが，Grb2もSH2ドメインをもっており，受容体の別のリン酸化部位に結合できる（図8.27）．この方法により，Cblのリクルートは受容体活性化と密に連動する．

　活性化受容体へのCblの結合は，受容体のユビキチン化（モノユビキチン化あるいはLys63結合型のポリユビキチン化）と，クラスリン被覆小胞を介した細胞内への迅速な移動を引き起こす．このとき，ユビキチンが受容体本体ではなく，受容体に結合しているアダプタータンパク質に付与される場合もある．いずれにしても，ユビキチン化を受けた受容体複合体はクラスリン依存性エンドサイトーシス装置にすばやく認識され，クラスリン被覆小胞に取り込まれて細胞内へ移行する．受容体-リガンド複合体（この時点ではまだシグナル伝達活性を維持している）は，いったん細胞膜から除かれると，**多胞体**（multivesicular body）と呼ばれる細胞小器官へ運ばれる．そして，リソソームへ運ばれて分解されるか，あるいはリサイクルされて細胞膜へ戻るかの選別がなされる（図8.28）．この選別過

ユビキチンと，タンパク質にユビキチンを付与あるいは除去する酵素についての詳細は第4章で述べている

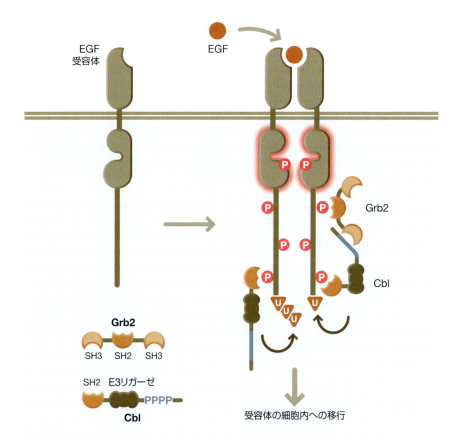

図8.27

活性化したEGF受容体へのCblのリクルート
リガンド結合に応答して上皮増殖因子（EGF）受容体は活性化し，多数の部位を自己リン酸化する。そのうちいくつかの部位にCblがSH2ドメインを介して直接結合する。また，その他の部位には，Grb2アダプターがそのSH2ドメインを介して結合する。これに続いてGrb2は，そのSH3ドメインを介してCblのC末端領域のプロリンリッチ領域に結合する。CblはE3ユビキチンリガーゼ活性をもつ。このため，受容体へリクルートされたCblは，受容体と受容体結合タンパク質をユビキチン化する。その結果，受容体複合体はエンドサイトーシス装置に認識され，細胞内へ移行する。

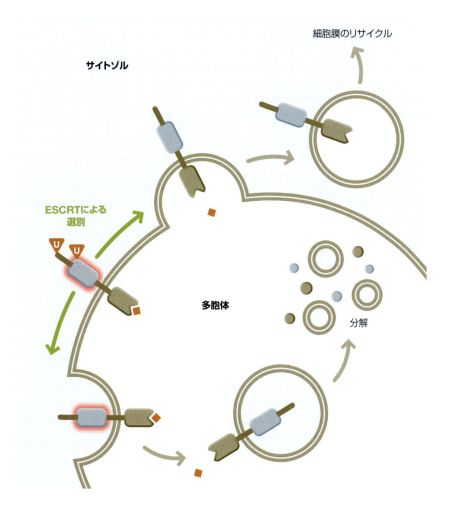

図8.28

多胞体における受容体-リガンド複合体の選別
エンドサイトーシスが起こると，活性化受容体-リガンド複合体は多胞体へ運ばれる。多胞体の外膜には，ユビキチン結合部位や膜結合部位をもつタンパク質を含むESCRT複合体が存在する。ESCRT複合体は，受容体を分解とリサイクルの2つのコースに選別する。分解のコースに選別された受容体は多胞体内部の膜小胞へと移動させられて，サイトゾルから物理的に隔離される。この状況では受容体はもはやシグナルを伝達することができない。リサイクルのコースへ選別された受容体は膜小胞によって運ばれて，細胞表面に復帰する。最終的に多胞体はリソソームと融合し，その内容物はすべて分解される。

程は，ユビキチン認識モチーフや脂質結合ドメイン，膜結合ドメインをもつ多数のタンパク質群から構成される**ESCRT複合体**(endosomal sorting complex required for transport complex)と呼ばれる複合体により行われる．分解されるほうに選別された（例えば，Lys63結合型のポリユビキチン化を受けている）受容体複合体は，多胞体の外膜から一部の膜とともに切り離され，多胞体の内部で膜小胞を形成する．この内部小胞はサイトゾルから物理的に隔離されており，ここに移動させられた受容体-リガンド複合体はもはやシグナルを送ることができない．そして最終的に多胞体はリソソームと融合し，この内部小胞は脂質やタンパク質その他を含めて丸ごと分解される．

　受容体ごとにダウンレギュレーションメカニズムの詳細な部分は異なるが，その全体的な流れはリガンドによって活性化される細胞表面受容体の大半に共通といえるだろう．立体構造の変化やリン酸化など，受容体の活性化に伴って新たに誘導される特徴により，ユビキチンリガーゼがリクルートされる．そしてユビキチンリガーゼが受容体を標識することにより，受容体が細胞内に移動させられ，リサイクルか分解かの運命決定がなされる．この過程では，状況ごとに多様なユビキチンリガーゼやアダプタータンパク質がかかわり，また，受容体複合体に付与されるユビキチンの数やポリユビキチン鎖のつなぎ方もさまざまである．このような多様性が，状況ごとのさまざまな要求に適応した受容体のダウンレギュレーションを可能にしている．この受容体のダウンレギュレーションがシグナル出力制御にきわめて重要であることは，変異*Cbl*遺伝子がもともとはウイルス由来のがん遺伝子として同定されたという事実から容易に理解できる．このがん遺伝子型のCblはユビキチンリガーゼ活性を欠いているが，活性化受容体に結合する活性は保持しており，正常な内在性のCblの受容体への結合を阻害する．このため，EGFRなどの受容体が活性化しても十分なダウンレギュレーションがなされず，その結果，無制限なシグナル伝達とそれに伴う不適切な細胞増殖が起こる．

Gタンパク質共役受容体は，リン酸化とアダプターの結合により脱感作される

　Gタンパク質共役受容体(GPCR)の活性化はかなりすばやく，そしてシグナルを途方もなく増幅して下流へ伝える．このため，この種の受容体では，活性化受容体の脱感作によりシグナル出力を調節する能力が特に重要である．GPCRの脱感作は，活性化型の受容体に特異的に結合する2つのファミリーのタンパク質によって達成される．その2つとは，GPCRキナーゼ(GRK)とアレスチンである．GRKは，活性化GPCRに結合してこれをリン酸化する．おおむねGPCRのC末端領域がリン酸化され，これによりアレスチンに対する高アフィニティー性の結合部位が形成される．いったんアレスチンがリン酸化状態の受容体に結合すると，受容体へのGタンパク質の結合が阻害され，その結果として，以降はGタンパク質の活性化を起こすことができなくなる．さらに，アレスチンはエンドサイトーシス装置およびユビキチン化酵素群と受容体との相互作用を仲介し，リガンド結合受容体のエンドサイトーシスを（場合によっては分解も）促す（図8.29）．

　ヒトには7つのGRKが存在し，それぞれ組織分布や特定のドメイン構造が異なる．しかし，いずれのGRKもN末端側にRGSホモロジー(RH)ドメインをもち，それを介して特定のGタンパク質αサブユニットと相互作用することができる．また，分子の中央にはセリン/トレオニンキナーゼ触媒ドメインをもつ．C末端側には脂質と結合するPHドメインあるいは脂質と共有結合する部位をもっており，これらを介して細胞膜と相互作用する．場合によっては，C末端領域は，G

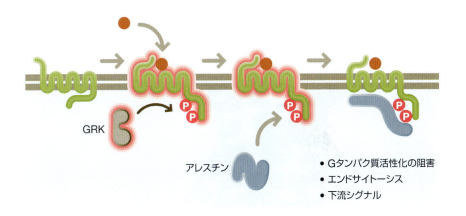

図8.29

GRKとアレスチンによるGPCRの脱感作
GPCRへのリガンド結合によって誘導される立体構造の変化は，GPCRキナーゼ（GRK）のリクルートを引き起こす。リクルートされたGRKは，GPCRのC末端領域をリン酸化する。そしてリン酸化されたGPCRはアレスチンをリクルートし，これと結合する。この結合は，GPCRによるGタンパク質の活性化を防ぎ，GPCRをエンドサイトーシスへと導く。アレスチンはまた，Gタンパク質非依存性シグナル伝達複合体の集合の足場としても働く。

タンパク質βγサブユニットと特異的に結合することもある。GRKの1つであるGRK2は，活性化状態のβアドレナリン作動性受容体をリン酸化する能力を指標として発見され，もともとはβアドレナリン作動性受容体キナーゼ（β-adrenergic receptor kinase：β-ARK）と名づけられていた。このGRK2の構造はすでに明らかになっている。その構造から，GRKがRHドメインとキナーゼドメイン，C末端領域の3つを介して，活性化受容体と受容体活性化により生じる2つの産物に同時に結合することが示唆されている。まずキナーゼドメインは受容体の本体に結合し，RHドメインはGTPに結合したGαサブユニットに結合し，そしてC末端領域はGαと解離したGβγサブユニットと結合する（図8.30）。これらの結合相手は，受容体が活性化したときのみ生じる。このため，受容体の活性化に高度に依存して，受容体近隣の細胞膜へのGRKのリクルートが起こる。GRKのリクルートの結果として，受容体のリン酸化（これはアレスチンの結合を導く）と，それに伴う受容体産物の捕捉が起こる。このようにして，受容体からのシグナル出力が強力に抑制される。

アレスチンがリン酸化を受けた活性化GPCRに特異的に結合する能力は，アレスチンによる受容体のダウンレギュレーションにきわめて重要である。アレスチンの結合によってもたらされる中間結果として，受容体とGタンパク質の結合の阻害，すなわちGタンパク質の活性化の阻害が起こる。受容体への結合はまた，アレスチンの大規模で協調的な立体構造の変化も引き起こし，その他のタンパク質との結合部位を露出させると考えられている。これにより，エンドサイトーシスやアレスチン–受容体複合体のユビキチン化が促進され，同時に下流へのシグナル伝達も誘導される（図8.31）。受容体と結合したアレスチンは，クラスリンおよびAP-2クラスリンアダプターと会合する。この会合により，クラスリン被覆小胞を介した受容体複合体の細胞内への移行が効果的に促進される。そ

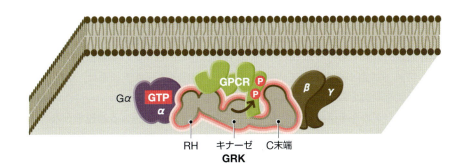

図8.30

GRKは，GPCR活性化により生じる複数の産物と結合する　GPCRキナーゼ（GRK）のキナーゼ触媒ドメインは，活性化したGタンパク質共役受容体（GPCR，緑色）と結合し，そのC末端領域をリン酸化する。さらに，N末端のRHドメインは，活性化した（GTPと結合した）RHGタンパク質αサブユニット（紫色）と結合する。一方でC末端は，PHドメインを介して膜脂質と相互作用するだけでなく，一部の領域を介してGタンパク質βγサブユニット（茶色）と結合する。

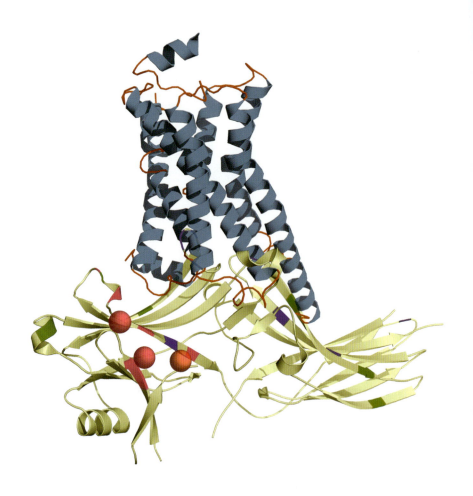

図8.31

アレスチンと受容体の結合モデル 活性化状態のβ_2アドレナリン作動性受容体の結晶構造（G_sヘテロ三量体との複合体における受容体の結晶構造）とアレスチン-2の結晶構造から組み立てた，仮想上の複合体構造。受容体は青色とオレンジ色で，アレスチンは黄色で図示した。アレスチンのリン酸基が結合するアミノ酸残基は，ピンク色で示した。また，受容体と直接接触することが実験によって示されているその他の要素については，緑色と紫色で示した。受容体C末端のリン酸基（ピンク色の球）は，アレスチン上のリン酸基が結合する正の電荷を帯びた既知の領域付近に手作業で加えた。この図では，実際の受容体-アレスチン複合体の構造状態の変化をすべて反映しきれていない可能性があるということを付記しておく。（V.V. Gurevichの厚意による）

して細胞内へ移行した受容体の運命は，受容体やアレスチンの細かな差異に依存して決まるが，概してその運命は2通りに分かれる。1つ目の運命では，細胞内への移動直後に受容体からアレスチンが解離し，その結果として受容体が脱リン酸化されて細胞表面へ復帰する（再感作）。2つ目の運命では，アレスチンが受容体と安定的に結合したままの状態で維持され，アレスチン-受容体複合体は結合したユビキチンリガーゼによってユビキチン化され，結果としてリソソームに運ばれて分解される。

　アレスチンは，活性化GPCRに結合した後にそれ自身からシグナルを発信するという興味深い能力をもつ。活性化したアレスチンは，Srcファミリーの非受容体型チロシンキナーゼに結合してこれを活性化したり，MAPキナーゼ（マイトジェン活性化プロテインキナーゼ）カスケードやその他のシグナル伝達因子群を活性化する足場として働いたりする。例えば本章の前半に述べたように，GPCRファミリーのメンバーであるSmoへのアレスチンの結合は，ヘッジホッグシグナルの伝達に重要な役割を果たすと考えられている。このアレスチン依存性シグナルは，GPCRによるGタンパク質の活性化に直接的に依存するシグナルと協調的に働く場合もある。また，これとは逆に，Gタンパク質依存性シグナルと拮抗的に働く場合もある。このように，GRK-アレスチン系は，GPCRの活性動態を制御するためのきわめて効果的な手段であるだけでなく，活性化受容体からのシグナルを微調整して適切なシグナルを下流へと伝える過程でも大きな役割を果たす。

まとめ

　細胞外からのシグナルを，細胞膜を介して細胞内部へと伝えることは，細胞のシグナル伝達において最も根本的な課題の1つである．細胞はこの難題を解決するために，限られた数のメカニズムを利用している．最も多くみられるのは，膜貫通型受容体を使うメカニズムである．膜貫通型受容体は，その細胞外領域にリガンドが結合すると，サイトゾルでその酵素活性や結合タンパク質を変化させる．他には，刺激に応じて開閉を行うリガンド依存性イオンチャネルを使うメカニズムがある．また，わずかなケースではあるが，シグナル伝達分子が受動的に膜を透過して，サイトゾルで直接的に効果を発揮するというメカニズムも使われる．膜貫通型受容体では，リガンドが結合しているという情報は，受容体のタイプに依存して異なる方法で受容体の細胞内領域へと伝えられる．例えば，複数の膜貫通セグメントをもつ受容体であれば，協調的な立体構造の変化が使われ，単一の膜貫通セグメントしかもたない受容体の場合は二量体形成あるいは多量体形成が用いられる．多くの場合，受容体の活性化と連動して，タンパク質リン酸化とタンパク質分解が共通して起こる．細胞はまた，受容体の活性をダウンレギュレーションするための多数のメカニズムを進化の過程で獲得してきており，これを活用することで，シグナル出力の範囲や動態のさらなる制御を可能にしている．

課題

1. 細胞が感じとらなければならない，一般的な細胞外シグナルの種類は何か．
2. 細胞膜を介してシグナルを伝えるための3つの主要な方法は何か．
3. あなたは現在，細胞内領域にキナーゼドメインをもつ膜貫通型受容体について研究を行っており，受容体がリガンド刺激に応答して膜のマイクロドメインに集合体を形成するのを観察したと仮定する．この観察した受容体の集合体形成がリン酸化を大きく促進し，自身のキナーゼドメインを活性化する際に，どのようなメカニズムが使われうるかについて議論せよ．
4. ヒトゲノムには数百種のGタンパク質共役受容体(GPCR)がコードされているが，個々の細胞では通常，一握りのGPCRのみが発現する．細胞内で同時に使われるGPCRの数を限定する必要があるのは，GPCRのシグナル伝達がどのような性質をもつためか．
5. ヒトには数十種類の受容体型チロシンキナーゼ(RTK)と，それに結合するリガンド群が存在する．その一方で，Wntシグナルやヘッジホッグシグナルについては，働くリガンドや受容体の数はかなり少ない．これはなぜか．
6. 膜貫通型受容体のアンタゴニストとして働く薬物が多数存在する．例えば，あるGタンパク質共役受容体(GPCR)に対する低分子のアンタゴニストが2×10^{-8} Mの濃度で標的のGPCRの活性を50％まで抑制したとする．では，この受容体の活性を99％まで抑制するには，この低分子アンタゴニストの血中濃度はどのくらい必要か．また，この化合物の分子量を500 Daと仮定したとき，その血中濃度にするためにはどのくらいの量の化合物が必要か（全血液量が5 Lで，すべての化合物がロスなく血中に取り込まれたと仮定

7. それ自身がキナーゼ活性をもつ受容体，あるいはキナーゼ活性をもつタンパク質と結合する受容体は，下流へシグナルを伝えるにあたって二量体形成や集合体形成を行わなければならない。そして，このような受容体がキナーゼ活性を活性化するために行う重要なステップとして，通常は入力依存的なキナーゼ活性化ループのリン酸化が起こる。しかし，ごく一部の受容体結合キナーゼは，活性化ループのリン酸化をシグナル伝達に必要としない。では，これらの特殊なキナーゼは，活性化ループのリン酸化なしにどうやってシグナルを伝達しているのか。同様に，細胞内のホスファターゼ活性の役割についても考察せよ。細胞内のホスファターゼ活性が高すぎたり低すぎたりすると，受容体のシグナル伝達特性にどのような影響が及ぶだろうか。

8. 大部分の細胞では，$G\alpha$サブユニットと$G\beta\gamma$サブユニットの存在量はほぼ一致している。では，もし$G\beta$および$G\gamma$サブユニットを細胞内に過剰発現させることができたとしたら，どのようなことが起きるだろうか。また，通常時の細胞が異なるサブユニットの量的バランスを維持するメカニズムを提案せよ。

9. 核内受容体は細胞の脂質代謝制御に特に適しているが，それは核内受容体がどのような性質をもつためか。また，核内受容体の脂質代謝制御における役割と，細胞外シグナルに対する受容体としての役割は，どこが一緒でどこが異なるか。

10. Gタンパク質共役受容体(GPCR)からのシグナル伝達は概してかなり迅速だが(下流のシグナル伝達分子の活性変化は数ミリ秒で最終的な変化の半分まで達する)，その一方でチロシンキナーゼからのシグナル伝達は一般的にかなり遅めである(SH2エフェクタータンパク質のリクルートは，数分がかりで最終的なリクルート量の半分に達する)。このシグナル伝達速度の違いは，シグナル伝達の分子メカニズムのどのような違いによって生じるのか。

11. 有名な長距離ランナーのエリスロポエチン(Epo)受容体遺伝子の塩基配列を決定したところ，Epo刺激によってリン酸化されることが知られているセリン残基に変異が起きていることがわかった。変異が起こっているアレルでは，セリン残基がアラニン残基に置換されていた。この変異は，このランナーの運動持久力の高さとどのような関連があると推測されるか。

文献

膜貫通型受容体によって使われる情報伝達の戦略

Cooper JA & Qian H (2008) A mechanism for SRC kinase-dependent signaling by noncatalytic receptors. *Biochemistry* 47, 5681–5688.

Oh D, Ogiue-Ikeda M, Jadwin JA et al. (2012) Fast rebinding increases dwell time of Src homology 2 (SH2)-containing proteins near the plasma membrane. *Proc. Natl Acad. Sci. U.S.A.* 109:14024–14029.

Gタンパク質共役受容体

Johnston CA & Siderovski DP (2007) Receptor-mediated activation of heterotrimeric G-proteins: current structural insights. *Mol. Pharmacol.* 72, 219–230.

Lohse MJ, Hein P, Hoffmann C et al. (2008) Kinetics of G-protein-coupled receptor signals in intact cells. *Br. J. Pharmacol.* 153(Suppl 1), S125–S132.

Oldham WM & Hamm HE (2008) Heterotrimeric G protein activation by G-protein-coupled receptors. *Nat. Rev. Mol. Cell Biol.* 9, 60–71.

Rasmussen SG, DeVree BT, Zou Y et al. (2011) Crystal structure of the β2 adrenergic receptor-Gs protein complex. *Nature*

477, 549–555.

Wettschureck N & Offermanns S (2005) Mammalian G proteins and their cell type specific functions. *Physiol. Rev.* 85, 1159–1204.

酵素活性と連携した膜貫通型受容体

Clevers H (2006) Wnt/beta-catenin signaling in development and disease. *Cell* 127, 469–480.

Le Borgne R (2006) Regulation of Notch signalling by endocytosis and endosomal sorting. *Curr. Opin. Cell Biol.* 18, 213–222.

Schlessinger J (2000) Cell signaling by receptor tyrosine kinases. *Cell* 103, 211–225.

Schmierer B & Hill CS (2007) TGFβ-SMAD signal transduction: molecular specificity and functional flexibility. *Nat. Rev. Mol. Cell Biol.* 8, 970–982.

Shi Y & Massag. J (2003) Mechanisms of TGF-β signaling from cell membrane to the nucleus. *Cell* 113, 685–700.

Thorburn A (2004) Death receptor-induced cell killing. *Cell. Signal.* 16, 139–144.

Tonks NK (2006) Protein tyrosine phosphatases: from genes, to function, to disease. *Nat. Rev. Mol. Cell Biol.* 7, 833–846.

Wilson CW & Chuang PT (2010) Mechanism and evolution of cytosolic Hedgehog signal transduction. *Development* 137, 2079–2094.

ゲート型チャネル

Gouaux E & MacKinnon R (2005) Principles of selective ion transport in channels and pumps. *Science* 310, 1461–1465.

Hilf RJC & Dutzler R (2009) Structure of a potentially open state of a proton-activated pentameric ligand-gated ion channel. *Nature* 457, 115–118.

Long SB, Tao X, Campbell EB & MacKinnon R (2007) Atomic structure of a voltage-dependent K+ channel in a lipid membrane-like environment. *Nature* 450, 376–382.

膜透過性のシグナル伝達

Cary SP, Winger JA, Derbyshire ER & Marletta MA (2006) Nitric oxide signaling: no longer simply on or off. *Trends Biochem. Sci.* 31, 231–239.

Jin L & Li Y (2010) Structural and functional insights into nuclear receptor signaling. *Adv. Drug Deliv. Rev.* 62, 1218–1226.

Liu L & Simon MC (2004) Regulation of transcription and translation by hypoxia. *Cancer Biol. Ther.* 3, 492–497.

Sonoda J, Pei L & Evans RM (2008) Nuclear receptors: decoding metabolic disease. *FEBS Lett.* 582, 2–9.

受容体シグナルのダウンレギュレーション

Premont RT & Gainetdinov RR (2007) Physiological roles of G protein-coupled receptor kinases and arrestins. *Annu. Rev. Physiol.* 69, 511–534.

Shenoy SK & Lefkowitz RJ (2011) β-Arrestin-mediated receptor trafficking and signal transduction. *Trends Pharmacol. Sci.* 32, 521–533.

Sorkin A & Goh LK (2008) Endocytosis and intracellular trafficking of ErbBs. *Exp. Cell Res.* 314, 3093–3106.

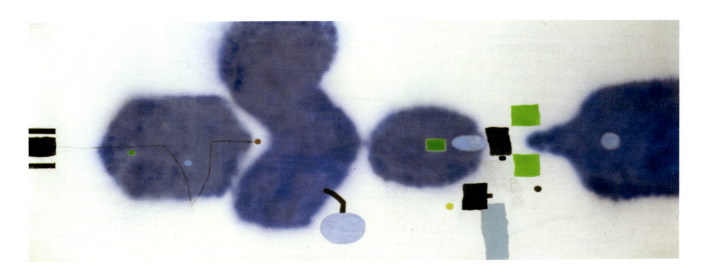

9

タンパク質分解の制御

　第4章で述べたように，タンパク質の翻訳後修飾は，細胞内でシグナルを伝えるうえで最もよく使われる方法の1つである。翻訳後修飾の最も劇的な形式は**タンパク質分解**(proteolysis)，すなわちタンパク質の主鎖を形成するペプチド結合を切断することである。タンパク質分解は，タンパク質の活性を除去する目的でそれらを破壊または分解したり，より長く不活性な前駆体から活性型の酵素やシグナル伝達タンパク質を生成する際の，必須のステップとして機能する。タンパク質分解の制御は細胞の最も基本的な2つの活性，すなわち細胞周期の調節とプログラム細胞死(アポトーシス；アポプトーシス)の決定に重要である。本章では，タンパク質分解が関与するシグナル伝達経路の特性をいくつか取り上げ，さらにユビキチン–プロテアソーム経路によるタンパク質の分解と，アポトーシスにおけるプロテアーゼの役割についてより詳しく述べる。

シグナル伝達によって制御される
タンパク質分解の一般的性質と例

　タンパク質分解が他の翻訳後修飾と異なる最も基本的な点は，本質的に不可逆的なことである。すなわち，無傷で切断されていない基質タンパク質を再生する唯一の方法は，新たなポリペプチド鎖を翻訳するという比較的遅くエネルギー的にコストのかかる過程を経ることである。これは他の翻訳後修飾とは対照的であり，例えばリン酸化やヒストンのアセチル化では，書き込み装置(キナーゼやヒストンアセチルトランスフェラーゼ)の行為は消去装置(ホスファターゼやヒスト

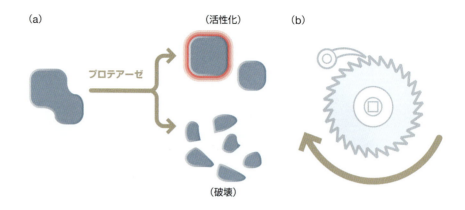

図9.1
プロテアーゼによるシグナル伝達は不可逆的である (a)プロテアーゼの活性が与える結果は(不活性なチモーゲンからの酵素の活性化であれ,タンパク質の分解による破壊であれ)不可逆的であり,このシステムは新たなタンパク質合成によってのみリセットすることができる。(b)プロテアーゼは爪車装置のように働き,シグナル伝達経路が以前の状態に簡単に戻らないようにしている。

ンデアセチラーゼ)によって打ち消される。膜チャネルの開放によるイオンの流入または流出のような他のタイプのシグナル入力も,大部分はすばやく可逆的である(チャネルの場合,チャネルの閉鎖とイオンポンプの作用)。タンパク質分解に特有のこの不可逆性は,システムが開始状態に容易に戻ることが望ましくない状況において有用なものとなる(図9.1)。

不可逆的な関与のステップが特徴的な過程についての2つの重要な例は,細胞周期とアポトーシスであり,どちらも本章でより詳しく後述する。細胞周期の場合,その過程は1つのステップからもう1つのステップへと順序正しく進行することが必須である。例えば,DNA合成は有糸分裂の前に1度起こらなければならず,有糸分裂は新たなDNA合成の前に1度起こらなければならない。もしこの周期が「逆行して」起これば(例えば,ゲノムDNAを複製する前に有糸分裂が起これば),細胞と生体に悲惨な結果をもたらすであろう。同様に,プログラム細胞死の過程がいったんはじまったら,周囲の細胞や組織へのダメージを避けるために細胞死は完了しなければならない。

プロテアーゼは多彩な酵素からなるグループである

プロテアーゼ(protease)はタンパク質のペプチド結合を加水分解する酵素であり,進化的に古くて高度に多様化したグループである。ペプチド結合は本質的に安定性が高いため,食物中のタンパク質を分解したり(エネルギーを産生するため,または新たな生体分子を合成するための原材料を提供するため),傷ついたり不要となった細胞内タンパク質を除去するといったハウスキーピング機能を果たすために,さまざまなプロテアーゼが進化してきた。プロテアーゼはその反応機構にもとづいて,メタロプロテアーゼ,セリンプロテアーゼ,システインプロテアーゼ,アスパラギン酸プロテアーゼに分類される。

ほとんどのプロテアーゼは,切断されるペプチド結合に隣接するアミノ酸残基に対して顕著な選択性を示す。基質特異性は触媒部位自身だけでなく,多くの場合で触媒部位以外と基質とのさらなる相互作用によって決まる。この特異性は,シグナル伝達に用いられているプロテアーゼにとって特に重要である。

ほとんどの細胞内プロテアーゼは,**チモーゲン**(zymogen)と呼ばれる不活性な前駆体型で合成される。翻訳されてすぐのプロテアーゼが完全な活性をもち,細胞内で暴れ回る危険性を考えると,これは実に理にかなっている。触媒的に活性のある酵素を放出するためには,チモーゲンを特定の部位でプロテアーゼによって切断することが必要である。これによってプロテアーゼを合成する細胞が損傷しないようになり,必要な時と場所で正確に活性化が起こる。またこのように準

備することによって，初期のシグナルを大きく増幅することもできる．1つの活性化したプロテアーゼが同じタイプの多くのチモーゲン分子をさらに切断することで活性化できる場合には，特にこれが当てはまる．この種の正のフィードバックループは，すばやく爆発的な活性化が必要なときに共通にみられる．このように，タンパク質分解はシグナル伝達に明確な動的性質を与えている．すなわち，タンパク質分解によって制御される過程では，1つの状態からもう1つの状態へと非常にすばやくスイッチすることが可能であるが，新たなタンパク質合成によってのみゆっくりと元へ戻ることができる．

血液凝固はプロテアーゼのカスケードによって制御される

チモーゲンの活性化とシグナルの増幅の原理を説明するには，脊椎動物の血液凝固カスケードがよい例となる．血液凝固はもちろん，怪我で損傷した血管から致命的な量の血液が失われるのを防ぐために重要である．しかし凝固する量は厳密に調節されなければならず，過剰な凝固は血管を閉塞して脳梗塞などの組織の死を引き起こしうるため，生命に危険を及ぼす可能性がある．これは生体にとって厄介な問題である．そこで，漏出部位をすばやく効率的に塞ぎつつ，それを必要な場所だけに制限し，さらには損傷した組織を修復して置き換えるために，時間をかけた再構成と最終的には分解を行うことができるように，凝固カスケードは強い圧力のもとで進化してきた．

この複雑な過程を進める分子機構は，損傷組織および損傷部位に接着する血小板によって特異的に活性化する，セリンプロテアーゼのカスケードで構成されている．凝固経路の最終的なエフェクター分子はフィブリンといい，これは損傷した組織の切れ目を物理的に埋めるように自己集合し，もつれた線維状ネットワーク（血栓）を形成するタンパク質である（図9.2）．フィブリンは可溶性の前駆体であるフィブリノーゲン（血清の主要成分であり，約3 mg/mLの濃度で存在する）からつくられる．フィブリノーゲンはトロンビンによるタンパク質分解作用によって，本来の可溶性の立体構造から血栓へと自己集合する立体構造へと変換される．トロンビンはまた，血餅中のフィブリンのネットワークを架橋する第XIII因子というグルタミナーゼも切断して活性化する．トロンビンはプロトロンビンと呼ばれるチモーゲン型で血液中に比較的高濃度で存在しており，トロンビン自身もタンパク質分解を受けることによって活性化する．

トロンビンの活性化は非常に慎重に調節されなければならないため，多くの因子に依存して活性化が起こる（図9.3）．これらの1つであるアクセサリー因子（第V因子）は，それ自身もトロンビンによって切断されて活性因子（第V_a因子）となることにより，正のフィードバックループの1つを形成している．トロンビン自身がより多くのプロトロンビン分子を切断して活性化できることが，2つ目の正

図9.2

凝固カスケードの生理的役割 組織が損傷して血管がダメージを受けると，血清と損傷細胞が接触し，血小板が損傷組織に結合して凝集するようになる．これによって凝固カスケードが活性化し，損傷した血管から血液細胞が漏れないようにフィブリンのもつれたネットワーク（血栓または血餅，青色）が沈着する．いったん損傷が修復すると，血餅は分解される（血栓溶解）．

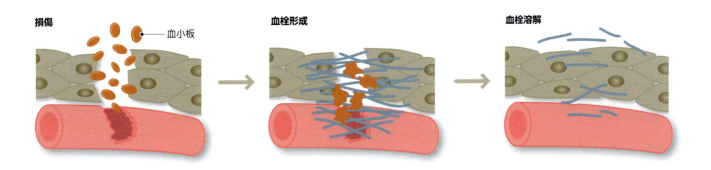

図9.3

血液凝固カスケード 凝固における中心的な出来事はトロンビンの活性化であり，プロトロンビンというチモーゲンの切断によって起こる。この活性化は別の活性化済みトロンビン分子か，第X_a因子という異なるプロテアーゼによって引き起こされる。第X因子は別の上流プロテアーゼによって同様に活性化される。いったん活性化すると，トロンビンはフィブリノーゲンを切断して活性化し，フィブリン線維の形成を促す。トロンビンはさらに多くのトロンビンを産生するが，これはプロトロンビンの切断によって直接に，およびコファクターである第V因子の切断と活性化によって間接的に起こる。トロンビンは第XIII因子も活性化し，フィブリンのネットワークを架橋することにより，さらに安定でかたい血餅をつくる。多くのステップにおいてCa^{2+}とホスファチジルセリン（PS）などの負電荷の脂質が必要である。

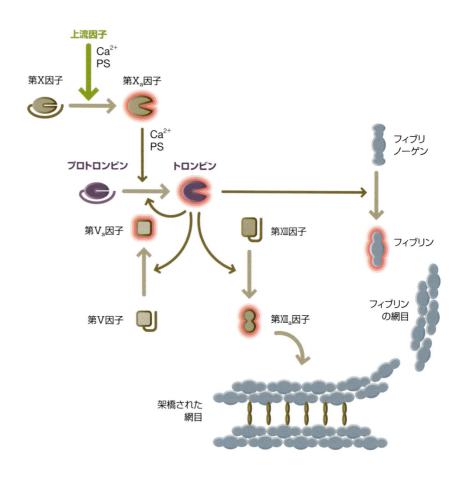

のフィードバックループとなっている。プロトロンビンを切断するために不可欠な他の因子は，Ca^{2+}と負電荷をもつ膜脂質である。ホスファチジルセリンのような負電荷の脂質は常にほとんどが細胞膜の内側（サイトゾル側）にのみ存在しているため，これらの脂質が血液にさらされることは，破裂した細胞や損傷した組織が存在することのシグナルとなる。

　血栓形成を開始するために1番最初に活性化されるトロンビン分子は，もう1つのプロテアーゼである第X因子によって生み出される。第X因子はチモーゲンの切断によって活性化されなければならず，この過程もまた，Ca^{2+}と負電荷の脂質とさらなるアクセサリー因子によって促進される。多段階のカスケード全体は，負電荷の膜表面によって開始されるか（いわゆる「内因性経路」），放出された組織タンパク質によって開始される（いわゆる「外因性経路」。これらは標準的な生化学の教科書でより詳細に記述されているので，ここではこれ以上述べない）。しかしながらいったんこの過程がはじまると，損傷部位の直近に血栓形成を制限するために多くの因子が寄与することになる。その1つは血流であり，活性化したプロテアーゼとアクセサリー因子を損傷部位において常に希釈している。他にはアンチトロンビンのような血中を循環するプロテアーゼ阻害因子があり，損傷部位の直近から離れるとプロテアーゼ活性を減弱させている。

　最終的に組織が修復の機会を得た後に，血栓は血栓溶解と呼ばれる過程を通して除去されなければならない。おそらく驚くことではないが，この過程にはプラスミンと呼ばれるさらに別のセリンプロテアーゼが関与しており，プラスミンはフィブリンを特異的に切断することによって血栓を溶かす。チモーゲン型のプラスミンはプラスミノーゲンであり，組織プラスミノーゲン活性化因子（tissue plasminogen activator：t-PA）などの他のプロテアーゼによって活性化され，ま

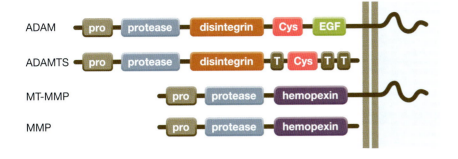

図9.4

細胞外メタロプロテアーゼの構造 典型的なADAMプロテアーゼは，プロドメイン(pro)，メタロプロテアーゼ触媒ドメイン(protease)，細胞表面のインテグリンとの結合を担うディスインテグリンドメイン(disintegrin)，システインリッチ部分(Cys)，上皮増殖因子様モチーフ(EGF)，その後ろの膜貫通部分と細胞質側の尾部からなる。ADAMTSタンパク質は複数のトロンボスポンジンリピート(T)によって区別され，EGFモチーフと膜貫通および細胞内部分を欠いている。典型的なマトリックスメタロプロテアーゼ(MMP)はプロドメインと触媒ドメインの後ろにヘモペキシン様ドメイン(hemopexin)をもつ。ほとんどのMMPは分泌されるが，膜型MMP(MT-MMP)は膜貫通部分(本図参照)またはグリコシルホスファチジルイノシトールの脂質部分によって膜にアンカーされている。

た別の因子によって阻害される。血栓は健康上の重大なリスクであるため(ヒトの二大死因である脳梗塞と心筋梗塞を引き起こす)，プロトロンビンと膜の相互作用を妨げるクマリンなどの凝固阻害薬や，血栓溶解を促進する薬物(t-PAなど)は，これまでに多くの命を救ってきている。

メタロプロテアーゼによるタンパク質分解の制御はシグナル分子を産生して細胞外環境を変化させる

　プロテアーゼは細胞外表面で多くの役割を果たしている。すなわち細胞運動を制御するために細胞外マトリックスタンパク質を分解したり，より大きな前駆体から生物活性のあるシグナル分子を産生したり，さらに活性化またはダウンレギュレーション(下方制御)に不可欠なステップとして受容体を切断したりする。これらの作用の多くは，マトリックスメタロプロテアーゼ(matrix metalloprotease：MMP)やディスインテグリンメタロプロテアーゼ(a disintegrin and metalloprotease：ADAM)などのメタロプロテアーゼによって行われている。これらのプロテアーゼはすべて，触媒活性に金属イオン(一般的には亜鉛)を必要としている。これらは不活性な前駆体として合成され，分泌経路を通じて細胞表面へ輸送され，ほとんどはC末端の膜貫通領域またはリン脂質アンカーによって表面に結合してとどまっている。残りの一部は膜へのアンカーをもたず，細胞から放出される。メタロプロテアーゼの主要なファミリーのドメイン構造を図9.4に示した。

ADAMは膜結合タンパク質を切断することによってシグナル伝達経路を制御する

　ADAMは細胞表面から膜結合タンパク質を切り離すことができることから「シェダーゼ」としても知られ，この過程は細胞外ドメインのシェディングと呼ばれる。この作用はシグナル伝達を促進することも(例えば生物活性のあるリガンドが放出される場合)，阻害することも可能である(細胞表面の受容体の細胞外リガンド結合領域を切り離すときなど)。ADAM-17が腫瘍壊死因子α(tumor necrosis factor α：TNFα)と可溶性マイトジェンの上皮増殖因子(epidermal growth factor：EGF)ファミリーをプロセシングする2つの事例は特によく知られている。実際にADAM-17は当初，膜結合性のTNFαの前駆体を可溶性の活性型へとプロセシングする役割を担うTNFα変換酵素(TNFα converting enzyme：TACE)として知られていた。しかしその後の研究によって，ADAM-17は特に広範な基質を有するシェダーゼであることが明らかになった。遺伝子ノックアウトによる研究では，ADAM-17欠損マウスの生物学的な表現型はEGF受容体(EGF receptor：EGFR)ファミリーやそのリガンドの変異マウスに酷似している

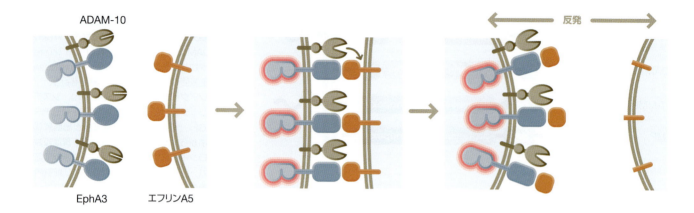

図9.5
EphとエフリンによるADAMプロテアーゼの役割 EphA3受容体(青色)は,同じ細胞の表面上のADAM-10(茶色)と相互作用する。EphA3が別の細胞の表面上のエフリンA5(オレンジ色)と結合すると,ADAM-10が活性化して結合しているエフリンを切断する。これによって2つの細胞の表面どうしがお互いから離れるようになる。エフリンがEphに結合すると,Eph受容体の細胞内のチロシンキナーゼドメインが活性化するようにもなる。

ことが示された。ADAM-17はさまざまなEGFRリガンドを細胞膜から切り離すので,この知見はリガンドのプロセシングのレベルで受容体のシグナル伝達活性が制御されうることの有力な証拠となる。このような仕組みは,おそらく局所的なシグナルの産生に有用であり,シェディングが起きたすぐ近くでリガンドが作用する(これを**ジャクスタクリン**〔juxtacrine〕**シグナル伝達**という)。

Ephとエフリン(ephrin)のシグナル伝達は,細胞表面においてタンパク質分解がシグナル応答の形成に寄与する別の方法を示している。Eph受容体は受容体型チロシンキナーゼであり,膜にアンカーされたエフリンが別の細胞上のEph受容体と結合すると,両方の細胞に双方向性のシグナル伝達をもたらす。神経系の発生において,一般的にEphとエフリンのシグナル伝達は2つの細胞間の反発を惹起し,軸索を適切なターゲットへ誘導するうえで重要な信号となる。ADAM-10はEph-エフリン複合体を特異的に認識し,複合体と結合することでADAM-10の立体構造が変化し,エフリンに対するプロテアーゼ活性が上昇することになり,エフリンを細胞表面から切り離す(図9.5)。これによって相互作用している2つの細胞膜は離れることができ,この膜間の分離は2つの細胞がお互いに反発し合ううえで明らかに必要である。さらにADAM-10はNotch受容体によるシグナル伝達でも大きな役割を果たしている(後述)。

ADAMの強力な生物活性を考えると,他のシグナルによってADAMがどのように制御されているのかという疑問がわく。細胞はこの制御を,転写,タンパク質分解による活性化,細胞表面への輸送,細胞内への移行などのさまざまなレベルで行うことができる。しかし最も興味深いのは,他のシグナル経路の活性化(例えば,プロテインキナーゼCアゴニストやCa^{2+}イオノホアによる活性化)がADAMの活性を調節する場合である。多くの場合,この制御にはADAMの細胞内ドメインが関与しており,通常このドメインには潜在的なリン酸化部位や,SH3ドメインをもつタンパク質に結合可能なプロリンリッチ領域がある。一例として,Gタンパク質共役受容体(G-protein-coupled receptor:GPCR)は,ADAM依存的にEGFRのシグナル伝達を促進することが示されている。このクロストークにはGPCRによるADAMプロテアーゼの活性化が関与しており,ADAMの細胞質ドメインのリン酸化経路を介したものである可能性が高い。そしてADAMによるEGFRリガンドの切断は,同一または周囲の細胞上の受容体の活性化を引き起こす。

MMPは細胞外環境のリモデリングに関与する

　その他の重要な種類のメタロプロテアーゼとして、マトリックスメタロプロテアーゼ（MMP）がある。名前の通り、MMPはコラーゲンやフィブロネクチンといった細胞外マトリックスタンパク質を標的とし、さらに他の多くのタンパク質も基質とする。MMPは創傷治癒や排卵、血管新生といった細胞外環境のリモデリングを含むさまざまな正常時の事象に関与している。例えば最初に単離されたMMPは、カエルへと変態する際にオタマジャクシの尾の結合組織を分解するものであった。MMPはがんなどの多くの疾患でも役割を担っており、腫瘍が隣接組織に浸潤したり、遠隔部位に広がったり（転移）するうえで重要である。関節炎においても、関節内の結合組織の分解に寄与している。またMMPは、接着や浸潤を仲介する**ポドソーム**（podosome）という、アクチンに富む細胞表面の突起の重要な成分でもある。この構造は組織に侵入するマクロファージや破骨細胞といった正常細胞でも、がん細胞でも認められ、がん細胞では浸潤突起（invadopodia）と呼ばれる（図9.6）。ポドソームや浸潤突起から分泌されたMMPが、そのままでは通り抜けられない密なタンパク質ネットワークを分解することで、細胞が通過できるようになると考えられる。

　ほとんどの細胞においてMMPの産生は転写レベルで調節されており、特定の条件下でのみ産生されるが、MMPの制御は多くのレベルで起こりうる。他のメタロプロテアーゼと同様に、MMPは不活性なチモーゲンとして産生され、活性のあるMMPや他のプロテアーゼによるタンパク質分解処理を受ける必要がある。そしてトロンビンのカスケードのように複雑な相互の制御関係によって、局

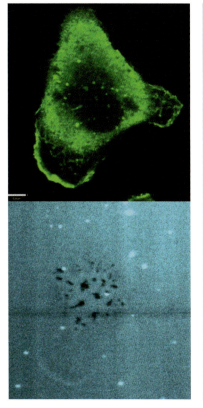
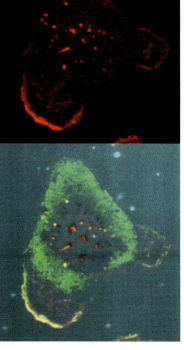

図9.6

浸潤突起はマトリックスを分解する部位である
MDA-MB-231乳がん細胞に蛍光標識つきの野生型コータクチン（赤色）を発現させ、Alexa 405標識ゼラチンマトリックス（シアン）上で4時間培養し、固定した。この細胞中のコフィリン（緑色）を免疫染色した。コータクチンとコフィリンは、アクチン細胞骨格の構成を制御するタンパク質である。成熟した浸潤突起ではコフィリンと共局在するコータクチンの斑点が特徴的であり、その下層のゼラチンマトリックスを分解する（ゼラチンの蛍光がないことが分解を示している）。腫瘍細胞にみられる浸潤突起は構造的にも機能的にも正常な浸潤性細胞にみられるポドソームに類似している。（画像はM. Magalhaes and J. Condeelisの厚意による）

所的な活性化を精密に調節することも，シグナルの増幅を可能にすることもできるようになる。MMP（および他のメタロプロテアーゼ）は，組織メタロプロテアーゼ阻害因子（tissue inhibitor of metalloprotease：TIMP）などの特定の因子によっても制御される。これらのタンパク質は標的プロテアーゼと非常に高いアフィニティーをもつ1：1複合体を形成することにより，強力な阻害因子として働く。それぞれのTIMPはMMP，ADAM，および他のメタロプロテアーゼに対して阻害できる範囲が異なるため，メタロプロテアーゼの局所的な活性化を調節するうえでさらに特異性が増すことになる。

タンパク質分解はトロンビン受容体を活性化する

細胞外プロテアーゼは受容体の活性化に直接関与する場合もある。トロンビンや他のプロテアーゼによって活性化されるGPCRはその一例である。これらの受容体はプロテアーゼ活性化受容体（protease-activated receptor：PAR）と呼ばれ，血管損傷に対する細胞反応において重要な役割を果たしている。PARにより，トロンビンなどの凝固カスケードで活性化したプロテアーゼが周囲の細胞や血小板へシグナルを直接伝達するという直接的機構が可能になる。例えば正常な凝固反応において，血小板はトロンビンに応答して活性化し，形態変化，接着性の上昇，さまざまな炎症仲介物質やマイトジェン，血液凝固促進因子の放出などが起こる。

すべてのGPCRに典型的な7回膜貫通トポロジーをPARも同様にもつが，PARのN末端には同じ受容体に分子内で結合して強力に活性化できるペプチド配列がある点で異なっている。しかし刺激のない状態では，この自己活性化リガンドは結合部位と相互作用できない立体構造をとっている（図9.7）。プロテアーゼによる切断によって自己活性化リガンドが立体構造的な抑制から解除され，リガンド結合部位に結合して受容体を活性化するようになる。そしてすべてのGPCR同様にヘテロ三量体Gタンパク質を活性化して，下流のシグナル伝達を引き起こす。PARは（典型的なGPCRと違って）タンパク質分解によって不可逆的に活性化するために，そのダウンレギュレーションとリサイクルは特に重要である。活性化する前は，PARは持続的に細胞内への移行と細胞膜への再挿入を繰り返しているが，いったん活性化すると，細胞内移行後に速やかにリソソームにより分解される。この機構は，アレスチンの結合とモノユビキチン化などによる典型的なGPCRのダウンレギュレーション機構とは明らかに異なるものである。

RIPはいくつかの受容体のシグナル伝達に必須のステップである

プロテアーゼが受容体の活性化に直接関与する別の方法として，Notchシグナル伝達経路がある。図8.17で示したように，リガンドによるNotchの活性化には複数のタンパク質分解のステップがかかわっている。すなわち最初の「S2」切断によって受容体の細胞外ドメインが遊離し，さらに2番目のプロテアーゼであるプレセニリン/γ-セクレターゼ複合体による膜面内での受容体の切断が起こり，Notch細胞内ドメイン（Notch intracellular domain：NICD）が遊離した後，核内へ移行して転写を制御する。S2切断はADAMプロテアーゼ（多くの場合ADAM-10）によって行われる。実際に，ADAM-10のノックアウトマウスはNotch経路の変異マウスと表現型が同様であるため，生体内では主にADAM-10がNotchの活性化を担っていることが強く示唆される。

ADAMによる細胞外ドメインの切断過程に続いて，細胞膜内でγ-セクレター

GPCRによるシグナル伝達については第8章で述べている

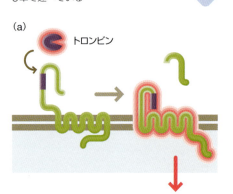

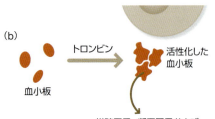

図9.7

トロンビンによるプロテアーゼ活性化受容体（PAR）の活性化 （a）PARは典型的なGタンパク質共役受容体（GPCR）と同様に7回膜貫通トポロジーをもつ。活性化リガンドペプチド（紫色）は，受容体がトロンビンによって切断されるまでは結合部位に相互作用することができない。切断後に受容体はリガンドペプチドと分子内で結合し，活性型の立体構造へと変化する。（b）血小板の細胞膜上にある，トロンビンで活性化したPARによるシグナル伝達は，血小板の活性化を引き起こす。活性化した血小板は細胞や互いと接着し，凝固，炎症，および組織修復を制御する多種多様な因子を分泌する。

図9.8

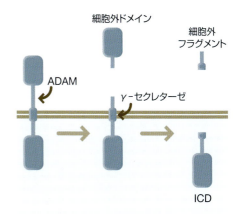

RIP（regulated intramembrane proteolysis） RIPの最初のステップにおいて，活性化したADAMプロテアーゼが膜貫通タンパク質の細胞外部分を切断し，細胞外ドメインのシェディングが起こる。膜に結合した切断産物はさらにγ-セクレターゼ複合体の基質となり，膜貫通部分の内部で切断を受ける。この結果生じた可溶性の細胞内ドメイン（ICD）がサイトゾル内および核内（NotchやErbB4の場合）にシグナルを伝達できるようになる。また小さな細胞外フラグメントも生じる。アミロイド前駆体タンパク質の場合，この細胞外フラグメントがアミロイドβであり，線維状に凝集してアルツハイマー病に関与する。

ゼ複合体によってさらにプロセシングが行われるが，これは他の多くのタンパク質でも起こっており，**RIP**（regulated intramembrane proteolysis）と呼ばれている（図9.8）。RIPを受ける他のタンパク質にはDeltaなどのNotchリガンド，アミロイド前駆体タンパク質（amyloid precursor protein：APP），およびEGFRファミリーのErbB4などがある。APPの切断によってアミロイドβが産生され，この疎水性の細胞外ペプチドはアミロイド線維へと凝集する。この線維はアルツハイマー病患者の脳で認められる神経原線維変化や老人斑の主要成分である。しかし正常時にAPPは無傷な状態でもRIPによる切断後も接着受容体として機能し，シグナルを細胞質に伝達しているようである。

RIPによるシグナル伝達の別の興味深い例として，4つのEGFRファミリーの受容体型チロシンキナーゼの1つであるErbB4/HER4がある。ErbB4にリガンドであるニューレグリン-1が結合すると，ADAM-17とγ-セクレターゼ複合体によるRIPが誘導される。切り離された細胞外ドメインは「おとり」として働き，リガンドに結合してそれ以上のErbB4分子を活性化しないように捕捉する。また細胞内ドメイン（intracellular domain：ICD）はチロシンキナーゼ活性を保ち，Mdm2（がん抑制遺伝子産物p53の制御因子）などの核内基質をリン酸化することが報告されている。ErbB4のICDは，マウスの脳の発生におけるアストロサイトの形成などいくつかの生物活性に必須であることが示されている。この機能を果たすうえでICDは，転写コアクチベーターやコリプレッサーといった別のタンパク質に結合し，これらが効果を発揮するように核内へと送り届けるらしい。ErbB4を活性化するリガンドであるニューレグリン-1もRIP経路によってプロセシングを受けてICDを産生し，そのICD自身がシグナルを出力する可能性がある。

ユビキチンとプロテアソームによる分解経路

タンパク質が正しくフォールディングできなかったり，ダメージを受けた場合などには，細胞はサイトゾル中のタンパク質をすばやくかつ効率的に分解しなければならない。このようなダメージを受けたタンパク質が蓄積して凝集すると，細胞にとっては非常に有害となりうる。この問題を避けるために，真核生物はダメージを受けたタンパク質に特異的に分解のタグをつけてプロテアソームへと運ぶ精緻なシステムを進化させてきた。プロテアソームはこれらのタグづけされたタンパク質を短いペプチドへと消化する分子装置である。特定のタンパク質を標的としてサイトゾルから除去するこのシステムはシグナル伝達にも広く利用されており，さまざまな制御性の入力に応答し，すばやくかつ不可逆的に細胞中のタ

ンパク質成分を変化させている。本節ではこの過程に関与する分子機構について検討し，細胞周期や他のシグナル伝達事象を調節するためにどのように用いられているかを述べる。

プロテアソームは細胞内タンパク質を分解する特殊な分子装置である

　細胞は損傷を受けたり誤ってフォールディングしたタンパク質を加水分解する必要がある一方で，同時に無制限なタンパク質分解活性という危険性を避けなければならない。このため，タンパク質分解の場はサイトゾルの他の要素から隔離されなければならない。**リソソーム**（lysosome）は，細胞表面や細胞外環境からのエンドサイトーシスに由来するタンパク質の分解のほとんどを担っているが，脂質膜によってサイトゾルから遮蔽されている。しかしサイトゾル中のタンパク質は，**プロテアソーム**（proteasome）と呼ばれる非常に大きなマルチサブユニットのタンパク質構造によってタンパク質分解が行われている。プロテアソームは中空の円筒の内部にプロテアーゼが並び，それぞれの端に内室のタンパク質分解装置へのアクセスを制御する「蓋」の構造がかぶせられている（図9.9）。分解の標的となったタンパク質はプロテアソームの蓋に特異的に結合し，フォールディングがほどかれ，内部に通り抜けて，小さなペプチドへと壊されてからサイトゾルに放出される。このように，サイトゾルはプロテアソームの強力なタンパク質分解活性から遮蔽されており，特異的に標的化されたタンパク質だけが分解のためにプロテアソームの円筒へと導かれる。

　真核生物において，(遠心分離での沈降の挙動から26Sプロテアソームと呼ばれる)完全なプロテアソームは，円筒のコア（20Sコア粒子）と円筒の端に蓋をす

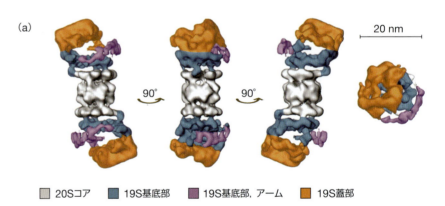

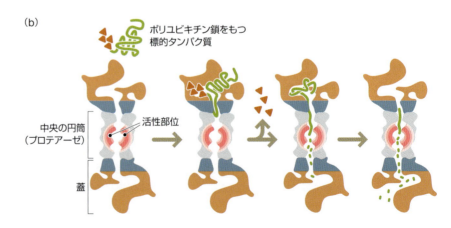

図9.9

プロテアソーム　(a)26Sプロテアソームの電子顕微鏡像からの三次元再構成。プロテアソーム複合体の側面図と，蓋をされた端からの図（右端）を表しており，プロテアソームの構成成分のおおよその位置を色分けして示している。(b)プロテアソームによるプロセッシブなタンパク質の消化。プロテアソームの蓋はポリユビキチン鎖の目印がついた基質タンパク質を認識し，ついでプロテアソームのコアの中へ移動させ，そこで消化が起こる。(aはP.C. da Fonseca and E.P. Morris, *J. Biol. Chem.* 283: 23305–23314, 2008より．The American Society for Biochemistry and Molecular Biologyの許諾を得て掲載；bはB. Alberts et al., *Molecular Biology of the Cell*, 5th ed. Garland Science, 2008より）

る2つの19S制御粒子から構成される。コアは28個のサブユニットから構成され、4つのリングが積み重なった形をしている。コアには3つの異なるプロテアーゼ活性があり、それぞれペプチド基質に対して異なる特異性を有している。こうして複数のプロテアーゼが組合わさって作用することにより、コアに入ったどのポリペプチドも小さなオリゴペプチドへと効率的に切断されると考えられる。単離したコア粒子では、プロテアソームの内室への侵入は立体的に妨げられている。この侵入は19S制御粒子を介しており、コア粒子と相互作用すると制御粒子はポリペプチド鎖に対してちょうどよい大きさの狭い通路を形成する。標的タンパク質のフォールディングをほどいて内室へ通すためには、ATP加水分解によるエネルギーが必要である。

　制御粒子は、どのタンパク質がプロテアソームを通過して破壊されるかを選択するという重要な役割も担っている。真核生物におけるほとんどのプロテアソームの標的は、特徴的な翻訳後修飾の目印、すなわち48番目のリシンで連結した長いポリユビキチン鎖が共有結合で付加されたものを有している。このポリユビキチン鎖は、細胞内のユビキチンリガーゼによって付加される（この過程は第4章で詳述した）。制御サブユニットはユビキチンとの結合ドメインをもつタンパク質を複数含んでおり、そのいくつかは制御粒子に不可欠の成分である一方、いくつかは特定の標的をプロテアソームにリクルートするのを促すような補助的なアダプタータンパク質である。長いポリユビキチン鎖をもつ基質への選択性は、おそらく2つの要因による。第一に、プロテアソーム上にユビキチンへの結合ドメインが複数存在することは、ポリユビキチン化された標的が、単一あるいは少しユビキチン化された標的よりもはるかに強いアフィニティーで結合することを意味する（アビディティーが関与する）。第二に、制御サブユニットにはデユビキチナーゼ（deubiquitinase：DUB）活性が付随しており、ポリユビキチン鎖の端からユビキチンを除去できる。このため、（比較的短鎖の）少しユビキチン化された基質は、フォールディングがほどかれて内室に詰めこまれる前に脱ユビキチン化され、プロテアソームから放出される可能性がある。いずれにせよ、タンパク質が破壊へとゆだねられると、フォールディングがほどかれはじめ、他のDUB活性がポリユビキチン鎖を基底部で除去することによって、ユビキチンはリサイクルされる。

細胞周期は2つの大きなユビキチンリガーゼ複合体によって調節されている

　細胞周期（cell cycle）──すなわち有糸分裂、G_1期、S期（ゲノムが複製される）、G_2期、ふたたび有糸分裂という周期──において、各ステップが適切なときに、かつ前のステップが完了した後にだけ起こることを、細胞周期装置は保証している。細胞が行う必要のある最も重大な決定の2つは、DNA複製を開始するか（そして細胞が分裂に向かうか）どうかと、有糸分裂の過程とその後の細胞質分裂（cytokinesis）を通じて、いつ染色体と他の細胞成分を2つの娘細胞に分離するかということである。多細胞生物では特に、この決定でのミスは破滅的となることがあり、発生異常やがんなどの疾患に至る。当然のことながら、これらの過程を厳密に制御する精緻な仕組みが進化してきた。この仕組みには、一連の**サイクリン依存性キナーゼ**（cyclin-dependent kinase：CDK）の連続的な活性化が含まれている。CDKは触媒サブユニットと、そのキナーゼ活性に必要な**サイクリン**（cyclin）という制御サブユニットからなるセリン/トレオニンキナーゼである。細胞周期の進行を制御するために、多くのサブユニットからなる2つの大きなユ

細胞周期とその制御については第12章で述べている

図9.10

SCF複合体とAPCの構造 （a）出芽酵母のSCFユビキチンリガーゼ複合体。キュリン足場サブユニット（Cul1，緑色），RING型E3ユビキチンリガーゼ（Rbx1，ピンク色），アダプターサブユニット（Skp1，青色），特異性決定成分（Skp2，Fボックスタンパク質，紫色），およびE2ユビキチン結合酵素（オレンジ色）。E2の活性部位のシステイン（Cys）はユビキチンが共有結合する場所であり，空間充填モデルで表示している（青色）。（b）低温電子顕微鏡観察にもとづくヒトAPCの構造。左はCdh1特異性決定サブユニット（紫色）の非存在下，右は存在下。キュリンサブユニットであるApc2は緑色で，基質の認識に関与するDoc1サブユニットは黄色で色づけしている。（a）と（b）の図は異なる縮尺で描かれていることに注意。（aはN. Zheng et al., Nature 416: 703–709, 2002より．Macmillan Publishers Ltd.の許諾を得て掲載；bはF. Herzog et al., Science 323: 1477–1481, 2009より．Holger StarkとJan-Michael Petersの厚意により掲載）

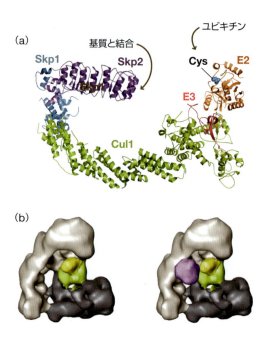

ビキチンリガーゼ複合体がCDKと協調して働く。この複合体の働きによって，細胞周期の前の段階で必要だった成分はポリユビキチン化されてプロテアソームによる破壊の標的となり，細胞周期がつぎのステップへと進行して逆行できないようになっている。

2つのユビキチンリガーゼ複合体とは，有糸分裂のタイミングを制御する**分裂後期促進複合体**（anaphase-promoting complex：APC）と，細胞周期の多くのステップで働く**SCF複合体**（SCF complex）である。これらの複合体はそれぞれ，RING型のE3ユビキチンリガーゼのサブユニットと，キュリンという足場サブユニット，そして1つまたはそれ以上のアダプターサブユニットからなるコア構造を有している。アダプターサブユニットはさらに基質特異性を決めるサブユニットと相互作用し，このサブユニットが基質と結合して複合体にリクルートする（図9.10）。このように，通常は単一のE3リガーゼによって行われる作業を（すなわちE2-ユビキチンと基質のリクルート，およびユビキチンの基質への転移の促進），これらの複合体では少なくとも4つの相互作用タンパク質が協同で行っている。APCとSCFの双方に対し，多数の特異性決定サブユニットが同一のコア装置と相互作用することができるため，それぞれの複合体は結合したサブユニットに依存して特定の種類の基質タンパク質を標的とする。

SCFは特定のリン酸化タンパク質を認識して破壊の標的とする

SCFのコア成分は，E3（Rbx1），キュリン（Cul1），およびSkp1アダプターである。SCF複合体の特異性決定成分はFボックスタンパク質と呼ばれ，ヒトゲノムでは少なくとも50個が知られている。多くのFボックスタンパク質は一般的なWD40リピートドメイン構造を有するが，そのほとんどがもつ重要で決定的な特徴は，リン酸化された標的タンパク質と特異的に結合することである。これらの標的タンパク質の多くは，細胞周期で制御される特定のサイクリン-CDKや他のキナーゼの基質である。SCF複合体によるリン酸化部位の認識は「死の接吻」となり，タンパク質はすばやくポリユビキチン化されてプロテアソームによる破壊へとゆだねられる。このようにして，リン酸化という通常は一過的で可逆

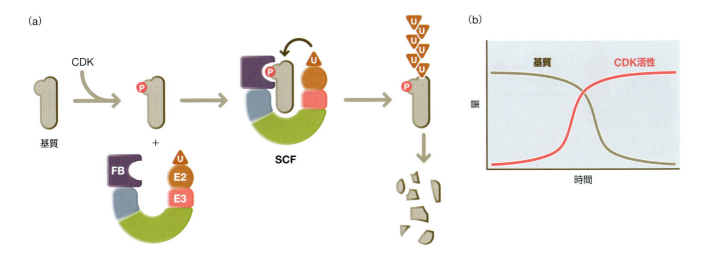

図9.11

SCFはCDK活性とタンパク質分解をつなげる (a)基質は，活性化したサイクリン-サイクリン依存性キナーゼ(CDK)複合体によってリン酸化される。リン酸化されるとSCF複合体中のFボックスタンパク質(FB)の標的となり，ポリユビキチン化される。そしてユビキチン化された基質はプロテアソームによって破壊される。(b)このような系においては，基質の濃度はCDKの活性レベルと逆相関する。

的な翻訳後修飾が，修飾タンパク質の永続的で不可逆的な除去をもたらす(図9.11)。しかしこの仕組みは，CDKとユビキチンリガーゼが協調して細胞周期の進行を制御する多くの方法の1つにすぎない。

SCF複合体と結合できるFボックスタンパク質は多数あるうえ，それぞれのFボックスタンパク質によって認識される基質もさまざまであるために，細胞周期におけるSCF複合体の役割を一般化することは難しい。実質的には，細胞周期過程におけるほぼすべてのステップが何らかの方法でSCFを介したタンパク質分解によって制御されている。例えば，β-TrCPというFボックスタンパク質は，細胞周期の阻害因子(例えばCDKをリン酸化することで阻害するキナーゼであるWee1)と促進因子(例えばWee1による阻害的リン酸化を取り除くホスファターゼであるCdc25)の両方を分解標的とするうえで重要である。ある状況でβ-TrCPがどの基質を標的にするかは基質のリン酸化状態に依存しており，CDK自身やさらに他のキナーゼがこのリン酸化を担っている。他のFボックスタンパク質であるSkp2は，p21やp27などのCDK阻害因子を特異的な標的とする。これらの阻害因子のタンパク質分解による破壊は，細胞周期のG_1期からS期への進行において重要なステップである。

2種類のAPCが細胞周期の異なるポイントで働く

APCはSCF複合体よりもさらに精巧な分子集合体であり，RINGとキュリンサブユニットに加えて，さらにおよそ10個のタンパク質を含んでいる。しかしSCFとは異なり，APCは主にCdc20とCdh1というたった2つの特異性決定サブユニットと結合する。このため主要なAPCは2種類だけ存在し(APC^{Cdc20}とAPC^{Cdh1})，それぞれ細胞周期で異なる役割を有している。APC^{Cdc20}は有糸分裂の事象を推進するのに決定的に重要であり，特に分裂中期から後期への移行を引き起こす際に重要である(この移行では姉妹染色分体は物理的に分離するため，分裂期紡錘体の両極へ移動して最終的に2つの娘細胞に取り込まれる)。いったん分裂後期が始まるとAPC^{Cdh1}がそれを引き継ぎ，その活性は適切なシグナルを受けるまで安定なG_1期を維持し，新たなDNA合成の開始を抑制するために重要である(図9.12)。

細胞周期のG_2後期において，分裂期サイクリン-CDK複合体が蓄積して活性化するようになると，APCのコアサブユニットがリン酸化される。このリン酸化によってCdc20のAPC複合体へのアフィニティーが著しく上昇し，活性型

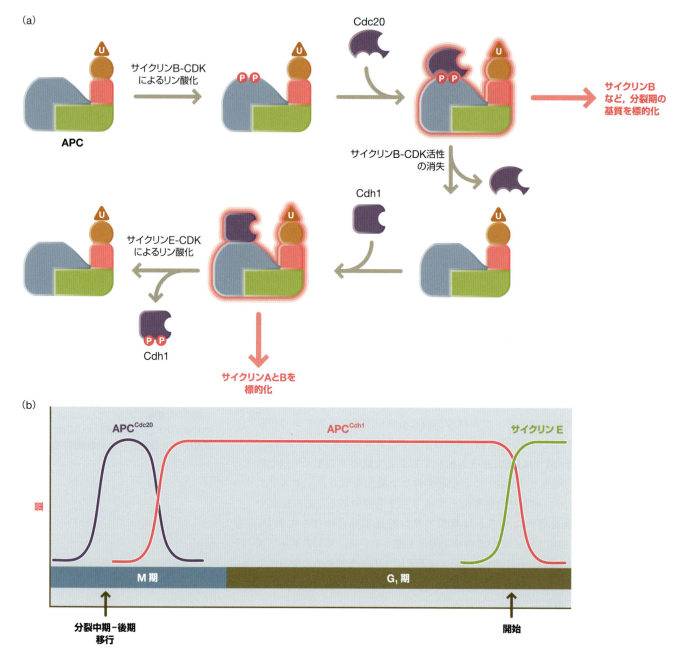

図9.12

リン酸化によるAPC活性の制御 (a)M期において，サイクリンB-サイクリン依存性キナーゼ(CDK)複合体は分裂後期促進複合体(APC)をリン酸化し，APCと特異性決定サブユニットであるCdc20とのアフィニティーが高まる．こうして活性化したAPC^{Cdc20}はセキュリンやサイクリンBなどの基質を標的とする．サイクリンB-CDK活性が低下すると，APCは脱リン酸化されてCdc20が解離する．ついでCdh1がAPCに結合し，S期および分裂期サイクリン(それぞれサイクリンAおよびB)を標的とすることにより，安定なG_1期が維持される．G_1/Sサイクリン(サイクリンE)の蓄積がはじまると，Cdh1はリン酸化されてAPCに結合できなくなり，つぎのM期までAPCは不活性化される．(b)M期およびG_1期におけるAPC^{Cdc20}活性(紫色)，APC^{Cdh1}活性(ピンク色)およびサイクリンEの蓄積(緑色)をグラフ化した．分裂中期-後期移行(分裂期において染色体が分離するとき)と開始(細胞がDNA複製と有糸分裂することが決まる時点)の位置を示した．

APC^{Cdc20}が形成される．この活性型複合体の最も重要な基質として，分裂期サイクリンとセキュリンと呼ばれるタンパク質があげられる．分裂期サイクリンのポリユビキチン化と分解によって細胞周期が分裂期から進行するとともに，APC^{Cdc20}を活性化するキナーゼ(分裂期サイクリン-CDK複合体)が不活性化するようになる．この負のフィードバックによって，最終的にAPC^{Cdc20}が失われる．

セキュリンの分解によって姉妹染色分体を結び付ける結合が切断され，分裂期紡錘体の両極へ移動できるようになる。これは有糸分裂において最も重要なステップである。なぜなら，(すべての染色体が分裂期紡錘体で整列する機会を得て，姉妹染色分体が紡錘体の両極とつながる前の)早すぎる分離は，染色体の欠失や切断の原因となりうるからである。紡錘体形成チェックポイントと呼ばれる精密な調節システムにより，すべての染色体が正しい位置につくまでAPC^{Cdc20}が活性化されず，セキュリンがポリユビキチン化も分解もされないようになっている。

いったんAPC^{Cdc20}が活性化して分裂期サイクリンが分解されると，APCのリン酸化が失われることによってAPC^{Cdc20}の活性が減少する。この時点ではCdc20はもはやAPCに結合できず，第二の特異性決定サブユニットであるCdh1が結合できるようになる。APC^{Cdh1}はM期に必要なサイクリン(サイクリンB)だけでなくS期を引き起こすのに必要なサイクリン(サイクリンA)も標的とするため，新たな細胞周期への早すぎる進入を妨げている。しかしAPC^{Cdh1}は，G_1期からの脱出を開始するのに必要なサイクリンをユビキチン化しない。このようなサイクリン(サイクリンEなど)の転写がマイトジェンや他の増殖シグナルによって促されると，G_1/SサイクリンーCDK複合体の活性が上昇し，Cdh1がリン酸化される。このリン酸化が起こるとCdh1はもはやAPCに結合できなくなり，S期サイクリンが蓄積し始めて，新たなDNA合成が始まるようになる。

NF-κBは阻害因子の分解制御によって調節されている

転写因子である**NF-κB**(nuclear factor κB)ファミリーは多種多様なシグナルに応答して活性化し，特に自然免疫や適応免疫の応答で活性化する。NF-κBは無刺激の細胞のサイトゾル内に潜在性の不活性型で存在しており，そこからすばやく，新たなタンパク質の合成なしに動員される。NF-κBの活性化は阻害性のサブユニットまたはドメインの分解制御に依存しており，この分解はポリユビキチン化とプロテアソームによるタンパク質分解によるものである。

NF-κBファミリーは5つの関連タンパク質で構成されており，二量体化とDNA結合を担うRelホモロジードメインを共通にもつ(図9.13)。なかでも3つのタンパク質(p65〔RelA〕，c-Rel，RelB)は転写のトランス活性化ドメインをもつのに対し，残りの2つ(p105/p50とp100/p52)はトランス活性化ドメインを欠いているが，かわりにC末端に複数の**アンキリンリピート**(ankyrin repeat)からなる阻害ドメインを有している。これらのサブユニットについては，タンパク質分解による阻害ドメインの除去が活性化には必要である。さまざまなヘテロ二量体の形成が可能であり，それぞれ異なるが重複した転写活性化プロファイルをもつ。「古典的な」NF-κBはp65とp50のヘテロ二量体からなる。

無刺激の細胞においてNF-κBの活性は，IκBと呼ばれる阻害サブユニットとの結合によって抑制された状態にある。IκBには複数の異なる種類が存在しており，すべて複数のアンキリンリピートドメインをもつ。古典的なNF-κB経路に

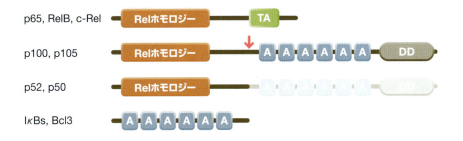

図9.13

NF-κBファミリー Relホモロジードメイン，転写のトランス活性化ドメイン(TA)，アンキリンリピート(A)，デスドメイン(DD)を示している。p52とp50はそれぞれp100とp105のタンパク質分解産物に由来している。

受容体によるIKKの活性化については第8章で述べている

図9.14

NF-κBの活性化に至る古典的および非古典的経路 古典的経路では，2つのRelサブユニットと1つのIκBサブユニット(この図ではp65，p50およびIκBα)からなる潜在性のヘテロ三量体の複合体が，ヘテロ三量体のIκBキナーゼ(IKK)複合体によってリン酸化される。リン酸化されたIκBは，SCF$^{β-TrCP}$の標的となってポリユビキチン化され，プロテアソームによって分解される。放出された二量体のNF-κBは核内へ移行し，トランス活性化ドメイン(TA)を通じて転写を誘導する。非古典的経路では，潜在性のp100とRelBのヘテロ二量体はIKKαによってリン酸化される。リン酸化されたp100の尾部はポリユビキチン化され，プロテアソームによる部分的なタンパク質分解を受け，活性型のp52とRelBのヘテロ二量体が生じる。本図のそれぞれの色は図9.13での色に対応している。

おいての主要な阻害サブユニットはIκBαである。これらの阻害因子はNF-κBとIκBの三元複合体をサイトゾルにとどめることで機能するが，これはNF-κBサブユニット上の核局在化シグナルに対する立体障害と，IκB上の核外輸送シグナルとの複合的な働きによるものである。したがってNF-κBの転写活性を解き放つためには，阻害サブユニットの物理的な除去が重要である。

この除去は，シグナルで誘導されるIκBのリン酸化と，それに続くSCF$^{β-TrCP}$(すでに上述)というSCFファミリーのE3リガーゼによるリン酸化部位の認識を通じて達成される。ここで，IκBのリン酸化がどのように制御されているのかという疑問が生じるのは当然である。この制御は一連のかなり複雑なシグナル伝達系の極致によるものであり，最終的にIKK(IκBキナーゼ)複合体の活性化を引き起こす。IKK複合体は，IKKαとIKKβという2つの触媒サブユニットと，NEMOという制御サブユニットからなる(図9.14)。IKKの活性化には，自身もRINGファミリーのE3ユビキチンリガーゼであるTRAFファミリータンパク質群が関与することは興味深い。しかし，TRAFは63番目のリシン残基で連結したポリユビキチン化を起こすため，タンパク質をプロテアソームによる分解の標的にしない。そのかわりに，TRAF自身などの基質への63番目のリシン残基で連結したポリユビキチン修飾は，主にシグナル伝達複合体をリクルートして形成することに機能しているようであり，最終的にIKKの活性化を引き起こす。NF-κBの制御における他の興味深い点は，NF-κB活性がIκBαの転写を強力に促進することであり，これによって負のフィードバックループが形成されるため，最初に急激に活性化した後にNF-κBシグナルはシャットダウンされる。

古典的なNF-κB経路とは別に，非古典的経路ではp100とRelBを含むヘテロ

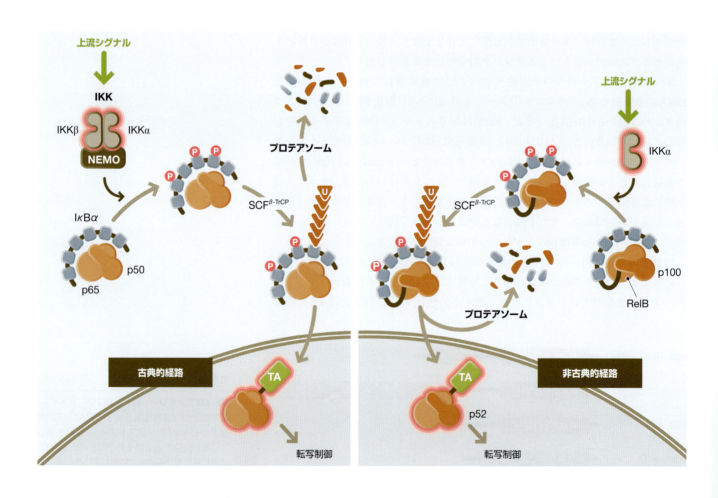

二量体の活性化が関与する。p100 も p105 も C 末端に IκB として機能するドメインをもつため，これらのサブユニットを含む複合体の活性化には，前駆体型 p100/p105 のタンパク質分解によるプロセシングが必要である。p105 の場合，プロセシングは恒常的または誘導的に行われており，プロセシングにおけるポリユビキチン化の役割はいまだはっきりしていない。しかし p100 の場合，p100 と RelB のヘテロ二量体は NF-κB の活性化因子の一部によって活性化することが明らかになっており，（IKKβ と NEMO を含まない）IKKα 単独による p100 のリン酸化が関与している。いったんリン酸化されると，p100 は $SCF^{β-TrCP}$ によって認識されてポリユビキチン化され，プロテアソームの標的となる。しかしこの場合，p100 タンパク質全体は分解されず，C 末端の IκB に似た領域だけが分解される。プロテアソームによるこのような部分的な分解はきわめてまれであり，p100 と p105 に関しては（ヘッジホッグ〔Hedgehog〕シグナル伝達経路のエフェクターである Gli 転写因子など，他に知られている少数の例に関しても），特殊なアミノ酸配列がその原因となっている。この配列は明瞭な構造を比較的とりにくいグリシンに富む領域からなり，ヘアピンループを形成してプロテアソームに挿入し，非常に安定にフォールディングした領域と並ぶことで，おそらくはプロテアソームがフォールディングをほどく通常の機構を阻止して，さらなる分解を妨げているらしい。非古典的な NF-κB 経路の場合，この部分分解によって p52 と RelB のヘテロ二量体が放出され，さらに核内へ移行して固有の NF-κB の標的遺伝子の転写を促進することが可能になる。

カスパーゼを介した細胞死経路

　後生動物（多細胞生物）の発生と日常生活において，生体全体の利益のために個々の細胞の死が必要となる場合が生じる。溶解した細胞の内容物は周囲の組織にきわめて有害となりうるため，プログラム細胞死という巧妙で整然とした過程を経て細胞を取り除く，**アポトーシス**（apoptosis；アポプトーシス）と呼ばれる特殊な生理的過程が発達してきた。これによって，隣接する細胞そして生体全体への影響を最小限にしている。この自己破壊プログラムを開始するかどうかの決定は，個々の細胞と生体の両方にとって明らかに重要であり，文字通り生死にかかわる問題である。アポトーシス機構の中心となるのは特殊な種類のプロテアーゼである**カスパーゼ**（caspase）であり，重要な細胞タンパク質を切断することで細胞死プログラムを遂行する。ごく最近，免疫など他の生理的反応におけるカスパーゼのさらに幅広い役割がわかってきている。本節ではカスパーゼの制御と作用について述べ，主にアポトーシスにおける役割に焦点をあてる。

アポトーシスは順序正しく高度に制御された細胞死形式である

　自由に生活している単細胞生物にとって，細胞死は個々の細胞にとっては悲劇であるが，大きな集団への影響はほとんどないと思われる。しかし後生動物においては，それぞれの細胞の運命は生体全体の運命とつながっている。正常な発生には一部の細胞が死ぬことが必要である。例えば，およそ 1,000 個の細胞からなる単純な線虫である *Caenorhabditis elegans* では，成虫になる過程で 100 個以上の細胞がプログラム細胞死を行う。さらに損傷を受けた細胞，特に広範な，あるいは修復不可能な損傷をゲノム DNA に受けた細胞は，多細胞生物に相当な危険をもたらす。すなわち，損傷したゲノムを子孫細胞に伝えることを許された細胞は，個体全体の生存を脅かすことになるがんへと発展する可能性がある。アポ

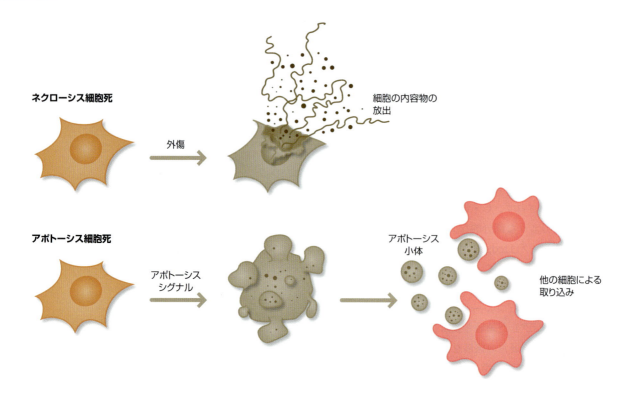

図9.15

アポトーシス細胞死 細胞が外傷（物理的傷害，熱，毒など）によって死ぬ際には，細胞は破裂して内容物を放出する（ネクローシス）。対照的に，アポトーシスを起こした細胞はプログラムされた順序で死に至り，膜で包まれたアポトーシス小体へと断片化され，アポトーシス小体は周囲の細胞に貪食されて消化される。

トーシスは，周囲の細胞にさらなる危険をもたらしうる炎症や免疫応答のきっかけとなる細胞片を生じることなく，このような損傷細胞を効率よく取り除く方法を提供している。

アポトーシスは特定のシグナルによって開始される高度に組織化された細胞死の形式であり，特徴的な生化学的変化と形態変化を引き起こす（図9.15）。アポトーシスを起こしている細胞のクロマチンは凝集し，DNAをヌクレオソーム数個分のサイズに断片化するヌクレアーゼが活性化している（この「ハシゴ状」に分解されたDNAは電気泳動でみることができ，アポトーシスの特徴となる）。膜に結合した他の細胞小器官と同様に，核膜も崩壊し，細胞骨格の変化によって細胞が丸くなったり膜の突出や「ブレブ（泡状の突起）」形成（blebbing）が起こる。このブレブは最終的にくびり切れ，アポトーシス小体（apoptotic body）と呼ばれる細胞内容物を膜で囲んだ小胞を形成する。このアポトーシス小体は，周囲の細胞やマクロファージなどの専門の貪食細胞によって取り込まれる。これらの細胞断片はさらに，貪食細胞内のリソソームによって完全に消化される。このようにアポトーシス細胞の内容物は核酸も含めて，細胞外環境にさらされることなくリサイクルすることができる。これは（ネクローシスと呼ばれる過程で）物理的外傷や急性ストレスによって死んだ細胞とは対照的であり，ネクローシスでは単に内容物を周囲にばらまくだけである。

アポトーシスは，細胞膜受容体を通して働く細胞外環境からのシグナル，または生理的ストレスやDNA損傷などの細胞内部からのシグナルによって開始される。より詳しく後述するように，これらの**外因性**(extrinsic)および**内因性**(intrinsic)経路は重要な点で異なっている。しかし，両者とも**カスパーゼ**(caspase)と呼ばれる特殊なグループのシステインプロテアーゼの活性化を引き起こし，カスパーゼは標的タンパク質中のアスパラギン酸のC末端側のペプチド結合を特異的に切断する。カスパーゼを介したシグナル経路のほとんどは，イニシエーターカスパーゼと，エフェクター（または執行）カスパーゼという2種類のクラスのカ

スパーゼを含んでいる。後述するように，**イニシエーターカスパーゼ**(initiator caspase)はアポトーシスシグナルによって直接活性化される。いったん活性化すると，イニシエーターカスパーゼは**エフェクターカスパーゼ**(effector caspase)をタンパク質分解によって活性化することでシグナルを増幅させ，さらにエフェクターカスパーゼは細胞死プログラムの生理学的特徴である細胞タンパク質の切断へと進んでいく。すでに何度もみてきたように，連続的に活性化するプロテアーゼのカスケードは，広範囲に及ぶ不可逆的な生理変化を起こすためによく使われる。

カスパーゼの活性は厳密に制御されている

ヒトには13個の異なるカスパーゼ遺伝子が存在し，機能と活性化機構，および構造的特徴にもとづいて大まかに2つのクラス（イニシエーターとエフェクター）に分けられる（図9.16）。すべてのカスパーゼは類似した全体構造をもっており，N末端のプロドメインに続いて大および小触媒サブユニットからなる。この3つのドメインは，カスパーゼによる切断部位を含むリンカー配列でつながっている。すべてのカスパーゼははじめに不活性なチモーゲンとして発現するが，その活性化機構は2つのクラスで異なっている。イニシエーターカスパーゼ（カスパーゼ-2, -8, -9, -10）は長いN末端プロドメインをもち，主に二量体化または集合して高次複合体を形成することで活性化する。一方，エフェクターカスパーゼ（カスパーゼ-3, -6, -7）はより短いプロドメインをもち，上流のイニシエーターカスパーゼによる切断によって活性化される。炎症性カスパーゼ（カ

図9.16

カスパーゼのドメイン構造と活性化機構 （a）すべてのカスパーゼは，N末端のプロドメインに続いてプロテアーゼ触媒ドメインの大および小サブユニット（青色）をもつ。カスパーゼによる切断部位を赤色の矢印で示した。活性化に際して，カスパーゼリクルートドメイン（CARD）とデスエフェクタードメイン（DED）は，アダプターおよび足場タンパク質との同種相互作用に関与する。（b）イニシエーターおよびエフェクターカスパーゼの活性化機構。足場タンパク質複合体との相互作用により，イニシエーターカスパーゼの立体構造が変化して活性化する。一方，エフェクターカスパーゼは上流のイニシエーターカスパーゼによる切断（赤色の矢印）を受けて活性化する。

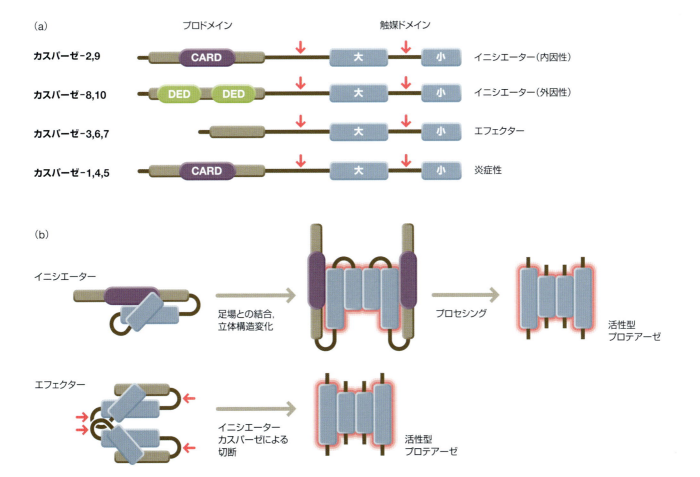

スパーゼ-1，-4，-5)は，イニシエーターカスパーゼと構造や活性化機構の点で類似している。すべての場合において，成熟した活性型カスパーゼは大および小触媒サブユニットの2つずつからなる四量体の複合体である。

イニシエーターカスパーゼは多様な上流シグナルの入力に応答して活性化しなければならない。これは刺激で誘導される凝集によって達成されており，受容体を介した多くのシグナル伝達と同じ仕組みである。不活性で単量体のイニシエーターカスパーゼが多量体構造や足場タンパク質へリクルートされることによって，前駆体が二量体化して立体構造の変化が起こり，触媒ドメインが再構成されて二量体の相手を切断して成熟型にする。後述するように，外因性経路の活性化を担う多量体複合体はDISC(death-inducing signaling complex)である一方，内因性経路はアポトソーム(apoptosome；アポプトソーム)の集合によって引き起こされる。シグナルで誘導されるさらに特殊な足場タンパク質も存在する。例えばカスパーゼ-2は，PIDDosomeと呼ばれる構造によって遺伝毒性刺激に応じて核内で活性化される(PIDDとは，DNA損傷や細胞周期チェックポイントあるいは他のストレス応答によって活性化されるp53の主要な転写標的である)。同様に，自然炎症反応において重要な役割を果たすインフラマソームと呼ばれる足場タンパク質複合体の集合を通して，病原体はカスパーゼ-1，-4，-5を活性化する(後述)。

これとは対照的に，エフェクターカスパーゼは通常不活性な二量体として存在している。その活性化には2つの触媒部分の間にあるリンカーの切断が必要であり，この切断によって触媒部位が再構成されて完全に活性のある立体構造となる。この活性化戦略により，エフェクターカスパーゼの活性化は上流のイニシエーターカスパーゼの活性レベルに完全に依存することになる。リンパ球では，カスパーゼと無関係な別のプロテアーゼであるグランザイムBというセリンプロテアーゼもエフェクターカスパーゼを切断・活性化できるが，これは例外のようである。

カスパーゼが高い特異性を示すペプチド基質では，切断されるペプチド結合の上流にアスパラギン酸(Asp)残基があり，その下流に電荷のない小さな側鎖をもつアミノ酸があることが*in vitro*の研究で示された。プロテオミクス研究により，エフェクターカスパーゼが活性化した細胞では数百もの異なるタンパク質が切断されることが明らかになった。そのなかのいくつかはアポトーシスの物理的な遂行に明らかに重要である。例えば，CAD(caspase-activated DNase)とROCK(Rho-associated kinase)はカスパーゼによる切断によって活性化され，それぞれDNAの分解とアクチン細胞骨格の再構築を引き起こす。一方で核膜に構造的完全性をもたらすラミンはカスパーゼによる切断によって不活性化する。しかしながらカスパーゼの多くの基質は，アポトーシスの物理的事象には何の役割も果たさない「傍観者」であるらしい。多くの場合においてカスパーゼによる切断が単に分解によって基質を不活性化するのではなく，むしろその活性を変化させたり促進したりすることは興味深い。このようにしてタンパク質分解は，順序正しく細胞死へ至る経路の不可逆的な活性化を促している。

カスパーゼの不用意な活性化は細胞に悲惨な結果をもたらすため，強いアポトーシス刺激がないときにはカスパーゼの定常活性レベルを低く保つ仕組みが必要である。IAP(inhibitor of apoptosis protein)と呼ばれるカスパーゼ阻害因子のファミリーは，ほとんどの状況下で活性化したカスパーゼを抑制する。IAPタンパク質は2つの機序で標的となるカスパーゼを阻害する。1つ目では，IAPはBIRドメインと呼ばれるタンパク質相互作用モジュールを介して活性化カスパー

ゼに直接結合し，阻害を行う．2つ目では，ほとんどのIAPはRING型のE3ユビキチンリガーゼ活性ももつため，カスパーゼをモノまたはポリユビキチン化し，それらを不活性化したりプロテアソームによる分解の標的にしたりする．IAP自身をダウンレギュレーションすることで，アポトーシス刺激に対する細胞の感受性を増加させることができる．このダウンレギュレーションの方法の1つとして，Smac/DIABLOなどのIAPアンタゴニストの移行や発現上昇によるものがあり，これらはIAPに結合して隔離することで，IAPのカスパーゼへの結合を妨げている．

外因性経路はデス受容体とカスパーゼの活性化をつないでいる

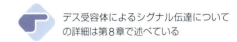
デス受容体によるシグナル伝達についての詳細は第8章で述べている

外因性アポトーシス経路(extrinsic apoptotic pathway)は，細胞表面にある特定の受容体と相互作用する多数のリガンドによって誘導される．このリガンドと受容体には，Fasリガンド(FasL)とその受容体であるFas，腫瘍壊死因子(TNF)とその受容体であるTNFR，およびTRAILとその受容体であるDR4とDR5などがある．これらの受容体は**デス受容体**(death receptor)と総称される．デス受容体に三量体の対応リガンドが結合すると，受容体の細胞内部分の**デスドメイン**(death domain：DD)を露出するような構造変化が起こる．デス受容体の原型となるFasを例にすると，活性化した受容体はつぎにDDを介した同種相互作用によってFADDというアダプタータンパク質をリクルートする．受容体との結合によってFADDの**デスエフェクタードメイン**(death effector domain：DED)が露出し，さらにFADDはカスパーゼのプロドメインにあるDEDとの同種相互作用によってイニシエーターカスパーゼ(カスパーゼ-8と少しではあるがカスパーゼ-10)をリクルートする(図8.18参照)．まとめると，これらの相互作用によって活性のある**DISC**(death-inducing signaling complex)が形成され，DISCに結合したカスパーゼの二量体化とアロステリックな活性化のプラットホームになる．結合したカスパーゼは活性化に際して互いを切断することで可溶性のヘテロ四量体のカスパーゼとなり，下流のエフェクターカスパーゼであるカスパーゼ-3を自由に活性化する．すべてではないがいくつかの細胞種では，効率的にアポトーシスを誘導するうえで内因性経路も同時に活性化することが必要である．これは，内因性経路の重要な促進因子であるBIDのカスパーゼ-8による切断と活性化によって行われる(詳細は後述)．

他のデス受容体はアポトーシスの活性化に，上記の方法のバリエーションを利用している(図9.17)．アポトーシス促進性リガンドTRAILの受容体は5個あるが，その2つ(DR4とDR5)だけがカスパーゼを活性化できる．残りの受容体はリガンドと結合できるが，細胞内のDDを欠いているためにシグナルを下流に伝えることができない．したがって，DR4とDR5以外の受容体はTRAILを捕捉する「おとり」として働き，高度に発現している細胞においてアポトーシスを阻害する．TNFRの場合，ほとんどの条件下での主なシグナル出力はNF-κBの活性化であり，アポトーシスではない．NF-κBは，DDをもつ別のアダプターであるTRADDが活性化した受容体にリクルートされることで活性化される．TRADDはつぎにTRAF2とIKK複合体をリクルートすることにより，最終的にIκBをリン酸化，ユビキチン化して破壊する．放出された活性のあるNF-κBは，IAPや，DEDをもつ「おとり」タンパク質であるFLIPなど，さまざまなアポトーシス阻害因子の転写を誘導することでアポトーシスを強く抑制する．特にFLIPはイニシエーターカスパーゼと競合してDISCへのリクルートを妨げる．NF-κBのシグナルが何らかの理由でブロックされた場合にのみ，アポトーシス促進性の第二の複

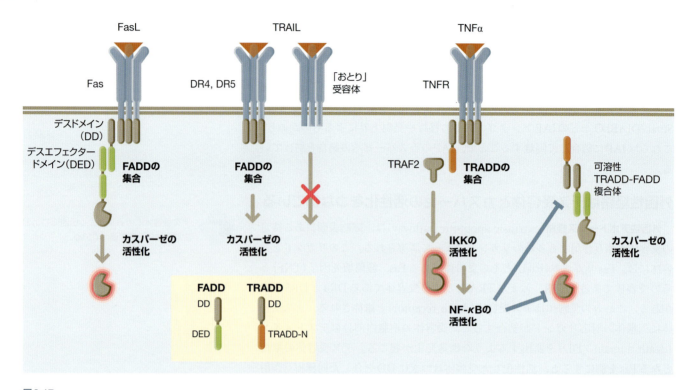

図9.17

さまざまなデス受容体によるシグナル伝達 Fasリガンド(FasL)がFasに結合するとアダプターであるFADDが集合し，さらにイニシエーターカスパーゼがリクルートされて活性化される。いくつかのTRAILの受容体(DR4とDR5)も同様にFADDを通じてシグナルを伝えるが，TRAILの別の「おとり」受容体は細胞内にデスドメイン(DD)のモチーフをもたないため，カスパーゼを活性化できない。腫瘍壊死因子α(TNFα)がその受容体(TNFR)に結合した際の主要な結果はアダプターであるTRADDの集合であり，これによってTRAF2がリクルートされてIκBキナーゼ(IKK)が活性化し，さらにNF-κBが活性化する。第二の経路では，サイトゾル中にTRADDとFADDを含む複合体が形成され，イニシエーターカスパーゼがリクルートされて活性化される。この経路は通常NF-κBによって強く阻害されているため，NF-κBの活性が抑制された条件下でのみ，この経路は活性化する。FADDとTRADDのドメイン構造を差込図に示した。

合体が形成される。この複合体はTRADD，FADDおよびカスパーゼ-8を含み，TRAILやFasLに応答して形成されるDISCと同様に機能する。この場合アポトーシスは，NF-κBの誘導という主要な応答が効果的でない状況下で発動する「安全装置」となっている。TNFRのシグナル伝達は，NF-κBの活性化経路とアポトーシスの経路が交差する多くの事例の一つにすぎない。

　細菌やウイルスなどの病原体に感染した細胞では，インフラマソームと呼ばれる別のDISC様複合体が活性化する(図9.18)。この経路の活性化により，アポトーシスではなく，かわりに多くの炎症性サイトカインのプロセシングと分泌が起こる。活性化されるカスパーゼはカスパーゼ-1とカスパーゼ-5などであり，これらはDEDのかわりにカスパーゼリクルートドメインまたはCARDドメインと呼ばれる別のタンパク質相互作用モジュールをプロドメインにもつ。活性化はセンサータンパク質(NALP1，NALP3またはIPAFなど)からなる多タンパク質複合体が集合することで起こり，センサータンパク質は病原体成分によってアロステリックに活性化される。この活性化によってセンサータンパク質がオリゴマー化し，他のタンパク質との相互作用ドメインが露出して，直接または(アダプタータンパク質を介して)間接的にカスパーゼのプロドメイン中のCARDドメインと相互作用できるようになる。NALP1インフラマソームの場合，活性化によってPYDドメインが露出し，ASCなどのアダプタータンパク質のPYDドメインをリクルートして結合する。これによってアダプタータンパク質のCARDドメインが露出し，CARDとCARDの相互作用を通じてカスパーゼをリクルー

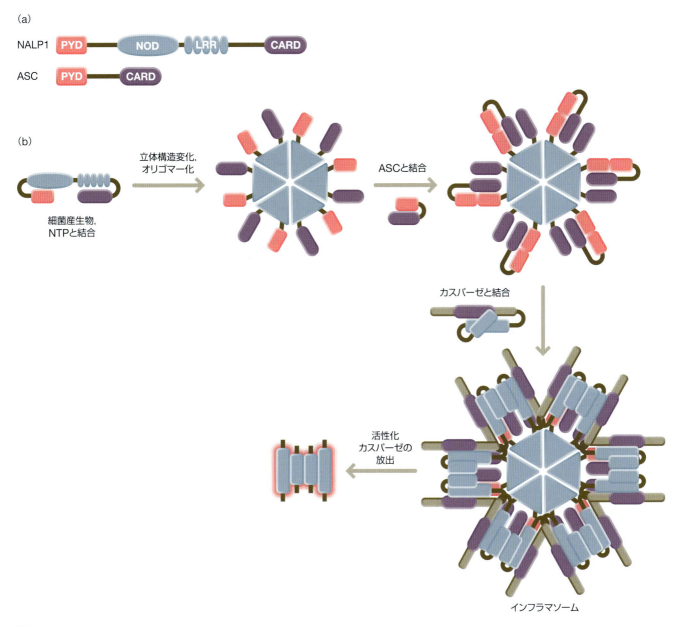

図9.18

NALP1インフラマソームの集合 (a) NALP1およびASCのドメイン構造。NALP1はN末端にピリンドメイン(PYD)、ヌクレオチドとの結合およびオリゴマー化に関与するドメイン(NOD)、細胞壁のプロテオグリカンなどの微生物産生物と結合するロイシンリッチリピート(LRR)、そしてCARDドメイン(カスパーゼリクルートドメイン)をもつ。アダプターであるASCはピリンドメインとCARDドメインをもつ。(b) 細菌産生物やヌクレオチド(NTP)がNALP1に結合すると、NALP1の立体構造が変化してオリゴマー化する。こうしてNALP1はASCと結合してカスパーゼ-1などの炎症性カスパーゼをリクルートし、立体構造の変化と二量体化によってカスパーゼが活性化する。そしてプロセシングを受けたカスパーゼは複合体から放出される。なお、模式図で示した各サブユニットの構造は、物理的な構造データにもとづくものではない。

トする。この仕組みはデス受容体のDISC形成に概念的によく似ており、PYDがDDの、CARDがDEDのかわりになっている。活性化したカスパーゼ-1はインターロイキン1βなどの炎症性サイトカインを直接切断して活性化することができ、間接的に他のサイトカインのプロセシングと分泌を誘導できる。

ミトコンドリアは内因性の細胞死経路を統合している

内因性アポトーシス経路(intrinsic apoptotic pathway)は細胞内で生じるシグナルに応答し、そのシグナルのほとんどは「ストレス応答」の一般的カテゴリーに分

類される．この経路では，細胞の状況についての相反することもある大量の情報を統合し，必要な場合にはアポトーシスの初期プログラムを実行することに，ミトコンドリアが驚くべき役割を果たしている．**Bcl-2ファミリー**（Bcl-2 family）と呼ばれる一群のタンパク質がこの厄介な仕事の中心で働いており，ヒトでは少なくとも12個がみつかっている．細胞の運命は，アポトーシス促進性と抗アポトーシス性のBcl-2ファミリー分子のバランスによって決まる．アポトーシス促進性のBcl-2ファミリー分子が優勢な場合には，ミトコンドリアの外膜が変化して膜透過性が高まること（mitochondrial outer membrane permeabilization：MOMP）により，ミトコンドリアからシトクロムcや他の成分が放出される．最終的にこれらの放出されたミトコンドリアタンパク質が核となって，**アポトソーム**（apoptosome）がサイトゾルで集合するようになる．このアポトソームはDISCに類似したまた別の大きなサイトゾル複合体であり，カスパーゼをリクルートして活性化する足場として機能する．

　Bcl-2タンパク質は，生物活性と構造要素によって大きく3つに分けられる．すべてのBcl-2は，4種類のBclホモロジー（Bcl homology：BH）ドメインと呼ばれる保存された配列モチーフのなかの少なくとも1種類をもっている．また多くのBcl-2はC末端に膜貫通ヘリックスももっており，これによって細胞の膜，特にミトコンドリア外膜にアンカーされている（図9.19）．そして3つの分類とは，抗アポトーシス性Bcl-2タンパク質（Bcl-2とBcl-X_Lなど），アポトーシス促進性またはエフェクターBcl-2タンパク質（BAXとBAK），そしてアポトーシス促進性BH3-onlyタンパク質（BAD，BID，BIM，Noxa，PUMAなど）である．これらのBcl-2ファミリー分子の多くは互いに相互作用することができ，通常一方のBH3のヘリックス部分が相手分子の表面の疎水性ポケットに挿入することで相互作用している（後述）．アポトーシスが活性化するかどうかを決定するのは，Bcl-2の3つの分類間の相互作用の量比である．通常の条件下では，抗アポトーシス性タンパク質が過剰に存在し，アポトーシス促進性のBAXやBAKの活性は抑制されている．しかし細胞へのストレスシグナルによって，BH3-onlyタンパク質群の発現あるいは翻訳後修飾が起こる．これによって均衡が変わって，アポトーシス促進性Bcl-2タンパク質がミトコンドリア外膜に凝集してMOMPを引き起こす（図9.20）．

　MOMPを引き起こすのが，BH3-onlyタンパク質とエフェクターであるBAXやBAKの直接的な結合なのか，あるいはBH3-onlyタンパク質の重要な役割が通常BAXやBAKを阻害している抗アポトーシス性Bcl-2タンパク質を排除することなのか，いまだはっきりしない部分がある．場合によっては，Bcl-2タンパク質の膜への局在も二量体化する相手によって制御されているようである．例えばBAXの場合，C末端の膜挿入ヘリックスが，外来性BH3ペプチドが結合するのと同一のBAX表面の疎水性ポケットを塞いでいることが，構造解析研究により示された．したがって，このポケットにBH3-onlyタンパク質が結合すると，

図9.19

Bcl-2ファミリーのアポトーシス制御因子　3つの主要グループについて代表的な構造を表している．Bcl-2ホモロジードメイン（BH1, BH2, BH3およびBH4）と膜貫通ヘリックス（TM）の位置を示した．各グループの構成メンバーの名前を左につけた．各グループにはよく解明されていない別の構成メンバーも存在することに注意．

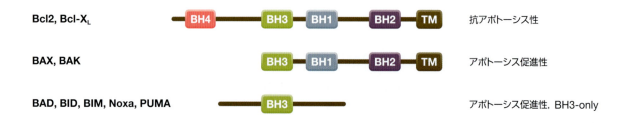

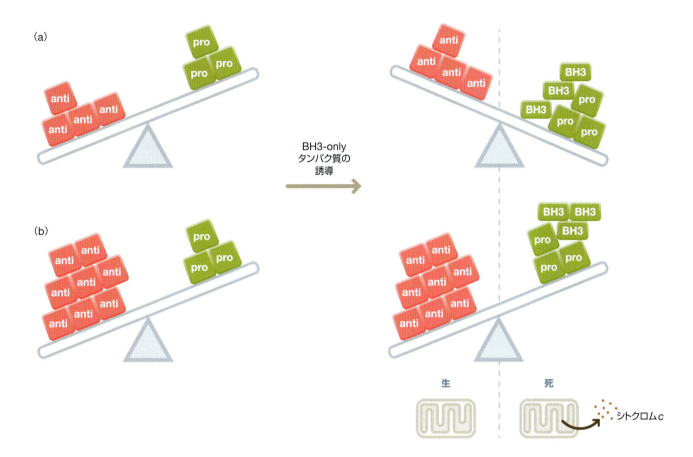

図9.20

アポトーシスの誘導はBcl-2タンパク質のバランスに依存している (a)通常，抗アポトーシス性Bcl-2タンパク質(anti)は，アポトーシス促進性Bcl-2タンパク質(pro)よりも過剰に存在している。BH3-onlyタンパク質の活性や量が増加すると，バランスが変化してアポトーシス促進性タンパク質が過剰になる。そしてMOMPが誘導され，シトクロム c や他のアポトーシス促進性因子がミトコンドリアの膜間腔から放出される。(b)Bcl-2が過剰発現しているときのように，抗アポトーシス性タンパク質のレベルがアポトーシス促進性タンパク質を大きく上回っていると，BH3-onlyタンパク質が通常ならばアポトーシスを誘導するレベルにあっても効果がない。

膜挿入部分が押しのけられて露出するようになり，BAXがミトコンドリア膜にリクルートされると考えられる（図9.21）。いずれにせよ，BH3-onlyタンパク質の活性が上昇すると直接または間接的にBAXやBAKの立体構造が変化し，膜への挿入と孔の形成が起こり，最終的にミトコンドリアが断片化して機能が失われる。

内因性経路が基本的にどの程度誘導されるかは，BH3-onlyタンパク質の活性上昇や存在量に依存している。多種多様な細胞ストレスに対して，異なるBH3-onlyタンパク質がセンサーとして働いている。例えば，PUMAやNoxaの転写はp53によって誘導され，BIMの転写はマイトジェンや増殖因子の欠乏，あるいは小胞体(ER)ストレス(ER内に正しくフォールディングされなかったタンパク質が過剰に蓄積することで生じるストレス)によって促進される。生存シグナルがないときにAktによるBADのリン酸化が失われる場合のように，翻訳後修飾の変化もBH3-onlyタンパク質の活性化を導くことができる。すでに述べたように，BIDがカスパーゼ-8によって切断されて活性型となり，内因性経路と結び付くことによって，外因性経路の活性が増幅される。抗アポトーシス性Bcl-2タンパク質の発現レベルも生存シグナルやストレスによって制御されており，アポトーシスを誘導する閾値をリセットしている(図9.20参照)。実際に，Bcl-2自身はB細胞リンパ腫で発現が上昇するがん遺伝子産物として最初に発見されており，Bcl-2はB細胞のアポトーシスを抑制することによって無制限な過剰増殖を促進する。

いったんMOMPが誘導されると，イニシエーターカスパーゼ-9が活性化するためのプラットホームとなる**アポトソーム**(apoptosome)の集合を通じて細胞死が誘導される。アポトソームの集合は，ミトコンドリアの膜間腔から放出され

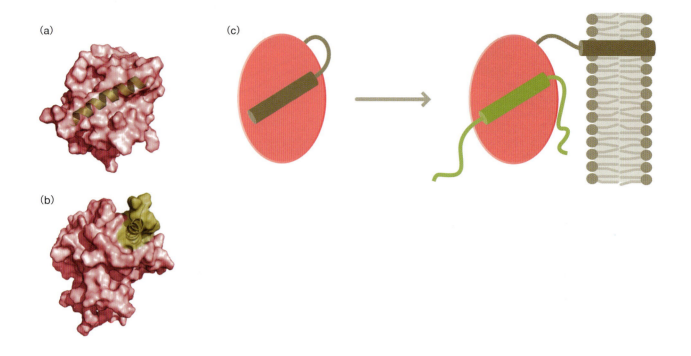

図9.21

BH3との結合により，アポトーシス促進性Bcl-2タンパク質の膜への挿入が制御される

(a, b)アポトーシス促進性Bcl-2タンパク質であるBAXの全長のX線結晶構造。可溶性の状態において，BAXのC末端の膜貫通ヘリックス(茶色)は疎水性ポケット内に隔離されている。(b)の構造は(a)を90°回転したものである。(c)BH3-onlyタンパク質(緑色)がBAXに結合する様子を模式図で示した。BH3のヘリックスも，BAXのC末端のヘリックス(茶色)と同じ疎水性ポケットに結合する。こうしてBH3との結合によってC末端のヘリックスが押しのけられ，BAXのミトコンドリア膜への挿入が促進される。(aとbはR.J. Youle and A. Strasser, *Nat. Rev. Mol. Cell Biol.* 9: 47–59, 2008より，Macmillan Publishers Ltd.の許諾を得て掲載)

るシトクロムcに依存している。サイトゾルにおいて，シトクロムcはアダプタータンパク質であるApaf1に結合し，ヌクレオチドの結合と協同しつつ，Apaf1がオリゴマー化して7個のスポークをもつ車輪のような構造(いわゆる「死の車輪」)へと立体構造が変化するのを促す(図9.22)。この車輪のそれぞれのスポークは1分子のApaf1からなり，Apaf1に結合したシトクロムcは外側に，CARDドメインはハブ近くに局在するような向きになっている。インフラソームの場合のように，露出したCARDドメインがCARDとCARDの同種相互作用を通じてイニシエーターカスパーゼ(この場合カスパーゼ-9)をリクルートする役割を果たしている。そして結合したカスパーゼは構造変化によって活性化し，自己切断を起こすことによって，下流のカスパーゼ(カスパーゼ-3およびカスパーゼ-7)を自由に活性化するようになる。

MOMPの際にミトコンドリアから放出されるアポトーシス促進性タンパク質はシトクロムcだけではない。Smac/DIABLOやこれに関連するIAPアンタゴニストも放出され，通常カスパーゼを阻害する働きをするIAPタンパク質を隔離して阻害することにより，アポトーシスを促進する。ミトコンドリアから放出されるタンパク質のいくつかは，カスパーゼに依存しない方法でも細胞死を促進する働きをする。フラビンタンパク質の1つであるアポトーシス誘導因子(apoptosis-inducing factor：AIF)は，核内へ移行してクロマチン凝縮とDNAの断片化を引き起こす。またEndoGはヌクレアーゼの1つであり，ミトコンドリアから放出されるとヌクレオソーム間のクロマチンを切断する。最後に，MOMPでミトコンドリアの電位が失われると，細胞がエネルギーを産生する方法が奪われるために細胞死が起こる。

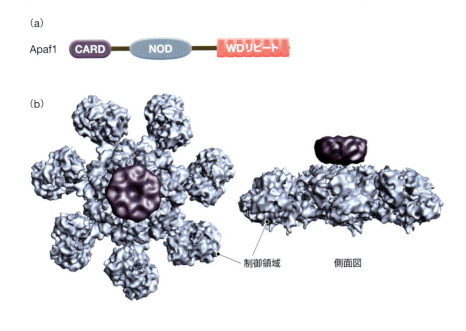

図9.22

アポトソーム (a)Apaf1のドメイン構造。ミトコンドリアから放出されたシトクロム c はWDリピートに結合し，Apaf1の立体構造が変化してヌクレオチドと結合し，NOD(ヌクレオチド結合およびオリゴマー化ドメイン)のオリゴマー化が起こる。(b)ヒトのアポトソーム(シトクロム c およびプロカスパーゼ-9のCARDドメインと複合体を形成したApaf1)の低温電子顕微鏡像からの三次元再構成。7個のApaf1サブユニットが車輪状の構造へと集合する。Apaf1およびカスパーゼ-9のCARDドメインは残りの構造とのつながりがみえないような円盤(紫色)を形成する。シトクロム c が結合したApaf1のWDリピートからなる制御領域は，それぞれのスポークの端に位置する。(bはS. Yuan et al., *Structure* 18: 571–583, 2010より，Elsevierの許諾を得て掲載)

まとめ

　タンパク質分解は他の翻訳後修飾と異なり，新たなタンパク質合成という比較的遅い過程による以外には，その効果を逆戻りさせることができない。ほとんどのプロテアーゼははじめに触媒的に不活性な前駆体(チモーゲン)としてつくられ，適切な時間と場所においてタンパク質分解過程によって活性化される。プロテアーゼの活性化制御は，血液凝固や膜貫通シグナルなどの細胞外の過程も含めた数多くのシグナル伝達経路で重要な役割を担っている。細胞質中の標的タンパク質の分解は，ポリユビキチン鎖でタグづけされたタンパク質を認識して破壊するプロテアソームという分子装置によって行われる。タンパク質のユビキチン化と共役したプロテアソームによる破壊は，細胞周期の順序正しい進行を制御する機構を含めて，多くのシグナル伝達機構で重要である。カスパーゼという特定の種類のプロテアーゼの活性化制御は，プログラム細胞死(アポトーシス)の開始と実行の両方で役割を果たしている。

課題

1. 制御の方法としてのリン酸化と分解の違いを述べよ。リン酸化あるいは分解によってよりよく制御されるのはどのような種類の過程か。(SCF複合体のように，リン酸化された基質を認識するユビキチンリガーゼによる)リン酸化とユビキチン化の機能的共役は，リン酸化基質からのシグナルの出力にどのように影響するか。
2. ほとんどすべてのプロテアーゼは不活性な前駆体の切断によって活性化される。1つの活性化したプロテアーゼ分子が同じ種類の他の分子を切断して活性化できる場合がある一方で，異なる(上流の)プロテアーゼによって活性化

されなければならない場合もある。この2つの異なる場合における，活性化の動態と局在への影響を比較せよ。

3. 微小な損傷の後に血液供給全体が凝固するのを防ぐのはどのようなメカニズムか。

4. 多くのウイルスは感染した宿主細胞の制御を変化させる。例えば，いくつかのウイルスは抗ウイルス因子の分解を誘導する。これを達成するためにウイルスが利用できる方法を提案せよ。加えて，多くのウイルスは細胞のアポトーシス経路を阻害する機構を進化させてきた。なぜこのようになったのか。これを達成するためにウイルスが利用できる方法として，いくつか異なるものを提案せよ。

5. プロテアソーム阻害薬がしだいにがん治療に用いられるようになってきている。なぜこのような化合物は優先的に腫瘍細胞を標的とするのに効果的なのか。

文献

シグナル伝達によって制御されるタンパク質分解の一般的性質と例

Drag M & Salvesen GS (2010) Emerging principles in protease-based drug discovery. *Nat. Rev. Drug Discov.* 9, 690–701.

Edwards DR, Handsley MM & Pennington CJ (2008) The ADAM metalloproteinases. *Mol. Aspects Med.* 29, 258–289.

ユビキチンとプロテアソームによる分解経路

Finley D (2009) Recognition and processing of ubiquitin-protein conjugates by the proteasome. *Annu. Rev. Biochem.* 78, 477–513.

Gao M & Karin M (2005) Regulating the regulators: control of protein ubiquitination and ubiquitin-like modifications by extracellular stimuli. *Mol. Cell* 19, 581–593.

Hayden MS & Ghosh S (2008) Shared principles in NF-κB signaling. *Cell* 132, 344–362.

Komander D (2009) The emerging complexity of protein ubiquitination. *Biochem. Soc. Trans.* 37, 937–953.

カスパーゼを介した細胞死経路

Jin Z & El-Deiry WS (2005) Overview of cell death signaling pathways. *Cancer Biol. Ther.* 4, 139–163.

Pop C & Salvesen GS (2009) Human caspases: activation, specificity, and regulation. *J. Biol. Chem.* 284, 21777–21781.

Youle RJ & Strasser A (2008) The BCL-2 protein family: opposing activities that mediate cell death. *Nat. Rev. Mol. Cell Biol.* 9, 47–59.

Yuan S & Akey CW (2013) Apoptosome structure, assembly, and procaspase activation. *Structure* 21, 501–515.

モジュール構造とシグナル伝達タンパク質の進化

10

　シグナル伝達経路に関与するタンパク質は複数のドメインからなることが多く，それぞれのドメインが異なる生化学的活性を有している。**ドメイン**(domain)とは，それ単独で機能的なユニットへと折りたたむことができるポリペプチド配列のことで，一般的に35〜250アミノ酸の長さをもつ。35アミノ酸は安定な三次元折りたたみ構造をつくるのに必要な最小サイズであり，250アミノ酸は誤りなく折りたたむことができる上限にほぼ等しい。真核生物のタンパク質がマルチドメイン構造である理由の1つは，細胞が適切なサイズを超えたドメインの折りたたみを正常に行うことができないからかもしれない。一般的にシグナル伝達タンパク質は，規則性の低いリンカー配列でつながれた，数個の異なるドメインからなる。そのようなドメインは異なる構造や活性を保ったまま，より大きなタンパク質の中に結合しているので，それらはモジュールあるいは**モジュラードメイン**(modular domain)と呼ばれることがある。

　タンパク質ドメインはほとんどの場合2つの基本的な機能のどちらかをもつ。つまり細胞内で他の分子との相互作用を仲介する機能か，酵素反応を触媒する機能である。これらをそれぞれ，**相互作用ドメイン**(interaction domain)，**触媒ドメイン**(catalytic domain)と呼ぶことにする。第3章では，例えばキナーゼやホスファターゼ，グアニンヌクレオチド交換因子(GEF)，GTPアーゼ活性化タンパク質(GAP)における触媒ドメインについて考察した。本章では最初に，相互作用ドメインのさまざまなクラスや，シグナル伝達経路形成におけるそれらの役割に焦点をあてる。つぎに，単一のポリペプチド鎖や多タンパク質複合体において多数のドメインが連結することで生じる，より複雑なシグナル伝達の特性につい

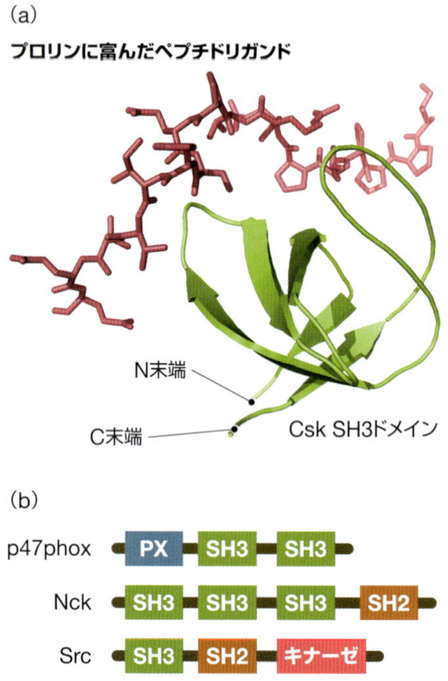

図10.1

相互作用ドメインはコンパクトな球形モジュールを形成している (a)プロリンに富んだ配列(ピンク色)に結合したCsk SH3ドメイン(緑色)。ドメインのN末端とC末端が空間的に互いに近接し,リガンド結合部位とは反対面に位置している。(b)SH3ドメインを含むさまざまなタンパク質の例。SH3ドメインはさまざまな数や他のドメインとの組合わせで存在している。(aはT. Pawson and P. Nash, *Science* 300: 445–452, 2003より,AAASの許諾を得て掲載)

て検討する。最後に,進化においてモジュールがどのように組換えられて新しい機能が生み出され,またある場合にはどのようにして疾患につながったのかについて検証する。

モジュラータンパク質ドメイン

　タンパク質ドメインや,それらに結合する短いペプチド配列は,シグナル伝達タンパク質の鍵となる構成要素である。これらモジュールの1つ1つの特性を理解することで,その酵素活性や局在,結合相手,制御様式など,モジュールをもつタンパク質について多くのことを推測できる。ここでは,これら構成要素の一般的な特性や,それらがどのように同定されたかを詳しくみていく。

タンパク質ドメインは通常球形構造をとる

　相互作用ドメインや触媒ドメインは通常,球形構造に折りたたまれており,大部分が疎水性アミノ酸からなるかたく充填された中心部によって安定化されている。結合や触媒反応に関与する残基はドメインの表面に露出しているか,表面へアクセス可能なポケットに位置している。この後みていくように,シグナル伝達タンパク質は比較的限られた数のドメインタイプまたはドメインファミリーから構成される。それらドメインは多くの種類のタンパク質の中にみることができ,他のドメインとさまざまな組合わせをとっている。ドメインの疎水性中心部を形成しているアミノ酸は,ドメインファミリーの関連するメンバー間で高度に保存されていることが多く,これは結合や触媒活性に不可欠な機能を果たす表面残基も同様である。結合や基質認識のきめ細かな特異性に関係する残基はより可変的で,しばしばドメイン表面上のループに存在している。

　ほとんどの相互作用ドメインでは,ドメインのN末端とC末端は空間的に互いに近くにあり,リガンド結合部位と反対側のドメイン面に位置している(図10.1)。原理上この配置により,リガンド結合面を溶媒に露出させたまま,相互作用ドメインを既存のタンパク質の中に簡単に挿入することができるようになる。本章でさらに考察するように,このことがマルチドメインタンパク質の進化を促したようである。

バイオインフォマティックな手法でタンパク質ドメインを同定できる

　ゲノムは通常,タンパク質ドメインの関連するコピーを多くコードしているが,それらは1つの祖先遺伝子に由来するものが進化の過程で複製され変化してきたようである。これまで述べてきたように,ドメインファミリーのメンバーは特に重要な残基をいくつかもっている。それらの残基はドメインを正しく折りたたむのに必要であり,また,リガンド認識や触媒といった重要な機能に不可欠である。

図10.2

データベース解析によるドメインの同定 ヒトゲノムの塩基解読によって，タンパク質をコードする約20,000個の遺伝子が明らかになった。これらすべての遺伝子が網羅されたアミノ酸データベースが，ドメインを構成する保存された残基グループを同定するのに使われる。例えば，プレクストリンはプレクストリンホモロジー（PH）ドメインを2コピーもち，このドメインは他の多くのタンパク質でも同定されてきた。ここではそのうちの3つを示す。薄い茶色のボックスは他の保存されたドメインを示している。

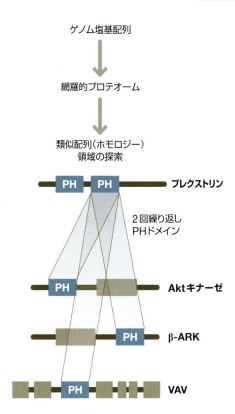

PHドメインをもつ他のタンパク質の同定

このためこれらの残基は，あるドメインファミリーが進化の過程で新しいメンバーを獲得する際にも保存されている。実際のところ，同じファミリーのタンパク質ドメインは通常，一次アミノ酸配列において少なくとも15%の相同性を示す。そのためこの特徴は，多数のタンパク質の配列をコンピュータ上で比較し，有意な類似性を示す35～250アミノ酸の領域を探すことで，新しいドメインをみつけることに利用できる。実際多くのドメインファミリーがこのバイオインフォマティックな手法によって最初に発見されており，その相同配列を指して「ホモロジードメイン」としばしば呼ばれている。例えばプレクストリンホモロジー（pleckstrin homology：PH）ドメインはもともと，プレクストリンタンパク質の中に2つのPHドメイン配列が存在したことから発見された。そしてその後，他の多くのタンパク質にも関連した配列がみつかった（図10.2）。仮に配列からドメインの存在が推測されたなら，その予想されたドメインは，組換えDNA技術を使って発現させることができる。そして想定したドメインについて，触媒活性や結合活性といった生化学的機能だけでなく，それが折りたたまれた構造をとるかどうかを解析することができる。

いったん，ドメインファミリーに特徴的な保存された「コンセンサス配列」を確定すると，新しいファミリーメンバーの同定が可能になる。つまり興味のあるタンパク質のアミノ酸配列を，以前に確立されたドメインライブラリーの保存配列と比較することで，そのタンパク質のドメイン構造や編成を明らかにすることができる。通常，ドメインファミリーのメンバーどうしは似た機能をもつので，このアプローチはしばしば個々のタンパク質の予想される生化学的特質を示唆することになる。またある個体ゲノムにおける特定ドメインの包括的な解析は，その個体が特定のシグナル伝達にあてている遺伝子産物の数の予備的な見積もりを可能にする。例えばシークエンス解析から，ヒトゲノムは518のプロテインキナーゼドメインと120のSH2ドメインをコードしていることがわかる。ヒトタンパク質のおおよそ70%は1つ以上の明確なドメインをもち，この割合はより多くのタンパク質が網羅的な研究の対象とされることで増加しそうである。

ドメインはより小さな複数の繰り返しからなることがある

ほとんどのシグナル伝達ドメインは1つの単位として折りたたまれているが，いくつかのクラスのドメインには，単独で二次構造の要素を形成する保存された小さな単位の繰り返しからなるものがある。これは，保存されていないループ部分のアミノ酸配列とリピート数の両方を変えることでドメインの特性を変更できる，融通のきく配列である。例えば，WD40リピートはβストランドを形成し，おのおののWD40リピートが1つの羽根となってプロペラに似た円形構造を形成している（図10.3a）。SCFユビキチンリガーゼ複合体へ基質タンパク質をリクルートする多様な特異性サブユニットは，WD40リピートタンパク質の例である。

 細胞周期の制御におけるSCF複合体の役割については第9章と第12章で述べている

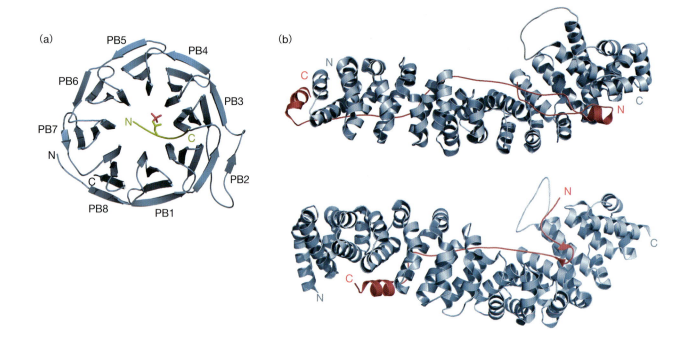

図10.3

ドメインは小さな繰り返し配列から形成されることがある （a）酵母SCFユビキチンリガーゼ複合体の基質結合因子Cdc4のβプロペラ。プロペラは8個のWD40リピート（PB1～8と表示）からなり，それぞれは4つの逆並行βストランドからなる。このタンパク質は，特定のホスホペプチドモチーフ（緑色，リン酸基はピンク色で示す）を認識する。（b）βカテニンは12個のαヘリカルアルマジロ（Arm）リピートからなり，それらはともに伸長したスーパーヘリックスを形成している。スーパーヘリカルリピート領域全体に及ぶ正に荷電した溝が，βカテニンのほとんどの相互作用相手に対する結合面を形成している。細胞接着タンパク質E-カドヘリンの細胞質ドメインと結合した状態（上段）と，転写因子Tcf3のカテニン結合ドメイン（CBD）と結合した状態（下段）の，βカテニンのアルマジロリピートドメインの構造を示す。βカテニンドメインは青色で，結合したペプチドはピンク色で示す。（aはS. Orlicky et al., Cell 112: 243–256, 2003より，Elsevierの許諾を得て掲載；bはH.J. Dyson and P.E. Wright, Curr. Opin. Struct. Biol. 12: 54–60, 2002より，Elsevierの許諾を得て掲載）

他の場合，例えばアルマジロリピートでは，それぞれの繰り返し単位はαヘリックス構造をもっている。多数つながったリピートは広がった結合面をもつねじれた超らせん構造を形成し，複数の異なるタンパク質と潜在的に結合することができる。この構造はβカテニンタンパク質で使われている（図10.3b）。βカテニンは細胞と細胞の接合点で構造的な役割をもつとともに，Wntシグナル経路の主要な構成因子でもあり，サイトゾルと核において異なるタンパク質リガンドと結合している。このようにβカテニンは，細胞内での局在に応じてさまざまな相手と結合する必要がある。このことは，アルマジロリピートドメインの融通のきく特性によって可能となっている。

タンパク質ドメインはしばしば認識モジュールとしてふるまう

多くのタンパク質ドメインは相互作用モジュールとしてふるまい，短いペプチド配列を認識して結合しているが，ときとしてリン酸化のような翻訳後修飾を必要とする。これらペプチド配列あるいは**モチーフ**（motif）は，典型的には宿主タンパク質の非構造領域に位置している。もともとあった場所から取り除いても，単離したペプチドは，相互作用ドメインのリガンドとして，あるいは酵素の基質として，またはその両方として働く能力を維持していることが多い。このため，それらはタンパク質機能のモジュール単位とみなすことができる。シグナル伝達タンパク質はしばしば，ペプチドモチーフを含む非構造領域だけでなく，酵素活性または結合特性を有する折りたたまれたドメインの組合わせを含んでいる。表10.1にシグナル伝達に関係する多くの相互作用ドメインをまとめた。

類似した配列をもつドメインはしばしば，似た認識機能をもつ。例えば，SH2ドメインは主としてホスホチロシンを含む部位に結合するため，SH2ドメイン配列が同定されると，その主要な機能が強く示唆される。それにもかかわらず，コンピュータや構造的手法によってドメインを同定することは，必ずしも実際の機能を明らかにしない場合がある。例えばWD40リピートドメインは，リン酸化またはメチル化されたペプチドモチーフとの結合を含めた幅広い結合特性をもつため，分類が容易ではない。

表 10.1

シグナル伝達に関係する相互作用ドメイン

ドメイン	結合する標的	細胞内での機能	代表タンパク質
14-3-3	ホスホセリン/ホスホトレオニン	シグナル伝達，細胞内局在	14-3-3
ANK	リピートドメイン，多様な結合相手	多様	53BP2
ANTH/CALM	リン脂質	クラスリン被覆小胞形成	AP180
ARM	リピートドメイン，多様な結合相手	多様	βカテニン
BAR	二量体化，脂質，曲がった表面	エンドサイトーシスや細胞骨格制御	アンフィフィシン
BEACH	リン脂質	小胞輸送，膜ダイナミクス，受容体シグナル伝達	ニューロビーチン
BH1-BH4	二量体化	アポトーシス	Bcl-2
BIR	リピートドメイン，カスパーゼ	アポトーシス	XIAP
BRCT	ホスホセリン/ホスホトレオニン	DNA損傷応答や細胞周期制御	BRCA1
ブロモ	アセチルリシン	クロマチン制御	Gcn5p
BTB/POZ	ホモ二量体化やヘテロ二量体化	クロマチン制御やタンパク質分解	Mel26
C1	ジアシルグリセロールまたはホルボールエステル	細胞膜へのリクルート	c-Raf
C2	リン脂質（カルシウム依存的）	膜局在，シグナル伝達，小胞輸送	PKC
CARD	同種相互作用	アポトーシス	RAIDD
コイルドコイル(CC)	多量体化	多様	BCR
CH	アクチン	細胞骨格制御	βスペクトリン
クロモ	メチルリシン	クロマチン制御や遺伝子発現	HP1
クロモシャドウ	疎水性ペンタペプチドモチーフ（二量体で結合）	クロマチン制御や遺伝子発現	HP1
CUE	ユビキチン	タンパク質分解や選別	Cue1
デス(DD)	同種相互作用	アポトーシス	Fas
DED	同種相互作用	アポトーシス	プロカスパーゼ-8
DEP	膜，Gタンパク質共役受容体	シグナル伝達，タンパク質分解，タンパク質安定化	Dsh
EH	コアNPFモチーフ含有ペプチド	エンドサイトーシスや小胞輸送	Eps15
EFハンド	カルシウム	カルシウムシグナル伝達	カルモジュリン
ENTH	リン脂質	クラスリン依存的エンドサイトーシスや細胞骨格制御	エプシン
EVH1	プロリンに富んだ配列	細胞骨格制御，シナプス後シグナル伝達	Mena
Fボックス	ユビキチンリガーゼ基質（ホスホセリン/ホスホトレオニン）	ユビキチン化	Cdc4
FCH	アクチン，微小管	細胞骨格制御	Fes
FERM	リン脂質	細胞骨格制御や膜ダイナミクス	PTLP1
FF	ホスホセリン/ホスホトレオニン	転写，スプライシング	CA150
FH2	アクチン，同種相互作用	細胞骨格制御	mDia
FHA	ホスホセリン/ホスホトレオニン	DNA修復，シグナル伝達，小胞輸送，タンパク質分解	MDC1
FYVE	リン脂質	シグナル伝達，小胞輸送	Hrs
GAT	ユビキチン（その他の結合相手）	小胞輸送やタンパク質選別	GGA1
GEL	アクチン	細胞骨格制御	ゲルゾリン

ドメイン	結合する標的	細胞内での機能	代表タンパク質
GK	ホスホセリン/ホスホトレオニン	足場	PSD-95
GLUE	リン脂質	小胞輸送	Vps36
GRAM	リン脂質	小胞輸送	MTM1
GRIP	Arf/Arlファミリー低分子量GTPアーゼ	ゴルジ局在	ゴルジン97
GYF	プロリンに富んだ配列	シグナル伝達, スプライシング	CDBP2
HEAT	リピートドメイン, 多様な結合相手	小胞輸送, タンパク質翻訳	インポーチンβ1
HECT	ユビキチン, E2ユビキチン結合酵素	ユビキチン化	E6AP
IQ	カルモジュリン	カルシウムシグナル伝達	Ras-GRF
LIM	多様な結合相手, その他のLIMドメイン	遺伝子発現や細胞骨格編成など多様	hCRP
LRR	リピートドメイン, 多様な結合相手	多様	Rna1p
MBT	リピートドメイン, メチルリシン	クロマチン制御	CGI-72
MH1	DNAや転写因子	転写	SMAD2
MH2	ホスホセリン, ホモ多量体	シグナル伝達	SMAD2
MIU	ユビキチン	小胞輸送	RNF168
NZF	ユビキチン	ユビキチン依存的なプロセス	RanBP2
PAS	多様な結合相手	酸素圧, 酸化還元電位, 光強度を検出するシグナルセンサードメイン	PASK
PB1	ヘテロ二量体	シグナル伝達	p67phox
PDZ	C末端ペプチドモチーフ	多様, 足場	PSD-95
PH	リン脂質	膜へのリクルート, 小胞輸送, シグナル伝達, 細胞骨格制御	Akt
Poloボックス	ホスホセリン/ホスホトレオニン	細胞周期	Plk1
PTB	ホスホチロシン	チロシンキナーゼシグナル伝達	Shc
プミリオ	リピートドメイン, RNA	遺伝子発現	プミリオ
PWWP	メチルリシン, DNA	DNAメチル化, DNA修復, 転写	WHSC1
PX	リン脂質	タンパク質選別, 小胞輸送, リン脂質代謝	p40phox
RGS	Gαタンパク質のGTP結合ポケット	シグナル伝達	RGS-4
RING	ユビキチン, E2ユビキチン結合酵素, 転写因子	多様, ユビキチン化, 転写	Cbl
SAM	ホモ型およびヘテロ型多量体, RNA	多様	Ste11
SH2	ホスホチロシン	チロシンキナーゼシグナル伝達	Src
SH3	プロリンに富んだ配列	多様, 細胞骨格制御	Src
SNARE	SNARE複合体の構成因子	小胞-膜融合	シンタキシン
SOCSボックス	ユビキチンリガーゼの基質	ユビキチン化	Socs-1
SPRY	多様な結合相手	サイトカインシグナル伝達, レトロウイルス防御など多様	RanBPM
START	脂質	脂質輸送, 転写	StAR
SWIRM	アセチルリシン	クロマチン制御や遺伝子発現	SMARC2
TIR	ホモ型およびヘテロ型結合	サイトカインや免疫シグナル伝達	TLR4
TPR	リピートドメイン, 多様な結合相手	多様なプロセスにおける足場機能	p67phox
TRAF	TNFシグナル伝達経路の構成因子	細胞生存, タンパク質プロセシング, ユビキチン化	TRAF-1

ドメイン	結合する標的	細胞内での機能	代表タンパク質
TUB	DNAやリン脂質	代謝，転写	Tulp-1
チューダー	メチルリシンやメチルアルギニン	クロマチン制御や遺伝子発現	SMN
UBA	ユビキチン	ユビキチン化	HHR23A
UEV	ユビキチンやPro-Thr/Ser-Ala-Proペプチド	タンパク質選別	TSG101
UIM	ユビキチン	ユビキチン化	Hrs
VHL	ヒドロキシプロリン	ユビキチン化	VHL
VHS	ユビキチン	エンドサイトーシスやタンパク質選別	GGA
WD40	リピートドメイン，ホスホセリン/ホスホトレオニン，ジメチルリシン，その他	細胞周期，ユビキチン化など多様	βTRCP
WW	プロリンに富んだ配列，ホスホセリン/ホスホトレオニン	多様なシグナル伝達プロセス	YAP

　また，似た三次元構造をとるが，非常に異なる配列や生化学的活性をもつドメインの例もある．以下に詳細に述べるように，もともとはリン脂質に結合するPHドメインにおいて同定された折りたたみ構造（二次構造要素の全体的な配置やそれらのつながり方）が，ホスホチロシン結合（phosphotyrosine-binding：PTB）ドメインや，プロリンに富んだ配列に結合するEVH1ドメインなど，他のドメインでも用いられている（図10.4）．それゆえPHドメイン折りたたみ構造は，融通がきく結合特性をもつ共通な構造的骨組みの典型である．反対に，まったく異なる配列や構造をもつ多様なドメインが，非常によく似た生化学的活性をもつことがある．例えば，多くの異なるタイプのドメインが，ホスホイノシチドのようなリン脂質に結合する．また異なるクラスのドメインのいくつかは，異なる触媒機構を利用しながらプロテインホスファターゼ活性を有している．

　つぎに，3つの主要なクラスのモジュラー相互作用ドメインについて述べる．すなわち，翻訳後修飾を受けたペプチドやタンパク質を認識するもの，特定の未修飾ペプチドやタンパク質モチーフを認識するもの，そして特定のリン脂質種を認識するものである．またシグナル伝達タンパク質は，例えばカルシウムやサイクリックAMP（cAMP）のような低分子シグナルメディエーターを認識するモジュラードメインも利用しているが，それらについての詳細はここでは述べない．

翻訳後修飾を認識する相互作用ドメイン

　セリン，トレオニン，チロシン残基のリン酸化のような翻訳後修飾は，相互作用ドメインに対する結合部位を作り出す．第4章で最初に述べたように，修飾された残基を認識することは，細胞がプロテインキナーゼのようなシグナル伝達酵素の活性に応答することで，比較的単純な分子装置を提供している．タンパク質リン酸化の場合，翻訳後修飾はキナーゼによって「書き込まれ」，プロテインホスファターゼによって「消去される」．修飾部位を認識するモジュラー相互作用ドメインは，基本的に修飾を読みとく「読み込み装置」モジュールとして働き，下流の機能変化を引き起こす．リン酸化に加えて，モジュラー相互作用ドメインは，アセチルリシンまたはメチルリシン，メチルアルギニン，ヒドロキシプロリン，ユビキチン化またはSUMO化リシンを含む，他のタイプの翻訳後修飾も認識する（図10.5）．

EVH1ドメイン-プロリン
に富んだペプチド

PHドメイン-リン脂質

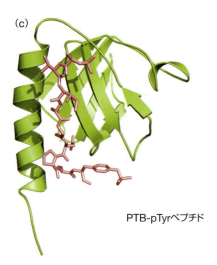

PTB-pTyrペプチド

分子内相互作用によるSrcファミリーキナーゼの制御については第1章と第3章で述べている

図10.4

同じ構造のドメインが異なるリガンドを認識できる　EVH1やPH，PTBドメイン（緑色）は，全体的に同じ折りたたみ構造（3つのドメイン内のαヘリックスとβシートの非常によく似た配置で示されるように）をとるが，まったく異なる結合特性をもち，リガンド（ピンク色）と結合するのに異なる表面を利用している。(a) アクチン制御タンパク質MenaのEVH1ドメインと，プロリンに富んだペプチドとの結合を示す。(b) ArfGEFであるGRP1のPHドメインは，ホスホイノシトール脂質の頭部基と相互作用している。(c) 足場タンパク質IRS1のPTBドメインは，チロシンリン酸化（pTyr）ペプチドと結合している。

　もし，相互作用ドメインと修飾されたペプチドが2つの別々のポリペプチド鎖にあるならば，その結合は2つのタンパク質間の複合体形成を促進することになる。あるいは修飾部位と相互作用ドメインが同じタンパク質内にある場合には，修飾は分子内相互作用をもたらすだろう。そのような分子内結合は，相互作用ドメインが他のタンパク質上の部位と結合する能力を抑制することになる。あるいはSrcチロシンキナーゼの制御でみてきたように，同じタンパク質の他のドメインの活性を変えるような構造変化を誘導するかもしれない。Srcチロシンキナーゼでは，SH2ドメインとC末端尾部にあるホスホチロシン部位との結合が，その間にあるキナーゼドメインの阻害につながっている。

SH2ドメインはホスホチロシンを含む部位に結合する

　SH2ドメイン（Src homology 2 domain）は，その結合が翻訳後修飾に依存していることが示された最初のモジュラー相互作用ドメインである。このドメインは最初，ニワトリで悪性軟部腫瘍を引き起こすウイルス性がん遺伝子産物Srcを含むチロシンキナーゼにおいてみつかった。SH2ドメインは100を超えるさまざまなヒトタンパク質でみつかり，ほとんどすべての場合，チロシンがリン酸化されたペプチドと特異的に結合すると考えられている。

　SH2ドメインは約100アミノ酸の長さで，ドメインの中央にβシートがあり，2つの結合ポケットに分かれたコンパクトな構造に折りたたまれている（図10.6）。結合ポケットの1つはすべてのSH2ドメインで高度に保存されており，主にホスホチロシンとの結合に機能している。もう1つの結合ポケット――「特異性ポケット」――はより可変的で，ホスホチロシンに隣接するアミノ酸の側鎖に結合している。このため，ある特定のペプチドがSH2ドメインと結合する際のアフィニティーは，1つにはそのリン酸化（結合エネルギーの約半分はホスホチロシンの認識に由来する）に依存し，さらにはペプチドの他の残基とSH2ドメインの特異性ポケットとの適合性にも依存している。個々のSH2ドメインはある場合には非常に強く結合する（K_d値は約100 nM）が，一般的には望ましいホスホペプチドモチーフとK_d値約1 μMで結合している。またこれらの結合は，比較的すばやく結合したり解離したりしており，SH2ドメインとホスホペプチドの相互作用が非常にダイナミックであることを示している。このことが，シグナル伝達をすばやく開始し，そして終結させることを可能にしている。

　SH2ドメインとホスホチロシンとの結合は，必須のアルギニン残基（ArgβB5と呼ばれるβストランドBの5番目の残基）との2座のイオン結合（図3.11bに示すような相互作用）を介している。ArgβB5は比較的深いポケットの底に位置し，ホスホチロシンのリン酸基とちょうど相互作用できる位置にある。ホスホセリンやホスホトレオニンの短い側鎖では，このアルギニンと接触できるほど深くポケットの中に突出させることができない。これが，なぜSHドメインがホスホチ

修飾されたペプチドモチーフを認識するドメインの例

修飾されたペプチドモチーフ

- pTyr (Shc) — SH2 (Grb2)
- ε-N-Me-Lys (ヒストンH3) — クロモドメイン (HP1)
- ε-N-Ac-Lys (ヒストンH4) — ブロモドメイン (Gcn5)
- ユビキチン — UIM (Vps27)
- OH-Pro (HIF-1α) — VHL-β

相互作用ドメイン

図10.5

修飾されたペプチドモチーフを認識するドメインの例　Grb2のSH2ドメインは，Shcのホスホチロシン残基を認識する。Gcn5のブロモドメインはヒストンH4のアセチル化されたリシン残基を認識する一方，HP1のクロモドメインはヒストンH3のメチル化されたリシン残基を認識する。ユビキチンはVps27のユビキチン結合モチーフ(UIM)と結合している。フォン ヒッペル・リンダウβタンパク質(VHL-β)は，HIF-1αのヒドロキシプロリン残基を認識する。各ケースにおいて翻訳後修飾をピンク色で強調している。それぞれの例は同じスケールで示していないことに注意。(B.T. Seet et al., *Nat. Rev. Mol. Cell Biol.* 7: 473–483, 2006より，Macmillan Publishers Ltd.の許諾を得て掲載)

ロシンに選択的であるかの理由である。チロシンがリン酸化されていないと，ペプチドとSH2ドメインの相互作用は通常，非常に弱く(K_dはmMのオーダー)，細胞の中では意味がないレベルである。しかし，ペプチドがリン酸化されると相互作用ドメインとのアフィニティーは1,000倍に増加する。そのため，リン酸化は複合体形成を引き起こすスイッチとして働いている。

ホスホチロシン部位に隣接するアミノ酸の配列は，どのSH2含有タンパク質がリクルートされるかに強く影響する。ホスホペプチドは通常，SH2ドメインの中央のβシートを横切るように，伸びた立体構造でSH2ドメインと結合する(図10.6参照)。このため，C末端側のアミノ酸が特異性ポケットと相互作用できる位置にくる。多くのSH2ドメインは，C末端側のたった3つの残基(ホスホチロシンに対し+1から+3の位置)で結合している。一方，一部のSH2ドメインは，最大8アミノ酸の長さのリン酸化モチーフと結合し，N末端側，C末端側両方の残基がホスホチロシンとの結合に関与している。SH2ドメインごとに，特異性をもつホスホペプチドの+1から+3の位置にくるアミノ酸が異なっている。例えばSrc SH2ドメインは，+3の位置にあるイソロイシンを疎水性の特異性ポケットに適合させている。Grb2 SH2ドメインは，アスパラギンがつくる水素結合とβターン構造との相性がよいため，+2の位置にアスパラギンをもつホスホペプチドと特異的に結合する。ホスファチジルイノシトール 3-キナーゼ(PI3K)のp85アダプターサブユニットのSH2ドメインは，+3の位置にメチオニンを好み，ホスホリパーゼCγ(PLCγ)のSH2ドメインはホスホチロシンの後に疎水性アミ

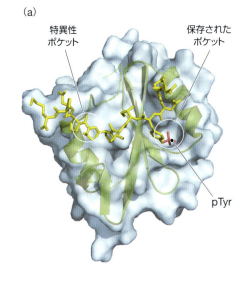

(a)

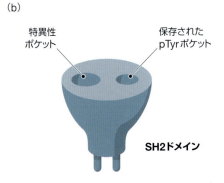

(b)

図10.6

Src SH2ドメインの構造　(a)中央のβシートがドメインを2つの結合ポケットに分けている。すなわち，ホスホチロシンと結合する高度に保存されたポケットと，隣接するアミノ酸側鎖と結合するより可変的な「特異性」ポケットである。チロシンリン酸化(pTyr)ペプチドリガンドを黄色で，リン酸基をピンク色で示す。(b)SH2ドメインの概略図。ホスホチロシンポケットと特異性ポケットがそれぞれあり，2穴ソケットに似ている。

図10.7

SH2ドメインの選別性 (a)SrcチロシンキナーゼのSH2ドメインは，pYEEI配列をもつホスホペプチドと結合する。この配列では，+3の位置のイソロイシン(Ile)が，SH2ドメインの可変的な面にある疎水性ポケットにフィットしている。(b)アダプタータンパク質Grb2のSH2ドメインは，+2の位置にアスパラギン(Asp)があるホスホチロシン部位に選択的に結合する。SH2ドメインの分厚いトリプトファン(Trp，赤色)が，結合しているペプチドを伸びた立体構造ではなくβターン構造をとらせている。(c)ホスホリパーゼCγ(PLCγ)のSH2ドメインは，ホスホチロシンに続く疎水性残基，特に+1の位置がイソロイシンであるペプチドを好んで選択する。正に荷電したホスホチロシンポケットを青色で，ペプチドリガンドを黄色で示す。

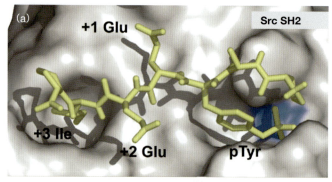
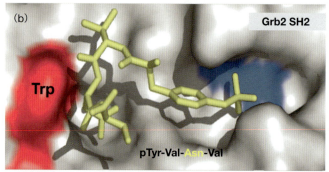
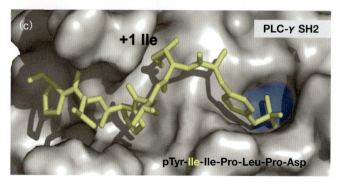

ノ酸が続くのを好む(図10.7)。ランダムな組合わせのアミノ酸ではさまれたホスホチロシンの縮重ペプチドライブラリーを用いることで，それぞれのSH2ドメインがどのような残基を好むのか調べられてきた。そのような解析で予想されたコンセンサス結合モチーフは，実験的に決定したリン酸化部位と比較され，潜在的な結合部位を予想するのに用いられている。

SH2ドメインにはより大きな結合構造の構成要素となるものがある

SH2ドメインが隣り合った他のドメインとともに機能し，やや特殊な認識特性を示す場合がある。例えば，E3ユビキチンリガーゼCblでは，SH2ドメインの後にヘリックス4本の束とEFハンドドメインが続く。これら3つのドメインは1つの統合された構造単位として折りたたまれ，ときにTKBドメインと呼ばれる(図10.8)。この大きなドメインはSH2サブユニットを介してホスホチロシンと結合するが，通常と異なりリン酸化部位から遠く離れた残基とも会合できる。例えばホスホチロシンに対して−5や−6の位置のペプチド残基が，ヘリックス4本の束のサブユニットによって認識される。このように，Cbl SH2ドメインのホスホペプチド結合特性は変化し，より複雑になっている。

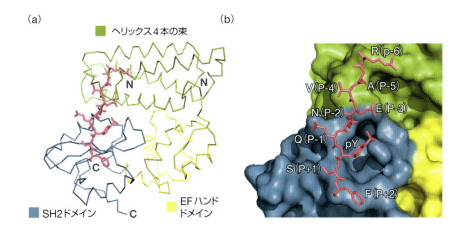

図10.8

相互作用ドメインは，新しい特性をもつ折りたたみ構造をつくるように結合できる Cblでは，SH2ドメイン（青色），ヘリックス4本の束（緑色），EFハンドドメイン（黄色）が複合して，TKBドメインと呼ばれる構造単位を形成しており，受容体上のホスホチロシン残基と相互作用している。エンドサイトーシスのアダプターAPS由来のチロシンリン酸化ペプチドをピンク色で示す。(a)で骨格構造を，(b)でTKBドメインの表面描写を示している。(J. Hu and S.R. Hubbard, *J. Biol. Chem.* 280: 18943–18949, 2005より)

　新しい認識特性をもつ相互作用ドメインの別の例として，免疫細胞の活性化に機能するZAP-70チロシンキナーゼの縦列に並んだSH2モジュールがある。ZAP-70はN末端に2つのSH2ドメインをもち，それらはT細胞抗原受容体や他の免疫受容体のシグナル伝達サブユニットに存在する独特な二重チロシンリン酸化配列（**免疫受容体チロシン活性化モチーフ**〔immunoreceptor tyrosine-based activation motif：ITAM〕）と協同的に結合している。この結合には，2つのSH2ドメインがしっかりと連結されている必要がある。というのも，C末端側SH2ドメインの残基が，N末端側SH2ドメインのホスホチロシン結合ポケットの一

 T細胞シグナル伝達についての詳細は第12章で述べている

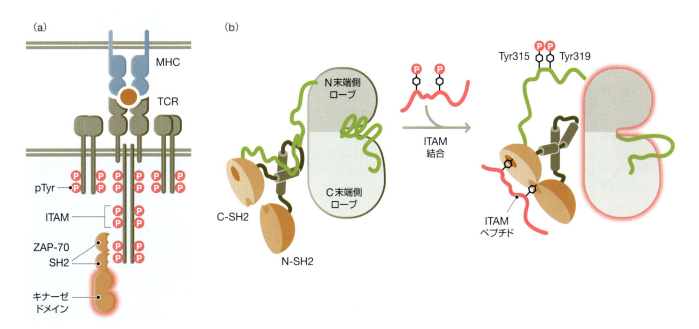

図10.9

複数のドメインが協同的にシグナル伝達を制御している　(a)MHCが結合したペプチド抗原（オレンジ色の丸）がT細胞受容体（TCR，薄い茶色）に結合すると，TCR上のITAM（免疫受容体チロシン活性化モチーフ）のリン酸化を引き起こす。すると，ZAP-70の縦列に並んだSH2ドメインが，TCR上の2カ所リン酸化されたITAMと相互作用できるようになる。この相互作用はZAP-70のキナーゼドメインを活性化し，アダプタータンパク質LAT（未表示）のような基質のリン酸化を可能にする。(b)ZAP-70活性化の詳細。不活性な状態（左）では，SH2領域間やリンカー配列，キナーゼドメインの間の相互作用がキナーゼ活性を阻害し，ホスホチロシンと結合できないようSH2ドメインを分離させるのに働いている。ITAMのリン酸化が起こると，SH2ドメインはリン酸化モチーフとドッキングするため正しい位置に向く。このことで，分子内相互作用が解除されキナーゼの活性化が可能となり，また基質をリン酸化するためキナーゼが適切な方向を向くようになる。このZAP-70の伸びた立体構造は，リンカー領域にあるチロシン残基（Tyr315とTyr319）のリン酸化によりさらに安定化される。

部となっているため，2つのSH2ドメインが空間的に正しく配置されなければ機能しないからである(図10.9)。似たようなタイプの変化した認識特性は，SH2ドメイン以外のファミリーでも縦列に並んだドメインでみられる。

さまざまなタイプの相互作用ドメインがホスホチロシンを認識する

まったく異なる折りたたみ構造をもつ他のタイプのドメインも，チロシンリン酸化ペプチドモチーフと結合することができる。PTBドメインとホスホチロシンを含む部位との結合は，SH2ドメインが関係する結合とは異なる特徴がいくつかある。第一に，PTBドメインはSH2ドメインとはまったく異なる折りたたみ構造をもち，2つの直交するβシートがC末端側αヘリックスで覆われたβサンドイッチを形成している(図10.4c参照)。その結果，ペプチドを認識する方法が異なる。ペプチドリガンドは，PTBドメインのβ-5ストランドやC末端側αヘリックスと接触し，実質的にβシートの1つに逆並行ストランドを追加している。ホスホチロシンのN末端側で，ペプチドはNPxYモチーフ(「x」は任意のアミノ酸)によって1型βターンを形成している。この部位がペプチドをしっかりと固定しており，ほとんどのPTBドメインに対するリガンドの特徴となっている。ペプチドが足場タンパク質ShcのPTBドメインに安定的に結合するためには，NPxYモチーフのチロシンのリン酸化が必要である。結合したホスホチロシンは，PTBドメインの3つの塩基性残基(2つのアルギニンと1つのリシン)によって取り囲まれ，リン酸基の水素結合のネットワークがつくられる。SH2ドメインとは違い，多くのPTBドメインはリン酸化されていないペプチド(しばしばNPxYコンセンサスモチーフをもつ)と高いアフィニティーで結合する。それゆえ，ホスホチロシンの認識は，比較的後になって既存のペプチド結合モジュールから発展してきたようである。

Shcや他の足場タンパク質(例えばIRS1, Dok1, FRS2など)のPTBドメインは，リン酸化されたNPxYモチーフを認識する。そしてPTBドメインの下流には，チロシンリン酸化が起きる複数の部位をもつ非構造領域が続いている。自己リン酸化した受容体型チロシンキナーゼはPTBドメインを介してこれら足場タンパク質をリクルートし，足場タンパク質の複数のチロシンモチーフをリン酸化する。すると，リン酸化されたチロシンに，他の制御性シグナル伝達タンパク質のSH2ドメインが結合するようになる(図10.10)。その結果としてPTBドメインを含むタンパク質は，受容体が細胞質の標的をリクルートする能力を拡張し，増幅させている。

C2ドメインは，少なくとも1つのケースでホスホチロシン部位を認識しているもう1つの相互作用ドメインである。ほとんどのC2ドメインはリン脂質と結合する。しかし，セリン/トレオニンキナーゼPKC δのC2ドメインは，膜貫通型タンパク質(CDCP1)の細胞質部分にある特定のホスホチロシン含有モチーフと，SH2などとは構造的に異なる機構で結合している。このことは，SrcによるCDCP1のリン酸化によって生じるホスホチロシンシグナルを，セリン/トレオニンのリン酸化へと直接結び付けている。このように少なくとも3つの相互作用ドメインファミリー——SH2，PTB，そしてC2ドメイン——が，ホスホチロシン部位の選択的な認識にそれぞれ独立に収斂してきた。

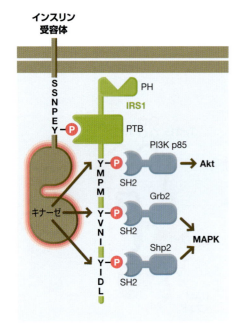

図10.10

相互作用ドメインの結合が，触媒ドメインのさらなる標的をもたらす IRS1のPTBドメインは，インスリン受容体のホスホチロシンに結合する。するとインスリン受容体キナーゼは，IRS1上の多数のチロシン残基をリン酸化し，ホスファチジルイノシトール 3-キナーゼ(PI3K)やアダプターGrb2，チロシンホスファターゼShp2のような，SH2ドメインを含む特定のタンパク質に対する結合部位を作り出す。これらSH2ドメインを含むタンパク質の結合は，それぞれの下流シグナル伝達経路の活性化を引き起こす。

多数のドメインが
セリン/トレオニンリン酸化モチーフを認識する

　特定の相互作用ドメインによるリン酸化部位の認識は，シグナル伝達経路の共通の特徴であり，ホスホチロシン以外のリン酸化アミノ酸もまた認識されている。セリンやトレオニンは，チロシンのようにヒドロキシ基をもつアミノ酸であるが，チロシンのもつ分厚いフェノール環がない。その結果，ホスホチロシンを認識するドメインは通常，ずっと小さなホスホセリンやホスホトレオニンの側鎖に合うような適切な形をしていない。セリンとトレオニンは化学的にも構造的にも非常によく似ており，多くのドメインがホスホセリンやホスホチロシンモチーフの双方に特異的に結合する。

　FHA，WW，BRCT，Poloボックス，MH2，WD40ドメインなどを含む，少なくとも10種類のドメインタイプが，ホスホトレオニンまたはホスホセリンを含むモチーフと結合でき，マルチドメインタンパク質中に存在している。ホスホチロシン結合モジュールに比べ，ホスホセリン/ホスホトレオニン結合ドメインにはより多くのタイプが存在している。このことは，哺乳類の細胞内ではリン酸化されたセリン/トレオニン残基がホスホチロシンよりずっと多く存在していることを反映しているのかもしれない（その比率はおおよそ100：1である）。これらのモジュールは，トレオニンまたはセリンがリン酸化された（しばしばホスホトレオニンがより強くリン酸化されている）ペプチドモチーフと選択的に結合している。またモチーフのリン酸化された残基は，ドメインのリガンド結合部位に優先的に合うような特定のアミノ酸の組合わせで囲まれている。

14-3-3タンパク質は
特定のホスホセリン/ホスホトレオニンモチーフを認識する

　14-3-3タンパク質ファミリーのリン酸化部位への結合は，細胞が好塩基性キナーゼ（塩基性残基が隣接したセリン/トレオニン部位をリン酸化するキナーゼ）の活性に応答する主要なメカニズムとなっている。14-3-3タンパク質は，RSxpSxP，RxY/FxpSxPまたはSWpTx（後者はC末端の配列である）という典型的なコンセンサス配列をもつセリン/トレオニンリン酸化モチーフに結合する。哺乳類の14-3-3タンパク質は非常に多く存在し，細胞表面の受容体によって活性化したシグナル伝達経路や細胞周期の進行，アポトーシス（アポプトーシス），転写制御，細胞骨格の再編成，代謝，タンパク質輸送など，細胞制御のさまざまな局面に関連した少なくとも200のリン酸化タンパク質と結合することができる。

　約30 kDaの14-3-3ポリペプチドは，両親媒性ペプチド結合チャネルを形成する9本のαヘリックスをもち（図10.11），リン酸基と直接結合する1つのリシンと2つのアルギニンからなる正に荷電した保存された塩基性ポケットをもつ。他のホスホペプチド結合モジュールと異なり，14-3-3タンパク質はさまざまなドメインをもつ大きなタンパク質の構成要素としては決して存在せず，互いに非共有結合で相互作用し，ホモ二量体あるいはヘテロ二量体を形成している。このため，14-3-3二量体は2つのホスホセリン/ホスホトレオニン結合ポケットをもち，同時に2つの異なるリン酸化部位と相互作用することができる。14-3-3二量体は2つの異なるリン酸化タンパク質を結び付けることができるが，通常は結合するリン酸化部位は同じポリペプチド鎖に存在している。

　14-3-3二量体の結合は，さまざまな方法でリン酸化タンパク質の機能を変化させることができる。1つの方法は，14-3-3の結合により，リン酸化タンパク質

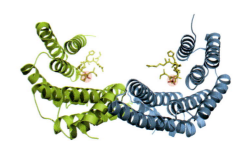

図10.11

14-3-3タンパク質の構造　ホスホペプチドRSHpSYPAと結合した14-3-3ζ二量体の構造。個々の14-3-3単量体を緑色と青色で，ホスホペプチドを黄色で示す。リン酸部分はピンク色で強調している。

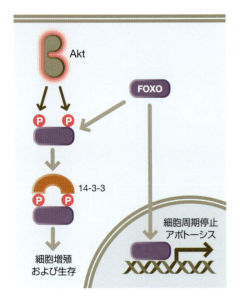

図10.12

14-3-3タンパク質は細胞内局在を制御できる FOXO転写因子は，細胞周期停止とアポトーシスを誘導する遺伝子群の発現を制御している。セリン/トレオニンキナーゼAktはFOXOの多数の部位をリン酸化し，14-3-3タンパク質に対する結合部位を形成する。いったん14-3-3と結合すると，FOXOはサイトゾルに隔離される。その結果，細胞の生存と増殖が促進される。

プログラム細胞死の誘導におけるBcl-2ファミリータンパク質の役割については第9章で述べている

クロマチン構造の制御におけるメチル化とアセチル化の役割については第4章で述べている

が他のタンパク質と結合する能力を阻害することである。例えば，生存シグナルがないとき，アポトーシス促進タンパク質BADは生存促進タンパク質Bcl-X_Lと結合し，Bcl-X_Lの生存効果を阻害することで細胞死を引き起こしている。細胞生存を促進する細胞外刺激は，BADのセリン残基のリン酸化を誘導する。するとその結果，BADは14-3-3二量体と結合し，Bcl-X_Lから解離する。このように，Bcl-X_LがBADと複合体を形成しているときにはBcl-X_Lの抗アポトーシス活性は抑制されており，14-3-3のBADへの結合は，この抑制を解除して細胞生存を促進する。

14-3-3タンパク質は，リン酸化されたタンパク質と結合することで，その細胞内局在を変化させることができる。典型的なものに，核局在化シグナルを阻害することでリン酸化タンパク質をサイトゾルにとどめることがある。例えば，14-3-3タンパク質はFOXO転写因子と結合し，FOXOをサイトゾルにとどめておくことができる。FOXOは通常，細胞周期の進行を阻害しアポトーシスを引き起こす遺伝子の発現を誘導している。つまりFOXOが核内へ移行するのを阻害することは，細胞の増殖と生存を促進することにつながる（図10.12）。

相互作用ドメインはアセチル化やメチル化された部位を認識する

リン酸化は，特定の相互作用ドメインによって選択的に認識される翻訳後修飾の1つにすぎない。例えばリシン残基は，ヒストンの柔軟性のあるN末端またはC末端上でメチル化またはアセチル化され，クロマチン編成の変化や遺伝子発現のエピジェネティックな制御を引き起こす。クロマチン以外のタンパク質も，リシンがメチル化またはアセチル化を受けることが次々と明らかになってきている。ホスホペプチドの認識と同様，ある特定のペプチド配列ではさまれたアセチルリシンをもつペプチドモチーフは，特定のドメインによって選択的に認識される。そのなかでも**ブロモドメイン**(bromodomain)は主要な例である（図10.5参照）。これらは，例えばヒストンアセチルトランスフェラーゼそのもののようにクロマチン再構成に関与するタンパク質の構成要素であることがよくあり，それゆえ遺伝子発現の制御に密接に関係している。**クロモドメイン**(chromodomain)は，リシンがアセチル化よりはむしろメチル化されている特定のペプチドモチーフを認識する。例えばクロモドメインは，ヘテロクロマチンタンパク質1(heterochromatin protein：HP1)のようなタンパク質に存在する。HP1は，Lys 9がメチル化されたヒストンH3に結合し，クロマチン構造を変化させ遺伝子発現を抑制している（図10.13）。

異なるタイプの相互作用ドメインがリン酸化部位を認識するのと同様，WD40のサブセットやチューダー，MBT(malignant brain tumor)，PHDフィンガードメインなどを含む，さまざまなタイプの相互作用ドメインがメチル化されたリシンに結合する。これら異なるドメインは，メチルリシンに結合する際に構造的に異なる機構を用いている。リシンのメチル化は，リシン残基がモノメチル化，

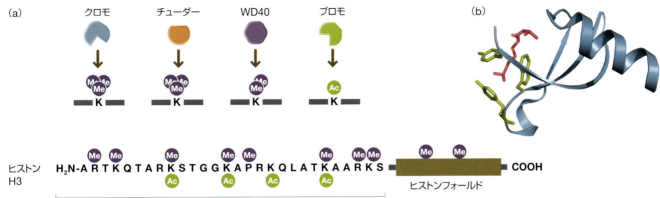

図10.13

修飾されたヒストン残基に結合するドメイン
(a) クロモ，チューダー(tudor)，WD40，ブロモドメインを含む多くの異なる相互作用ドメインが，ヒストンのメチル化あるいはアセチル化されたリシンやアルギニン残基と結合する。これらのドメインの結合は，クロマチン構造や遺伝子発現を制御している。(b) ショウジョウバエHP1由来のクロモドメインの構造。ヒストンH3尾部ペプチド(ピンク色)のジメチルリシンの周りに「ケージ」を形成する芳香族残基(緑色)を示している。(aはB.T. Seet et al., *Nat. Rev. Mol. Cell Biol.* 7: 473-483, 2006より，Macmillan Publishers Ltd.の許諾を得て掲載；bはA. Brehm et al., *Bioessays* 26: 133-140, 2004より，John Wiley & Sons, Inc.の許諾を得て掲載)

ジメチル化，トリメチル化を受けうることから，タンパク質のリン酸化よりもずっと複雑である。相互作用ドメインは，さまざまな程度にメチル化されたリシン残基と選択的に結合することができ，このタイプの結合の潜在的な精密さを増幅している。例えばクロモドメインとチューダードメインは，メチルリシン残基のεメチル基を疎水性のケージで取り囲むのに保存された芳香族残基を利用している(図10.13b)。これに対し，ヒストンH3 Lys4メチルトランスフェラーゼのサブユニットWDR5のWD40リピートドメインは，ヒストンH3のジメチル化されたLys4と選択的に水素結合を形成する。この相互作用はまた，修飾されたリシンに対して-2の位置にあるアルギニン残基を認識することに強く依存している。

ユビキチン化はタンパク質間相互作用を制御する

リシン残基はまた，76アミノ酸からなるタンパク質ユビキチンの付加によって修飾される。これは，リシンのεアミノ基とユビキチンのC末端との間がイソペプチド結合されることにより生じる。さらに，ユビキチン自身もリシン(例えばLys48またはLys63)あるいはN末端でユビキチン化され，ポリユビキチン鎖を形成する。ユビキチンはつき詰めると転移が可能な相互作用ドメインであり，いったん標的タンパク質につながると，結合モジュール(まとめて「ユビキチン結合ドメイン(ubiquitin-binding domain：UBD)」と呼ばれる)によって認識される。これらUBDは，ほとんどがユビキチン上のIle44を中心とした同じ疎水性パッチと結合するにもかかわらず，少なくとも11個の構造的に異なるUBDファミリーが存在する(図10.14)。UBDは「ドメイン」と呼ばれるが，これらの多くはユビキチンのリガンド結合面に適合する直鎖状のペプチドモチーフのようなものである。

ユビキチン化は，プロテアソームによるタンパク質分解やエンドソームへのタンパク質輸送，DNAの複製後修復，NF-κB転写因子を制御するキナーゼの活性化を引き起こす受容体下流シグナル伝達などを含む，さまざまな細胞プロセスを制御している。これらの経路のそれぞれにおいて，ユビキチン化タンパク質に対する受容体は1つ以上のUBDをもつ。ユビキチンとUBDとのアフィニティーは一般的にかなり弱いため，ユビキチン化タンパク質とその結合相手との結合には，多数の相互作用が重要なようである。さらに，E3ユビキチンリガーゼの基質結合ドメインがリン酸化依存的に標的タンパク質と結合することを考えると，リン酸化が仲介するタンパク質間相互作用とユビキチン化の間には，緊密な相互関係がしばしば存在する。その結果，標的タンパク質はリン酸化を受けた後にだけユビキチン化されることとなる(図4.8参照)。

 ユビキチン化とそれがもたらす結果についての詳細は第4章と第9章で述べている

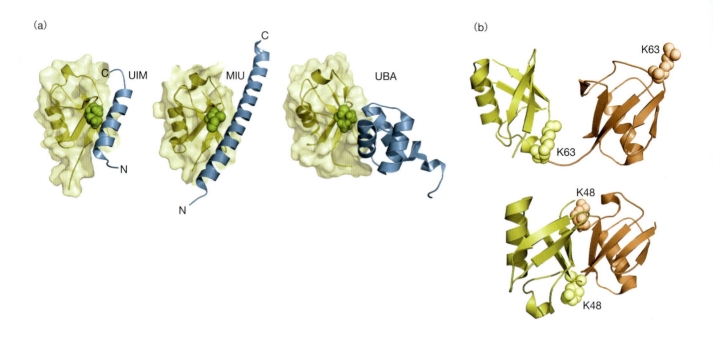

図10.14

ユビキチン結合ドメイン（UBD） （a）ここに示したUIMやMIU，UBAドメインを含むほとんどのUBD（青色）は，ユビキチンのIle44（結晶構造上の緑色）を中心とした疎水性のパッチを認識している。(b) UBDの特異性は，ユビキチン鎖の長さとつながり方に依存している。例えば，K63でつながったジユビキチン（上段）は，K48でつながったジユビキチン（下段）より，より伸びた構造をとる。リシンは空間充填モデルで描いている。(aはJ.H. Hurley et al., *Biochem. J.* 399: 361-372, 2006より，Portland Pressの許諾を得て掲載；bはK. Newton et al., *Cell* 134: 668-678, 2008より，Elsevierの許諾を得て掲載)

未修飾のペプチドモチーフまたはタンパク質を認識する相互作用ドメイン

ここまでは，翻訳後修飾を受けた短いペプチド配列に結合する相互作用ドメインについて述べてきた。一方で，未修飾のペプチドリガンドを認識するドメインファミリーもまた数多く存在する。本節ではそのような2つのドメイン——SH3ドメインとPDZドメイン——と，それぞれのペプチドリガンドについて焦点をあてる。これらのドメインは合わせてヒトプロテオーム上に約300コピーもみつかっており，シグナル伝達タンパク質において最も共通に用いられているモジュールとなっている。さらに，互いに相互作用してホモまたはヘテロ二量体，あるいはより大きな多量体構造を形成するドメインについても考察する。

プロリンに富む配列は魅力的な認識モチーフである

SH3やWW，EVH1，GYFを含む多くの相互作用ドメインは，短いプロリンに富んだペプチドモチーフと結合する。プロリンは，その側鎖がペプチド主鎖の窒素と結合して五員環を形成している点で，天然に存在するアミノ酸のなかでも独特である。その結果生じる構造的制限のため，プロリンに富んだ配列は3アミノ酸ごとに1回転する左巻きヘリックスを形成しやすい（**ポリプロリンII型ヘリックス**〔polyproline type II helix，PPIIヘリックス〕）。PPIIヘリックスでは，側鎖と主鎖の炭素の両方がヘリックスの軸から外側へ突出し，相互作用ドメインと接触するのに利用できる（**図10.15a**）。

PPIIヘリックスの特徴の多くは，タンパク質相互作用を仲介するのに理想的である。結合することで1つの構造に固定される柔軟なペプチドとは対照的に，PPIIヘリックスはもともと1つの構造をとる。このため，結合に関連するエントロピーのペナルティーが軽減される。プロリン以外の残基はヘリックスを破壊することなく組み込まれ，選択的な結合に貢献している。加えてPPIIヘリックスは二重の回転擬対称性をもち，例えばSH3ドメインのようなドメインに対しどちらの方向（N末端からC末端，またはC末端からN末端）でも結合しうる。プ

図 10.15

SH3 ドメインはポリプロリンヘリックスと結合する　(a) Sem-5 SH3 ドメイン（緑色）と，プロリンに富んだペプチド（オレンジ色）との結合を示す。下の模式図はポリプロリン認識機構を示している。SH3 ドメインのコア認識面は，芳香族アミノ酸（青色で示す）によって形成された 2 つの溝をもち，それぞれ xP ペプチドモチーフに対応している。この隣には 2 つの可変ループ（RT と n-Src）があり，PxxP モチーフをはさむ残基と接触しており，「特異性」ポケット（緑色）を形成している。(b) PxxP ではなく RxxK を中心とした SLP-76 由来のペプチドモチーフ（オレンジ色）と結合した GADS SH3 ドメイン（緑色）。(a は A. Zarrinpar et al., Science STKE 179: re8, 2003 より．AAAS の許諾を得て掲載；b は B.T. Seet et al., EMBO J. 26: 678–689, 2007 より．Macmillan Publishers Ltd. の許諾を得て掲載）

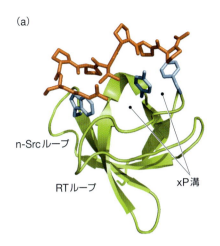
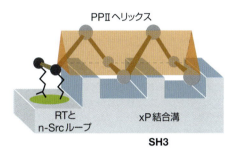
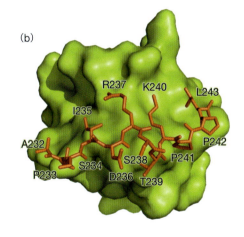

ロリンに富んだ配列は通常，タンパク質の表面に露出しているか非構造領域に存在しており，結合相手と接近しやすいため，相互作用ドメインのリガンドとして選ばれているようである。さらにプロリン環は比較的疎水性であり，通常はタンパク質の表面に露出することは少ない。このため，他のタンパク質と結合することで溶媒から隔離されることは，エネルギー的に好都合である。

SH3 ドメインはプロリンに富んだモチーフと結合する

　コンセンサスモチーフ PxxP を含む PPII ヘリックスは，直交する 2 つの逆並行 β シートをもつ **SH3 ドメイン**（Src homology 3 domain）と結合する。SH3 ドメインのペプチド結合面には 2 つの溝があり，それぞれがプロリン残基 1 つと隣の疎水性アミノ酸に対応している。2 つの可変的な SH3 ドメインループ（歴史的な理由から「RT」や「n-Src」と呼ばれる）は，PxxP コアモチーフに隣接した残基と数多く接触し，特異性ポケットを形成していると考えられている。多くの SH3 ドメインが，R/KxxPxxP または PxxPxR/K 配列（R/K はアルギニンまたはリシンのどちらか）を含むリガンドと結合する。これら 2 種類の配列は SH3 ドメインと同等に，しかし互いに逆向きに結合する（図 10.15）。さらにこれらの配列の両端には，より可変性に富んだ配列がしばしば含まれており，SH3 ドメインとの相互作用の特異性に寄与している。他の相互作用モジュールでみてきたように，SH3 ドメインは結合の仕方において比較的融通がきき，ある場合には PxxP モチーフをもたないペプチドとも結合する。1 つの例は，Grb2 様アダプタータンパク質 GADS の C 末端 SH3 ドメインである。GADS は，2 つのドッキングタンパク質 LAT と SLP-76 を結び付けることで，T 細胞受容体（T cell receptor：TCR）の下流シグナル伝達に重要な役割を果たしている。GADS の SH3 ドメインは，RxxK モチーフを中心とした SLP-76 のペプチドモチーフに高いアフィニティーでかつ特異的に結合する。

PDZ ドメインは C 末端ペプチドモチーフを認識する

　プロリンに富んだ配列と同様，タンパク質の C 末端は通常露出しており，独特な化学的特徴をもつ。これらの特徴によりこの部位は，PDZ ドメインと呼ばれる特定のクラスの相互作用モジュールが好んで認識する場所となっている。PDZ ドメインはカルボン酸結合ループをもつ β シート構造をとり，例えばバリンのような疎水性の C 末端残基の側鎖に対するポケットを形成している（図 10.16）。実際，PDZ ドメインが仲介する相互作用の大部分はこのような C 末端配列に対する認識が関係しており，ほんの少数の PDZ ドメインだけがタンパク

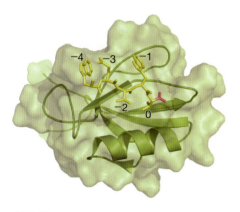

図10.16

PDZドメインはC末端モチーフと結合する 最適なリガンドであるWETWV-COOH(黄色)と結合した，ErbinのPDZドメイン(緑色)。C末端の疎水性残基(この場合はバリンで，末端のカルボキシラート基をピンク色，番号0で示す)が，PDZリガンドの鍵となる際立った特徴である。隣接した残基(この例ではトリプトファンとトレオニン)はある程度の特異性をもたらす。−2の位置のアミノ酸(トレオニン)が特に重要である。(Megan McLaughlin and Sachdev Sidhu, University of Torontoの厚意による)

質中にあるモチーフを認識している。それゆえ，PDZドメインが結合する部位の鍵となる特徴はC末端の疎水性残基であり，これは概念的にはSH2ドメインとの結合におけるホスホチロシンや，SH3ドメインの認識におけるPxxPモチーフと同じ決定的な役割を果たしている。これら他のドメイン–ペプチド相互作用と同様，中核部に隣接する残基(この場合はC末端のアミノ酸に対しN末端側に位置する残基)は，ある特定のモチーフにどのPDZドメインがリクルートされるかを決定する際にある程度の特異性をもたらしている。−2の位置のアミノ酸(C末端を「0」として，末端から2つ目のアミノ酸)は特に重要であるが，C末端からより離れた残基も重要な貢献をしていることがある。

細胞極性やRhoファミリーGTPアーゼの制御のような機能に関係する細胞質性タンパク質の多くと同様，受容体型チロシンキナーゼやGタンパク質共役受容体，イオンチャネル，接着タンパク質などの多くの膜貫通型受容体は，C末端にPDZ結合モチーフをもつ。さらにPDZタンパク質は，縦列に並んだ多数のPDZドメインをもつことがあり(MUPP1タンパク質の場合は13個まで)，適切なC末端モチーフをもつ複数の異なるタンパク質と同時に結合することができる。このため，PDZドメインタンパク質は通常，細胞内の特定の場所に膜貫通型受容体と細胞質性シグナル伝達タンパク質を共局在させる足場として働いている。

タンパク質相互作用ドメインは二量体や多量体を形成できる

先に述べたタンパク質相互作用のほとんどは，折りたたまれたタンパク質ドメインがペプチドリガンドと相互作用することに関連したものである。これに対して一部のタンパク質ドメインは，二量体化または多量体化を仲介することにより，機能的なシグナル伝達複合体の構築に機能している。二量体化は，同じ2つのタンパク質(ホモ二量体化)，あるいは同じファミリーに属する2つの異なるタンパク質(ヘテロ二量体化)の間で起こり，シグナル伝達経路を制御する複合体の中に2つの異なるタンパク質を組み込むことができる。さらに高次の多タンパク質複合体形成も可能である。14-3-3タンパク質の二量体化がリン酸化したパートナーとの結合にいかに重要な役割を果たしているかはすでに紹介した(図10.11参照)。

SAM(sterile alpha motif，ステライルαモチーフ)ドメインは，伸長した多量体へと自己会合するだけでなく，頭-尾二量体を形成できるモジュールの例である。SAMドメインは，受容体型チロシンキナーゼや細胞質のシグナル伝達タンパク質から，転写因子あるいはクロマチンを制御するポリペプチドまで，さまざまなタンパク質にみられる。SAMドメインは通常，EH(end-helix，エンドヘリックス)，ML(mid-loop，ミッドループ)と呼ばれる2つの異なる表面を介して相互作用している。1つ目のドメインのEH面は，2つ目のドメインのML面と相互作用している(図10.17)。二量体形成に加え，互いに互換性のあるEHとML部位をもつSAMドメインは長い多量体を構築できる。このような会合は，転写抑制を仲介するEtsファミリーのメンバーであるヒト転写因子TELでみられる。似たような際限ない多量体は，クロマチンを転写抑制状態に維持するポリコームタ

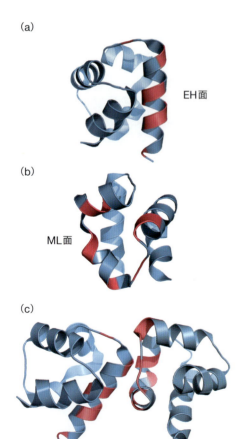

SAMドメイン二量体のモデル

図10.17

SAMドメインは多量体を形成できる SAMドメインは異なる(a)EH面と(b)ML面をもち，それらは(c)「頭-尾」形式で二量体化でき，より長い多量体も形成できる。二量体–二量体相互作用にかかわる残基をピンク色で示す。(J.J. Kwan et al., *J. Mol. Biol.* 342: 681–693, 2004より，Elsevierの許諾を得て掲載)

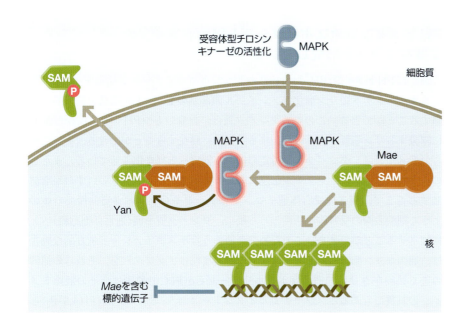

図10.18

SAMドメインの多量体化は転写因子Yanを制御している 受容体型チロシンキナーゼが活性化していないとき，Yan分子（緑色）の大部分は，DNAと強いアフィニティーをもつSAMドメインを介したホモ多量体を形成している。YanのDNA結合は，転写活性化因子の結合を阻害し，標的遺伝子の抑制を引き起こす。ほんの一部のYanは，制御タンパク質Mae（オレンジ色）とSAM-SAMヘテロ二量体を形成している。受容体型チロシンキナーゼからの刺激はMAPキナーゼ（MAPK）の活性化を引き起こし，MAPキナーゼがMaeと結合しYanをリン酸化できるようになる。リン酸化されたYanは細胞質へと排出される。平衡を保つためYan多量体はDNAから解離し，その結果転写が起きるようになる。*Mae*の発現はYanによって制御されているため，正のフィードバックサイクルがはじまり，MAPKの活性化による標的遺伝子の完全な抑制解除が確保される。(F. Qiao et al., *Cell* 118: 163–173, 2004より．Elsevierの許諾を得て掲載)

ンパク質グループのメンバーである，ショウジョウバエのポリホメオティックタンパク質のSAMドメインによっても形成される。どちらの場合でも，SAMドメインにより形成された多量体は，クロマチンの広い範囲にわたって転写を抑制するシグナルを伝達している。

このタイプのドメインによる多量体化は，ショウジョウバエSAMドメイン含有転写抑制因子Yanの場合のように，ダイナミックな制御を受けることができる。受容体型チロシンキナーゼの活性化は，Yanともう1つのSAMドメインタンパク質Maeとのヘテロ二量体化を促進する。Maeとの結合は，クロマチンと結合しているYanの脱多量体化や，リン酸化，核外への移行を引き起こす。このような方法で，発生の間，転写抑制の解除が細胞外シグナルと連動して生じている（図10.18）。

リン脂質を認識する相互作用ドメイン

ここまで，細胞外シグナルがどのようにして細胞内シグナル伝達タンパク質のダイナミックな翻訳後修飾を誘導できるのかについて述べてきた。また，そのような修飾はしばしば，標的タンパク質の相互作用ドメインに対する結合部位を作り出すことでその効果を発揮することも説明した。しかし，シグナル伝達情報は，脂質や小分子のような刺激に応答して修飾される非タンパク質分子によっても伝達される。例えば，外部からのシグナルは，リン脂質のリン酸化を誘導することができる。リン脂質は脂肪酸側鎖が膜に埋め込まれ，リン酸化された頭部基が膜の細胞質側に存在している。相互作用ドメインがタンパク質のリン酸化部位を認識できるのと同様，リン脂質，特にホスホイノシチドファミリーのメンバーの頭部基と選択的に結合する相互作用ドメインが数多く存在している。本節では，特定の膜リン脂質を認識し，シグナル伝達タンパク質と膜との相互作用の制御に重要な役割を果たしているドメインの例をいくつか述べたい。

膜脂質とシグナル伝達におけるそれらの役割についての詳細は第7章で述べている

PHドメインはホスホイノシチド結合ドメインの主要なクラスを形成している

例えば**PHドメイン**(PH domain)のようなホスホイノシチド結合ドメインは，ホスホイノシチドのリン酸化イノシトール頭部基の1つ以上の構造を特異的に認識することができる。このためタンパク質は，自身のもつPHドメインが選択的に認識するリン脂質が豊富に存在する膜領域に局在することができる。実際これらのドメインは，タンパク質を特定の細胞小器官へと局在化させている。またこのようなドメインは，シグナル伝達に関与するホスホイノシチドのいずれかを認識することで，例えば受容体型チロシンキナーゼやGタンパク質共役受容体のような細胞表面の受容体が活性化した後に，タンパク質を膜(通常は細胞膜)へと移行させることができる。このため，このようなホスホイノシチド依存的な局在は，適切なリン脂質結合ドメインをもつ酵素またはアダプターを，それらの標的の近くに局在させる。例えばホスホリパーゼ$C\delta$(PLCδ)酵素は，その触媒ドメインの基質でもあるホスファチジルイノシトール 4,5-ビスリン酸($PI(4,5)P_2$)と選択的に結合するPHドメインをもつ。その結果，この相互作用は基質が豊富にある膜領域にPLCδを集結させることになる(図10.19)。これに対し，セリン/トレオニンキナーゼAktやその活性化因子PDK1のPHドメインは，$PI(3,4,5)P_3$と$PI(3,4)P_2$に選択的に結合する。PI3キナーゼを活性化する外部のシグナルに応答して細胞膜の$PI(3,4,5)P_3$レベルが上昇し，PHドメインの結合部位が生じるまで，PDK1やAktはサイトゾルに存在したままである。いったん膜へ移行すると，PDK1はAktをリン酸化し活性化する。Aktは，細胞増殖や細胞生存の制御に関係する基質を数多くもつ。

Aktの活性化については第5章で述べている

本章の前半で述べたように，PHドメインはPTBドメインと全体的に同じ折りたたみ構造をもち，C末端側αヘリックスで覆われた2つの直交するβシートからなる(図10.4参照)。PHドメインのホスホイノシチド結合ポケットはαヘリックスとは反対側の表面にあり，通常最初の2つのβストランド間のループに存在する塩基性残基によって形成されている。これらの塩基性残基は，イノシトール環のリン酸と19本の水素結合を形成できる。その結果，ホスホイノシチドがPHドメインに結合するアフィニティーは比較的高くなる(K_d値は30 nM程度)。結合ポケットのわずかな違いでホスホイノシチドの認識の特異性を変えることができる。またあるPHドメインは，ホスホイノシチドまたはリン酸化スフィンゴ脂質と結合するのに，通常の部位の近傍にある別の結合ポケットを利用している。ただし，配列の類似性をもとに同定されたPHドメインの大部分はホスホイノシチドと高いアフィニティーで結合できることが証明されておらず，それらが今のところ不明な他の標的と結合している可能性もあることに注意しなければならない。

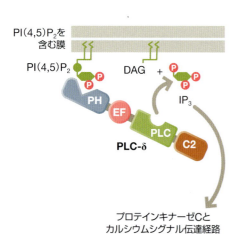

図10.19

PLCδ PHドメインは$PI(4,5)P_2$に富む膜領域にリクルートされる 膜へのリクルートの後，PLCδの酵素活性は$PI(4,5)P_2$をイノシトール 1,4,5-トリスリン酸(IP_3)とジアシルグリセロール(DAG)に変換し，それらはプロテインキナーゼC(PKC)とカルシウムシグナル伝達経路を活性化する。

FYVEドメインはエンドサイトーシスタンパク質にみられるリン脂質結合ドメインである

　さまざまなクラスのドメインがタンパク質のホスホペプチド部位と結合するように，膜のホスホイノシチドと結合する相互作用ドメインにもさまざまなタイプが存在する。その1つがFYVEドメインで，2つの亜鉛結合クラスターによって安定化されており，エンドソーム上のホスファチジルイノシトール3-リン酸（PI(3)P）と相互作用する正に荷電した底の浅いポケットをもつ（図10.20a）。FYVEドメインはPHドメインと比べて結合したホスホイノシチドと水素結合をほとんどつくらないため，可溶型PI(3)Pに対するFYVEドメインのアフィニティーはかなり弱い。しかし，FYVEドメインの他の特性が膜との相互作用を非常に強固にしている。第一に，FYVEドメインは非極性残基を膜の内部に挿入しており，ホスホイノシチドを選択的に認識することによってもたらされる結合エネルギーを増加させている。第二に，FYVEドメインタンパク質は二量体や多量体を形成でき，PI(3)Pに富んだ膜に対するアビディティーを増加させている。

　FYVEドメインタンパク質の代表例はHrsで，そのFYVEドメインがPI(3)Pと結合することでHrsはエンドソームに局在している。Hrsはまたユビキチン結合モチーフをもつことから，ユビキチン化受容体がエンドサイトーシスによって取り込まれる際にエンドソーム上で受容体として働いている。これに対しSARAは，TGFβ受容体セリン/トレオニンキナーゼおよびR-SMADと結合する足場であり，活性化した受容体複合体をFYVEドメインを介してエンドソームに局在させている。その結果，細胞内に取り込まれたTGFβ受容体の分解を阻害し，SMAD2/4経路を介したシグナル伝達を促進している。またSARAとの結合は，クラスリン被覆小孔で取り込まれたシグナル伝達能のあるTGFβ受容体と，カベオリンが仲介する経路で取り込まれたTGFβ受容体（リソソームで分解される）とを区別している（図5.15）。

BARドメインは曲がった膜と結合し，安定化している

　PHドメインやFYVEドメインに加え，他のタンパク質ドメインの多くが負に荷電した脂質と結合する。そしてこれらはエンドサイトーシスやタンパク質/小胞輸送に関係するタンパク質に特によくみられる。このようなドメインはより複雑な特性をもっている。例えばBARドメインは，バナナ型の構造をしたコイル

図10.20

リン脂質と結合する相互作用ドメイン　(a) FYVEドメインホモ二量体と膜との相互作用モデル。FYVEドメインは通常，PI(3)Pが豊富なエンドソーム膜と結合している。FYVEドメインは亜鉛（オレンジ色の球）の結合によって安定化している。リン酸化脂質の頭部基と相互作用する塩基性残基を青色で示す。膜（おおよその位置を水平の線で示す）へのFYVEドメイン由来の疎水性側鎖（黄色）の潜在的な挿入に注意。結晶化のため，親水性のイノシトール1,3-ビスリン酸（IP$_2$）頭部基を，疎水性の膜脂質PI(3)Pのかわりに用いている。(b) BARドメインは，その形と正に荷電した結合面のため，曲がった膜と強く相互作用している。曲がった膜への結合は，ドメインと負に荷電した膜との間の静電相互作用を増加させ，エネルギー的に有利である。その結果BARドメインは，例えばエンドソーム小胞の形成において，膜湾曲を安定化または促進している。(aはM. Lemmon, Nat. Rev. Mol. Cell Biol. 9: 99–111, 2008より。Macmillan Publishers Ltd.の許諾を得て掲載；bはH.T. McMahon and J.L. Gallop, Nature 438: 590–596, 2005より。Macmillan Publishers Ltd.の許諾を得て掲載）

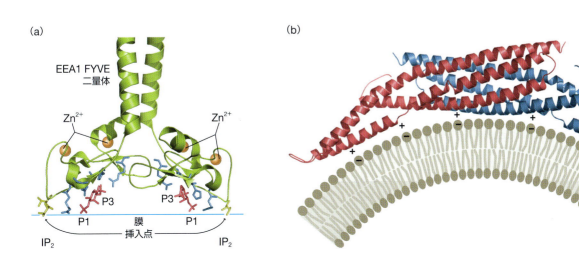

ドコイル配列の二量体を形成する(図10.20b)。この二量体のくぼんだ表面は通常正に荷電しており，生体膜とアフィニティーをもつ(生体膜はリン脂質のリン酸基のため，表面が負に荷電する傾向がある)。その曲がった形が，それら二量体がドメインの曲率と合うような特定の屈折度をもつ膜と最も高いアフィニティー(最も低いエネルギー)で結合することを意味している。BARドメインはまた，曲がった膜を安定化あるいは誘導することさえできる。結果として，エンドサイトーシスに必要な仕分け用の小胞状あるいは管状構造の形成を促進している。

相互作用ドメインを組合わせることで複雑な機能を作り出すことができる

ここまでは基本的に，個々の結合ドメイン——単独で折りたたみ構造をとり，適切なリガンドをリクルートするのに必要な最小限の配列——について述べてきた。しかし進化の過程を通じて，異なるドメインが再結合し，他のドメインと連結されるのはよくあることである。本節では，そのようなドメインの組合わせが，より精密なシグナル伝達様式をもつタンパク質や複合体をどのように作り出すことができたのかについて述べる。

ドメインの組換えは進化を通じて起きる

関連したドメインファミリーのメンバーは一般的に似た生化学的活性をもつにもかかわらず，さまざまな種類の他の機能ドメイン(結合能あるいは触媒能に関して)をもつタンパク質中に存在している。あるクラスのドメインが存在する組合わせの範囲は，進化的な多様性がさまざまな方法でドメインを入れ替えることで生じてきたことを示唆するものである。明らかにこれは，タンパク質構造の限られた数の機能的なモジュール単位を繰り返し再利用し，それらを組換えることにより，新しいシグナル伝達様式を作り出す簡易なメカニズムを提供している。

SH2ドメインを含むタンパク質のモジュラードメイン構造を調べることで，このような組合わせの多様性を知ることができる。図10.21はSH2ドメインを

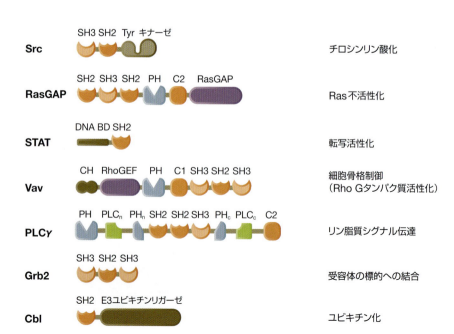

図10.21

SH2ドメインは，シグナル伝達においてさまざまな役割をもつ多くのタンパク質でみられる
110種類ほどあるヒトのSH2ドメイン含有タンパク質の一部のドメイン配置を示す。各タンパク質の主要なシグナル伝達活性を右に示している。PLCγでは，ホスホリパーゼC触媒ドメインとPHドメインの両方を2つに分け，nとcで示していることに注意。

含むタンパク質をいくつか選んだもので，それらの多様な機能を示している。なおここでいう多様な機能とは，低分子量Gタンパク質のGTP結合状態やリン脂質代謝，アクチン細胞骨格のダイナミックな再編成，ユビキチン化，タンパク質チロシンリン酸化，転写などの制御のことを指している。この図で示したのはヒトでみられるSH2含有タンパク質のほんの一部であるが，SH2ドメインファミリーの組合わせの多様性は明らかである。似たような組合わせの多様性は，他の多くのドメインファミリーでもみられる。

あるタンパク質では，SH2ドメインが他の相互作用ドメイン——例えばプロリンに富んだ配列に結合するSH3ドメイン——とだけ連結されている。このようなタイプのタンパク質は**アダプタータンパク質**（adaptor protein）として働き，ホスホチロシンを含む受容体をアダプターのSH3ドメインに結合する下流の標的分子とリンクさせている（以下参照）。SH2ドメインはまた，酵素ドメインと直接つながれていることもある。ホスホリパーゼCγ1のようなタンパク質は，触媒ドメインに加え異なる相互作用ドメインをいくつかもち，ペプチドとリン脂質リガンドの両方と結合している。そのためこのようなタンパク質の活性は，潜在的に複数の入力によって制御されている可能性がある。このように，チロシンリン酸化の変化に対する細胞の応答は，リン酸化の結果生じたホスホチロシンモチーフがどのSH2ドメインタンパク質と結合できるかによって大部分が決定される。また，結合したSH2ドメインタンパク質が活性化もしくは抑制する下流経路にも依存する。

相互作用ドメインまたはモチーフの組合わせは，シグナル伝達複合体構築の足場として利用される

シグナル伝達タンパク質のうち，マルチドメインを有する代表的なクラスは足場タンパク質であり，これらは同じポリペプチド内に多数の相互作用ドメインまたはペプチドモチーフをもつ。一般的にそのようなタンパク質は，多タンパク質複合体を協調的に形成させる際に利用される。そしてそれは，決まった方法，あるいはシグナルによってダイナミックに調節される方法のいずれかによって行われる。

新しい機能を創出する最もシンプルな例の1つは，Grb2のようなタンパク質によって示されている。Grb2は，アダプタータンパク質を形成する2つのタイプの認識ドメインから構成されている。Grb2は，2つのSH3ドメインではさまれたSH2ドメインを1つもつ。Grb2のSH2ドメインは，活性化したPDGF受容体上に作り出されるpYSNAペプチドモチーフのような，リン酸化モチーフを特異的に認識している。一方，Grb2 SH3ドメインは，低分子量Gタンパク質RasのGEFであるSosがもつような，プロリンに富んだ特定のペプチドモチーフを認識する。その結果としてGrb2はアダプターとして機能している。というのも，Grb2はホスホチロシン依存的な入力を受け，それを特定の出力，つまり細胞膜上でのRasの活性化に変換しているからである（図10.22a）。また，Grb2 SH3ドメインはSos以外のエフェクター，例えばCbl（E3ユビキチンリガーゼ）やダイナミン（エンドサイトーシスに関連するタンパク質）などとも結合できるので，別の出力も可能である。原理的には，アダプタータンパク質がもつドメインの組合わせに依存して，同じ入力情報を潜在的に異なる出力へと変換するためにアダプタータンパク質が利用できるので，さらなる柔軟性がもたらされている（図10.22b, c）。以下に，他のタイプのドメインの組合わせがどのようにしてより複雑なシグナル伝達様式を生じさせているのかについて述べる。

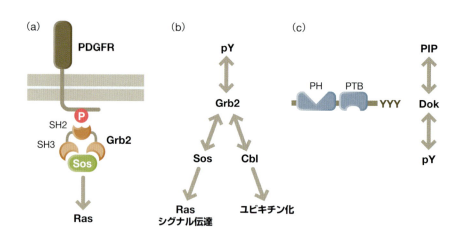

図10.22

アダプタータンパク質の柔軟性　(a)Grb2アダプターは，例えばPDGF受容体（PDGFR）のような活性化した受容体型チロシンキナーゼを，Ras活性化因子Sosのような下流エフェクター分子と共役させている。(b)Grb2はSH3ドメインを介して，異なる活性をもつ多数のエフェクタータンパク質と結合できる。SosのリクルートはRasシグナル伝達を促進する一方，ユビキチンリガーゼCblのリクルートは，受容体のユビキチン化とダウンレギュレーション（下方制御）を促進する。(c)Dokアダプターファミリーのメンバーは，ホスホイノシチドと結合するPHドメインや，チロシンリン酸化ペプチドと結合するPTBドメイン，潜在的なチロシンリン酸化部位（Y）をもつ。そのためDokアダプターファミリーは，PIPのようなホスホイノシチドを産生する脂質キナーゼからのシグナルと，ホスホチロシン（pY）を作り出すチロシンキナーゼからのシグナルとを統合することができる。

PDZドメインを含む足場タンパク質は，シナプス後膜肥厚のような細胞間シグナル伝達複合体を組織する

多数の相互作用ドメインを含むタンパク質は，複雑なシグナル伝達経路を組織する足場として機能できる。例としてはPDZドメインを含む足場タンパク質があげられ，これらタンパク質は細胞間シグナル伝達の接合点を組織している。多細胞生物では，隣接する細胞間では特定のシグナル伝達が頻繁に生じているはずで，高度に特殊化した複合体が細胞間の接点に形成されている可能性がある。例えばニューロンは，シナプスと呼ばれる接合点で互いに接続している。シナプス後側は，**シナプス後膜肥厚**（postsynaptic density：PSD）として知られる特殊化した細胞構造を含んでいる。PSDは，電子顕微鏡で簡単に撮影できるほどタンパク質が密集して存在しているため，このように名づけられた。PSDは通常，樹状突起棘として知られるアクチンに富んだ突出構造上にみられ，細胞内には神経伝達物質受容体やその他のシグナル伝達タンパク質が集結している。

シナプス足場タンパク質は，PSDを組織するのに不可欠である。シナプス足場タンパク質PSD95など，足場タンパク質のいくつかは，SH3やホスホセリン/ホスホトレオニン結合グアニル酸キナーゼ様（guanylyl kinase-like：GK）ドメインに加え，多数のPDZドメインをもち，それらはすべて異なる相互作用を形成している（図10.23）。PSDに存在する神経伝達物質受容体のほとんどは，PDZドメインによって認識されるC末端部分をもつ。さらに他のドメインは，複合体を樹状突起棘の細胞骨格構造に固定させるように相互作用している。このように，これらの足場は事実上，大きな超分子複合体を組織している。すなわち，シナプス前細胞から放出された神経伝達物質に対し効率的かつすばやく応答できるように，受容体とその下流シグナル伝達エフェクターが細胞内の適切な場所で前もって複合体を形成して存在している。特筆すべきところでは，隣接する上皮細胞どうしの密着接合のような細胞間接合でも，複合体形成のために関連したPDZ足場タンパク質が利用されている。

多数のホスホチロシンモチーフをもつタンパク質は，ダイナミックに制御される足場として機能する

前述したように，多数のホスホチロシンモチーフをもつ数多くのタンパク質が存在している（図10.10参照）。そのようなタンパク質は，リン酸化に応答してより大きなシグナル伝達複合体を一過性に組織する足場として働くことができる。

TCR活性化における足場タンパク質の役割については第12章で説明している

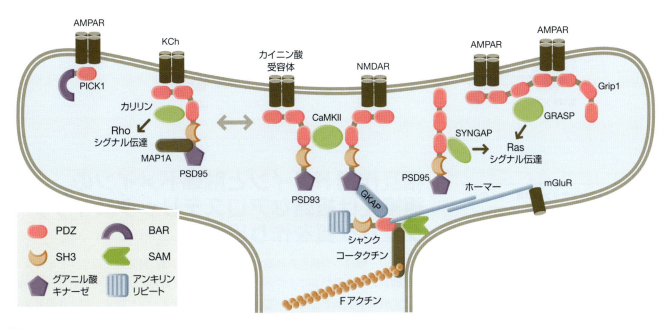

図10.23

シナプス後膜肥厚におけるPDZ含有タンパク質 シナプス後膜肥厚(PSD)に局在する多くのタンパク質はPDZドメインをもつ。これらは、適切なシナプス構造と機能に必要な超分子複合体を形成している。これらの相互作用のいくつかを図に示す。主要なPDZ含有タンパク質であるPSD95(Dlg4としても知られている)は、NMDA受容体(NMDAR)やAMPA受容体(AMPAR)、カリウムチャネル(KCh)のような、多くの受容体やイオンチャネルを連結することができる。PSD93(Dlg2としても知られている)も、カイニン酸受容体などの受容体と相互作用し、またPSD95とヘテロ多量体を形成できる。PSD95はアダプターGKAPを介して、PDZドメインをもつシャンクタンパク質と結合している。シャンクはまた、ホーマータンパク質を介して代謝型グルタミン酸受容体(mGluR)と相互作用し、コータクチンを介してアクチン細胞骨格と結合している。PSD95はMAP1Aと結合することで、微小管と結合している。PDZおよびBARドメインを含むタンパク質PICK1も、受容体やイオンチャネルと結合できる。PDZドメインを7個もつGrip1はAMPARと結合でき、AMPARや他の受容体のPSD膜への局在を制御している。Grip1はRasシグナル伝達経路を制御するためにGRASPと結合できるが、この経路はPSD95と結合したSYNGAPによっても制御されている。カリリンもPSD95と結合し、Rhoシグナル伝達を活性化している。CAMKⅡはPSD95を含む多くのPSDタンパク質をリン酸化している。AMPAR：AMPA(α-アミノ-3-ヒドロキシ-5-メチル-4-イソオキサゾールプロピオン酸)受容体、CAMKⅡ：カルシウム/カルモジュリン依存性プロテインキナーゼⅡ、NMDAR：NMDA(N-メチル-D-アスパラギン酸)受容体。(W. Feng and M. Zhang, Nat. Rev. Neurosci. 10: 87–99, 2009より，Macmillan Publishers Ltd.の許諾を得て掲載)

このようなタンパク質の足場活性は、上で述べたPDZ含有タンパク質のような恒常的な足場活性とは対照的に、チロシンキナーゼやホスファターゼの活性によってダイナミックに制御されている(図10.24)。例えばPDGF受容体やEGF受容体のような、自身の活性化によってリン酸化されるチロシンモチーフを多数もつ受容体型チロシンキナーゼや、IRS1のような受容体結合足場タンパク質などが例としてあげられる(図4.11参照)。さらに、LATやSLP-76のような免疫シグナル伝達分子も代表的な例である。これらは、活性化したT細胞受容体(TCR)にリクルートされるとチロシンキナーゼZAP-70によってリン酸化されるチロシンモチーフを多数含んでいる。この場合、LATやSLP-76のリン酸化は一時的にSH2結合部位を作り出し、その部位がLATやSLP-76、SH2/SH3アダプターGADS、SH2含有キナーゼITK、そしてSH2含有酵素PLCγが関与する大きな足場複合体形成の核となる。この複合体の形成は適切なPLCγの活性化に必要であり、TCR応答を完全に引き起こすのに不可欠である。

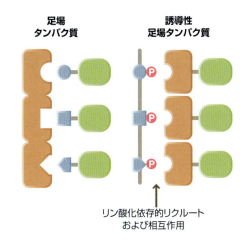

図10.24

足場タンパク質の特性 足場タンパク質は多数の相手と結合する部位をもち、大きな多タンパク質複合体の会合の核として機能している。誘導性の足場タンパク質は、結合活性を促進するのにシグナルの入力を必要とする。例えば結合は、上流キナーゼによるリン酸化に依存していることがある。

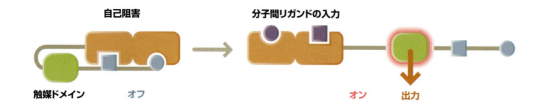

図10.25　アロステリックスイッチタンパク質　多くのシグナル伝達酵素は，モジュラー相互作用ドメイン（オレンジ色）によって制御されている。ここに示す例では，触媒ドメイン（緑色）の活性が，定常状態（不活性な状態）のときには分子内相互作用によって抑制されている。例えば相互作用ドメインに対するリガンド（紫色）によってこれらの分子内相互作用がなくなると，触媒ドメインの活性化が引き起こされる。

PKAの制御については第6章で述べている

相互作用ドメインと触媒ドメインの組換えは複雑なアロステリックスイッチタンパク質を作り出す

　シグナル伝達に関係する触媒ドメインはしばしば，特定の上流シグナルによって制御される必要がある。シグナル伝達タンパク質のモジュール構造は，この問題に柔軟な解決策を与えている。つまり，触媒ドメインに特定の相互作用ドメインを結合させることで，上流の制御シグナルと局在および触媒活性が協調的に制御されたアロステリック分子を作り出すことができる（図10.25）。そのような分子は，**アロステリックスイッチタンパク質**（allosteric switch protein）と呼ばれている。以下に，複雑なマルチドメインスイッチの例をいくつか述べる。それらは，ドメイン要素を新たな組合わせで用いることによって作り出すことができるメカニズムや制御関係の多様性を示すものである。

多くのシグナル伝達酵素がアロステリックなスイッチである

　すでにプロテインキナーゼに関してこのタイプの制御の例をいくつかみてきた。例えば第1章と第3章で，SH2とSH3ドメインによる分子内相互作用が，Srcファミリーキナーゼの触媒ドメインを不活性な構造に固定していることをみてきた。このようにSrcはアロステリックスイッチタンパク質であり，SH2結合モチーフが脱リン酸化されるか，競合するSH2リガンドあるいはSH3リガンドと結合することによって自己阻害的な相互作用が解除され，キナーゼ活性が特異的に誘導される（図1.9参照）。またPKAに関しては，キナーゼサブユニットと，2つのcAMP結合ドメインおよび阻害的な偽基質ペプチドから構成される制御（R）サブユニットがどのように非共有結合しているかをみてきた。このPKAのマルチドメイン複合体はキナーゼを阻害された不活性な状態にしており，cAMPがRサブユニットに結合することで活性化が起こる。このように，この種のモジュラーアロステリック制御が，分子内の自己阻害的な相互作用を介するだけでなく，他の分子との非共有結合を介することでどのように達成されているのかを知ることができる。このようなタイプのモジュラー的自己阻害方式は，キナーゼやホスファターゼ，GEF，GAP，その他多くの種類の触媒機能にみられる。さらに，マルチドメイン足場タンパク質が分子内相互作用によって不活性な状態で存在しているということも，次々とわかってきている。

14-3-3タンパク質は2つのリン酸化部位と協調的に結合することでRafキナーゼを制御している

　14-3-3タンパク質との結合がどのようにリン酸化された標的タンパク質の局在を変化させるか，あるいはどのように他の相手との結合を阻害するかについてはすでに述べた。一方で14-3-3ドメインは，リン酸化依存的にタンパク質の触

媒活性を制御することにも機能している。Erk-MAPキナーゼ経路において，c-Rafセリン/トレオニンキナーゼ（MAPKKKの1つ）は低分子量Gタンパク質Rasによって活性化され，その後MAPキナーゼ経路を介したシグナル伝達を活性化する。定常状態では，14-3-3タンパク質はリン酸化されたc-Rafと結合し，その活性を阻害している。この複合体において，二量体を形成する各14-3-3タンパク質プロトマーは，不活性なc-Raf分子の異なるリン酸化部位に結合している。1つはキナーゼドメインのN末端側（ヒトc-RafのSer259）で，もう1つはC末端側（Ser621）である（図10.26）。このような14-3-3の2部位での相互作用は，Rafのキナーゼ活性が抑制され，Ras結合ドメインが塞がれた自己阻害的な構造を安定化する締め具として働いている。N末端側部位の脱リン酸化は14-3-3の締め具をはずし，c-Rafを活性化するのに必要である。

c-Rafの261番目のプロリンがセリンに変異した遺伝子が，ヌーナン症候群でみつかっている。ヌーナン症候群とは，ヒトにおいて心疾患や顔面異常，低身長，その他の症状を引き起こす遺伝性疾患である。この変異は259番目のセリンのリン酸化を阻害し，そのため14-3-3によるc-Raf活性の抑制を阻害している。異常に活性化したc-Rafは，Erk-MAPキナーゼ経路を介してシグナルを送り，最終的に疾患を引き起こす。この例は，シグナル伝達タンパク質のモジュール性の本質や，14-3-3二量体との結合により鍵となるシグナル伝達キナーゼが制御されていること，そしてこの阻害的な相互作用が失われると結果として重篤な表現型がもたらされることを明確に示している。

ある植物のプロテインキナーゼはモジュラー光駆動性ドメインによって制御されている

これらモジュラーシステムの幅広く一般的な利用例の1つは，植物によってもたらされている。この場合では，あるセリン/トレオニンキナーゼが光によって活性化される。光からエネルギーを引き出し，光が利用可能かどうかに依存して生理機能や順応性を調節しなければならない植物にとって，このような機構は特に有益である。よく研究されているケースでは，光駆動性相互作用モジュールであるLOVドメインによって青色光に応答する能力がもたらされている。LOVドメインはフラビンモノヌクレオチドと強く結合し，植物のさまざまな光調節型シグナル伝達タンパク質中に存在している。キナーゼの場合，休止状態（暗闇）時には，LOVドメインが分子内相互作用によってキナーゼ触媒ドメインを阻害している。青色光は，フラビンとLOVドメインの保存されたシステインとの間に共有結合付加体を作り出し，LOVドメインを触媒ドメインから解離させるような構造変化を引き起こす。その結果，キナーゼの活性が亢進する（図10.27）。光によって細胞内で制御可能なLOVドメインを含む組換えタンパク質の設計が可能であったことから，この制御機構のモジュール性は実験室レベルで証明されてきた（以下でさらに述べる）。

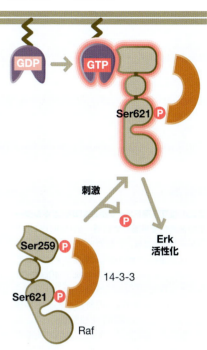

図10.26

14-3-3タンパク質によるRafキナーゼの制御
14-3-3タンパク質は，リン酸化されたSer259とSer621に同時に結合することで，Rafを不活性な状態にとどめている。Ser259の脱リン酸化は14-3-3を解離させ，Gタンパク質RasがRafを活性化することを可能にし，その結果MAPKシグナル伝達経路の活性化が引き起こされる。

 MAPキナーゼカスケードについては第3章で述べている

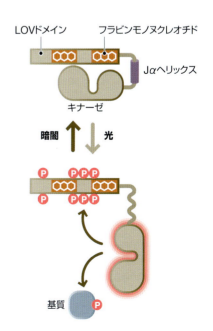

図10.27

LOVドメインをもつキナーゼの光による活性化 光はLOVドメインのフラビンモノヌクレオチドと相互作用する。このことが重要なαヘリックス（Jα）の破壊を含む立体構造の変化を引き起こし，キナーゼドメインの解離と活性化を生じる。その結果，LOVドメイン含有制御領域を含む，基質のリン酸化を引き起こす。（J.M. Christie, *Annu. Rev. Plant Biol.* 58: 21–45, 2007より．Annual Reviewsの許諾を得て掲載）

モジュラー相互作用による好中球NADPHオキシダーゼの制御

モジュラー相互作用ドメインによりアロステリックに制御されている最も興味深い分子機構の1つは，好中球NADPHオキシダーゼである。この酵素は細菌のファゴサイトーシスの間に活性化しており，ファゴソームと呼ばれる特別な細胞内小胞の中に，細菌を殺すのに使われる有毒なスーパーオキシドアニオン（O_2^-）を作り出す。スーパーオキシドの毒性を考えると，オキシダーゼの触媒活性が適切な場所と時間にだけ誘導されることは重要である。これと一致するように，活性をもつ酵素をつくるためには複合体の会合反応が必要である。NADPHオキシダーゼは多数の構成因子をもち，そのなかには電子を酸素分子に移動させるヘテロ二量体フラボシトクロムを形成する2つの膜タンパク質——p91phoxとp22phox——や，3つの細胞質性制御タンパク質——p47phox, p67phox, p40phox——が含まれている。貪食細胞受容体による刺激が入ると，これら3つの細胞質質性タンパク質は膜へ移行し，機能的なオキシダーゼ複合体を作り出すために不可欠な膜タンパク質と結合する（図10.28a, b）。

各細胞質性タンパク質はSH3ドメインを含む多数の相互作用ドメインをもち，貪食作用シグナルによって互いに，そして重要な膜タンパク質phoxとドメインを介して相互作用している。一方刺激されていない細胞では，これらのドメインは分子内相互作用により隔離されており，偶発的なオキシダーゼの活性化を防いでいる。例えば，p47phoxの隣り合う2つのSH3ドメインは自身の尾部に結合し，これらSH3ドメインが他のタンパク質と分子間で結合することを防いでいる。低分子量GタンパクRacの結合や，p47phoxの多数のセリン残基のリン酸化を含む活性化シグナルは，分子内SH3結合の破壊をもたらす。解放されたp47phox SH3ドメインは，膜に結合したp22phoxサブユニットのプロリンに富んだ配列と自由に結合するようになり，微生物の感染を制限するのに不可欠な機能的なオキシダーゼを作り出す。このシステムにおいて，p47phoxの縦列に並んだ2つのSH3ドメインは1つの結合面を形成するよう密に会合しており，通常1つのSH3でみられるものより長く特異性の高い結合モチーフを認識している。その結果，酵素活性に関して特に厳密なコントロールをもたらしているようである（図10.28c）。

図10.28

多数の相互作用ドメインがNADPHオキシダーゼの活性化を制御している （a）NADPHオキシダーゼ複合体は，多数のサブユニットからなる。p22phoxやp91phoxは膜タンパク質であるが，p67phoxやp47phox，p40phoxはサイトゾル性制御因子である。p47phoxサブユニットは，自身の2つのSH3ドメイン（青色とオレンジ色）がC末端の多塩基モチーフと結合し固定されることで，不活性な状態に抑制されている。図中の他のドメインは，TPRリピートドメインや高プロリン領域（PRR），PXドメイン，PB1ドメインである。（b）p47phoxの多塩基モチーフがリン酸化されると，SH3ドメインが解離し，p22phoxのポリプロリンモチーフ（PxxP）と相互作用できるようになる。このことは，さらなるドメインの相互作用も可能にし，その結果，複合体が活性化する。（c）多塩基モチーフ（黄色）と相互作用する，p47phoxのSH3AおよびSH3Bドメインの結晶構造。Ser303（矢印）を含むこの領域の残基のリン酸化は，分子内相互作用を破壊する。（aとbはS.S-C. Li, *Biochem. J.* 390: 641–653, 2005より，Portland Pressの許諾を得て掲載；cはY. Groemping et al., *Cell* 113: 343–355, 2003より，Elsevierの許諾を得て掲載）

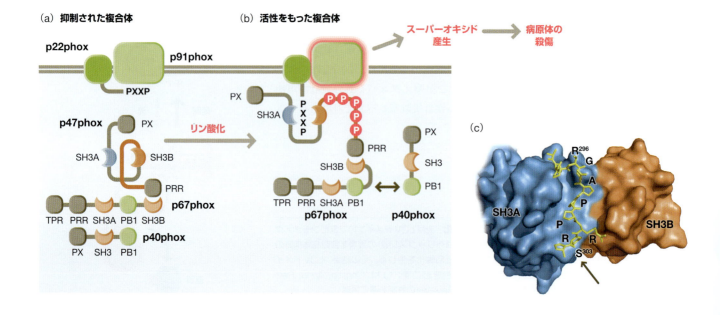

ドメインの組換えによって
新しい機能が作り出される

　複雑なシグナル伝達装置を組み立て，新しい挙動や表現型を作り出すために，進化はモジュラー触媒ドメインや相互作用ドメインの驚くべき柔軟性を利用してきた。遺伝子重複やエキソンシャッフリング，点変異のような進化を推進する分子プロセスが，どのように新しいシグナル伝達機能を作り出してきたかを想像することは容易である。もちろんほとんどの場合，われわれはそのようなイベントを間接的に推論することしかできない。しかし，ドメインの再編成を通して新しい機能が作り出されたことを直接的に明らかにできた例も存在する。以下にヒトの疾患の例や，実験室レベルで新しい機能を設計する直接的な取り組みの例をいくつか述べる。

あるモジュラードメインの再編成はがんを生じる

　ドメイン再編成は新しい機能を作り出す強力な機構となるものだが，新たなドメインの組合わせにつながる遺伝子再配列は同時に，個体にとって都合の悪い機能や疾患を生じさせる可能性があり，この機能面での柔軟性には潜在的な代償が存在する。ランダムなドメイン再編成はある場合には適応に有利な性質をもたらすが，個人の変異した細胞レベルにおいて，あるいは個体レベルにおいては，ほとんどの場合で適応に不都合な点をもたらしているようである。ここではどのようにがん遺伝子(oncogene)——変異や過剰な発現によりがんを引き起こす遺伝子——が染色体転座によって生み出されるか，2つの例について述べる。がん遺伝子はほとんどの場合，それらが発現している細胞の無秩序な増殖や生存の促進を引き起こす。そのため，これらの変異は細胞にとっては適応に有利であるが，その結果生じる腫瘍が最終的には個体の死につながることから，個体にとっては明らかに不都合なものである。

　SAMドメインが多量体化し，伸長した複合体を形成することは先に紹介した。この性質は，異常なシグナル伝達を引き起こすこともある。例えばあるヒト白血病では，染色体転座によって，*TEL*遺伝子由来の自己多量体化SAMドメインと，非受容体型チロシンキナーゼAblの触媒ドメインとの融合が起きている(図10.29a，b)。その結果生じたキメラタンパク質は恒常的に会合し，持続的なチロシンキナーゼドメインの活性化と発がん性形質転換をもたらしている(二量体化やクラスター化は自己リン酸化や触媒ドメインの活性化構造の安定化を促進することから，チロシンキナーゼを活性化する最もよくみられる機構であることを思い出そう)。同様に，他の発がん性融合タンパク質(Abl以外のチロシンキナーゼが関与している)のいくつかも，TELのSAMドメインによる多量体化能によって活性化されている。

　染色体転座によるAblチロシンキナーゼの活性化も，非常に多くの慢性骨髄性白血病(chronic myelogenous leukemia：CML)患者でみられる。この場合，22番染色体上の*BCR*遺伝子由来のコイルドコイル多量体化ドメインが，9番染色体上の*Abl*遺伝子由来のチロシンキナーゼドメインおよびC末端と融合している(図10.29c)。この融合タンパク質を作り出す特徴的なt(9;22)染色体転座は「フィラデルフィア染色体」と呼ばれ，ヒトのがんと直接的な相関関係を示したはじめての明確な遺伝的異常の1つであった。BCRタンパク質に存在する機能的なコイルドコイルドメインが，BCR-Abl融合による発がん性形質転換に必要であるこ

図10.29

多量体化ドメインとの融合によるAblの活性化
(a) Ablは通常, 主にSH2とSH3ドメインによる分子内相互作用によって, 不活性な状態に抑制されている。(b) TELと融合すると, 融合タンパク質のSAMドメインが多量体化し, Abl触媒ドメインの自己リン酸化と活性化を引き起こす。(c) フィラデルフィア染色体は, 9番染色体の先端(Ablをコード)が22番染色体(BCRをコード)に転座して生じる。この転座は, N末端にBCRの一部を含み, Ablと融合したハイブリッドタンパク質を作り出す。BCR由来のコイルドコイルドメインの二量体化または多量体化が, Ablキナーゼドメインの恒常的な活性化を引き起こす。

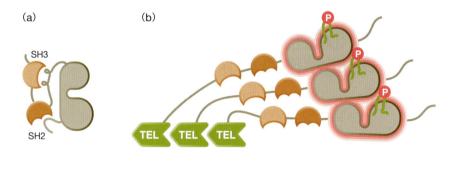

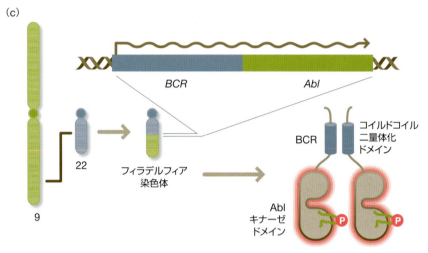

とが示されている。つまりTEL-Ablがん遺伝子産物の場合と同様, BCR-Ablの恒常的な二量体化またはクラスター化が, 持続的なキナーゼの活性化と発がん性形質転換を引き起こしていると考えられる。BCR-Ablは, Ablチロシンキナーゼドメインを特異的に阻害する薬物, イマチニブ(グリベック®)の標的としてよく知られている。CML治療におけるイマチニブの効果は, 特定のシグナル伝達タンパク質を標的とする論理的ながん治療法の開発への取り組みにおいて, これまでで最も劇的な成功をおさめることができた例である。

新しいシグナル伝達様式を設計するため, モジュールを実験的に組換えることができる

　天然の生物学的部品を用いて新しい機能的なシステムをつくることを目的とした**合成生物学**(synthetic biology)という新分野の研究は, シグナル伝達モジュールを使うことにより, 天然にない特注設計のシグナル伝達タンパク質や経路, そして細胞動作を作り出せることを明らかにした。

　多くの真核細胞が, MAPキナーゼ経路を適切に連結させるため足場タンパク質を利用している。ほとんどの細胞は, 異なる応答を引き起こすが密接に関連した経路をいくつか含んでいる。その際, 足場は正しいパートナーを1つの複合体の中に会合させていると考えられており, その結果これらの効率的な相互作用を促進し, 細胞の他の場所に存在する関連しているが誤ったパートナーと相互作用することを防いでいる。MAPキナーゼ足場タンパク質の個々のドメインを組換えることで, 新しい組合わせでMAPキナーゼ構成因子を会合させるキメラ足場タンパク質を構築することができる(図10.30)。このようなキメラ足場タンパク質は, 生きた細胞においてある特定の入力が通常とは関係のない別の応答を引き

MAPキナーゼの出力を制御する足場タンパク質の役割については第3章で述べている

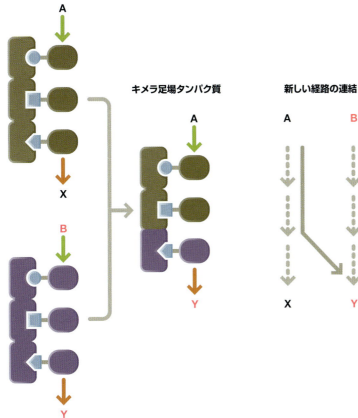

図10.30

キメラ足場はシグナル伝達経路をつなぎ直すことができる この例（MAPキナーゼカスケードをモデルにしたもの）では，刺激Aが出力Xを生じ，刺激Bが出力Yを生じるように，2つの足場が異なるタンパク質複合体を組み立てている。人工的に設計したキメラ足場タンパク質は，刺激Aが新たに出力Yを生じるように，シグナルの出力先を変更することができる。

起こすように，シグナル伝達経路を切り替えることができる。例えば本来なら高浸透圧ストレスに関係して起こるはずの応答を，接合フェロモンの刺激が引き起こすように酵母細胞を再プログラム化することができる。

　触媒ドメインと相互作用ドメインを用いたドメイン組換えの設計は，新しいアロステリックシグナル伝達タンパク質や新しい細胞動作をつくることにも利用できる。例えば低分子量Gタンパク質Racは，膜の突出や細胞移動を促進するアクチン重合のマスター制御因子である。Rac特異的なGEFドメイン（Dblホモロジーまたは DH 触媒ドメイン）といろいろな相互作用ドメインとの再結合は，新しいアロステリックスイッチを生み出す。そこではRacの活性化やアクチンの重合は，本来とは異なる新しい入力によって制御される。例えば，PKAのリン酸化によって解除される自己阻害的な分子内相互作用をもつPDZドメインと再結合させることで，PKA誘導型のGEFを作り出すことができる（図10.31a）。あるいはRac自身と植物由来の光駆動性LOVドメインモジュールとの再結合は，新たな光誘導性Racを作り出す（図10.31b）。

　こうした種類の遺伝子工学的シグナル伝達タンパク質は，モジュラードメインの機能的な柔軟性を明確に示している。このような人工タンパク質はまた，潜在的な用途をいくつか有している。第一に，光制御シグナル伝達タンパク質のような例は，特定のパターンの活性化光を用いることで，空間的にも時間的にも制御された方法で経路を活性化する強力な研究ツールとして利用できる。第二に，これら遺伝子工学的シグナル伝達タンパク質は，長期的には細胞を再プログラム化できる可能性がある。そのような細胞では，例えば疾患をもつ細胞や病原菌を発見して取り除くように設計された治療用検出/応答動作を実行できるようになる

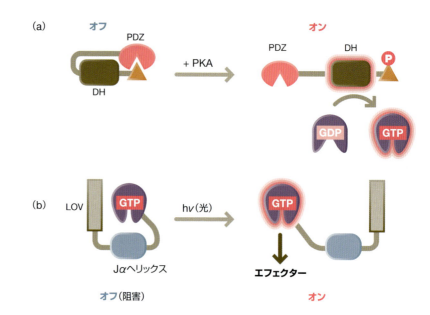

図10.31

新しいシグナル入力に応答するよう改変されたアロステリックスイッチタンパク質 (a) Racの活性化とプロテインキナーゼA (PKA) 活性の共役。DHドメインはRacファミリーGタンパク質に対するGEFとして働く。この例では，DHドメインの活性は，PDZドメインとC末端との間の改変された分子内相互作用によって抑制されている。PKAによってC末端がリン酸化されると，分子内相互作用が解消され，GEFの活性化およびRacの活性化が生じる。(b) 光によるRacの活性化。この例では，恒常的GTP結合型RacがLOVドメインと融合されており，下流エフェクターとの相互作用が阻害されている。光はLOVドメインを解離するような立体構造の変化を誘導し，Rac-GTPが自由にエフェクターと結合できるようになる。

かもしれない。

まとめ

　相互作用ドメインの結合特性に加えて，シグナル伝達タンパク質のモジュール構造は，シグナル伝達タンパク質の活性をいかに制御するか，またそれらを上流の制御シグナルや下流の標的といかに協調的に共役させるかという問題に柔軟な解決策をもたらしている。これまでみてきたように，このことは，タンパク質が互いに結合することによってだけでなく，リン脂質のようなさまざまな生体分子を認識する相互作用ドメインによって成し遂げられている。

　モジュラー相互作用ドメインは，非修飾ペプチドモチーフを認識することも，翻訳後修飾されたペプチドモチーフと特異的に結合することもできる。後者の場合，そのようなドメインは，翻訳後修飾と下流エフェクタータンパク質の局在や活性を共役させることに機能している。多数のモジュラー相互作用ドメインや結合モチーフをもつタンパク質は，シグナル伝達タンパク質をより大きな分子複合体の中に会合させる足場として働くことができる。モジュラー相互作用ドメインを触媒ドメインと併用することにより，さまざまな入力によって制御されるアロステリックスイッチタンパク質を作り出すことができる。シグナル伝達タンパク質のモジュール構造はまた，モジュラー機能ユニットという比較的限られたツールキットからどのようにしてこれほど複雑なシグナル伝達様式が進化してきたかを説明する機構をもたらすものである。

課題

1. ほとんどの真核生物のシグナル伝達タンパク質は，それぞれ異なる機能をもつ複数のドメインからなるモジュール構造をもっている。このようなシグナル伝達タンパク質の構成を生んだのは，どのような進化的な制約あるいは利点があったからか。

2. ある特定のモジュラータンパク質相互作用ドメインが，特定の生物において多くの異なるシグナル伝達タンパク質中にみられることがある。モジュラータンパク質相互作用ドメインファミリーが進化の過程でどのように拡散していったかについての仮説を立てよ。そのようなドメインファミリーの大きさが拡大する際に生じる問題は何か。

3. SH2ドメインとホスホチロシンペプチドの相互作用を解析し，非リン酸化ペプチドのK_d値が1 mMである一方，リン酸化型のK_d値は100 nMであることがわかったとする。このペプチドは低レベルで発現している受容体型チロシンキナーゼのC末端尾部に存在している。細胞中のSH2含有タンパク質のおおよその濃度の範囲はどれくらいか。

4. SH2ドメインあるいはPDZドメインのようなタンパク質相互作用モジュールはしばしば，例えばホスホチロシン側鎖（SH2）または遊離したC末端（PDZ）のような，類似したペプチド中の鍵となる物理的特徴を認識している。ドメインファミリーの個々のメンバーは，どのように異なる特異性を確立しているのか。

5. 活性や機能を制御するためにタンパク質相互作用ドメインが触媒ドメインと組合わされる一般的な方法を述べよ。

6. 相互作用ドメインと触媒ドメインの間の融合はどのようにして疾患を引き起こすのか。新しい細胞動作を設計する際，それらはどのように利用できるか。もしシグナル伝達ドメインのモジュラー組換えが，がんのような疾患を引き起こすなら，なぜこれらの特性は自然選択による負の選別を受けなかったのか。

7. ヒトゲノムは100以上の異なるSH2ドメインをコードし，そのほとんどがホスホチロシンペプチドに特異的に結合している。これに対し，出芽酵母はたった1つのSH2ドメインをもち，セリン/トレオニンリン酸化依存的にRNAポリメラーゼIIと結合する。酵母は専用のチロシン特異的キナーゼをもたず，チロシン特異的なホスファターゼもほとんどない。この情報をもとに，SH2ドメインファミリーとチロシンキナーゼシグナル伝達の進化に関するモデルを立てよ。

8. ほとんどのシグナル伝達タンパク質は，多数の機能ドメイン（結合または触媒ドメインのいずれか）を含んでいる。多くの場合，これらのドメインの1つが不活性化した変異型タンパク質が細胞に発現すると，それらはドミナントネガティブ型変異体としてふるまう。つまり，変異タンパク質は正常な内在性タンパク質の活性を阻害できる。こうしたことがどのように起きるのかを説明せよ。他のケースでは，1つのドメインの変異が反対の効果——恒常的活性化——をもたらすことがある。これはどのような場合か。

9. 実験室レベルで，新しい結合活性をもつモジュラードメインをどのように作り出せるか。

文献

モジュラータンパク質ドメイン

Dyson HJ & Wright PE (2002) Coupling of folding and binding for unstructured proteins. *Curr. Opin. Struct. Biol.* 12, 54–60.

Orlicky S, Tang X, Willems A et al. (2003) Structural basis for phosphodependent substrate selection and orientation by the SCFCdc4 ubiquitin ligase. *Cell* 112, 243–256.

Pawson T & Nash P (2003) Assembly of cell regulatory systems through protein interaction domains. *Science* 300, 445–452.

翻訳後修飾を認識する相互作用ドメイン

Au-Yeung BB, Deindl S, Hsu LY et al. (2009) The structure, regulation, and function of ZAP-70. *Immunol. Rev.* 228, 41–57.

Brehm A, Tufteland KR, Aasland R & Becker PB (2004) The many colours of chromodomains. *Bioessays* 26, 133–140.

Hu J & Hubbard SR (2005) Structural characterization of a novel Cbl phosphotyrosine recognition motif in the APS family of adapter proteins. *J. Biol. Chem.* 280, 18943–18949.

Hurley JH, Lee S & Prag G (2006) Ubiquitin-binding domains. *Biochem. J.* 399, 361–372.

Newton K, Matsumoto ML, Wertz IE et al. (2008) Ubiquitin chain editing revealed by polyubiquitin linkage-specific antibodies. *Cell* 134, 668–678.

Pascal SM, Singer AU, Gish G et al (1994) Nuclear magnetic resonance structure of an SH2 domain of phospholipase C-gamma 1 complexed with a high affinity binding peptide. *Cell* 77, 461–472.

Seet BT, Dikic I, Zhou MM & Pawson T (2006) Reading protein modifications with interaction domains. *Nat. Rev. Mol. Cell Biol.* 7, 473–483.

未修飾のペプチドモチーフまたはタンパク質を認識する相互作用ドメイン

Kwan JJ, Warner N, Pawson T & Donaldson LW (2004) The solution structure of the S. cerevisiae Ste11 MAPKKK SAM domain and its partnership with Ste50. *J. Mol. Biol.* 342, 681–693.

Qiao F, Song H, Kim CA et al. (2004) Derepression by depolymerization; structural insights into the regulation of Yan by Mae. *Cell* 118, 163–173.

Seet BT, Berry DM, Maltzman JS et al. (2007) Efficient T-cell receptor signaling requires a high-affinity interaction between the Gads C-SH3 domain and the SLP-76 RxxK motif. *EMBO J.* 26, 678–689.

Zarrinpar A, Bhattacharyya RP & Lim WA (2003) The structure and function of proline recognition domains. *Sci. STKE* 2003(179):re8.

リン脂質を認識する相互作用ドメイン

Kutateladze TG (2006) Phosphatidylinositol 3-phosphate recognition and membrane docking by the FYVE domain. *Biochim. Biophys. Acta* 1761, 868–877.

Lemmon MA (2008) Membrane recognition by phospholipid-binding domains. *Nat. Rev. Mol. Cell Biol.* 9, 99–111.

McMahon HT & Gallop JL (2005) Membrane curvature and mechanisms of dynamic cell membrane remodelling. *Nature* 438, 590–596.

相互作用ドメインを組合わせることで複雑な機能を作り出すことができる

Chothia C, Gough J, Vogel C & Teichmann SA (2003) Evolution of the protein repertoire. *Science* 300, 1701–1703.

Christie JM (2007) Phototropin blue-light receptors. *Annu. Rev. Plant Biol.* 58, 21–45.

Feng W & Zhang M (2009) Organization and dynamics of PDZ-domain-related supramodules in the postsynaptic density. *Nat. Rev. Neurosci.* 10, 87–99.

Kim E & Sheng M (2004) PDZ domain proteins of synapses. *Nat. Rev. Neurosci.* 5, 771–781.

Li SS (2005) Specificity and versatility of SH3 and other proline-recognition domains: structural basis and implications for cellular signal transduction. *Biochem. J.* 390, 641–653.

Peisajovich SG, Garbarino JE, Wei P & Lim WA (2010) Rapid diversification of cell signaling phenotypes by modular domain recombination. *Science* 328, 368–372.

Vogel C, Bashton M, Kerrison ND et al. (2004) Structure, function and evolution of multidomain proteins. *Curr. Opin. Struct. Biol.* 14, 208–216.

相互作用ドメインと触媒ドメインの組換えは複雑なアロステリックスイッチタンパク質を作り出す

Freed E, Symons M, Macdonald SG et al. (1994) Binding of 14-3-3 proteins to the protein kinase Raf and effects on its activation. *Science* 265, 1713–1716.

Fu H, Subramanian RR & Masters SC (2000) 14-3-3 proteins: structure, function, and regulation. *Annu. Rev. Pharmacol. Toxicol.* 40, 617–647.

Groemping Y, Lapouge K, Smerdon SJ & Rittinger K (2003) Molecular basis of phosphorylation-induced activation of the NADPH oxidase. *Cell* 113, 343–355.

Light Y, Paterson H & Marais R (2002) 14-3-3 antagonizes Ras-mediated Raf-1 recruitment to the plasma membrane to maintain signaling fidelity. *Mol. Cell. Biol.* 22, 4984–4996.

Lim WA (2002) The modular logic of signaling proteins: building allosteric switches from simple binding domains. *Curr. Opin. Struct. Biol.* 12, 61–68.

ドメインの組換えによって新しい機能が作り出される

Bashor CJ, Helman NC, Yan S & Lim WA (2008) Using engineered scaffold interactions to reshape MAP kinase pathway signaling dynamics. *Science* 319, 1539–1543.

Bashor CJ, Horwitz AA, Peisajovich SG & Lim WA (2010) Rewiring cells: synthetic biology as a tool to interrogate the organizational principles of living systems. *Annu. Rev. Biophys.* 39, 515–537.

Chau AH, Walter JM, Gerardin J et al. (2012) Designing synthetic regulatory networks capable of self-organizing cell polarization. *Cell* 151, 320–332.

Dueber JE, Yeh BJ, Chak K & Lim WA (2003) Reprogramming control of an allosteric signaling switch through modular recombination. *Science* 301, 1904–1908.

Golub TR, Goga A, Barker GF et al. (1996) Oligomerization of the ABL tyrosine kinase by the Ets protein TEL in human leukemia. *Mol. Cell. Biol.* 16, 4107–4116.

Karginov AV, Ding F, Kota P et al. (2010) Engineered allosteric activation of kinases in living cells. *Nat. Biotechnol.* 28, 743–747.

Kim CA, Phillips ML, Kim W et al. (2001) Polymerization of the SAM domain of TEL in leukemogenesis and transcriptional repression. *EMBO J.* 20, 4173–4182.

Lim WA (2010) Designing customized cell signalling circuits. *Nat. Rev. Mol. Cell Biol.* 11, 393–403.

McWhirter JR, Galasso DL & Wang JY (1993) A coiled-coil oligomerization domain of Bcr is essential for the transforming function of Bcr-Abl oncoproteins. *Mol. Cell. Biol.* 13, 7587–7595.

Park SH, Zarrinpar A & Lim WA (2003) Rewiring MAP kinase pathways using alternative scaffold assembly mechanisms. *Science* 299, 1061–1064.

Wu Y, Frey D, Lungu OI et al. (2009) A genetically encoded photoactivatable Rac controls the motility of living cells. *Nature* 461, 104–108.

シグナル伝達装置とシグナルネットワークによる情報処理

11

　細胞は，細胞外の環境や細胞内の状態といった多くの入力情報を受け取り，さらにそのような入力情報に応じた応答をさまざまな形で出力しなければならない。どのような遺伝子のスイッチをオンにしたりオフにしたりすべきなのだろうか。細胞は成長すべきなのか，増殖すべきなのか，分化すべきなのか，それとも細胞死を引き起こすべきなのだろうか。移動すべきなのか，変形すべきなのだろうか。このように，シグナル伝達の視点からいうと，細胞は複雑な情報処理システムであり，コンピュータや他の人工の機械と類似している。では，どのようにして細胞は入力情報を処理し，適切に応答を出力するのだろうか。

　これまでの章では，シグナル伝達システムを作り出す基本的な分子部品とその動作原理について紹介してきた。本章の目的は，このような分子部品がどのようにして特定の情報処理任務を実行しうる装置をつくりあげているのかを理解することである。シグナル伝達システムの設計原理は，今もなお十分に理解されているとはいえない。分子システムの複雑な情報処理機構の基本原理の理解は，記述的な段階の先へとようやく進みはじめたばかりである。定量的かつ十分な解像度で解析されているシグナル伝達システムは比較的少ないため，われわれの知識はいくぶん限られている。しかしながら，コンピュータによる解析やシミュレーション，分子システムの構築を組合わせたアプローチ，すなわちシステム生物学や合成生物学と呼ばれる近年の手法は，シグナル伝達システムが複雑なふるまいをどのようにして達成しているのかを理解するための強力なツールとなりつつある。

　本章では，多くの細胞過程に共通してみられる一連の情報処理機構を分析し，

分子システムがこのような情報処理機構をどのようにして獲得しているのかを理解するための例を提示する。ここでは，細胞のふるまい全般にみられるシステムを百科事典のように列挙するのではなく，共通にみいだされるいくつかの設計原理に焦点をあてる。細胞のシグナル伝達装置は，入力の振幅や持続時間，その組合わせなどを含めた多様な**入力刺激**(input stimulus)をどのようにして処理しているのか(多重入力制御)，そして出力の振幅や持続時間を含めた多様な**出力応答**(output response)をどのように制御しているのかを考察する。また，基本要素としてのシグナル伝達分子がどのようにして多種多様な情報処理のふるまいを生み出すのかについても検討する。

情報処理装置としてのシグナル伝達システム

細胞がもつ情報処理機構の一般的な特性を議論するためには，一見したところ圧倒的な複雑さをもつ生物のシステムから，より抽象的で大局的な視点へと一歩離れて考えてみることが有益である。非常に複雑な情報処理システムを対象とするコンピュータ科学や通信といった分野は，このような議論に対して有用な理論的枠組みを与えてくれる。

シグナル伝達装置は状態機械とみなすことができる

すべての情報処理システムは，いくつかの状態をもち，特定の指示入力に応じてその状態を変化させることができる機械，すなわち**状態機械**(state machine)によって構成されている(図11.1a)。もしこれらの状態が異なる機能特性(つまり出力)をもっているのであれば，この状態機械は入出力装置としての役目を果たすだろう。これは人工の機械が入出力装置として使われている様子をみればわかりやすい(図11.1b)。自動ドアの例をあげると，自動ドアは開いた状態と閉じた状態という2つの状態をとる。開いた状態の自動ドアは人がドアを通ることができる唯一の状態であり，閉じた状態とははっきりと異なる結果を出力する。この自動ドアは，一種の入出力装置である。この場合，センサーによって動きが感知されたという入力情報により，自動ドアは閉じた状態から開いた状態へと変化する。そのため結果的に，動きの感知という入力は，人がドアを通り抜けることを許容するという機能的な出力をもたらしている。

人工機械の別のよい例はトランジスタである。トランジスタはデジタル電子機器にとって必須の部品である。トランジスタは，電気抵抗の高い状態と低い状態の間をスイッチすることができる。トランジスタに高い電圧をかける(入力)と電気抵抗の低い状態にスイッチし，結果としてトランジスタを通る電流が増大する(出力)。これを複雑に組合わせることで，このような単純な入出力装置から非常に複雑な意思決定機械であるコンピュータを生み出すことができる。

生細胞もまた状態機械とみなすことができる(図11.1c)。例えば細胞は，休止(生存)状態，成長/分裂(増殖)状態，細胞死(アポトーシス〔アポプトーシス〕)状態といった，はっきりと区別できる状態を示す。これらの異なる細胞の状態は，状態を変化させうる環境入力(例えば増殖因子や代謝状態，機械的刺激など)によって制御されている。多くの場合，このようなシグナルの複雑な組合わせが，細胞システムの状態を決定する入力情報として用いられている。

より微視的なスケールで考えると，細胞内の個々のタンパク質や経路自体が状態機械として機能している。例えば，単純なアロステリックな性質を示すキナー

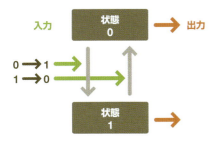

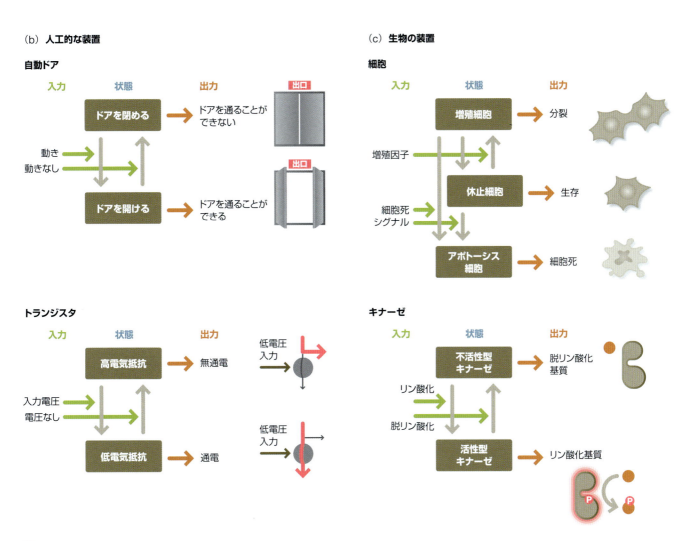

図11.1

状態機械としてのシグナル伝達装置 (a)一般的な状態機械。特定の命令（入力）が与えられると2つの異なる状態（0か1）をとる。(b)状態機械としての機能をもつ人工的な装置の例。自動ドアは動きを検知すると開く。トランジスタは外部電圧がかかると電流を流す。(c)細胞のシグナル伝達にかかわる生体の状態機械の例。細胞は，分裂（増殖），休止，細胞死といった多くの異なる状態をもつ装置とみなすことができる。特定の入力シグナルが与えられることにより，これらの状態がスイッチする。キナーゼのようなシグナル伝達分子自体も，状態機械とみなすことができる。図の例では，キナーゼがリン酸化されるという入力情報が，そのキナーゼの活性化状態を変化させる命令として働いている。

ゼは活性化状態と不活性化状態の立体構造をもち，この構造がリン酸化や脱リン酸化の入力により制御されていることもあるだろう。別の例をあげると，マイトジェンを感知する膜貫通型受容体もまた状態機械としてとらえることができる。入力はマイトジェンの濃度であり，出力はその受容体の活性化状態である。

シグナル伝達装置は階層的に組織化されている

生体内や人工の機械でみられる情報処理システムは，多くの場合において階層的に組織化されている。状態機械はさまざまなスケールで存在しており，しばしば大きなスケールの状態機械はより小さな状態機械の集まりで構成されている。自動ドアの例を考えてみると，このシステム自体は1つの状態機械とみなすことができるが，ドアの検知器や処理装置の内部動作を考えてみると，システム全体が機能するために，いくつかのより小さな状態機械(トランジスタも含む)がリンクしていることに気がつくだろう。

細胞の情報処理装置もまた階層的に組み立てられている。例えば，すべての細胞は1つの状態機械としてとらえることができるが，細胞増殖を制御する経路にかかわる個々のタンパク質(受容体やキナーゼ)自身もより小さなスケールでの状態機械である(図11.2)。同様に，複数のタンパク質やシグナル伝達経路が相互作用し，より複雑な情報を処理するより大きなネットワークを生み出している。

要約すると，細胞はさまざまなスケールで異なるタイプの解決策を用いて情報を処理している。情報処理装置がたった1つのシグナル伝達タンパク質で構成されている場合もあれば，分子が相互作用し合うより大きなネットワークが関与している場合もある。分子スケールやネットワークスケールで動作する装置がどのようにして特定の作業を成し遂げているのかについて検討していく。ネットワークレベルの場合，われわれが検討するシステムはタンパク質の量的な変化をもたらす転写制御の要素も含んでいることが多い。システム生物学の考え方では，転写制御も含めた統合的な分子要素の集合の総体が特定の細胞機能を引き起こすからである。

図11.2

シグナル伝達経路の入出力装置は階層的に組織化されている　1つのシグナル伝達分子は，その分子の活性が特定の入力によって制御されるのであれば，入出力装置とみなすことができる。この分子は，入出力装置の一種のモジュールとして機能するシグナル伝達経路を構成する分子群の一部であってもよい。最終的に，このシグナル伝達経路の入出力装置は，細胞レベルでみられるより大きく複雑なシグナル伝達ネットワークの一部を構成していることもある。重要なシグナル伝達のふるまいは，このスケールの全体に及ぶ事象により仲介されうる。この例では，細胞表面受容体へのリガンドの結合という入力が，特定の遺伝子の転写制御という出力と結び付いている。

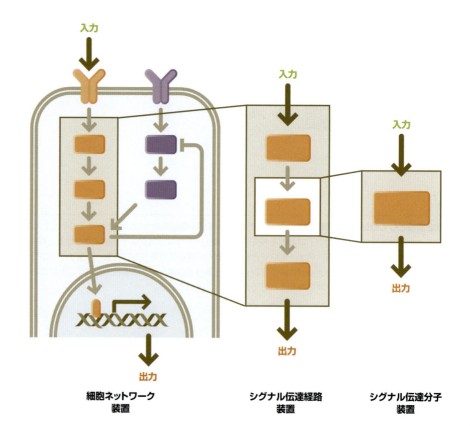

シグナル伝達装置は入力検出において さまざまな課題に直面している

　細胞が多数の刺激にさらされていることを考えると，細胞はどのようにしてこういった刺激に適切に応答するのだろうかと疑問に思うのは当然である．これを成し遂げるためには，それがどんな生理的役割をもっているにしろ，細胞のもつ装置はいくつかの共通の課題に対処しなければならないことは明確である．最も基礎的なレベルの課題としては，入力刺激を検出し，特定の出力応答へと変換しなければならない．より具体的には，入力の振幅(強度)やその時間変化を正確に測定しなければならない(図11.3)．多くの場合，細胞の装置は多くの入力を同時に検知し，これらの入力情報を統合した結果として調和のとれた応答を出力しなければならないのである．そういった入力情報を受け取り，伝達する分子自体は細胞種や応答の種類によって異なるが，一方でこういった分子は上述の共通の課題に対処するためによく似た解決策をみいだしていることが多い．

　こういった共通性をもつにもかかわらず，すべてのシグナル伝達システムはその細胞のもつ特定の機能に適応したものでなければならない．例えば，その機能に依存して，注目を引こうと競合する他の入力刺激を効率よく無視しながら特定のタイプの入力刺激にのみ応答するように，多くのシグナル伝達システムが進化してきた．いくつかのシグナル伝達システムは入力レベルに比例した応答を示す一方で，別のものはある閾値を超えたときにのみ活性化する．また，入力刺激に迅速に応答するシグナル伝達システムがある一方で，持続した入力刺激を必要とするシグナル伝達システムも存在する．後者に関しては，例えばその応答のコストが大きく，刺激のランダムなゆらぎにも細胞が応答して出力を行ってしまわないことを保証する必要がある場合には理にかなっている．本章を通して，シグナル伝達システムがこういった課題に対処するために進化してきたその道筋を考えたい．

タンパク質はシンプルなシグナル伝達装置として機能する

　どのようにしてシグナル伝達分子は入出力装置としての機能をつくりあげているのだろうか．これまでの章を通して，ある種の分子が入力刺激に応じて機能的な出力を変化させるいくつかの分子機構を概説してきた(図11.4)．多くのシグナル伝達分子は，その分子が共有結合を介した翻訳後修飾(例えばリン酸化)やリガンド結合によって活性化状態の立体構造が安定化される**アロステリックスイッチ**(allosteric switch)としての機能を果たす(図11.4a)．例えば，インスリン受容体のキナーゼドメインは，その活性化ループがリン酸化されることによりキナー

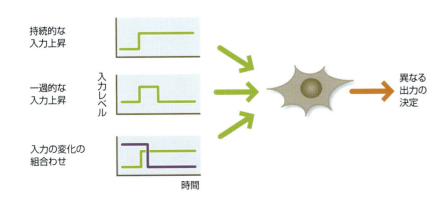

図11.3

シグナル伝達システムは異なるタイプの入力変化に応答する　シグナル伝達システムは，持続的であったり一過的であったりする入力刺激の振幅の変化に応答する．ほとんどのシグナル伝達システムは，多くの異なる入力刺激の変化を同時に検知し，応答しなければならない．

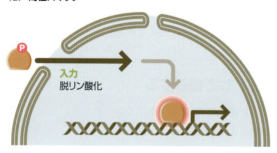

図11.4

分子スイッチ装置の例 タイプごとの分子スイッチ装置の一例。右側には別の例と，より詳細な説明のある章番号を記載した。(a)アロステリックスイッチタンパク質は，翻訳後修飾やリガンドとの結合に応じてその立体構造を変化させることにより活性化する。(b)モジュール式のアロステリックスイッチは，結合ドメインモジュールの分子内相互作用によって制御される。(c)タンパク質複合体スイッチは，異なるタンパク質サブユニット間の相互作用によって制御される。(d)局在スイッチは，細胞内局在の変化によって制御される。

 活性化ループのリン酸化によるプロテインキナーゼの制御については第3章で述べている

ゼとして活性化され，そして活性化ループの構造が変化することでペプチド基質との結合が可能となる。このようなアロステリック制御は多くのプロテインキナーゼに共通してみられる機構である。

タンパク質には，モジュール式のアロステリックスイッチとして機能することにより入出力制御を達成しているものもある。このようなタイプのタンパク質では，そのタンパク質の触媒ドメイン自体がアロステリックスイッチとして機能していなくてもよい。そのかわりに他の制御ドメイン（通常はタンパク質間相互作用に関連するドメイン）が触媒ドメインと自己抑制的に相互作用することで，ス

イッチとしての機能を付与していることがある(図11.4b)。例えばチロシンホスファターゼのShp2では、そのプロテインチロシンホスファターゼ(protein tyrosine phosphatase：PTP)触媒ドメイン単体は恒常的に活性化している。しかしながら、完全長のShp2タンパク質はSH2ドメインを2つもっており、三次構造をとることでN末端側のSH2ドメインがPTPドメインと結合し、その活性化部位をブロックしている。つまりSH2ドメインは、ホスファターゼ活性を自己抑制しているといえる。結果としてこのマルチドメインタンパク質は、チロシンがリン酸化されたリガンドがShp2のSH2ドメインと結合することで、SH2-PTPドメイン間の自己抑制的な相互作用が解除され、ホスファターゼ活性を上昇させるという、まさに入出力装置の機能を果たしているのである。

　タンパク質複合体アロステリックスイッチは、複数のポリペプチドが相互作用することで構成される。例えば、プロテインキナーゼA(protein kinase A：PKA)は、触媒キナーゼドメインと制御ドメインを有している(図11.4c, 図6.7も参照)。制御ドメインは触媒ドメインと結合し、制御ドメインの偽基質配列を触媒ドメインの基質結合部位に認識させることで、PKAのキナーゼ活性を抑制している。この複合体は、セカンドメッセンジャーであるサイクリックAMP(cAMP)の入力により活性化されるスイッチとして機能する。cAMPは制御ドメインと特異的に結合し、制御ドメインと触媒ドメインの結合を解除することでPKAを活性化する。この分子機構は、別々のポリペプチド鎖のドメインによって制御されていることを除けば、先述の自己抑制機構とはそれほど違いはない。

　立体構造や相互作用による変化に加えて、入力に応じてタンパク質活性を変化させるシンプルでよくみられる方法は、そのタンパク質の細胞内局在を変化させることである(図11.4d)。例をあげると、転写因子Pho4は通常は細胞質に局在しており、細胞質では標的遺伝子のプロモーター領域とは結合できないので、Pho4の転写活性は抑えられている。しかしながら、入力シグナル(この場合はPho4の脱リン酸化)によりPho4が核内へ移行すると、転写という形で出力を始める。同様に、転写因子FOXOはAktなどのキナーゼによりリン酸化されると核内から核外へ輸送され、細胞質にとどまることになり、結果的に転写活性が制御される。

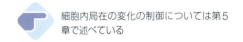

細胞内局在の変化の制御については第5章で述べている

多入力シグナルの統合

　細胞のシグナル伝達と電気回路の信号伝達はどちらも、先述したものよりさらに複雑な装置をそなえている。例えば、細胞の応答は複数の入力の統合に強く依存している。入力に応答するに際して細胞は、単一の刺激だけでなく、細胞内の状態(細胞のエネルギー状態や細胞周期の段階など)や複数の細胞外刺激、ストレスといった広範な条件を考慮に入れて最終的な出力を行わなければならない。もし、細胞が複数のシグナルを検知して統合することができる複雑なシグナル伝達システムを有していないのであれば、このような機能を発揮することは難しいだろう。したがって、大半のシグナル伝達分子やそのネットワークが複数入力の状態機械として機能していること自体は驚くべきことではない。それらは多くの入力に対して応答することができ、そのいくつかは正の方向に(促進性出力)、また他のいくつかは負の方向に(抑制性出力)働きかける(図11.5)。

　シグナル統合装置を構築するために細胞は複数の戦略を利用している。本節では、複数の入力刺激を統合することができるシグナル伝達装置のいくつかの例を検討したい。

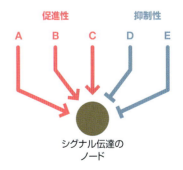

図11.5

多くのシグナル伝達タンパク質は複数の異なる入力を統合する　これらは促進性と抑制性の刺激の組合わせであることが多い。

図11.6

多入力論理ゲートによる信号の統合 さまざまなタイプのデジタル2入力ゲートの例を示す。上のシンボルは，それぞれのゲートを回路図で表現するために標準的に用いられているものである。下の表はそれぞれの入力(AとB)に応じた出力の結果を示している。

論理ゲートは複数入力の情報を処理する

複数の入力情報がどのようにして処理されているのかを理解するためには，細胞のシグナル伝達システムと，**論理ゲート**(logic gate)に依存する人工のデジタル制御システムを比較することが参考になる。論理ゲートとは，2つの入力の組合わせに応じて結果を出力するシステムのことであり，入力と出力の関係によってANDゲートやORゲート，NORゲート，XORゲートといったさまざまなタイプが存在する(図11.6)。例えば，単純な2入力ANDゲートでは，入力1と入力2の両方から入力信号が入ってきたときのみ出力が行われるが，入力1と入力2のどちらか一方の入力だけでは出力は行われない。NORゲートでは，入力1と入力2の両方の入力信号が欠如しているときのみ出力が行われる。どちらか一方の入力(もしくは両方の入力)でスイッチをオフにするのに十分である。これらのタイプのデジタル制御ゲートが連結されると，その結果として得られる回路は非常に複雑な応答を示すことができるようになる。例えば，コンピュータやその他の電子機器のマイクロプロセッサは無数の論理ゲートを含んでいる。

多くのシグナル伝達タンパク質やそのネットワークは，論理ゲートと似たふるまいを示す。例をあげると，いくつかのタンパク質は2つの異なる入力刺激が存在するときに強く活性化し，どちらか一方だけでは弱くしか活性化せず，まさにANDゲートと似たふるまいをする。もちろん，ほとんどのシグナル伝達タンパク質は，デジタルシステムのように明確なオンとオフの2つの状態を示すわけではない(図11.7)。これは，生理的な入力(タンパク質，脂質などの生体分子の濃度や酵素の活性など)は通常，存在する/しないといった2つの状態ではなく，広範な範囲にわたって連続的な値をもつからである。それにもかかわらず論理ゲートは，シグナル伝達タンパク質やネットワークによって処理される情報への有益な類推を与えてくれる。これは細胞の正確な意思決定に重要な意味をもつ。

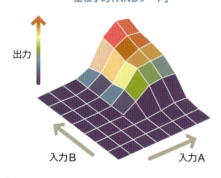

図11.7

生物学的なANDゲート ある種の生物学的なシグナル伝達装置は，完全に閾値的な応答を示すわけではないが，ANDゲートにかなり近いふるまいを示す。図のANDゲートでは入力Aと入力Bが両方とも高濃度に存在するときのみ強い出力が得られる。ここで注目すべきは，2つの入力のどちらかが存在しないとほとんど出力がないことである。

複数のタンパク質修飾の重要性についての詳細は第4章で述べている

シンプルなペプチドモチーフは複数の翻訳後修飾入力を統合できる

シグナル伝達タンパク質が複数の入力を統合する単純ではあるが効果的な方法

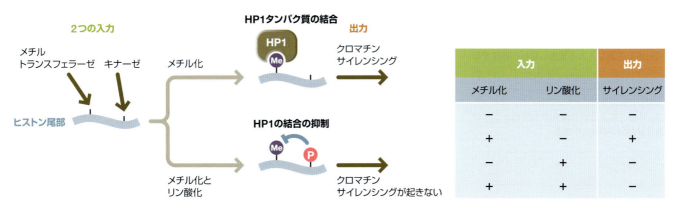

図11.8

ペプチドモチーフは複数の翻訳後修飾を統合することができる ヒストンH3の尾部は，ヒストンメチルトランスフェラーゼによってLys9に3つのメチル基が付加され，それによりHP1タンパク質による認識が誘導される。つぎに，HP1の結合は周辺のクロマチンの再構成とサイレンシングを誘導する。しかし，オーロラBキナーゼによってヒストンH3のSer10がリン酸化されると，HP1の結合が阻害される。このようなふるまいは，AND-NOTゲートを組合わせた論理ゲートと同様のものである。

は，同じペプチドの内部に複数の翻訳後修飾を保持することである。1カ所の翻訳後修飾をもつ場合と2カ所の翻訳後修飾をもつ場合，特にこのペプチドがシグナル下流のエフェクターに対する修飾依存的な結合部位として働いているならば，これらの間での機能的な出力は大きく異なってくるであろう。複数の翻訳後修飾を組合わせることでタンパク質のとりうる状態の数を大きく広げることができ，より洗練されたシグナル伝達の制御手段を生み出すことができる。

拮抗的な修飾の一例は，ヒストンH3のN末端で生じるものである（図11.8）。Lys9がヒストンメチルトランスフェラーゼによってメチル化されると，メチル化された修飾部位はHP1タンパク質のクロモドメインをリクルートするためのシグナルとして働き，結果的にHP1が周囲のクロマチン構造を変化させることで，このクロマチン周辺の遺伝子の転写を抑制する。しかしながら有糸分裂期では，オーロラBキナーゼ（Aurora-B kinase）がヒストンH3のLys9のすぐ近辺のSer10をリン酸化し，この翻訳後修飾により，Lys9のメチル化状態にかかわらずHP1の結合がブロックされる。したがって，この単純なヒストン尾部のペプチドは，シグナルが統合される重要な部位として機能している。すなわち，メチル化によって制御タンパク質HP1がリクルートされるが，これはリン酸化によって無効化が可能なのである。

これは，翻訳後修飾間の相互作用がどのようにしてシグナルを統合しているのかを示した一例にすぎない。翻訳後修飾間の相互作用の関係性には，先述の例のように拮抗的なものもあれば，協同的あるいは逐次的なもの（すなわち，つぎの修飾Bが起こるためには起点となる修飾Aが必要となるなど）もある。例えばプロテインキナーゼGSK-3は，CK1やCK2といった二次キナーゼによってあらかじめリン酸化されている基質のみを効果的にリン酸化することができる。

サイクリン依存性キナーゼはアロステリックなシグナル統合装置である

サイクリン依存性キナーゼ（cyclin-dependent kinase：CDK）のようなある種のアロステリックキナーゼは，翻訳後修飾やリガンドとの結合を含む複数の入力に応答する（図11.9）。このような入力統合の特性は，細胞周期の進行を制御しているCDKの中心的な機能に対して決定的に重要であり，CDKの活性を上げ

細胞周期の制御については第12章で検討している

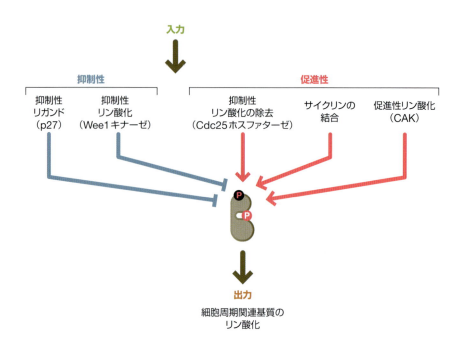

図11.9

サイクリン依存性キナーゼ(CDK)は促進性と抑制性の広範な入力を統合しながら機能する

促進性の入力としては，サイクリンサブユニットの結合，CAKによるリン酸化，Cdc25による脱リン酸化などがある。抑制性の入力としては，Wee1によるリン酸化やp27のような抑制性リガンドの結合がある。

る前に複数の異なる入力を十分に評価しなければならない。具体的には，CDK2を活性化させるためには，CAK複合体による活性化ループのリン酸化(ヒトのCDK2ではThr160)と，相棒となるサイクリンとの結合の両方が必要である。CDKが完全に活性化するためにはこれら2つの正の入力の双方が必要であり，それゆえにこの場合はANDゲート制御に類似したものだといえる。その分子機構としては，2つの入力が互いにCDKのCヘリックスと活性化ループを正しく配置するために機能しており，その結果として触媒活性が上がる(図3.14参照)。

しかしながら，CDKの活性は複数の負の入力シグナルによって上書きされてしまう。これら抑制性の入力は，細胞周期で適切な時間よりも前にCDKが活性化してしまわないように，またはチェックポイントで細胞周期に異常があり修正が必要であることが示されたときに，細胞周期の進行を停止させる安全装置のように機能する。CDKの2つのリン酸化部位(CDK2ではThr14とThr15残基)がWee1キナーゼとその関連因子Myt1キナーゼによってリン酸化されると，CDKの活性が遮断される。それに加えて，p27のようなCDK阻害因子がCDK-サイクリン複合体と結合することにより，CDKの活性を遮断する。この遮断効果は，キナーゼドメインの立体構造が大きく変化することでATPとの結合が阻止され，またサイクリンサブユニットの基質結合溝が塞がれることによってもたらされる。したがって，リン酸化による負の入力と制御因子による負の入力は，どちらか一方でCDK-サイクリンの活性を妨げるのに十分であり，NORゲートの関係にあるといえる。

モジュールをもつシグナル伝達タンパク質は多入力を統合できる

モジュールをもつタンパク質もシグナルの統合装置としての機能を果たす。その一例が，アクチン細胞骨格の重要な制御因子であるWASPシグナル伝達タンパク質とそのホモログであるN-WASPである(図11.10)。N-WASPは，アクチン関連タンパク質(actin-related protein 2/3：Arp2/3)複合体と相互作用して活性化することができる触媒ドメインをもつ。Arp2/3複合体は7つのサブユニットからなり，アクチンの重合核を形成して既存のアクチン線維から分岐構造を作

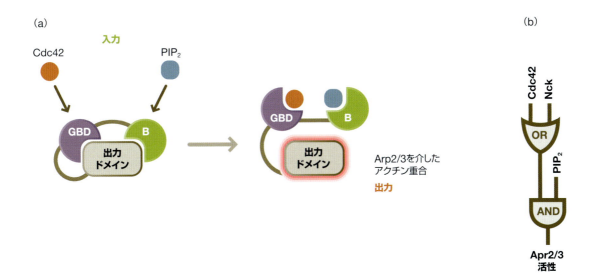

図11.10

モジュールをもつシグナル伝達タンパク質は多入力を統合するスイッチとして機能する （a）アクチン制御因子N-WASPの2つのドメインは，出力ドメインの自己抑制に関与する。自己抑制の解除には，2つの協同的な入力の結合を必要としている。1つはGTP結合型Cdc42のGタンパク質結合ドメイン（GBD）への結合，もう1つはホスファチジルイノシトール 4,5-ビスリン酸（PIP_2）の塩基性ドメイン（B）への結合である。それぞれの入力単独ではほとんど活性化能をもたない。（b）アダプタータンパク質NckはCdc42のかわりになりうる。したがって，N-WASPはANDゲートとORゲートを両方含む，より複雑な入出力装置のようにふるまう。

り出す。N-WASP（と，それに続くArp2/3）の活性化は，細胞遊走やエンドサイトーシス，貪食といったアクチン細胞骨格により駆動される形態変化を誘導するために，空間的にも時間的にも高い精度で制御されなければならない。N-WASPが多くの入力によって制御されているのは当然といえる。これらの入力には，活性型（GTP結合型）の低分子量Gタンパク質Cdc42といったタンパク質や，ホスファチジルイノシトール 4,5-ビスリン酸（PIP_2）といった脂質が含まれる。N-WASPは通常はCdc42とPIP_2が存在すると強く活性化することから，この2つの入力はANDゲートの関係を示している。この二重の制御は，Cdc42とPIP_2が両方存在する膜で正確にアクチン重合を誘導するための機構であると考えられる。

このANDゲート制御は，完全長のN-WASPタンパク質でのみ観察される。他のいくつかの例と同様に，N-WASPはこの複雑な入力制御を成し遂げるために自己抑制機構を用いている。N-WASPは，活性型Cdc42と結合する低分子量Gタンパク質結合ドメインや，PIP_2と結合するための塩基性ドメインなど，複数のモジュラードメインを有している。基底状態における完全長のN-WASPタンパク質では，これら2つのドメインが，N-WASPのアクチン重合を誘導するための触媒ドメインを阻害する自己抑制性の分子内相互作用を担っている。これら自己抑制性の相互作用は協同的にこの複合体をオフの状態に強く固定しており，どちらかの入力シグナルのみで自己抑制状態を解除することは非常に困難である。しかしながら，Cdc42とPIP_2が両方とも存在すると，それらが協同して自己抑制を解除し，結果的に両方のリガンドが存在するときには高い活性がもたらされる。

より詳しくみていくと，WASPファミリーのタンパク質の活性の制御はさらに複雑である。例えば，NckアダプタータンパクなどのSH3ドメインは，N-WASPのプロリンに富んだ領域内に結合し，触媒活性を刺激することができる。NckはCdc42の代替因子としても機能できるようであり，これら2つの入力のいずれかとPIP_2が一緒になり，タンパク質を活性化させる。この3つの入力をもつシステムはORゲートとANDゲートの双方を含むことになり，出力は「（Cdc42 OR Nck）AND（PIP_2）」というゲートに依存する（つまり，Cdc42とNckがORゲートでつながり，その結果がさらにPIP_2とANDゲートでつながっている）。さらにN-WASPは，チロシンのリン酸化や他の入力によっても制御を受けることが

可能である。複雑な電子回路と同様，シンプルな入出力関係をリンクさせていくことで，複雑さを増していく生物学的システムを構築できることがみてとれる。

モジュール型の出力触媒ドメインと自己抑制性の入力ドメインの組合わせにより構成されるスイッチのようなタイプの一般的な構造は非常に柔軟性が高く，多くのシグナル伝達分子でみいだされる。このようなモジュール型のアロステリックなフレームワークは原理的に，複数の異なる入力の統合と，異なるタイプの統合関係を生み出すことができる。このシステムの進化的な柔軟性は，N-WASPの入力ドメインを他のものと取り換えることで示されている。このような操作の結果，新しい自己抑制ドメインに対する特定の入力刺激に応答する新規のタンパク質を人工的に作り出すことができたのである。

転写プロモーターは複数のシグナル伝達経路からの入力を統合することができる

ネットワークレベルでの複数の入力情報の処理については，複数の転写因子の活性を統合する転写プロモーターにより同様に達成される。例えば，T細胞が抗原提示細胞(antigen-presenting cell：APC)によって活性化されるとき，その重要な出力の1つはインターロイキン2(interleukin-2：IL-2)プロモーターの活性化であり，その後に続くサイトカインであるIL-2の産生である。IL-2は活性化したT細胞の生存と増殖を促進する。IL-2のプロモーターはシグナルの重要な統合ポイントとしての役割を果たし，2つの異なるT細胞活性化経路からのシグナルを検出するANDゲートとして機能する(図11.11)。

T細胞受容体の刺激によりすぐに活性化されるシグナル伝達経路の1つは，Erk MAPキナーゼ(MAPK)経路である。活性化したErkは転写因子AP-1をリン酸化し，活性化する。しかしながら，この因子単独ではIL-2プロモーターからの転写を活性化させるには十分ではない。T細胞受容体の活性化は，Ca^{2+}シグナル伝達経路に関連する2つ目のシグナル伝達経路を活性化する。小胞体に蓄えられているCa^{2+}が細胞質に放出されると，転写因子であるNFATを脱リン酸化するホスファターゼのカルシニューリンを活性化し，NFATの核内移行を促す。IL-2プロモーターはAP-1とNFATの両方の転写因子結合部位をもっており，これらの因子が同時に結合したときのみ転写が活性化される。この2つの因子の結合は協同的である。なぜならAP-1とNFAT複合体は，それぞれ単体でDNAに結合したときよりも強固にDNAと結合するからである。したがって，IL-2プロモーターは，T細胞シグナル伝達ネットワークのMAPKシグナルとCa^{2+}シグナルの両方の経路が活性化したことを認証するANDゲートとして機能し，結果と

T細胞活性化についての詳細は第12章で述べている

図11.11

プロモーターは複数のシグナル伝達経路からの入力を統合することができる T細胞のシグナル伝達において，サイトカインであるIL-2の発現は，2つの経路からの入力を必要とする。Ca^{2+}/カルシニューリン経路は，転写因子NFATの脱リン酸化を促すことでNFATの転写活性を上昇させる。Erk MAPキナーゼ(MAPK)経路は，転写因子AP-1のリン酸化を促すことでAP-1の転写活性を上昇させる。NFATとAP-1が相乗的に相互作用したときのみ，IL-2プロモーターから遺伝子発現が起こる。したがって，IL-2プロモーターはANDゲートのように機能している。

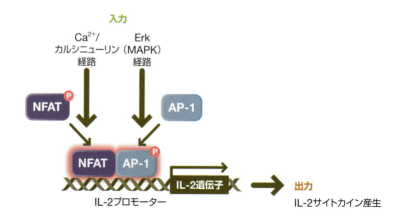

してロバストで持続的なT細胞の活性化を起こす．

入力の強さや持続時間に対する応答

　入力の有無を単純に検出するだけでなく，入力の振幅(強さ)や持続時間を検知することは細胞にとって非常に重要である．本節では，入力シグナルの強さやタイミングが出力シグナルに関係するいくつかの例を紹介する．また，シグナル伝達システムの構成分子(通常はシグナル伝達分子)が情報を処理するためにどのようにして相互作用し，互いのふるまいに影響を与えているのかを記述する手段を紹介したい．これらの相互関係それぞれの性質や配線，すなわち**ネットワーク構造**(network architecture)が，驚くほど高度で複雑なシグナル伝達装置の基盤になっている(ネットワーク構造についての基本的な説明は**ボックス11.1**参照)．

　本章を通じて，特定の情報を処理しうるネットワーク構造の例を紹介している．とはいえ，ネットワークの構造とその機能との間に単純な1対1の関係があるわけではないということは重要である．事実，ある種のネットワーク構造は複数のタイプの情報処理機能を発揮することがあり，これはネットワークのつながりを

ボックス 11.1 　シグナル伝達系のネットワーク構造

　最も単純な観点で，シグナル伝達ネットワークの**ノード**(node)はシグナル伝達タンパク質のような個々のシグナル伝達系の構成因子を表し，一方で**リンク**(link)はこれらの構成因子間の制御関係を示す．例えば，ノードはキナーゼやホスファターゼのような酵素を表し，このノードから別のノード(基質)をつなげるリンクは，その酵素が基質を修飾する反応を表す(図11.12)．

図11.12
ネットワークの制御にかかわる連結の表現法
(a)ノード間のリンクは正か負のどちらかである．(b)2つの負のリンクは1つの正のリンクで表現することができる．

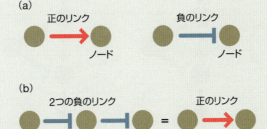

　ノード間のリンクは正か負のどちらかであり，上流ノードの下流ノードへの働きかけが促進性か抑制性かに依存する．しばしばネットワークの図式におけるリンクは，1つもしくは複数の中間リンクにより仲介される一連の関係性を表現する．このような場合，2つの負のリンクは1つの正のリンクによって表現される(言い換えれば，リンクのつながりの符号は個々の符号の数学的な乗算である)．

　カスケード(一連のリンクでつながった複数のノード)は別として，ノードは収束(fan-in)接続と分散(fan-out)接続でつながっている．収束接続では1つのノードが複数の上流入力シグナルにより制御され，分散接続では1つのノードが複数の出力ノードを制御する(図11.13)．

図11.13
収束(fan-in)接続と分散(fan-out)接続のネットワーク構造

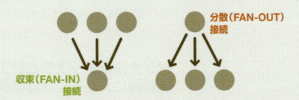

(次ページへ続く)

ボックス 11.1　シグナル伝達系のネットワーク構造（続き）

本文で説明したように，フィードバックやフィードフォワードネットワーク構造は，シグナル伝達系で頻繁にみいだされる複雑な生物学的ふるまいにとってなくてはならないものである。

フィードバック（feedback）とは，あるノードの出力が，上流の入力ノードに戻って制御するようなネットワーク構造である（図11.14）。フィードバックループには正と負の双方が存在する。

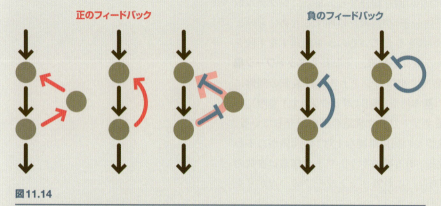

図11.14
正と負のフィードバックの例

フィードフォワード（feedforward）は，1つの上流ノードから分散した異なる経路が別の下流ノードに再収束するようなネットワーク構造として定義される（図11.15）。フィードフォワードループには，2つの分散する分岐経路が両方とも同じ関係性をもつコヒーレントなフィードフォワード（coherent feedforward）と，2つの分散する分岐経路が互いに反対の関係性（正と負）を示すインコヒーレントなフィードフォワード（incoherent feedforward）がある。

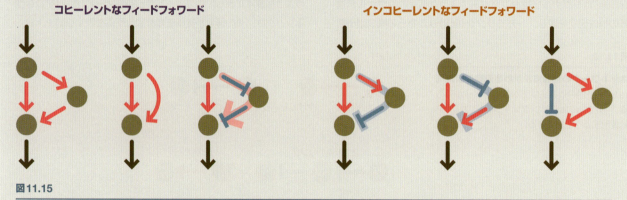

図11.15
コヒーレントなフィードフォワードおよびインコヒーレントなフィードフォワードの例

特徴づけるパラメータに大きく依存する。はっきりいえるのは，ある特定のネットワーク構造が，ある特定の機能を発揮できる（あるいはその機能と関連していることが多い）ということだけである。よくみられる細胞内シグナル伝達ネットワークの構造と，それがしばしば関連している機能を表11.1に示す。

シグナル伝達システムは入力シグナルの振幅に対して連続的に，もしくは閾値的に応答する

細胞は入力シグナルのレベルの変化に対していくつかの方法で応答することができる。いくつかのケースでは，**直線的応答**（linear response），もしくは**連続的**

表11.1

ネットワーク構造とそれらが関連している機能

ネットワーク構造モジュール	細胞内シグナル伝達における使われ方
カスケード	増幅
	スイッチ的な活性化
負のフィードバック	出力レベルの制限
	出力レベルの正確性の増加
	順応現象
	振動現象(ロバストではない)
正のフィードバック	増幅
	スイッチ的な活性化
	双安定性，記憶
相互につながった正と負のフィードバック	ロバストで周波数が変調可能な振動
相互につながった複数の正のフィードバック	同調性の増加，正確なスイッチ
コヒーレントなフィードフォワード	持続的な入力に対する遅れ/フィルター
インコヒーレントなフィードフォワード	パルス応答，順応現象

応答(graded response)を行うことが要求される状況がある。これは，システムが幅広い入力レベルを検出し，それに対して比例した出力を生み出すような応答である。例えば，ストレス応答経路やホルモン検出経路では，ストレスやホルモンの量に釣り合うように出力を調整することは細胞にとって有益であろう。また，別の生理的な状況においては，**スイッチ的応答**(switch-like response)，もしくは**閾値的応答**(digital response)が好ましいことがある。細胞がある閾値より小さい入力を無視し，この閾値を超えた強い入力にのみ応答しなければならないような場合がそれにあたる。このようなシステムは非直線的な，もしくは全か無かの応答をすると表現されることが多い。このような全か無かの応答システムは，例えばモルフォゲンの入力がある特定の閾値以上に達したときのみ細胞が特定の発生運命を受け入れるといった，発生過程において有利に働くと考えられる。

では，何が細胞のシグナル伝達システムの連続的，もしくは閾値的な応答を規定しているのだろうか。はじめに，1つの活性化リガンドとの結合により制御される酵素の入出力応答の例を考えてみるとよいだろう(図11.16a)。ここでは，リガンドの濃度を入力として，酵素の活性の割合を出力として考える。この場合，入力と出力の関係は双曲線を描く(結合反応における結合曲線，もしくは**等温線**〔isotherm〕と同一。図2.7参照)。リガンドが低い濃度から中程度の濃度のところでは，出力活性は入力に対してほぼ直線的に上昇するが，入力リガンドが飽和に達すると出力は最大レベルで安定する。したがってこのような単純なシグナル伝達装置は，少なくとも入力刺激が十分飽和していない条件においては，本質的に入力に対して直線的に応答することがわかる。つぎの2つの項では，スイッチ的応答を生み出すいくつかの方法について検討する。ある1つのシグナル伝達のふるまいを生み出す分子機構は，しばしば多様に存在することを覚えておくことは重要である。

酵素は協同性によりスイッチとしてふるまうことができる

もし高い協同性をもって酵素が活性化されるのであれば，その酵素はスイッチ的な応答をとりうる(図11.16b，c)。例えばその酵素(もしくは酵素複合体)が，

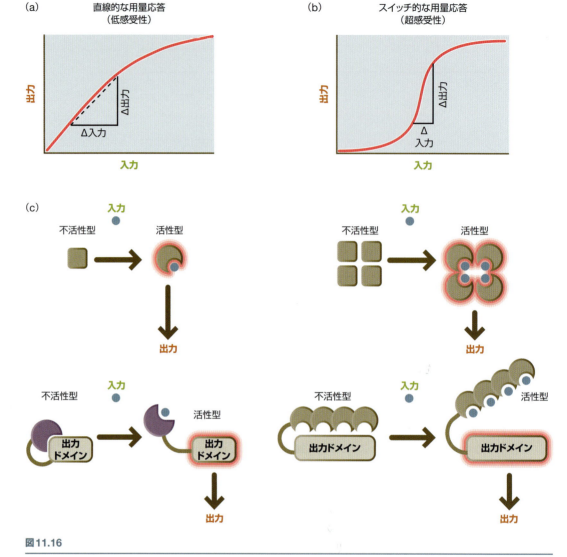

図11.16

直線的な活性化曲線とスイッチ的な活性化曲線　(a)単純な結合による活性化過程は，入力が低濃度のところではほぼ直線的な双曲線の用量応答曲線を描く。この種の応答の感受性（出力変化を入力変化で割ったもの）は相対的に低い。(b)より複雑なシグナル伝達システムは，用量応答曲線がS字状になるスイッチ的応答を示す。入力値の狭い範囲において，スイッチ的な機構は高い応答感受性（超感受性）を示す。(c)個々のシグナル伝達分子が入力により協同的に活性化されるならば，それらは超感受性を示しうる。この事例としては，複数のサブユニットをもつアロステリック酵素（上段）や，複数の自己抑制ドメインにより制御される酵素などがあげられる（下段）。協同的なスイッチは右に図示されている。対応する非協同的な酵素を比較として左に図示する。

協同的な結合についての詳細は第2章で述べている

複数の活性化リガンド結合ドメインを有し，かつリガンドがある1つの部位に結合すると他の結合部位の親和性が上昇する場合（すなわちリガンド結合は**協同的**〔cooperative〕である），この酵素はまさにスイッチのような様式で活性化されるだろう。この酵素の（入力を増加させたときの）応答曲線はS字状になる。すなわち，ある閾値以下では入力を加えても出力は少ししか増加しない。しかし，閾値あるいはその付近まで入力を増やすと，出力レベルが急峻に増加する非直線的な変化を示すようになる。しかし，リガンドとの結合が飽和するにつれて出力はふたたび横ばいになり，酵素活性は最大値に達する。このような応答は**超感受性**（ultrasensitivity）と呼ばれ，シグナル応答曲線のある部分においては，比較的小さな入力シグナル変化が，それに比例する量よりもかなり大きな応答を生じる（図11.17）。

協同的な酵素スイッチの一例としては、すでに本章で前述したプロテインキナーゼA（PKA）があげられる（図11.4c参照）。PKAの制御サブユニット（触媒サブユニットと結合し、触媒活性を抑制する）は、2つのcAMP結合部位を有する。これらの部位へのcAMPの結合は協同的であり、触媒サブユニットの協同的な解放と活性化を促す。この効果は、不活性型PKAがヘテロ四量体（2つの触媒サブユニットと2つの制御サブユニットで構成され、全部で4つのcAMP結合部位をもつ）を構成するという事実により増幅され、結果としてcAMPの結合の協同性がさらに増加する。

ネットワークもスイッチ的な活性化を作り出す

ネットワーク構造によってスイッチ的な検出システムを生み出す方法も存在する（図11.18）。例えば、ある種のシグナル伝達カスケードは、超感受性のスイッチ的応答を引き起こしうることが知られている。順々に酵素を活性化するような単純なカスケードは、通常は直線的な入出力応答しか生み出さない（ただし、すべての酵素が基質と飽和しないような状態で動作している場合を想定している）。しかしながら、多重リン酸化が関与するようなカスケードがスイッチ的な入出力応答を生じうる場合がある（図11.18a）。多重リン酸化は、**ディストリビューティブ**（distributive）なリン酸化（1回の酵素−基質の衝突でリン酸化が1つだけ起きるリン酸化様式。この場合、多重リン酸化には2回以上の衝突が必要となる）か、もしくは**プロセッシブ**（processive）なリン酸化（1回の酵素−基質の衝突が多重リン酸化を引き起こすリン酸化様式）のどちらかの様式をとる。カスケードのステップの数が増えるのと同様に、ディストリビューティブな反応の数が増えれば増えるほど、カスケード全体としての入出力応答はより鋭いスイッチ的なものになる。個々のステップにおいて、入力の強さは上流の活性化キナーゼの濃度に相当し、ディストリビューティブな多重リン酸化反応の場合、活性化キナーゼの量が増えるとその効果は増幅される。なぜなら、活性化キナーゼの増加は、段階的なリン酸化反応のおのおのに寄与するからである（ただし、ここでは実際の細胞内の状況のように、リン酸化はホスファターゼの作用により一定の速度で脱リン酸化されることを仮定している）。これにより、S字状の活性化曲線が生じる。このような効果は、複数のリガンド結合部位をもつアロステリック酵素においてリガンド濃度の上昇により個々の結合ステップの反応が促進され、協同的に活性化が促されるのに類似している。

この種のディストリビューティブなキナーゼカスケードは、アフリカツメガエルの卵母細胞におけるMAPキナーゼカスケードのスイッチ的な応答に寄与していることが知られている。しかしながら、MAPキナーゼ経路は3つの二重リン酸化反応で構成されているにもかかわらず、すべてのMAPキナーゼカスケードがスイッチ的な活性化を示すわけではないことを指摘しておくことは重要であろう。酵母の接合応答経路のような他のMAPキナーゼカスケードは主に直線的応答を示す。これらのケースでは、足場タンパク質のような因子がこのシグナル伝達経路のプロセッシブ性を上昇させている（つまり個々のステップのディストリビューティブ性を減少させる）のではないかと考えられている。

スイッチ的な活性化は、**ゼロ次の超感受性**（zero-order ultrasensitivity）と呼ばれる効果によっても引き起こされる（図11.18b）。一般的に、可逆性の反応は、リン酸化であればキナーゼとホスファターゼのように、反応の進行方向とその逆方向の反応に対して異なる修飾酵素が用いられる。ある状況下においては、修飾酵素の量や活性の変化が、修飾される標的タンパク質の超感受性の増加を生み出

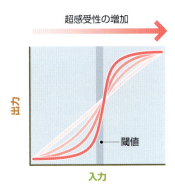

図11.17

連続的（直線的）応答と超感受性（非直線的）応答
超感受性の増加により活性化曲線がしだいにS字状になる。この急峻な移行部が、全か無かの活性化に必要な入力値、すなわち閾値となる。

 プロセッシブなリン酸化とディストリビューティブなリン酸化については第4章で述べている

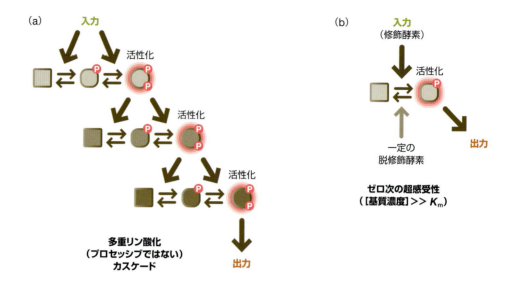
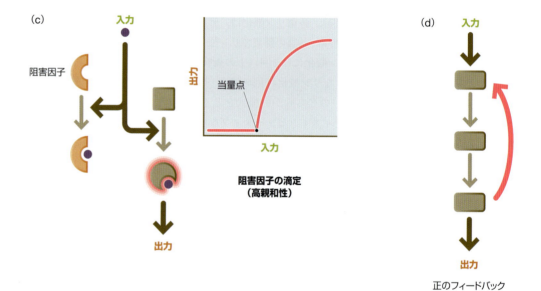

図11.18

超感受性（非直線的）の入出力応答を生み出すネットワーク構造の分子機構　(a)多重活性化反応とそれらにより構成されるカスケードは，入出力における超感受性を生み出しうる。(b)ゼロ次の超感受性。もしタンパク質が酵素により可逆的に修飾されるのであれば（例えばリン酸化など），修飾酵素の量や活性の変化により標的のタンパク質の修飾レベルに対して超感受性の応答を生み出すことができる場合がある。このゼロ次の超感受性と呼ばれる応答は，標的タンパク質の濃度が上流の2つの修飾酵素のミカエリス定数（K_m）より十分高いという条件（すなわち，両方の反応がゼロ次であり，反応速度が基質の濃度に依存しないこと）が必要となる。(c)阻害因子の滴定もまた，非直線的な活性化応答を生み出す。この場合，入力シグナルの増加は阻害因子が枯渇するまでは出力に影響を及ぼさないが，当量点を超えると出力は鋭い変化を引き起こす。(d)正のフィードバックループも超感受性を増加させることができる。

しうる。このような応答を引き起こすには，標的タンパク質の濃度が2つの修飾酵素のミカエリス定数（K_m）の値より十分大きい必要がある（すなわち，これらの酵素はゼロ次の飽和状態で反応を行う。このようなときには酵素が基質と十分飽和しているので，反応速度はV_{max}となり，基質の濃度に依存しなくなる）。修飾酵素の活性のわずかな増加が，最終的には修飾される標的タンパク質に非常に大きな効果を及ぼしうる。なぜなら，逆方向の修飾酵素の機能はすでに十分飽和し

ており，この増加に対抗することができないからである．

　入力シグナルに対して高いアフィニティーをもつ阻害因子を仮定すると，非直線的な活性化をシンプルに実現することができる．入力シグナルを増やしても，阻害因子が飽和するまでは出力に影響を事実上及ぼさないが，それ以上に入力シグナルを増やすと出力が比較的鋭く変化するようになる（図11.18c）．

　スイッチ的な活性化を実現するためのより一般的かつ強力な方法は，強い**正のフィードバック**(positive feedback)をネットワークに含めることである．カスケードの出力がそのカスケード自身を活性化させるようなネットワークを考えてみよう（図11.18d，ボックス11.1）．このようなネットワークには，その構成因子にプロテインキナーゼが含まれ，かつ活性化したキナーゼがさらに複数のキナーゼ分子をリン酸化し活性化するというような反応がしばしば観察される（ほとんどのキナーゼは活性化ループがリン酸化されると活性化することを思い出してほしい）．この種の正のフィードバックネットワークは，きわめて鋭いスイッチ的な入出力応答を示すことが多い．入力レベルが低いときにはその経路はほとんど活性化されないが，しかし，入力が閾値近くまで上昇すると，その出力が正のフィードバックの活性化を引き起こし，さらなる入力がその経路に供給されるようになる．このようにして，正のフィードバックを含むネットワークは爆発的に活性化され，全か無かのような鋭い入出力応答を生み出す．このような正のフィードバックは別の興味深い現象も引き起こすが，それについては後述する．このシステムの留意すべき点として，弱い入力刺激が与えられた際の自発的で制御不能な活性化を抑えるために，一定で弱い逆向きの反応（例えばホスファターゼ）が必要であることがあげられる．

シグナル伝達システムは，一過的な入力と持続的な入力とを区別することができる

　細胞のシグナル伝達システムが入力の持続時間を検知することは，ときとしてとても重要となる．例えば，一過的でノイズを含むような入力に応答するコストのかかるシステムを避けて，持続的な刺激にのみ応答するようなシステムは細胞にとって有利になるだろう．こういった応答は，人がいる状況でドアをうっかり閉めるのを避けるために，ある一定時間，動きの検知がなくなるまでずっとドアを開け続けるようにプログラムされた自動ドアの動作とどこか似ている．では，シグナル伝達システムは持続的な入力と一過的な入力を区別するために，どのようにプログラムされているのだろうか．

　この問題の1つの解決方法は，コヒーレントなフィードフォワード構造をもつネットワークである（ボックス11.1，図11.19a）．このようなネットワークでは，上流のノードからの出力が2つの異なる経路の枝に分散する．コヒーレントなフィードフォワード構造においては，これら2つの枝が，2つとも同じ方向性で下流のノードを制御するように再収束する（すなわち，2つの枝は下流ノードに対する「コヒーレント」な効果を有する）．

　持続的な入力に対する検出器は，2つの特性をそなえたコヒーレントなフィードフォワードネットワークにより構築することができる．1つ目は，フィードフォワードネットワークの2つの発散した枝を伝達するシグナルの速度が異なること．2つ目は，下流の収束ノードが，両方のフィードフォワードの枝が正のシグナルを伝達したときのみ活性化されるANDゲートとして機能することである．結果として生じるシステムは，2つの分岐した経路の時間差よりも長く持続する入力刺激が与えられたときのみ出力を生み出すようになる．もし刺激がより一過

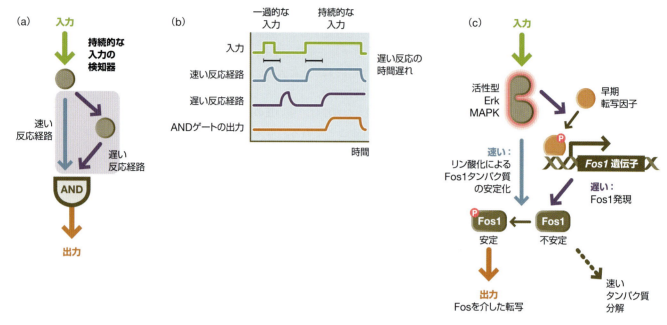

図11.19

持続的な入力のみに応答するネットワーク：コヒーレントなフィードフォワードループ　(a)コヒーレントなフィードフォワードループは，一過的な入力と持続的な入力を区別することができるネットワーク構造となる．重要な特性は，速い反応経路（青色）と遅い反応経路（紫色）の時間差と，2つの反応経路からのシグナルを統合するANDゲートとして働く収束ノードである．(b)入力，速い反応経路，遅い反応経路，このネットワークの出力のそれぞれの時間変化．一過的な入力パルス（2つの反応経路の間の時間差よりも短い）は，2つの反応経路からのシグナルが同時にANDゲートに到達しないので，結果的に出力を生じない．持続的な入力（2つの反応経路の間の時間差よりも長い）は出力を生じる．この場合，両方のシグナルがANDゲートに同時に到達する．(c)コヒーレントなフィードフォワードループを含むシグナル伝達ネットワークは，持続的なErk MAPキナーゼ（MAPK）活性を検知するために使われている．Erkは転写因子Fos1に対して2つの作用を及ぼす．1つ目は，ErkがFos1の発現を誘導することである．この反応経路は転写と翻訳に依存するため，遅い反応になる．速い反応経路では，Erkが直接Fos1タンパク質をリン酸化し安定化する．転写反応の時間遅れのおかげで，持続的なErk活性のみ安定的なFos1の蓄積とFos1を介した転写による出力を誘導することができる．

的な入力であった場合，速い反応の経路と遅い反応の経路が別々の時間に活性化され，収束するANDゲートは活性化されない（図11.19b）．

　この種のコヒーレントなフィードフォワードループのネットワーク構造は，哺乳類細胞がErk MAPキナーゼの持続的な活性化と一過的な活性化の違いを検知するときに用いられている（図11.19c）．Erkの下流のいくつかの応答は，ANDゲートの役割を担っている転写因子Fosを介している．この転写因子は2つの入力を必要とする．1つ目は，そのタンパク質の発現が誘導されることである．そして2つ目は，Fosは本質的に不安定なタンパク質であるため安定化が必要なことである．これら2つの入力はいずれも活性型Erkによって担われているが，それらのタイムスケールは異なっている．ErkによるFos転写因子の直接のリン酸化が，Fosのタンパク質分解を抑制する．この反応は速いタイムスケールであり，直接的な反応経路である．一方，Fosの発現はErk活性化の下流のカスケードを介して誘導される（ErkがFos遺伝子の転写を促す早期転写因子をリン酸化し，結果としてFosタンパク質の産生に至る）．この発現経路は遅いタイムスケールであり，ErkとFosの間接的な反応経路である．したがって，Erkの活性化が十分持続的である場合にのみ，Fos転写因子が強く発現して安定化され，最終的にFosによって活性化される遺伝子の発現が誘導される．

出力の強さや時間間隔の調節

シグナル伝達システムにとって出力の振幅や時間間隔を制御することは決定的に重要である。細胞が示す応答は，一過的であったり，入力が刺激されている間は持続したり，また入力刺激よりも低い応答を示したりする（後述の**順応**〔adaptation〕現象の場合がそれに相当する）。他のシグナル伝達系の応答の例としては，入力刺激が途絶えたにもかかわらず出力が長期間持続するケースもある。これは細胞のある種の記憶現象を示している（一過的な入力が長期間の出力変化を引き起こす）。ここでは，出力の強さや時間間隔を調整し，さらに特殊な出力様式を生み出すために共通にみられるシグナル伝達系のモジュールとそのネットワーク構造について概説する。

シグナル伝達経路は多くの場合，その伝達過程でシグナルを増幅する

多くのシグナル伝達システムで直面する一般的な問題は，シグナル伝達を誘発する初期の入力刺激はごく少数の受容体分子でしか検知されないことがあるため，膨大な数の下流分子によって制御されている細胞機能を変化させるためには，そのシグナルを下流に十分に広げて伝達する必要があるという点である。**シグナル増幅**（signal amplification）とは，比較的低い入力レベルから最終的に高い出力レベルまでシグナルを増加させることである。シグナル伝達システムが出力を増加させる1つの基本的な分子機構は，酵素を用いることである。活性化した酵素は多くの基質分子に作用することができる。例えば，1分子の活性型キナーゼにより，数倍の基質分子がリン酸化される。同様に，1分子の活性型アデニル酸シクラーゼにより数倍のcAMPが産生され，これによりシグナルをより多くの下流のエフェクターに伝えることができる。事実，cAMPのようなシグナルを媒介する小分子は，比較的少数の活性型受容体からのシグナルを，細胞内の至るところで大規模かつ広範な応答を生み出すように増幅させる働きがある。

原理的には，MAPKカスケードのように，複数の増幅酵素がカスケードでつながっているシステムならば，非常に強力なシグナルの増幅を引き起こすことができる。これは，それぞれの反応において各酵素によるシグナルの増幅が潜在的に乗算されてシステムに伝達されるからである（図11.20）。血液の凝固におけるトロンビンの活性化やプログラム細胞死におけるカスパーゼの活性化にみられるように，ある種のシグナル伝達系はプロテアーゼの反応カスケードで構成されている。しかしながら，このような指数関数的なシグナルの増幅は，内在性のカスケードで広く認められるわけではない。第一に，カスケードの各ステップでシグナルが十分に増幅されるには，カスケードの下流の反応における酵素の濃度が，その1つ手前の反応の酵素濃度より常に高い必要がある。これは常に起こることとはいえず，また増幅の度合いは下流の酵素反応が飽和することにより制限される。第二に，足場タンパク質によってカスケードを構成する因子がシグナル伝達複合体を形成することで，カスケードの個々の反応の独立性が減少し，それにより増幅が減衰してしまうことがある。したがって，ほとんどのシグナル伝達経路が入力シグナルをいくらか増幅するのは確かであるが，個々の反応の増幅の度合いにはかなりのばらつきがある。

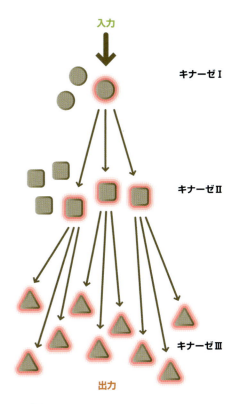

図11.20

カスケードのシグナル増幅　入力シグナルは，キナーゼ，もしくはプロテアーゼのような相互に活性化しうる酵素で構成されるカスケードによって増幅される。増殖は，ある活性化した酵素分子が下流にある多くの基質分子を活性化することにより引き起こされる。酵素が自由に拡散することと，下流の酵素の濃度がその上流の活性化因子の濃度よりも高いという2つの条件下においてのみ，カスケードは増幅を引き起こす。

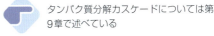
タンパク質分解カスケードについては第9章で述べている

負のフィードバックは出力の微調整を可能にする

　シグナル伝達経路はいつも出力を最大にまで増幅するようにデザインされているわけではない。むしろ，出力レベルをより正確に制御するほうが重要であることのほうが多い。シグナル伝達経路の出力の正確性を制御する方法についてはそれほど知られているわけではないが，状況証拠から**負のフィードバック**（negative feedback）ループの寄与が重要であることが指摘されている。負のフィードバックループはシグナル伝達経路を通るシグナルを減衰させることができ，結果として負のフィードバックがないときと比べて定常状態の出力を弱めるように作用する。このような負のフィードバックループは，入力中の変動を弱めることにより出力レベルの正確性を増加させると考えられている。

　例えば，拡散性のシグナル伝達メディエーターであるCa^{2+}を利用した経路では，上流の受容体の活性化がCa^{2+}のサイトゾルへの流入を促すことが多い。しかし，サイトゾル中のCa^{2+}濃度の上昇値は，負のフィードバックによって制限されている。サイトゾルのCa^{2+}濃度が$0.6\ \mu M$を超えると，ミトコンドリアへのCa^{2+}の流入が誘導される。したがって，この負のフィードバックループは，このシステムにおいては出力の最大値を制限するように作用する（図11.21a）。このような負のフィードバック機構がないと，Ca^{2+}は細胞毒性を示す濃度にまで容易に上昇するだろう。

　負のフィードバックがどのようにして出力の正確性を調整しているのかを示す的確かつ明解な一例は，合成遺伝子ネットワークにみいだすことができる（図11.21b）。外部から誘導できるプロモーターにより緑色蛍光タンパク質（green fluorescent protein：GFP）の発現を誘導すると，GFPの発現レベルは細胞間で大きく異なる。このような不均一性は，GFP遺伝子を含むプラスミドのコピー数の違いといった確率的な事象に起因する。しかしながら，誘導性のプロモーターがGFPレポーターだけでなくそのプロモーターに対する転写リプレッサーの発現を誘導するような負のフィードバックループを導入すると，細胞間のGFP発現のばらつきはかなり減少する。これは，誘導因子による発現誘導とリプレッサーによる抑制がバランスするようなある種の平衡点を，リプレッサーが規定するからである。この平衡点を超えるような発現の誘導があった場合には，負のフィードバックループが常に平衡点からのずれに比例した強さで転写を抑制し，自己修正機構の役目を果たす。同様に，転写活性が減少した場合には，転写抑制が解除され，転写活性が平衡点に達するように戻ってくる。おそらく，出力の正確性を増加させ，確率的な事象や「ノイズ」の効果を低減させるために，同様の負のフィードバック構造が実際のシグナル伝達経路でも使われているだろう。

細胞は順応により出力の時間間隔を制御することができる

　シグナル伝達システムが出力の間隔を制御することも決定的に重要である。それゆえに，多くの感覚系が，**順応**（adaptation）として知られる特性を有している。順応反応とは，持続的な入力が与えられたときに，はじめは勢いよく出力を行うが，その後はたとえ高い入力刺激が続いていたとしても出力がもとの基底状態に戻るようなシステムを指す（図11.22）。順応反応は，出力が高いとその生物にとって有害で毒性が出たりする場合，あるいは出力を維持するコストが大きい場合などに，その出力を遮断するために用いられる。おそらくより重要なこととして，順応システムは入力の絶対的な強さではなく，相対的な変化に対して応答し，これによりそのシステムがかなり広い範囲の入力レベルに対して応答することを

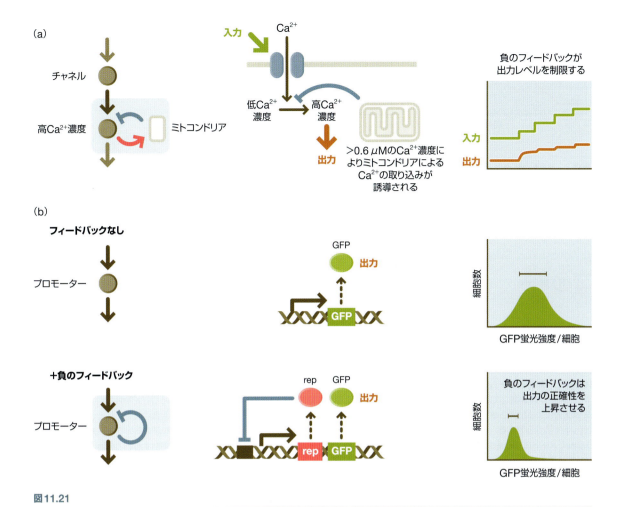

図11.21

負のフィードバックは出力の強さと正確性を制御する (a)負のフィードバックループが出力の強さを制御する一例。Ca^{2+}チャネルを開く刺激により細胞質中のCa^{2+}濃度が上昇する。しかしながら，Ca^{2+}濃度が0.6 μMを超えるとミトコンドリアによるCa^{2+}の取り込みが誘導され，それにより入力刺激の増加にもかかわらず細胞質のCa^{2+}濃度を制限する負のフィードバックが作動する。(b)負のフィードバックは出力の正確性をも上昇させる。例として，2つの合成遺伝子の発現回路をあげる。1つは単純なプロモーターを1つ含む回路で，もう1つはリプレッサー(rep)により負のフィードバックが制御される(負の自己制御)回路である。右側は1細胞あたりの蛍光強度の分布を示している。緑色蛍光タンパク質(GFP)の発現は負のフィードバック回路があるとより正確になる，すなわち，GFPの蛍光強度の細胞間の分散がより小さくなる。平均からの標準偏差を黒のバーで示している。

可能にしている。出力をもとの基底状態にリセットする順応反応により，システムはさらなる入力の上昇に対して応答することができるようになる(順応とは異なる感知システムにおいてみられる出力の迅速な飽和現象とは対照的である)。入力検知のダイナミックレンジを広げる順応機能は，多くの感覚系において決定的に重要な意味をもつ。例えば視覚系において，われわれの眼は順応システムを用いることで，暗室や明るい日中などのようにダイナミックに変化する環境下においてもその機能をリセットして働くことができるのである。

理論的な解析から，順応を実現しうる2つの基本的な方法が示唆されている(図11.22b)。1つ目の方法は，出力を緩衝する制御ノードを介した負のフィードバックループである。この場合，制御ノードは，出力がこの経路を通してどの程度伝達されているのかを長期にわたって加算(すなわち積分)し，その後，出力が定常状態に戻るように上流のシグナルを抑制する。これを実現するには，制御ノードに作用する2つの酵素(出力ノードから制御ノードの活性を変化させる反応にか

(a)

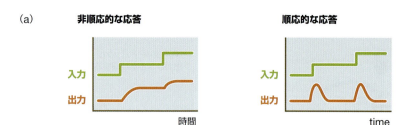

(b)

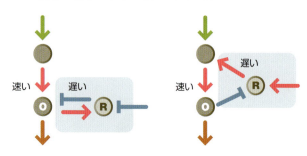
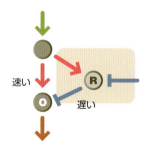

図11.22

順応経路は出力の間隔を制限し，感覚システムのダイナミックレンジを広げる （a）通常の非順応的な反応では，出力の強さが入力の強さに応じて上昇し，持続的な入力刺激の間は常に高い出力を維持している。したがって，感知のダイナミックレンジはそのシステムが飽和に達するにつれて制限される。それとは対照的に，順応システムでは入力による出力の増加は一過的である。なぜなら順応システムでは，たとえ持続的な入力によって刺激されていたとしても，出力を自動的に基底状態にリセットするからである。（b）順応を実現する2つの基本的なネットワーク構造。1つ目のネットワーク構造は負のフィードバックによるもので，制御ノード（R）が出力ノード（O）の活性を検知・統合し，出力ノード（左）もしくは上流ノード（中）の活性を基底状態に抑制する。この負のフィードバックループは，出力を基底状態に戻すのに十分な時間がとれるように遅い反応である必要がある。2つ目のネットワーク構造（右）では，インコヒーレントなフィードフォワードループ内の制御ノード（R）が入力の強さを検知し，それと比例して出力（O）を基底状態に戻すように抑制する。この場合も，フィードフォワードループの負の分岐反応は，一過的な出力応答を引き起こすことができるよう相対的に遅い反応である必要がある。この図で示したネットワーク構造はあくまでも例であり，どのクラスの順応回路にも別の構造が考えられることは留意すべきである。

かわる酵素と，それとは反対の方向に制御ノードの活性を制御する基礎酵素）は飽和状態（基質濃度＞K_m）で動作していなければならない。これは制御ノードの活性が出力酵素の活性の変化のみに依存し，制御ノードの基質濃度とは独立であることを示している。一過的な応答（定常状態からの逸脱）の後に順応を引き起こすためには，先述のコヒーレントなフィードフォワードの例のように，入力から出力ノードへのシグナル伝達経路は，負のフィードバックループ経路よりも速い必要がある。

順応を実現する2つ目の理論的な方法は，インコヒーレントなフィードフォワードループを用いる方法である（図11.22b）。インコヒーレントなフィードフォワードループでは，入力を受容するノードが出力ノードと制御ノードの両方に正のシグナルを伝え，今度は制御ノードが出力ノードを負に制御するように機能する。ここで，制御ノードは入力の強さに比例して出力ノードを負に制御する直線的な応答器として働き，結果的に出力を一定の定常状態に戻るように調節する。この場合でも，フィードフォワードループで分岐する2つの反応経路に時間のずれがあると，出力は定常状態から逸脱した一過的な応答を示すようになる。

細胞のシグナル伝達において最も生化学的に解析が進んでいる順応反応の一例は，細菌の**走化性**（chemotaxis）にみいだされるものである（図11.23）。細菌は化学忌避物質の空間的な勾配を感知し，その物質の源から離れるように泳ぐ。このため細菌は，直線運動と，進行の向きを変えるための方向転換とをスイッチする，

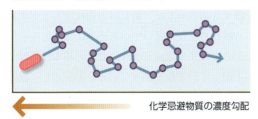
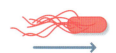
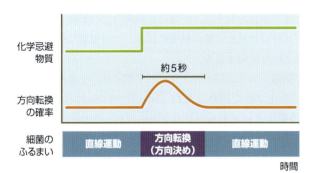

図11.23

細菌の走化性は負のフィードバック順応システムによって制御されている (a)細菌は偏ったランダムウォークにより化学忌避物質を避けている。細菌は，直線運動をする時期と，別の方向へ進むために方向決めを行う方向転換の時期（紫色の丸）を行ったり来たりする。もし細菌が化学忌避物質の濃度がより高い方向へと泳いでいるのであれば，方向転換の確率が増加する。(b)方向転換は細菌の鞭毛が時計回りに回るときに起こる。一方，直線運動は鞭毛が反時計回りに回るときに起こる。これは鞭毛がもつらせんの自然な向きで決まっており，反時計回りだと鞭毛は互いに絡み合い，一致協力して細菌を前へと推進させる。(c)段階的な化学忌避物質の増加は方向転換の確率を一過的に上昇させ，少したつとまた基底状態のときの確率に戻る。したがって，化学忌避物質の増加は，その初期値によらず，常に一過的に方向転換の確率を上昇させる。(d)負のフィードバック回路が順応現象の基礎となっている。化学忌避物質は走化性受容体を活性化し，つぎにCheAタンパク質を活性化する。CheAは2つの標的分子を活性化する。まず，CheAは速やかにCheYをリン酸化し，リン酸化CheYが鞭毛モーターと結合して時計回りに回るのを促す（方向転換）。一方，CheAは受容体を脱メチル化するCheBをも活性化する。これとは反対に作用するCheRは，受容体のメチル化と活性化を促進する。このようにしてメチル化システムは，数秒の遅れの後に出力を低レベルに抑える負のフィードバックループを形成している。(e)(d)の化学忌避物質感知のネットワークは，いわゆる「緩衝性の順応ノードをもつ負のフィードバック」が容易に認識できるように図示することができる（図11.22bと比較のこと）。

偏ったランダムウォークを行う。化学忌避物質の濃度が高いほうへと動いている場合には，細菌は方向転換する確率を上げ，新しい方向へ進もうとする。しかしながら，化学忌避物質から離れるように泳いでいるときには，方向転換の確率が下がり，方向を維持しながらまっすぐに泳ぐようになる。基本的には，細菌は化学忌避物質の濃度勾配が上がっているか下がっているかを検知し，運動の様式を調整しているのである。分子機構としては，細菌の鞭毛が時計回りに回り，それぞれの鞭毛がばらばらに動くことよって細菌の方向転換が引き起こされる。一方，直線運動はそれぞれの鞭毛が反時計回りに回り，（鞭毛のらせん方向の向きと一致するおかげで）鞭毛どうしが絡み合うことで協調して細菌を推進させるように機能する。条件をコントロールできる環境下において，もし細菌が段階的に上昇する化学忌避物質にさらされたならば，一過的に細菌の方向転換の頻度が上昇し，その後速やか（数秒以内）に基底状態の頻度に戻る。この順応反応が，偏ったランダムウォークの根本的な原理である。

　では，細菌のシグナル伝達システムがどのようにして順応反応を獲得しているのであろうか。走化性の生化学的な回路は図11.23dと図11.23eに示しており，先述した（図11.22b参照）順応ノードをもつ負のフィードバックループ構造を有している。化学忌避物質は走化性受容体によって感知され，受容体はつぎにヒスチジンキナーゼであるCheAを活性化し，CheAはリン酸化を介して順応反応の制御因子であるCheYを活性化する。活性型（リン酸化）CheYは鞭毛モーターに結合し，モーターの時計回りの回転と細菌の方向転換を引き起こす。このように，化学忌避物質刺激後にCheYが活性化することで細菌の方向転換の頻度が上昇すると解釈できる。しかしながら，細菌の受容体は，一定の入力シグナルがあるにもかかわらず，速やかに順応を経て基底状態の出力レベルまで戻る。受容体の順応は，2つ目の反応であるメチル化により担われる。すなわち，受容体の複数のアスパラギン酸残基がメチル化され，受容体の出力活性が上昇する。受容体のメチル化は「制御」ノードとして機能し，システムの出力を緩衝する。メチル化は2つの正反対の酵素によって制御される。メチラーゼCheRは一定の基礎活性をもつ一方で，デメチラーゼCheBはCheAによる活性化を必要とする。したがって，受容体によって活性化されたCheAは2種類の活性を示すことになる。1つはCheYの活性化であり，方向転換を引き起こす。もう1つはCheBの活性化であり，受容体の脱メチル化と不活性化を促す。このシステムは活性型CheY（ひいては方向転換の頻度）を定常状態のときのレベルに戻すが，CheBを介する負のフィードバックループの遅い反応により一過的な応答がみられる。

フィードバックは2つの安定状態の間で出力を振動させることができる

　生物の制御システムで観察される重要な時間的応答現象として，出力レベルが高い活性と低い活性を周期的に変動する**振動**（oscillation）があげられる。生物学的な振動の例には，細胞周期や概日リズム（外界からの明暗信号なしで日周の周期が持続する睡眠や行動の活性がそれに相当する）などがある。生物学的な振動は非常に多くの手法で研究されており，人工的に振動系を構築するような合成生物学もそれに含まれる。ここでは，人工的な振動システムに焦点をあて，それらの鍵となる原理を紹介する。

　負のフィードバックは振動の中心となる必要条件ではあるが，十分な反応ステップや時間遅れのない単純な負のフィードバックループでは振動を実現することができない（図11.24a）。このような負のフィードバックは，（負のフィード

細菌の二成分調節系シグナル伝達システムについては第4章で述べている

バック以外はほぼ同等の回路と比較して）定常状態の出力を単調に減少させるのみである。少なくとも3つのステップを含む負のフィードバックループや明確な時間遅れを含む負のフィードバックシステムは，この平衡状態を不安定化して最低限の振動を作り出す。しかし，このような単純な負のフィードバックのみにより駆動される振動は合成生物学による実験により構築されており，それらの結果から，この振動はパラメータへの依存性がかなり高く，またしばしば減衰振動を示すことがわかっている。一方で生物にみられる振動現象は，おおむね高度な**ロバストネス**(robustness)をもつ振動システムを要求する。すなわち，その振動システムは広い範囲の条件で振動を起こし，システムへの摂動に対して比較的感受性が低いことが多い。最近の研究結果から，負のフィードバックシステムに正のフィードバックを追加することで，よりロバストで振幅の安定した振動現象が生み出されることが示されている。中心となる負のフィードバックを形成するノードに正のフィードバックやある種の超感受性が作用することで，1つの定常状態に達することが妨げられ，システムはより**双安定**(bistable)となる。双安定とは，中間の平衡状態をもたずに，2つの明確に異なる安定な出力状態が存在する状態を示す（双安定については後述する）。原理的には，図11.16や図11.18に描かれているような超感受性機構は，すべて振動性を上昇させるために使うことができる。

　ロバストな振動現象のうってつけの例は，アフリカツメガエルの卵割期の胚にみられる細胞周期である（図11.24b）。受精直後から，この大きな両生類の卵は同調したDNAの複製と分裂を繰り返し，約1,000細胞になるまで分裂する。驚くべきことに，アフリカツメガエル卵の抽出液を用いたセルフリーの*in vitro*実験により，この細胞周期の同調を再現することができる。中心となる負のフィードバックでは，サイクリン-CDK複合体が**分裂後期促進複合体**(anaphase promoting complex：APC)をリン酸化し，Cdc20サブユニットとの結合を促進する（図9.12参照）。APC/Cdc20複合体はサイクリンをポリユビキチン化して分解を促すことで，一定の時間遅れの後にこのシステムを遮断する。一方，このシステムに付与された2つの正のフィードバックは，サイクリン-CDKノードに超感受性の応答を引き起こす。これら2つの正のフィードバックは，CDKの抑制性のリン酸化部位に別々に働きかける（CDKは複数の入力により複雑に制御されるノードである；図11.9参照）。1つ目の正のフィードバックは，CDK-サイクリン複合体をリン酸化し抑制するWee1キナーゼが，それ自身もCDK-サイクリン複合体によりリン酸化され，それにより不活性化しタンパク質分解に向かうというものである（すなわち2つの負のフィードバックループ）。2つ目の正のフィードバックは，CDK-サイクリン複合体を脱リン酸化し活性化させるCdc25ホスファターゼが，CDK-サイクリンによるリン酸化によりそれ自身も活性化されるというものである。これら2つの正のフィードバックループは，細胞周期という決定的に重要な振動システムの動作をより強固にすると考えられており，結果的に振幅の安定した振動を生み出す。細胞周期の振動システムは速やかに分裂する胚において最も顕著であり，大部分の他の細胞では，新しい細胞周期が開始する前には細胞周期の進行を促す入力シグナルを必要とする。

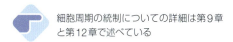
細胞周期の統制についての詳細は第9章と第12章で述べている

双安定応答はより持続的な出力の基礎となる

　単純なシグナル伝達系では出力の変化は一過的であり，持続した入力の摂動があるときのみその変化は長続きする。入力の摂動が除去されると，そのシステムは基底状態に戻る。この応答は，まさにボタンを押した長さだけブザーが鳴るよ

(a)

負のフィードバック

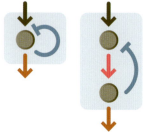

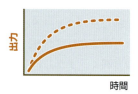

振動
しない

負のフィードバック＋遅れ

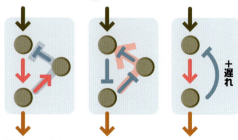

遅れにより出力の定常状態が不安定化する

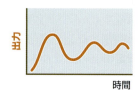

不十分な
減衰振動

負のフィードバック＋遅れ＋正のフィードバック

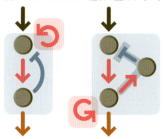

正のフィードバックの非直線性により
出力の定常状態が不安定化する

振幅の安定した
ロバストな振動

(b)

生物にみられるロバストな振動の一例：
アフリカツメガエル胚の細胞周期

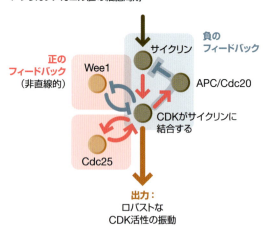

図11.24

ロバストな振動は，遅れと非直線的な（超感受性）ノードを伴うコアとなる負のフィードバックループを必要とする　(a)負のフィードバックループは振動に必要なものであるが，それ以外ほぼ同等な回路（破線）と比較したとき，負のフィードバックだけでは定常状態の単調な減少しか引き起こさない。これら最低限の回路だけでは振動を生み出すことはできない。3つの構成要素を含む負のフィードバック，もしくは時間遅れを内因的に含むような2つの構成要素からなる負のフィードバックは振動を引き起こすことができるが，その振動はしばしば減衰し，かつ不安定な振幅であることが多い。振幅の安定したロバストな振動は，正のフィードバックを追加することにより生み出すことができる。正のフィードバックによってノードが非直線的に応答する（超感受性）ようになり，それにより出力の平衡状態が不安定化する。(b)アフリカツメガエル胚の細胞周期は，正のフィードバックと負のフィードバックが連結して構成されているロバストな振動のよい例である。コアとなる負のフィードバックはCDK-サイクリンによるAPC/Cdc20複合体の活性化を含んでおり，これがサイクリンの分解を誘導する。このシステムには2つの正のフィードバックが存在し，CDKを抑制するリン酸化反応に関与している。APC：分裂後期促進複合体，CDK：サイクリン依存性キナーゼ。

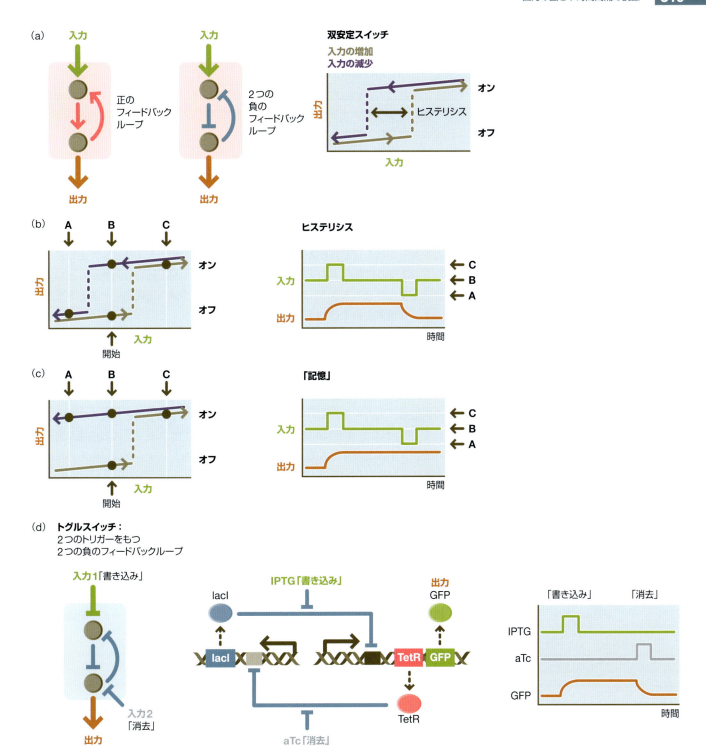

図11.25

記憶を実装する回路：一過的な入力の変化に続く持続的な出力レベルの変化　(a)強い正のフィードバック（もしくは2つの負のフィードバック）システムは，双安定性を引き起こしうる．双安定システムとは，明確に異なる2つの安定状態のみをもつようなシステムを指す（低い出力，もしくは高い出力しかもたず，中間の出力レベルはもたない）．双安定システムはしばしばヒステリシスを示す．これは，低い出力の状態と高い出力の状態をスイッチさせる入力の転移点が，入力を上昇させるときと減少させるときで異なる現象を指す（濃い茶色の矢印）．(b)ヒステリシスを示すシステムは，一過的な入力の上昇（ラベルC）により高い出力の状態にロックされる，いわゆる記憶現象を示す．もし，基底状態（ラベルB）の入力値がシステムをリセットするための入力値の転移点より高ければ，入力が基底状態に戻ってもシステムは高い出力を維持するだろう．この記憶は，入力を下げるときの転移点（ラベルA）よりも入力値を下げることによりリセットされる．(c)ヒステリシスの極端な例は不可逆的なシステムであり，入力値をどれだけ下げてもシステムを低い出力の状態に戻すことができない．(d)記憶機能を示す人工のトグルスイッチは，この種のネットワークの構造を利用することで設計できる．この例では，2つの負のフィードバックループを利用している．このシステムは，Tetリプレッサー（TetR）がlacリプレッサー（lacI）の発現を抑制し，lacリプレッサーはTetリプレッサーと緑色蛍光タンパク質（GFP）レポーター遺伝子の発現を抑制する．このシステムは，高いlacリプレッサー状態か，もしくは高いTetリプレッサー（とGFPの発現）状態しかもたない．どちらかのリプレッサー活性を抑制する化合物を添加することにより，この2つ状態のスイッチを誘導できる（IPTGはlacIを，aTcはTetRをそれぞれ抑制する）．

うなシステムと同種である．しかしながら，いくつかのシグナル伝達システムは，一過的な入力の間隔よりも長持ちする持続的な出力応答を示すことが知られている．この作用は部屋の照明スイッチによく使われるトグルスイッチと類似している．すなわち，いったんスイッチをオンにすると，その後は入力がなくても点灯し続けるようなシステムである．この種の一過的な入力刺激による持続的なシステムの変化は，発生や記憶，免疫応答といった高次の複雑な機能に対して決定的に重要な役割を果たす．このような一過的な入力から永久的(もしくは半永久的)な出力への変換，すなわち**分子記憶**(molecular memory)は，どのようにして実現されているのだろうか．

十分に強い正のフィードバックは，双安定性を示すシステムを生み出すことができる．この場合，システムの状態はその履歴と初期状態に依存する．このようなシステムはしばしば**ヒステリシス**(hysteresis)を示す．ヒステリシスとは，システムの2つの状態をスイッチするための入力レベルが，低い入力値から高い入力値へと変化させるときと，高い入力値から低い入力値へと変化させるときで異なるような現象を指す(図11.25a)．

ヒステリシスのあるシステムは，一過的な入力の上昇により高い出力の状態にシステムをロックすることによって，入力情報を記憶することができる(図11.25b)．もし基底状態の入力値がシステムをリセットできる値よりも大きいならば，入力が基底状態に戻った後も高い出力値を維持しているだろう．この出力の記憶は，入力を下げていくときの転移点を入力が下回ったときのみリセットされる(すなわちシステムが低い出力の状態に戻る)．ヒステリシスの極端な例は不可逆システムであり，入力レベルをいくら下げてもシステムが低い出力の状態に戻ることはない(図11.25c)．

この正のフィードバック回路の能力は複数の合成生物学的な実験により示されており，この種の実験では転写もしくはシグナル伝達の回路は，記憶した情報を保持するように設計されている(図11.25d)．これらの場合，システムをオンにする入力の閾値を超えるように入力を制御すると，安定的に活性化状態へとシステムを切り替えることができる．つぎにオフ入力を与えることで，不活性化状態へとシステムを戻すことができる．生物の発生過程などでみられる永続的な細胞機能の変化は，このような強い正のフィードバックによるシステムの記憶が関与していると考えられている．

まとめ

細胞のシグナル伝達システムは入力情報を受け取り，それに従って出力の状態を調整できるシステムでなければならない．個々のシグナル伝達分子は，それ自身が複雑な論理ゲートや情報を処理するスイッチとして機能する．これらのタンパク質は階層的にネットワークを形成しており，それにより高次の情報処理を行う．シグナル伝達分子や経路は複数の入力からの情報を統合し，直線的，もしくは非直線的な入力/出力応答を示しうる．これらのシステムをさらに組織化することで，入力の振幅や間隔を感知するネットワークを構築することができる．シグナル伝達ネットワークは出力の振幅や間隔を正確に制御するためにも用いられており，結果として順応や振動，記憶といったより複雑で動的な機能を獲得する．

最新の研究結果から，たとえ分子的な実体は異なっていたとしても，共通のネットワーク構造がシグナル伝達の特定の機能的な応答を実現するために用いられていることが示唆されている。

課題

1. フィードバックループとフィードフォワードループの違いについて述べよ。フィードバックループにはどのような種類があるか。また，フィードフォワードループにはどのような種類があるか。
2. シグナル伝達システムがANDゲートではなくORゲートとして機能するのはどのようなときに有用であるか。
3. シグナル伝達分子内のモジュールドメインやモチーフが2つの異なる入力を統合し，協調的な意思決定を行うための戦略について述べよ。
4. 細胞が入力に対してスイッチ的(超感受性)ではなく連続的に応答することは，どのようなときに有利に働くと考えられるか。また，単一のシグナル伝達分子が超感受性の応答を示すための分子機構は何か。シグナル伝達経路やネットワークが超感受性の応答を獲得するための方法にはどのようなものがあるか。
5. 一過的な入力と持続的な入力を細胞が区別することは，どういった生物学的な状況において有利に働くと考えられるか。どのようなシグナル伝達ネットワーク機構を用いれば，一過的な入力と持続的な入力とを区別することができるか。
6. 入力を感知した後に順応反応を示すことは，細胞にとってどういったときに有益となるのか。正確な順応反応を実現する一般的な分子ネットワーク戦略にはどういったものがあるか。
7. 双安定システムとは何か。双安定性を必要とする生理的な細胞応答にはどういったものがあるか。またそれはなぜか。双安定応答が最適ではない生理的な機能にはどのようなものがあるか。

文献

情報処理装置としてのシグナル伝達システム

Alon U (2006) An Introduction to Systems Biology: Design Principles of Biological Circuits. Boca Raton, FL: Chapman & Hall/CRC.

Lim WA, Lee CM & Tang C (2013) Design principles of regulatory networks: searching for the molecular algorithms of the cell. *Mol. Cell* 49, 202–212.

多入力シグナルの統合

Hirota T, Lipp JJ, Toh BH & Peters JM (2005) Histone H3 serine 10 phosphorylation by Aurora B causes HP1 dissociation from heterochromatin. *Nature* 438, 1176–1180.

Macián F, López-Rodriguez C & Rao A (2001) Partners in transcription: NFAT and AP-1. *Oncogene* 20, 2476–2489.

Prehoda KE & Lim WA (2002) How signaling proteins integrate multiple inputs: a comparison of N-WASP and Cdk2. *Curr. Opin. Cell Biol.* 14, 149–154.

Prehoda KE, Scott JA, Mullins RD & Lim WA (2000) Integration of multiple signals through cooperative regulation of the N-WASP-Arp2/3 complex. *Science* 290, 801–806.

入力の強さや持続時間に対する応答

Alon U (2007) Network motifs: theory and experimental approaches. *Nat. Rev. Genet.* 8, 450–461.

Brandman O & Meyer T (2008) Feedback loops shape cellular

signals in space and time. *Science* 322, 390–395.

Dueber JE, Mirsky EA & Lim WA (2007) Engineering synthetic signaling proteins with ultrasensitive input/output control. *Nat. Biotechnol.* 25, 660–662.

Ferrell JE Jr (1996) Tripping the switch fantastic: how a protein kinase cascade can convert graded inputs into switch-like outputs. *Trends Biochem. Sci.* 21, 460–466.

Murphy LO, Smith S, Chen RH et al. (2002) Molecular interpretation of ERK signal duration by immediate early gene products. *Nat. Cell Biol.* 4, 556–564.

Tyson JJ, Chen KC & Novak B (2003) Sniffers, buzzers, toggles and blinkers: dynamics of regulatory and signaling pathways in the cell. *Curr. Opin. Cell Biol.* 15, 221–231.

Whitty A (2008) Cooperativity and biological complexity. *Nat. Chem. Biol.* 4, 435–439.

出力の強さや時間間隔の調節

Barkai N & Leibler S (1997) Robustness in simple biochemical networks. *Nature* 387, 913–917.

Becskei A & Serrano L (2000) Engineering stability in gene networks by autoregulation. *Nature* 405, 590–593.

Elowitz MB & Leibler S (2000) A synthetic oscillatory network of transcriptional regulators. *Nature* 403, 335–338.

Gardner TS, Cantor CR & Collins JJ (2000) Construction of a genetic toggle switch in Escherichia coli. *Nature* 403, 339–342.

Ma W, Trusina A, El-Samad H et al. (2009) Defining network topologies that can achieve biochemical adaptation. *Cell* 138, 760–773.

Novák B & Tyson JJ (2008) Design principles of biochemical oscillators. *Nat. Rev. Mol. Cell Biol.* 9, 981–991.

Stricker J, Cookson S, Bennett MR et al. (2008) A fast, robust and tunable synthetic gene oscillator. *Nature* 456, 516–519.

Tigges M, Marquez-Lago TT, Stelling J & Fussenegger M (2009) A tunable synthetic mammalian oscillator. *Nature* 457, 309–312.

Tsai TY, Choi YS, Ma W et al. (2008) Robust, tunable biological oscillations from interlinked positive and negative feedback loops. *Science* 321, 126–129.

Yi TM, Huang Y, Simon MI & Doyle J (2000) Robust perfect adaptation in bacterial chemotaxis through integral feedback control. *Proc. Natl Acad. Sci. U.S.A.* 97, 4649–4653.

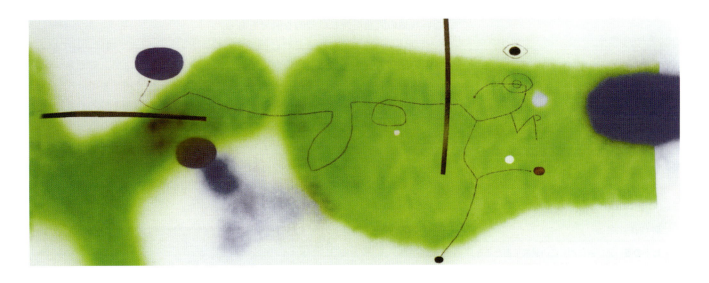

細胞はいかにして決断を下すのか

12

　前章まで，細胞シグナル伝達システムの分子群を紹介し，さらに複雑な仕組みとネットワークを形成するためにこれら分子群がどのように相互に連携するかを検証した．本章ではさらに古典的な生理学的観点に立ち戻り，いくつかのシグナル伝達経路を検証してみる．これは，細胞が重要な生理学的決定を行うためにいかにシグナル伝達機構を利用しているのかという点について，基本的な概念を統合することと，やや幅広い事例を検討することを目的としている．

　以下の4つの生理学的プロセスに着目する．

- 視覚(vision)—眼は光のシグナルをどのように受け取り，処理するのか．
- 増殖因子シグナル伝達(growth factor signaling)—細胞は細胞分裂を誘導するシグナルをどのように受け取り，処理するのか．
- 細胞周期(cell cycle)—細胞は複製と分裂をどのようにコントロールしているのか．
- T細胞活性化(T cell activation)—免疫システムの主要な細胞は感染に対抗するためにどのように機能するのか．

　これらは，われわれの身体の細胞が下している無数の複雑な決断のうちのごく一部分である．しかし同時に，特異的な決断に至るまでシグナル統合はどのように行われるか，カスケードにおけるシグナルの拡大や増幅はどのようになされるか，フィードバックネットワークはシグナルの強さとタイミングをどのようにコントロールしているかといった，細胞が高い正確性をもって処理しなければなら

ない共通の問題を含む典型的な例でもある。

　本章は，一連のパネルとそれに関連する疑問という図解式で構成されている。各節の最初のパネルでは，器官から細胞，および分子レベルまで，異なるスケールで生理学的シグナル伝達システムについて説明する。続くパネルでは，細胞がその特異的機能を発揮する際に対処する必要のある主要な問題と機能的課題について注目している。これらのパネルでは，細胞がこのような問題を解決するために進化させてきたメカニズムを分子レベル，あるいはネットワークレベルで考察する。これらのシステムはきわめて複雑なものであり，今なお多くの研究が進行中であることに留意することは重要である。ここに示すモデルはわれわれの現在

図12.1
ヒトの眼　光が眼に射しこみ網膜にあたると，視覚信号を脳に送るシグナル伝達カスケードが開始される。本章の最初の節でこの仕組みを明らかにする。

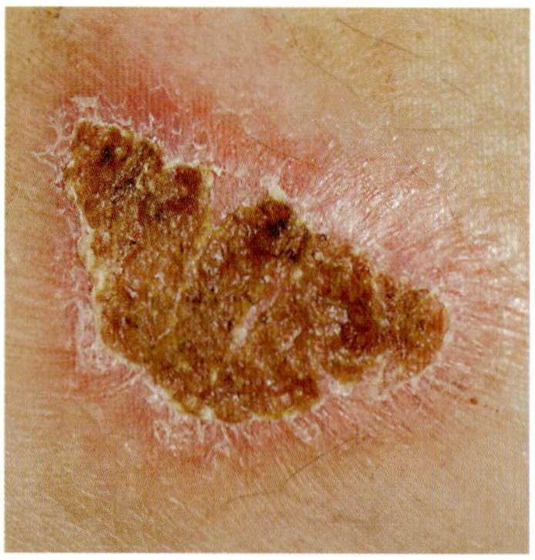

図12.2
創傷の治癒　早急な細胞増殖は創傷の治癒に必須である。しかし，細胞増殖はコントロールされ，やがて停止しなければならない。第2節ではこのプロセスを明らかにする。

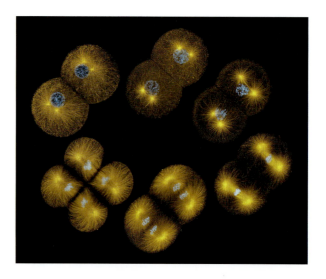

図12.3
細胞分裂　画像は同調して分裂し，それぞれペアとなった細胞である。第3節では細胞周期について考察する。最終節では人体が感染を防御する仕組みを明らかにする。（George von Dassowの厚意による）

の知見を単純化したものであり，将来の研究によって修正されるであろうことに疑いはない。しかし，ここに示されるシグナル経路に関する典型的なメカニズムと解決方法は，他のさまざまな細胞や多くの生理学的プロセスにおいてもみることができる。すなわちこれらは細胞シグナル伝達の基本的疑問と原理を例示するものである。

12.1 脊椎動物の視覚：
光受容細胞が光信号を受け取り増幅する機序

複雑に進化する過程で，生命体は洗練された感覚器官を急激に発展させ，周囲の環境に対応する能力を向上させてきた。最も洗練され，よく理解されている感覚系の1つが視覚である。われわれが感じている光は非常に複雑な器官である眼に入り，網膜にある特定の光受容細胞にあたる。光受容細胞には，形態によって基本的な2つのタイプがある。低光度の光を受け取る感受性の最も高い桿体と，色を優先的に知覚する錐体である。光によるこれら光受容細胞の活性化は神経シグナルとなって視神経を経て脳の視覚野へ伝達され，そこでシグナルは知覚した映像へと総合的に変換される。これが「見る」という過程である。ここでは特に，眼の機能において光受容細胞の分子シグナル伝達装置がどのようにして光を感知し，それを視神経に効率よく伝達できる信号へ変換しているのかに焦点をあてて解説する。

われわれの日々の経験から，視覚がとりわけ有用な感覚器であることがさまざまな局面で示されている。われわれが薄暗い場所でも何かを見ることができるのは，桿体光受容細胞が低光度の光にとても感度がよいためである。また強烈な明るさであっても，ときに数秒を要することはあるものの，明るさの劇的な変化に適応してものを見ることができる。それは，視覚システムが明暗の幅が広い可視光に対応しており，かつある特定の光量による長時間の刺激に対応できるからである。同時に，視覚システムは優秀な時間分解能もそなえている。例えば目を閉じれば即座に信号が途切れるので，すぐに視野は暗くなる。また，この迅速な分解能によって，ピッチャーの手元から1秒もかからずバッターに到達する野球ボールのようなすばやく変化するものにも反応することができる。

ここでは，光刺激が引き起こす細胞および分子的なシグナル伝達事象に注目して，光受容細胞(桿体)の機能について解説する。特に，以下の問題に焦点をあてる。

- 光受容細胞は，どのようにして光を脳へ伝達しうる生化学的信号に転換しているのか。
- 光受容細胞は，例えば1光子程度の低光度の光をどのようにして感受しているのか。
- どのようにしてそれほど迅速に反応できるのか。
- 光受容細胞は光量の増加を感知するためにどのようにしてすばやくリセットを行っているのか。

パネル 1
器官　脊椎動物の眼

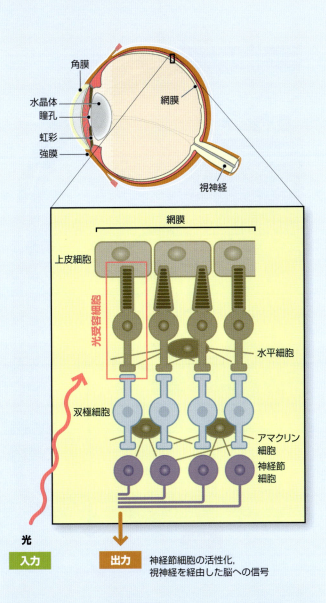

脊椎動物の網膜　網膜は光入力を感受して神経節細胞の活動電位を起こし，脳に情報を伝える

　環境からの光は眼に入り，網膜の外層を経て光受容細胞に届く。光刺激を受けた光受容細胞は細胞間シグナル伝達カスケードを開始させ，神経節細胞の活性化が起こる。これによって視覚信号は視神経を経由して脳へ伝達される。光は最初に必ず神経節細胞を通過して光受容細胞に到達する。そして神経節細胞へ逆方向に信号が伝達される。
　細胞のシグナル伝達処理は光受容細胞が光によって過分極したときにはじまる。桿体は光受容細胞に分類され，低光度の光に最も感受性がある。

パネル 2
細胞　光受容細胞

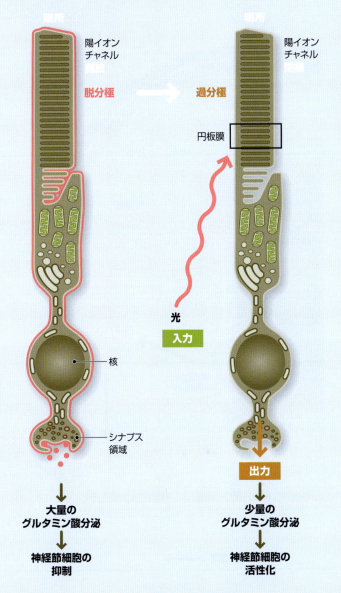

光受容細胞（桿体）　光は光受容細胞の過分極を起こし，グルタミン酸の分泌を抑制する

　暗所では，光受容細胞の細胞膜の陽イオンチャネルが開き，膜は脱分極する。この脱分極状態では，細胞は神経伝達物質であるグルタミン酸を大量に分泌し，双極細胞が活性化する。これにより神経節細胞が抑制される。
　明所では，光によって光受容細胞の細胞膜にある陽イオンチャネルが閉じて，膜は過分極となる。過分極はグルタミン酸の分泌を抑制し，最終的に下流にある神経節細胞の活性化を起こす。
　光によって起こるこの光受容細胞の反応における分子シグナル伝達ネットワークを，つぎのパネルで紹介する。

パネル 3

分子ネットワーク　視覚伝達カスケード

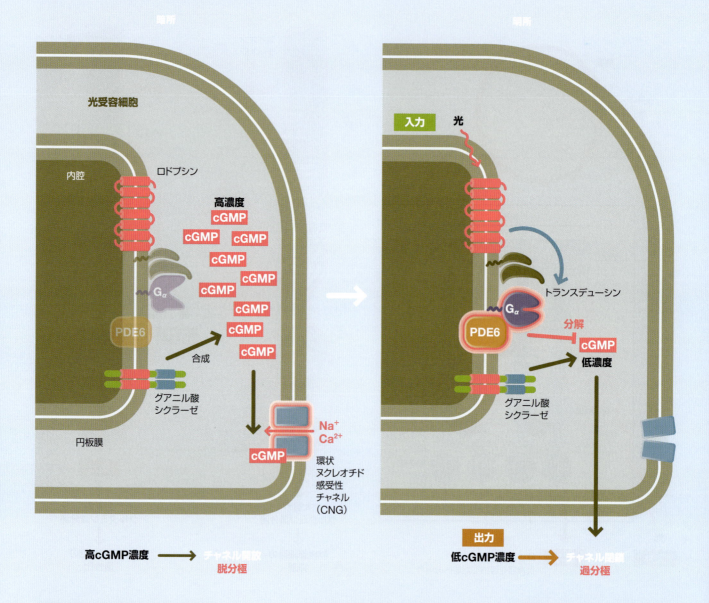

光受容細胞円板膜でのシグナル伝達ネットワーク　光は光受容細胞のシグナル伝達カスケードを起動させ、陽イオンチャネル閉鎖と細胞の過分極を誘導する

　暗所では、グアニル酸シクラーゼが恒常的に活性をもつため、GTPからセカンドメッセンジャーであるサイクリックGMP(cGMP)が大量に産生される。cGMPは環状ヌクレオチド感受性(cyclic-nucleotide-gated：CNG)チャネルに結合し、アロステリックにチャネルを開放する。これによってNa$^+$やCa^{2+}のような陽イオンが細胞内に流入し、恒常的に脱分極状態となる。このため光受容細胞は、GTPのエネルギーを使って常に反応性の高い状態を維持していることになる。

　光が光受容細胞にあたると、Gタンパク質共役受容体であるロドプシンが活性化し、円板膜の外節側に集まる。活性化したロドプシンは続いて、トランスデューシンと呼ばれるヘテロ三量体Gタンパク質のうち、αサブユニット(Gα)を活性化する。トランスデューシンの主な下流の標的分子は、ホスホジエステラーゼ6 (phosphodiesterase 6：PDE6)という酵素である。PDE6はcGMPをGMPに加水分解することで、cGMP濃度を急速に低下させる。このような低cGMP濃度の状態ではCNGチャネルが閉じるので、光誘導性の一過性の過分極が起こる。

1 光受容細胞は，どのようにして光を脳へ伝達されうる生化学的信号に転換しているのか

光が誘導する立体構造の変化

光受容細胞にあるシグナル伝達タンパク質は，光を一連のタンパク質構造変化に転換できる。これらの立体構造の変化は，酵素機能の変化を惹起する。

ロドプシン受容体は光を受けて立体構造の変化が起こり，酵素活性が変化する

膜結合型のGタンパク質共役受容体（G-protein-coupled receptor：GPCR）であるロドプシンが光を感受する。ロドプシンは，光感受性の補因子であるレチナールと，オプシンタンパク質が共有結合した形をとっている。レチナールが光子を吸収すると，11-シス型から全トランス型へ異性化を起こす。これによってオプシンの立体構造に変化が起こり，ロドプシンのトランスデューシン結合部位が構造変化することで，下流へのシグナル伝達を惹起する。すなわち活性型ロドプシンは，トランスデューシンを活性化するグアニンヌクレオチド交換因子（GEF）として働く。

光刺激で異性化する補因子レチナールはロドプシンに結合している。レチナールの構造変化は，タンパク質の立体構造の変化へとつながっていく。

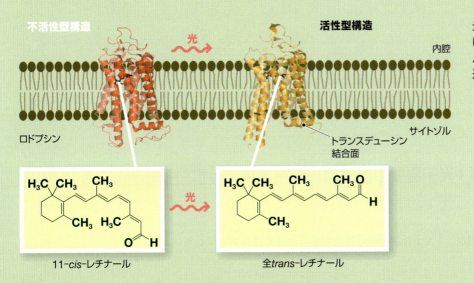

Gタンパク質とセカンドメッセンジャーカスケードによってチャネルが閉じる

活性型ロドプシンは生化学的カスケードを開始させ，CNGチャネルの閉鎖と過分極を光受容細胞の細胞膜で起こす。

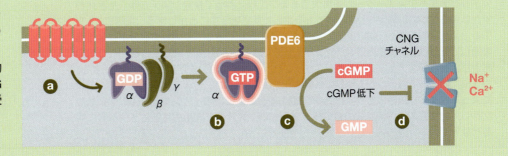

a. 活性型ロドプシンは，他のGPCRと同様にGEFとして働き，ヘテロ三量体Gタンパク質を活性化する。この場合ではトランスデューシンに結合しているGDPをGTPに交換する。

b. トランスデューシンの活性化αサブユニット（GTP結合型）はβおよびγサブユニットから解離する。そしてエフェクタータンパク質であるホスホジエステラーゼ6（PDE6）に結合し，これをアロステリックに活性化する。

c. 活性型PDE6はセカンドメッセンジャーのcGMPをGMPに加水分解する。

d. cGMP濃度の低下でCNGチャネルが閉鎖して，Na^+とCa^{2+}の流入が抑えられる。これによって細胞膜は過分極となる。

Gタンパク質については第3章で述べている
cGMPなどのセカンドメッセンジャーについては第6章で述べている

グアニル酸シクラーゼとホスホジエステラーゼは，それぞれ「書き込み装置」と「消去装置」の働きをしてcGMP濃度を調節する一対の酵素である

細胞が脳へ信号を送るかどうかは，最終的に光受容細胞のcGMP濃度が決定する。

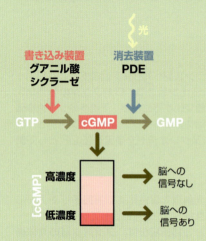

セカンドメッセンジャー分子であるcGMPは，光受容細胞のシグナル伝達において重要な調節ノードの1つである。cGMP濃度は，光受容細胞の細胞膜が脱分極し，脳へ信号を送るかどうかを最終的に決定する。

細胞内cGMP濃度は対になる2つの酵素のバランスで調節されている。すなわち，cGMPをGTPから合成する，いわば「書き込み装置」の機能をするグアニル酸シクラーゼと，cGMPをGMPに分解する「消去装置」の役割をするPDE6である。暗所では「書き込み装置」のほうが優位で，cGMPが多くなる。そこに光の刺激が加わると，「消去装置」がきわめて優位となり，一時的にcGMP濃度が低下する。この図では明示していないが，シグナル伝達システムが精巧に反応するのために，細胞はGTP再合成の形で常時エネルギーを消費していることに注意してほしい。

cGMPなどのセカンドメッセンジャーについては第6章で述べている

2 光受容細胞は，例えば1光子程度の低光度の光をどのようにして感受しているのか

酵素による増幅

シグナル伝達経路のいくつかの段階が，1光子を数百の活性化分子に増幅できるようにしている。

視覚伝達カスケードでは，少ない入力分子を多数の出力分子へと増強できる酵素と低分子シグナルメディエーターが不可欠である。これによって視覚システムは，たとえわずかな光子しかない薄明かりのなかでも安定した反応を示すことができる。実際に，1光子でさえ光受容細胞から検出可能な信号を送ることができる。増幅は2つの主要な段階を通して行われる。まず，ロドプシンが1光子によって活性化されると，1秒あたり100あまりのトランスデューシン分子が活性化され，それぞれの分子がPDE6を活性化する。つぎに，PDE6それぞれが1秒あたりおよそ1,000のcGMP分子を加水分解する。これによってサイトゾル内におけるcGMP濃度の変化は数百の陽イオンチャネルの閉鎖をもたらし，光受容細胞の細胞膜の過分極とグルタミン酸分泌を抑制させることが十分に可能となる。

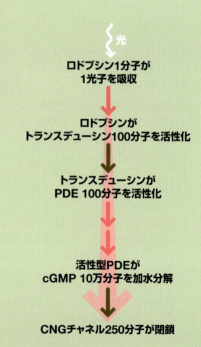

増幅については第3章と第11章で述べている

3 どのようにしてそれほど迅速に反応できるのか

空間内の配置

シグナル伝達タンパク質の構成と性質によって，効率よく迅速な反応が生み出される。

視覚シグナル伝達の最も注目すべき点は反応速度であり，いくつかの要素が反応の速さに寄与する

- シグナル伝達タンパク質は桿体円板膜上に高密度で配置されている（膜表面に占める割合は，ロドプシン25%，トランスデューシン10%，PDE6 1%）。このため，ロドプシンは活性化してすぐにトランスデューシンに会合でき，続いて活性化したトランスデューシンは即座にPDE6と会合できる。
- 膜上で二次元的に拡散しているほうが，溶液中で三次元的に拡散しているよりも分子が有効に相互作用できる可能性が高くなる。
- PDE6はほぼ「完璧な酵素」である。PDE6はいったん活性化すると，出会ったほとんどすべてのcGMPを基質の拡散が律速となる反応速度でGMPに転換する。
- シグナルの出力はcGMPと陽イオンに依存しており，これらは小分子であるため高速で拡散する。

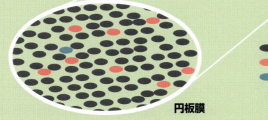

円板膜

● ロドプシン
● トランスデューシン
● PDE

拡散と反応速度におけるその役割については第6章と第7章で述べている

4 光受容細胞は光量の増加を感知するためにどのようにしてすばやくリセットを行っているのか

適応

光受容細胞のシグナル伝達ネットワークには，適応を行うための負のフィードバックループがいくつかある。

負のフィードバックループ

光受容細胞の活性化（過分極）は，定常的に明るいところであっても一過性のものにすぎない。細胞は本来の基底状態（脱分極状態）に自動的にリセットすることができる。この感覚適応は，光刺激がさらに増加していく場合に対する反応性を保つために重要であり，これにより細胞はいっそう広いダイナミックレンジで光を知覚することができる。この適応メカニズムは，視覚系が環境からの光のような明暗の幅が広い光のなかで機能することを可能にしている機構の1つである。

光受容細胞の適応反応には少なくとも以下に示す3つの負のフィードバックループが含まれる。

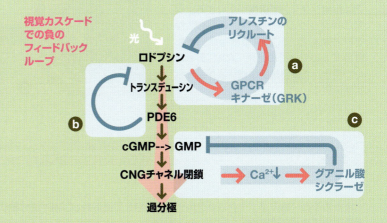

Gタンパク質のダウンレギュレーション（下方制御）については第3章と第8章で述べている
cGMPなどのセカンドメッセンジャーについては第6章で述べている

a. リン酸化フィードバック

活性化したロドプシンはGPCRキナーゼ(GRK)に結合し,これをアロステリックに活性化する。そしてロドプシンの複数部位がリン酸化される。これらリン酸化部位にはアレスチンタンパク質が会合して,ロドプシンによるトランスデューシンの活性化を阻害する。このループはロドプシンが活性化してから200ミリ秒以内に起こる。アレスチンは,ロドプシンをエンドサイトーシス機構へ移行させる際のアダプターとしても機能して,エンドソーム内へと移行させる。ロドプシンはエンドソームから桿体円板膜へリサイクルされるか,リソソームで分解される。したがってアレスチンは,活性化の後にロドプシンを脱感作させる役割をもつ。

b. GAPフィードバック

活性化PDE6は,cGMPを加水分解する以外にもGTPアーゼ活性化タンパク質(GAP)としての触媒作用を発揮して,トランスデューシンを不活性化する。

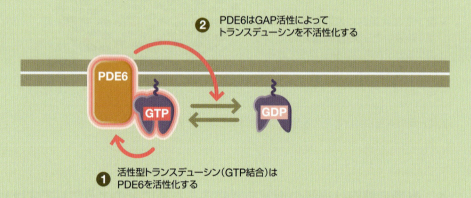

c. カルシウム-グアニル酸シクラーゼ フィードバック

光受容細胞活性化後のCNGチャネル閉鎖は,細胞内Ca^{2+}濃度の低下にもつながる。Ca^{2+}濃度の低下によって,グアニル酸シクラーゼ活性が上昇する。グアニル酸シクラーゼ活性はPDE6活性を打ち消して,cGMP濃度を高いまま維持するので,その結果,CNGチャネルが開き,光受容細胞の細胞膜が脱分極状態に戻る。

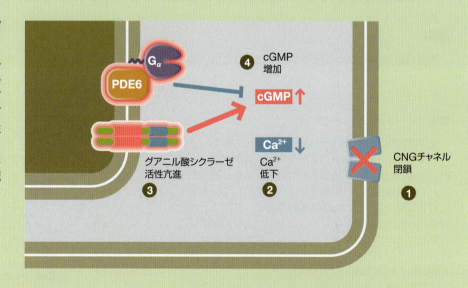

まとめると,負のフィードバックループは細胞を即座に高cGMP/脱分極状態に戻すことで,細胞がつぎに加わる刺激に対して反応できるようにするのである。

負のフィードバックについては第11章で述べている

まとめ

- Gタンパク質共役受容体のロドプシンは光を感知し，細胞内シグナル伝達カスケードを惹起することで光受容細胞の過分極を引き起こす。
- 視覚系は非常に敏感で，わずかな光子に対しても確実に反応してシグナルを増幅する。
- タンパク質密度，拡散速度，反応速度は，瞬間的な反応を起こせるよう最適化されている。
- 複数の負のフィードバックループが即座に視覚伝達カスケードをダウンレギュレーションすることで，光の強さの変化を優れた時間分解能で検出することができる。

文献

Burns ME & Pugh EN Jr (2010) Lessons from photoreceptors: turning off G-protein signaling in living cells. *Physiology (Bethesda)* 25, 72–84.

Calvert PD, Govardovskii VI, Krasnoperova N et al. (2001) Membrane protein diffusion sets the speed of rod phototransduction. *Nature* 411, 90–94.

Fu Y & Yau KW (2007) Phototransduction in mouse rods and cones. *Pflugers Arch.* 454, 805–819.

Leskov IB, Klenchin VA, Handy JW et al. (2000) The gain of rod phototransduction: reconciliation of biochemical and electrophysiological measurements. *Neuron* 27, 525–537.

Palczewski K (2012) Chemistry and biology of vision. *J. Biol. Chem.* 287, 1612–1619.

12.2 PDGFシグナル伝達：
創傷治癒における制御された細胞増殖の惹起

　発生中あるいは成長中の生物において増殖中の細胞は数多くみられるものだが，成体では多くの細胞は静止期にある（増殖していない）ため，急激な増殖はしばしばがんのような疾患の特徴となる。しかし，成体であっても急激な増殖が必要となる特別な状況がないわけではない。ここでは，通常は静止期にある線維芽細胞が，身体が傷ついた場合に迅速に増殖しはじめる機構について検証する。この反応が正確なシグナル伝達指令があった場合にのみ開始される機構と，この反応がどのように伝達・調節されているかについて紹介する。

　怪我をした後には，皮膚の傷口とその下部の結合組織は迅速に修復されなければならない。それができなければ，組織を保全し，傷口に微生物が感染して繁殖するのを防ぐバリアを復元することができない。創傷治癒の過程では，むだのない反応を起動させるために，異なった種類の細胞間において多くのシグナルが伝達される必要がある。怪我をして傷口に血液が漏れ出すと，その中の血小板は細胞外マトリックスの構成成分にさらされる。インテグリン媒介シグナル伝達を介して血小板から放出された凝固因子の働きで，最初の血栓が形成される。血小板は，血小板由来増殖因子（platelet-derived growth factor：PDGF）やトランスフォーミング増殖因子β（transforming growth factor β：TGFβ）など，さまざまな作用を有する増殖因子も放出する。また，好中球とマクロファージを傷口にリクルートすることで，炎症を促進する結果をもたらす。これらの免疫細胞は細菌を貪食し，殺菌する。マクロファージの場合はさらにPDGFを産生する。

　しかし，傷を修復するための新しい組織はどうやってつくられるのだろうか。傷の修復はたいてい線維芽細胞に分類される細胞集団に担われており，これらの細胞は通常は静止期にあって活動を休止している。しかし，怪我をすると，傷口近くの線維芽細胞はPDGFの放出を検出して活動をはじめる。すなわち，創傷部位に移動して増殖しはじめ，傷害組織修復に必要なコラーゲンなどの細胞外マトリックスを分泌する。

　このように線維芽細胞は化学的なシグナルを迅速に検出して，さまざまなふるまいに至るプログラムを起動させる。それは例えば傷口への移動であったり，線維芽細胞自体を増やすことであったり，細胞外マトリックスを修復し，再構成することなどである。本節では特に増殖反応に焦点をあてる。増殖反応は精密に制御されなければならない反応であり，万が一異常をきたせばがん化を引き起こしかねない。これは，強力かつ厳密に制御されている同様の増殖反応を惹起する，多くの類似するマイトジェンの反応経路の一例である。

　ここでは以下の疑問に焦点をあてる。

- 線維芽細胞はどのようにして細胞外のPDGFシグナルを検出し，反応しているのか。
- PDGFは線維芽細胞内でどのようにして増殖シグナルを起動しているのか。
- 増殖反応はどのようにして終息へと導かれるのか。

パネル 1
組織　創傷治癒の過程

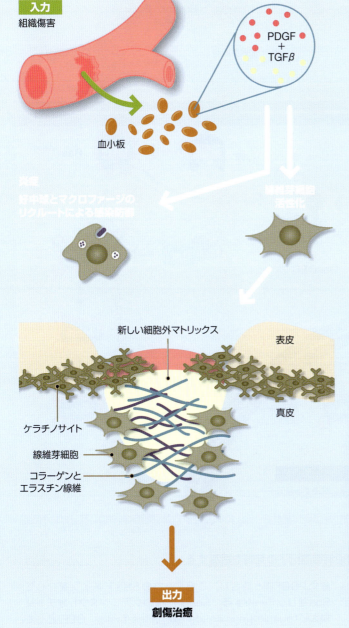

創傷治癒　血小板が線維芽細胞をリクルートする

　創傷部位では傷害された組織が血小板を活性化して血液凝固を開始させる一方で，結合組織（真皮）内の線維芽細胞に作用するPDGFのような因子を産生する。線維芽細胞から分泌されたコラーゲンは架橋して，細胞外マトリックスを修復および補強するとともに，表皮を覆う上皮細胞の再生を補助する。

パネル 2
細胞　創傷と血小板活性化に対する線維芽細胞の反応

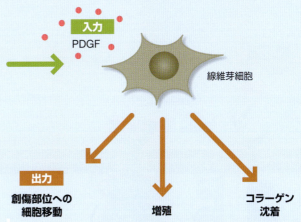

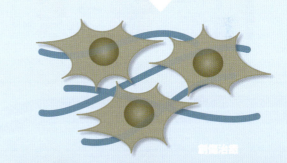

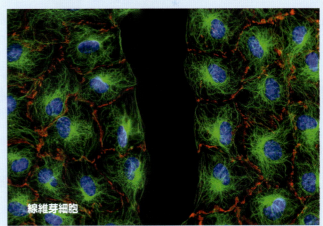

（Jan Schmoranzerの厚意による）

線維芽細胞の反応　移動，増殖，コラーゲン定着

　血小板から分泌されたPDGFの濃度勾配は線維芽細胞に検出され，複数の反応を誘導する。第一は創傷部位に線維芽細胞が移動することで，第二は迅速に増殖することである。そして第三は，新たなコラーゲンと他の細胞外マトリックスタンパク質を定着させることである。

パネル 3

分子ネットワーク　線維芽細胞の増殖制御

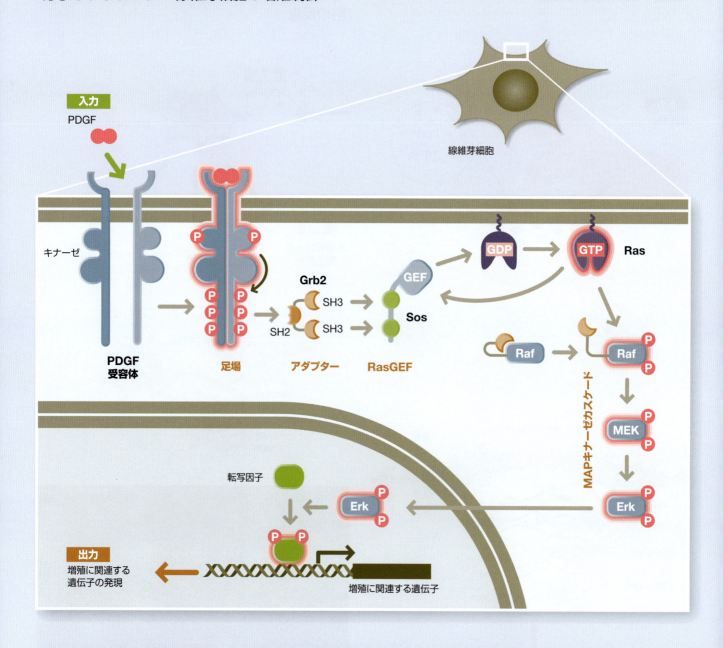

線維芽細胞増殖反応経路　低濃度のPDGFはMycのような増殖制御遺伝子の発現を誘導する

ヒトの血小板は，PDGF-A鎖およびPDGF-B鎖という，2種類の非常に類似したタンパク質を含んでいる。これらは前駆体として合成され，酵素切断後にジスルフィド結合を介してホモ二量体（A-AもしくはB-B），あるいはヘテロ二量体（A-B）を形成する。成熟型PDGF二量体は，標的細胞のPDGF受容体（PDGF receptor：PDGFR）の細胞外領域に結合して機能を発揮する。PDGFRにはもともとチロシンキナーゼ活性がある。PDGFの結合により受容体は二量体となって，自己リン酸化を起こす。これによって少なくとも9カ所のホスホチロシン部位ができ，SH2ドメインとPTBドメインを有するシグナル伝達タンパク質が結合できるようになる。そのようなシグナル（アダプターとも呼ばれる）タンパク質の一例がGrb2で，SH2ドメインを介してリン酸化PDGFRと結合し，さらに2つのSH3ドメインを介してSosをリクルートする。SosはRasのグアニンヌクレオチド交換因子（guanine nucleotide exchange factor：GEF）として働く。Sosが細胞膜に局在すると，Rasを活性化し，続いてErk MAPキナーゼ経路が起動する。最終的に活性化Erkは核内へ移行して，サイクリン（細胞周期を進行させる）やMycのような細胞増殖に関連するタンパク質をコードする遺伝子の転写を誘導する。Mycは転写因子で，細胞の成長と増殖に必要な遺伝子群の複雑な発現プログラムを制御する。その他にもMycは，解糖と代謝，リボソーム生合成，ミトコンドリア生合成，DNA複製と細胞周期にかかわる遺伝子の転写を誘導する。

1 線維芽細胞は局所で発生した傷をどのようにして感知するのか

線維芽細胞上の膜貫通型受容体がPDGFを検出し，シグナルを細胞膜から細胞内部へと伝える

血小板由来増殖因子受容体(PDGFR)は受容体型チロシンキナーゼである。

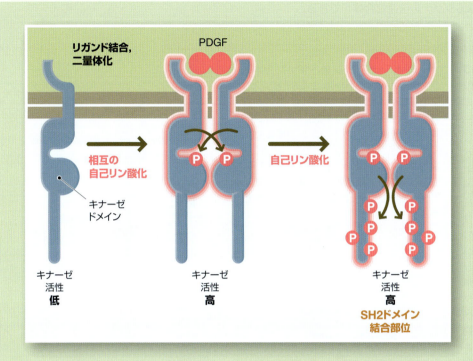

PDGFRの活性化にはリガンドの結合と二量体化が必要である

PDGFとPDGFRは非常に高いアフィニティー(K_d値はおよそ10^{-10}M)で結合するので，低濃度のPDGFでも受容体に結合可能である。このことは，比較的弱い入力シグナルに対しても線維芽細胞が確実に反応するために重要である。PDGFの結合でPDGFR単量体が二量体となり，向かい合った2つの細胞内キナーゼドメインは触媒活性を高める。活性化される前，キナーゼドメインは分子内相互作用によって抑制されている。すなわち，キナーゼドメインの活性化セグメントは非活性型の立体構造をとっており，活性部位の形成に重要なアミノ酸残基が正しく配置されておらず，基質結合部位もブロックされている。このような何重もの抑制機構は重要で，抑制が効かないと，PDGFRの不適切な活性化によって線維化，強皮症やがんといった疾患につながる。リガンドが結合して二量体となった2つの隣り合うキナーゼドメインが互いのチロシン残基をリン酸化することで，触媒活性が発揮される。触媒部位のチロシン残基は，基底(非リン酸化)状態では自己抑制状態の維持に重要であり，いったんリン酸化されると抑制作用は解除される。つまり，PDGF-PDGFR結合で起こる近接の効果は，リン酸化誘導性のアロステリックスイッチを入れることで受容体のキナーゼドメインの触媒活性を誘導する。

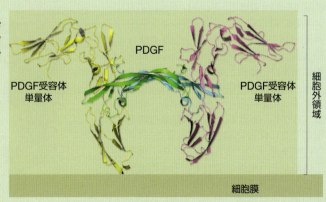

キナーゼ活性についての詳細は第3章で述べている
細胞膜を介した情報伝達についての詳細は第8章で述べている

2　細胞内のPDGFシグナルがどのように伝達されて細胞増殖のようなふるまいに至るのか

PDGFRの複数のリン酸化部位がアダプター/エフェクターの細胞膜へのリクルートを可能にし，シグナル伝達機構の共局在化を導く

　受容体のリン酸化で，SH2ドメインを有するタンパク質が結合できるようになる。SH2ドメインを介したリクルートによって，細胞内シグナルを生み出す鍵となるシグナル伝達複合体ができる。

PDGFRの自己リン酸化によって複数のエフェクターに対する結合部位ができ，最終的にさまざまな出力を生み出す

　PDGFで活性化された細胞では，PDGFRは通常最も多くのチロシンがリン酸化されたタンパク質である。少なくとも9個の自己リン酸化部位があり，キナーゼ活性の制御とは直接的には無関係であるが，細胞内のシグナル伝達タンパク質の結合部位として働いている。これらのタンパク質は，1つないし2つ以上のホスホチロシン結合ドメインをもっている（たいていはSH2ドメイン）。自己リン酸化された受容体は足場となって，近傍の標的分子をリクルートする。このリクルートにあたっては，特定のリン酸化ペプチド-SH2ドメイン間の相互作用が働く。ホスファチジルイノシトール 3-キナーゼ（PI3K）はホスファチジルイノシトール 4,5-ビスリン酸（PIP_2）からホスファチジルイノシトール 3,4,5-トリスリン酸（PIP_3）への転換を触媒し，細胞が移動する反応の初期段階を担う。PDGFRはPI3Kの調節サブユニットであるp85にあるSH2ドメインと結合し，続いて触媒サブユニットであるp110に結合する。Grb2はSosを細胞膜へリクルートするアダプタータンパク質で，増殖反応を担う。

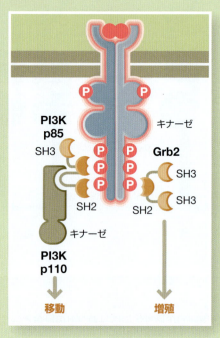

Sosの膜局在は増殖反応を促進する

　SH2ドメインに加え，Grb2はN末端とC末端に2つのSH3ドメインをもち，これがSosのC末端にあるプロリンリッチ領域を引き寄せる。Sosは，Ras GTPアーゼに対してグアニンヌクレオチド交換因子（GEF）として働く。このようなGrb2との相互作用を介してSosは細胞膜に集まり，基質となるRasにアクセスする。RasはC末端のイソプレニル化修飾によって細胞膜と結合している。細胞膜へリクルートされたSosは触媒作用を発揮して，Rasに結合しているGDPをGTPに転換する。これによってRasは不活性型から活性型に変わる。Rasの活性化でタイミングと場所が厳密に制限されていることは重要である。実際に，Rasの恒常的活性化型変異はがんにおいて頻繁に観察される。

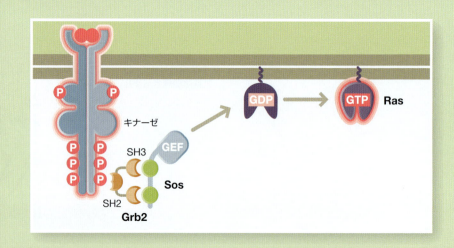

GTPアーゼとGEFによるその活性化についての詳細は第3章で述べている
リン酸化依存的な相互作用についての詳細は第4章で述べている
シグナル伝達における細胞内局在についての詳細は第5章で述べている

3 増殖反応の誤った活性化はどのようにして防がれているのか

SosやRafのような主要なシグナル伝達分子をスイッチとして機能させ，複数のシグナルが入力された場合にだけ活性化が起こるようにしている

シグナル伝達分子の組合わせによるゲート開閉は，細胞の反応を厳密に制御するうえでの共通のテーマである。

GEFタンパク質であるSosは複数の入力の組合わせに制御されており，Rasと正のフィードバックループを形成する

Sosはマルチドメインタンパク質である。N末端にヒストン様ドメイン，続いてDblホモロジー（Dbl homology：DH）ドメイン，プレクストリンホモロジー（pleckstrin homology：PH）ドメイン，リンカーヘリックス，触媒作用を有するREM-Cdc25ドメイン，そしてC末端にGrb2に結合する領域であるプロリンリッチモチーフ（proline-rich motif）がある。Grb2と相互作用することに加え，Sosは膜へリクルートされ，PHドメインを介してリン脂質のPIP_2と結合することによって活性化する。REM-Cdc25ドメインは触媒領域であることに加え，Ras-GTPに結合するアロステリック調節部位を有する。Ras-GTPのこのアロステリック領域への結合はPIP_2の結合により増強され，これによってSosの触媒活性が亢進する。この結果，正のフィードバックループが形成される。すなわち，Sosの触媒産物であるRas-GTPはさらにSosを活性化し，より多くのRas-GTPの産生を導く。細胞膜のPIP_2とRas-GTPは協同してSosをさらに刺激する。これらの相互作用はGrb2によって開始され，安定化されている。Sosが複数の入力に依存しているおかげで，上流の弱いシグナルによって誤った活性化が起こる危険性が緩和されている。その一方で，Rasのアロステリック調節による正のフィードバックループは，PDGFなどのシグナルが閾値を超

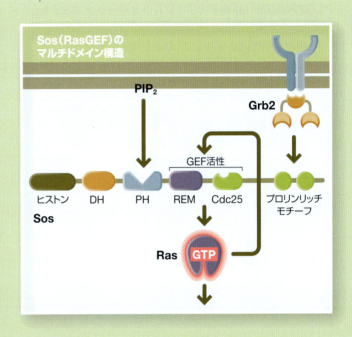

えた際にSosを迅速に起動し，その活性を維持するメカニズムとなっている。

Rafの活性は複数の入力によって制御される

Ras-GTPの下流にある最初の標的分子はRafセリン/トレオニンキナーゼである。RafのN末端ドメインは，GTP結合型のRasと選択的に結合する。シグナルが入力されていない状況下では，RafのN末端領域はキナーゼドメインと結合しており，触媒活性が抑制されている。Ras-GTPと結合すると，Rafは自己抑制状態を解除すると同時に，細胞膜に局在するようになる。Rasとの結合はRaf活性化の初期シグナルであるが，さらにRafは，不適切な活性化を回避したり，追加の上流シグナルを受け入れたり，下流に位置する基質と共局在したりといったその他いくつかの活性調節の制御を受けている。例えば，14-3-3二量体は，Rafキナーゼドメインの側面に位置する2つのホスホトレオニンに結合して，Rafの不活性型構造を維持している。Rafを活性化するためには，ホスファターゼPP1またはPP2AによってN末端側のトレオニンが脱リン酸化され，14-3-3がはずれる必要がある。

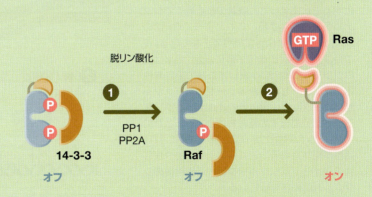

GTPアーゼとキナーゼについての詳細は第3章で述べている
シグナル伝達タンパク質のモジュラードメイン構造についての詳細は第10章で述べている
正のフィードバックループについての詳細は第11章で述べている

4 増殖反応はどのようにして終息へと導かれるのか

負のフィードバックループがシグナルを終息させる。そのため，増殖は限られた時間のなかだけで起こる

活性化状態の受容体とその下流にあるErk MAPキナーゼが，いくつかの負のフィードバックループを起動する。

PDGFRの活性化は経路のダウンレギュレーション因子もリクルートする

PI3KやSos（Grb2を介して）のような正の制御を行うエフェクターのリクルートと同時に，PDGFRのホスホチロシンにはSH2ドメインを有する酵素がリクルートされ，経路のダウンレギュレーションが行われる。例えばRas GTPアーゼ活性化タンパク質（RasGAP）は，GTPからGDPへの加水分解を促進してRasを不活性化する。また，チロシンホスファターゼのShp1とShp2は，PDGFRのホスホチロシンを脱リン酸化してしまう。PDGFRの活性化が継続すると，最終的にはエンドソームへの移行が誘導され，分解を受けると考えられる。これにはE3ユビキチンリガーゼCblのリクルートが部分的に関与している。

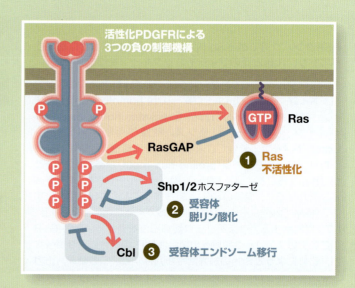

Erkは複数の負のフィードバックループに関与する

Erk MAPキナーゼは，いくつかの負のフィードバックループに組み込まれている。1つ目は，ErkはSosのC末端尾部をリン酸化することによって，経路の起点近くでシグナル伝達を抑制する。これによってGrb2のSH3ドメインはSosに結合できなくなる。2つ目は，増殖関連遺伝子群に加え，Erkはチロシンおよびセリン/トレオニン二重特異性ホスファターゼ（MAPキナーゼホスファターゼ（MAP kinase phosphatase：MKP））をコードする遺伝子の転写も誘導する。これにより，Erkの活性化ループが脱リン酸化され，活性が阻害される。これらの比較的緩やかな負のフィードバックループは，活性化後のシグナル減弱に寄与している。

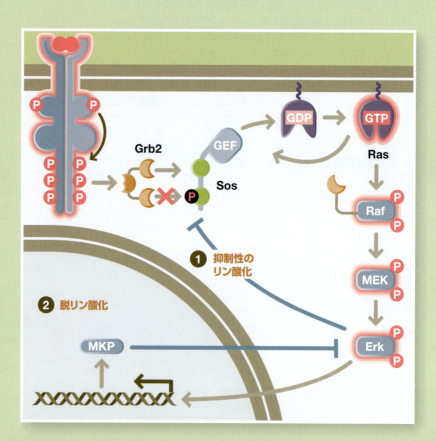

負のフィードバックループについての詳細は第11章で述べている

まとめ

- 血小板由来増殖因子（PDGF）は創傷部位において血小板から放出される。
- PDGFは，線維芽細胞の受容体型チロシンキナーゼであるPDGFRに認識される。PDGFによって活性化されたPDGFRは自己リン酸化して，細胞外からの入力を細胞内シグナルへと変換する。
- PDGFRの自己リン酸化によって，SH2ドメインを有するいくつかのエフェクターに対する結合部位ができる。このため，1つのシグナルが複数の反応に展開されていく。
- PDGFに反応して増殖するためには，グアニンヌクレオチド交換因子（GEF）であるSosの膜への局在が必要となる。そして，GタンパクであるRasの活性化，Erk MAPキナーゼシグナル伝達経路の活性化へと続いていく。MAPKによって鍵となる転写因子がリン酸化されて活性化し，増殖関連遺伝子群の発現が誘導される。
- 制御機構の組合わせと正のフィードバックループによって，不適切あるいは弱い入力による誤った活性化が防がれている一方，適切な場合には強い活性化が生み出される。
- 複数の負のフィードバックループが協調してシグナルを減弱させ，増殖が誤って継続しないようにしている。

文献

Andrae J, Gallini R & Betsholtz C (2008) Role of platelet-derived growth factors in physiology and medicine. *Genes Dev.* 22, 1276–1312.

Boykevisch S, Zhao C, Sondermann H et al. (2006) Regulation of ras signaling dynamics by Sos-mediated positive feedback. *Curr. Biol.* 16, 2173–2179.

Demoulin JB & Essaghir A (2014) PDGF receptor signaling networks in normal and cancer cells. *Cytokine Growth Factor Rev.* 25, 273–283.

Lemmon MA & Schlessinger J (2010) Cell signaling by receptor tyrosine kinases. *Cell* 141, 1117–1134.

12.3 細胞周期：
細胞増殖の間に起こる明瞭かつ不可逆的なフェーズ間移行

　細胞分裂は生命体の特徴である。これは単細胞生物にとっては自己複製の方法でもある。多細胞生物にとっては，胚から発生するために必要なだけでなく，生体の健康を維持するのにも重要である。このため，細胞分裂は制御を受けながら正確に進行することが重要である。

　真核細胞の細胞周期は決められた一連の段階を経る。例えば，細胞がいったんDNAを複製すると，すべてのプロセスが完遂される必要がある。いくつかの遺伝子を2コピーもち，その他は1コピーもつといった状態が長く続けば，多くの重要な経路の誤制御が起こりうる。したがって細胞周期の段階の多くは，スイッチ的（超感受性的）かつ不可逆的に進行する。本節では，細胞周期の重要なフェーズ間における明瞭で決定的な移行を促進する，いくつかのシグナル伝達機構について議論する。

　細胞周期のどの段階も，前の段階が首尾よく完了したときにだけつぎに進む。この厳密な制約が守られないと，分裂中の細胞には重大な危機が訪れる。特に，ゲノムDNAが正確に複製，分離されて，適切な1揃いの遺伝子が娘細胞へと分配されなければならない。そのため，細胞周期にはいくつかのチェックポイントが組み込まれている。すなわち，必要条件を満たさないと，どの段階も先には進めなくなっている。ここでは，紡錘体集合とDNA損傷に関する2つのチェックポイントを例にあげる。

　細胞周期は，厳密な振り付けがなされ，正確なタイミングで進行するシグナル事象の素晴らしい例である。本節では，サイクリン依存性キナーゼが細胞周期を制御する中心的なスイッチとしてどのように機能しているか，そして鍵となる制御因子とそれらとの相互作用が細胞周期の各フェーズを通じてどのようにして細胞周期を先に進めるのかについて検証する。

　特に，以下の疑問に注目する。

- サイクリンはどのようにしてサイクリン依存性キナーゼを制御し，細胞周期の各フェーズをコントロールしているのか。
- 細胞周期の回路網は，細胞周期のフェーズ間の明瞭かつ不可逆的な移行をどのように起こしているのか。
- 重大な問題に接したときに細胞はどのようにして細胞周期を停止させているのか。

パネル 1

細胞 細胞周期の各フェーズ

細胞周期における主要な細胞事象と移行

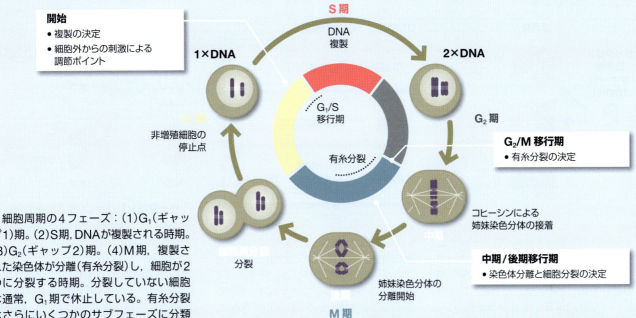

細胞周期の4フェーズ：(1)G_1(ギャップ1)期。(2)S期，DNAが複製される時期。(3)G_2(ギャップ2)期。(4)M期，複製された染色体が分離(有糸分裂)し，細胞が2つに分裂する時期。分裂していない細胞は通常，G_1期で休止している。有糸分裂はさらにいくつかのサブフェーズに分類され，最も主要なものが以下の2つである。中期(metaphase)では，2組の姉妹染色分体が整列する。後期(anaphase)には，紡錘体により姉妹染色分体が分離される。有糸分裂に続いて細胞質分裂が起こり，細胞の狭窄が2つの娘細胞をつくりだす。

細胞周期における主要な現象がはじまる移行期を以下にあげる。開始点(START；G_1/S 移行期の直前)では，DNAの複製がはじまる。G_2/M 移行期には，有糸分裂がはじまる。中期から後期への移行期には，染色体の分離と細胞の分裂がはじまる。これら主な移行期を進めるものは何か，またどのような方法で明瞭かつ不可逆的な移行を起こすのか，そしてうまくいかない場合にはどのようにして細胞周期を停止させるのかという3点に焦点をあてる。

主要な移行期に一致して，サイクリンの周期的な発現上昇と低下がみられる

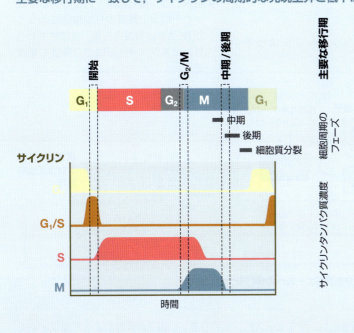

細胞周期のフェーズは，サイクリンとして知られる鍵となる調節タンパク質ファミリーの発現量が増減することで進む。サイクリンの発現量は周期的に変動し，これはそれぞれのフェーズごとに決まっている。左のグラフに示すのは，主なクラスのサイクリンの変動である。G_1/S期サイクリンは開始時期に急激に増加する。S期サイクリンはS期の間に高い発現を示す。M期サイクリンは有糸分裂の最初に上昇し，後期に入ると消失する。これらサイクリンの名称は生物種によって異なり，同じクラスでも複数のサイクリンを有する生物もいることに注意が必要である。

これらのサイクリンは機能的に，サイクリン依存性キナーゼ(CDK)という細胞周期を制御するスイッチとして中心的な役割を果たす酵素を活性化するのに必須である。このことはつぎのパネルで詳しく解説する。サイクリンはCDKに結合して2つの機能を発揮する。1つ目は，サイクリンはアロステリックな活性化因子として働き，CDKを活性型の立体構造へと変化させる(ただし，完全な活性型になるにはCDKの活性化ループのリン酸化が必要である)。2つ目は，サイクリンは特異的な基質と結合するアダプターとして働く。このため，サイクリンは細胞周期の各フェーズにおいてCDKがリン酸化する基質の特異性の決定に寄与することもある。

パネル 2

分子ネットワーク　サイクリン依存性キナーゼ(CDK)は中心的なスイッチであり，その活性は異なるサイクリンによって修飾を受けている

サイクリンはフェーズ特異的にCDKを活性化し，その活性を制御する交換可能なサブユニットである

CDK活性を制御するその他の因子

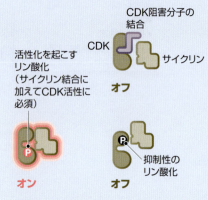

細胞周期を制御する中心的スイッチとなる分子は，サイクリン依存性キナーゼ(CDK)である。これらはきわめて相似性の高いキナーゼのファミリーで，サイクリンがなければ高い活性が得られない。それぞれのサイクリンは，CDKと結合してこれを活性化することに加え，個々の基質のドッキングモチーフを認識する。このためどのサイクリンも，CDKが特異的な標的をリン酸化するように制御している。これら特徴的な基質群は，細胞周期の各フェーズにおいて生理的に重要なプログラムをつくりあげる。例をあげると，G_1/S移行期のプログラムは，細胞周期の開始を誘導する。S期のプログラムは，DNA複製が誘導されるように標的をリン酸化する。M期のプログラムは有糸分裂を開始させるが，M期サイクリンの分解は後期への移行を促し，細胞分裂を起こす。

サイクリンだけがCDK活性を制御しているわけではない。その他のいくつかの制御法がある。

- CDK阻害因子：CDK-サイクリン複合体は特異的なCDK阻害因子の結合によって阻害される。このため，阻害因子の分解はCDK活性にとって重要である。
- 活性化リン酸化部位：CDKの活性化には，キナーゼ活性化ループのThr160のリン酸化も必要である(Thr160のリン酸化とサイクリン結合の両方がCDK活性化に必要である)。調節性キナーゼとホスファターゼはこの部位を修飾する。
- 阻害的リン酸化部位：特定のトレオニンとチロシン残基のリン酸化によってCDK活性は抑制される。調節性キナーゼとホスファターゼはこの部位も修飾する。

CDKのアロステリック調節については第3章で述べている

周期の形成：サイクリンの増減をつかさどるフィードバックループによってフェーズが移行していく

サイクリンとその他の調節因子がCDKを制御し，細胞周期のその時点でのフェーズプログラムの実行を促す。では，細胞はどのようにして次フェーズへと移行していくのだろうか。CDKのリン酸化は現フェーズプログラムの実行のみならず，現フェーズの終了と次フェーズへの移行を補助するフィードバック制御も誘導する。この仕組みは複数のフェーズで用いられている。例えば活性型CDK複合体は，ユビキチンリガーゼ調節タンパク質をリン酸化することにより活性化する。これによって前フェーズの維持に関与する因子がユビキチン化され，分解される。これら因子の分解によって前フェーズは終了する。活性型CDK複合体はまた，転写調節因子をリン酸化によって活性化し，次フェーズに関係する因子の合成を促す。そしてこれら新しい因子の発現によって次フェーズへの移行が行われる。

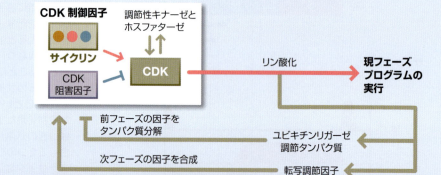

フィードバックが次フェーズへの移行をつかさどる

1 細胞周期フェーズ間の明瞭かつ不可逆的な移行はどのように起こるのか

正のフィードバックループとタンパク質分解が，細胞周期のフェーズ間の移行を明瞭かつ不可逆的なものにしている

　フェーズ間の移行による細胞周期の進行は，正のフィードバックループによって担われている。このことが移行を明瞭かつスイッチ（全か無か）的なものにしている。関与するタンパク質は各細胞周期ステージ，または生物種によって違いがみられるが，ネットワークレベルでの回路構造は多くの点で一致している。さらに，細胞周期のいくつかの重要な段階は重要なタンパク質の分解によって担われ，これらは本質的に不可逆的である。よって，これらのメカニズムのおかげで細胞周期の進行は確かなものになり，厳密なものとなっている。

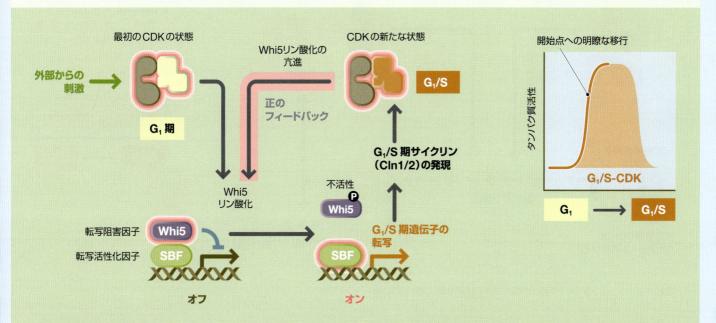

G_1/S期遺伝子転写の正のフィードバック制御により，明瞭な開始点を生み出している

　開始点（START）に入る——すなわちG_1期を終えて，G_1/Sの移行期がはじまる——ということは，ゲノムの複製へと進むことを表している。これには明瞭で決定的な移行を必要とする。重要な転写の正のフィードバックループによってこの明瞭な移行が達成される。細胞がG_1期にあるとき，転写阻害因子の作用によってG_1/S移行期プログラムに関係する遺伝子は発現していない。酵母細胞では，この転写阻害因子はWhi5と呼ばれるタンパク質である。Whi5は転写活性化因子であるSBFに結合して，これを抑制する。

　開始点（START）の初期では，G_1-CDKが刺激され，Whi5のリン酸化がはじまる。リン酸化によってWhi5は不活性型となる。Whi5は転写阻害因子なので，不活性型になることで転写因子SBFによる転写が開始される。このようにしてG_1/S移行期プログラムに関係する遺伝子が発現し，細胞周期の開始点（START）がはじまる。

　SBFによって新たに活性化される遺伝子群のなかに，G_1/S期サイクリン（酵母ではCln1またはCln2）を発現するものがある。これらの新たなサイクリンの発現は，新しいG_1/S期サイクリン-CDK複合体の形成を導く。この複合体はWhi5を効率よくリン酸化して，SBFによるG_1/S期遺伝子群の発現がさらに誘導される。この正のフィードバックループによって，細胞周期は続けてG_1期に移行する。このような仕組みで，Whi5の初期のリン酸化量がわずかな場合でも，全か無か的な決定を導くことが可能となっている。このようにG_1/S期サイクリン-CDK複合体の活性が超感受性的に増加するため，細胞周期の開始点に確実に入っていくことができる。

超感受性的な反応と正のフィードバック回路については第11章で述べている

正のフィードバックによるCDK阻害因子の分解が，S期への明瞭な移行を規定する

S期に移行する際にも類似した正のフィードバックループがみられる。酵母では，S期サイクリン-CDK複合体の集積がG_1/S移行期に起こりはじめるが，Sic1という特異的なCDK阻害因子によって不活性に保たれている。しかし，G_1/S期サイクリン-CDK複合体が十分にある場合，Sic1のいくつかの主要な部位のリン酸化がはじまる。リン酸化Sic1はユビキチンリガーゼ複合体SCF-Cdc4に認識され，タンパク質分解を受ける。このSic1の分解によって，S期サイクリン-CDK複合体が活性化する。新たに活性化されたCDK複合体はさらに多くのSic1をリン酸化し，Sic1の分解がいっそう進むという正のフィードバックが形成される。このような流れで，Sic1のリン酸化レベルが閾値以上になると正のフィードバックが起こり，明瞭かつ超感受性的なS期への移行が起こる。

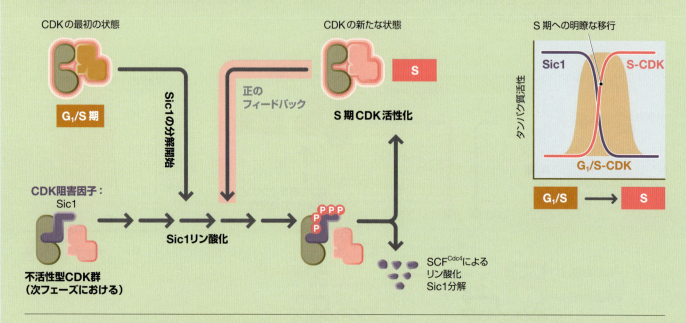

ユビキチンによるタンパク質分解については第9章で述べている

正のフィードバックや二重の負のフィードバックループは，細胞周期が明瞭に進行する際に共通してみられる

ここまで，フェーズ間の移行でみられる2つの正のフィードバックループを紹介した。これを下図に回路としてまとめた。このような回路は，細胞周期のフェーズ間の明瞭な移行において共通してみられるものである。活性化が阻害因子の分解（阻害）によって起こることを考えれば，双方は二重の負のフィードバックにもとづいた正のフィードバックループととらえることも可能である。G_1期からG_1/S期に移行する場合では，転写抑制因子Whi5はCDKによるリン酸化を受けて不活性化する。G_1/S期からS期に移行する場合では，CDK阻害因子Sic1がCDKによるリン酸化を受けて分解される。加えて，S期サイクリン-CDK複合体によるSBFのリン酸化と転写活性の低下という負のフィードバックループは，G_1/S期の移行過程を終了させてつぎの過程へ進むのに重要である。ここではこれらの移行に関する酵母の回路に注目したが，哺乳類の細胞周期でも同様な仕組みがある。

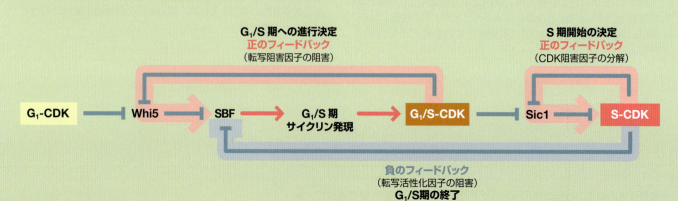

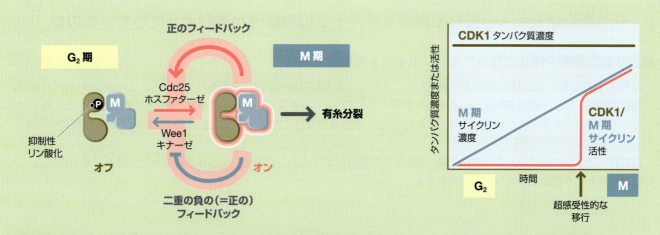

直接的な正のフィードバック：CDKが自身の活性を正に調節することでM期への移行が明瞭に行われる

M期サイクリン（サイクリンB）とCDK1からなる複合体は，紡錘体集合やその他の鍵となる有糸分裂イベントを起こすのに重要である。有糸分裂の前段階では，CDK1は抑制性のキナーゼであるWee1によりリン酸化されて，不活性状態にある。有糸分裂が開始されると，この抑制性のリン酸化は活性化ホスファターゼCdc25により脱リン酸化される。活性型となったCDK1は，2つの正のフィードバックループに寄与する。1つ目は，CDK1の活性化因子であるCdc25分子をより多くリン酸化して活性型にする。2つ目は，CDK1の抑制因子であるWee1をリン酸化して機能を抑制する。グラフに示すように，この2つの正のフィードバックループによって有糸分裂への進行は超感受性的なものとなっている。ただし，正のフィードバックループが開始されるきっかけが何であるのか正確なところはよくわかっていない。

フィードバックループについての詳細は第11章で述べている

タンパク質分解は不可逆的なスイッチとして働く：M期サイクリンとセキュリンは，中期から後期への移行で起こる分解の主要な標的分子である

多くの翻訳後調節とは異なり，タンパク質分解は不可逆的な反応であり，新規のタンパク質を再構築するには新たに合成することが必要となる。標的基質をポリユビキチン化するユビキチンリガーゼと，その後のプロテアソームによる分解は，細胞周期の主要な制御機構である。分解にもとづく制御は，細胞周期をつぎの段階に進め，それがもとに戻らないことを確実なものにしている。

鍵となる細胞周期制御因子は分裂後期促進複合体（anaphase-promoting complex：APC）であり，中期から後期への移行において基質をユビキチン化し，これらを分解の標的とする作用を有する。APCは多くのサブユニットからなる巨大な複合体で，その特異性は2つの主要な活性化因子，Cdc20とCdh1に担われている。染色体が有糸分裂時に正しく整列すると，APCはCdc20により活性化され，中期から後期への移行が起こる。APC^{Cdc20}の主要な基質はセキュリン（securin）とサイクリンBである。セキュリンの分解によって，プロテアーゼであるセパラーゼ（separase）が活性化し，姉妹染色分体をつなぎとめているタンパク質を分解する（これによって後期における分離が起こる）。サイクリンBの分解は有糸分裂を終了させ，次フェーズへの移行を可能にする。

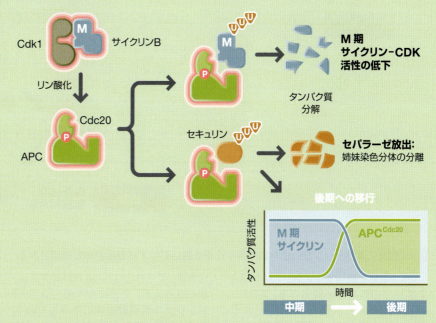

タンパク質分解の制御については第9章で述べている

2 細胞周期はどのようにして適切な条件下でのみ移行が進むようにしているのか

細胞は細胞周期を停止させるチェックポイントを設けている

　細胞は，細胞周期の間に重大な問題が発生したことを感知するセンサータンパク質をもっている。このセンサータンパク質は問題の発生に際し，細胞周期を止めるチェックポイントプログラムを開始させる。以下に，DNAに損傷が生じたとき（すなわちS期への移行あるいはS期の進行を止めるもの）と，紡錘体の集合に異常があったとき（後期への移行と染色体の分離を止めるもの）について説明する。

　これらのチェックポイントでの停止には，修正されなければゲノムの不安定性や染色体の間違った分離を導きかねない，深刻な問題をただす機会をつくりだす役割がある。

DNA損傷のチェックポイントは，DNAの異常を検出して増幅するキナーゼを活性化し，S期の開始を止める

　細胞周期の最も重要な機能の1つは，ゲノムを正確に複製して2つの娘細胞に染色体を同等に分配することである。ゲノムDNAの損傷を検出できないと，細胞の運命を左右する変異を子孫細胞へと伝えることになる。実際に，細胞は，DNA損傷を検出し，それを細胞周期の制御とリンクさせるタンパク質をいくつかそなえている。G_1期では，DNA損傷によりS期に進む前に細胞周期が停止されるため，DNA複製のエラーを避けることができる。同様に，G_2期でDNA損傷が検出されると，染色体分離前に細胞周期は停止する。

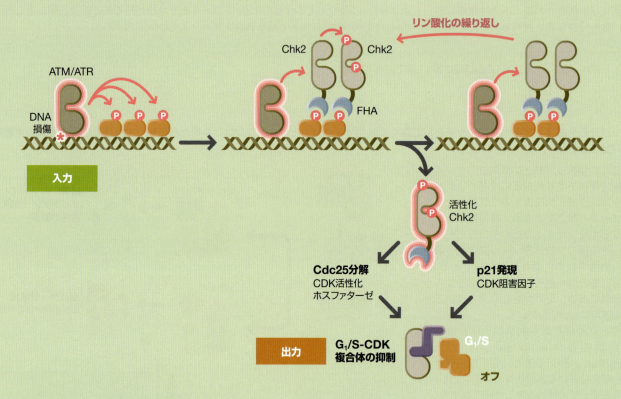

DNA損傷により，リン酸化依存的な相互作用を通してキナーゼ複合体が形成される

　DNA損傷に反応するには，ATM/ATRキナーゼの作用が必要となる。ATMとATRは，DNAの損傷部位に局在するRad9や53BP1などの多量体アダプタータンパク質群をリン酸化する。これらのリン酸化されたアダプターは，FHAドメインを介してChk2に認識される。Chk2は自己リン酸化やATR分子によるリン酸化を通して活性化され，これがアダプターから離れると，さらに多くのChk2分子がシグナル伝達複合体に作用していく。このようにして反応は増幅される。整理すると，1カ所のDNA損傷は数分子のChk2を活性化する。活性化Chk2はCdc25をリン酸化し，Cdc25は分解を受ける。Cdc25が減少すると，Wee1は活性が強まり，G_1/S-CDKであるCDK2をリン酸化することでCDK2を抑制する。Chk2はまた，CDK阻害因子であるp21も間接的に誘導し，S期開始の阻害を強める。［訳注：前ページでWee1はCDK1を抑制するとあるが，ここで述べられたようにCDK2も抑制できる。］

キナーゼ活性化とリン酸化依存的相互作用についての詳細は第3章と第4章で述べている

紡錘体集合チェックポイントは，キネトコアの未接着を構造的に感知するセンサータンパク質によって，中期から後期への移行を停止させる

正しく紡錘体が集合する前に後期が開始されると誤った染色体分離が起こる

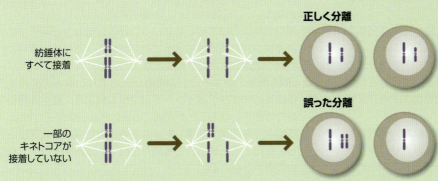

分離する前に姉妹染色分体は正しく整列し，紡錘体の極と接着しなくてはならない．それぞれの染色分体は，キネトコア（動原体）と呼ばれる特殊な構造を形成して紡錘体微小管と接着する．キネトコアが紡錘体微小管と正しく接着していないと，姉妹染色分体は誤って分離され，片方の娘細胞に2つの染色体コピーが，もう片方には何も分配されないという誤りが発生する．紡錘体チェックポイントは，キネトコアが正しく接着された場合にのみ染色体分離が起こるように機能している．

Mad2は紡錘体集合チェックポイントに必須の分子で，基本的に2つの結合パートナーを有する．すなわち，接着前のキネトコアと結合するMad1と，APCの主要な活性化因子であるCdc20である．Cdc20はMad2と結合しないとAPCを活性化できない．

Mad2は単独の場合には開いた立体構造（オープン型；O-Mad2）をとっており，「安全ベルト」（下図のピンク色の部分）と呼ばれる部位とMad2の中心がしっかりと結合している．Mad1あるいはCdc20と結合するには，Mad2は立体構造を変化させて結合部位を覆っている安全ベルトを緩めなくてはならない．リガンドと結合した閉じた構造（クローズ型；C-Mad2）では安全ベルトはMad2の他の領域に接している．

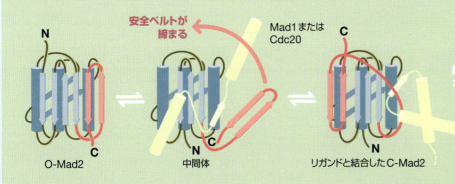

紡錘体集合チェックポイントタンパク質Mad2は，オープン型とクローズ型の2つの立体構造をとる

紡錘体に接着していないキネトコアは，Mad1とC-Mad2の安定な複合体に結合している．このC-Mad2は可溶性のO-Mad2と二量体を形成でき，この結合により安全ベルトが緩んでCdc20と結合できるようになり，O-Mad2はC-Mad2へ変換される．同様に，C-Mad2とCdc20との結合は，O-Mad2とCdc20の結合を増強させる．すなわち，C-Mad2は触媒のように作用する．まとめると，未接着な単体のキネトコアは，結合していない多くのO-Mad2分子をC-Mad2とCdc20の複合体に変換する．Mad2との結合によりCdc20が捕捉され，結果的にCdc20によるAPCの活性化が阻害されるため，中期から後期への移行がブロックされる．よって，キネトコアがすべて接着するまで後期は誘導されない．

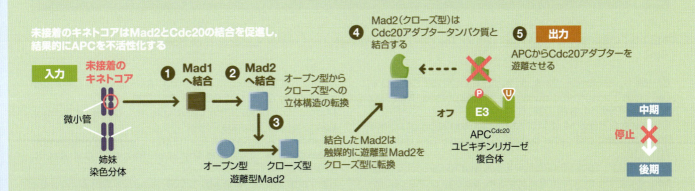

タンパク質相互作用についての詳細は第2章で述べている
立体構造の変化についての詳細は第3章で述べている

まとめ

- 細胞周期の各段階はサイクリン依存性キナーゼ（CDK）により制御され，CDKは各フェーズに特異的なサイクリン群と結合する．
- サイクリン濃度は細胞周期を通して変動し，細胞周期のフェーズごとに異なるサイクリンが関与している．
- サイクリン-CDK複合体はフェーズ特異的な標的分子をリン酸化し，そのフェーズのプログラムを遂行する．これら特異的なCDK複合体はまた，細胞周期の次フェーズに移行するタイミングも制御している．
- CDK複合体はさまざまな正のフィードバックループ（または二重の負のフィードバックループ）を起動させ，細胞周期の各フェーズ間の明瞭で決定的な移行において中心的な役割を果たしている．このような移行は，細胞周期が一方向にしか回転しない爪車装置のように進行するために必要となる．
- 細胞周期において要となるいくつかの段階はユビキチンによるタンパク質分解によって制御されているため，不可逆的かつ決定的な移行が可能となっている．
- DNA損傷やキネトコアの接着が完全でないなどの問題を検出するチェックポイントプログラムにより，細胞周期の進行は停止させることが可能である．チェックポイントは，このような問題を放置したまま細胞周期が進み，状況がさらに悪化してしまうことを防ぐために，問題を修復するための猶予を与える．

文献

本節の多くの図はDavid O. Morgan（2007）*The Cell Cycle: Principles of Control*, London: New Science Pressより改変したものである．

Bertoli C, Skotheim JM & de Bruin RA (2013) Control of cell cycle transcription during G1 and S phases. *Nat. Rev. Mol. Cell Biol.* 14, 518–528.

Craney A & Rape M (2013) Dynamic regulation of ubiquitin-dependent cell cycle control. *Curr. Opin. Cell Biol.* 25, 704–710.

Ferrell JE Jr (2013) Feedback loops and reciprocal regulation: recurring motifs in the systems biology of the cell cycle. *Curr. Opin. Cell Biol.* 25, 676–686.

Fisher D, Krasinska L, Coudreuse D & Novák B (2012) Phosphorylation network dynamics in the control of cell cycle transitions. *J. Cell Sci.* 125, 4703–4711.

Johnson A & Skotheim JM (2013) Start and the restriction point. *Curr. Opin. Cell Biol.* 25, 717–723.

Morgan DO (2007) The Cell Cycle: Principles of Control, London: New Science Press

Musacchio A & Salmon ED (2007) The spindle-assembly checkpoint in space and time. *Nat. Rev. Mol. Cell Biol.* 8, 379–393.

Reinhardt HC & Yaffe MB (2009) Kinases that control the cell cycle in response to DNA damage: Chk1, Chk2, and MK2. *Curr. Opin. Cell Biol.* 21, 245–255.

Teixeira LK & Reed SI (2013) Ubiquitin ligases and cell cycle control. *Annu. Rev. Biochem.* 82, 387–414.

表面のシート状の突起を表現したヒト樹状細胞のレンダリング画像。
(Donald Bliss and Sriram Subramaniam の厚意による)

12.4 T細胞シグナル伝達：
適応免疫応答の発動を制御する

　最も驚くべき細胞内シグナル伝達機構のいくつかは，哺乳類の適応免疫系におけるリンパ球の中に存在する。適応免疫系は，侵入してきた病原体に特異的な分子を認識すると，洗練された下流の応答システムを活性化して病原体の排除や感染細胞の殺傷を行うとともに，同じ病原体による将来の感染を防ぐ長期の免疫記憶を付与する。

　感染の過程で病原体は最初に，病原体や感染細胞を殺傷し排除するための化学的な機構と，好中球やマクロファージなどの特殊な細胞群に出会う。この初期の，より一般的な過程を「自然免疫応答」と呼ぶ。さらに脊椎動物では第二の反応である「適応免疫応答」が惹起されて，特定の侵入病原体をより特異的に攻撃する。

　適応免疫応答は，通常は樹状細胞のような抗原提示細胞が，病原体や病原体由来の分子を取り込むことでスタートする。樹状細胞内部では，病原体や病原体由来のタンパク質は小さなペプチド断片に分解される。通常のタンパク質のターンオーバーと同じく，これらの外来ペプチドは主要組織適合抗原（major histocompatibility complex：MHC）受容体に小胞体内で結合して，ペプチド-MHC複合体として細胞表面に輸送される。こうしてMHC分子は，細胞質内のタンパク質の多様性を細胞表面に提示することになる。細胞表面に発現しているほとんどのMHC複合体は，通常は自己タンパク質由来のペプチドと結合している。しかし，病原体由来のペプチドは「抗原」と呼ばれ，異物として認識されて，MHCと複合体を形成して抗体産生やその他の適応免疫応答を誘導する。

　病原体由来の抗原を提示する樹状細胞は感染部位からリンパ節に移動し，そこでTリンパ球（別名T細胞）と相互作用する。T細胞は，T細胞受容体（T cell receptor：TCR）と呼ばれる特殊な受容体を細胞表面に発現している。TCRは，樹状細胞上でペプチド-MHC複合体として提示されている外来ペプチドに高い特異性をもって結合することができる。個々のT細胞は，非常に特異的なセットの抗原ペプチド配列だけを認識する固有のTCRバリアントを発現している。したがって，おのおののT細胞は，わずか1種類ないしは数種類の抗原だけを認識する。しかし，脊椎動物は通常1個体内に100万種類以上もの異なるTCRを有するため，T細胞はほとんどすべての外来抗原を認識できるだけのレパートリーをもっている（自己抗原に反応するT細胞は，通常はT細胞の発生過程で除かれている。もし，そのような自己反応性T細胞が存在すると，自己免疫疾患が引き起こされることになる）。

　まだ特異的な抗原ペプチドで刺激を受けていないT細胞を，「ナイーブ」T細胞と呼ぶ。T細胞は，TCRが対応する特異的な抗原を認識し，同時に抗原提示細胞から「副刺激」を受けたときに活性化される。いったんナイーブT細胞が活性化されるとそのT細胞は増殖し，その特定の抗原に対する受容体をもつT細胞を多数産生する。これらのT細胞はその専門性により，キラーT細胞（細胞傷害性T細胞）とヘルパーT細胞という2つの種類に分けられる。それらは適応免疫系において，病原体の排除に必要な特異的な機能を発揮する。すなわち，ヘルパーT細胞はB細胞による抗体産生を誘導し，またマクロファージを刺激する。キラーT細胞は，その名前が示しているように，感染した細胞を攻撃して殺傷する。抗原認識とT細胞活性化によって惹起されるこの多面的な反応は非常に強力で，多くの感染性病原体を排除することができる。

本節では，ペプチド-MHC複合体に提示される外来抗原をT細胞が認識するシグナル伝達経路を中心に解説する。特に以下の設問を議論したい。

- TCRはシグナルをどのように認識してT細胞内へ伝達するのか。
- T細胞シグナル伝達システムは，ごく少数（10分子以下）の非自己ペプチド-MHC複合体の認識からどのようにして強力な適応免疫応答を惹起することができるのか。
- 大多数のペプチド-MHC複合体は外来抗原ではなく自己タンパク質由来であるのに，どのようにしてT細胞シグナル伝達システムは外来抗原だけを強く認識し，自己ペプチドによる弱い一過性のシグナルはやりすごすのか。

パネル 1

臓器　適応免疫応答を惹起する

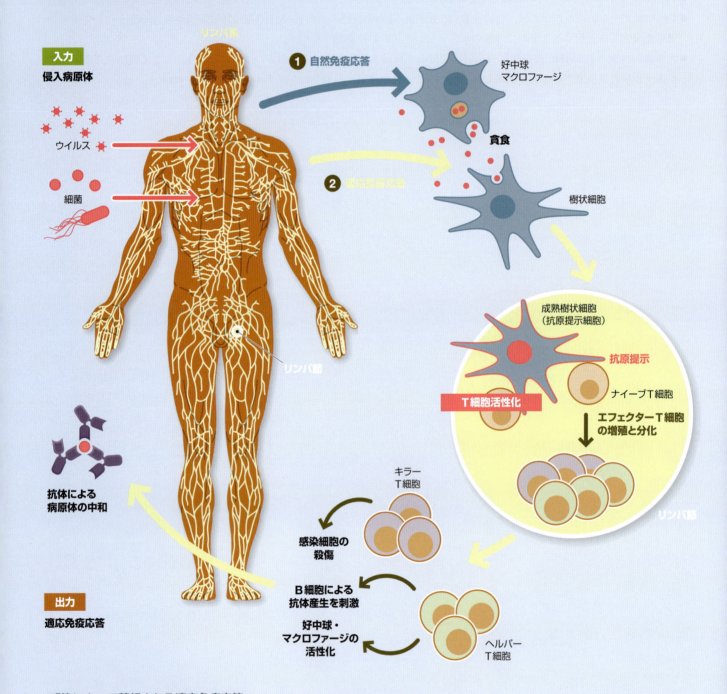

感染によって惹起される適応免疫応答

適応免疫応答は，樹状細胞のような抗原提示細胞が，病原体由来の物質を貪食反応によって取り込むことでスタートする。つぎに抗原提示細胞は，ナイーブT細胞と出会うリンパ節に移動する。莫大な種類が存在するそれぞれのナイーブT細胞は，抗原ペプチドを認識する特異的なTCRをもっている。T細胞は抗原提示細胞の細胞表面に提示された抗原に触れて活性化される。刺激を受けたT細胞はインターロイキン2（IL-2）と呼ばれるサイトカインを自己分泌して，その結果クローナルに増殖し，エフェクターT細胞に分化する。エフェクターT細胞にはキラーT細胞とヘルパーT細胞が含まれる。これら2種類の細胞は，対応する抗原を発現する感染細胞を殺傷したり，B細胞による抗体産生を誘導したりといった複雑な適応免疫応答を引き起こす。このような応答が感染性病原体の排除を助ける。

パネル 2

細胞　T細胞と抗原提示細胞の結合

抗原提示細胞からT細胞へ　T細胞の活性化は樹状細胞からの複数の入力を必要とする

リンパ節において樹状細胞とT細胞は直接的に接触し，互いの上を文字通り這い回り，適切な分子相互作用をもたらすパートナーを探し出す（パネルa）。いったん互いを認識し合うと，両者はさらに強力な接触を行う。対応するT細胞が完全に活性化されるためには，抗原提示細胞（ここでは樹状細胞）と数時間の相互作用が維持される必要がある。

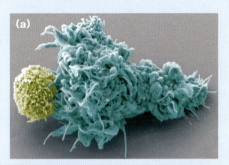

T細胞（黄色）と相互作用するヒト樹状細胞（青色）。
Olivier Schwartz/Science Photo Library

T細胞上の認識過程の中心は，多数のタンパク質からなる複合体であるTCRが，樹状細胞上に提示されたペプチド-MHC複合体に直接結合することである（b）。樹状細胞によって提示される大部分のペプチド-MHC複合体のペプチドは自己分子由来であり，TCRには認識されない。しかし，TCRによって十分なアフィニティーと結合時間をもって認識される抗原ペプチドを樹状細胞が提示する場合には，T細胞は活性化され，クローナルな増殖と分化を起こす。

しかし，T細胞の活性化には，TCRとペプチド-MHC複合体の間の適切な相互作用だけでは不十分である（c）。他の複数の細胞間の相互作用が必要とされる。例えば，細胞接着受容体（ICAMとLFA1の結合），共受容体分子（例えばCD4〔ヘルパーT細胞〕とCD8〔キラーT細胞〕），その他の副刺激受容体（例えばCD28）などの相互作用である。細胞接着分子は，樹状細胞とT細胞との接触を強固で広い領域にするのに必要である。CD4とCD8共受容体は，TCR-ペプチド-MHC複合体の結合に直接関与し，TCR活性化のために必要である。CD28副刺激受容体は，樹状細胞上の細胞表面タンパク質であるB7をリガンドとして結合する。つぎに，活性化の過程で細胞間接着をさらに強固にするようなT細胞の細胞骨格の再構築や，重要な分泌性サイトカインの発現を含む転写調節，細胞増殖，および細胞死抑制が起こる。T細胞の持続的な活性化を進行させるためには，このようなすべての受容体システムが協同して働く必要がある。すなわちT細胞は，活性化のために複数の入力を必要とするANDゲートのように働く。

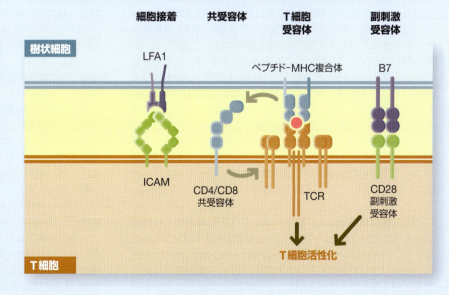

パネル 3

分子ネットワーク　TCRシグナル伝達ネットワーク

T細胞活性化　シグナルの伝搬には4つの主要な分子複合体モジュールが関与する

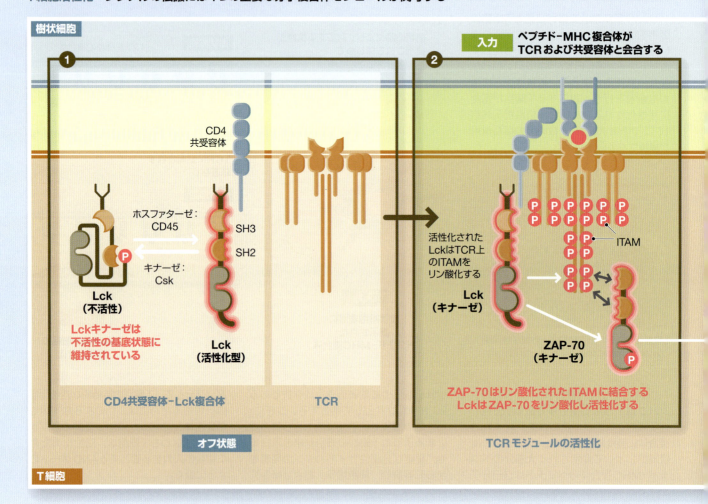

1. オフ状態。 Lckは，共受容体（ヘルパーT細胞の場合はCD4）と結合しているSrcファミリーのチロシンキナーゼである。Lckは，活性化に伴ってTCRをリン酸化して活性化させる重要なキナーゼである。Lckは2つの相反する酵素によって制御される。すなわち，Lckをリン酸化して不活性化するチロシンキナーゼCskと，逆にLckを脱リン酸化して活性化するチロシンホスファターゼCD45である。基底状態ではLckは不活性状態にある。TCRとペプチド-MHC複合体の会合がどのようにしてLck活性化の引き金を引くのかは正確にはわかっていないが，TCR-ペプチド-MHC複合体に共受容体CD4が会合することで，Lck分子間の自己リン酸化が誘導されると考えられている。これらの反応によって最終的に活性型のLckが増加する。つぎのパネルにおいて，LckがどのようにTCRを活性化させるかについて述べる。

2. TCR複合体の活性化。 抗原ペプチド-MHC複合体との会合による活性化から数分以内で，Lckは免疫受容体チロシン活性化モチーフ（immunoreceptor tyrosine-based activation motif : ITAM）として知られているTCRのモチーフ配列をリン酸化する。リン酸化されたITAMは，2つの縦列SH2ドメインをもつ細胞質チロシンキナーゼZAP-70をリクルートする。TCR複合体へリクルートされたZAP-70もLckによってリン酸化され，アロステリックに活性化される。このようにLckキナーゼは，ZAP-70のリクルートと活性化の双方に必要な酵素である。つぎのパネルにおいて，ZAP-70がどのようにして主要なシグナル伝達複合体の集合を誘導するかを述べる。

3. LAT/SLP-76足場複合体の集合。 活性化されてTCR複合体に限局したZAP-70キナーゼはつぎに，最も重要な基質である足場タンパク質LATとSLP-76の2つをリン酸化する。LATは膜貫通型タンパク質で，5つのチロシンリン酸化部位を有している。一方，SLP-76は可溶性の細胞質分子で，4つのチロシンリン酸化部位を有している。これらの足場タンパク質の重要なチロシンのリン酸化はSH2ドメインとの結合部位をつくりだし，T細胞の活性化に不可欠な多数のタンパク質からなる巨大なシグナル伝達複合体の集合を促進する。SH2ドメインとSH3ドメインをもつタンパク質GADSは，この集合を仲介するアダプターの働きをする。ホスホリパーゼCγ（PLCγ）もSH2ドメインとSH3ドメインをもつ酵素で，この複合体の一部となって活性化

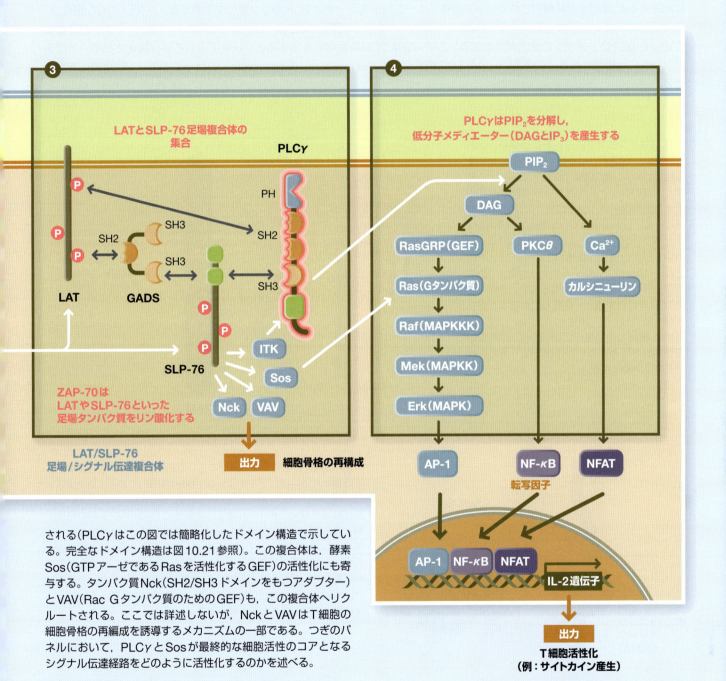

される（PLCγはこの図では簡略化したドメイン構造で示している。完全なドメイン構造は図10.21参照）。この複合体は、酵素Sos（GTPアーゼであるRasを活性化するGEF）の活性化にも寄与する。タンパク質Nck（SH2/SH3ドメインをもつアダプター）とVAV（Rac Gタンパク質のためのGEF）も、この複合体へリクルートされる。ここでは詳述しないが、NckとVAVはT細胞の細胞骨格の再編成を誘導するメカニズムの一部である。つぎのパネルにおいて、PLCγとSosが最終的な細胞活性のコアとなるシグナル伝達経路をどのように活性化するのかを述べる。

4. コアシグナル伝達経路は、鍵となるT細胞遺伝子の活性化を誘導する。 活性化されたLAT/SLP-76複合体は、多数のコアシグナル伝達経路を活性化する。鍵となるエフェクターの1つはPLCγで、活性化によって脂質シグナル分子PIP_2を加水分解することによって、シグナルメディエーターであるジアシルグリセロール（DAG）とイノシトールトリスリン酸（IP_3）を生成する。DAGは、Ras-MAPキナーゼ経路とプロテインキナーゼCθ経路を活性化する（SosもRasの活性化に関与する）。IP_3は小胞体（ER）からのカルシウム（Ca^{2+}）の放出を誘導し、カルシウム依存

的ホスファターゼであるカルシニューリンの活性化を引き起こす。全体として、一群の転写調節因子、AP-1、NF-κB、NFATを活性化する。これらの転写因子は協同して働き、T細胞活性化に関与する多数の転写応答を誘導する。副刺激シグナルもNFATの活性化に重要であるが、ここでは省略する。図では、重要な転写出力の1つの例として、サイトカインIL-2の発現上昇について示している。

1 TCRはペプチド-MHC複合体を認識した後，どのようにシグナルを伝達するのか

TCRのリン酸化が活性化の起点となる

　T細胞活性化からのシグナル伝達の初期過程は，チロシンのリン酸化によって制御される．TCRがペプチド-MHC複合体に結合すると，まだ十分に解明されていない機構によってLckキナーゼはTCRのリン酸化を誘導する．TCR上のリン酸化は，免疫受容体チロシン活性化モチーフ（ITAM）と呼ばれるペプチド配列に起こる．リン酸化されたITAMは，キナーゼであるZAP-70のSH2ドメインの結合部位となる．ZAP-70はTCR複合体に会合すると，Lckによってリン酸化されて，アロステリックに活性化される．このZAP-70のTCR複合体へのリクルートが，T細胞活性化におけるつぎのリン酸化反応を惹起する．

　TCRは8つのサブユニットからなる．α鎖とβ鎖は，ペプチド-MHC複合体と結合する細胞外ドメインを含む．CD3γ，δ，ε，ζ鎖は，下流のシグナル伝達タンパク質と相互作用する細胞内ドメインを含む．TCRの細胞内領域には，Lckによってリン酸化されるITAMが全部で10個存在する．1つのITAMには2つのチロシン残基が含まれている．リン酸化されたITAMは，ZAP-70キナーゼの2つの縦列SH2ドメインの結合の場となる．ZAP-70はTCRに結合すると，自身もLckによってリン酸化を受けて，活性化される．つぎに，TCRに限局した活性化ZAP-70は，T細胞応答を開始させるいくつかの重要な下流の目標分子をリン酸化する．

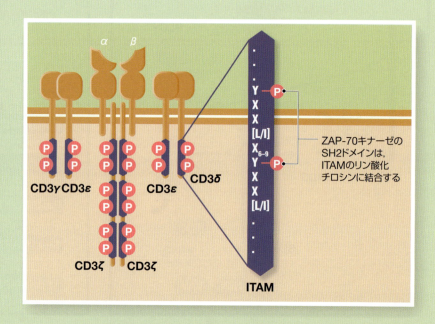

　ITAMは，ZAP-70キナーゼの2つのSH2ドメインをリクルートする場となる．アビディティー（avidity）効果のために，2つ連なったITAMのチロシン残基とZAP-70の2つのSH2ドメイン間の縦列認識はアフィニティーが強く，また他のSH2-ペプチドの相互作用よりもずっと高い特異性をもつ．この結合はITAMのチロシン残基のリン酸化に依存して起こるため，この相互作用はTCRが活性化されてはじめて起こる．ITAMへの結合は，ZAP-70の自己抑制も解除して，活性化に寄与する．活性型の立体構造になったZAP-70は活性型TCR複合体に局在して，パネル3で示すような鍵となる複数の下流分子群をリン酸化する．

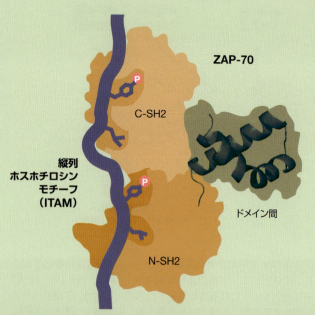

受容体の活性化機構については第8章で述べている
SH2によるリン酸化ペプチドの認識については第10章で述べている
複数の結合部位によるタンパク質間相互作用については第2章で述べている

2 10個程度の少数の抗原ペプチドによる刺激がどのようにしてT細胞の安定した応答を引き起こしているのか

T細胞活性化ネットワークの正のフィードバックループによって、少数の抗原入力シグナルが安定した応答へと増幅される

抗原提示細胞によって提示されるわずか10個程度の抗原ペプチド-MHC複合体が、対応するT細胞の強力な活性化を誘導できるというのは驚くべきことである。このような小さな刺激を完全な活性にまで増幅するためには、T細胞活性化経路の正のフィードバックループが重要な役割を果たしている。ここでは、T細胞の活性化に関与する正のフィードバックループの例を4つ示す。これらの例を用いて、細胞内分子間の相互作用、細胞の再構築と移動、細胞間(パラクリン)コミュニケーションといったさまざまなレベルにおいて、シグナル伝達過程のフィードバック制御がどのように作動しているのかを説明する。

細胞の再構築による正のフィードバック：免疫シナプスの形成による、受容体とシグナル伝達タンパク質群のクラスター化

抗原提示に際して、抗原提示細胞とT細胞は大きな構造的再構築を経て、免疫シナプス(immune synapse)あるいは超分子活性化複合体(supramolecular activation complex: SMAC)と呼ばれる細胞間接合部位を形成する。免疫シナプス構造は細胞どうしが接触して2、3分以内に形成されるが、1時間以上は安定なまま維持される。この新しい細胞接着構造内で、ICAMのような細胞接着分子はSMACの周辺部分(periphery SMAC: pSMAC)へ隔離される。一方で、TCR、CD4とCD8共受容体、CD28副刺激受容体は、SMACの中央部分(center SMAC: cSMAC)に集積する。特にT細胞と抗原提示細胞の長時間の接触によって、鍵となるシグナル受容体群が集積(クラスター化)することで、両者のコミュニケーションは互いに増強、増幅されると考えられている。このクラスター化によって、受容体群(TCR複合体)はわずか数分子の抗原ペプチド-MHC複合体に正確に会合できる。

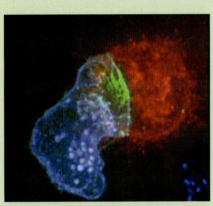

抗原提示細胞(赤色)と会合するT細胞(青色)。
接触面は免疫シナプス(緑色)と呼ばれる。
(Tomasz Zal, M. Anna Zal, and Nicholas R.J. Gascoigneの厚意による)

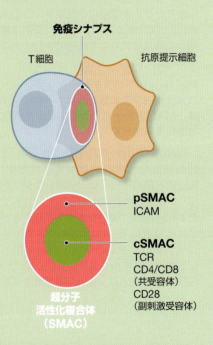

受容体間の相互作用による正のフィードバック

抗原提示細胞とT細胞の接触面は、非アゴニスト(自己)ペプチド-TCR複合体の海のなかに、ごく少数のアゴニスト(非自己)ペプチド-TCR複合体を含んでいるにすぎない。しかし最近の研究では、アゴニスト-TCR複合体が、非アゴニスト-TCR複合体と相互作用できることが報告されている。すなわち、アゴニスト-TCR複合体に会合しているLckは、活性化されると近傍の別のTCR複合体を(非アゴニストであっても)リン酸化することで、シグナル伝達を増幅することができる。

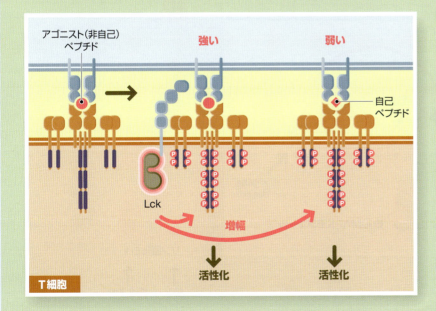

オートクリンおよびパラクリンのIL-2サイトカインシグナル伝達による正のフィードバック

ナイーブT細胞活性化の鍵となる重要な出力の1つは，サイトカインIL-2の分泌である。IL-2はT細胞の強力なマイトジェンであり，また生存因子でもある。したがって，活性化T細胞により分泌されるIL-2は，オートクリンループ（分泌する細胞自身を刺激する）およびパラクリンループ（隣接するT細胞を刺激する）を形成する。これらのループによる自己活性化は，T細胞上のIL-2受容体によって検出される。IL-2によるT細胞の刺激は，IL-2およびIL-2受容体の発現を増加させ，さらに強力な正のフィードバック機構となってシグナル増幅に作用する。この過程によって，最終的には1個のT細胞は増殖して活性化されたT細胞のクローナルな「軍隊」となる。

Ras-Sosのアロステリックなフィードバックループによる正のフィードバックは，MAPキナーゼErkのスイッチ的な活性化をもたらす

Ras-MAPキナーゼ経路の活性化は，T細胞活性化に中心的な役割を果たす。Rasの初期の活性化は，ジアシルグリセロール（DAG）の産生に応答した，GEFであるRasGRPの活性化を介して起こると考えられている（パネル3の分子ネットワーク参照）。RasGRPは，Rasの活性化を直線的に増加させる。しかし第二のGEFであるSosは，Sos自身が産生するGTP結合型Rasによってアロステリックに活性化されることが知られている。つまり，RasGRPによって活性化された初期のRas-GTPは，SosのGEF活性をアロステリックに上昇させる。すなわち，活性化の閾値をいったん超えると，強い増幅をもたらす正のフィードバックループが形成される。よっていったん刺激が入ると，Rasの活性化は強力に増幅される。このモデルの正しさは，T細胞への刺激を増やしていくと，Erk MAPキナーゼのリン酸化が双安定（全か無か）的な増加をもたらすことで証明される（図右参照）。

Ras-Sosの正のフィードバックループを破壊すると，このような全か無か的な応答はなくなる[訳注：この解説をわかりやすく言い換えると，Sosには正のフィードバック制御があるために，刺激がある閾値を超えるとRasの活性化を爆発的に誘起する。結果的にErkのリン酸化もある刺激量を超えると爆発的に増加する。すなわちErkの活性化は「全か無か」で表現されるスイッチ現象がみられる。残念ながら下の図のリン酸化Erkのフローサイトメトリーの図からそれを読みとることは難しい]。

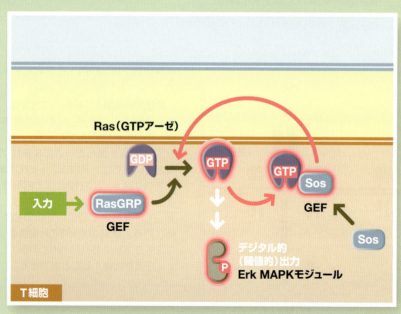

3　T細胞は間違った活性化をどのように避けているのか

負のフィードバックループはT細胞活性化の抑制および制限を助ける

　T細胞が不適切な刺激に応答しないことは非常に重要である。現在われわれは，数多くの負のフィードバックループがシステムを比較的静的なものにして，不適切な活性化を防いでいることを知っている。このような負のフィードバックループは，T細胞が一過性あるいは部分的な入力（例えば副刺激が存在しない場合）によって活性化を起こさないようにする仕組みにも使用されている。T細胞の完全な活性化には，抗原提示細胞との数時間にわたる安定な相互作用が必要である。ここでは2つの負のフィードバックシステムを解説する。

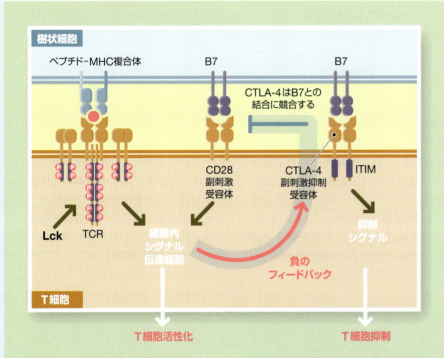

必要なのである。

　CD28副刺激受容体シグナル伝達は，T細胞の不適切な活性化を防ぐ負のフィードバック制御によって重要な調節を受ける。TCRが刺激されると，よく知られた正のシグナルに加えて，CTLA-4などの副刺激抑制受容体の発現を細胞表面に誘導する。CTLA-4は，抗原提示細胞上のB7（CD28副刺激受容体と同じリガンド）に，CD28よりもはるかに強いアフィニティーで結合する。よってCTLA-4は，T細胞の副刺激を競合的に妨げる。これに加えて，PD-1のような抑制性受容体は，細胞内領域に免疫受容体チロシン阻害モチーフ（immunoreceptor tyrosine-based inhibitory motif：ITIM）と呼ばれるモチーフを有する。ITIMはリン酸化によって抑制性ホスファターゼのような抑制因子をリクルートし，T細胞活性化を終息させる。つまりITIMにはITAMとは逆の機能がある。

　CTLA-4やPD-1のような抑制性副受容体をブロックするモノクローナル抗体は，がんの治療に大きなブレークスルーをもたらした。すなわち，このような抗体は腫瘍細胞に対する宿主の免疫応答（抗腫瘍免疫応答）を強く増強することができるからである。しかし，もしT細胞が不適切な活性化を抑制する負のフィードバック機構をもたない場合には自己免疫疾患を発症することから予想されるように，これらの抗体は自己免疫様の副作用をもたらす可能性がある。

負のフィードバック：副刺激シグナルを阻害する副刺激抑制受容体（co-inhibitory receptor）の活性化

　T細胞の活性化には，ペプチド-MHC複合体が直接TCRを刺激して発生させるシグナルに加えて，樹状細胞からの副刺激シグナルが必要である。例えば，抗原提示細胞の表面に発現するB7副刺激分子が，T細胞上の副刺激受容体CD28を活性化する。TCRとCD28副刺激受容体の二重の活性化が，T細胞活性化のためには

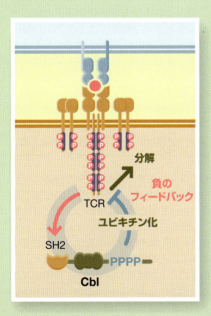

　TCRの活性化は自身のチロシンのリン酸化を誘導する。これらのリン酸化は主に下流のシグナル伝達分子をリクルートするが，CblファミリーのようなSH2ドメインをもつユビキチンリガーゼもリクルートする。CblのリクルートはTCRのユビキチン化を起こし，TCRの細胞内への取り込みと分解を誘導することで，負のフィードバックループをつくりだす。

負のフィードバックループについては第11章で述べている

4 T細胞は抗原ペプチドと非抗原ペプチドをどのようにして見分けているのか

協同的な速い負のフィードバックと遅い正のフィードバックが，T細胞活性化のために識別フィルターを構成する

T細胞が抗原提示細胞に遭遇して接触する過程で，T細胞は数百万もの自己ペプチド-MHC複合体のなかから，TCRに適合する可能性のある抗原（外来性，非自己）ペプチドを探索する。抗原ペプチド-MHC複合体と非抗原ペプチド-MHC複合体へのTCRのアフィニティーの差は，そう大きなものではない（例えば，K_d値でいえば数倍の違いでしかない）。したがって，受容体の占有率だけではT細胞活性化の驚異的な特異性は説明できない。100万個以上の非抗原ペプチド-MHC複合体はT細胞を活性化できないが，一方でわずか10個の抗原ペプチド-MHC複合体はT細胞を完全に活性化するのに十分である。われわれはこの複雑な問題に対する完全な解答をもっ

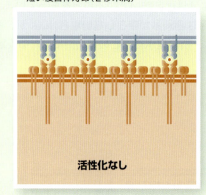

MHC複合体上に提示された過剰な自己ペプチド
— 低アフィニティー
— 短い複合体寿命（2秒未満）

活性化なし

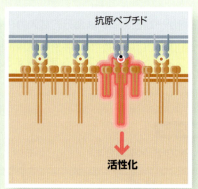

アゴニストペプチド-MHC複合体は10分子未満でも強い活性化誘導に十分である
— 低〜中間のアフィニティー
— 比較的長い複合体寿命（2〜10秒）

抗原ペプチド

活性化

ていないが，非自己（抗原）ペプチドと自己ペプチドの重要な違いの1つは，対応するTCRとの結合の長さであろうといわれている。非自己ペプチドは，自己ペプチドより少なくとも10倍長くTCRと結合する。このように，TCRは自己と非自己を見分けるために，TCR-ペプチド-MHC複合体の寿命の違いを利用しているのかもしれない。以下に，正と負のフィードバックループがダイナミックに協調することで，自己ペプチドによる不適切な活性化を防ぎ，一方で寿命の長い抗原ペプチドによる強力な活性化を誘導するような，有効なフィルターを形成するモデルについて紹介する。

Shp1による速い負のフィードバックは，短時間の入力刺激による活性化を阻害する

これまで，負のフィードバックループがどのようにT細胞の活性化を抑制し，不適切な活性化を阻止しているか，その一方で，正のフィードバックが持続的なシグナルをどのように増幅し，十分な活性化を惹起するかについて述べてきた。しかし，どのようにこれら正と負のフィードバックループが自己と非自己の入力を区別するのかは十分解明されていない。

これに対する答として，速い負のフィードバックループと遅い正のフィードバックループを協調的に働かせることで，この区別を行っているという考え方がある。このようなネットワークシステムは，十分に長い時間の刺激（すなわち寿命の長い抗原ペプチドの結合）が入力されたときだけスイッチがオンになるようなフィルターとして働く。ここでは，T細胞に時間的な差別化をもたらすと考えられる，Lckチロシンキナーゼと Shp1 ホスホチロシンホスファターゼが関与する正と負のフィードバックループについて解説する。

Lck チロシンキナーゼは TCR 複合体に取り込まれて活性化され，TCR 活性化の最初の正のシグナル，すなわち ITAM のリン酸化を誘導する。しかしこの正のシグナルと同時に，Lck は，Shp1 ホスホチロシンホスファターゼをリン酸化することで負のシグナルも生み出す。リン酸化された Shp1 は Lck の SH2 ドメインと会合し，TCR，ZAP-70 と Lck 自体の脱リン酸化を引き起こすことで負の効果を発揮する。この負のフィードバックループは，自己抗原のような一過性の刺激による応答を排除するために働く。

活性化されたErkがShp1の抑制性制御を上書きするという遅い正のフィードバックが，持続的な入力刺激による強い活性化を誘導する

T細胞が受け取った活性化シグナルが十分に長く持続し，その結果TCRの活性化が繰り返し起きる場合は，Erk MAPキナーゼの活性型がしだいに蓄積していく。ErkはLckのSer59をリン酸化することで，LckとShp1の会合を阻害する。よって，活性化されたErkはLck→Shp1の負のフィードバックループを破壊することで，二重の負の(すなわち正の)フィードバックループを形成する。したがってErkは，Shp1の速い負のフィードバックを無効化する，ゆっくりとした遅延型の正のフィードバックループを提供することになる。

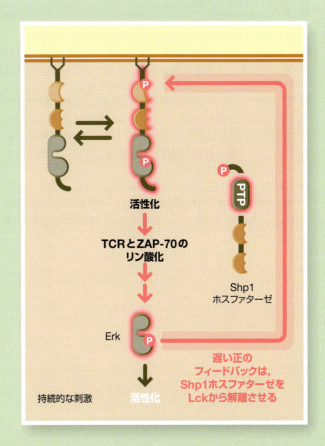

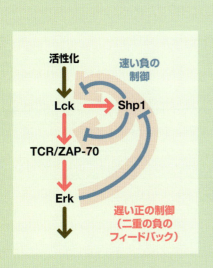

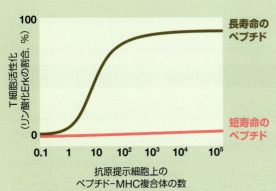

速い負のフィードバックと遅い正のフィードバックにより，T細胞が長寿命と短寿命のペプチド-MHC複合体を区別する様子を示した理論的プロット

速い負のフィードバックと遅い正のフィードバックが協調することで，全か無か的な時間フィルターが形成される

これらの正と負のフィードバックループは時間スケールが異なり，相互に排他的である(Shp1がLckへリクルートされるか，されないかを決定するため)。定量的なモデルによると，このような回路は，刺激入力の長さ(ペプチド-MHC複合体がTCRに会合する寿命)に強く依存した活性化を起こすことができるとされている。結果的に，T細胞のErk活性化はスイッチ的な応答を示すので，このようなErkによる時間フィルターは鋭い閾値をもつことになる[訳注：この表現はきわめて難解である。要するに，図に示されるようなごく少数の抗原ペプチドに対して全か無か的な応答を可能にするといいたいのであろう]。このような二重の時間スケールのフィードバック回路を想定することで，非常に数の少ない長寿命のペプチド-MHCリガンドによって完全な活性化が起き，一方で膨大な数の短寿命のペプチド-MHCリガンドでは活性化が起きないことが説明できる。

正と負のフィードバックループについては第11章で述べている

まとめ

- T細胞は，抗原提示細胞の表面の抗原ペプチド-MHC複合体と副刺激シグナルを探し出す．ナイーブT細胞の活性化は適切なシグナルの組合わせでのみ起こる．
- TCRはペプチド-MHC複合体を認識し，ITAM配列のチロシンのリン酸化を通してシグナルを伝達する．リン酸化されたITAMはZAP-70キナーゼをそのSH2ドメインを介してリクルートする部位として働き，さらに下流のシグナル伝達を起動させる．
- T細胞シグナル伝達の正のフィードバックループは，抗原提示細胞のわずか10個程度の非自己ペプチド-MHC複合体のような弱いが正しい入力を増幅し，強固な活性化を誘導する．
- T細胞シグナル伝達の負のフィードバックループは，一過性あるいは部分的な刺激（例えばあらゆる抗原提示細胞上に提示されている大過剰の自己抗原ペプチド-MHC複合体）による不適切な活性化を防止する．
- 速い負のフィードバックループと遅い正のフィードバックループの協調によって，T細胞は自己と非自己（抗原）ペプチドの違いを区別し，TCRと長寿命の複合体をつくりうる非自己ペプチドの刺激のみが完全なT細胞応答をもたらす．

文献

Altan-Bonnet G & Germain RN (2005) Modeling T cell antigen discrimination based on feedback control of digital ERK responses. *PLoS Biol.* 3, e356.

Das J, Ho M, Zikherman J et al. (2009) Digital signaling and hysteresis characterize ras activation in lymphoid cells. *Cell* 136, 337–351.

Dustin ML & Groves JT (2012) Receptor signaling clusters in the immune synapse. *Annu. Rev. Biophys.* 41, 543–556.

Kortum RL, Rouquette-Jazdanian AK & Samelson LE (2013) Ras and extracellular signal-regulated kinase signaling in thymocytes and T cells. *Trends Immunol.* 34, 259–268.

Morris GP & Allen PM (2012) How the TCR balances sensitivity and specificity for the recognition of self and pathogens. *Nat. Immunol.* 13, 121–128.

Sherman E, Barr V & Samelson LE (2013) Super-resolution characterization of TCR-dependent signaling clusters. *Immunol. Rev.* 251, 21–35.

Sykulev Y (2010) T cell receptor signaling kinetics takes the stage. *Sci. Signal.* 3, pe50.

Tkach K & Altan-Bonnet G (2013) T cell responses to antigen: hasty proposals resolved through long engagements. *Curr. Opin. Immunol.* 25, 120–125.

Zarnitsyna V & Zhu C (2012) T cell triggering: insights from 2D kinetics analysis of molecular interactions. *Phys. Biol.* 9, 045005.

Zehn D, King C, Bevan MJ & Palmer E (2012) TCR signaling requirements for activating T cells and for generating memory. *Cell. Mol. Life Sci.* 69, 1565–1575.

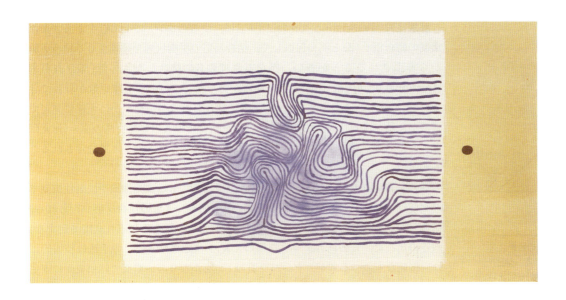

シグナル伝達タンパク質とネットワークの研究法

13

　細胞シグナル伝達に関するわれわれの最新の理解は，数十年にわたってさまざまな分野で行われた実験研究の成果にもとづいている．本章では，細胞内シグナル伝達の研究で最も一般的に用いられている方法や考え方について解説する．生きている細胞内の個々のシグナル伝達タンパク質を解析するためのものから，ネットワーク全体を特徴づけるツールまでを記載する．

タンパク質の生化学的および生物物理学的解析

　タンパク質の物理的な状態の変化が細胞シグナル伝達の中心であるため，シグナル伝達機構の理解には，タンパク質の特性を調べる方法が重要である．本節では，結合能や酵素活性などの定量的解析や三次元構造の決定を含む，精製タンパク質の特性を研究する方法について紹介する．

分析的な方法で定量的に結合パラメータを決定できる

　解離定数は結合反応における会合速度や解離速度を反映し，細胞内でその相互作用が生じる可能性とその動的なふるまいを決定する．生物学者がシグナル伝達ネットワークの動的な特性を理解したり，細胞の行動を記述する定量的な計算モデルを開発するためには，これらパラメータを正確に測定することがますます重要となっている．ここでは，そのようなパラメータを実験的に決定するために最も広く使われている方法をいくつか解説する．

 結合の定量的測定については第2章で述べている

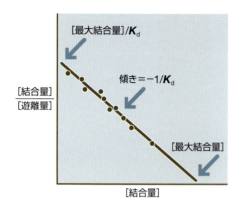

図13.1 スキャッチャード解析 結合実験の結果はスキャッチャードプロットで表現できる。[AB]/[B](結合量/遊離量)と[AB](結合量)を対比してプロットすると，単純な場合には直線が得られる。直線の傾きは−1/K_dに相当し，横軸の切片はBに対する結合部位の総数に相当する。

　解離定数(dissociation constant：K_d)は，少量のタンパク質(A)をさまざまな濃度の結合相手(B)と混合保温して，結合反応の平衡状態を達成させる結合実験から算出されることが多い。異なる濃度のBに結合したAの量(**部分占有率**〔fractional occupancy〕)から結合曲線が得られ，これから解離定数が計算できる(図2.7参照)。このような方法は，Bに結合したAの量をいかに正確に測定できるかに依存する。溶液中のAの結合は，結合時のAの分光特性の違い(例えばAが蛍光標識されていれば，蛍光偏光度の変化)を測定することで決定されることが多い。

　別の実験装置では，Aは固相表面に固定化され，Bは蛍光標識や放射性標識でタグ付けされる。その後，異なる濃度のBを用いてAとの結合反応が行われる。結合しなかったBを洗い流して，Aに結合したBの量をそれぞれ直接測定する。前述のように，この結合データを用いてK_dが決定される。この手法は技術的には直接的なものであるが，タンパク質の1つをかなり高い濃度で固相表面に固定化するので，結合挙動をゆがめる可能性があることには注意しなければならない。

　結合データを結合方程式に直接フィッティングさせる方法も，高い精度で結合パラメータを算出するのに用いられている。結合データを可視化する便利な方法として，スキャッチャードプロットがあげられる(図13.1)。**スキャッチャード解析**(Scatchard analysis)の基盤は，平衡結合に対する方程式(式13.1参照)を直線($y = mx + b$)へと代数的に再編成することであり，下記が得られる。

$$\frac{[AB]}{[B]} = -\frac{[AB]}{K_d} + \frac{[A_{total}]}{K_d}$$ 式13.1

　異なる濃度のBに対して，縦軸を[AB]/[B](Aと結合したB量を結合しなかったB量で割る，すなわち遊離量あたりの結合量ということ)，横軸を[AB](Aと結合したB量)としてデータをプロットすると，単純な場合には直線が得られる。この直線の傾きは−1/K_dに相当し，横軸の切片は[AB]$_{max}$あるいは結合部位の総数に相当する。後者の数字はきわめて有用で，例えば標識したホルモンの細胞への結合を分析する場合では，結合部位の総数はそれらの細胞にあるホルモン受容体の総数と一致する。スキャッチャードプロットが直線にはならない場合があり，それは異なるアフィニティーをもつBへの結合部位が2種類以上存在することを示唆している。そのような状況でもスキャッチャードプロットは，それぞれの結合部位の総数とK_dの概算値を与えてくれる。実際には，K_dと結合部位の数を正確に決定するためには，構成因子の広範な濃度をカバーする多数のデータセットを得てフィッティングを行う必要がある。

　結合反応における会合速度と解離速度を測定するためには，結合と解離をリアルタイムでモニタリングする必要がある。これは**表面プラズモン共鳴**(surface plasmon resonance：SPR)装置を用いれば可能である。この装置は，表面上の質量の増加とともに変化する，金属表面から跳ね返ってくる光の反射角度を測定する。SPRでは，結合相手の一方を装置のセンサーチップに固定し，もう一方の結合相手を含む溶液(あるいはバッファーのみ)を注入し，チップを満たす。表面に結合するタンパク質量の関数として，結合が長時間にわたって測定される。注入された結合相手の濃度に応じた結合と解離の初期速度を測定することで，相互作用に対する全体の解離定数に加えて，結合速度と解離速度を算出できる(図13.2)。この手法の長所の1つは，結合相手を標識する必要がないことである。しかしながら，SPR結合データは注意して解釈しなければならない。結合相手の一方は表面に固定されているので，結合と解離の速度がゆがめられている可能性

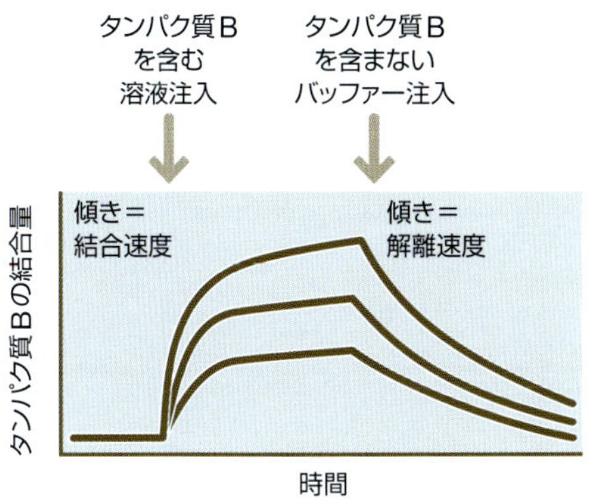

図13.2

表面プラズモン共鳴(SPR)による結合パラメータの決定 タンパク質Aを装置内のチップに固定化する。結合相手(タンパク質B)を含む溶液を矢印で示す時間に注入し，AとBの会合を測定する。一定時間後，バッファー(タンパク質Bを含まない)のみを注入し，Bを解離させ，測定する。3種類の濃度のBに対し，結合量対時間のプロットを示している。会合および解離の初期速度は，曲線の傾きから得られる。そして，K_dが算出できる。

がある。

結合相互作用の基礎をなす熱力学的パラメータ(**エンタルピー**〔enthalpy：H〕と**エントロピー**〔entropy：S〕の変化)も決定できる。例えば，異なる温度のSPR実験から得られる結合と解離の速度は，結合に関連したエンタルピー変化(ΔH)やエントロピー変化(ΔS)を引き出すのに使用できる。熱力学的パラメータに関する直接的な情報を提供してくれる別の分析方法として，**等温滴定型カロリメトリー**(isothermal titration calorimetry：ITC)がある。この場合，結合相手はともに溶液状態にある。ITCでは，一方の結合相手を少量ずつ連続的に，もう一方の結合相手の溶液を入れた高感度のカロリメーター(熱量計)に注入する。それぞれの注入ごとに，放出あるいは吸収される熱量を正確に測定する(図13.3)。放出あるいは吸収される熱量，構成因子が多く結合するとそれがどう変化するか，システムの温度，構成因子の濃度などを利用して，K_d，ΔHやΔSが算出される。

ミカエリス・メンテン解析は酵素の触媒活性を測定する方法を提供する

シグナル伝達に関与する重要なタンパク質の多くはキナーゼやホスファターゼなどの酵素であり，シグナル伝達におけるその機能は，自身の制御された活性変化を中心に展開することが多い。したがって，酵素機能を標準的な方法で定量的に測定できることは必須である。酵素の触媒活性は，触媒のない状態での反応速度をどの程度促進したかで特徴づけられる。しかしながら，反応速度は酵素や基質の濃度に依存するので，この活性を評価することはかなり複雑である。ある酵素が単一の基質(S)に結合し，産物(P)を形成する単純な場合は，反応速度は**ミカエリス・メンテンの式**(Michaelis-Menten equation)で表される(式13.2)。この式は，反応速度(V)を酵素(E)と基質(S)の濃度の関数として表現したものである。ミカエリス・メンテンの式の導き方は，どの基本的な生化学の教科書にも記載されている。

酵素の典型的な実験生化学的な解析は，基質濃度に対して変化する反応速度を測定することである。この解析は異なる酵素濃度で実施され，データをミカエリス・メンテンの式にあてはめることで，重要な反応速度論的パラメータであるk_{cat}とK_mを決定できる。

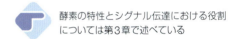

酵素の特性とシグナル伝達における役割については第3章で述べている

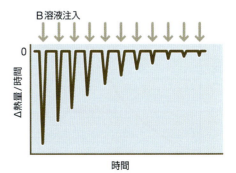

図13.3

等温滴定型カロリメトリー(ITC)による結合パラメータの決定 A溶液を含むカロリメーター(熱量計)に少量のB溶液を注入する。注入ごとに，溶液の温度の変化を測定する。Bと結合するA量が増加すると，Bと結合できる遊離のAが少なくなるため，後の注入になるほど小さな熱量の変化になる。K_dやΔH，ΔSがこれらのデータから得られる。

反応の概略：

$$E + S \underset{k_{-1}}{\overset{k_1}{\rightleftharpoons}} ES \xrightarrow{k_{cat}} E + P$$

$$V_{obs} = \frac{d[P]}{dt} = \frac{k_{cat}[E]_0[S]}{K_m + [S]} \qquad 式13.2$$

$$K_m = \frac{k_{-1} + k_{cat}}{k_1}$$

図13.4aに，k_{cat}とK_mを決定するために用いられた典型的な実験データの概略を示した．グラフ上のそれぞれの線は，数種類の異なる初期基質濃度で行われた実験それぞれに対応し，反応時間の関数として図示されている．これらの線の最初の傾き（d[P]/dt：反応時間に応じた産物濃度の変化）は初期速度Vに等しく，つぎにそれを初期基質濃度[S]に対してプロットすると，ミカエリス・メンテンプロットが得られる（図13.4b）．典型的な酵素は，曲線型のグラフを示す．基質濃度の増加に伴って，速度は最初は直線的に増加するが，その後は最大速度V_{max}に徐々に近づく．このとき基質は飽和状態に近づいている．

k_{cat}とK_mが酵素の機能を表す基本的なパラメータであることは，直感的に理解できるであろう．k_{cat}は基質が飽和濃度であるときの達成可能な最大速度を，K_mは1/2最大速度が達成されるときの基質濃度を表す（図13.4b参照）．多くのシグナル伝達酵素は複数の基質を有していることに注意してほしい．例えば，プロテインキナーゼはATPとペプチドの双方を基質として利用する．この場合，それぞれの基質は，1/2最大速度時の濃度を反映した特有のK_mを有する．このK_mは，典型的には他の基質が飽和している状態で測定され，報告されたものである．

総合的にいえば，ミカエリス・メンテンの式は，典型的な酵素が異なる基質濃度でどのようにふるまうかを教えてくれる．もし基質濃度が十分に高い（K_mよりずっと大きな値）場合は，酵素の活性部位は基質で満たされることになり，速度方程式は全酵素濃度$[E]_0$にのみ依存する単純な形になる（式13.3）．

$$V_{obs} = V_{max} = k_{cat}[E]_0 \qquad 式13.3$$

一方，基質濃度が十分に低い（K_mよりはるかに低い）場合は，酵素は飽和状態で働かず，速度方程式は式13.4のように単純化される．

$$V_{obs} = \frac{k_{cat}}{K_m}[E]_0[S] \qquad 式13.4$$

k_{cat}/K_mは，この酵素反応のみかけ上の2次速度定数である．細胞内の基質濃度は低い場合が多いため，k_{cat}/K_mは酵素が*in vivo*でどのように働いているかを評

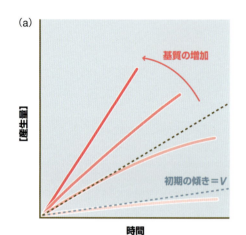

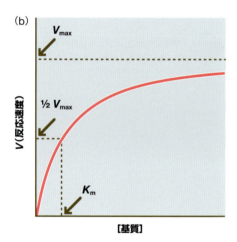

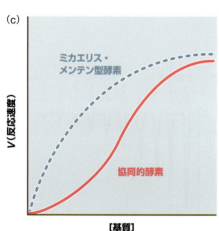

図13.4

ミカエリス・メンテン解析によって定量化された酵素の触媒反応 （a）典型的な一連の実験では，サブストイキオメトリー（準化学量論）的な酵素濃度[E]下で，異なる初期基質濃度に対して時間経過とともに形成される産物を測定する．それぞれの線は異なる基質濃度で行われた実験を表す．（b）（a）から得られる初期速度（V）を基質濃度[S]に対してプロットすると，古典的なミカエリス・メンテンプロットが得られる．飽和基質濃度で達成される最大速度はV_{max}で表される．パラメータK_mは，1/2最大速度となる基質濃度を表す．触媒反応速度定数k_{cat}は，$V_{max}/[E]$と等しい．（c）基質がアロステリックに働きかける協同的酵素では，ミカエリス・メンテン型のふるまいから逸脱し，基質濃度に応じたシグモイド状の反応速度を示す．この種の酵素はスイッチ的な制御に適している．

価するよい指標となる。2種類の基質に対するk_{cat}/K_mの相対値は，基質に対する酵素の特異性の程度を反映するため，k_{cat}/K_mはしばしば**特異性定数**(specificity constant)と呼ばれる。基質濃度が飽和していようがいまいが，k_{cat}/K_mが特異性を決定することは注意に値する。詳細は専門の生化学の教科書を参考にしてほしい(章末の文献参照)。

シグナル伝達酵素のすべてが単純なミカエリス・メンテン型のふるまいを示すわけではない。特に，多くのシグナル伝達酵素の重要な機能は，アロステリック調節分子として働くことである。簡単にいうと，**アロステリック**(allosteric)な調節を生み出す分子機構とは，活性の異なる2つ以上の構造で存在できる特性である。多くのシグナル酵素は，共有結合による修飾やリガンド結合などの上流シグナルの刺激に応じ，k_{cat}やK_mを劇的に変化させる。このような酵素の反応速度論的パラメータの変化は，上流の入力刺激によって誘導されるアロステリック型の立体構造変化が原因である場合が多い。基質自身がアロステリック型の活性化因子である場合は，酵素の協同的活性化が観察され，その結果，単純なミカエリス・メンテン型のふるまいから大きく逸脱し，速度と[S]のプロットはシグモイド曲線を描く(図13.4c)。協同的活性化は，1つのサブユニットに対する基質の結合が他のサブユニットへの結合に影響を与えるような，オリゴマー化した酵素でよく観察される。このような協同的酵素は重要な機能をもち，酵素による出力はアナログシグナルというよりデジタルシグナル(全か無か)に近くなる。協同的酵素には基質濃度の閾値が存在し，閾値以下では触媒速度は非常に低く，閾値を超えると触媒速度は最大に近づく。標準的なミカエリス・メンテン型の酵素と異なり，中間の反応速度を示す基質濃度域は狭い。

アロステリック酵素については第3章で述べている

タンパク質の構造を決定したり解析する方法は，シグナル伝達研究の中心である

シグナル伝達タンパク質の三次元構造すなわち**立体構造**(conformation)は，相互作用や触媒活性を決定する。加えて，入力シグナルに対してどのように形状を変化させるか，また出力機能をどのように変化させるかは，シグナル伝達タンパク質がアロステリック型のシグナル伝達装置としてどのように機能するかの核心である。したがって，タンパク質の形状を決定したり解析することは，シグナル伝達研究の中心となる。ここでは最初にタンパク質構造の基本要素を述べ，つぎにタンパク質の構造決定に使われている2種類の主要な方法であるX線結晶構造解析と核磁気共鳴(NMR)法について概説する。

タンパク質の構造はいくつかのレベルから記載することができる。ここでは，セリン/トレオニンキナーゼPak1を例にして，これら異なるレベルを解説する。

タンパク質の**一次構造**(primary structure)は，ポリペプチド鎖のアミノ酸の単純な直線配列である(図13.5)。**二次構造**(secondary structure)は，主にαヘリックスとβストランド(後で解説する)の局所的な構造要素からなる。図13.5では，αヘリックスは円柱で，βストランドは矢印で描かれている。それぞれのαヘリックスとβストランドは，タンパク質中のN末端側から順番に番号がつけられている。タンパク質の**三次構造**(tertiary structure)は，これらαヘリックスとβストランド，そしてこれらを結ぶループが，どのように折りたたまれて(フォールディングされて)いるかによっている。ほとんどのタンパク質ではこの折りたたみによって，1つあるいは2つ以上の球状ドメインがつくられる(図13.6)。最後に**四次構造**(quaternary structure)は，複数のサブユニットがタンパク質複合体の中でどのように配置されているかということである。この場合，Pak1は二

図 13.5

一次および二次構造 セリン/トレオニンキナーゼPak1の触媒ドメインのアミノ酸配列（ヒト，249番目から最後のアミノ酸まで）の一文字表記。主な二次構造要素（αヘリックスとβストランド）がアミノ酸配列の上に描かれている。（M. Lei et al., *Cell* 102: 387–397, 2000より，Elsevierの許諾を得て掲載）

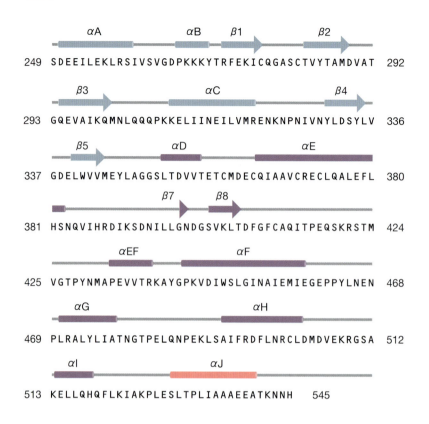

量体として存在する。

αヘリックス（α helix）では，すべてのペプチド結合のNH基は，同じ鎖内の4つ離れたペプチド結合のCO基と水素結合している（図13.7a〜c）。その結果，0.54 nm間隔の規則正しい右巻きのヘリックスが形成される。すべてのアミノ酸の側鎖（R）は，ヘリックスの軸から外側に突き出ている。**βシート**（β sheet）を構成する個々のペプチド鎖（ストランド）は，異なる（隣接する）ストランド内のペプチド結合間の水素結合を用いて互いに結合している。各ストランドのアミノ酸側

図 13.6

三次および四次構造 Pak1の構造が，αヘリックスとβストランドをリボンモデルで表すことで，模式的に描かれている。構造の色は，図13.5の配列の上に描かれた二次構造の色に対応している。Pak1のN末端（アミノ酸残基78〜147番）もここには示されている（緑色）。アミノ酸残基1〜77番と148〜248番は示されていない。Pak1ホモ二量体の2番目のサブユニットは右に黄色で示されている。（M. Lei et al., *Cell* 102: 387–397, 2000より，Elsevierの許諾を得て掲載）

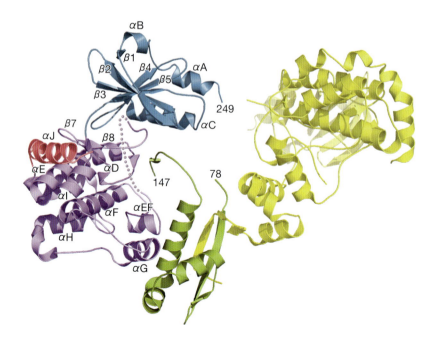

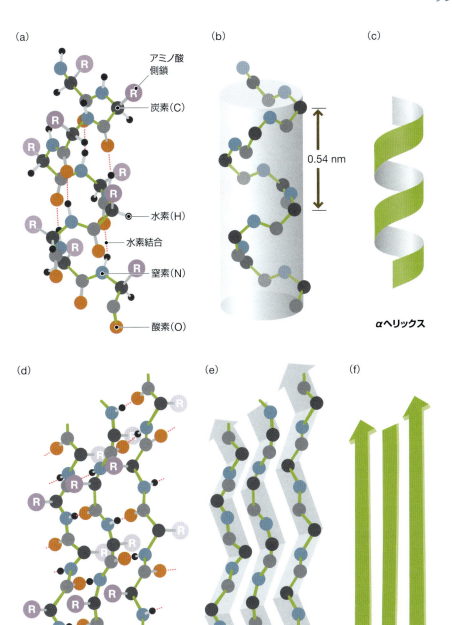

図13.7

共通の二次構造要素:αヘリックスとβシート
(a, d) ポリペプチド骨格のすべての原子が示されているが,アミノ酸側鎖は省略してRで表示されている。(b, e) 骨格の原子のみ示されている。(c, f) タンパク質内のαヘリックスとβストランドをリボン状に描いた簡易表記。(B. Alberts et al., Molecular Biology of the Cell, 5th ed. Garland Science, 2008より)

鎖は,シート面の上下に交互に突き出ている(図13.7d~f)。図13.7のβシートの例では,隣接するペプチド鎖は逆向きである(逆平行)。ストランドが同じ向き(平行)なシート形成も可能である。

X線結晶構造解析は高解像度のタンパク質構造を提供する

　タンパク質構造の解析や立体構造変化の検出に用いられる方法のなかで,**X線結晶構造解析**(X-ray crystallography)が最も高い解像度を提供する。この方法では,精製タンパク質の高濃度溶液を用いて,規則正しい格子状に並んだタンパク質の結晶を作製する。つぎにこの結晶にX線ビームを照射し,得られた回折パターンを解析して結晶タンパク質の三次元電子密度地図を計算する。タンパク質の既

図13.8

X線結晶構造解析は立体構造の変化を明らかにする （a）ヒトH-RasのGDP結合型（左）とGTP結合型（右）のX線結晶構造。スイッチⅠとⅡの領域が緑色で，結合しているヌクレオチドが青色で表されている。（b）グラフは，GDP型とGTP型のCα原子間の距離の違いを表したもので，各番号のアミノ酸残基に対してプロットしている。最も大きな違いはスイッチⅠとⅡの領域で生じている。（bはM.V. Milburm et al., *Science* 247: 939–945, 1990より，AAASの許諾を得て掲載）

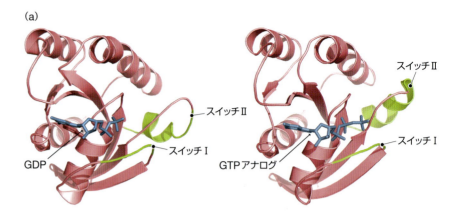

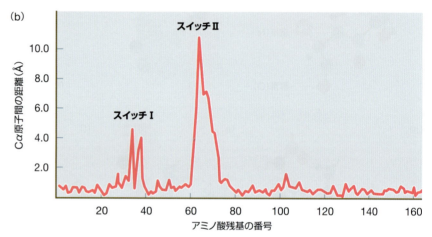

知のアミノ酸配列をこの地図内にはめこむことで，高解像度の構造モデルを得ることができる（解像度は約2Åであることが多い）。この解像度があると，タンパク質内のほとんどの原子の位置を同定できる（ただし，結晶内のきちんと配列したタンパク質領域に限定される）。2つの異なる状態の結晶構造の比較から，どのアミノ酸残基が動くかを明らかにできる（図13.8）。

　X線結晶構造解析の潜在的な短所は，安定なタンパク質構造の像のみを提供することである。これは，解析のためにはタンパク質を結晶格子の中に固定化する必要があるからである。あるタンパク質が複数の立体構造をとることができる場合でも，1つの結晶格子には1つの構造のみしか観察されない。また，すべてのタンパク質を結晶化できるわけではない。チャネルや受容体など膜貫通部位をもつタンパク質の場合は，疎水性領域が溶液の中で凝集する傾向にあるため，結晶化は特に困難である。しかしながら，かなりの例で研究者たちは，複数の異なる状態（すなわち，異なるアロステリックリガンドに結合した状態や，異なるリン酸化状態）にあるシグナル伝達タンパク質の結晶化と構造決定に成功している。このような場合では，それぞれの状態にあるタンパク質構造の変化や，そのタンパク質機能との関連を非常に高い解像度で正確に決定できる。

核磁気共鳴法は小さなタンパク質の動的構造を明らかにできる

　小さなタンパク質の構造は**核磁気共鳴（NMR）法**（nuclear magnetic resonance spectroscopy）によっても決定できる。この方法では，濃い溶液のタンパク質サンプルを強い磁場におき，原子核のもつ2種類の（逆方向の）スピン状態のエネ

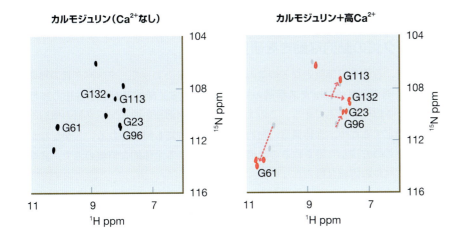

図13.9

NMR法によってリガンド結合時の構造変化を明らかにできる　4カ所のCa²⁺結合部位をもつカルモジュリンを，Ca²⁺有無の条件で，二次元NMRによって解析した。局所環境の変化で移動する共鳴ピークは，Ca²⁺なし（薄い青色）の位置から高Ca²⁺あり（ピンク色）の位置まで，破線矢印で強調されている。本実験ではカルモジュリンは選択的に標識され，グリシン（G）残基のみがNMRスペクトルとして現れる。どのピークがどのアミノ酸残基に対応するかの知識（共鳴帰属）が，NMRスペクトルを利用した構造変化の解釈には必要である。NMRでは，化学シフトは典型的には基準値と比較した測定値の差異にもとづいて，ppm（100万分の1）で表記される。（H. Ouyang and H.J. Vogel, *Biometals* 11: 213–222, 1998より，Springer Science and Business Mediaの許諾を得て掲載）

ギー差を導く。つぎに高周波エネルギーを使って，タンパク質内の個々の原子核のスピン状態を反転させる（これは共鳴周波数で生じる）。もし特定のタイプの原子が特有な化学環境にあると，その原子は特有な変化した共鳴エネルギー（「化学シフト」としても知られる）を示す。タンパク質のNMRスペクトルは，あるタイプの分子のすべての固有の核（ほとんどはプロトンであるが，安定同位体¹³Cや¹⁵Nも測定することができる）を明らかにする。他の核と距離が近い場合や互いに結合している核は互いの化学環境にわずかな影響を与えるため，共鳴ピークどうしの相互作用を解析でき，原子間の距離や結合角などの空間的関係を明らかにできる。これら結合情報の断片を組合わせて，タンパク質構造の三次元モデルを構築できる。X線結晶構造解析とは異なり完全な構造地図が得られるわけではないので，本質的にNMRによる構造決定の解像度は高いものではない。

　NMRの利点として，タンパク質を結晶ではなく水溶液中で分析するため，動的な立体構造変化を明らかにできる点もあげられる。いくつかの場合では，NMRは同一サンプル中の多数の立体構造を測定できるので，構造がわかっていなくても，集団中の個々の立体構造の割合についての情報も提供してくれる。例えば，ある立体構造と別の立体構造，あるいはリガンド結合前後で劇的に化学的環境の変化する原子に対応する化学シフトを測定することが可能である（図13.9）。技術的な問題から，NMR解析の対象は比較的小さなタンパク質やドメインに限定されている。

電子顕微鏡は非常に大きなタンパク質複合体の形状を分析できる

　一般にタンパク質は顕微鏡で直接観察するには小さすぎるが，非常に大きなタンパク質やタンパク質複合体は，**電子顕微鏡法**（electron microscopy）を使えば全体の形状を分析することが可能である。電子線の波長は光の波長よりずっと短いため，電子顕微鏡の分解能は光学顕微鏡の解像度よりずっと高い。画像を得るために，精製タンパク質サンプルはしばしば非常に低い温度条件で透明なガラスの薄層に固定化される（低温電子顕微鏡法）。個々の画像は通常かなりばらつきがあるので，多くの粒子画像を集めてコンピュータで解析すること（単粒子解析法）で，分解能の高い平均画像を得る。第9章で，電子顕微鏡法を使用して得られた構造の例として，プロテアソーム（図9.9），分裂後期促進複合体（anaphase-promoting complex：APC，図9.10），アポトソーム（図9.22）などをみることができる。電子顕微鏡写真の分解能はX線結晶構造解析やNMRより低いが，比較的自然な状態で大規模構造や立体構造の変化を可視化できる。

特殊な分光学的方法によってタンパク質の動的な動きを研究できる

円偏光二色性や内部蛍光などの他の分光学的方法によって，タンパク質の物理的性質，例えばαヘリックス構造の量や芳香族アミノ酸残基が疎水性中心に埋まっている程度を測定できる。このような手法は水溶液中のタンパク質の構造的性質を測定するため，立体構造の動的な変化の追跡にも用いられる。しかしながら，これらの方法から得られるのは構造変化に関する全体的な情報のみで，詳細な原子レベルの情報は得られない。

特別に修飾されたタンパク質もまた，立体構造の変化の追跡に用いることができる。例えば，あるタンパク質がヒンジ(蝶番)部を介する屈曲運動を行い，タンパク質上の2点間の距離が劇的に変化するような場合，これらの部位に分光学的プローブを化学的に結合させることで，距離の変化によって生じる特性を測定できる。例えば，2つの蛍光プローブ(蛍光団)をタンパク質の2点に結合させ，この2点間の距離を**蛍光共鳴エネルギー転移**(fluorescence resonance energy transfer：FRET)で測定できる(FRETについては後に詳しく解説する)。FRETの本質は，1番目の蛍光団の励起がどの程度2番目の近傍の蛍光団の蛍光特性を修飾するかを測定することである。FRETは2つの蛍光団間の距離に非常に敏感であり，数Å離れただけでも検出できる。黄色蛍光タンパク質(yellow fluorescent protein：YFP)やシアン蛍光タンパク質(cyan fluorescent protein：CFP)のような蛍光タンパク質との融合タンパク質を遺伝学的な手法で作製してFRET実験を行えば，これらの分子は生細胞内の立体構造変化(例えば結合や翻訳後修飾の変化)を感知する**バイオセンサー**(biosensor)として用いることができる(図13.10)。

タンパク質の相互作用と局在のマッピング

シグナル伝達におけるタンパク質間相互作用の重要性を考えれば，シグナル伝達タンパク質の結合相手を同定するために多大な努力が費やされたことは驚くにはあたらない。そのような物理的な相互作用の特徴を調べることにより，シグナル伝達経路を上流や下流へとたどることができ，また異なる経路どうしの連結を明らかにすることができる。本節では，タンパク質間の特異的な物理的相互作用を同定するのに用いられている方法のいくつかを解説し，生細胞内のタンパク質間相互作用と細胞内局在の解析法について述べる。

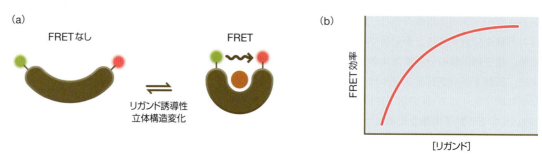

図13.10

蛍光共鳴エネルギー転移(FRET)によるリガンド誘導性立体構造変化の検出　(a)FRET供与体(緑色)とFRET受容体(ピンク色)を有するリガンド結合タンパク質の構造の図式表現。リガンド(オレンジ色の丸)の結合によって，FRET供与体とFRET受容体の距離が縮まると，FRET効率は上昇する。(b)FRET効率をリガンド濃度の関数として図示する。

細胞抽出液からタンパク質複合体を単離することで，相互作用するタンパク質を同定できる

　興味あるタンパク質の結合相手を同定する1つの方法は，界面活性剤で細胞を可溶化した**細胞溶解液**(cell lysate)から，目的タンパク質を含む複合体を単離することである。そのような複合体を得る最も一般的な方法は，**共免疫沈降法**(co-immunoprecipitation：co-IP)である。興味あるタンパク質に結合する特異的抗体を用いて，細胞抽出液中の多くのタンパク質から，目的タンパク質とそれに結合しているタンパク質を分離する。つぎに，抗体に結合したタンパク質は，典型的には分子量や電荷にもとづいてタンパク質を分離する**ゲル電気泳動**(gel electrophoresis)で解析される。分離されたタンパク質はさまざまな方法で可視化され，同定される(図13.11)。結合相手は，**免疫ブロット法**(immunoblotting；**ウェスタンブロット法**[western blotting]とも呼ばれる)で同定されることが多い。ゲル内で分離されたタンパク質は膜上に移され(ブロットされ)，候補タンパク質に特異的な標識抗体で調べられる(本章で後述する図13.21cも参照)。co-IPによって，2種類のタンパク質が*in vivo*で結合するという有望な証拠が得られるが，偽陰性や偽陽性の結果が生じる場合がある。例えば，*in vivo*で相互作用する2種類のタンパク質の解離速度が速い場合は，複合体が保温や洗浄の段階で解離してしまうため，co-IPによっては検出されない。逆に，界面活性剤で細胞を溶解する過程で，無傷な細胞では決して出会うことのない2種類のタンパク質の結合を許してしまう場合もある。

　よく用いられるco-IPの変法として，興味あるタンパク質を**エピトープタグ**(epitope tag)で修飾し，細胞内で発現させる場合がある。エピトープタグとは，性質のよくわかっている(通常はモノクローナル)抗体によって特異的に認識される短いペプチド配列のことである。この方法の利点は，このエピトープでタグ付けされたどんなタンパク質も，同じ抗体を使用して沈降できる点にある。それゆえ，個々のタンパク質に対する異なる抗体は必要ない。さまざまなエピトープタグと，異なるタイプのいわゆるアフィニティータグが，タンパク質精製のために開発されてきた。複数の異なるアフィニティータグを組合わせて1つの大きなタグをつくることで連続的な精製が可能となるため，全体として精製の特異性は大幅に増加する。co-IPの別の変法として，一方の結合相手をエピトープタグで標識し，別の相手をルシフェラーゼのような酵素で標識する場合がある。この操作によって，エピトープタグを有する相手タンパク質の免疫沈降後に，酵素標識された結合相手を感度よくハイスループットで自動的に検出することが可能となる。

　プルダウンアッセイ(pull-down assay)は，co-IPの代替法として頻繁に用いられる。本方法では，通常は細菌内の発現系を利用して，最初に純度の高いタンパク質やタンパク質断片が大量に調製される。精製されたタンパク質は小さなビーズと連結された後，細胞抽出液と合わせて保温される。その後，ビーズは保温の

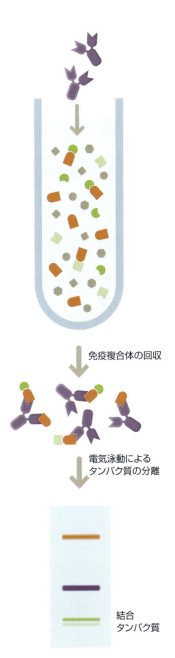

図13.11
共免疫沈降法(co-IP)による結合タンパク質の検出　細胞抽出液を，興味あるタンパク質(オレンジ色)と特異的に結合する抗体(紫色)と一緒に保温する。免疫複合体を回収し，洗浄することで，混合物から興味あるタンパク質とそれに結合するタンパク質(緑色)を分離できる。単離された複合体を構成する個々のタンパク質は，ゲル電気泳動で分離され，同定される。

間に結合したタンパク質と一緒に抽出液から分離され，洗浄され，結合相手を同定するために解析される。この方法は，興味あるタンパク質の物理的状態を実験的に制御できるというco-IPを超える利点がある。しかし，プルダウンアッセイでは，生理的条件では存在しない相互作用も検出する危険性がある。

co-IPやプルダウンアッセイによって標的タンパク質と結合するタンパク質を同定するやり方は，困難さを伴うことがある。ある特定の相互作用が疑われる場合には，免疫ブロット法で確認することが可能である。しかし，参考になるような情報がなにもない場合もある。そのような場合には，結合相手を直接同定するために質量分析法（mass spectrometry：MS）が使用できる。MSは，ペプチドのような分子の分子質量に関する非常に正確な情報を提供してくれる分析方法である（詳細は後述する；図13.23a参照）。タンパク質に対しては，分解された断片の分子質量の情報が十分な場合は，そのタンパク質が何であるかを同定できる。MSの他の使用方法として，選択したペプチドをさらに断片化して，そのアミノ酸配列の情報を直接得ることが可能である。現在，MSはタンパク質の相互作用を明らかにしようとする多大な努力の基盤となっている。

大きな遺伝子ライブラリーをスクリーニングすることで結合相手を同定できる

酵母ツーハイブリッド（Y2H）法（yeast two-hybrid assay）は，**cDNA発現ライブラリー**（cDNA expression library；細胞中の全mRNAから逆転写で調製されたcDNAの集合体）を用いたスクリーニングによってタンパク質の結合相手を同定するために開発されたさまざまな方法の一例である。このような方法は，事前情報なしに文字通り数百万の候補から特異的な相手を同定できるという点で特に価値がある。Y2H法では，興味あるタンパク質あるいはそのドメインをコードするcDNAを，DNA結合ドメインをコードするcDNA配列と連結し，酵母の中でその融合タンパク質を発現させる。発現ライブラリーは，転写活性化ドメインをコードするcDNA配列に融合させたランダムなcDNA断片から構成される。つぎに，この発現ライブラリーを最初の融合タンパク質を発現している酵母株に導入する。ここで，個々の酵母細胞が最初の融合タンパク質の発現に加え，結合相手候補をコードする2番目の融合タンパク質1種類を発現するようにする。もし酵母細胞中で2種類の融合タンパク質が互いに結合するなら，機能的な転写活性化因子が集合し，マーカー遺伝子の転写が誘導される（図13.12）。マーカー遺伝子は，選択培地での酵母細胞の増殖を可能にしたり，酵母コロニーに色の変化を誘導するように働く。結合相手をコードするcDNAは回収され，DNA配列決定によってその正体が決定される。*in vitro*の方法と比較した本方法の重要な長所の1つは，検出されるためには結合が生細胞の核内で生じなくてはならないことである。それゆえ，この相互作用が正常な生理的条件下でも妥当であるという可能性が高まる。

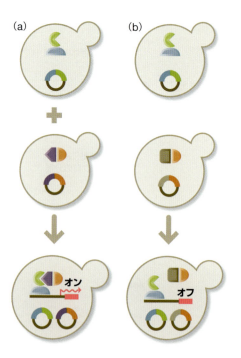

図13.12

酵母ツーハイブリッド法 興味のあるタンパク質（緑色）をDNA結合ドメイン（青色）と融合させて酵母に発現させる。他のタンパク質は，転写活性化ドメイン（オレンジ色）と融合させて発現させる。(a) 2種類の融合タンパク質が互いに結合するとき，遺伝子の転写が誘導される（ピンク色）。(b) 2種類の融合タンパク質が結合しないときには，転写は観察されない。

固相スクリーニングによって
直接のタンパク質間相互作用を検出できる

co-IPやプルダウンアッセイで得られた2種類のタンパク質のみかけ上の関連は，未知の分子が両者の架け橋として働いたことによる間接的な相互作用の結果である場合がある。このことは，Y2H法によって得られた相互作用にもあてはまる。**ウェストウェスタンブロット法**(west western blotting)は，直接的な相互作用のみを可視化するように設計されている。この方法では，細胞抽出液中のタンパク質はゲル電気泳動で分離され，免疫ブロット法と同じように固相膜に移される。その後，この固相膜は，何らかの方法で可視化できるように標識あるいはタグ付けされた精製タンパク質やタンパク質ドメインと一緒に保温される。もし標識されたタンパク質が細胞抽出液中のタンパク質のいずれかと結合したら，洗浄後，標識された1本のバンド（あるいは複数のバンド）として膜上に可視化される（図13.13）。通常，細胞抽出液中のタンパク質はゲル電気泳動の前に界面活性剤中で煮沸することで完全に変性されるので，この方法は，細胞抽出液中の結合相手が本来の折りたたみ構造を要求しないタンパク質−ペプチド間の相互作用などを検出する際に最も有用なものとなる。

他のタイプの固相結合アッセイは，1回の実験で同時に多くの可能性のある相互作用を測定する能力が向上している**マイクロアレイ**(microarray)技術を利用している。例えば，多くの組換えタンパク質やタンパク質溶解物を支持体上に微小なスポットとして整列させ，つぎにそれを標識された精製タンパク質や細胞溶解液で調べることが可能である。そのような実験方法は，プロテオームスケールでの相互作用探索を可能にする。しかしながら，一方の結合相手を表面に高い濃度で固定化するので，アーティファクト（人為的結果）をもたらす危険性もある。

蛍光タンパク質のタグは，
生細胞中でのタンパク質の局在確認と追跡に使うことができる

タンパク質は細胞中で均一に分布しているわけではない。また，シグナルによって誘導されるタンパク質の局在変化は，重要なシグナル伝達機構を提供している。さらに，シグナル伝達における結合の相互作用はとても動的で，同じ細胞内でも異なる場所と時間で劇的に変化することがある。これまで述べてきた実験方法は，起こりうるタンパク質間相互作用に関する有益な情報を提供してくれる。しかし，細胞の中でそのような相互作用が正確にはいつどこで実際に起こっているのか，あるいはもっと基本的に，その相互作用が正常なシグナル伝達の間に起こっているかどうかなどを正確に知ることがさらに役立つことは明らかである。これを実現するためには，生細胞内での局在および特異的なタンパク質間相互作用の変化を検出し，定量化する必要がある。生細胞画像解析法の進歩が，これを可能にした。

長い間，生物学者たちは，蛍光色素で標識された抗体を用いてタンパク質の細胞内局在を探ってきた（**蛍光抗体法**〔immunofluorescence technique〕と呼ばれる方法）。しかしながら，この方法では解析の前に細胞を化学的固定で殺さなくてはならず，タンパク質局在の静的な画像のみしか得られない。小さな蛍光タンパク質の発見と開発が，生細胞内のタンパク質の画像解析に革命を起こした。興味あるタンパク質と蛍光タンパク質を遺伝学的な手法で融合させて細胞内で発現させることで，この融合タンパク質の細胞内局在と局所濃度を蛍光顕微鏡下で経時的に追跡できるようになった。最初に広く用いられた蛍光タンパク質はクラゲか

タンパク質と短い直鎖状ペプチドの相互作用については第2章で述べている

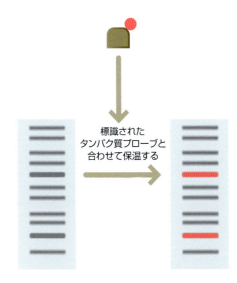

図13.13

ウェストウェスタンブロット法による結合相手の検出 細胞溶解液中のタンパク質を電気泳動で分離し，膜上に移し，その後，標識されたタンパク質とともに保温する。標識されたタンパク質と直接結合する膜上のタンパク質は可視化される（ピンク色）。

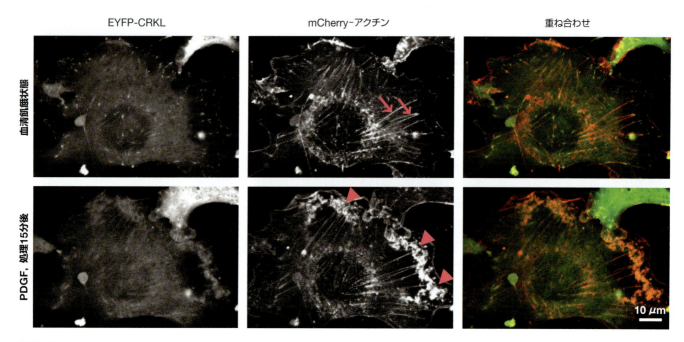

図13.14

蛍光標識タンパク質の細胞内局在のモニタリング　赤色蛍光タンパク質mCherryでタグ付けされたアクチンおよび黄色蛍光タンパク質EYFPで標識されたCRKLアダプターを発現するように設計された，マウス線維芽細胞。血清飢餓状態の細胞（上段）と，増殖因子である血小板由来増殖因子（PDGF）処理15分後（下段）の写真。Fアクチン線維（ストレスファイバー，ピンク色の矢印）の消失を含むアクチン細胞骨格の再編成と，背側アクチンラッフル（dorsal actin ruffle，ピンク色の矢じり）と呼ばれる一過性の構造の形成が誘導される。飢餓状態の細胞で，CRKLは，ストレスファイバーの端の構造であるフォーカルアドヒージョン（focal adhesion）に局在する。フォーカルアドヒージョンは，下部に存在する細胞外マトリックスに細胞を接着させる役割を果たす。PDGF刺激が入ると，CRKLはフォーカルアドヒージョンから解放され，背側アクチンラッフルに局在するようになる。異なる波長の紫外線を用いることで，CRKLとアクチンをそれぞれ可視化できる。右のパネルでは2つの画像を重ね合わせ，共局在領域を見やすくした（重ね合わせ画像中，EYFPは緑色，mCherryは赤色で示されている）。（画像はSusumu Antoku, University of Connecticut Health Centerの厚意による）

ら単離された**緑色蛍光タンパク質**（green fluorescent protein：GFP）で，励起によって放射される蛍光の色から名づけられた。他の生物からの蛍光タンパク質の単離や，変異による新しいバリアントの作製によって，現在，シアン（CFP），黄色（YFP），赤色（RFP）など使用可能な色のスペクトルが広がっている。また，蛍光タンパク質の明るさや安定性，その他の望ましい特性も向上した。異なる蛍光タンパク質を用いることで，同じ細胞内の複数の融合タンパク質の局在を追跡することも可能となった（図13.14）。

　生細胞内でタンパク質を可視化するこの手法は，特異的なタンパク質間相互作用が起きそうか否かの評価に使用できる多くの情報を提供する。例えば，もし2種類の蛍光タンパク質が細胞内の同一区画に多量に存在している場合，その部位におけるそれらの局所濃度は高く，細胞内に均一に分布しているのではなく結合している可能性がある。それぞれの分子は決まった量の光を放出することから，絶対的な分子数やそれぞれの蛍光種の局所濃度を計算することが可能である。この種の解析の注意点は，正常な内在性タンパク質の遺伝子が蛍光タンパク質融合型の遺伝子に正確に置換されている状況を除き，蛍光タンパク質の発現レベルは正常の内在性タンパク質とは異なるということである。また，蛍光タンパク質との融合が，興味あるタンパク質の特性を変化させていないという確証を得ておくことに注意しなければならない。しかし最低でも，そのような実験から，特定の相互作用が存在するか否かという価値ある手がかりは得ることができる。

　蛍光タンパク質はまた，興味あるタンパク質に対する結合部位の細胞内局在を

可視化する手段として開発されてきた。小さなモジュラータンパク質結合ドメインあるいは脂質結合ドメインを，GFPや他の蛍光タンパク質と融合させられるので，細胞の刺激後やシグナル伝達経路の操作後に，これら融合タンパク質の細胞内局在や結合部位の局所濃度の変化を追跡できる。このような蛍光タンパク質融合タンパク質は**バイオセンサー**(biosensor)として知られる分子種のよい例であり，生細胞中のシグナル伝達の状態を検出し，モニタリングできるように設計されている(バイオセンサーについては詳しく後述する)。そのようなプローブを使用することで，全細胞溶解液の生化学的解析からは明らかにならない，シグナル伝達事象の動態や細胞内局在に関する情報を得ることができる。

生細胞中でタンパク質間相互作用を直接可視化できる

蛍光的にタグ付けされたシグナル伝達タンパク質は，特定のタンパク質間相互作用がシグナル伝達の過程で生じている可能性を暗示してくれるが，典型的にはその相互作用が実際に起こっているかどうかの決定的な証明はできない。その理由の1つは，光学顕微鏡の分解能にある。一般的に分解能は，典型的なタンパク質の直径(約5 nm)の何倍にもあたる約200 nmの波長で制限される。したがって，蛍光顕微鏡法で2種類のタンパク質が正確に共局在する様子が示されても，それらが物理的に相互作用しているかどうかはわからない。しかしながら，生細胞中のタンパク質の直接的および物理的な相互作用を検出できる，より特殊な画像解析法が開発された。

そのような解析法の1つは，**蛍光共鳴エネルギー転移**(fluorescence resonance energy transfer：FRET)にもとづいている。FRETは，1番目の蛍光分子が2番目の蛍光分子を励起するという性質を利用している。2種類の蛍光分子が接近したとき異なる励起と放出スペクトルが生じる(図13.15)。FRETの強さは，2種類の蛍光分子間の距離の6乗に比例して減少する。それゆえ実際には2種類の分子が80 Å以内の距離にあるとき，すなわち両者が物理的に結合しているときにのみFRETが生じる。典型的なFRET実験では，興味あるタンパク質をCFP融合タンパク質として細胞に発現させ，2番目の分子をYFP融合タンパク質として発現させる。FRETが生じていない場合は，短波長レーザーによるCFPの励起によって，シアン蛍光の放出のみが起こる(図13.15a)。一方，CFP融合タンパク質とYFP融合タンパク質が細胞内で結合する場合は，CFPからいくらかのエネルギーがYFPに移行し，その結果，定量的画像分析で検出可能なシアン蛍光の減弱と黄色蛍光の増強が生じる(図13.16)。このようにして，2種類の分子が結合する場所と時間を生細胞内で観察できる。3色のFRET実験も可能であり，生細胞中で3種類以上のタンパク質が複合体を形成する様子をモニタリングすることが可能になろうとしている。しかしFRETは技術的には簡単なものではなく，注意深く解析してアーティファクトの可能性を排除しなくてはならない。

概念的にFRETと類似した別のアプローチは，**タンパク質断片相補性アッセイ**

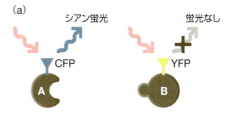

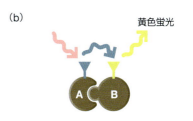

図13.15
蛍光共鳴エネルギー転移(FRET)によって検出可能なタンパク質相互作用　(a)タンパク質Aをシアン蛍光タンパク質(CFP)と融合させて細胞内に発現させ，タンパク質Bを黄色蛍光タンパク質(YFP)と融合させて発現させる。短波長の光(ピンク色の矢印)でCFPを励起するとシアン蛍光が出るが，YFPはこの波長では励起されない。(b)2種類の融合タンパク質が物理的に結合すると，エネルギーがCFPからYFPに移行し，シアン蛍光は減弱し，対応する黄色蛍光は増強する。

図13.16

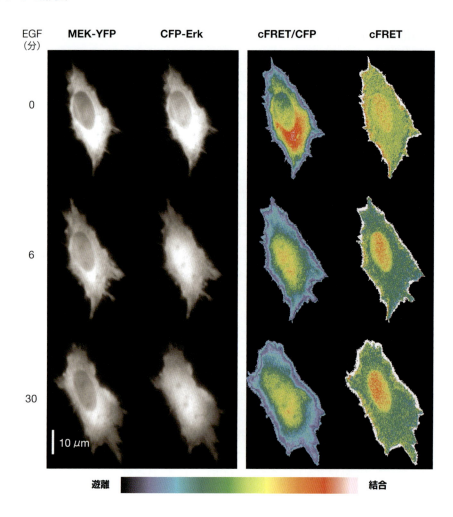

FRETによる生細胞中のタンパク質の結合の可視化 MEK（MAPキナーゼキナーゼ）とその基質であるErk（MAPキナーゼ）の結合を，蛍光共鳴エネルギー転移（FRET）で可視化した。FRET供与体としてCFP-Erkを，またFRET受容体としてMEK-YFPを発現する培養細胞（HeLa細胞）を，MAPキナーゼ経路を活性化する上皮増殖因子（EGF）で刺激した。刺激後の異なる時間でFRET像を得た（左部分）。これらの像からFRETを計算し，結合量を示すカラーで表した（右部分）。cFRET像（修正されたFRET）は，それぞれの画素におけるErk-MEK複合体の正味の量を示す。一方，cFRET/CFP像は，それぞれの画素における遊離Erkに対するMEKに結合したErkの割合を示す。最初，ほとんどのErkは細胞質でMEKに結合している（赤色）。時間0でEGF刺激を受けると，サイトゾルでErkの大部分はMEKから解離し，核内へ移行する。CFP：シアン蛍光タンパク質，YFP：黄色蛍光タンパク質。（Michiyuki Matsuda, Kyoto Universityの厚意による）

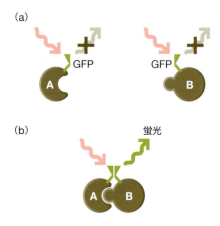

図13.17

タンパク質断片相補性アッセイ（PCA）によるタンパク質間相互作用の検出 (a)タンパク質Aを緑色蛍光タンパク質（GFP）の機能しない断片と融合させ，細胞内で発現させる。タンパク質BをGFPの機能しない相補断片と融合させ，発現させる。どちらの融合タンパク質も蛍光を発しない。(b)これら融合タンパク質AとBが互いに結合すると，GFPの半分どうしが折りたたまれ，機能的な蛍光分子として再構築されて細胞内で観察が可能となる。

（protein-fragment complementation assay：PCA）と呼ばれる。PCAでは，レポーター酵素や蛍光タンパク質の相補断片と融合させた2種類のタンパク質を発現させる。2種類のタンパク質が互いに結合するときのみ，2つのレポーター断片は正確に折りたたまれ，機能的なレポーターへと会合できる。例えばGFPの断片をベースとした実験系では，2種類のタンパク質自身は蛍光を放たないが，それらが結合すると機能的な蛍光GFP分子が組み立てられる（図13.17）。原理的には，これはタンパク質相互作用を検出する方法として非常に高感度である。なぜなら，結合がない場合には背景の蛍光が本質的にはゼロだからである。したがって，この解析法の動作範囲（ダイナミックレンジ）はFRETよりもかなり広い。一方，蛍光タンパク質の折りたたみや活性化はかなり遅く，また本質的に不可逆的であるため，迅速あるいは一過的な結合の変化を検出するにはこの解析法は理想的な手段ではない。

細胞シグナル伝達ネットワークを撹乱する方法と細胞応答をモニタリングする方法

本章ではこれまで，個々のシグナル伝達タンパク質の特性，そして基質や結合相手との相互作用を解析する方法に焦点をあててきた。しかしながら，われわれは，多数の構成因子間の複雑で動的な相互作用が関連する，巨大なシグナル伝達ネットワークのふるまいにも興味がある。細胞シグナル伝達ネットワークの解析

には究極的に，細胞を刺激したり撹乱したりする(シグナル伝達の入力を操作する)方法と，そのような撹乱が細胞内部の状況やふるまいをどのように変化させるかを分析する(シグナル伝達の出力をモニタリングする)方法が必要である．本節では最初に，シグナル伝達ネットワークを撹乱可能な方法の範囲について解説する．つぎに，細胞内のさまざまなシグナル伝達の読み出し情報をモニタリングするための方法について議論し，そして個々の細胞のみならず細胞集団内の動的変化を追跡するために開発された方法についても解説する．

ネットワークを撹乱するために用いられる遺伝学的および薬理学的方法

シグナル伝達は，さまざまな生理的入力からの刺激を受けた細胞内において研究されることが多い．細胞にマイトジェンやホルモンを添加する場合や，新たな温度や異なる溶質濃度(浸透圧)の培地などの環境ストレスに細胞をさらす場合もある．しかしながら，これら生理的入力に加えて，根底にあるネットワークを撹乱したり，より介入的な分析を行う手法が存在する(図13.18)．シグナル伝達に必須な因子を同定する手段として，シグナル伝達ネットワーク内の重要なタンパク質の発現を除去したり低下させたりするために，機能欠失変異(ノックアウト)やRNA干渉(RNAi)によるノックダウンを利用することができる(図13.18b)．別の伝統的な手法として，小分子阻害薬を用いて，シグナル経路における阻害標的の役割を調べたり，経路の関係を解析する場合がある(図13.18c)．また，非常に高い特異性でシグナル伝達タンパク質を阻害する天然物や合成化合物を用い

図13.18

細胞シグナル伝達ネットワークを撹乱する方法
(a)単純な細胞シグナル伝達ネットワークが図解されている．入力となるリガンドが細胞表面の受容体に結合し，シグナル伝達の出力に至る．このネットワークは，いろいろな方法で撹乱できる．(b)構成因子の1つの発現を低下または消失させることで，撹乱できる．(c)構成因子の1つに対する小分子阻害薬を添加することで，撹乱できる．(d)化学的遺伝学を用いることで，撹乱できる．例えばATPアナログによって特異的に阻害されるように改変されたキナーゼで，ネットワークの1つの成分を置換する．(e)変異キナーゼ(緑色)の設計戦略．変異キナーゼは，ATPアナログによって阻害されるように改変されている．このATPアナログは，立体障害による非適合のため，野生型のキナーゼ(灰色)を含む他のATP結合タンパク質には結合しない．ここではキナーゼは「穴」をもつように変異しており，ATPアナログの余分な「こぶ」に適合できる．

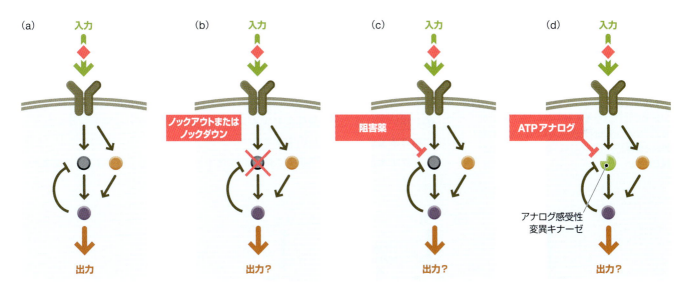

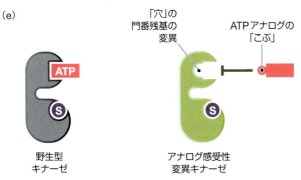

ることで，高い精度で解析を行うことができる場合もある。一方，阻害薬の特異性が低く，広範なシグナル伝達分子を阻害する場合もある。例えばオカダ酸は，複数のセリン/トレオニンホスファターゼの活性を阻害する。特異性は低いが，これらを用いることで非常に多くの情報が得られる。

ごく最近になって，化学と遺伝学を融合させた方法を使用することが可能となった。この方法により，非常に特異的な条件的阻害システムを構築できる（図13.18d）。例えば，天然の機能を変化させることなく，多くのプロテインキナーゼのATP結合ポケット内の重要な保存された「門番」残基を変異させることができる。この変異によって改変されたキナーゼは，内在性のどのキナーゼとも適合しない大きなATPアナログ（阻害薬）と結合し，阻害を受ける。このATPアナログは「こぶ」をもち，相補的な「穴」をもつように改変されたキナーゼのみと適合する（図13.18e）。もし，研究者が興味をもつシステムにこの種の化学感受性のアレルを遺伝学的に導入（野生型アレルと置換）できるならば，他のタンパク質に対する非特異的な効果（オフターゲット効果）のない，標的とするキナーゼを特異的かつ選択的に阻害できるシステムを構築できる。

化学的二量体化剤とオプトジェネティクス的タンパク質を用いることで，人工的にシグナル伝達経路を活性化する強力な方法が提供される

シグナル伝達経路内の特異的な構成因子を阻害する方法に加えて，それらを人工的に活性化する方法もある（図13.19）。最も単純には，興味あるタンパク質の過剰発現や恒常的な活性化を起こす変異を導入し，活性を亢進させる効果を調べることができる。細胞内の局在や特異的な相手との結合によって活性化される分子の場合は（図13.19a），これらの分子に小分子依存的ヘテロ二量体化ドメインを結合させることが可能である（図13.19b）。この場合，活性化複合体の形成や分子のリクルートは，人工的な小分子二量体化剤の添加によって誘導される。本システムの長所は，単一で詳細が明らかな分子事象（選択した2種類のタンパク質の結合）を，他の交絡的な変化なしに迅速に誘導できることである。最も一般的に用いられる人工二量体化ドメインは，免疫抑制薬のラパマイシンファミリーに結合するタンパク質に由来する。

シグナル伝達構成因子を人工的に活性化する別の手段として，**オプトジェネティ**

図13.19

細胞シグナル伝達経路を活性化する非自然的な方法　(a)この例では，正常な野生型（WT）のシグナルの出力は，サイトゾルのタンパク質（紫色）と細胞膜に局在するタンパク質（緑色）との結合に依存する。(b)この結合相互作用は，小分子の化学的二量体化剤（青色の菱形）に結合する2種類の構成成分を融合タンパク質として発現させることにより，実験的に誘導可能である。(c)オプトジェネティクス的システムでは，光誘導性のタンパク質間相互作用ドメインを融合させることによって，2種類の構成成分の会合が制御できる（左）。光は，特異的な細胞膜イオンチャネル（右）を活性化するのにも用いられる。このような光感受性タンパク質は植物や藻類から単離されたものだが，他の細胞種でも発現できる。

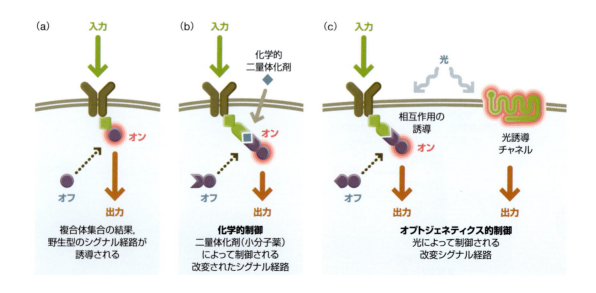

クス的手法(optogenetic method)がある(図13.19c)。この方法では，光感受性のタンパク質やドメインが利用されている。これらはもともと植物や原生動物で発見されたもので，特定の波長の光を照射されると立体構造の変化を起こして機能変化を生じる。光感受性のドメインが，光誘導性のヘテロ二量体化を示す場合がある。オプトジェネティクス的に制御される2種類のドメインを，協調的なリクルートや局在によって制御されるシグナル伝達タンパク質に融合させ，これらを細胞内に発現させることで，光によって特異的に活性化できるシステムを構築できる。場合によっては，細胞内の光照射された小さな領域のみで限局的な活性化を引き起こすこともできる。オプトジェネティクス的制御の別の方法として，チャネルロドプシンのような光感受性のチャネルタンパク質を用いる場合があり，これは神経のような興奮細胞を活性化するのに利用できる。オプトジェネティクス的に制御されたこの種のシステムは，複雑な時空間パターンを示すシグナルシステムを特異的に活性化するのに利用することができる。

光感受性の立体構造変化の例は図10.27で説明している

cDNAマイクロアレイやハイスループット配列決定は，単一細胞内の転写状態をモニタリングするのに用いられる

多くのシグナル伝達経路は，最終的には転写の変化に至る。特定のmRNAレベルの変化は，例えば定量的ポリメラーゼ連鎖反応(quantitative polymerase chain reaction：qPCR)など多くの方法で調べることができる。しかしながら，最も強力な洞察は，細胞の転写応答を包括的に概観するハイスループット法から得られる(図13.20)。**マイクロアレイ**(microarray)解析は，刺激前後の細胞内のmRNAレベルを測定することで，転写の変化を定量できる。この方法は，チップ上にプリントされたDNAやオリゴヌクレオチドマイクロアレイに対する，分析する細胞由来の標識されたcDNAのハイブリダイゼーション(相補的複合体形成反応)に依存する。さらにより多くの情報は，直接的なハイスループットの**cDNA配列解析**(cDNA sequencing analysis〔**RNA-seq**〕)によって得ることができる。この方法では，それぞれのサンプルに対して数百万の独立したcDNA断片が配列決定され，各情報の相対的な存在量を知ることができる。これは迅速，強力，包括的な方法であるが，主な制限が2つある。第一に，細胞内の転写の変化の情報のみが提供され，タンパク質量や翻訳後修飾の変化についてはわからない。第二に，典型的には解析のために多くの細胞が一緒にされて材料が調製されるため，個々の細胞で生じている情報が失われることである。

修飾特異的な抗体を用いる方法で，翻訳後修飾の変化を追跡できる

特定の翻訳後修飾を特異的に認識する抗体は強力なツールであり，特定の入力刺激に曝露された細胞内の翻訳後修飾の状態を明らかにできる。例えば，リン酸化される部位を区別することなく，チロシンリン酸化タンパク質を認識する抗体がある。しかし，例えばあるキナーゼの活性化ループのリン酸化部位など，個々のリン酸化部位に対する特異的抗体を調製することも可能である。この場合，抗体は，特異的なアミノ酸配列のリン酸を認識する(図13.21)。このような抗体を用いて免疫ブロット法や**フローサイトメトリー**(flow cytometry，下記参照)などの方法を利用することで，特定のシグナル伝達経路の活性をうまく測定できる。例えば，ErkキナーゼやAktキナーゼの活性化リン酸化部位や既知の基質を認識する抗体を用い，Ras/MAPK経路やPI3K-Akt経路の活性をそれぞれ読みとることができる。他の翻訳後修飾部位を特異的に認識する類似の抗体も作製されて

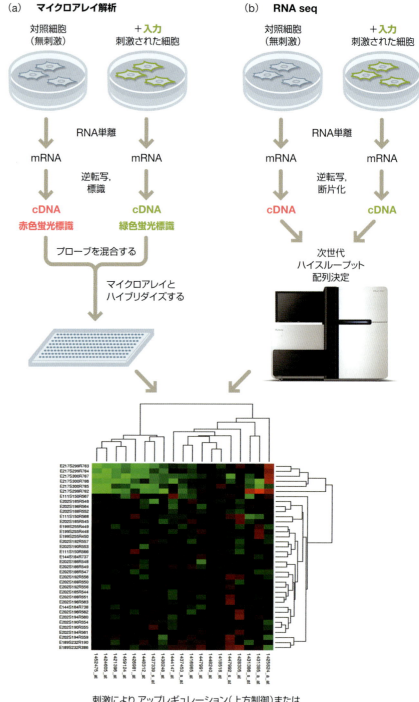

図13.20

細胞の遺伝子発現出力変化の解析 (a)マイクロアレイ解析では，2種類の細胞集団からRNAを単離し，逆転写で蛍光標識されたcDNAが調製される。2種類のcDNAサンプルは混合され，ガラススライド上に配置されたDNAプローブの集合とハイブリダイズされる。結合したそれぞれのcDNAの絶対量と，2種類のサンプルにおけるそれぞれのcDNAの相対量が得られる。(b)RNA seqでは，ハイスループットDNAシークエンサーで，異なる細胞サンプルから得られたcDNAを直接配列決定する。それぞれのmRNAに対応する配列のリード数から，mRNAの量を推測できる。クラスター解析は，異なるcDNAの発現レベルなどの一連の量的数値の類似性にもとづいて細胞サンプルやcDNAを分類したり「クラスター化」する，バイオインフォマティクスの方法である。例えば異なるサンプルの非常に類似した発現パターンを示す2種類の遺伝子は，近いクラスターをつくる。(Illumina HiSeq® 2500 Systemの画像はIllumina, Inc.の厚意による。©2012. All rights reserved)

いる。例えば，特異的な部位がメチル化あるいはアセチル化されたヒストンを認識する抗体がある。

　そのような抗体は，異なる細胞サンプルの翻訳後修飾の経時的な変化の定量化のみならず，修飾されたタンパク質と結合するタンパク質やその他の因子の精製にも利用できる。例えば**クロマチン免疫沈降**(chromatin immunoprecipitation：ChIP)**法**では，特定の修飾を受けたヒストン部位に対する抗体が，修飾ヒストンと結合する他のタンパク質やゲノムDNAの精製に用いられている。結合するDNAを解析することで，どの遺伝子や配列が特定のクロマチン修飾と結合して

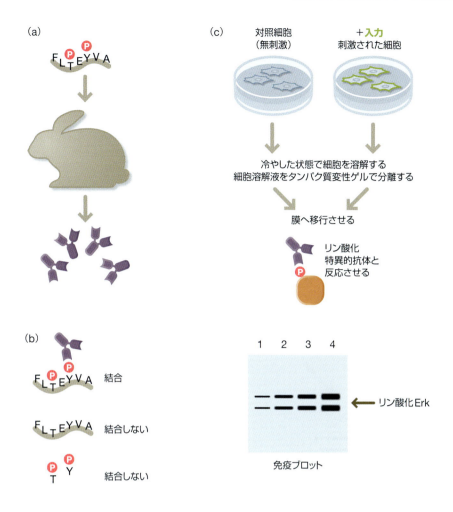

図13.21

リン酸化特異的抗体を用いたリン酸化状態の変化の解析 (a)リン酸化ペプチド(この場合,MAPキナーゼErk1のリン酸化された活性化ループの配列)でウサギを免疫し,抗体を調製する。(b)リン酸化ペプチドには結合するが,非リン酸化ペプチドや他のリン酸化部位には結合しない抗体が単離される。(c)仮想上の実験である。対照細胞および刺激された細胞由来の細胞溶解液を,リン酸化Erk抗体を用いた免疫ブロット法で解析する。免疫ブロットで,リン酸化ErkはリンElk1とリン酸化Erk2の2本のバンドとして検出され(矢印),リン酸化の程度はバンドの強さで示される。

いるかがわかる(図13.22)。

特定の修飾部位を認識するタンパク質結合ドメイン(読みとりドメイン)もまた,結合相手の精製や量的変化の定量の基盤を提供する。例えばSH2ドメインは,リン酸化特異的抗体と同様,細胞溶解液や固定細胞内のリン酸化されたチロシン部位の検出や定量に利用できる。修飾特異的なタンパク質結合ドメイン(特異的なホスホイノシトール脂質に結合するPHドメインなど)を蛍光マーカーと融合させて細胞内に発現させると,生細胞において結合部位の量や細胞内の局在の変化を探索できる(詳細は後述する)。

質量分析法はタンパク質やその修飾を同定するために汎用されている

質量分析法(mass spectrometry:MS)と解析機器の進歩によって,複雑な混合物中のタンパク質を同定する能力は劇的に向上した。この方法を用いると,どのタンパク質が翻訳後修飾されているかだけでなく,修飾されているアミノ酸残基まで決定できる。典型的な実験(図13.23)では,タンパク質中のリシンやアルギニン残基のC末端側を切断するトリプシンのようなプロテアーゼを用いて,タンパク質の混合物を消化してペプチドに分解する。これらペプチドを液体クロマトグラフィーで分離し,気相でイオン化した後,MSによってすべてのイオンの強度と質量電荷比(m/z)を測定する。個々のペプチドはさらに励起されて化学結合が切断され,通常は最初のペプチドから1アミノ酸残基ずつ連続的に減少した一連の断片化されたイオンが生じる(MS/MSあるいはMS^2スペクトルと呼ばれる)。

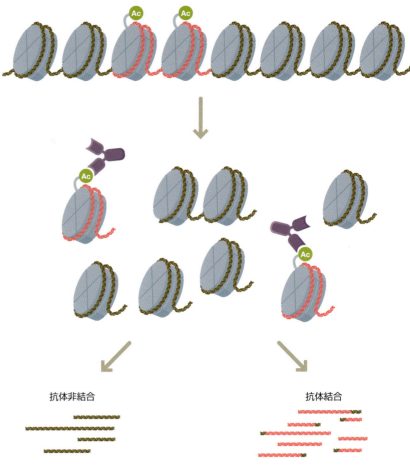

図13.22

クロマチン免疫沈降(ChIP)法 クロマチン内DNAを結合タンパク質と架橋後, 小さな断片に分解する。断片化されたクロマチンを, 特異的なタンパク質や翻訳後修飾に対する抗体と合わせて保温し, 反応させる。本例では, アセチル化ヒストンに対する抗体を用いている。抗体が結合したクロマチンを単離し, タンパク質を除く。この画分には, アセチル化ヒストンを含むクロマチンと結合したDNAが濃縮される(ピンク色)。

このように, イオンの断片化のパターンからペプチドの配列が判明し, これら配列をプロテオームのデータベースと比較することで, 対応するタンパク質が同定される。

ペプチドに結合する翻訳後修飾はペプチドの質量を変化させるため, また特徴的な断片化イオンを生じさせるため, MSによって翻訳後修飾を同定できる。例えばリン酸化ペプチドは, m/z 79(HPO_3^-)の断片化イオンを生じる。チロシンに結合したリン酸は断片化に対しては比較的安定であるが, m/z 216のホスホチロシンイミニウムイオンを生じる。ユビキチン化リシンはトリプシン消化から保護されるので, あるタンパク質から検出されるペプチドの補数は変化する。加えて, トリプシン処理によって, 修飾されたリシンに結合したユビキチン由来のC末端Gly-Glyモチーフが残る。

翻訳後修飾はサブストイキオメトリー(準化学量論)的かつ一過的であることが多いため, 修飾されたペプチド画分は非常に少ない。それゆえ, 特に多くの部位を同定しようとする研究においては, 興味ある修飾を有するペプチドを濃縮するのが通常は有利である。リン酸化ペプチドを濃縮するためには, いくつかの方法が(単独あるいは組合わせて)用いられている。固定化金属アフィニティークロマ

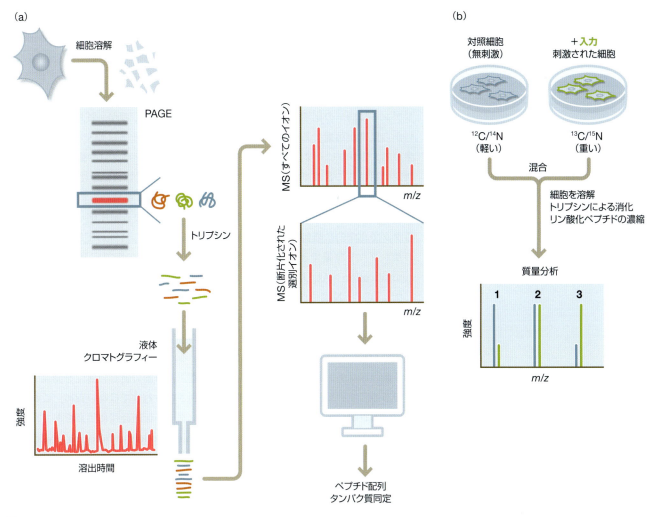

図 13.23

質量分析法(MS)を用いたタンパク質の量と翻訳後修飾の変化の解析　(a)典型的な実験では，細胞は溶解され，ポリアクリルアミドゲル電気泳動(PAGE)によってサイズを基にタンパク質は分画される。多数のタンパク質を含むゲルスライスはトリプシンのようなプロテアーゼで消化され，個々のタンパク質に由来する一連のペプチドが産生される。液体クロマトグラフィーでペプチドは分離され，イオン化される。最初のMSスペクトルで，それぞれのイオンの強度と質量電荷比(m/z)が測定される。その後，個々のイオンは断片化され，MS/MSスペクトルでペプチドの配列が決められる。これら配列がプロテオームデータベースと比較され，最初のサンプル中のタンパク質が同定される。(b)SILACでは，異なる同位体元素で標識された必須アミノ酸の存在下で，細胞を成長させる。この例では，無刺激の細胞は$^{12}C/^{14}N$(軽い)リシンとアルギニン存在下で培養し，刺激された細胞は$^{13}C/^{15}N$(重い)リシンとアルギニン存在下で培養する。サンプルを混合して一緒に処理し，MSスペクトルの軽いピークと重いピークの相対的強度から，量的変化が明らかにされる。この例では，刺激によってペプチド1の量は減少するが，ペプチド2は変化せず，ペプチド3は増加する。

トグラフィー(immobilized metal affinity chromatography：IMAC)は，負電荷をもつリン酸基に対するFe^{3+}などの金属イオンのアフィニティーを活用している。同様に，TiO_2や他の金属酸化物もよく用いられる。別のよく使用される濃縮法として，無処理のタンパク質やペプチド混合物に使用できる抗ホスホチロシン抗体の利用がある。ホスホセリン/ホスホトレオニンを広く特異的に認識する抗体はMSのための濃縮には向かないが，特異的なキナーゼによってリン酸化される配列を認識するいくつかのモチーフ特異的抗体はうまく用いられている。他の翻訳後修飾に対する類似の抗体も，濃縮のために用いることができる。

　翻訳後修飾の部位の同定に加えて，MSは異なる条件下で生じる変化を定量化するのにも有用である。例えば，背景のリン酸化(安定)と，経路特異的なリン酸化(刺激によって増減)を区別するのに役立つ。サンプル中のタンパク質の量や翻

訳後修飾を定量化するために，多くの技術が開発されている。細胞培養液中のアミノ酸を安定同位体標識する方法(stable-isotope labeling of amino acids in cell culture：SILAC)では，自然の$^{12}C/^{14}N$(軽い)あるいは$^{13}C/^{15}N$(重い)で標識されたリシンやアルギニンといったアミノ酸の存在下で，細胞を培養する。標識後，2種類の培養細胞は混合され，一緒に処理される。得られたペプチドの同位体バリアントは同一の化学的特性を有するため同じ画分にくるが，質量のわずかな違いから区別が可能である。結果として，すべてのペプチドはMSで対のピークを生じる。2つのピークの強度は，2つのサンプルのタンパク質や修飾の相対量の決定に用いることができる(図13.23b)。関連する技術にiTRAQ(isobaric tag for relative and absolute quantification；相対および絶対定量のための同重体標識法)があり，この場合ペプチドは同じ質量をもつが異なる断片化パターンを生じるタグで化学的に修飾される。iTRAQの長所の1つは，1回の実験で同時に8つのサンプルを定量できることである。また，標識なしの絶対定量技術(absolute quantification：AQUA)も開発されている。興味あるそれぞれのペプチドに対して，^{13}Cや^{15}N同位体で標識されたバリアントを化学的に合成し，ペプチド混合物中に内部標準として規定量加える。同じペプチドの未修飾および修飾状態両方の絶対濃度を測定することで，翻訳後修飾のストイキオメトリーを決定できる。

　どのMSを採用するかは，実験の目的による。いくつかの場合では，研究目的は多数のペプチドを同定することによって翻訳後修飾の新しい部位を発見することである。すべてのペプチドが断片化に選別されるわけではないため，これらの実験は本質的に再現不可能である。特定のシグナル伝達経路に焦点をあてた実験においては，多重反応モニタリング(multiple reaction monitoring：MRM)のような技術で前選択されたペプチドに焦点をあてると有効である。

生細胞タイムラプス(経時的)顕微鏡法で，単一細胞応答の動態を追跡する

　細胞の状態を解析する前記の方法の短所は，解析のための十分な材料を調製するために多数の細胞を一緒に溶解する必要があることで，したがってこれらの方法では単一細胞からの情報を得る能力が制限される。さらに，これら解析の情報量と速度的な制限から，多様な応答の時間変化を高解像度の動的な画像として得ることができない。単一細胞の情報はときに非常に重要である。なぜなら，例えばそれぞれの細胞内のシグナル伝達分子やリボソームの数のわずかなばらつき，あるいはその時間における細胞周期の状態に応じた，確率的な細胞間の変動が存在するからである。そのため大集団の細胞を観察したのでは，シグナル伝達応答の本質に関する重要な情報が失われる場合がある。

　タイムラプス顕微鏡法による生細胞の観察は，これらの制約を克服する手法を提供してくれる(図13.24)。標準的な培養容器での可視化ができる他，マイクロ流体装置に細胞を流し込み，顕微鏡用の視界窓内に細胞を捕捉することができる(図13.24a)。どのように設計されているかにも依存するが，このような装置を用いることで，捕捉された細胞の培地を高度に制御された動的な方法で変化させる多様な流入孔(in-flow port)が利用できる。例えば図13.24bに示すように，入力シグナル分子の濃度を低濃度から高濃度へ迅速に移行させることができる。その結果，突然の入力移行に対する細胞応答をリアルタイムでモニタリング可能となる。細胞応答をモニタリングするためには，生細胞レポーターとバイオセンサーが必要である。転写応答をモニタリングする場合は，プロモーターからの蛍光レポータータンパク質の発現が利用できる。また，翻訳後修飾の応答には，特

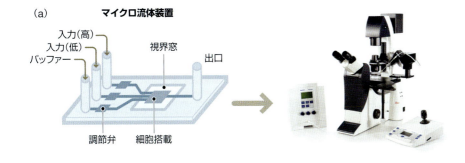

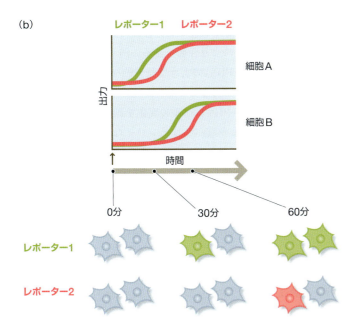

図 13.24

生細胞タイムラプス(経時的)顕微鏡法 (a)マイクロ流体チャンバー(室)内で細胞を可視化できる。細胞を装置に搭載し，特殊な吸気弁を用いて細胞を覆う溶媒の流れを調節し，細胞が受ける入力刺激を時空間的に正確に制御する。装置内の細胞の範囲は顕微鏡で追跡できる。(b)個々の細胞それぞれに対して，異なる蛍光レポーター(本例では緑色とピンク色)を用いることで複数の出力を経時的にモニタリングできる。観察視野内の個々の細胞それぞれの応答の動態を追跡できる。本例では，個々の細胞を追跡することで，レポーター1の活性化時間には細胞間で差異があること，一方，レポーター2はレポーター1の後に一貫して活性化されることが示されている。(顕微鏡装置の画像はLeica Microsystemsの厚意による)

異的なリン酸化反応で変化するFRETレポーターが利用できる(後に詳しく解説する)。そのようなレポーターを用いて，視野中の個々の細胞がどのように入力変化に応答するかを追跡できるし，また，集団中での応答の違いをモニタリングできる。2個の細胞の反応を追跡した図13.24bの例では，入力刺激を変化させた後の，レポーター1の応答開始時間の確率的な変動が示されている。対照的に，レポーター2の応答開始時間には，レポーター1の応答開始後の時間とより厳密な相関関係がうかがえる。このように，多数の個々の細胞の解析を通じて，細胞応答の様々な側面がどのように大きな，あるいは小さな変動を示すかがわかる。

概してタイムラプス顕微鏡法は，単一細胞応答を追跡する強力な方法と，これら応答の動態を理解する最良の方法を提供してくれる(表13.1)。しかしながら，この手法には生細胞レポーターを必要とする制約がある(例えば，すべての特異

生細胞可視化	フローサイトメトリー
単一細胞の動態	単一細胞の動態は得られない
中程度の情報量(数百の細胞)	高い情報量(10^3~10^5の細胞)
生細胞レポーターが必要	生細胞レポーターは不要
細胞内局在に関する情報	細胞内局在に関する情報は乏しい

表13.1

単一細胞解析法の比較

的リン酸化反応に適切なレポーターが存在するわけではない)。また，情報量の制限もある。マイクロ流体装置はすばらしい働きをしてくれるが，実験は通常，フローサイトメトリー(後に解説する)のような方法で解析する場合と比較して，数桁も低い数である数十から数百の細胞の解析に制限される。

バイオセンサーで生細胞内のシグナル伝達活性をモニタリングする

　単一細胞レベルでシグナル伝達経路とネットワークの活性をモニタリングするためには，興味ある生化学的活性の変化を顕微鏡で観察可能な変化へと変換する何らかの方法が必要である。これを達成するために，典型的には蛍光顕微鏡で直接観察できる蛍光分子を基盤とした，さまざまな**バイオセンサー**(biosensor)が開発された。非常に単純なタイプのバイオセンサーは，修飾特異的な結合ドメインを，蛍光タンパク質と融合させることにより作製できる。例えば，ホスファチジルイノシトール 3,4,5-トリスリン酸(PIP_3)のような特異的なホスホイノシチド種を認識するPHドメインに，GFPを融合させることができる。そのようなバイオセンサーを細胞内で発現させると，PIP_3レベルの変化を細胞膜上のGFP蛍光量の変化として可視化できる。そのようなバイオセンサーは，全般的なPIP_3レベルの経時的変化のみならず，PIP_3レベルの高低が特に顕著となる細胞内局在も明らかにできる。PHドメインを基盤としたそのようなセンサーの使用例は，図7.11に示されている。同様に，リン酸化されたモチーフに結合する読み込み装置ドメイン(例えばSH2ドメイン)のような，修飾された標的を認識するその他のモジュラードメインも，生細胞内の結合部位の量と局在の変化をモニタリングするのに使用できる。

　別の単純なタイプのバイオセンサーは，化学的環境にもとづいてスペクトル特性を変化させる細胞膜透過性の蛍光色素から構成される。例えばFura-2は，カルシウムと結合する色素である。特定の波長で励起されたときに放射される蛍光量は，カルシウムと結合しているかどうかで変化する。したがって，この色素の存在下では，細胞内のカルシウム変化の時空間的動態に加え，細胞内のカルシウムの絶対濃度をかなり直接的にモニタリングできる。このようなカルシウム感受性色素は，図6.12に示したカルシウム波の可視化にも使用されている。また，膜内外の電位差や局所pHのようなさまざまな特性の変化のモニタリングに利用できる，その他の特異的色素もある。

　より洗練されたバイオセンサーを用いると，特異的なGタンパク質やプロテインキナーゼの活性，あるいはサイクリックAMP(cAMP)のような小分子の濃度といった特性の変化をモニタリングできる。このようなバイオセンサーは，典型的にはFRETにもとづいている。経路の活性(Gタンパク質結合，リン酸化，cAMP結合など)によるバイオセンサーの立体構造の変化が，FRET比の変化に変換後，顕微鏡下で観察できるようになる。例えばプロテインキナーゼの活性をモニタリングするために，そのキナーゼが好む特異的な基質ペプチド配列を含んだバイオセンサーを構築することが可能である。このバイオセンサーは，リン酸化されたときのみ，モジュラータンパク質結合ドメインが基質部位に結合する。このように，バイオセンサーの立体構造は，非リン酸化状態とリン酸化状態の間でかなり違う。バイオセンサーがFRET供与体とFRET受容体を含む場合，この立体構造の変化をFRETの変化に連結させることができる。Gタンパク質の活性をモニタリングするためのバイオセンサーは，Gタンパク質が活性化したとき(GTP結合状態)にのみ結合するエフェクタードメインと，Gタンパク質自身とを融合させたものである場合が多い(図13.25)。したがって，2つのドメイン間

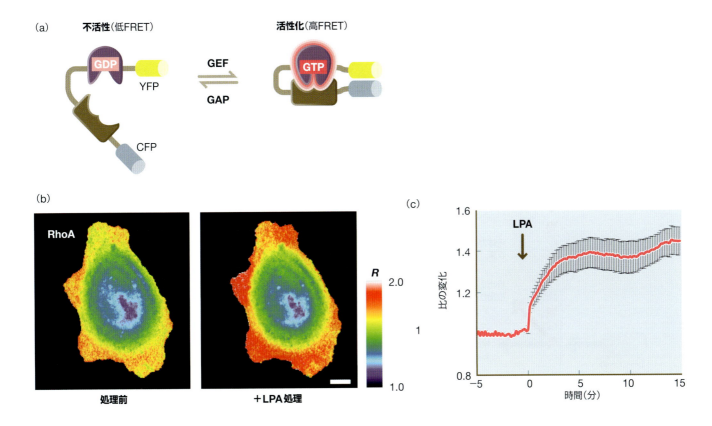

図13.25

Rho GTPアーゼ活性化のための蛍光共鳴エネルギー転移（FRET）バイオセンサー　(a)Rho GTPアーゼのヌクレオチド状態は，グアニンヌクレオチド交換因子（GEF）とGTPアーゼ活性化タンパク質（GAP）によって制御され，GTP結合型が活性型で下流のエフェクターと結合できる。RhoAバイオセンサーの一例は，全長のRhoAタンパク質，そのエフェクターPKN（茶色）由来のRhoA結合ドメイン，そしてFRETペアである蛍光タンパク質〔シアン蛍光タンパク質（CFP）と黄色蛍光タンパク質（YFP）〕から構成される。センサー内のRhoAの活性化による分子内の立体構造変化が生じ，FRET効率が増加するように，これらの構成因子はリンカーで連結されている。(b)RhoAの既知の活性化因子であるリゾホスファチジン酸（LPA）添加前後の，乳がん細胞MCF-7の典型的なFRET/CFP比（R）画像。(c)多数の細胞のタイムラプス像を処理することで，比の変化（データは，全細胞の平均値±標準誤差として示されている）にもとづいて，RhoA活性の経時的な反応速度を推定できる。スケールバーは5 μmである。（画像はTaofei Yin and Yi Wu, University of Connecticut Health Centerの厚意による）

の分子内相互作用は，Gタンパク質が内在性のグアニンヌクレオチド交換因子（guanine nucleotide exchange factor：GEF）によって活性化されたときにのみ生じる。ここでも，立体構造の変化はFRETの変化によってモニタリングできる。このようなFRETを基盤としたバイオセンサーを細胞内で発現させることで，興味ある活性の程度と局在を顕微鏡下で観察できる（図13.25b，c）。

　前述のようなバイオセンサーは，個々の細胞内の経路の活性をリアルタイムで調べるためにはとても強力なツールである。しかしながら，バイオセンサー自身がシグナル伝達を撹乱する可能性がある場合は特に，実験結果の解釈は注意深く行う必要がある。しばしば可視化のためにバイオセンサーをかなり高い量で発現させることが要求され，このことが観察したい経路を阻害する場合がある。例えばGFP-PHドメイン融合体は，内在性のPHドメインを含むエフェクターの膜結合を阻害する可能性がある。あるいはキナーゼセンサーは，内在性のキナーゼの標的の正常レベルのリン酸化を阻害するかもしれない。さらに，有用なバイオセンサーの開発には，低いバックグラウンド，高い感受性，適切な特異性を最適化するために，タンパク質工学からの多大な貢献が必要となる可能性がある。

フローサイトメトリーは単一細胞の応答を迅速に解析できる方法を提供する

　単一細胞の応答をハイスループット解析するための最も強力で迅速な方法の1つは，**フローサイトメトリー**（flow cytometry）である（図13.26）。典型的には，多数の細胞集団を刺激し，蛍光レポーターを用いてその応答をモニタリングする。転写応答の場合は，これはGFPのような蛍光タンパク質の発現により行うことができる。リン酸化にもとづいた応答の場合は，例えば細胞を固定後に透過処理し，蛍光標識されたリン酸化特異的な抗体（あるいは他の出力特異的な標識試薬）で染色する。どちらの場合も，細胞は刺激後のさまざまな時間で固定され，それ

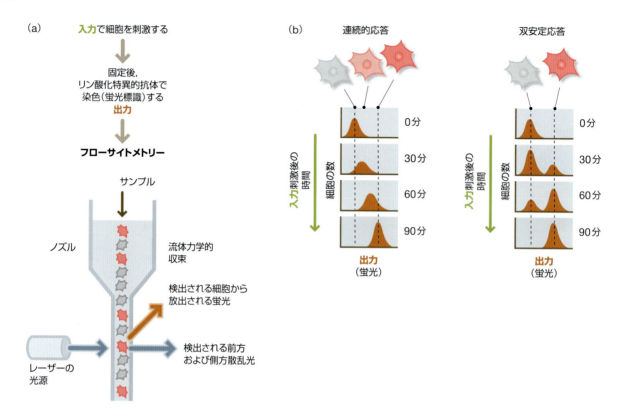

図13.26

フローサイトメトリー (a) 細胞集団（無刺激あるいは刺激状態）を，シグナルの出力を測定するため，蛍光抗体あるいは他の蛍光レポーターで標識する．本例ではリン酸化特異的抗体が使用されている．フローサイトメトリーはそれぞれの細胞の蛍光を迅速に定量する．前方散乱と側方散乱が，細胞の大きさと粒状性を測定するのに用いられる．(b) それぞれの細胞集団に対して，細胞の数と蛍光レベルがプロットされる．個々の細胞が中間的レベルの出力を示す連続的応答（左）は，細胞が低い出力か高い出力のどちらかしか示さない双安定応答（右）と区別できる．

それのサンプルはフローサイトメトリーで解析される．流体力学的な収束により，細胞は一列縦隊で装置を通過する．細胞はレーザーによって励起され，検出器で蛍光量が測定される．装置に多数のレーザーと検出器が搭載されている場合は，多数の異なるレポーターをそれぞれの細胞内で働かせることができる．データは処理され，集団内での蛍光のレベルに応じた細胞分布を示すヒストグラムを得ることができる．

フローサイトメトリー解析の一例を図13.26bに示す．細胞の集団は，0，30，60，90分間刺激され，蛍光レポーターの出力が測定される（ここでは例としてマイトジェン刺激後のリン酸化Erkの量を示した）．左の例では，細胞は**連続的** (graded) 様式で応答する．細胞集団は刺激時間とともに徐々に高い蛍光値へと移行し，中間的な蛍光値を示す段階を通過する．対照的に右の例では，細胞は**双安定** (bistable) 様式で応答する．この場合細胞は，低い蛍光状態か高い蛍光状態のどちらかでのみ存在する．そしてこれが，刺激時間で変化する細胞分布となる．これら2種類の応答（連続的か双安定か）は非常に異なっており，生物学的にもまったく異なったふるまいに至るが，これらはリン酸化特異的な抗体を用いる免疫ブロット法のような，集団にもとづいた解析では区別できないということに注意しておくことは重要である．免疫ブロット法においては，検出に十分な材料を得るために多数の細胞を一緒にすると，単一細胞の情報が失われる．双安定様式の応答を示す細胞すら，それぞれの細胞が低い蛍光状態から高い蛍光状態へと移行する時間に差異があるため，みかけ上は連続的様式を示す．

全体として，フローサイトメトリーは，単一細胞の情報を得るための非常に強力な方法である．なぜなら，この方法では非常に多くの細胞（$10^3 \sim 10^5$）を解析でき，大きな細胞集団から優れた統計値を得られるからである（表13.1参照）．フローサイトメトリーのもう1つの長所は，生細胞レポーターを必要とせず，例えば異なる蛍光団で標識されたリン酸化特異的抗体を用いて，多くの異なるリン酸

化事象を同時に追跡できることである．一方，フローサイトメトリーの限界は，単一細胞の動的データを得られないことである．すなわち，1つの特定の細胞が，時間Aそして時間Bでどのように応答しているのかがわからない．この理由は，フローサイトメトリーでは同じ細胞を追跡せず，それぞれの時間における応答の分布を採取することで大きな細胞集団を分析するからである．

課題

1. あなたはマウスの脳の特定領域の発生を研究しており，これにタンパク質Xが関与しているという遺伝学的証拠を得ている．文献検索の結果，タンパク質Xがいくつかの既知のドメインと，機能未知のかなり長い領域を有していることが判明した．あなたはこの領域が新しいタンパク質結合ドメインではないかと疑い，データベースを検索し，この領域と他のタンパク質との間に弱い配列類似性をみつけたと考えている．この仮説を検証し，推測領域に結合するタンパク質(あるいは他の生体分子)をみいだすための実験戦略を述べよ．

2. 理論的な考察から，酵素Xによるタンパク質Yの修飾は細胞内では飽和状態で作用している(すなわち反応はゼロ次である)とあなたは考えているとする．あなたが研究している細胞でこれが正しいか否かを評価するためには，どのような情報が必要であるか．この仮説を検証するための一連の実験を示せ．

3. あなたは，サイトカインで細胞を刺激すると，アクチン細胞骨格が急速に変化することに気づいている．サイトカインの受容体は，活性化するとタンパク質Xと結合する．そこで，タンパク質Xが細胞膜へリクルートされるようなオプトジェネティクス的ツールを開発するとする．このツールを用いると，アクチン再編成の機構をどのように分析できるか．正常な刺激(サイトカイン)に対し，オプトジェネティクス的ツールによる応答を研究する際の長所と短所は何か．

4. あなたは低pHに対する細胞応答に興味をもっており，pH変化時のリン酸化の変化を探索するため，SILAC(細胞培養液中のアミノ酸の安定同位体標識)実験を遂行した．そして，培地のpHを低下させると迅速にセリン残基がリン酸化される，タンパク質Y由来のリン酸化ペプチドをみつけたとする．細胞内のタンパク質Yのどの画分でこの部位がリン酸化されるのかを決定するための，また，タンパク質Yのリン酸化がpH応答性遺伝子の転写を誘導するのに重要であるかを検証するための，一連の実験を立案せよ．

5. あなたは，マイトジェン受容体に結合する阻害抗体を開発した．現在，この抗体は，異常に高い受容体活性をもつある種の腫瘍の成長を停止させる新たな方法となるかを検証する臨床試験の初期段階にある．あなたはこの抗体が腫瘍細胞株の増殖を約10%減少させることをみいだしたとする．この結果がすべての細胞が弱い応答を示していることを表しているのか，それとも小さな細胞画分が強い応答を示していることを表しているのか，どのようにして決定できるかを議論せよ．もし後者なら，なぜある細胞は応答し，他は応答しないのかという疑問にどのように対処するか．

文献

タンパク質の生化学的および生物物理学的解析

Branden C & Tooze J (1998) Introduction to Protein Structure, 2nd ed. New York: Garland Science.

Hammes GG (2000) Thermodynamics and Kinetics for the Biological Sciences. New York: Wiley-Interscience.

Klotz IM (1997) Ligand-Receptor Energetics: A Guide for the Perplexed. New York: John Wiley & Sons.

Kuriyan J, Konforti B & Wemmer D (2012) The Molecules of Life: Physical and Chemical Principles. New York: Garland Science.

Lei M, Lu W, Meng W, Parrini MC, Eck MJ, Mayer BJ, Harrison SC. Structure of PAK1 in an autoinhibited conformation reveals a multi-stage activation switch. *Cell* 2000; 102:387-397.

Menten L & Michaelis MI (1913) Die Kinetik der Invertinwirkung. *Biochem Z* 49, 333–369.［Recent translation, and an older partial translation.］

Rich RL & Myszka DG (2000) Advances in surface plasmon resonance biosensor analysis. *Curr. Opin. Biotechnol.* 11, 54–61.

Voet D, Voet JG & Pratt CW (2013) Principles of Biochemistry, 4th ed. New York: Wiley.

Winzor DJ & Sawyer WH (1995) Quantitative Characterization of Ligand Binding. New York: Wiley-Liss.

タンパク質の相互作用と局在のマッピング

Choudhary C & Mann M (2010) Decoding signalling networks by mass spectrometry-based proteomics. *Nat. Rev. Mol. Cell Biol.* 11, 427–439.

Giepmans BNG, Adams SR, Ellisman MH & Tsien RY (2006) The fluorescent toolbox for assessing protein location and function. *Science* 312, 217–224.

Golemis EA & Adams PD (eds) (2005) Protein-Protein Interactions: A Molecular Cloning Manual, 3rd ed. New York: Cold Spring Harbor Laboratory Press.

Jones RB, Gordus A, Krall JA & MacBeath G (2006) A quantitative protein interaction network for the ErbB receptors using protein microarrays. *Nature* 439, 168–174.

Lippincott-Schwartz J & Patterson GH (2003) Development and use of fluorescent protein markers in living cells. *Science* 300, 87–91.

Michnick SW (2003) Protein fragment complementation strategies for biochemical network mapping. *Curr. Opin. Biotechnol.* 14, 610–617.

Wu JQ & Pollard TD (2005) Counting cytokinesis proteins globally and locally in fission yeast. *Science* 310, 310–314.

細胞シグナル伝達ネットワークを撹乱する方法と細胞応答をモニタリングする方法

Barrios-Rodiles M, Brown KR, Ozdamar B et al. (2005) High-throughput mapping of a dynamic signaling network in mammalian cells. *Science* 307, 1621–1625.

Bishop A, Buzko O, Heyeck-Dumas S et al. (2000) Unnatural ligands for engineered proteins: new tools for chemical genetics. *Annu. Rev. Biophys. Biomol. Struct.* 29, 577–606.

Fujioka A, Terai K, Itoh RE et al. (2006) Dynamics of the Ras/ERK MAPK cascade as monitored by fluorescent probes. *J. Biol. Chem.* 281, 8917–8926.

Levskaya A, Weiner OD, Lim WA & Voigt CA (2009) Spatiotemporal control of cell signalling using a light-switchable protein interaction. *Nature* 461, 997–1001.

Perez OD & Nolan GP (2002) Simultaneous measurement of multiple active kinase states using polychromatic flow cytometry. *Nat. Biotechnol.* 20, 155–162.

Pertz O & Hahn KM (2004) Designing biosensors for Rho family proteins—deciphering the dynamics of Rho family GTPase activation in living cells. *J. Cell Sci.* 117, 1313–1318.

Toettcher JE, Voigt CA, Weiner OD & Lim WA (2011) The promise of optogenetics in cell biology: interrogating molecular circuits in space and time. *Nat. Methods* 8, 35–38.

Young JW, Locke JC, Altinok A et al. (2011) Measuring single-cell gene expression dynamics in bacteria using fluorescence time-lapse microscopy. *Nat. Protoc.* 7, 80–88.

用語解説

● 数字，アルファベット

14-3-3タンパク質(14-3-3 protein)
セリンあるいはトレオニン残基がリン酸化されている標的タンパク質に特異的に結合する一群の低分子量タンパク質。14-3-3タンパク質が結合することにより，標的タンパク質の活性，立体構造，細胞内局在などが調節される。

A型キナーゼアンカータンパク質(type-A kinase anchoring protein：AKAP)
A型キナーゼの制御サブユニットとその他のタンパク質に対する結合部位をもち，細胞膜，ミトコンドリア，中心体などの特異的な細胞内区画に局在している足場タンパク質。

Akt
シグナル伝達系で機能しているホスホイノシチドによって活性化され，細胞の増殖や生存を制御しているセリン/トレオニンキナーゼ。プロテインキナーゼB(PKB)としても知られる。

Bcl-2ファミリー(Bcl-2 family)
ミトコンドリアの透過性を調節して，アポトーシスを促進したり抑制したりする一群のタンパク質。

Ca^{2+}/カルモジュリン依存性プロテインキナーゼ(Ca^{2+}/calmodulin-dependent protein kinase：CaM-K)
Ca^{2+}と結合したカルモジュリンの結合によって制御されるセリン/トレオニンキナーゼファミリー。

CAAXボックス(CAAX box)
プレニル化を受けるタンパク質のC末端にみられるモチーフ。このモチーフのシステインにチオエステル結合によりイソプレニル基が結合し，C末端側の3残基(AAX，Aは脂肪族アミノ酸，Xは任意のアミノ酸)は切断，除去される。

cDNA配列解析(cDNA sequencing analysis)→**RNA-seq**を参照

cDNA発現ライブラリー(cDNA expression library)
細胞の全mRNAの逆転写により構築されたcDNAの集団。

ChIP法→クロマチン免疫沈降法を参照

co-IP→共免疫沈降法を参照

DISC(death-inducing signaling complex)
デス受容体，アダプタータンパク質，イニシエーターカスパーゼからなる，アポトーシスを誘導する超分子複合体。

E1ユビキチン活性化酵素(E1 ubiquitin activating enzyme)
タンパク質のユビキチン化反応の最初の段階を触媒する酵素。ATPの加水分解のエネルギーを利用して，ユビキチンのC末端とE1のシステイン残基が結合する。

E2ユビキチン結合酵素(E2 ubiquitin conjugating enzyme)
タンパク質のユビキチン化反応の2番目の段階を触媒する酵素。ユビキチンがE1からE2のシステイン残基に転移する。一般的に，ポリユビキチン鎖を構成するユビキチンを1分子ずつ運ぶ役割を担っている。

E3ユビキチンリガーゼ(E3 ubiquitin ligase)
タンパク質のユビキチン化反応の3番目の段階を触媒する酵素。特異的な基質タンパク質とE2に結合し，E2から基質タンパク質へのユビキチンの転移を促進している。

EFハンド(EF hand)
Ca^{2+}をキレートすることができる酸性アミノ酸残基からなるよく保存されたタンパク質モチーフ。

ESCRT複合体(endosomal sorting complex required for transport complex)
エンドサイトーシスで取り込まれたタンパク質を，リサイクリングあるいはリソソームでの分解へと選別する一連の巨大な分子複合体。

FAK→フォーカルアドヒージョンキナーゼを参照

FRET→蛍光共鳴エネルギー転移を参照

GAP→GTPアーゼ活性化タンパク質を参照

GDF→GDI置換因子を参照

GDI→グアニンヌクレオチド解離抑制因子を参照

GDI置換因子(GDI displacement factor：GDF)
GTPアーゼからのGDIの解離を促進するタンパク質で，その作用によりGTPアーゼが膜へ移行し，その脂質修飾部分が標的の膜に挿入される。

GEF→グアニンヌクレオチド交換因子を参照

GFP→緑色蛍光タンパク質を参照

GPCR→Gタンパク質共役受容体を参照

GTPアーゼ(GTPase)→Gタンパク質を参照

GTPアーゼ活性化タンパク質（GTPase-activator protein：GAP）
Gタンパク質と相互作用して，そのGTP加水分解活性を促進するタンパク質。Gタンパク質の不活性化を引き起こす。

Gタンパク質（G protein）
GTPを結合したときに活性型，GDPを結合したときに不活性型となる分子スイッチとして機能しているGTPアーゼの総称。通常，7回膜貫通型受容体からのシグナルを伝達し，α, β, γの各サブユニットからなるヘテロ三量体Gタンパク質と，Rasスーパーファミリーに属する低分子量Gタンパク質がある。GTPアーゼ，GTP結合タンパク質，グアニンヌクレオチド結合タンパク質などとも呼ばれる。

Gタンパク質共役受容体（G-protein-coupled receptor：GPCR）
7つの膜貫通領域をもち，活性化されるとヘテロ三量体Gタンパク質を活性化するグアニンヌクレオチド交換因子（GEF）として機能する，多数の分子種からなる細胞膜受容体。

Gドメイン（G domain）
グアニンヌクレオチドと結合する20 kDaのドメインで，GDPと結合しているかGTPと結合しているかにより，2種類のどちらかの立体構造をとる。低分子量Gタンパク質は基本的に単一のGドメインのみからなると考えられるのに対し，ヘテロ三量体Gタンパク質はαサブユニット中にGドメインが存在する。

IP_3→イノシトール 1,4,5-トリスリン酸を参照

ITAM→免疫受容体チロシン活性化モチーフを参照

JAK-STATシグナル伝達経路（JAK-STAT signaling pathway）
サイトカイン/ヘマトポエチン受容体ファミリーにより活性化されるシグナル伝達系で，受容体の会合によりJAKファミリーチロシンキナーゼが活性化され，それらがSTATファミリー転写因子のリン酸化と活性化を誘導する。

k_{cat}→触媒反応速度定数を参照

K_d→解離定数を参照

K_m→ミカエリス定数を参照

MAPキナーゼ（マイトジェン活性化プロテインキナーゼ）（mitogen-activated protein kinase：MAPK）
重要なセリン/トレオニンキナーゼファミリーで，上流のシグナルに応答して活性化され，転写因子など下流の標的をリン酸化する。3層からなるMAPキナーゼカスケードの3番目に位置する。

MAPキナーゼ（マイトジェン活性化プロテインキナーゼ）カスケード（MAP kinase cascade）
3種類のキナーゼが順に作用するシグナル伝達経路モジュールで，多種多様な細胞応答を制御している。必須の構成因子は，MAPキナーゼキナーゼキナーゼ（MAPKKK），MAPキナーゼキナーゼ（MAPKK），MAPキナーゼ（MAPK）で，順にリン酸化，活性化を誘導する。MAPキナーゼは，核内の転写因子などをリン酸化することが多い。カスケードを構成している3種類のキナーゼは，足場タンパク質を介して複合体を形成し，共局在している場合が多い。

MS→質量分析法を参照

mTOR（mechanistic/mammalian target of rapamycin）
細胞増殖，生存，代謝などの主要な調節を担っているセリン/トレオニンキナーゼ。

NES→核外輸送シグナルを参照

NF-κB（nuclear factor κB）
転写因子の一種で，刺激を受けていない細胞中では不活性型としてサイトゾルに存在し，刺激に応答して活性化されると核内へ移行する。

NLS→核局在化シグナルを参照

Notch
リガンドの結合に伴いプロテアーゼにより切断される細胞膜受容体のファミリーで，発生過程での細胞の運命決定を制御している分子が多い。

p53
DNA損傷などの広範な環境ストレスへの細胞応答を制御する主要な因子。ストレスの種類や細胞の状態によって，p53は一時的な細胞周期停止を誘導する場合と，持続的な細胞周期停止およびアポトーシスを誘導する場合とがある。不適切な状態での複製を防ぎ，ゲノムDNA上の異常を娘細胞に伝えないようにしている。p53をコードする遺伝子は，ヒトのがんにおいて最も多くの変異が知られている遺伝子である。

PHドメイン（PH domain）
モジュラータンパク質ドメインの一種で，多くはホスファチジルイノシトール由来の特異的な脂質に結合する。

PI3K→ホスファチジルイノシトール 3-キナーゼを参照

PIP_2→ホスファチジルイノシトール 4,5-ビスリン酸を参照

PIP_3→ホスファチジルイノシトール 3,4,5-トリスリン酸を参照

PKA→プロテインキナーゼAを参照

PKC→プロテインキナーゼCを参照

Ras
細胞増殖と細胞分化を制御している主要な低分子量Gタンパク質。最初にウイルスのがん遺伝子として発見され，のちにヒトがん細胞においては，変異によって内在性Rasが活性化されていることが明らかとなった。

RGSタンパク質（regulator of G protein signaling protein）
GTPと結合した遊離ヘテロ三量体Gタンパク質αサブユニットに結合し，そのGTPアーゼ活性を促進するタンパク質。

RIP（regulated intramembrane proteolysis）
膜タンパク質の連続的な切断で，はじめにADAMによる細胞外ドメインの切断，つぎにγ-セクレターゼによる細胞膜内領域の切断が起こる。

RNA-seq
細胞から得られたサンプル中のcDNA断片のハイスループット配列解析で，サンプル中のすべてのmRNA種の発現レベルについての詳細な情報が得られる。

SCF複合体 (SCF complex)
多数のサブユニットからなるユビキチンリガーゼ複合体で，E3ユビキチンリガーゼ，Skp1アダプター，キュリン，Fボックス特異性因子などを含む。多様な役割があり，細胞周期移行の際，リン酸化された基質を標的として分解することも知られている。

SH2ドメイン (Src homology 2 domain)
ホスホチロシン残基を含むペプチドに結合するモジュラータンパク質ドメイン。

SH3ドメイン (Src homology 3 domain)
特異的ならせん状の二次構造をとるプロリンに富むペプチドに結合するモジュラータンパク質ドメイン。

Srcファミリーキナーゼ (Src family kinase)
一群の非受容体型チロシンキナーゼで，接着やリンパ球の活性化などを制御している。

STATタンパク質 (signal transducer and activator of transcription protein)
サイトカイン受容体や増殖因子受容体により活性化される転写因子のファミリー。JAKファミリーキナーゼによりリン酸化されると，二量体化，核内への移行，DNAへの結合が誘導される。

Toll様受容体 (Toll-like receptor：TLR)
病原体特異的なリガンドに結合する受容体ファミリーで，NF-κBファミリーの転写因子を間接的に活性化する。

Wntシグナル伝達経路 (Wnt signaling pathway)
発生の重要な過程を制御する保存されたシグナル伝達経路。古典的Wnt経路の活性化は，βカテニンを介した転写誘導を引き起こす。このシグナル伝達経路においては，タンパク質のリン酸化や制御された分解が誘導される。

X線結晶構造解析 (X-ray crystallography)
分子の結晶を通過したX線の回折パターンから，その分子中の原子の三次元的な配置を決定する技術。

Y2H法→酵母ツーハイブリッド法を参照

●あ行

アゴニスト (agonist)
受容体に結合して，その活性化を引き起こすリガンド。

足場タンパク質 (scaffold protein)
単一の反応経路に属する酵素やその基質など多数のタンパク質に同時に結合し，複合体を形成するタンパク質。

S-アシル化 (S-acylation)
チオエステル結合による脂肪酸アシル基のタンパク質への可逆的な結合。パルミトイル化は，S-アシル化の一例である。

N-アセチル化 (N-acetylation)
タンパク質中のリシン残基の末端に存在するアミノ基へのアセチル基の転移。

アダプタータンパク質 (adaptor protein)
3つ以上の構成因子からなる複合体の形成にかかわる，多数のタンパク質結合ドメインをもつタンパク質。古典的なアダプタータンパク質の1つであるGrb2は，そのSH2ドメインを介して増殖因子受容体などのチロシンリン酸化タンパク質に結合し，SH3ドメインを介してRas活性化因子であるSosなどの下流のエフェクターに結合する。

アビディティー (avidity)
双方が多数の結合部位をもつ場合にみられる，ある分子のリガンドに対するみかけ上のアフィニティーの増加。

アフィニティー (affinity)
非共有結合を介する相互作用の強さ。アフィニティーが高いほど，2つの分子は結合して複合体を形成しやすくなる。

アポトーシス (apoptosis；アポプトーシス)
特異的シグナルによって誘導される高度にプログラムされた細胞死で，カスパーゼが活性化され，生化学的，形態学的に特徴的な変化が引き起こされる。

アポトソーム (apoptosome；アポプトソーム)
カスパーゼをリクルートし，その活性化の足場となるサイトゾル性の巨大複合体。

αヘリックス (α helix)
タンパク質中によくみられる構造単位で，アミノ酸配列が，主鎖の原子間に形成される分子内水素結合により安定化された右巻きらせんの立体構造をとったもの。

アロステリックスイッチタンパク質 (allosteric switch protein)
上流からのシグナルの入力に誘導される立体構造の変化に伴って，触媒ドメインの活性が変化するようなモジュール構造をもつ酵素。

アロステリック変化 (allosteric change)
異なる活性をもつ2つ以上の立体構造をとりうる性質。異なる立体構造間の平衡は，リガンドの結合や共有結合を通した修飾により調節されている。

アンタゴニスト (antagonist)
受容体に結合するが，活性化を誘導できない化合物。

閾値的応答 (digital response)→スイッチ的応答を参照

一次構造 (primary structure)
ポリペプチド鎖のアミノ酸配列。多くの細胞で，ポリペプチド鎖はシグナル伝達における中心的役割を果たしている。

一次繊毛 (primary cilium)
微小管によって構成されている線維状の特殊な細胞小器官。

一酸化窒素 (nitric oxide：NO)
シグナルメディエーターとして機能する2原子からなる気体。標的

細胞に受動的に拡散し，グアニル酸シクラーゼを直接活性化する。平滑筋の弛緩と血管の拡張において重要な働きをしている。

イニシエーターカスパーゼ(initiator caspase)
アポトーシスシグナルによって直接活性化されるカスパーゼ。エフェクターカスパーゼを切断し，活性化する。

イノシトール 1,4,5-トリスリン酸(inositol 1,4,5-trisphosphate：IP$_3$)
PIP$_2$のホスホリパーゼCによる切断から生成される，可溶性のセカンドメッセンジャー分子。小胞体上のカルシウムチャネルに結合し，それを活性化することで，小胞体に貯蔵されているカルシウムイオンを放出する。

インコヒーレントなフィードフォワード(incoherent feedforward)
2つの反対の作用をする経路からなるフィードフォワードループ。

インテグリン(integrin)
細胞表面の接着分子のファミリーで，細胞マトリックスやフィブロネクチン，ラミニン，フィブリノーゲンなどの細胞表面付近に存在するタンパク質に結合している。

インポーチン(importin)
核へのタンパク質輸送を担う輸送タンパク質。

ウェスタンブロット法(western blotting)→**免疫ブロット法**を参照

ウェストウェスタンブロット法(west western blotting)
対象のタンパク質に直接結合するタンパク質を検出する実験法。細胞溶解液中のタンパク質を電気泳動で分離した後に膜に転写し，その膜に標識した対象の精製タンパク質を反応させる。

エイコサノイド(eicosanoid)
アラキドン酸由来の生理活性を示す脂質の大きなファミリーで，プロスタグランジンやロイコトリエンを含む。Gタンパク質共役受容体を介して細胞にシグナルを伝達し，炎症などの生理現象を調節している。

エクスポーチン(exportin)
物質の核外輸送を担うタンパク質。

エピトープタグ(epitope tag)
タンパク質に融合させ，それを抗体が認識することにより，タンパク質自体も特異的に検出できるようにした短いペプチド。

エフェクターカスパーゼ(effector caspase)
上流のイニシエーターカスパーゼによって切断されて活性化されるカスパーゼ。細胞中のタンパク質を分解することにより，アポトーシスを引き起こす。執行カスパーゼとも呼ばれる。

炎症(inflammation)
感染，アレルギー源，外傷などへの生理的応答で，局所的な腫脹，発赤，疼痛などを含む。

エンタルピー(enthalpy：H)
仕事量と等価なエネルギーの形態で，定圧下では熱として放出されたり吸収されたりする。

エンドサイトーシス(endocytosis)
細胞膜の一部が陥入し，それがちぎれてサイトゾルに小胞(エンドソーム)を形成する過程。

エンドソーム(endosome)
エンドサイトーシスによって生じるサイトゾルに存在する小胞。

エントロピー(entropy：S)
分子あるいは系全体の秩序あるいは無秩序の指標。

応答調節因子(response regulator)
細菌および下等真核生物の二成分調節系における第二の(エフェクター)成分。外界からの刺激に応答してヒスチジンキナーゼが活性化すると，リン酸基が応答調節因子のアスパラギン酸の側鎖のカルボキシ基に転移し，立体構造の変化を引き起こす。多くの応答調節因子は，転写を調節するDNA結合タンパク質である。

オーファン受容体(orphan receptor)
生理的リガンドが同定されていない受容体。

オプトジェネティクス的手法(optogenetic method)
もともと植物や原生動物でみつかった，特定の波長の光を照射すると立体構造の変化が起こり，機能変換が誘導される光感受性のタンパク質やドメインを利用した研究法。光刺激により，シグナル伝達分子の局所的かつ特異的な制御を可能にすることを目的としている。

● か行

外因性アポトーシス経路(extrinsic apoptotic pathway)
細胞表面のデス受容体に細胞外リガンドが結合して誘導される細胞死。

解離定数(dissociation constant：K_d)
平衡時における遊離状態の分子の濃度と複合体の濃度から計算される結合アフィニティーを定量的に表す値。解離定数の値が小さいほど，相互作用のアフィニティーが高い。

核外輸送シグナル(nuclear export signal：NES)
エクスポーチンに結合して核外への移行を誘導する短いアミノ酸配列からなるモチーフ。

核局在化シグナル(nuclear localization signal：NLS)
インポーチンに結合して核内への移行を誘導する短いアミノ酸配列からなるモチーフ。

核磁気共鳴(NMR)法(nuclear magnetic resonance spectroscopy)
磁場におかれた原子核の磁気双極子モーメントの向きの反転によって生じる特定の周波数の電磁波の共鳴吸収にもとづく，タンパク質の構造や立体構造の決定法。

核内受容体(nuclear receptor)
核内に存在し，シグナル伝達分子に結合して細胞応答を引き起こすセンサーとして機能する分子。

核内受容体スーパーファミリー(nuclear receptor superfamily)
ステロイドホルモンなどの疎水性のシグナル伝達分子に対する細胞

内受容体。リガンドと受容体の複合体は転写因子として機能する。

核膜孔複合体(nuclear pore complex)
巨大分子の核膜孔を経由した核の内外への輸送を制御する巨大なタンパク質複合体。

カスケード(cascade)
複数の酵素が連続的に並んで，1つの酵素からの出力シグナルにより，つぎの酵素の活性が直接あるいは間接に調節されるようなシグナル伝達経路。

カスパーゼ(caspase)
アポトーシスの際に特異的に活性化される一群のシステインプロテアーゼで，標的タンパク質のアスパラギン酸残基のC末端側のペプチド結合を特異的に切断する。

活性化ループ(activation loop)
プロテインキナーゼの触媒ドメインに存在する，活性型と不活性型で立体構造が大きく変化する重要な調節領域。典型的には活性化ループのリン酸化により，プロテインキナーゼの活性型立体構造が形成される。

カベオラ(caveola)
コレステロールやカベオリンと呼ばれるタンパク質に富む，細胞膜上にみられる小さなカップ状のパッチ。

可溶性グアニル酸シクラーゼ(soluble guanylyl cyclase：sGC)
GTPをサイクリックGMP(cGMP)とピロリン酸に変換する酵素で，一酸化窒素シグナル伝達系の主要な細胞内エフェクターである。

カリオフェリン(karyopherin)
核と細胞質間の物質輸送を担う一群の輸送タンパク質で，輸送する物質との結合はGタンパク質の一種Ranにより制御されている。

カルモジュリン(calmodulin：CaM)
プロテインキナーゼやプロテインホスファターゼなどの細胞内シグナル伝達酵素に結合して，カルシウムイオン応答性を付与する低分子量のカルシウム結合タンパク質。

がん遺伝子(oncogene)
変異が生じたり，発現制御に異常が生じたときに，がんに特徴的である異常な細胞増殖を引き起こす遺伝子。変異(点変異や欠失)あるいは発現レベルの上昇により活性化される。がん遺伝子は優性に働く(細胞内に正常な遺伝子が存在していてもがん遺伝子としての作用を及ぼす)。

環状ヌクレオチド(cyclic nucleotide)
ATPまたはGTPから，シクラーゼと呼ばれる酵素によって合成される低分子量のシグナルメディエーター。

がん抑制遺伝子(tumor suppressor gene)
細胞増殖や生存を誘導するシグナル伝達系に拮抗して，がんの形成を抑制する産物をコードする遺伝子。

基質特異性(substrate specificity)
酵素がある基質に対して示す，他の基質と比較した選択性。2種類の基質に対する特異性は，k_{cat}/K_m値により定量的に比較することができる。

基底状態エネルギー(ground-state energy)
分子や反応系の最も低いエネルギー状態。

キネトコア(kinetochore)
有糸分裂期の染色体上に形成されるタンパク質複合体で，紡錘体の微小管が染色体に結合する部位となる。

協同性(cooperativity)
1つのリガンドの結合により，他の(場合によっては複数の)リガンドの結合アフィニティーが変化すること。熱力学的には，2つのリガンドが同時に結合したときの自由エネルギー変化が，それぞれのリガンドが単独で結合したときの自由エネルギー変化の和と異なることを意味する。

共免疫沈降法(co-immunoprecipitation：co-IP)
タンパク質の1つに特異的な抗体を用い(通常はビーズに結合させたものを使う)，細胞抽出液からタンパク質およびその結合パートナーを単離する方法。

局所濃度(local concentration)
特定の部位，例えば第二の構成成分と隣接した部位における，ある構成成分の有効濃度。

極性(polarity)
細胞の機能的あるいは構造的な非対称性。

グアニンヌクレオチド解離抑制因子(guanine nucleotide dissociation inhibitor：GDI)
Gタンパク質に結合して，その脂質修飾を覆い隠すことで，Gタンパク質をサイトゾルに隔離するタンパク質。Gタンパク質をGDP結合型(不活性型)に固定し，膜への局在を阻害する。

グアニンヌクレオチド交換因子(guanine nucleotide exchange factor：GEF)
Gタンパク質と相互作用して，Gタンパク質に結合しているGDPのGTPへの交換を促進するタンパク質。Gタンパク質の活性化を引き起こす。

組合わせ的複雑さ(combinatorial complexity)
多数の独立したタンパク質修飾がある場合，その組合わせによりタンパク質のとりうる活性状態の数が著しく増加する現象。これにより，ゲノムにコードされうる情報が飛躍的に増える。

クラスリン(clathrin)
クラスリン仲介エンドサイトーシスの過程で形成される小胞を取り囲むように自己集合して，中空球状の網構造を形成する構造タンパク質。

グリコシル化(glycosylation)
タンパク質への糖鎖の結合。細胞表面タンパク質や分泌タンパク質の場合，小胞体やゴルジ体において複雑な構造の糖鎖が結合するが，その結合様式は，セリンあるいはトレオニンのヒドロキシ基への結合(O-グリコシル化)と，アスパラギンのアミノ基への結合(N-グリコシル化)とに分類される。サイトゾルのタンパク質には，単一のN-アセチルグルコサミンが結合することもある。

グリコシルホスファチジルイノシトール(GPI)アンカー(glycosylphosphatidylinositol anchor)
脂質と糖鎖からなる複雑な構造をとり，特定のタンパク質に可逆的に結合して，それらを細胞膜に結合させている．

グリセロリン脂質(glycerophospholipid)
グリセロールのヒドロキシ基のうち，2つには脂肪酸の炭素鎖が，1つにはリン酸基が結合しているリン脂質．

クロマチン免疫沈降(chromatin immunoprecipitation：ChIP)法
特異的な修飾ヒストンあるいはその他のクロマチン構成タンパク質に対する抗体を用いて，結合しているDNAやタンパク質を精製する研究法．共沈降してきたDNAを解析することにより，どの遺伝子やどの配列が特定のクロマチンの修飾を受けたり特定のタンパク質と結合したりするのかが明らかになる．

クロモドメイン(chromodomain)
メチルリシンを含むペプチドを認識するモジュラータンパク質ドメイン．

蛍光共鳴エネルギー転移(fluorescence resonance energy transfer：FRET)
ある蛍光分子から他の蛍光分子への無放射性のエネルギー転移を利用して，2つの蛍光分子間の距離を測定する実験法．

蛍光抗体法(immunofluorescence technique)
蛍光標識した抗体を利用して，固定した細胞や組織中での抗原タンパク質の局在を決める方法．

経路(pathway)
シグナル伝達系の構成因子間の相互作用の線状の経路．上流因子の出力が下流因子の入力となる．

血管新生(angiogenesis)
新しい血管の形成．

結合(binding)
2つの化合物の比較的安定な会合．

結合等温線(binding isotherm)
定温条件下での結合反応において，一方の化合物の濃度に対して，他方の化合物の結合割合(占有率)をプロットした曲線．

ゲート型チャネル(gated channel)
リガンドの結合や膜電位の変化などの刺激に応答して，開閉が調節されるイオンチャネル．

ゲル電気泳動(gel electrophoresis)
多孔性のゲルに電流を流し，そこでの移動度の違いによって高分子を分離する技術．多くの実験条件下においては，小さい分子は大きい分子よりも移動度が大きい．

抗原(antigen)
リンパ球の多種多様な抗原受容体によって認識される分子あるいは分子の一部．

抗原提示細胞(antigen-presenting cell：APC)
主要組織適合抗原(MHC)と複合体を形成している外来抗原を細胞表面に発現させ，T細胞に提示する細胞．

合成生物学(synthetic biology)
天然の生体構成成分を用いて，新規の機能をもつ系を人工的に構築すること．

酵素(enzyme)
反応物と生成物の間の熱力学的平衡を変えることなく，化学反応速度を著しく上昇させるタンパク質(あるいはその他の生体高分子)．

酵母ツーハイブリッド(Y2H)法(yeast two-hybrid assay)
タンパク質あるいはその断片と相互作用するタンパク質をみつける分子遺伝学的手法．

コヒーレントなフィードフォワード(coherent feedforward)
2つの同一の作用をする経路からなるフィードフォワードループ．

コレステロール(cholesterol)
脊椎動物の膜の構成成分で，疎水性が高く，強固な多環構造をもつ．膜を構成する他の脂質の脂肪酸炭素鎖と相互作用し，膜の流動性と側方拡散に大きく影響する．

● さ行

サイクリックAMP(cyclic AMP：cAMP)
ATPから合成され，シグナルメディエーターとして機能する環状ヌクレオチド．

サイクリックGMP(cyclic GMP：cGMP)
GTPから合成される環状ヌクレオチドで，シグナルメディエーターとして機能する．

サイクリン(cyclin)
サイクリン依存性キナーゼ(CDK)の調節サブユニット．複合体を形成している触媒サブユニットの活性化に必要であるとともに，基質特異性の決定にも関与している．CDKの活性化に必須であるため，転写や分解を通した調節によりサイクリンの量を変化させることで，細胞周期におけるCDKの活性が制御されている．

サイクリン依存性キナーゼ(cyclin-dependent kinase：CDK)
セリン/トレオニンキナーゼの一種で，活性化には調節サブユニットであるサイクリンの結合が必要である．特異的な基質タンパク質をリン酸化することにより，細胞周期の進行を制御している．

サイトカイン(cytokine)
免疫応答を制御するポリペプチド性の細胞外シグナル伝達分子．局所的に作用することが多いが，全身に作用する場合もある．

サイトゾル(cytosol)
真核細胞の細胞膜に囲まれた成分のうち，核を除いた部分．

細胞外マトリックス(extracellular matrix：ECM)
組織中の細胞の間に形成されるタンパク質と糖質からなる網目状構造で，フィブロネクチン，コラーゲン，ビトロネクチンなどを含む．

細胞質分裂(cytokinesis)
真核細胞の細胞質の2つの娘細胞への分裂。

細胞周期(cell cycle)
ゲノムDNAの複製，細胞増殖，細胞分裂などにおける周期的に起こる生体反応。

細胞溶解液(cell lysate)
界面活性剤を含む緩衝液に細胞を溶かして調製する抽出液。

三次構造(tertiary structure)
タンパク質やRNAなどの多量体鎖の三次元的な折りたたみ構造。

ジアシルグリセロール(diacylglycerol：DAG)
グリセロール骨格に2つの脂肪酸炭素鎖が結合した，膜に存在する脂質。ホスホリパーゼCがPIP_2などのリン脂質からリン酸化された頭部を切断して生じる。

シグナル増幅(signal amplification)
単一の活性化された酵素が多数のシグナル伝達分子を産生することで系の出力を増幅するという，シグナル伝達系の性質。

シグナル統合(signal integration)
多数の入力シグナルが単一の出力に統合されること。

脂質二重層(lipid bilayer)
極性をもつ脂質が，疎水性の炭素鎖を内側に，親水性の頭部を水と接する表面に配向して形成される二重のシート状の膜。

脂質ラフト(lipid raft)
スフィンゴミエリンとコレステロールに富む局所的な膜の脂質ドメインで，脂質は非常に規則正しく配列されているが，側方の流動性も高い。

執行カスパーゼ(executioner caspase)→エフェクターカスパーゼを参照

質量分析法(mass spectrometry：MS)
ペプチドなどの分子を質量と電荷の比にもとづいて分離する解析法で，非常に正確な分子質量が測定できる。

シナプス後膜肥厚(postsynaptic density：PSD)
神経接合部の後シナプス側に存在する特殊な構造で，神経伝達物質受容体やその他のシグナル伝達タンパク質が局在している。

姉妹染色分体(sister chromatids)
S期におけるDNA複製の結果生じた同一の染色体の組。有糸分裂により，各姉妹染色分体は娘細胞に分配される。

ジャクスタクリンシグナル伝達(juxtacrine signaling)
隣接する2細胞間あるいは細胞と細胞外マトリックス間の接触を介するシグナル伝達。

自由エネルギー(free energy)
反応を進行させるために反応系から引き出すことのできるエネルギー。

自由エネルギー障壁(free-energy barrier)
反応開始状態(基底状態)の反応物の自由エネルギーレベルと，反応が完結するために通過しなくてはならない高エネルギー遷移状態の自由エネルギーレベルとの差。反応全体としては自由エネルギーが低下する(ΔGが負になる)起こりやすい反応であったとしても，自由エネルギー障壁が高いほど反応速度は遅くなる。

出力応答(output response)
細胞の入力シグナルへの応答。

受容体(receptor)
特異的なシグナル伝達分子(リガンド)に結合すると，活性が変化し，シグナルを伝達するタンパク質。

受容体型チロシンキナーゼ(receptor tyrosine kinase：RTK)
細胞内領域にチロシンキナーゼドメインをもつ，1回膜貫通型受容体。

順応/適応(adaptation)
シグナルの入力に対して，初期の著しい出力の後に，入力が持続しているにもかかわらず，出力が入力のないときのレベルに戻ってしまうというシグナル伝達系にみられる現象。

状態機械(state machine)
多数の非連続的な状態をとり，特異的な入力に応答してその状態が変化しうる装置。

触媒ドメイン(catalytic domain)
特異的な化学反応の促進に関与する酵素中の部分。

触媒反応速度定数(catalytic rate constant：k_{cat})
基質が飽和した条件下での，酵素の触媒反応の速度定数。

振動(oscillation)
出力レベルが，高い活性と低い活性の間を周期的に変動すること。

スイッチⅠ領域，スイッチⅡ領域(switch I, switch II region)
GTPのγ位リン酸基の有無によって立体構造が変化するGタンパク質の領域。

スイッチ的応答(switch-like response)
刺激がある閾値に達するまでは応答せず，閾値を超えると出力が最大値に達する系で，非直線型(全か無か)の応答をする。閾値的応答。

スキャッチャード解析(Scatchard analysis)
標識した可溶性の分子と固定した結合分子との結合を定量する方法。結合に関するデータは，直線となるようにプロットされ，その傾きから解離定数K_dの値が求められる。このグラフをスキャッチャードプロットという。

ストイキオメトリー(stoichiometry)
分子あるいはその複合体中の，各構成因子の相対量。例えば，多数の分子からなる複合体中の各サブユニットの数。化学量論。

スフィンゴミエリン(sphingomyelin)
セラミドにコリンリン酸が親水性頭部基として結合している，膜に豊富に存在するスフィンゴ脂質。細胞膜の外側の層の主要な成分で

あり，代謝されて種々の生理活性物質を生成する．

正のフィードバック(positive feedback)
シグナル伝達系のあるノードから，もとのノードに戻って正に制御するシグナルを伝達する経路．

セカンドメッセンジャー(second messenger)→低分子シグナルメディエーターを参照

セリン/トレオニンキナーゼ(serine/threonine kinase)
基質のセリン残基あるいはトレオニン残基をリン酸化するプロテインキナーゼ．

セリン/トレオニンホスファターゼ(serine/threonine phosphatase)
基質のホスホセリン残基あるいはホスホトレオニン残基を脱リン酸化するプロテインホスファターゼ．

ゼロ次の超感受性(zero-order ultrasensitivity)
正方向の反応を触媒する修飾酵素の量や活性が上昇したとき，修飾される標的タンパク質の量の顕著な増加が誘導されること．正方向の反応を触媒する酵素も，逆方向の反応を触媒する酵素も過剰な基質で飽和しているときに起こる．

遷移状態(transition state)
化学反応過程において最大の自由エネルギーをもつ分子種．

双安定(bistable)
シグナルの出力という点で，安定な中間状態がなく，2つの異なる状態のどちらかで存在するというシグナル伝達システムの性質．

走化性(chemotaxis)
化学物質の濃度勾配に沿った方向，あるいは逆らった方向への細胞の運動．

相互作用ドメイン(interaction domain)
他の分子との相互作用を担うタンパク質中の領域．

相互的な自己リン酸化(transphosphorylation)
二量体あるいは多数のタンパク質からなる複合体中でのキナーゼ分子どうしのリン酸化．

増殖因子(growth factor)
細胞の増殖や肥大化の誘導因子(マイトジェンを含む広い意味で用いられることもある)．

増幅(amplification)→シグナル増幅を参照

● た行

脱感作(desensitization)
受容体が持続的に活性化されると，入力シグナルへの応答性が低下する現象．

多胞体(multivesicular body)
受容体-リガンド複合体が運ばれ，リソソームに運ばれるか細胞膜にリサイクルされるかを選別する細胞小器官．

タンパク質アルギニンメチルトランスフェラーゼ(protein arginine methyltransferase：PRMT)
S-アデノシルメチオニンのメチル基をタンパク質のアルギニン残基に転移させる酵素．

タンパク質断片相補性アッセイ(protein-fragment complementation assay：PCA)
2つのタンパク質が結合したときに，それぞれに融合された断片がレポータータンパク質(緑色蛍光タンパク質など)としての機能を回復する仕組みを利用して，生細胞内でのタンパク質間相互作用を解析する研究手法．

タンパク質分解(proteolysis)
タンパク質中でアミノ酸残基をつないでいるペプチド結合の切断．

タンパク質輸送(protein trafficking)
細胞内の特定の領域から別の領域へのタンパク質の輸送で，一般的には小胞輸送による．

チモーゲン(zymogen)
酵素(通常はプロテアーゼ)の不活性型の前駆体．活性化されるためには切断を受ける必要がある．

超感受性(ultrasensitivity)
入力の比較的小さな変化に対して，比例関係に比べてはるかに大きな出力の変化を誘導すること．

直線的応答(linear response)
応答が入力に比例しているシステム．連続的応答とも呼ばれる．

チロシンキナーゼ(tyrosine kinase)
基質のチロシン残基をリン酸化するプロテインキナーゼ．

チロシンホスファターゼ(tyrosine phosphatase)
基質のホスホチロシン残基を脱リン酸化するプロテインホスファターゼ．

ディストリビューティブなリン酸化(distributive phosphorylation)
同一のキナーゼによる，タンパク質中の多数のリン酸化部位の独立なリン酸化．それぞれのリン酸化は，別々の酵素基質間結合の結果起こる．

低分子シグナルメディエーター(small signaling mediator)
細胞内でのシグナル伝達を担う拡散しやすい低分子量の分子．

低分子量Gタンパク質(small G protein)
Gドメインのみからなり，他のドメインやサブユニットをもたない多種多様なGタンパク質のファミリー．もう1つのGタンパク質の主要なファミリーであるヘテロ三量体Gタンパク質とは異なる．

適応/順応(adaptation)
シグナルの入力に対して，初期の著しい出力の後に，入力が持続しているにもかかわらず，出力が入力のないときのレベルに戻ってしまうというシグナル伝達系にみられる現象．

適応免疫応答(adaptive immune response)
免疫記憶を形成するような特異的抗原に対する免疫系の応答．

デスエフェクタードメイン(death effector domain：DED)
アダプタータンパク質であるFADDとイニシエーターカスパーゼとの結合にみられるような，同種のドメインどうしの相互作用を担うモジュラードメイン。

デス受容体(death receptor)
リガンドが結合したときアポトーシスを誘導するような膜貫通型受容体ファミリー。

デスドメイン(death domain：DD)
デス受容体とその下流のエフェクターとの結合にみられるような，同種のドメインどうしの相互作用を担うモジュラードメイン。

デユビキチナーゼ(deubiquitinase：DUB)
ユビキチンのC末端とリシンの側鎖のアミノ基との間のイソペプチド結合を切断し，タンパク質からユビキチンを遊離させる特殊なプロテアーゼ。

電位依存性イオンチャネル(voltage-gated ion channel)
膜電位の変化に応答してイオンを透過させる膜貫通型イオンチャネル。

電子顕微鏡法(electron microscopy)
電子ビームで画像を作出する顕微鏡を用いた研究法。

転写因子(transcription factor)
遺伝子のプロモーター近傍に結合し，転写を調節するタンパク質あるいはその複合体。

等温滴定型カロリメトリー(isothermal titration calorimetry：ITC)
高感度のカロリメーター(熱量計)を用いた解析法で，2つの分子の結合の熱力学的パラメータを測定できる。

特異性(specificity)
他の結合分子に対して，単一のあるいは一群の結合分子が選択的に結合する程度。

特異性定数(specificity constant)
特定の基質に対する酵素反応の効率の指標の1つで，k_{cat}/K_mと定義される。

ドッキング部位(docking site)
触媒部位を含む間隙とは別に存在する，基質とプロテインキナーゼとの結合部位で，基質特異性の決定に関与している。

ドメイン(domain)
タンパク質のコンパクトな構造ユニットで，溶液中では通常，独立な領域として安定した折りたたみ構造をとる。

● な行

内因性アポトーシス経路(intrinsic apoptotic pathway)
ストレス応答などにより細胞内に生じたシグナルによって引き起こされるアポトーシス経路。ミトコンドリア外膜の透過性の上昇，シトクロムcなどの因子の放出，アポトソームの形成などの過程を含む。

内分泌(endocrine)
ホルモンあるいはそれらを分泌する組織や分泌腺に関する生理現象。

二次構造(secondary structure)
タンパク質中によくみいだされる局所的な立体構造単位で，αヘリックスとβストランドがある。

二成分調節系(two-component regulatory system)
原核生物や酵母などの下等真核生物に共通してみられるシグナル伝達系。受容体に結合するヒスチジンキナーゼと応答調節因子から構成されている。受容体によってヒスチジンキナーゼが活性化されると，ヒスチジン残基が自己リン酸化される。このリン酸基は，応答調節因子のアスパラギン酸残基に転移され，立体構造の変化を経てシグナルが伝達される。

入力刺激(input stimulus)
細胞応答を引き起こす物質または状態変化。

ヌクレオソーム(nucleosome)
クロマチンの基本構造で，8分子のヒストンタンパク質がディスク状の複合体を形成し，それに147塩基対のDNAが巻きついている。通常，ヒストンH2A，ヒストンH2B，ヒストンH3，ヒストンH4が各2分子含まれている。

ネットワーク(network)
相互に調節し合う多数のシグナル伝達分子がつながったシステム。

ネットワーク構造(network architecture)
分子ノード間のシグナル伝達を表す線と，それぞれのシグナル伝達による制御の正負を示す記号によって表現される，シグナル伝達ネットワークの全体像。

ノード(node)
シグナル伝達系あるいはシグナル伝達ネットワーク中の個々の構成因子。

● は行

バイオセンサー(biosensor)
細胞の生理学的状態の特異的な変化をモニタリングするために用いられる，蛍光標識した低分子化合物やタンパク質などの分子装置。

パラクリンシグナル伝達(paracrine signaling)
近傍あるいは隣接した細胞への局所的なシグナル伝達。

S-パルミトイル化(S-palmitoylation)
標的タンパク質のシステイン残基への，パルミトイル基(炭素数16の直鎖飽和脂肪酸基)の転移。他の脂質修飾とは異なり，付加や切断が起こりやすい比較的動的な性質をもつ。

半減期(half-life)
分子間相互作用において，複合体の半分が解離するのに必要な時間(あるいは，各複合体が解離している確率が50％となる時間)。

光受容細胞(photoreceptor cell)
光に応答する細胞。

ヒスチジンキナーゼ(histidine kinase)
ATPの末端のリン酸基を自身のヒスチジン残基にホスホアミド結合により結合させるプロテインキナーゼで，最初に原核生物でみつかった。二成分調節系において，このリン酸基は，応答調節因子のアスパラギン酸の側鎖のカルボキシ基に速やかに転移する。

ヒステリシス(hysteresis)
弱い入力から強い入力へと変化する場合と，強い入力から弱い入力へと変化する場合とで，出力の2つの状態が切り替わる入力の強さが異なる現象。

ヒストン(histone)
ヌクレオソームの主要な構成タンパク質で，ゲノムDNAをクロマチンにおさめる役割を果たす。ヒストンの修飾は，クロマチンの構造を制御する主要な手段であり，クロマチンの構造変換によりゲノムの遺伝子発現が調節される。

ヒストンアセチルトランスフェラーゼ(histone acetyltransferase：HAT)
ヒストン(あるいはその他のタンパク質の)リシン残基のN-アセチル化を触媒する酵素。

ヒストンデアセチラーゼ(histone deacetylase：HDAC)
ヒストン(あるいはその他のタンパク質の)N-アセチルリシン残基のN-アセチル基の除去を触媒する酵素。

標準自由エネルギー変化(standard free energy change：$\Delta G°$)
濃度，温度，圧力が標準状態の場合の化合物生成に伴う自由エネルギー変化。

表面プラズモン共鳴(surface plasmon resonance：SPR)
結合のパラメータを定量的に解析する手法。表面に固定した巨大分子に対する他の巨大分子の結合と解離の程度と速度を経時的にモニタリングする装置を用いる。

フィードバック(feedback)
シグナル伝達経路のあるノードからの出力が，上流のノードにつながる経路に伝達され，シグナルを出力した分子を制御すること。

フィードフォワード(feedforward)
上流のシグナルノードからの複数の経路が下流で合流すること。

フォーカルアドヒージョン(focal adhesion)
細胞とマトリックスの接着部位を細胞内のFアクチン線維(ストレスファイバー)につなげる非常に複雑な細胞構造。

フォーカルアドヒージョンキナーゼ(focal adhesion kinase：FAK)
インテグリンの会合によって活性化される非受容体型チロシンキナーゼ。フォーカルアドヒージョンの形成や消滅に重要な役割を果たしている。

負のフィードバック(negative feedback)
シグナル伝達系のあるノードから，もとのノードに戻って負に制御するシグナルを伝達する経路。

部分占有率(fractional occupancy)
A＋B→ABという反応において，A全体のうち，Bと複合体を形成しているものの割合。

プライミング(priming)
基質が1つのキナーゼによりリン酸化されることにより，別のキナーゼによる第二のリン酸化のよりよい基質となること。

プルダウンアッセイ(pull-down assay)
タンパク質あるいはその断片を大量に調製し，それをビーズに結合させて，細胞抽出液中の結合タンパク質を共沈降させて解析する方法。

プレニル化(prenylation)
タンパク質へのチオエステル結合を介したファルネシル基あるいはゲラニルゲラニル基の不可逆的な結合。

フローサイトメトリー(flow cytometry)
集団中の多数の細胞の蛍光や光学的特性を検出する多検体解析法。

プロセッシブなリン酸化(processive phosphorylation)
1つの酵素が，基質タンパク質に結合したまま複数の部位をリン酸化すること。

プロテアーゼ(protease)
タンパク質のペプチド結合を切断する酵素。

プロテアソーム(proteasome)
細胞質のタンパク質の分解を担う多数のタンパク質からなる巨大複合体。中空の筒状構造をとっており，内部にはプロテアーゼが並び，筒の両端には内部への侵入を制御する蓋のような構造がある。

プロテインキナーゼ(protein kinase)
タンパク質にリン酸基を共有結合で付加する酵素。

プロテインキナーゼA(protein kinase A：PKA)
サイクリックAMP(cAMP)で活性化されるセリン／トレオニンキナーゼ。

プロテインキナーゼC(protein kinase C：PKC)
カルシウムイオンやジアシルグリセロールなどに依存して活性化されるセリン／トレオニンキナーゼのファミリー。

プロテインホスファターゼ(protein phosphatase)
タンパク質に結合したリン酸基を除去する酵素。

ブロモドメイン(bromodomain)
アセチル化されたリシンを含むペプチドモチーフを認識するモジュラータンパク質ドメイン。

プロリン残基のシス-トランス異性化(prolyl cis-trans isomerization)
ポリペプチド鎖の主鎖の周りの回転によって引き起こされるプロリン残基の立体構造の変換。この反応は自発的には非常に遅いが，ペプチジルプロリルイソメラーゼ(PPIアーゼ)の作用により著しく促進される。

プロリンヒドロキシ化(proline hydroxylation)
プロリンの環状構造の4位のヒドロキシ化で，4-ヒドロキシプロリンを生成する。後生動物では，転写因子HIF-1αのプロリンヒドロキ

シ化は，重要な酸素検知機構である。

分子記憶(molecular memory)
一過性の入力から持続的な(あるいはそれに準じた)出力への変換。

分裂後期促進複合体(anaphase-promoting complex：APC)
特定のタンパク質をユビキチン化し，プロテアソームでの分解系に誘導する，多数のサブユニットからなるユビキチンリガーゼ巨大複合体。細胞周期の進行を制御する。

βシート(β sheet)
タンパク質中によくみられる構造単位で，隣接したポリペプチド鎖のペプチド結合を構成する原子間に形成される水素結合により，ポリペプチド鎖が折りたたまれた構造。隣接するポリペプチド鎖は，同方向を向く場合と逆方向を向く場合がある。

ヘッジホッグ(Hh)シグナル伝達経路(hedgehog signaling pathway)
リガンドの結合に応答して，転写活性化因子であるGliのプロセシングを変化させ，発生過程を制御しているシグナル伝達系。

ヘテロ三量体Gタンパク質(heterotrimeric G protein)
3つの異なるサブユニット，すなわちGTPアーゼ活性をもつαサブユニットと，これに結合しているβサブユニットとγサブユニットからなるGタンパク質。αサブユニットに結合しているGDPがGTPに交換されると，ヘテロ三量体がαサブユニットとβγヘテロ二量体とに解離する。また，αサブユニットに結合しているGTPが加水分解されると，3つのサブユニットが再会合する。

ホスファチジルイノシトール(phosphatidylinositol：PI)
膜を構成するリン脂質で，頭部基として六員環であるイノシトールをもつ。

ホスファチジルイノシトール 3-キナーゼ(phosphatidylinositol 3-kinase：PI3K)
PIP_2のイノシトール環の3位をリン酸化し，膜結合型セカンドメッセンジャーであるPIP_3を生成するシグナル伝達酵素。

ホスファチジルイノシトール 3-リン酸(phosphatidylinositol 3-phosphate：PI(3)P)
イノシトール頭部基の3位がリン酸化されたホスファチジルイノシトール。膜を構成するリン脂質の一種。

ホスファチジルイノシトール 4,5-ビスリン酸(phosphatidylinositol 4,5-bisphosphate：PIP_2)
イノシトール頭部基の4位および5位がリン酸化されたホスファチジルイノシトール。膜を構成するリン脂質の一種。

ホスファチジルイノシトール 3,4,5-トリスリン酸(phosphatidylinositol 3,4,5-trisphosphate：PIP_3)
イノシトール頭部基の3位，4位，5位がリン酸化されたホスファチジルイノシトール。膜を構成するリン脂質の一種。

ホスファチジン酸(phosphatidic acid：PA)
頭部がリン酸基のみからなるグリセロリン脂質。他のグリセロリン脂質にホスホリパーゼDが作用するか，ジアシルグリセロールにジアシルグリセロールキナーゼが作用して生成される。

ホスホイノシチド(phosphoinositide)
頭部に六員環であるイノシトールを結合しているリン脂質。六員環の各ヒドロキシ基は，特異的な脂質キナーゼと脂質ホスファターゼの作用により，リン酸化されたり，脱リン酸化されたりする。

ホスホリパーゼA_2(phospholipase A_2：PLA_2)
グリセロリン脂質のグリセロール骨格のsn-2位(中央の炭素)への炭素鎖の結合を切断する酵素で，遊離脂肪酸とリゾリン脂質を生成する。

ホスホリパーゼC(phospholipase C：PLC)
リン脂質のグリセロールとリン酸基との結合を切断する酵素で，ジアシルグリセロールとリン酸基が結合した頭部とを生成する。

ホスホリパーゼD(phospholipase D：PLD)
リン脂質のグリセロールに結合したリン酸基と頭部との結合を切断する酵素で，ホスファチジン酸とリン酸基が結合していない頭部とを生成する。

ポドソーム(podosome)
細胞表面に存在するアクチンに富む突起状の構造で，正常細胞では，細胞の接着や浸潤を制御している(がん細胞にみられる類似の構造は，浸潤突起と呼ばれる)。

ホメオスタシス(homeostasis)
外部環境の変化にかかわらず，安定な内部環境を維持するように，生体系が自発的に対処する能力。

ポリプロリンII型ヘリックス(polyproline type II〔PPII〕helix)
プロリンに富むペプチドが自発的にとる，3アミノ酸残基で1ターンを形成する左巻きらせん構造。

ホルボールエステル(phorbol ester)
ジアシルグリセロールの構造に類似しており，in vivoでプロテインキナーゼCを活性化する有機化合物。

ホルモン(hormone)
標的細胞に存在する特異的受容体への結合を介して，離れた部位に生理的な作用を及ぼす可溶性のシグナル伝達分子。

翻訳後修飾(posttranslational modification)
タンパク質が合成された後に特異的な酵素によって付加や除去が行われる，共有結合を介した修飾。

● ま行

マイクロアレイ(microarray)
多数のタンパク質や核酸が微小なスポットとしてアレイ状に固定されている支持基板に，標識した結合分子や細胞溶解液を反応させて特異的な結合を検出するハイスループット解析法。

マイトジェン(mitogen)
細胞増殖を刺激する細胞外の分子。

埋没表面積(buried surface area)
複合体形成時には複合体中に埋もれてしまうが，単体で存在するときは溶媒に接しているような，巨大分子の他分子との接触面の面積

($Å^2$単位)。

膜貫通型受容体(transmembrane receptor)
細胞外のリガンドに結合する膜貫通タンパク質で，リガンドの結合に伴う立体構造や酵素活性の変化を介して，細胞内にシグナルを伝達する。

膜チャネル(membrane channel)
イオンや親水性分子が膜を通過できるように，タンパク質複合体として脂質膜に形成されている小孔。

ミカエリス定数(Michaelis constant：K_m)
反応速度が最大速度V_{max}の半分になる基質濃度と等しい。多くの酵素の場合，酵素と基質のアフィニティーを示す解離定数K_dは，K_mと等しいか同程度である。

ミカエリス・メンテンの式(Michaelis-Menten equation)
酵素や基質の濃度と酵素反応速度との関係を示した等式。

N-ミリストイル化(N-myristoylation)
タンパク質のN末端のグリシン残基へのアミド結合を介したミリストイル基の不可逆的な付加。

N-メチル化(N-methylation)
タンパク質中のアミノ基へのメチル基の転移。

O-メチル化(O-methylation)
タンパク質中のグルタミン酸などの側鎖の酸素原子へのメチル基の転移。細菌といった原核細胞の走化性などの制御に重要である。

免疫受容体チロシン活性化モチーフ(immunoreceptor tyrosine-based activation motif：ITAM)
9つほどのアミノ酸で隔てられた2つのチロシン残基で，それらがリン酸化されると，ZAP-70ファミリーキナーゼが結合し，活性化される部位となる。

免疫ブロット法(immunoblotting)
試料中の目的のタンパク質を検出および定量するための実験法。タンパク質をゲル電気泳動法で分離した後，膜に転写し，その膜に目的のタンパク質に対する抗体を反応させる(ウェスタンブロット法とも呼ばれる)。

モジュラードメイン(modular domain)
同じ生物の多くの異なるタンパク質にみられるドメインで，特異的な機能や活性をもつ。

モチーフ(motif)
相互作用するドメインによって特異的に認識される保存されたペプチド配列。

● や行

有糸分裂(mitosis)
真核細胞の核が分裂し，それぞれが単一コピーの染色体をもつようになる現象。

ユビキチン(ubiquitin)
76アミノ酸残基からなるタンパク質で，酵素触媒により形成されるイソペプチド結合を介して，そのC末端が標的タンパク質のリシン残基の側鎖に結合する。ユビキチン自体のリシン側鎖やN末端にさらにユビキチンが結合して，長いユビキチン鎖が形成される(ポリユビキチン化)。

ユビキチン結合ドメイン(ubiquitin-binding domain：UBD)
ユビキチンに特異的に結合する小さなドメインやモチーフで，構造的には異なるいくつかの種類がある。いずれもユビキチンのIle44を中心とした疎水性のパッチを認識する。

四次構造(quaternary structure)
タンパク質複合体中での複数のサブユニットの立体的配置。

● ら行

リガンド(ligand)
巨大分子を認識して結合する小分子あるいは巨大分子。

リガンド依存性イオンチャネル(ligand-gated ion channel)
特異的なリガンドの結合によって開閉が制御されているイオンチャネル。

リシンアセチルトランスフェラーゼ(lysine acetyltransferase：KAT)
→ヒストンアセチルトランスフェラーゼを参照

リシンデアセチラーゼ(lysine deacetylase：KDAC)→ヒストンデアセチラーゼを参照

リシンデメチラーゼ(lysine demethylase：KDM)
タンパク質中のメチル化リシン残基のメチル基を除去する酵素。

リシンメチルトランスフェラーゼ(lysine methyltransferase：KMT)
タンパク質中のリシン残基のアミノ基にS-アデノシルメチオニンのメチル基を転移させる酵素。

リソソーム(lysosome)
小胞状の細胞小器官で，プロテアーゼやリパーゼなどの酵素により，エンドサイトーシスで取り込まれたタンパク質や脂質を分解する。

リゾリン脂質(lysophospholipid)
2つの脂肪酸鎖のうち一方が切断されたグリセロリン脂質。

立体構造(conformation)
分子の三次元構造。

両親媒性(amphipathicity)
疎水性の部分と親水性の部分を両方もつ性質。

緑色蛍光タンパク質(green fluorescent protein：GFP)
クラゲから最初に単離された蛍光タンパク質。対象とするタンパク質に融合させて蛍光顕微鏡で細胞内での挙動を観察する目的で広く使われている。

リンク(link)
シグナル伝達ネットワークの構成因子(ノード)間の調節関係。上流

の因子が下流の因子の活性化を引き起こす場合は正のリンク，抑制を引き起こす場合は負のリンクという．

リン酸化(phosphorylation)
ATPの末端のリン酸基の，タンパク質やその他の分子への転移．

連続的応答(graded response)→**直線的応答**を参照

ロバストネス(robustness)
生体系や生体ネットワークが，外部環境が大きく変化してもその影響を受けずに機能を維持することができ，多少の変動があってもそれに左右されない性質．

論理ゲート(logic gate)
2つの入力の組合わせに応答して出力を決定する装置．

索 引

欧文索引

● 数字

14-3-3 タンパク質（14-3-3 protein） 103, 124

● ギリシャ文字

α ヘリックス（α helix） 370
β シート（β sheet） 370

● A

acetylation, N-— 91
acetyltransferase
　　histone —（HAT） 91
　　lysine —（KAT） 91
activation loop 55, 188
acylation, S-— 128
adaptation 6, 311, 312
adaptor 9
　　— protein 277
affinity 22, 25
agonist 186
AKAP（type-A kinase anchoring protein） 148, 155
Akt 130
allosteric change 23, 45
allosteric switch 295
　　— protein 280
amphipathicity 162
anaphase 343
anaphase-promoting complex（APC） 238, 317, 347
angiogenesis 214
ankyrin repeat 241
antagonist 186
antigen 31
APC（anaphase-promoting complex） 238, 317, 347
apoptosis 98, 165, 243
apoptosome 246, 251
apoptotic pathway
　　extrinsic — 244, 247
　　intrinsic — 244, 249
avidity 30, 125
A 型キナーゼアンカータンパク質（AKAP） 148, 155

● B

Bcl-2 ファミリー（Bcl-2 family） 250
binding 21
binding isotherm 26
biosensor 152, 374, 379, 390
bistable 317
bromodomain 268
buried surface area 23
B 細胞 352

● C

Ca^{2+}/calmodulin-dependent protein kinase（CaM-K） 153
CAAX ボックス（CAAX box） 128
calmodulin（CaM） 153
CaM-K（Ca^{2+}/calmodulin-dependent protein kinase） 153
cAMP（cyclic AMP） 144
cascade 79
caspase 243, 244
　　effector — 245
　　initiator — 206, 245
catalytic domain 255
catalytic rate constant（k_{cat}） 46
caveola 132
Ca^{2+}/カルモジュリン依存性プロテインキナーゼ（CaM-K） 153
CDK（cyclin-dependent kinase） 55, 97, 237, 344
cDNA expression library 376
cDNA sequencing analysis 383
cDNA 配列解析 383
cDNA 発現ライブラリー 376
cell cycle 237
cell lysate 375
cGMP（cyclic GMP） 144
chemotaxis 91, 105, 314
ChIP 法（chromatin immunoprecipitation） 384
cholesterol 163
chromatin immunoprecipitation（ChIP 法） 384
chromodomain 268
clathrin 132
CNG チャネル（cyclic-nucleotide-gated channel） 328
coherent feedforward 171, 176, 304
co-immunoprecipitation（co-IP） 375
combinatorial complexity 96
conformation 13, 22, 45, 369
cooperative 306

cooperativity 36
cyclic AMP（cAMP） 144
cyclic GMP（cGMP） 144
cyclic nucleotide 144
cyclic-nucleotide-gated（CNG） channel 328
cyclin 55, 237
cyclin-dependent kinase（CDK） 55, 97, 237
cytokine 184
cytosol 4

● D

DAG（diacylglycerol） 148
DD（death domain） 201, 206, 247
deacetylase
　　histone —（HDAC） 91
　　lysine —（KDAC） 91
death domain（DD） 201, 206, 247
death effector domain（DED） 206, 247
death receptor 206, 247
death-inducing signaling complex（DISC） 246, 247
DED（death effector domain） 206, 247
demethylase, lysine —（KDM） 91
desensitization 217
deubiquitinase（DUB） 99, 108
diacylglycerol（DAG） 148
digital response 305
DISC（death-inducing signaling complex） 246, 247
dissociation constant（K_d） 26, 366
distributive phosphorylation 104, 307
DNA 損傷チェックポイント 348
docking site 59
domain 24, 255
DUB（deubiquitinase） 99, 108

● E

E1 ユビキチン活性化酵素（E1 ubiquitin activating enzyme） 108
E2 ユビキチン結合酵素（E2 ubiquitin conjugating enzyme） 108
E3 ユビキチンリガーゼ（E3 ubiquitin ligase） 108
ECM（extracellular matrix） 4, 184
EF hand 153
effector caspase 245
EF ハンド 153
eicosanoid 149, 168
electron microscopy 373

endocrine 184
endocytosis 94, 110, 132
endosomal sorting complex required for transport (ESCRT) complex 110, 220
endosome 132
enthalpy 28, 367
entropy 28, 367
enzyme 12, 44
epitope tag 375
ESCRT (endosomal sorting complex required for transport) 複合体 (ESCRT complex) 110, 220
exportin 122
extracellular matrix (ECM) 4, 184
extrinsic apoptotic pathway 244, 247

● F

FAK (focal adhesion kinase) 199
feedback 4, 304
 negative —— 100, 312
 positive —— 171, 309
feedforward 304
 coherent —— 171, 176, 304
 incoherent —— 304
flow cytometry 383, 391
fluorescence resonance energy transfer (FRET) 152, 374, 379
focal adhesion 200
focal adhesion kinase (FAK) 199
fractional occupancy 26, 366
free energy 27
free-energy barrier 46
FRET (fluorescence resonance energy transfer) 152, 374, 379

● G

G domain 70
G protein 8, 67
 heterotrimeric —— 70
 small —— 70
G_1/S 移行期 343
G_1/S 期サイクリン 343
G_1 期 343
G_2/M 移行期 343
G_2 期 343
GAP (GTPase-activator protein) 68, 192
gated channel 185
GDF (GDI displacement factor) 79, 129
GDI (guanine nucleotide dissociation inhibitor) 79
GDI 置換因子 (GDI displacement factor：GDF) 79, 129
GEF (guanine nucleotide exchange factor) 9, 68, 191
gel electrophoresis 375
GFP (green fluorescent protein) 378
glycerophospholipid 162

glycosylation 91
glycosylphosphatidylinositol (GPI) anchor 127
GPCR (G-protein-coupled receptor) 72, 329
GPI (glycosylphosphatidylinositol) アンカー (GPI anchor) 127
G-protein-coupled receptor (GPCR) 72, 329
G-protein-coupled receptor kinase (GRK) 193
graded response 305
green fluorescent protein (GFP) 378
GRK (G-protein-coupled receptor kinase) 193
ground-state energy 45
growth factor 184
GTP アーゼ活性化タンパク質 (GTPase-activator protein：GAP) 68, 192
guanine nucleotide dissociation inhibitor (GDI) 79
guanine nucleotide exchange factor (GEF) 9, 68, 191
guanylyl cyclase, soluble —— (sGC) 213
G タンパク質 8, 67
 低分子量 —— 70
 ヘテロ三量体 —— 70
G タンパク質共役型受容体 (GPCR) 72, 329
G タンパク質共役型受容体キナーゼ (GRK) 193
G ドメイン 70

● H

half-life 29
HAT (histone acetyltransferase) 91
HDAC (histone deacetylase) 91
hedgehog (Hh) signaling pathway 203
heterotrimeric G protein 70
Hh (hedgehog) signaling pathway 203
histidine kinase 104
histone 91, 111
histone acetyltransferase (HAT) 91
histone deacetylase (HDAC) 91
homeostasis 4
hormone 4, 184
hysteresis 320

● I

immune synapse 359
immunoblotting 375
immunofluorescence technique 377
immunoreceptor tyrosine-based activation motif (ITAM) 37, 198, 265, 356
immunoreceptor tyrosine-based inhibitory motif (ITIM) 361
importin 122
incoherent feedforward 304
inflammation 179
initiator caspase 206, 245
inositol 1,4,5-trisphosphate (IP_3) 148
input stimulus 292
integrin 199

interaction domain 255
intrinsic apoptotic pathway 244, 249
ion channel
 ligand-gated —— 151, 211
 voltage-gated —— 152
IP_3 (inositol 1,4,5-trisphosphate) 148
isotherm 305
 binding —— 26
isothermal titration calorimetry (ITC) 367
ITAM (immunoreceptor tyrosine-based activation motif) 37, 198, 265, 356
ITC (isothermal titration calorimetry) 367
ITIM (immunoreceptor tyrosine-based inhibitory motif) 361

● J

JAK-STAT シグナル伝達経路 (JAK-STAT signaling pathway) 124
juxtacrine 232

● K

karyopherin 122
KAT (lysine acetyltransferase) 91
k_{cat} (catalytic rate constant) 46
K_d (dissociation constant) 26, 366
KDAC (lysine deacetylase) 91
KDM (lysine demethylase) 91
K_m (Michaelis constant) 46
KMT (lysine methyltransferase) 91

● L

ligand 21, 183
ligand-gated ion channel 151, 211
linear response 304
link 303
lipid bilayer 162
lipid raft 165
local concentration 14, 31, 119
logic gate 298
lysine acetyltransferase (KAT) 91
lysine deacetylase (KDAC) 91
lysine demethylase (KDM) 91
lysine methyltransferase (KMT) 91
lysophospholipid 168
lysosome 110, 236

● M

major histocompatibility complex (MHC) receptor 352
mammalian target of rapamycin (mTOR) 169, 175
MAP キナーゼ (mitogen-activated protein kinase) 80
 —— カスケード (—— cascade) 8, 22, 80

mass spectrometry (MS) 385
mechanistic target of rapamycin (mTOR) 169, 175
membrane channel 185
metaphase 343
methylation
　　N-—— 91
　　O-—— 91
methyltransferase
　　lysine —— (KMT) 91
　　protein arginine —— (PRMT) 91
MHC (major histocompatibility complex) 受容体 (MHC receptor) 352
Michaelis constant (K_m) 46
Michaelis-Menten equation 367
microarray 377, 383
mitogen 184
mitogen-activated protein kinase (MAP kinase) 80
　　—— cascade 8, 22, 80
mitosis 4
modular domain 255
molecular memory 320
motif 258
MS (mass spectrometry) 385
mTOR (mechanistic/mammalian target of rapamycin) 169, 175
multivesicular body 218
myristoylation, N-—— 127
M期 343
M期サイクリン 343

●N

N-acetylation 91
negative feedback 100, 312
NES (nuclear export signal) 122
network 17
network architecture 171, 303
NF-κB (nuclear factor κB) 111, 241
nitric oxide (NO) 213
NLS (nuclear localization signal) 122
N-methylation 91
NMR (nuclear magnetic resonance) 法 372
N-myristoylation 127
NO (nitric oxide) 213
node 11, 303
Notch 94, 126, 205
nuclear export signal (NES) 122
nuclear factor κB (NF-κB) 111, 241
nuclear localization signal (NLS) 122
nuclear magnetic resonance (NMR) spectroscopy 372
nuclear pore complex 121
nuclear receptor 185
　　—— superfamily 215
nucleosome 91, 111
N-アセチル化 91

N-ミリストイル化 127
N-メチル化 91

●O

O-methylation 91
oncogene 7, 70, 283
optogenetic method 383
orphan receptor 215
oscillation 316
output response 292
O-メチル化 91

●P

p53 98
palmitoylation, S-—— 92
paracrine 213
pathway 17
PCA (protein-fragment complementation assay) 380
PDE (phosphodiesterase) 328
PDGF (platelet-derived growth factor) 334
PDGFR (platelet-derived growth factor receptor) 336
PH domain 128, 274
phorbol ester 150
phosphatidic acid 149, 169
phosphatidylinositol (PI) 148
phosphatidylinositol 3-kinase (PI3K) 130
phosphatidylinositol 3-phosphate (PI(3)P) 133, 172
phosphatidylinositol 3,4,5-trisphosphate (PI(3,4,5)P$_3$) 130
phosphatidylinositol 4,5-bisphosphate (PI(4,5)P$_2$) 129
phosphodiesterase (PDE) 328
phosphoinositide 121, 169
phospholipase A$_2$ (PLA$_2$) 168
phospholipase C (PLC) 133, 169
phospholipase D (PLD) 169
phosphorylation 90
　　distributive —— 104, 307
　　processive —— 104, 307
PHドメイン 128, 274
PI (phosphatidylinositol) 148
PI3K (phosphatidylinositol 3-kinase) 130
PI(3)P (phosphatidylinositol 3-phosphate) 133, 172
PI(3,4,5)P$_3$ (phosphatidylinositol 3,4,5-trisphosphate) 130
PI(4,5)P$_2$ (phosphatidylinositol 4,5-bisphosphate) 129
PKA (protein kinase A) 53, 146
PKC (protein kinase C) 149
PLA$_2$ (phospholipase A$_2$) 168
platelet-derived growth factor (PDGF) 334
platelet-derived growth factor receptor (PDGFR) 336
PLC (phospholipase C) 133, 169
PLD (phospholipase D) 169
podosome 233
polarity 119
polyproline type II (PPII) helix 270
positive feedback 171, 309
postsynaptic density (PSD) 278
posttranslational modification 13, 89
PPII (ポリプロリンII型) ヘリックス (PPII helix) 270
prenylation 128
primary cilium 203
primary structure 369
priming 103
PRMT (protein arginine methyltransferase) 91
processive phosphorylation 104, 307
proline hydroxylation 91
prolyl cis-trans isomerization 92
protease 92, 228
proteasome 99, 236
protein arginine methyltransferase (PRMT) 91
protein kinase 12, 45, 90
　　Ca^{2+}/calmodulin-dependent —— (CaM-K) 153
protein kinase A (PKA) 53, 146
protein kinase C (PKC) 149
protein phosphatase 12, 45, 91
protein trafficking 94
protein-fragment complementation assay (PCA) 380
proteolysis 13, 92, 227
PSD (postsynaptic density) 278
pull-down assay 375

●Q

quaternary structure 369

●R

Ras 70
receptor 183
receptor tyrosine kinase (RTK) 8, 193
regulated intramembrane proteolysis (RIP) 235
regulator of G protein signaling (RGS) protein 78
response regulator 104
response
　　digital —— 305
　　graded —— 305
　　linear —— 304
　　switch-like —— 305
RGS (regulator of G protein signaling) タンパク質 (RGS protein) 78
RIP (regulated intramembrane proteolysis) 235
RNA-seq 383
robustness 317

RTK (receptor tyrosine kinase)　8, 193

● S

S-acylation　128
scaffold protein　22, 81, 194
Scatchard analysis　366
SCF複合体 (SCF complex)　238
Schizosaccharomyces pombe　135
second messenger　14, 139
secondary structure　369
securin　347
separase　347
serine/threonine kinase　50
serine/threonine phosphatase　50
sGC (soluble guanylyl cyclase)　213
SH2 (Src homology 2) ドメイン (SH2 domain)
　　24, 262, 338, 358
SH3 (Src homology 3) ドメイン (SH3 domain)
　　24, 271, 338
signal amplification　45, 311
signal integration　5
signal transducer and activator of transcription (STAT) protein　124, 197
signaling pathway
　　hedgehog (Hh) ——　203
　　JAK-STAT ——　124
　　Wnt ——　201
SMAC (supramolecular activation complex)　359
small G protein　70
small signaling mediator　139
soluble guanylyl cyclase (sGC)　213
S-palmitoylation　92
specificity　4, 22, 25
　　substrate ——　58
specificity constant　369
sphingomyelin　149, 163
SPR (surface plasmon resonance)　366
Src family kinase　14, 56
Src homology 2 (SH2) ドメイン (SH2 domain)
　　24, 262, 338, 358

Src homology 3 (SH3) ドメイン (SH3 domain)
　　24, 271, 338
Src ファミリーキナーゼ　14, 56
standard free energy change　27
STAT (signal transducer and activator of transcription) protein　124, 197
state machine　292
STAT (signal transducer and activator of transcription) タンパク質　124, 197
stoichiometry　38
substrate specificity　58
supramolecular activation complex (SMAC)　359
surface plasmon resonance (SPR)　366
switch I region　69
switch II region　69
switch-like response　305
synthetic biology　284
S-アシル化　128
S期　343
S期サイクリン　343
S-パルミトイル化　92

● T

T cell receptor (TCR)　352
tertiary structure　369
TGFβ (transforming growth factor β)　334
Toll 様受容体 (Toll-like receptor：TLR)　200
transcription factor　112
transforming growth factor β (TGFβ)　334
transition state　45
transmembrane receptor　185
transphosphorylation　188
tumor suppressor　174
　　—— gene　98
two-component regulatory system　104
type-A kinase anchoring protein (AKAP)　148, 155
tyrosine kinase　51
　　receptor —— (RTK)　8, 193
tyrosine phosphatase　51

T細胞　352
　　キラー ——　352
　　ヘルパー ——　352
T細胞受容体 (TCR)　352

● U

UBD (ubiquitin-binding domain)　107
ubiquitin　92
ubiquitin activating enzyme (E1)　108
ubiquitin conjugating enzyme (E2)　108
ubiquitin ligase (E3)　108
ubiquitin-binding domain (UBD)　107
ultrasensitivity　306
　　zero-order ——　307

● V

voltage-gated ion channel　152

● W

west western blotting　377
western blotting　375
Wnt シグナル伝達経路 (Wnt signaling pathway)　201

● X

X線結晶構造解析 (X-ray crystallography)　371

● Y

Y2H (yeast two-hybrid) 法 (Y2H assay)　376

● Z

zero-order ultrasensitivity　307
zymogen　228

和文索引

●あ

アゴニスト 186
足場タンパク質 22, 81, 194
アシル化, S-—— 128
アセチル化, N-—— 91
アセチルトランスフェラーゼ
 ヒストン——(HAT) 91
 リシン——(KAT) 91
アダプター 9
 ——タンパク質 277
アビディティー 30, 125
アフィニティー 22, 25
アポトーシス 98, 165, 243
アポトーシス経路
 外因性—— 244, 247
 内因性—— 244, 249
アポトソーム 246, 251
αヘリックス 370
アロステリックスイッチ 295
 ——タンパク質 280
アロステリック変化 23, 45
アンキリンリピート 241
アンタゴニスト 186

●い

イオンチャネル
 電位依存性—— 152, 208
 リガンド依存性—— 151, 211
閾値的応答 305
移行期
 G_1/S—— 343
 G_2/M—— 343
 中期/後期—— 343
一次構造 369
一次繊毛 203
一酸化窒素(NO) 213
イニシエーターカスパーゼ 206, 245
イノシトール 1,4,5-トリスリン酸(IP_3) 148
インコヒーレントなフィードフォワード 304
インテグリン 199
インポーチン 122

●う

ウェスタンブロット法 375
ウェストウェスタンブロット法 377

●え

エイコサノイド 149, 168
エクスポーチン 122
エピトープタグ 375
エフェクターカスパーゼ 245
炎症 179

エンタルピー 28, 367
エンドサイトーシス 94, 110, 132
エンドソーム 132
エントロピー 28, 367

●お

応答
 閾値的—— 305
 スイッチ的—— 305
 直線的—— 304
 連続的—— 304
応答調節因子 104
オートクリン 360
オーファン受容体 215
オプトジェネティクス的手法 382

●か

外因性アポトーシス経路 244, 247
解離定数(K_d) 26, 366
化学量論 38
核外輸送シグナル(NES) 122
核局在化シグナル(NLS) 122
核磁気共鳴(NMR)法 372
核内受容体 185
 ——スーパーファミリー 215
核膜孔複合体 121
カスケード 79
カスパーゼ 243, 244
 イニシエーター—— 206, 245
 エフェクター—— 245
活性化ループ 55, 188
カベオラ 132
可溶性グアニル酸シクラーゼ(sGC) 213
カリオフェリン 122
カルモジュリン(CaM) 153
がん遺伝子 7, 70, 283
環状ヌクレオチド 144
環状ヌクレオチド感受性(CNG)チャネル 328
桿体 327
がん抑制遺伝子 98
 ——産物 174

●き

基質特異性 58
基底状態エネルギー 45
協同性 36
協同的 306
共免疫沈降法(co-IP) 375
局所濃度 14, 31, 119
極性 119
キラーT細胞 352

●く

グアニル酸シクラーゼ 328

可溶性——(sGC) 213
グアニンヌクレオチド解離抑制因子(GDI) 79
グアニンヌクレオチド交換因子(GEF) 9, 68, 191
組合わせ的複雑さ 96
クラスリン 132
グリコシル化 91
グリコシルホスファチジルイノシトール(GPI)アンカー 127
グリセロリン脂質 162
クロマチン免疫沈降(ChIP)法 384
クロモドメイン 268

●け

蛍光共鳴エネルギー転移(FRET) 152, 374, 379
蛍光抗体法 377
経路 17
血管新生 214
結合 21
結合等温線 26
血小板由来増殖因子(PDGF) 334
血小板由来増殖因子受容体(PDGFR) 336
ゲート型チャネル 185, 207
ゲル電気泳動 375

●こ

後期 343
抗原 31
抗原提示細胞 355
合成生物学 284
酵素 12, 44
酵母ツーハイブリッド(Y2H)法 376
コヒーレントなフィードフォワード 171, 176, 304
コレステロール 163

●さ

サイクリックAMP(cAMP) 144
サイクリックGMP(cGMP) 144
サイクリン 55, 237, 343
 G_1/S期—— 343
 M期—— 343
 S期—— 343
サイクリン依存性キナーゼ(CDK) 55, 97, 237, 344
サイトカイン 184
サイトゾル 4
細胞外マトリックス(ECM) 4, 184
細胞周期 237, 342
細胞溶解液 375
三次構造 369

●し

ジアシルグリセロール(DAG) 148
視覚 326

シグナル増幅　45, 311, 330
シグナル伝達経路
　　JAK-STAT——　124
　　Wnt——　201
　　ヘッジホッグ(Hh)——　203
シグナル統合　5
自己リン酸化，相互的な——　188, 337
脂質二重層　162
脂質ラフト　165
自然免疫応答　352, 354
質量分析法(MS)　385
シナプス後膜肥厚(PSD)　278
ジャクスタクリン　232
自由エネルギー　27
自由エネルギー障壁　45
樹状細胞　355
出力応答　292
主要組織適合抗原(MHC)受容体　352
受容体　183
受容体型チロシンキナーゼ(RTK)　8, 193, 337
順応　311, 312
状態機械　292
触媒ドメイン　255
触媒反応速度定数(k_{cat})　46
振動　316

● す
スイッチ I 領域　69
スイッチ II 領域　69
スイッチ的応答　305
スキャッチャード解析　366
ストイキオメトリー　38
スフィンゴミエリン　149, 163

● せ
正のフィードバック　171, 309, 339, 346, 359
セカンドメッセンジャー　14, 139, 329
セキュリン　347
セパラーゼ　347
セリン/トレオニンキナーゼ　50
セリン/トレオニンホスファターゼ　50, 62
ゼロ次の超感受性　307
線維芽細胞　335
遷移状態　45

● そ
双安定　317
走化性　91, 105, 314
相互作用ドメイン　255
相互的な自己リン酸化　188, 337
創傷治癒　334
増殖因子　184, 334

● た
脱感作　217
多胞体　218
タンパク質アルギニンメチルトランスフェラーゼ（PRMT）　91
タンパク質断片相補性アッセイ(PCA)　379
タンパク質分解　13, 92, 227, 346
タンパク質輸送　94

● ち
チェックポイント
　　DNA損傷——　348
　　紡錘体集合——　349
チモーゲン　228
中期　343
中期/後期移行期　343
超感受性　306, 345
　　ゼロ次の——　307
超分子活性化複合体(SMAC)　359
直線的応答　304
チロシンキナーゼ　51
　　受容体型——(RTK)　8, 193, 337
チロシンホスファターゼ　51, 64

● て
デアセチラーゼ
　　ヒストン——(HDAC)　91
　　リシン——(KDAC)　91
ディストリビューティブなリン酸化　104, 307
低分子シグナルメディエーター　139
低分子量Gタンパク質　70
適応　6, 331
適応免疫応答　352, 354
デスエフェクタードメイン(DED)　206, 247
デス受容体　206, 247
デスドメイン(DD)　201, 206, 247
デメチラーゼ，リシン——(KDM)　91
デユビキチナーゼ(DUB)　99, 108
電位依存性イオンチャネル　152, 208
電子顕微鏡法　373
転写因子　112

● と
等温線　305
　　結合——　26
等温滴定型カロリメトリー(ITC)　367
特異性　4, 22, 25
　　基質——　58
特異性定数　369
ドッキング部位　59
ドメイン　24, 255
トランスデューシン　328
トランスフォーミング増殖因子β(TGFβ)　334

● な
内因性アポトーシス経路　244, 249
内分泌　184

● に
二次構造　369
二重の負のフィードバック　346
二成分調節系　104
入力刺激　292

● ぬ
ヌクレオソーム　91, 111

● ね
ネットワーク　17
ネットワーク構造　171, 303

● の
ノード　11, 303

● は
バイオセンサー　152, 374, 379, 390
パラクリン　213, 360
パルミトイル化，S-——　92
半減期　29

● ひ
光受容細胞　327
ヒスチジンキナーゼ　104
ヒステリシス　320
ヒストン　91, 111
ヒストンアセチルトランスフェラーゼ(HAT)　91
ヒストンデアセチラーゼ(HDAC)　91
標準自由エネルギー変化　27
表面プラズモン共鳴(SPR)　366

● ふ
フィードバック　4, 304
　　正の——　171, 309, 339, 346, 359
　　二重の負の——　346
　　負の——　100, 312, 331, 340, 361
フィードフォワード　304
　　インコヒーレントな——　304
　　コヒーレントな——　171, 176, 304
フォーカルアドヒージョン　200
フォーカルアドヒージョンキナーゼ(FAK)　199
負のフィードバック　100, 312, 331, 340, 361
　　二重の——　346
部分占有率　26, 366

プライミング 103
プルダウンアッセイ 375
プレニル化 128
フローサイトメトリー 383, 391
プロセッシブなリン酸化 104, 307
プロテアーゼ 92, 228
プロテアソーム 99, 236
プロテインキナーゼ 12, 45, 53, 90
　Ca^{2+}/カルモジュリン依存性——(CaM-K) 153
プロテインキナーゼA(PKA) 53, 146
プロテインキナーゼC(PKC) 149
プロテインホスファターゼ 12, 45, 60, 91
ブロモドメイン 268
プロリン残基のシス-トランス異性化 92
プロリンヒドロキシ化 91
分子記憶 320
分裂後期促進複合体(APC) 238, 317, 347
分裂酵母 135

● へ

βシート 370
ヘッジホッグ(Hh)シグナル伝達経路 203
ヘテロ三量体Gタンパク質 70
ヘルパーT細胞 352

● ほ

紡錘体集合チェックポイント 349
ホスファチジルイノシトール(PI) 148
ホスファチジルイノシトール3-キナーゼ(PI3K) 130
ホスファチジルイノシトール3-リン酸(PI(3)P) 133, 172
ホスファチジルイノシトール3,4,5-トリスリン酸(PI(3,4,5)P$_3$) 130
ホスファチジルイノシトール4,5-ビスリン酸(PI(4,5)P$_2$) 129
ホスファチジン酸 149, 169
ホスホイノシチド 121, 169
ホスホジエステラーゼ(PDE) 328
ホスホリパーゼA$_2$(PLA$_2$) 168
ホスホリパーゼC(PLC) 133, 169
ホスホリパーゼD(PLD) 169

ポドソーム 233
ホメオスタシス 4
ポリプロリンII型(PPII)ヘリックス 270
ホルボールエステル 150
ホルモン 4, 184
翻訳後修飾 13, 89

● ま

マイクロアレイ 377, 383
マイトジェン 184
マイトジェン活性化プロテインキナーゼ(MAP kinase) 80
　——カスケード 8, 22, 80
埋没表面積 23
膜貫通型受容体 185
膜チャネル 185

● み

ミカエリス定数(K_m) 46
ミカエリス・メンテンの式 367
ミリストイル化, N—— 127

● め

メチル化
　N—— 91
　O—— 91
メチルトランスフェラーゼ
　タンパク質アルギニン——(PRMT) 91
　リシン——(KMT) 91
免疫応答
　自然—— 352, 354
　適応—— 352, 354
免疫シナプス 359
免疫受容体チロシン活性化モチーフ(ITAM) 37, 198, 265, 356
免疫受容体チロシン阻害モチーフ(ITIM) 361
免疫ブロット法 375

● も

網膜 327
モジュラードメイン 255, 339

モチーフ 258

● ゆ

有糸分裂 4, 343
ユビキチン 92, 346
ユビキチン活性化酵素(E1) 108
ユビキチン結合酵素(E2) 108
ユビキチン結合ドメイン(UBD) 107
ユビキチンリガーゼ(E3) 108

● よ

四次構造 369

● り

リガンド 21, 183
リガンド依存性イオンチャネル 151, 211
リシンアセチルトランスフェラーゼ(KAT) 91
リシンデアセチラーゼ(KDAC) 91
リシンデメチラーゼ(KDM) 91
リシンメチルトランスフェラーゼ(KMT) 91
リソソーム 110, 236
リゾリン脂質 168
立体構造 13, 22, 45, 369
両親媒性 162
緑色蛍光タンパク質(GFP) 378
リンク 303
リン酸化 90
　ディストリビューティブな—— 104, 307
　プロセッシブな—— 104, 307

● れ

レチナール 329
連続的応答 304

● ろ

ロドプシン 328
ロバストネス 317
論理ゲート 298

細胞のシグナル伝達
システムとしての共通原理にもとづく理解　　定価：本体 8,200 円＋税

2016 年 5 月 30 日発行　第 1 版第 1 刷 ©

著　　者　　ウェンデル リム
　　　　　　ブルース メイヤー
　　　　　　トニー ポーソン

監訳者　　西田　栄介
　　　　　にしだ　えいすけ

発行者　　株式会社　メディカル・サイエンス・インターナショナル
　　　　　代表取締役　若松　博
　　　　　東京都文京区本郷 1-28-36
　　　　　郵便番号 113-0033　電話 (03)5804-6050

印刷：日本制作センター／装丁・本文デザイン：岩崎邦好デザイン事務所

ISBN 978-4-89592-857-1　C3047

本書の複製権・翻訳権・上映権・譲渡権・公衆送信権（送信可能化権を含む）は(株)メディカル・サイエンス・インターナショナルが保有します。
本書を無断で複製する行為（複写，スキャン，デジタルデータ化など）は，「私的使用のための複製」など著作権法上の限られた例外を除き禁じられています．大学，病院，診療所，企業などにおいて，業務上使用する目的（診療，研究活動を含む）で上記の行為を行うことは，その使用範囲が内部的であっても，私的使用には該当せず，違法です．また私的使用に該当する場合であっても，代行業者等の第三者に依頼して上記の行為を行うことは違法となります．

JCOPY 〈(社)出版者著作権管理機構　委託出版物〉
本書の無断複写は著作権法上での例外を除き禁じられています．複写される場合は，そのつど事前に，(社)出版者著作権管理機構（電話 03-3513-6969，FAX 03-3513-6979，info@jcopy.or.jp）の許諾を得てください．